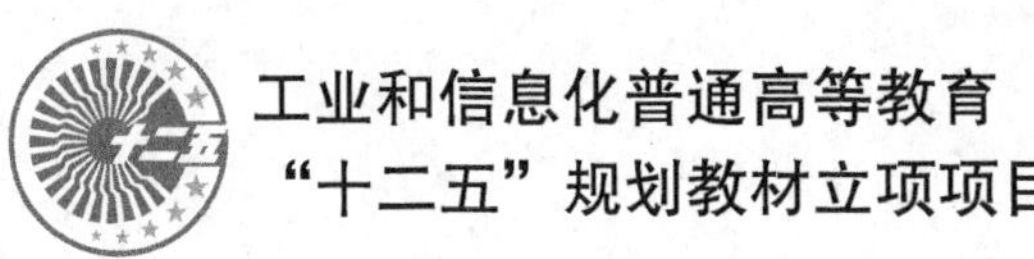

国家精品课程配套教材

21世纪高等院校信息与通信工程规划教材

21st Century University Planned Textbooks of Information and Communication Engineering

计算机通信与网络

沈金龙 杨庚 主编

Computer Communications and Networking

人民邮电出版社
北京

图书在版编目（CIP）数据

计算机通信与网络 / 沈金龙，杨庚主编. -- 北京 :
人民邮电出版社，2011.9(2021.7重印)
21世纪高等院校信息与通信工程规划教材
ISBN 978-7-115-24866-4

Ⅰ. ①计… Ⅱ. ①沈… ②杨… Ⅲ. ①计算机通信网
－高等学校－教材 Ⅳ. ①TP393

中国版本图书馆CIP数据核字(2011)第087213号

内 容 提 要

本书介绍了计算机通信与网络的基本原理和技术。全书共分 10 章，从识网、组网、用网与护网几个方面，较全面系统地阐述了计算机通信与网络的一系列关键技术，包括计算机网络体系结构与设备、数据传输与通信接口、数据链路控制、公用数据交换网、局域网与城域网、因特网和宽带 IP 网、计算机通信服务与网络应用、网络接入技术，以及网络管理和网络安全技术。

本书内容丰富、新颖，既着重于基本原理的阐述与技术分析，又介绍了计算机通信与网络技术的新进展，突出基本概念，图文并茂，简明扼要。本书可作为大专院校“计算机通信与网络”课程的本科教材，也可作为研究生和各级专业技术人员、管理干部的参考用书。

21 世纪高等院校信息与通信工程规划教材

计算机通信与网络

◆ 主　　编　沈金龙　杨　庚
　责任编辑　蒋　亮

◆ 人民邮电出版社出版发行　北京市丰台区成寿寺路 11 号
　邮编　100164　电子邮件　315@ptpress.com.cn
　网址　http://www.ptpress.com.cn
　固安县铭成印刷有限公司印刷

◆ 开本：787×1092　1/16
　印张：23.75　　2011 年 9 月第 1 版
　字数：582 千字　　2021 年 7 月河北第 9 次印刷

ISBN 978-7-115-24866-4

定价：45.00 元

读者服务热线：(010)81055256　印装质量热线：(010)81055316
反盗版热线：(010)81055315

前言

在21世纪的第一个10年中，计算机通信与网络技术对人类活动和经济建设已起到至关重要的作用和影响，特别是因特网（Internet）在各行各业的广泛应用，又进一步促进了计算机通信与网络技术的持续发展。当前，计算机通信与网络技术基本上确立了以分组交换为主的发展走向，在建立一个完整、统一、先进的国家公用信息基础设施（NII），乃至全球信息基础设施（GII）方面，形成人与自然、人与社会乃至物与物间的信息交互，具有催化和倍增功效。

本书是国家精品课程"计算机通信与网络"的配套教材，列入工业和信息化普通高等教育"十二五"规划教材立项项目，由南京邮电大学沈金龙教授和杨庚教授主编。编写思路参照了教育部高等学校计算机科学与技术教学指导委员会于2009年公布的《高等学校计算机科学与技术专业核心课程教学实施方案》，并结合自身20多年教学实践中的经验与感受，面对本科教学，立足基本技术，放眼发展方向，拓宽知识范围。特别重视以全网、全程的视角，从识网、组网、用网与护网等几个方面，全面、系统地阐述了计算机通信与网络的一系列关键技术。

全书共分10章，第1章从"识网"（认识网络）出发，综述了计算机通信与网络的基本概念、进展历程与发展走向；第2章从网络工程的"组网"角度，侧重介绍了网络结构（拓扑结构与体系结构）与设备，以及制定标准的机构；第3章阐述了数据通信技术基础——数据传输与通信接口；第4章"数据链路控制"和第5章"公用数据交换网"都是以数据交换技术为主线，并介绍了移动通信网、移动信令协议的相关知识；第6章从网络应用的观点介绍了局域网与城域网，作为组网的基础；第7章"因特网和宽带IP网"主要阐述网间互连的特征与复杂性，重点介绍因特网的编址技术、路由器寻径技术、路由协议、IP组播、移动IP代理技术，以及下一代网络；第8章"计算机通信服务和网络应用"、第9章"网络接入技术"两章内容体现出网络平台的目标价值是"用网"（应用网络）；第10章"网络管理和网络安全技术"从"护网"（维护网络）方面引入网络管理与信息安全。各章均附有小结、复习题。

参加本书编写工作的有国家精品课程组的倪晓军、胡素君、成卫青、李鹏、叶晓国、章韵，在编写过程中得到南京邮电大学教务处的大力支持，南京大学陈俊良教授为全书进行了认真细致的审阅，张美玲老师为本书原稿的整理、校对和编排做了大量的工作，对此深表感谢。

由于编者水平有限，书中难免存在缺漏和不妥之处，恳请专家和广大读者指正。

编　者

2011年2月

目　录

第 1 章 引论

计算机通信（Computer Communication）是计算机技术和通信技术相融合的一种现代通信方式[5][26]。计算机网络，特别是因特网，在信息社会中成为必不可缺的一种信息基础设施，为计算机通信架构了一个网络平台，其目标是全程、全网实现“迅速、高效、可靠、安全”的通信。如今上网成了人们工作与生活的重要组成部分，随着网络技术融合和多网组合，如何构造虚拟综合网作为下一代网络（NGN）的发展趋向，正在受到关注。

本章概要地回顾计算机通信与网络的发展进程，解释现代电信网的组成、分类及其框架结构，从“识网”（认识网络）的角度阐明计算机通信与网络的含义、组成和分类，并展望计算机通信与网络的发展趋向。

1.1 计算机通信与网络的发展进程

自 1945 年第一台数字计算机 ENIAC 问世，到如今的 60 多年的时间里，计算机由仅包含硬件发展到包含硬件、软件和固件 3 类子系统的计算机系统。计算机系统的性能—价格比，平均每 10 年提高两个数量级。计算机种类也一再分化，发展成微型计算机、小型计算机、通用计算机（包括巨型、大型和中型计算机），以及各种专用机（如各种控制计算机、模拟－数字混合计算机）等，极大地支撑了各类计算机应用。

计算机应用离不开通信网络环境的支持；计算机系统应用的广泛普及，又促进了计算机网络新技术的不断更新。本节通过回顾计算机通信与网络的发展进程，来认识计算机通信，计算机网络以及因特网。[1][2][3]

1.1.1 面向终端的计算机联机系统

在 ENIAC 问世之后的 10 年里，计算机与远程通信并没有太多关系，用户必须到计算中心机房使用计算机。1954 年，具有收发功能的终端设备（Terminal）问世，人们可利用终端设备通过线路与远程的计算机链接，形成了面向终端的远程联机集中处理计算机系统，简称为面向终端的计算机联机系统，如图 1-1 所示。也有人称为第一代计算机网络。从计算机技术的观点来看，这是一个支持多用户终端的远程信息集中处理系统，主机与终端间呈主—从关系。即远程信息均以大型计算机为中心集中处理的网络计算模式。

1. 主机

主机通常配置中央处理单元、存储单元、外围设备（如磁带机、硬磁盘以及打印机）等，集中安装在恒温恒湿、接地良好的主机房内，此外，主机必须配有相应的操作系统、通信控制程序，业务处理程序等。主机具有很强的信息处理功能，包括数值计算、事务处理，且可向用户终端提供数据存储和资源（包括软件、硬件及数据）共享。

主机系统一般可分为联机系统和脱机系统。联机系统按信息处理方式又可分为以下 3 种。

（1）实时处理联机系统；

（2）成批处理联机系统；

（3）分时处理联机系统。

2. 通信处理机

由图 1-1 可见，通信处理机处于主机与用户终端之间，主要用于完成全部通信控制任务。目的是减轻主机通信处理的负荷，以利于提高主机系统的处理效率。通信处理机又称前端处理机（FEP，Front-End Processor），简称为前端机。在配有成百上千台终端的巨型主机中，常选用小型计算机为通信处理机。

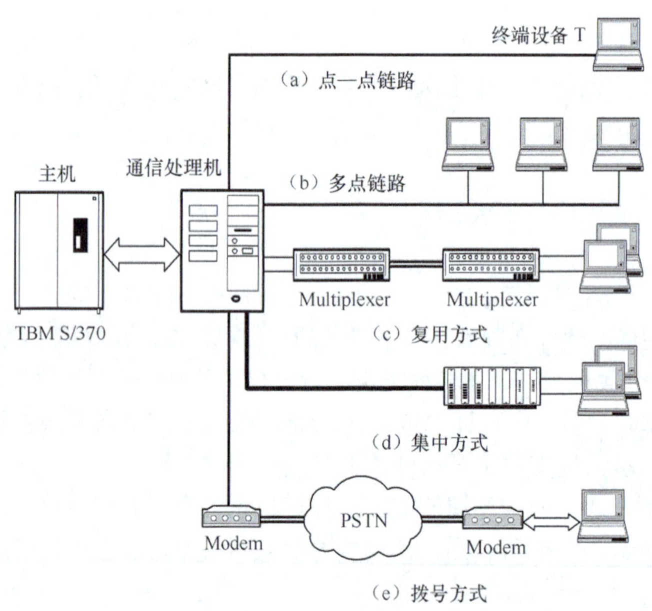

图 1-1 面向终端的计算机联机系统

3. 链接方式

用户终端可通过通信设施与通信处理机链接到主机系统，链接方式可归纳为以下 4 种。

（1）点一点链路方式。每个用户终端独立地占用通信处理机的一个端口（Port），参见图 1-1（a）。当用户终端与端口的距离很远时，直达链路的投资费用昂贵。具有较大通信量的用户终端，往往选择向电信部门租用专线（leased line）。

（2）多点链路方式。对于某些定时的数据采集或数据文件收发之类的应用，一般用户终端不经常使用链路，因此链路利用率很低，多采用如图 1-1（b）所示的多点链路方式，即一条链路连接多个用户终端，共享通信处理机的一个端口。在这种点对多点的通信方式中，为使通信处理机便于区分用户终端，通信过程中有必要另外加上用户的识别标志。这种技术措施显然增加了识别处理的开销，但以此为代价可提高链路的利用率和端口的可用性。值得注意的是，这种基带方式每次仍然只允许一个用户终端和通信处理机进行交互通信。

（3）复用器/集中器方式。使用复用器或集中器可将多个用户终端通过共享同一链路接入通信处理机，如图 1-1（c）和图 1-1（d）所示。

复用器（Multiplex）是一种实现数据复用和分路功能的设备。当采用同步时分复用技术（STDM，Synchronous Time Division Multiplex）时，复用器输出链路的传输总容量至少与输入各链路容量的总和相等，在通信处理机侧，复用器所恢复的信道数通常等于另一个复用器所接入的用户终端数。在图 1-1（c）中，复用器只接入 2 个用户终端，通信处理机侧信道端口一般也配接 2 个。

集中器（Concentrator）则是一台程序控制的设备，一般可由小型计算机或功能相当的高档处理机（如工业控制机）组成。通常将多个用户终端用低速链路接入集中器，并经高速同步数据链路接到通信处理机的一个端口，如图 1-1（d）所示。集中器采用了异步时分复用（ATDM，Asynchronous Time Division Multiplex）技术，也称统计时分复用或动态时分复用器技术。此时通信处理机需附加一软件，分别能对收、发的数据进行识别与集中处理。

（4）拨号方式。这种方式是利用已有的公用电话交换网（PSTN，Public Switched Telephone Network）以接续服务方式为用户终端提供数据链路，可节省传输介质的投资，并能有效提高网内交换设备和链路的利用率。由于 PSTN 是为模拟系统中话音传输（带宽为 0.3～3.4kHz，常取为 4kHz）和接续而设计的，因而在电话网上传输数字数据信号必然会受到一定的约束。图 1-1（e）中 Modem 表示数字调制解调器，其功能是完成信号变换。将用户终端或通信处理机的数字数据信号变换成适宜于话路带宽的信道上传输的模拟信号，称为调制过程；将模拟信号变换为数字数据信号的过程，称为解调过程。

用户终端利用这种方式在数据通信前，每次先要按电话通信规定拨通对方端口，由 PSTN 完成电路的接续，然后调制解调器将电路切换到数据传输状态；同样，每当数据传输完毕，需拆线（或释放）已接续的交换链路。所支持的数据速率，一般为 1 200～9 600bit/s，当前应用先进的调制技术，数据速率不超过 64kbit/s。

由上可知，面向终端的远程联机集中处理计算机系统已经涉及多种通信技术、数据传输设备等。当前，大型企业（如银行）、科研机构仍然在使用这种模式，但是计算机系统的发展重点将是高速并行处理、人工智能、模式识别、知识工程等技术。

这一阶段的面向终端的远程联机集中处理计算机系统有两个基本特点：

（1）以计算机（称主机，Host）为中心，集中处理信息，而终端设备没有处理能力，常称为主—从系统；

（2）远地的多个终端，通过数据通信设备（如 FEP）与主机通信，可共享主机资源。

1.1.2 计算机系统互连成网

在 20 世纪 60 年代中期到 70 年代末，随着计算机技术和通信技术的发展，需要将多台面向终端的计算机联机系统互相连接起来，组成多处理机为中心的网络。

1969 年，美国国防部的高级研究计划局（ARPA，Advanced Research Projects Agency）首先实现了以资源共享为目的的异种计算机互连的网络，命名为 ARPANET，如图 1-2 所示。ARPA 网将通信控制处理机（CCP）称为接口报文处理机（IMP，Interface Message Professor）。随后几年，物理节点增加到 50 多个，主机已超过 100 台，区域范围由美国本土通过卫星、海底电缆扩展到欧洲、夏威夷。ARPA 网已成为世界公认的第一个实用计算机网，开辟了计算机技术与通信技术相结合的新方式，人们将其称为第二代计算机网络，其主要特点为：

（1）采用层次化网络体系结构；

（2）从逻辑上分为通信子网和资源子网；

（3）分组交换方式，采用接口报文处理机（IMP）；

（4）分布式控制；

（5）资源共享。

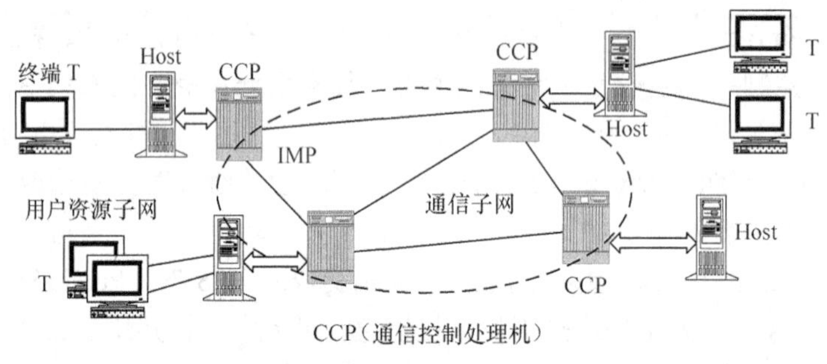

图 1-2 ARPANET 初始架构

ARPA 网的重要贡献是奠定了计算机网络技术的基础，它也是构筑当今 Internet 的先驱者。

1.1.3 计算机网络体系结构的标准化

在 ARPANET 的成功驱动下，各大计算机公司为了促进网络产品的开发，纷纷制定了各自的网络技术标准，例如，IBM 公司在 1974 年首先提出了计算机网络体系标准化的概念，宣布了系统网络体系结构（SNA，System Network Architecture）。随后 DEC 公司推出了数字网络体系结构（DNA，Digital Network Architecture）、Burroughs（宝来）公司提出了宝来网络体系结构（BNA，Burroughs Network Architecture）等。但这些网络技术规范只适用于本公司同构型设备，网络通信市场各自为政的状况使用户在组网时无所适从；投资得不到保护，也不利于多厂商间的公平竞争。

1976 年，国际电报电话咨询委员会（CCITT），现改名为国际电信联盟电信标准化部门（ITU-T），正式公布了基于分组交换技术的公用数据网的建议——X.25 规程，其后它又经过多次修改和补充，成为公用数据网分组交换技术发展过程中的一个里程碑。随后各国电信部门纷纷兴建公用数据网（PDN，Public Data Network），为用户提供各类计算机系统的接入。我国在分组交换实验网运行的基础上，于 1993 年建成了 X.25 分组交换公用数据网（PSPDN），称为 ChinaPAC，支持用户接入的数据速率一般不超过 64kbit/s。

20 世纪 70 年代末，随着微型计算机技术的不断发展，各种形式的局域计算机网纷纷推出。这种典型的网络计算是共享服务器模式，即以服务器为中心的网络计算模式。国际电子电气工程师协会（IEEE）随之推出了 IEEE 802 系列建议。各种局域网经历市场大浪淘沙，占有份额最多的局域网（LAN），首推总线式结构的以太网（Ethernet）。局域计算机网极大地促进了计算机技术与通信技术与的有机结合，使网络应用进入了一个新阶段。

在网络技术不断发展的基础上，要求制定统一技术标准的呼声日趋高涨。1977 年国际标准化组织（ISO）设立了 TC97（计算机与信息处理标准化委员会）下属的 SC16（开放系统互联分技术委员会），吸取了 SNA、DNA 以及 APPA 网等网络体系结构的成功经验，参照了 X.25 开放互连结构特性，从用户系统信息处理的角度，提出了开放系统互连的参考模型（OSI-RM），即 ISO 7498，并于 1984 年 8 月批准为国际标准。与此同时，ITU-T 从通信系统的角度，进一步研究了如何实现通信网络设备的兼容性要求，规定了 ITU-T 应用 OSI-RM、各层提供的服务以及开放系统中对等实体间通信所必须遵循的规程 X.200 系列建议。遵循网络体系结构标准建成的网络，也称为第三代计算机网络。标准化进一步推动了信息产业的发展，新一代的网络技术、网络互连、网络管理、系统集成也相应得到了发展。

1.1.4 因特网的由来

20 世纪 70 年代中期，ARPANET 已经有了几十个计算机网络，但不同计算机网络之间仍然不能互通。为此，ARPA 又设立了新的研究项目，支持学术界和工业界进行有关的研究。研究的主要内容就是想用一种新的方法将不同的计算机局域网互联，形成“互联网”（民间习惯上简称）。研究人员称为“internetwork”，简称“Internet”（中文正式译名为因特网），这个名词就一直沿用到现在。[4]

在研究实现计算机网络互联的过程中，计算机软件起了主要的作用。1974 年，提出了连接分组网络的一系列协议，制定 Internet 标准（草案），草案文本命名 RFC ××××，其中 RFC（Request For Comments）意为“请求注释”。TCP/IP 协议栈有一个非常重要的特点，就是开放性，即 TCP/IP 的规范和 Internet 的技术都是公开的。目的就是使任何制造商生产的计算机都能相互通信，使 Internet 成为一个开放的系统。

ARPA 在 1982 年采用 TCP/IP 协议栈，并在 1983 年将 ARPANET 分成两部分：一部分军用，称为 MILNET；另一部分仍称 ARPANET，供民用。1986 年，美国国家科学基金组织（NSF，The National Science Foundation，）将分布在美国各地的 5 个为科研教育服务的超级计算机中心互联，并支持地区网络，形成 NSFnet。1988 年，NSFnet 替代 ARPANET 成为 Internet 的主干网。NSFnet 主干网利用了在 ARPANET 中已证明是有效的 TCP/IP 技术，准许各大学、政府或私人科研机构的网络加入。1989 年，ARPANET 解散，Internet 从军用正式转向民用。

Internet 的发展引起了商家的极大兴趣。1992 年，美国 IBM、MCI 和 MERIT 3 家公司联合组建了一个高级网络服务公司（ANS），建立了一个新的网络，叫做 ANSnet，成为 Internet 的另一个主干网。它与 NSFnet 不同，NSFnet 是由国家出资建立的，而 ANSnet 则是 ANS 公司所有，从而使 Internet 开始走向商业化。1995 年 4 月 30 日，NSFnet 正式宣布停止运作。而此时 Internet 的主干网已经覆盖了全球 91 个国家，主机已超过 400 万台。

我国 Internet 的研究与应用起步于在 20 世纪 80 年代中期，后随经济发展的需要得到了高速的发展。目前，我国有经重组形成的 3 大中国公用计算机互联网运营商（中国电信、中国移动、中国联通）以及中国教育科研计算机网（CERNET）等。据中国网络信息中心（CNNIC）统计，截至 2010 年 6 月，我国网民数量已达到 4.2 亿，大幅超越美国，居世界首位。

因特网（Internet）异军突起，采用的 TCP/IP 技术不仅领衔稳坐支持数据业务的首选协议之席，而且实用化的 VoIP 和 IPTV 技术加速了其向多种业务扩展的步伐[1]。尽管 IP 网并不是完美的技术，但它无处不在已既成事实。

1.2 现代电信网

1.2.1 通信系统模型

通信技术的发展已有一百多年历史，早在 19 世纪 30 年代，莫尔斯实现了有线电报通信，以此为标志，奠定了数据通信的基础。进而在 19 世纪 70 年代开始形成了有线电话通信。于 19 世纪末利用电磁波辐射原理发明了无线电报，从此开辟了无线通信发展的道路。

不论有线还是无线通信方式，其通信系统模型的基本组成均如图 1-3 所示。发信源在发送端通过发信设备发送的信息，经信道传送到接收端的接收设备，转交到收信者，实现端到端的通信。在传输的过程中，每个环节都可能受内在的或外部的干扰而影响通信质量。

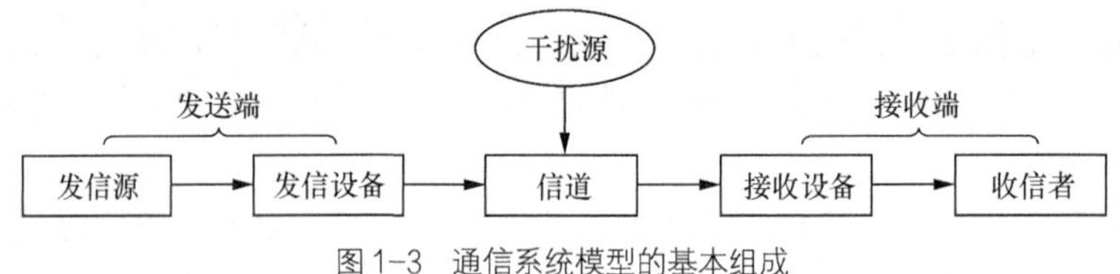

图 1-3 通信系统模型的基本组成

通信系统的基本任务是确保发信源的信息（包括话音、数据、图像）能迅速、准确、安全、可靠地传递到收信者。应当指出，图 1-3 所示仅表示了单方向通信的简单示例，例如，传统的广播和电视。在实际的通信系统中，如话音通信、数据通信都是双向的。

1.2.2 现代电信网的架构

1. 现代电信网的组成

现代电信网是一个复杂的通信系统[5]。在上述通信系统模型的基础上，现代电信网的组成包含了 3 个部分：终端子系统、交换子系统和传输子系统，如图 1-4 所示。其主要功能是面向公众提供全程、全网的数据传送、交换和处理服务。

由图 1-4 可见，从网络的角度来分，传输系统可分为两大类：中继传输系统（中继线）和用户传输系统（用户线）。从传输信息特征来分，传输系统有模拟传输系统和数字传输系统两种。在传输系统中使用的传输介质，通常可分为线传输介质（有线线路）和软传输介质（无线信道）两类。前者包括双绞线、同轴电缆及光缆；后者主要包括无线电波、地面微波、卫星微波等。交换系统包括各类交换设备，电信网的交换方式有电路交换、报文交换、分组交换以及综合交换等。终端系统是由各类终端设备所构成，图 1-4 中仅画出了固定电话、移动电话、电视机、电脑（计算机）等，终端的类型、功能与选择电信网提供的业务有关。

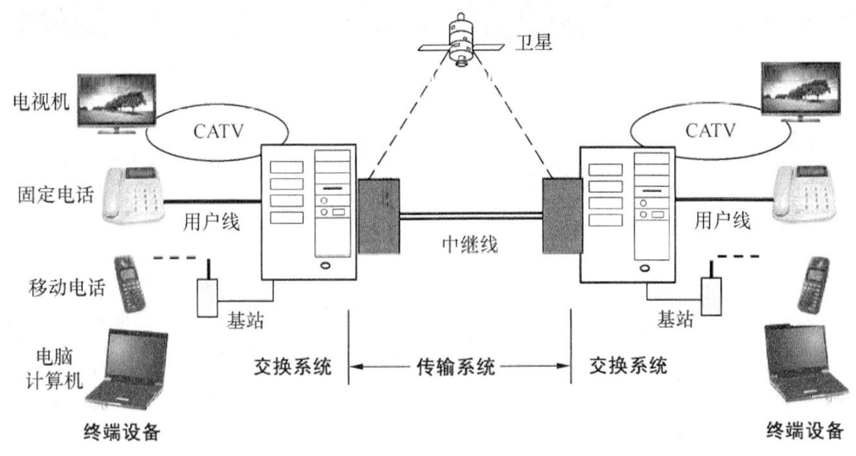

图 1-4　电信网的基本组成

2. 电信网的分类

电信网可以按不同的方法进行分类[7]。

（1）按服务的性质来分，电信网分为公用网和专用网。公用网是由中国电信（China Telecom）、中国移动（China Mobile Communications）和中国联通（China Unicom）建立和管理的开放式网络，专用网则是由特定部门（如电力、民航、银行、石油、军事等）专设的网络。

（2）按信号传输方式来分，电信网可分为模拟网和数字网两大类。数字网是今后发展的主流，它可细分为综合数字网（IDN）、综合业务数字网（ISDN）、数字数据网（DDN）等。

（3）按信号在网中的处理方式来分，电信网可分为交换网和广播网。

（4）按网络结构等级功能来分，电信网可分主干网（Backbone Net）、区域网、本地网（Local Net）。

（5）按电信业务类型来分，电信网可分为电话网、电报网、数据网等。随着通信技术与计算机技术的结合，高新技术支持的电信业务层出不尽。除了传统的电话（Telephone）、用户电传（Telex）、智能用户电报（Teletex）、用户传真（FAX）外，又有诸如可视图文（Videotex）、可视电话（Video-phone）、电子数据互换（EDI）和电子化服务（E-Service）等。

随着 IP 网的普及应用，网络电话（IP phone）、网络电视（IP TV）、电子邮件（E-mail）、话音邮件（Voice-mail）、移动短信业务（SMS）、计算机电话（电信）集成（CTI，Computer Telephone Integration）等新型业务涌现出来。

3. 现代电信网框架结构

现代电信网处在不断变革之中，网络类型以及所提供的业务种类正在不断增加和更新。图 1-5 列出了庞大又复杂的现代电信网络框架结构[23][26]。

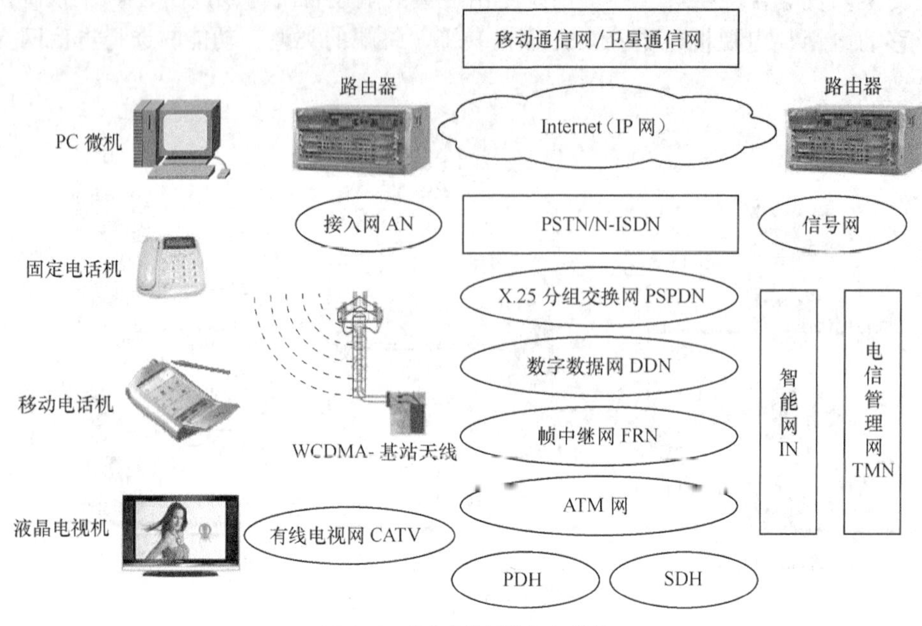

图 1-5 现代电信网络框架结构

在图 1-5 中左侧列出电信网的业务对象，包括常用的电话（固定电话和移动电话）、PC 微机以及电视等终端设备。

（1）固定电话网。

① 公用电话交换网（PSTN，Public Switched Telephone Network）：PSTN 是传统上用于全球话音通信的一种电路交换网络，四通八达、遍及全球，在技术上已经实现了完全的数字化。除了提供话音通信外，通过增值业务，还可提供点到点的计算机通信、传真（Fax）、语音信箱（Voice Box）、计算机电话集成（CTI）等。

② 窄带综合业务数字网（N-ISDN，Narrow band-Integrated Services Digital Network）：N-ISDN 是以数字网为基础发展而成的综合业务通信网，能提供端到端的数字连接，可承载话音和非话音业务。用户能够通过多用途用户-网络接口接入网络。中国电信将其俗称为“一线通”，即在一对双绞线上同时传送话音和数据或图像。

（2）移动通信网。移动通信的主要目的是实现任何时间、任何地点和任何通信对象之间的通信。移动通信网由无线和有线两部分组成。无线部分提供用户终端（手机）的接入，利用有限的频率资源在空中可靠地传送话音或数据；有线部分完成网络功能，包括交换、用户管理、漫游、鉴权等。二者构成公众陆地移动通信网（PLMN）。

陆地移动通信的具体实现形式，主要有模拟移动通信和数字移动通信两种。

① 第 1 代蜂窝模拟移动通信：频分多址（FDMA）。

② 第 2 代蜂窝数字移动通信：时分多址（TDMA），码分多址（CDMA）。

③ 第 3 代蜂窝数字移动通信：TD-SCDMA（中国移动），cdma2000（中国电信），WCDMA（中国联通）。

（3）卫星通信网。卫星通信系统由卫星和地球站两部分组成。卫星在空中起中继站的作用，即把地球站发上来的电磁波经放大后再返送回另一地球站。地球站则是卫星系统与地面公用网的接口，地面用户通过地球站出入卫星系统形成链路。由于卫星定点在赤道上空 36 000km，它绕地球一周的时间恰好与地球自转一周一致，从地面看上去如同静止不动一般，故称为同步通信卫星。3 颗相夹角 120°的卫星就能覆盖整个赤道圆周，因此卫星通信易于实现越洋和洲际通信。最适合卫星通信的频率是 1～10GHz 频段。在国家主干网上，传输链路常以光缆为主、卫星为辅形成天地基网。

（4）信号网[14]。信号网又称信令网。信号网由信号点（SP，Signal Point）、信号转接点（STP，Signal Transfer Point）以及连接它们的信号链路组成。在信号网中，目前主要采用公共信道信号系统 CCSS No.7。在逻辑上，7 号信号网独立于所服务的电话交换网。实质上，7 号信号网是一个专用的分组交换数据网。7 号信令方式主要作为固定电话网和移动通信网中的局间信号，在公共信号链路上传送消息信号单元（MSU，Message Signal Unit），可控制一群话路的接续。

（5）接入网[13]。接入网（AN，Access Network）是由 ITU-T 根据电信网的发展演变趋势而提出的。从整个电信网的角度讲，可以将全网划分为公用网和用户驻地网（CPN）两大块，其中 CPN 属用户所有，因而，通常意义的电信网指的是公用电信网部分。公用电信网又可以划分为长途网、中继网和接入网 3 部分。长途网和中继网合并称为核心网。相对于核心网，接入网介于本地交换机与用户之间，主要完成使用户接入到核心网的任务，接入网由业务节点接口（SNI）和用户网络接口（UNI）之间一系列传送设备组成。

（6）智能网。智能网（IN，Intelligent Network）的思想起源于美国。20 世纪 80 年代初，AT&T 公司采用集中数据库方式提供 800 号（被叫付费）业务和电话记账卡业务，这是智能网的雏形。后来国际电联 ITU-T 在 1992 年正式命名了"智能网"一词。智能网是在现有交换与传输的基础网络结构上，为快速、方便、经济地提供电信新业务（或称增值业务）而设置的一种附加网络结构。智能网是以计算机和数据库为核心的，突出优点是可以做到快速、经济和方便地提供新业务。由于智能网技术有标准模型约束，系统的实现可以独立于将要生成的新业务，且有标准通信协议支持产品的互联，从而为快速提供新业务创造了基本条件。

（7）数据通信网。随着计算机通信技术发展，先后推出了 PSPDN、DDN、FRN、ATM 网。

① X.25 分组交换公用数据网（PSPDN，Packet Switched Public Data Network）。分组交换是为适应计算机通信而发展起来的一种先进技术。1976 年 CCITT（现改名为国际电信联盟电信标准化部门，ITU-T）正式公布了基于分组交换技术的公用数据网的建议——X.25 接口规程，成为数据通信网技术发展过程中的一个里程碑。随后各国电信部门纷纷兴建公用数据网（PDN），为用户提供各类计算机系统的接入，可以满足不同速率、不同型号终端与终端、终端与计算机、计算机与计算机间以及局域网间的通信，实现数据库资源共享。

② 数字数据网（DDN，Digital Data Network）。DDN 是利用数字信道传输数据信号的数据传输网。它的主要业务是向用户提供永久性和半永久性连接的数字数据传输信道，既可用于计算机之间的通信，也可用于传送数字化传真、数字话音、数字图像信号或其他数字化信号。永久性连接的数字数据传输信道是指用户间建立固定连接、传输速率不变的独占带宽电路。半永久性连接的数字数据传输信道对用户来说是非交换性的，但用户可提出申请，由网络管理人员对其提出的传输速率、传输数据的目的地和传输路由进行修改。网络运营商向广大用户提供了灵活方便的数字电路出租业务，供各行业构成自己的专用网。

③ 帧中继网（FRN，Frame Relay Network）。帧中继技术是一种高速分组交换技术，采

用简化的方法传送和交换数据。由于分组交换网是在模拟通信环境下出现的，只能选用传输质量较差的模拟线路，为了保证信息的正确传送，在每个交换节点处要进行复杂的纠错和流量控制，因而使得分组网的吞吐量受到一定限制，接入数据率一般≤64kbit/s。而帧中继网络继承了分组网的优点，在数字通信网的环境下，简化和去除了分组网中的部分功能，从而具有吞吐量高、网络时延低、可靠性高、适合突发性计算机通信业务的特性，且数据率可在64kbit/s～2.048Mbit/s 范围内选择。

④ ATM 网[6]。ATM 是为宽带综合业务数字网（B-ISDN）而设计的面向连接的异步传输模式（ATM，Asynchronous Transfer Mode），它是以信元为基础的一种分组交换和复用技术，适用于计算机网络（局域网和广域网），具有高速数据传输率（155.520Mbit/s、622.080Mbit/s 等）和支持多种业务类型，如声音、数据、传真、实时视频、CD 质量音频和图像的通信。

（8）数字传输网。在数字通信系统中，传送的信号都是数字化的脉冲序列。这些数字信号流在数字交换设备之间传输时，其速率必须完全保持一致，才能保证信息传送的准确无误，称为“同步”。

在数字传输系统中，有两种数字传输系列，一种叫“准同步数字系列”（Plesiochronous Digital Hierarchy），简称 PDH；另一种叫“同步数字系列”（Synchronous Digital Hierarchy），简称 SDH。

在早期的电信网中，大多使用 PDH 设备。PDH 存在两种标准，即 E 系列和 T 系列。它对传统的点到点通信有较好的适应性。随着数字通信的迅速发展，大部分数字传输都要经过转接，而 PDH 系列便不能适应现代电信业务开发和现代化电信网管理的需要了。

SDH 就是适应这种需要而出现的传输体系。最早提出 SDH 概念的是美国贝尔通信研究所，称为光同步网络（SONET）。1988 年，CCITT 接受了 SONET 的概念，重新命名为“同步数字系列”（SDH），使它不仅适用于不同厂家的产品能在光路上互通，从而提高网络的灵活性，也适用于微波和卫星传输的技术体制，并且使其网络管理功能大大增强。

（9）电信管理网。电信管理网（TMN，Telecommunication Management Network）是电信企业管理网络资源和业务运行、维护的一个支撑网，它是电信网提供高质量、高可靠性、高效益的电信服务的重要保证。TMN 需要先进计算机硬、软件（如面向对象技术、数据仓库、数据挖掘、）技术的支撑，实施现代化的网络管理。

（10）有线电视网。有线电视也叫电缆电视（CATV，Cable Television），它是相对于无线电视（开路电视）而言的一种新型广播电视传播方式，是从无线电视发展而来的。有线电视和无线电视有相同的目的和共同的电视频道，不同的是信号的传输和服务方式以及业务运行机制。

电视系统一般包括节目发送、传输和接收 3 个部分。有线电视把录制好的节目通过线缆（电缆或光缆）传输，将电视信号送给用户，再用电视机重放出来。有线电视不向空中辐射电磁波，所以又叫闭路电视。

有线电视网在网络结构上，采用 HFC（混合光纤和同轴电缆）模式。附配机顶盒（STB，Set Top Box），或电缆调制解调器（Cable Modem）提供双向传送功能，可扩大有线电视的服务范围。

（11）因特网。最后，仔细看图 1-5 中的一个云状图，它就是因特网（Internet），也常称为 IP 网，又称国际计算机互联网。其准确的描述是：因特网是一个网络的网络（a network of network）。它以 TCP/IP 网络协议将各种不同类型、不同规模、位于不同地理位置的物理网络连接成一个整体，构成网络平台。它也是一个国际性的通信网络集合体，融合了现代通信技术和现代计算机技术，能集各个部门、领域的各种信息资源为一体，从而构成网上用户共享的信息资源网。它的出现是世界由工业化走向信息化的必然和象征。

1.3 计算机通信与网络技术

1.3.1 计算机、通信与网络的含义

众所周知，计算机（computer）又称“电脑”，它不再仅仅是一种计算工具，事实上已经渗透到人类工作和生活的方方面面。在通常用语中，计算机是一种能够按照指令对各种数据和信息进行程序加工和处理的电子设备。计算机系统是指按人的要求接收和存储信息，在程序控制之下快速而高效地进行数据处理和计算，并输出结果信息的复杂电子系统。

所说的“通信”，指的是传统意义上信息的被动连接和传递。在邮政系统，人们连接和传递的是信件；在电报系统，人们连接和传递报文（message）；在电话系统，人们双向连接和传递话音。

计算机通信与传统的电话通信、电报通信不同，计算机通信是实现计算机与计算机（包括服务器），或人（通过终端、微机或计算机）与计算机之间的数据信息的生成、传送、交换、存储和处理，其实质是计算机进程之间的通信。这里的“通信”内涵，不再局限于被动传递信息的业务模式，而是需要确立大信息的观念，转为面向信息化大市场，通过计算机通信（涵盖物与物）提供各种信息服务和信息应用。

在专业领域内，常见到“数据通信”一词。按国际电信联盟对数据通信的定义，它是依照一定的通信协议，利用数据传输技术在两个终端之间传递数据信息的一种通信方式和通信业务，它是实现计算机通信与网络的基础。数据通信基础技术包含传输系统利用率、通信接口、信号同步、差错检测和纠正、交换技术与管理、寻址和选择路由、信号恢复、报文格式、网络管理和网络安全等。

网络是为通信所提供架构的统称。不同网络的原始设计服务对象各不相同，如电话网服务的对象是话音业务，因特网设计初衷是面对计算机数据业务信息的传送与处理。

在学术上或在不同的阶段，计算机网络和计算机通信网有着不甚相同的含义。如前所述，第一代计算机网络是以计算机为中心的远程集中处理联机系统，实质上是一个分时的多用户计算机系统。在 ARPANET 出现后，计算机网络的定义为：将各自具有独立处理能力的计算机系统相互连接成网，实现资源共享。这里特别强调独立处理能力的计算机系统，与第一代计算机网络所称的终端是有根本不同的；所谓资源是指硬件、软件和相关数据。但这一定义侧重于应用目的，而未指出物理结构。计算机通信网则泛指以计算机传输信息为目的而连接起来的计算机系统之集合[11]。

从宏观上来讲，计算机网络与计算机通信网没有本质上的差别。在研究和工程设计时，当侧重于用户在大信息的观念上如何共享和应用计算机资源时，一般引用术语“计算机网络”；着重于计算机之间信息通信时，引用术语“计算机通信网”。

随着多媒体计算机通信支持业务的多样化，对计算机网络提出了更新、更高的要求。在网络体系结构标准化的环境中，广义的第三代计算机网络或计算机通信网是“指地理上分散的各自独立运作的计算机，通过通信基础设施互连，在通信协议控制下实现信息的传输、交

换、资源共享和协同工作（CSCW）等的系统”[1][5]。

1.3.2 计算机网络的组成

计算机网络由通信子网和用户资源子网所组成，如图 1-6 所示。用户资源子网包括各种类型的计算机、终端以及数据采集系统，有的请求共享资源，有的可提供资源共享；通信子网可以采用电信部门提供的各种网络，支持跨地远程用户资源子网的接入。

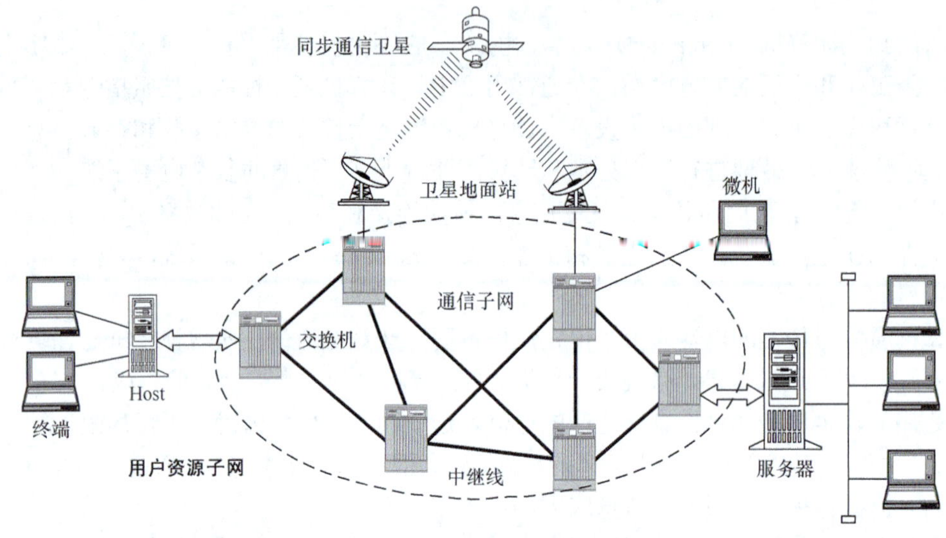

图 1-6 计算机网络的组成

从图论角度来看，计算机网络的组成单元有网络节点和通信链路。网络节点可分为端节点和转接节点。转接节点是指通信设备，例如交换机、路由器（Router）、集中器、集线器（Hub）等；端节点是指用户主机或终端。

在计算机网络中，除了物理上选择必要的互连之外，还需要执行网络通信控制的软件，包括网络操作系统、网络通信软件、网络协议和协议软件、网络管理及网络应用软件。

1.3.3 计算机通信与网络的分类

计算机网络有多种分类方式。

1. 按服务性质来划分

根据服务性质，计算机网络同样可分为：

（1）公用网，例如中国公用多媒体通信网（ChinaNET）；

（2）专用网（如中国银行计算机网络）。

2. 按覆盖区域来划分

计算机网络按覆盖区域来分（见图 1-7），则有：

（1）广域网（WAN，Wide Area Network）；

（2）城域网（MAN，Metropolitan Area Network）；

（3）局域网（LAN，Local Area Network）。

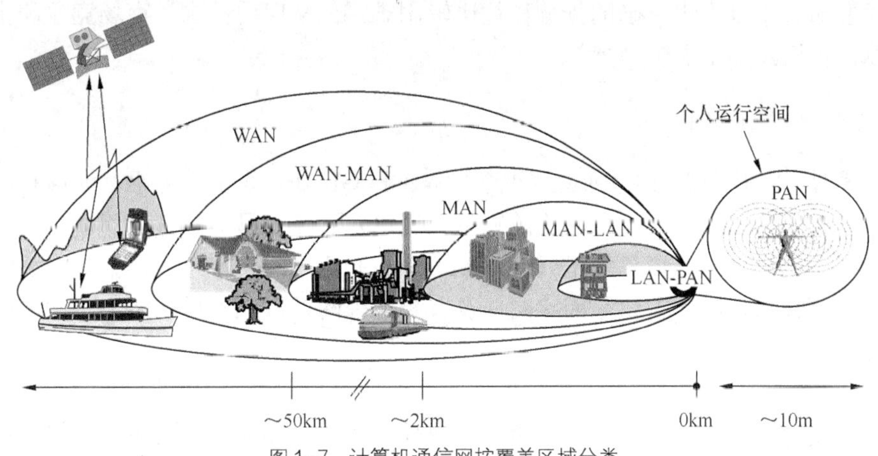

图 1-7 计算机通信网按覆盖区域分类

LAN 数据率可达 10Mbit/s、100Mbit/s、1 000Mbit/s 以及 10Gbit/s。组网时往往在 LAN 的基础上，按需要进而构成工作组、部门级直至企业级计算机网，如图 1-8 所示。随着移动通信的广泛应用，在以掌上型电脑、3G 彩信手机以及传感器数据采集为主要对象组成的个人域网（PAN，Personal Area Network），其覆盖的区域一般在几米到几十米的范围。

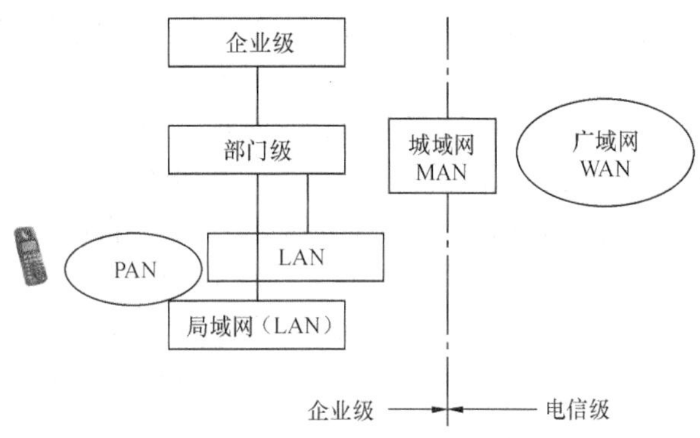

图 1-8 企业级和电信级网络

3. 按网络拓扑结构来划分

计算机网络按拓扑结构来划分，是一种与网络规划、设计以及网络性能有关的划分方法。“拓扑”（Topology）一词源自于图论，从拓扑学的观点来看，将计算机通信网中所有节点（网络单元）抽象为“点”，通信链路抽象为“线”，形成点、线构成的几何图形。采用拓扑学方法将计算机网络抽象成几何图形，称为计算机网络的拓扑结构。

在局域网中的主要拓扑结构有总线型结构、星型结构、环型结构和树型结构。在广域网中，拓扑结构比较复杂，一般为不规则形结构，有时通常称为网状网。为了便于管理，网络的拓扑结构又常选用层次结构，即把上述的树型与星型、环型结构组合而成。

1.4 计算机通信与网络的发展动态

当今世界，科学技术日新月异，以信息技术、生物技术为代表的高新技术及其产业迅猛发展，深刻影响着各国的政治、经济、军事、文化等方面。

21 世纪是一个信息化社会，面向 21 世纪的计算机通信与网络的基本目标是继续在各个国家乃至全球建立起一个完整、统一、先进的公用信息基础网络，即人们常称为国家信息基础设施（NII，National Information Infrastructure）和全球信息基础设施（GII，Global Information Infrastructure）[4]，实施数字地球计划。有人形容信息技术领域的发展是一日千里，甚至变幻莫测，因而要对其未来作出精确的预测往往比较困难。但从应用需求、市场竞争和生产成本等视角出发，可汇总如下展望[1][4][25]。

1.4.1 下一代网络

数字技术是21世纪这一时代的主要特征，NII和GII是构筑在计算机、通信和信息内容三个方面技术融合的基础上。信息时代的网络经济也体现在计算机、通信和信息内容三种关键经济成分构架的融合。与信息技术（IT，Information Technology）密切依存的三网，通常指的是电信网、计算机网（主要是因特网）及有线电视网。可见不远的将来，计算机、通信和电视网络将融为一体。

众所周知，在数字化的平台上，原先各有明确传输途径和传输内容的三个网——电信网、计算机网和有线电视网正在出现相互渗透，致使行业之间的界限趋向模糊。例如，在传统话音业务的电话网上提供了增值业务——数据、传真甚至视频信号传输；另外，在数据网上由纯粹的数据传送进展到IP话音、IPTV等多媒体信息传送。同样，基于广播式单向传送视频图像的有线电视网，也在采用各种新技术实现双向传输，以支持多种业务的需求。

关键问题是网络融合的结合点是什么？电话网主要是为传输从模拟技术起步的话音业务而优化设计的，显然用来传输数据的能力存在一定的局限性。为此，20世纪80年代国际上推出N-ISDN（常称一线通）就是在传统的电话网上用程控电话交换机实现话音、数据和视频业务的综合化。但由于其性能、价格及互连性等方面的限制，只在部分地区得到应用。国际电信联盟在20世纪90年代推荐了ATM作为宽带综合业务数字网（B-ISDN）的基本传送模式，能确保服务质量（QoS），这几年陆续推出一系列相关建议，取得了较大的进展，但其进程发展缓慢，事实上并未达到综合所有业务的预期目标。

因特网（Internet）的出现和飞速发展，给三网融合注入了崭新的生机。Internet采用TCP/IP协议，在网络层平台上进行互连，基本解决了隶属于不同单位且分布在全球的不同类型的网络进行无缝连接的问题。尽管因特网存在各种缺点，但它的无处不在已既成事实，网上的数据量近年来仍平均以每半年翻一番的速率递增。

市场需要融合的网络，以可靠、无缝、有效地在企业和运营商这两个市场中支持固定电话、移动电话和数据的混合应用。从发展前景来看，ITU和ETSI（欧洲电信标准协会）正在致力于构造将电话网与因特网两者优点相结合的下一代网络（NGN，Next Generation Network）。

什么是NGN？2004年2月，ITU-T第13研究组给出了NGN的基本定义为[11]：NGN是一个基于分组交换技术的网络，它能提供包括电信服务在内的各种服务，能够利用多种宽带且具有保证服务质量能力的传送技术。此网络应使各种与服务有关的功能的实现及各种与传送有关的技术使用相对独立。NGN使用户可自由接入到不同的业务提供商；NGN支持通用移动性，从而可向用户提供一致的和无处不在的服务。

从全球范围看，NGN已经进入了部署阶段，运营商和设备商为此进行大量投资，逐渐开始配置基于NGN的网络的应用。NTT、BT、AT&T等 技术实力比较雄厚的网络运营商，早已经开始配置基于NGN的实际业务与服务。与此同时，ITU、ETSI、IETF、ISC、IEEE、ITU-R、3GPP及3GPP2等国际标准化组织也加快了NGN的标准化进程。

未来的网络是在一个物理网络平台上，同时运行多个业务网。NGN和NGI（下一代因特网）最终将趋于统一[7]。NGN与NGI融合的趋势主要体现为：NGN与NGI都基于IP承载网，移动互联网是两者都关注的重点。

软交换（Soft-Switching）的概念最早起源于美国企业网的应用。在企业网环境中，用户采用基于以太网进行电话通信，即 IP 电话，通过一套 PC 服务器的呼叫控制软件，实现用户交换机的功能（IP PBX），综合成本远低于传统的 PBX。

在软交换进入商用规模之时，第三代伙伴组织计划（3GPP，Third Generation Partnership Projects）为移动网定义了 IP 多媒体子系统（IMS，IP Multimedia Subsystem）。IMS 是一种基于会话初始协议（SIP，Session Initiation Protocol）融合的网络体系结构，有利于各种业务的融合，以及有效出台。目前，NGN 已明确核心网使用 IMS，是否依赖 SIP 信令是 NGN 与 NGI 的主要区别。

1.4.2 物联网和泛在网

以移动技术为代表的普适计算（Pervasive Computing）、泛在网络被称为继计算机技术、因特网技术之后信息技术的第三次革命。而物联网（IOT，The Internet of things）通过智能感知、识别技术与普适计算、泛在网络的融合应用，被称为继计算机、因特网之后世界信息产业发展的第三次浪潮。

物联网的概念是在 1999 年提出的，它的定义指在物理世界的实体中部署具有一定感知能力、计算能力或执行能力的各种信息传感设备（如传感器、RFID、二维码、短距离无线通信技术、移动通信模块等），通过网络设施实现信息传输、协同和处理，从而实现广域或大范围的人与物、物与物之间信息交换需求的互联。国际电信联盟 2005 年的一份报告曾描绘“物联网”时代的图景：当司机出现操作失误时汽车会自动报警，公文包会提醒主人忘带了什么东西，衣服会“告诉”洗衣机对颜色和水温的要求，等等。

但很多物体不一定非要连到网上，与其说物联网是网络，不如说物联网是业务和应用，物联网也被视为互联网的应用拓展。物联网的主要特征是每一个物件都可以寻址，每一个物件都可以控制，每一个物件都可以通信。

泛在网的概念是首先由美国 Mark Weiser 在 1991 年提出的。泛在网（Ubiquitous Network）是指基于个人和社会的需求，实现人与人、人与物、物与物之间按需进行的信息获取、传递、存储、认知、决策、使用等服务，网络具有超强的环境感知、内容感知及智能性，为个人和社会提供泛在的、无所不含的信息服务和应用。

不论物联网，还是泛在网，都需要各种传感技术支撑。传感器网（Sensor Network）则是利用各种传感器（收集光、电、温度、湿度、压力等信息）加上中低速的近距离无线通信技术构成一个独立的网络，是由多个具有有线/无线通信与计算能力的低功耗、小体积的微小传感器节点构成的网络系统，它一般提供局域或小范围物与物之间的信息交换。

泛在网、物联网、传感器网的关系：泛在网是 ICT 社会发展的最高目标，物联网是泛在网的初级和必然发展阶段，传感器网是物联网的延伸和应用的基础。

在泛在网概念基础上，日本提出 U-JAPAN、韩国提出 U-KOREA，欧盟提出 I-Europe，美国提出“智慧地球”等社会信息化的发展目标。

本章小结

1．计算机通信（Computer Communication）是计算机技术和通信技术相融合的一种现代通信方式。

2. 计算机网络（包括因特网）是一种信息基础设施，为计算机通信架构了一个网络平台，其目标是全程、全网实现“迅速、高效、可靠、安全”的通信。

3. 计算机通信与网络经历了 4 个发展进程：面向终端的计算机联机系统、计算机系统互连成网、计算机网络体系结构的标准化以及因特网的应用。

4. 现代电信网的组成包含了 3 个部分：终端子系统、交换子系统和传输子系统，其主要功能是面向公众提供全程、全网的数据传送、交换和处理服务。

5. 从认识现代电信网络（简称“识网”）框架结构，领会网络存在的必要性和复杂性。

6. 广义的第 3 代计算机网络或计算机通信网是“指地理上分散的各自独立运作的计算机，通过通信基础设施互连，在通信协议控制下实现信息的传输、交换、资源共享和协同工作（CSCW）等的系统”。

7. 计算机网络的组成可分成两个部分：通信子网和用户资源子网。计算机网络可按不同的方法分类：专用网、公用网；LAN、MAN、WAN 等。

8. 未来的网络是在一个物理网络平台上，同时运行多个业务网。NGN 和 NGI（下一代因特网）最终将趋于统一。

9. 泛在网、物联网、传感器网的关系：泛在网是 ICT 社会发展的最高目标，物联网是泛在网的初级和必然发展阶段，传感器网是物联网的延伸和应用的基础。

复 习 题

1. 计算机通信与网络的演进历经了哪几个阶段？每个阶段各有何特点？
2. 什么是计算机网络？
3. 计算机通信的本质是什么？
4. 从逻辑功能上看，计算机网络由哪些部分组成？各自的内涵是什么？
5. 计算机网络可从哪几方面进行分类？
6. 试说明集中器与复用器的作用，以及分析两者之间的区别。
7. 试分析阐述计算机网络与分布式系统的异同点。
8. 试分析现代电信网的基本组成。理解现代电信网的构架。
9. 电话网上传输数据的主要限制是什么？
10. 现代电信交换技术包含哪几种？
11. 什么是电信管理网（TMN）？
12. 第 3 代移动通信系统的技术特征是什么？
13. 下一代网络（NGN）的特征是什么？什么是网络融合？
14. 什么是软交换（Soft-switching）技术？
15. 什么是物联网？
16. 什么是泛在网？

第2章 网络结构与设备

网络工程包括网络规划、网络设计、网络实施和网络维护4个阶段。本章从网络设计的角度阐述网络拓扑结构的类型与特征，选择合理的网络拓扑结构是组网（networking）的一个基本内容。此后，介绍计算机网络的体系结构与网络协议，包括ISO/OSI参考模型、结构化分层功能、通信协议、服务和服务访问点、数据单元和数据传输流程、通信原语以及服务方式等重要概念，重点引出因特网TCP/IP协议栈和分层结构，概要叙述网络设备。最后给出计算机通信（数据通信）与网络的标准化组织与机构。

2.1 网络拓扑结构

2.1.1 概述

图2-1给出了网络拓扑结构的示例。在图2-1（a）中，可见两台PC微机连接到交换机（Cisco 2950-24），再通过路由器（Cisco 1841）连接到服务器[9]。

“拓扑”（Topology）一词源自于图论，从拓扑学的观点来看，计算机网络中所有设备（网络单元）抽象为“点”，通信链路抽象为“线”，形成点、线构成的几何图形，如图2-1（b）所示。采用拓扑学方法将计算机网络抽象成几何图形，称为网络拓扑结构。通俗地讲网络拓扑结构就是如何将网络设备连接在一起的。

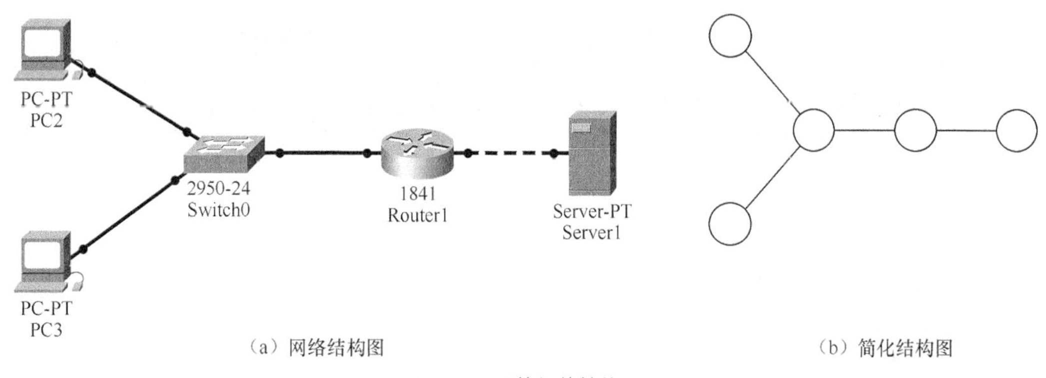

（a）网络结构图　　（b）简化结构图

图2-1　网络拓扑结构图

在网络中，拓扑结构形象地描述了网络的安排和配置，包括各种节点和节点的相互关系。

拓扑结构不关心事物的细节，也不在乎相互的比例关系，只将讨论范围内的事物之间的相互关系通过图表示出来。

在网络工程中，根据网络规划和用户需求，确定网络拓扑结构是网络设计的一个重要环节，它取决于所采用的网络技术、网络规模、用户分布和传输介质等主要方面，作为“组网”的依据。

网络按拓扑结构可分为星型、总线型、环型、树型、网状型和混合型等。计算机局域网覆盖的范围有限，通常选择简单的拓扑结构，如星型、总线型、环型，而城域网或广域网则多采用网状型和混合型。

2.1.2 网络拓扑结构与特征

1. 星型网络拓扑结构

星型网络拓扑结构是计算机网络中最常用的一种拓扑结构，在电话网、移动网中也广泛使用。在这种网络结构中通常设有一个中心节点（集线器或交换机），其他节点（工作站、服务器）都与中心节点直接相连，如图 2-2 所示，有时也称为“集中式拓扑结构”。

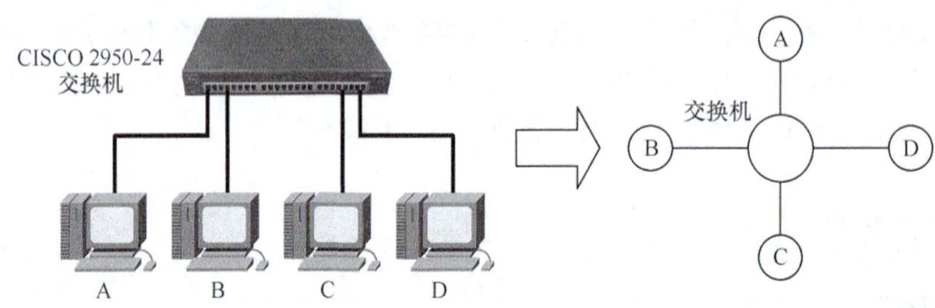

图 2-2 星型网络拓扑结构

图 2-3 示例选用了思科以太交换机（CISCO 2950-24），其面板含有 24 个端口（Port）。每个端口有 1 个序号，编号为 1～24，对应于 FastEthernet0/1～FastEthernet0/24。其中，FastEthernet 是指快速以太网，数据速率为 100Mbit/s，例如 0/1 中的 0 表示交换机 slot（插槽）序号，也可以说是模块序号；1 则代表端口序号，是相对于某一插槽来说的。接口采用 RJ-45 标准，微机到交换机间使用非屏蔽双绞线（UTP），制作 UTP 网线主要遵循 ANSI/TIA/EIA-568A（简称 T568A）和 ANSI/TIA/EIA-568B（简称 T568B）标准。

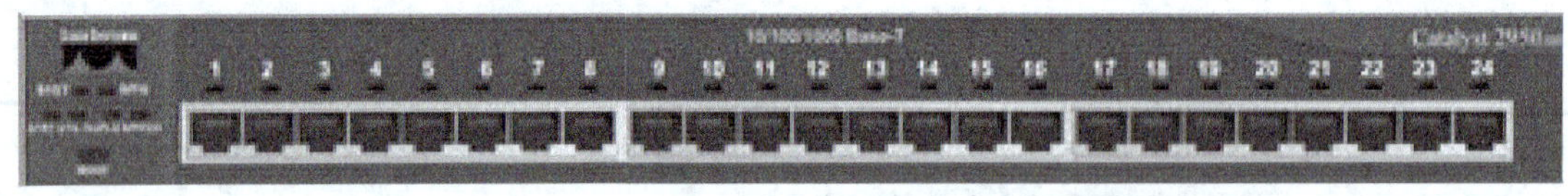

图 2-3 CISCO 2950-24 面板图

T568B 标准一般使用较多，在使用 3 类双绞线、5 类双绞线、增强的 5 类双绞线的网络工程中一般遵循 T568B 的接线标准。使用 5 类双绞线，其传输速率可达到 100Mbit/s，传输距离不超过 100m。

星型拓扑结构的主要特征有 4 个。

（1）传输介质成本低。星型结构所采用的传输介质通常为常见的双绞线，比其他线传输介质（如同轴电缆和光纤），价格便宜。

（2）数据传输效率高。网络以交换机为中心，对每台微机（节点）连接到交换机端口不是共享的，数据传输效率高，如超5类都可以通过4对芯线实现1 000Mbit/s传输，7类屏蔽双绞线则可以实现10Gbit/s。

（3）维护容易。在星型网中，每个节点都是相对独立的，一个节点出现故障不会影响其他节点的连接，可任意拆走故障节点，同时，也有利于施工。倘若交换机出现故障，则会导致整个网络的瘫痪，因此对交换机的性能和可靠性要求高。

（4）网络分段。计算机局域网使用以太交换机实现了网络分段，有效改进了总线结构以太网出现的网络冲突，但并不能抑制广播风暴（这部分内容在第6章中会进一步分析）。

2．总线型网络拓扑结构

总线型拓扑结构网络中，所有设备通过连接器并行连接到一个传输电缆（通常称为“中继线”、“总线”或“母线”）上，并在两端加装一个称为“终接器”的组件，如图2-4所示。

从图2-4可以看出，这种结构是最简单的，所有连网的微机/服务器跨接在电缆上，就像日常生活中照明用电灯并接在220V电力线上一样。但连在网上微机通过总线进行收发时，必须要实施介质访问控制，设法使总线的利用率高，也就是允许数据速率高，又要避免发生冲突。总线可选用双绞线、同轴电缆。同轴电缆有细缆和粗缆之分，细缆价格低，粗缆类似有线电视使用的尺寸，总线上数据传输率为10Mbit/s。

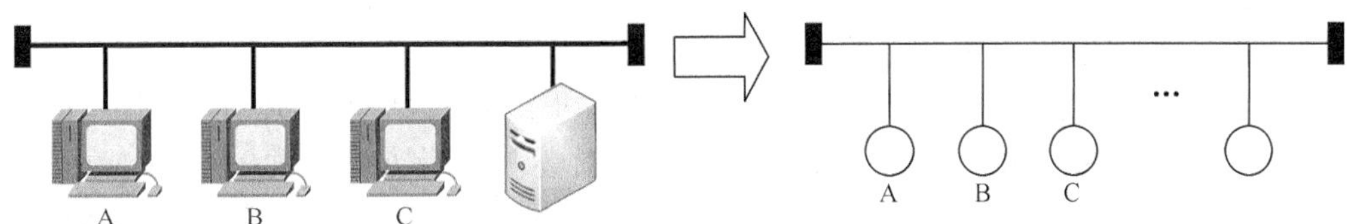

图2-4 总线型网络拓扑结构

微机内需插上LAN网卡，网卡的网络接口为BNC（基本网络卡）接头，即同轴细缆接头。同轴细缆需配上T-BNC连接器构成总线，如图2-5所示。

总线型拓扑结构的主要特征有4个。

（1）网络结构简单。网络选用同轴细缆构成总线结构，无须添加网络设备，网络投资成本低。

（2）传输距离长。同轴细缆的外导体起到屏蔽作用，相对于UTP双绞线，单段细缆最大传输距离为185m，粗缆最大传输距离为500m。

图2-5 T-BNC连接器

（3）网络冲突。尽管总线型结构以太网上使用介质访问控制技术，但在负荷增大后，网络产生冲突仍是不可避免，严重情况会造成网络瘫痪。

（4）维护不易。总线型结构网络中的连接器与总线电缆是串接的，这给整个网络的维护带来了极大的不便，因为一个节点或连接器的故障会影响整个网络。目前，在网络工程上这一致命的不足，使总线型结构网络淡出了市场，取而代之采用星型结构的交换式以太网。

3．环型网络拓扑结构

环型网络的一个典型代表是IBM公司推出的标记环网（token ring network），采用同轴电缆作为传输介质，如图 2-6 所示。

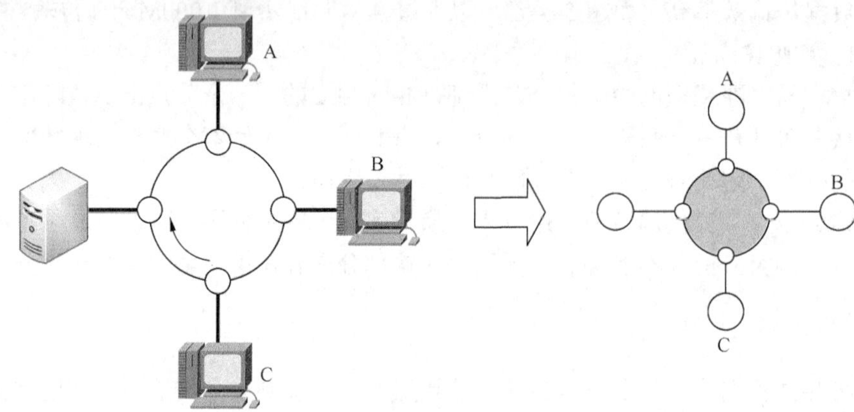

图 2-6　环型网络拓扑结构

图 2-6 中是由环中继转发器（RPU）串接成封闭回路，连网的节点（工作站、微机）通过 RPU 接入。RPU 从其中的一个环段（称为“上行链路”）上获取 MAC 帧中的每个位信号，经再生（整形）并转发到另一环段（称为“下行链路”）。

在标记环网络中，“标记”是唯一的特殊帧在环中传送，就像一辆环城的公共汽车。只有拥有“标记”的节点才允许在网络中收/发数据。这样可以确保在某一时间内网络中只有一个节点可以传送信息，使网络不会出现冲突现象。

环路上的传输介质是各个节点公用的，一台计算机节点发送信息时必须经过环路的全部接口。在环型网络中信息流只能是单方向的（图 2-6 中为顺时针方向），每个收到 MAC 帧的节点都向它的下游环段转发该信息包。MAC 帧在环型网络中传输一圈，最终由发送源站进行回收。当 MAC 帧经过目的站节点时，如果收到的 MAC 帧中目的地址与本节点地址一致，则复制 MAC 帧，随后转送给所附接的本 RPU 的节点，否则 RPU 转向下一环段。

如果某节点要求发送信息，必须等待，只有得到标记的节点才可以发送信息，当一个站发送完信息后就把标记向下传送，以便下游的节点可以得到发送信息的机会。

环型网络的访问控制一般是分散式的管理，在物理上环型网络本身就是一个环，因此它适合采用标记环访问控制方法。有时也可采用集中式管理方式，这时就得有专门的设备负责访问控制管理。

环型网络中的各个计算机发送信息时都必须经过环路的全部环接口，如果一个环接口程序发生故障，整个网络就会瘫痪，所以对环接口的要求比较高。为了提高可靠性，可以采用双环结构，当一个接口出现故障时，通过环旁通（by-pass）技术来处理。

环型型拓扑结构的主要特征有 5 个。

（1）网络组建简单。在这种结构网络中，信息在环型网中流动是一个特定的方向，每两个计算机之间只有一个通路，简化了路径的选择，路径选择效率非常高，组网就相当简单。

（2）网络利用率高。在环型网络中各计算机连接在同一条传输电缆上，标记控制收发过程，网络利用率高，且不会出现冲突。

（3）数据传输速率有限。环型网络可以实现 4～16Mbit/s 的接入速率，但相对于速率最高可达到 10Gbit/s 的以太网来说，没有优势。

（4）扩展性能差。如果要在网中新添加或移动节点，就必须中断整个网络，在适当位置切断网线，并在两端做好 RPU 发器才能连接。

（5）维护复杂。虽然在这种网络中只有一条传输电缆，看似结构非常简单，但它仍是一个闭环，节点都连接在同一条串行连接的环路上，所以一旦某个节点出现了故障，整个网络将出现瘫痪。并且在这样一个串行结构中，要找到具体的故障点还是非常困难的，必须一个个节点排除，非常不便。

4. 树型网络拓扑结构

上述 3 种网络结构是基本的网络结构单元，树型拓扑结构可以认为是由多级基本网络结构单元扩展组成的。图 2-7 示出一个典型的树型网络结构，由 3 台 CISCO 2950-24 以太交换机 2 级星型网络扩展而成。

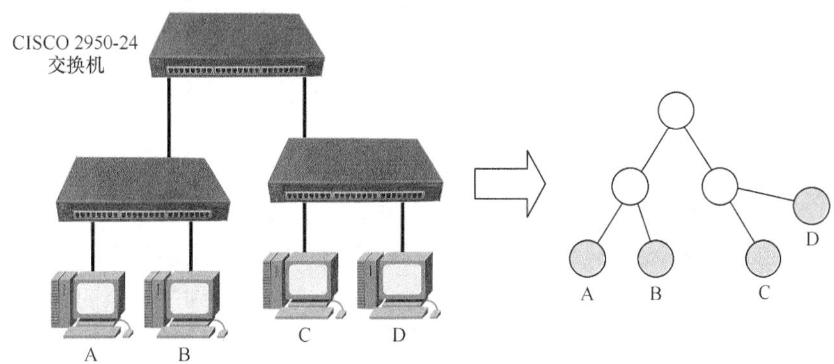

图 2-7　树型网络拓扑结构

大、中型网络通常采用树型拓扑结构，它的可折叠性非常适用于构建网络主干。由于树型拓扑具有非常好的可扩展性，并可通过更换网络设备使网络性能迅速得以升级，极大地保护了用户的布线投资，因此非常适宜于作为网络布线系统的网络拓扑。

树型拓扑结构除了具有星型结构的所有特征外，还具有以下两个自身特征。

（1）扩展性能好。通过多级星型级联，就可以十分方便地扩展原有网络，实现网络的升级改造。只需简单地更换高速率的网络设备，即可平滑地从 10Mbit/s 升级至 100Mbit/s、1 000Mbit/s 甚至 10Gbit/s，实现网络的升级。正是由于这个重要的特点，星型网络才会成为网络布线的当然之选。

（2）易于网络维护。网络设备居于网络或子网络的中心，这正是放置网络诊断设备的绝好位置。就实际应用来看，利用附加于网络设备中的网络诊断功能，可以使得故障的诊断和定位变得简单而有效。这种结构的缺点是对根交换机的依赖性太大，如果根发生故障，将导致全网不能正常工作。同时，大量数据要经过多级传输，系统的响应时间较长。

5. 层次型网络拓扑结构

在广域网中，拓扑结构比较复杂，一般为不规则形拓扑（Abnormity Topology）结构，有时称为网状网（Mesh Topology）。为了便于管理与控制，按功能分布角度划分的广域网中的拓扑结构有以下 3 种：

（1）集中式拓扑（Centralized Topology）结构；

（2）分散式拓扑（Decentralized Topology）结构；

（3）分布式拓扑（Distributed Topology）结构。

网络的拓扑结构又常选用层次结构，即把上述的树型与星型、环型结构组合而成，如图 2-8 所示。

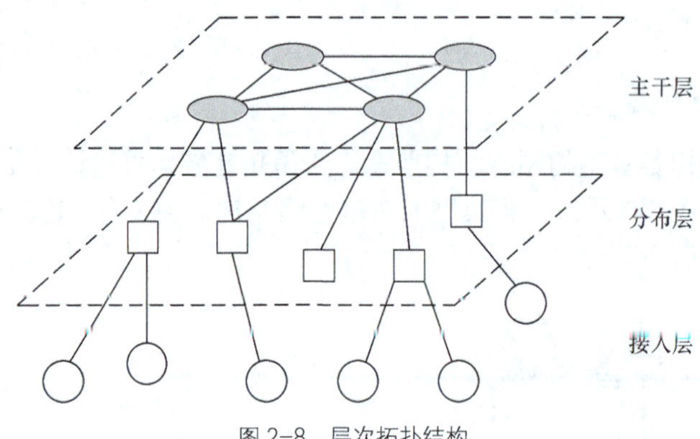

图 2-8 层次拓扑结构

（1）接入层（Access Layer）是直接面向用户连接或访问网络的部分网络设备。作用是允许终端用户计算机连接到网络，因此接入层交换机具有低成本和高端口密度特性。

（2）分布层（Distribution Layer）也称汇聚层或汇接层。该交换层是多台接入层交换机的汇接点，它必须能够处理来自接入层设备的所有通信量，并提供到主干层的上行链路，因此汇聚层交换机与接入层交换机比较，需要更高的性能、较少的接口和更高的交换速率。

（3）主干层（Backbone Layer）也称核心层，是网络主干部分。其作用主要在于通过高速转发通信，提供优化、可靠的骨干传输结构，因此主干层路由交换机之间一一互连，形成全连通结构，拥有更高的可靠性、性能和吞吐量。

大型的企业网、校园网、政府网应按网络规划，根据发展需要，选用层次结构组网。

2.2 计算机网络体系结构

随着计算机系统网络化互连业务的发展，网络及其标准化的发展势在必行，其原动力出于以下两方面：

（1）计算机厂商为了拓宽其产品的销路；

（2）用户渴望能得到性能价格比高的兼容设备。

国际标准化组织（ISO）吸取了 SNA、DNA 以及 APPA 网等网络体系结构的成功经验，参照了 X.25 开放互连结构特性，从用户系统信息处理的角度，提出了开放系统互连的参考模型（OSI-RM），即 ISO 7498，并于 1984 年 5 月批准为国际标准。与此同时，ITU-T 从通信系统的角度，进一步研究了如何实现设备的兼容性要求，规定了 ITU-T 应用 OSI-RM、各层提供的服务以及开放系统中对等实体间通信所必须遵循的规程 X.200 系列建议。

2.2.1 通信协议与分层体系结构

在计算机网络中，每一台上网的计算机都是网络拓扑的一个节点，为了正确地传输、交换信息，必须要有一定的规则。比如打电话，必须先取机，然后听拨号音、拨号，等待接通被叫，接通后需问清对方是谁，或讲清要找谁，或说明我是谁等。

计算机网络中为正确传输数据信息而设立的通信规则（或约定），称为**网络协议**，也称**通信协议**。网络协议是指网络中应用进程之间相互通信所必须共同遵守的约定的集合。一个网络协议应包含 3 个基本要素：[1] [5]

（1）语义（semantics）：定义了用于协调通信双方和差错处理的控制信息，是对构成协议的协议元素含义的解释，即“讲什么”；

（2）语法（syntax）：规定了通信所用的数据格式、编码与信号电平等，是对所表达的内容的数据结构形式的一种规定，即“怎么讲”；

（3）定时规则（timing）：明确实现通信的顺序、速率适配及排序。

重要提示：通信协议实质上是实体间通信时所使用的一种语言。

计算机网络的协议包含的内容相当复杂，如何将复杂的问题分解为若干较简明且有利于处理的问题，实践表明采用网络的分层结构最为有效。现以邮政系统所用层次概念处理日常生活中寄信给远方朋友的过程举例来加以说明，如图 2-9 所示。第 1 层 A 地用户写信，封入标准信封，按格式要求写上收信人地址、姓名、邮政编码并贴上邮票，投入信箱。第 2 层 A 地邮政局汇集信件，进行分拣处理，打成邮包；第 3 层邮政局将邮包送转运处，通过运输部门传送邮包。在接收方，转运处将邮包送到邮政局，在局内进行分发，按地址、邮政编码投递到户。

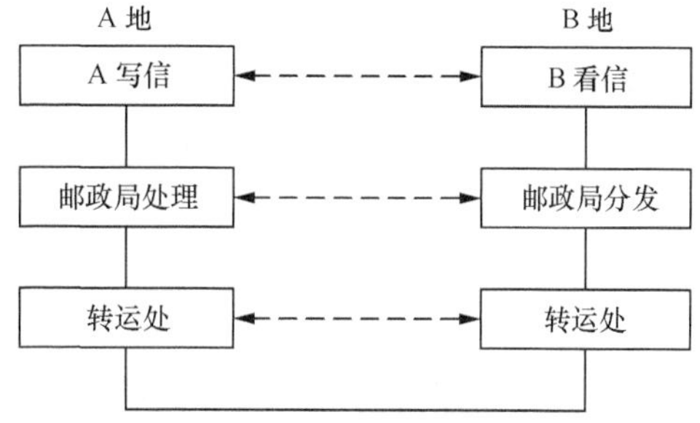

图 2-9 邮政系统处理信件的层次结构

通过上例可知，应使通信双方能理解写信的格式、地址、邮政编码，邮政局内信件的处理/分发以及转运处的运送邮包都必须有规可依。整个信件处理过程，使人们可联想到计算机通信与网络分层的概念和必要性。但计算机之间的通信，显然比上述例子更为复杂。

计算机通信的网络体系结构实际上就是结构化功能分层和网络协议（规程）的集合，也就是从逻辑功能上构筑计算机进程之间相互通信的层次化结构、不同系统对等层之间通信协议以及同一系统相邻层间的接口服务的集合。

2.2.2 ISO/OSI 参考模型

ISO 7498 标准定义了描述网络体系结构的对象的类型、关系及约束，还定义了 7 层功能的开放系统互连（OSI，Open System Interconnection）参考模型（RM），用于异种计算机应用进程间的通信，如图 2-10 所示。

图 2-10 中实系统表示一台或多台计算机、相关的软件以及信息处理过程等的集合，是能独立运行和处理信息的自治整体。遵循互连协议标准的实系统称开放实系统。所谓开放系统是指凡是符合抽象开放互连特性的实系统。OSI-RM 标准是抽取实系统中与互连有关的公共属性所构成的模型系统，在此基础上研究模型系统的互连标准，以避免涉及具体的机型、技术细节，使用逻辑功能上等价的开放实系统来代替实系统开放性。

OSI 参考模型的特征为：

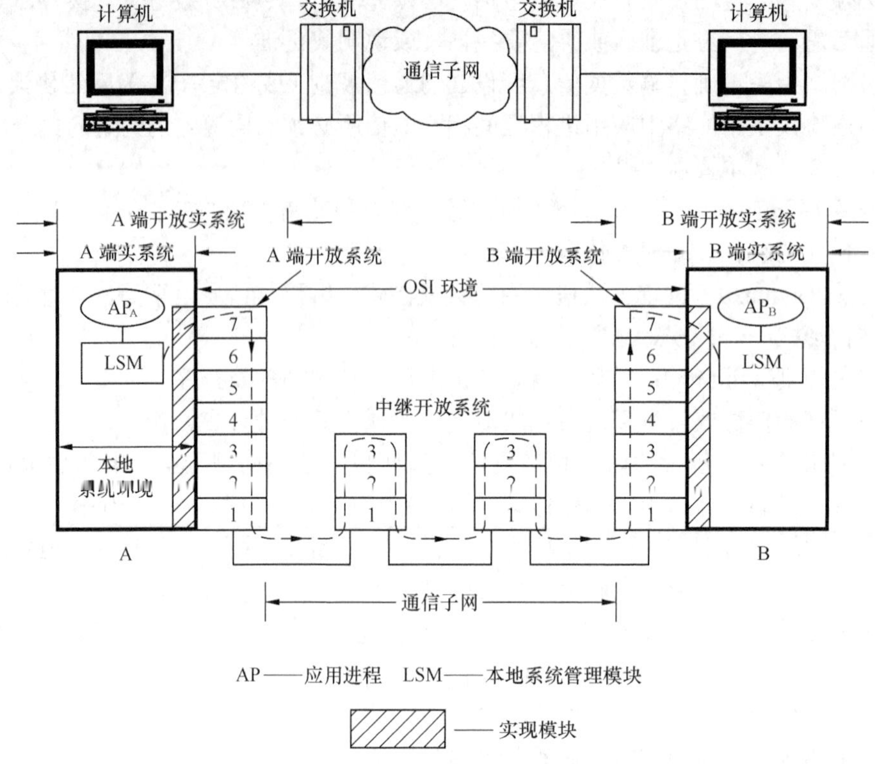

图 2-10 OSI 参考模型中的体系结构

（1）采用了有利于异构计算机系统互连、互通的层次化结构；

（2）是一种抽象的标准框架，也是 OSI 中最高一级的抽象，而不是具体实现的描述；

（3）在不同开放实系统的对等（peer）层之间的通信，则由此层的协议管理；

（4）在同一开放实系统的相邻层间的接口定义了服务关系和操作原语；

（5）可提供的服务为面向连接的或无连接的数据服务；

（6）每层实体执行所定义的功能，修改某层的功能不应影响其他层。

在实现体系结构时，允许采用不同的硬件和软件，只有物理层的通信接口传输比特流。OSI 标准的制定过程中，采用的方法是将复杂的通信过程分解为若干个层次问题，即结构化功能分层的方法。其分层原则是：

（1）设置合理的层数，确保各层的功能相对独立。每一层的功能单一化，允许采用最佳技术来实现。

（2）确保灵活性。某一层技术上的变化，只要接口关系保持不变，不应影响其他层次。

（3）有利于促进标准化。由于分层结构，每一层功能及提供的服务可规范执行，其层间边界的信息流通量应尽可能少。

（4）为了满足各种通信业务的需要，在一层内可形成若干子层，也可以合并或取消某层。

2.2.3 结构化分层功能

依据上述 OSI 参考模型的分层原则，采用了 7 层体系结构。下 3 层统称为低层，构成了开放的网络通信平台，实现 OSI 参考模型面向通信（含传输和交换）的功能。包括：

（1）物理层（Physical Layer，缩写为 PH）；

（2）数据链路层（Data Link Layer，缩写为 DL）；

（3）网络层（Network Layer，缩写为 NT）；

OSI 参考模型的高层（或称为上 3 层）主要面向用户的应用进程，进行分布的信息处理。包括：

（1）会话层（Session Layer，缩写为 S）；

（2）表示层（Presentation Layer，缩写为 P）；

（3）应用层（Application Layer，缩写为 A）。

第 4 层命名为传输层（Transport Layer，缩写为 T），它是计算机通信的关键层次，起到高低层间的磨合与通信两端桥接的作用。

图 2-10 中，A 端实系统的应用进程 AP_A 由本地系统管理模块（LSM）协调，从最高层的应用层逐层下递到物理层，通过物理的通信接口、传输媒体，进入通信子网。通信子网内的交换设备仅包括下 3 层功能。在 B 端开放实系统将收到的信息流，由物理层起，逐层处理并上交，直至 B 端的应用进程 AP_B。同理，也可解释开放系统中 AP_B 到 AP_A 的处理过程。

2.2.4 OSI 参考模型功能简述

ISO/OSI 参考模型的每一层都是一种类型功能的集合，即由许多基本功能模块组成。每一个基本功能模块执行规程所确定的相应功能，它具有相对独立性，常称为实体（Entity）。这一节对 OSI 参考模型的 7 层功能作一概要描述。

1．物理层

物理层是 OSI 7 层模型的最低层，主要功能是为计算机等开放系统之间建立、保持和断开数据电路的物理连接，并确保在通信信道上传输可识别的透明比特流信号和时钟信号。物理层有机械特性、电气特性、功能特性和过程特性 4 个基本特性，用来提供物理连接服务。物理层协议的目标是使所有厂家的计算机和通信设备在接口上按规定互相兼容。比较典型的物理层协议有 ITU-T V 系列建议、X.21 建议和 I 系列的 I.411/I.412 接口规范。

2．数据链路层

数据链路层是 OSI 参考模型的第 2 层。其作用是屏蔽物理层的特征，面向网络层提供几乎无差错、高可靠传输的数据链路，确保数据通信的正确性。数据链路层主要解决以下两个问题：

（1）数据传输管理，包括信息传输格式、差错检测与恢复、收发之间的双工传输争用信道等。

（2）流量控制，协调主机与通信设备之间数据传输速率失配。

数据链路层的主要功能是：数据链路的建立和释放，数据链路服务单元的定界、同步、定址、差错控制和数据链路层管理。

按照不同的信息传输方式，数据链路层的协议也不完全相同，有面向字符的数据链路控制规程和面向比特的数据链路控制规程两大类。目前大多采用面向比特的数据链路控制规程，能向上层提供较高的数据透明性。基本的数据传输单元是帧（Frame）。常用的数据链路层协议有高级数据链路控制（HDLC）规程、同步数据链路控制（SDLC）规程、ITU-T X.25 的 LAPB（平衡链路访问协议）、N-ISDN I.440/I.441 LAPD 和帧中继的 LAPF 等。

3．网络层

网络层是管理和控制通信子网的重要层次，其主要功能是：路由选择和中继、激活和终止网络连接、数据的分段与合段、差错的检测和恢复、排序、流量控制、拥塞控制、一条数据链路上复用多条网络链接，以及网络层管理。

网络层的主要协议有分组交换公用数据网（X.25 网）的分组型终端设备（P-DTE）入网接口规程——ITU-T X.25 分组级。网间互通的控制信令有 ITU-T X.75 建议。此外，还有广泛流行的因特网（Internet）互联子层 IP 协议，以及 Novell 网的 IPX 协议等。

值得强调的是，从原理上来说，数据链路层提供了相对无差错的数据链路，并在网络层设有一定的检错和纠错能力，但在网络连接上仍有可能出现意外的差错。为此，通常用残留差错率和可通告的故障率来衡量差错。前者表示在网络连接上传输出错的网络服务数据单元与所有传输的网络服务数据单元总数的比值；后者表示不可恢复的差错数在可检测出的差错中所占的比例。网络服务可分为下列 3 种类型：

（1）A 型网络服务：具有小的残留差错率和小的可通告差错率；

（2）B 型网络服务：具有小的残留差错率和大的可通告差错率；

（3）C 型网络服务：具有大的残留差错率。

4．传输层

传输层是计算机通信网络体系结构的最关键的一层。它汇集下 3 层功能，向高层提供完整的、无差错的、透明的、可按名寻址的、高效低费用的端到端的通信服务，起到承上启下的作用。

传输层的主要功能是：传输连接的建立和释放、分段与合段、拼接与分割、传输协议数据站单元（TPDU）的传输、连接的拒绝、数据 TPDU 的编号、加速数据传输及重同步等。

传输层协议按照传输实体是否提供分流、合流、复用/分解、差错检测和恢复等要求，可分为 5 类，如表 2-1 所示。允许用户按不同的网络连接的服务类型来选用，一个传输连接上的同等传输实体必须协商选用同一类型或兼容类的协议操作。

表 2-1　OSI 传输协议的类别

类　别	符　号	网络连接类型	基 本 功 能
0	TP0	A	简单类
1	TP1	B	基本差错恢复
2	TP2	A	复用
3	TP3	B	差错恢复与复用
4	TP4	C	差错检测与恢复、复用

5．会话层

会话是指两个用户按已协商的规程，为面向应用进程的信息处理而建立的临时联系。会话的目标是为会话服务用户（表示实体）之间的对话和活动提供组织、协商与交互所必需的措施，并对信息传输进行控制与管理。

会话实体向会话服务用户提供如下功能：

（1）在两个会话服务用户之间建立一组会话连接，并以同步方式提供信息交换和有序的会话连接、释放；

（2）协商使用标记来控制信息交换、同步以及释放；

（3）在数据流中设置同步点，可根据会话服务用户的请求和利用已设的同步点，提供重新同步的功能；

（4）为会话服务用户提供中断与恢复会话的功能。

会话层提供交互会话的管理功能，有 3 种数据流方向的控制模式：（1）单路交互模式；（2）两路交替模式；（3）两路同时会话模式。

6．表示层

表示层主要解决不同开放实体系统互连时的信息表示问题，并描述对等实体共享的数据。在 OSI 环境中，信息的表示约定称为语法。应用实体可根据具体的应用选用不同的语法（称为局部语法）。在应用实体之间传输的信息具有公共的信息表示方法（称为公共语法），表示层的功能就是实现其语法转换。

表示层中定义了以下两种语法概念。

（1）抽象语法。对数据一般结构的描述，由应用实体来定义数据元素，例如，应用协议数据单元（APPU）。ISO 推荐的标准抽象语法是抽象语法记法.1（ASN.1）。

（2）传送语法。对等表示实体之间通信时对用户信息的描述，用于信息交换。传送语法不仅应能描述抽象语法表示的所有值，还得指明相应数据的结构。

表示实体在建立表示连接时必须协商本次连接所用的传送语法。传送语法和抽象语法之间的对应关系构成了表示上下文。表示上下文可在通信前约定，也可以在表示连接时协商确定，或者在通信过程中重新定义。一旦确定了表示上下文，对应的表示实体就可知相应的应用实体采用了何种抽象语法，以及其数据值采用何种编码予以传送。

由此可知，表示层的主要功能还包括：给应用实体提供执行会话服务的方式，提供一种确定复杂数据结构的方法，管理当前的请求数据结构组，传送语法的选择和转送，抽象语法与传送语法间的转换。此外，数据的加密/解密、压缩/解压也是表示层的任务，可看做一种特殊的编码。

7．应用层

应用层是 OSI 参考模型中的最高层，也是开放体系中直接向应用进程或用户提供服务的唯一层次。应用层的作用是：在实现多个系统中应用进程间相互通信的同时，完成一系列业务处理所需的功能。应用层负责用户信息的语义表示，并对应用进程间的通信进行语义适配。它通过应用实体、应用协议和表示服务进行信息交换，并给应用进程访问 OSI 提供唯一的窗口。应用实体包括各种支持应用进程的服务元素，主要有以下几种。

（1）公共应用服务元素（CASE），其中包括联系控制服务单元（ACSE），托付、并发和恢复（CCR）；

（2）特殊应用服务元素（SASE），其中包括文件传送、访问及管理（FATM），虚拟终端（VT），作业传送与操作（JTM），电子邮件（E-mail）等。

此外，一部分与用户有关的用户元素 UE，用作应用进程和开放系统互连，起到数据源和数据宿的作用。

2.2.5 OSI-RM 分层结构的重要概念

1. 通信协议、服务和服务访问点

在上一节简述了 OSI 参考模型 7 层的主要功能，涉及一些重要的基本概念：通信协议、服务和服务访问点。现结合层次结构的一般性表示进一步予以解释。

在多个开放系统互连的计算机通信与网络环境中，从层次的结构角度来看，除了第 7 层和第 1 层以外的任何一层，均可抽象地称为第 *N* 层（*N*），则其相邻的第 *N*+1 层和第 *N*−1 层则可写成 (*N*+1) 和 (*N*−1)。每一层都可称为开放系统的一个子系统。如前所述，在 OSI 参考模型中，采用实体这一专有名词来表示任何有收、发信息的硬件或软件进程，完成子系统所承担的处理任务。一个子系统内可以包括一个或多个实体。位于不同子系统的同一层内实体件的相互关系如图 2-11 所示。

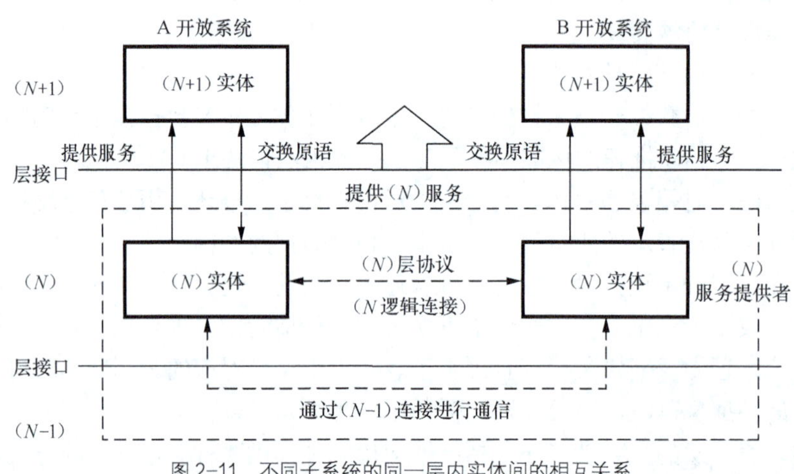

图 2-11　不同子系统的同一层内实体间的相互关系

如前所述，通信协议是指为描述计算机通信系统对等实体之间进行数据交换而建立的规则、约定和步骤，也称为网络协议或通信规程（protocol）。

图 2-11 中不同开放系统的对等的第 *N* 层实体进行通信的规则的集合，称为第 *N* 层规程，简写为（*N*）规程。注意：*N* 层与（*N*）的表示含义不同：带括号的（*N*）表示第 *N* 层，而不带括号的 *N* 表示 *N* 层。例如：想说明开放系统互连有 7 层，可抽象为 *N* 层，*N* = 7；若要叙述传输层，应为第 4 层，可用（*N*）来表示（其中 *N* = 4），则（*N* + 1）是指第 5 层，（*N* − 1）表示第 3 层。

两个第 *N* 层实体之间用虚线连接，表示第 *N* 层的逻辑连接。在第 *N* 层协议的控制下，两个第 *N* 层实体分别可向其第 *N* + 1 层提供服务，这种服务称为第 *N* 层服务。受到服务的是第 *N* + 1 层的实体，称它为第 *N* 层的“用户”。同理，（*N*）实体要执行（*N*）协议，还需要（*N* − 1）实体为其提供服务。

同一系统上下相邻两层实体之间可有联系，联系的交接点出现在层接口上，称为服务访问点（SAP）。因此，（*N*）服务是由一个（*N*）实体作用在一个（*N*）的 SAP 上来提供的。（*N*）_SAP 实际上就是（*N*）实体与（*N*+1）实体间的逻辑接口，有时也可称为端口（port）。

综上所述，分层结构的方法实质上是每一层应向其上邻层提供具有增值的服务，即利用下邻层提供的服务，并加上本层的功能特性，满足上邻层提出的某种要求。

值得指出的是，OSI 模型的每一层都是一种类型的功能的集合，由多个模块组成。

（1）相邻层实体间允许有多个 SAP，一个（*N*）_SAP 只能被一个（*N*）实体所使用，也只能为一个（*N*+1）实体所使用，如图 2-12 所示。

（2）一个（*N*）实体可向多个（*N*）SAP 提供服务，称“连接复用”，向上复用；

（3）一个（*N*+1）实体可使用多个（*N*）_SAP，称“连接分离”，向下复用；

（4）两个不同系统的（*N*+1）实体之间的信息交换，通过各自对应的（*N*）_SAP 利用（*N*）协议建立一个（*N*）连接来实现。

（5）一个 SAP 中可有多个连接端点（CEP）。每个连接的两端必须使用不同的连接端点。

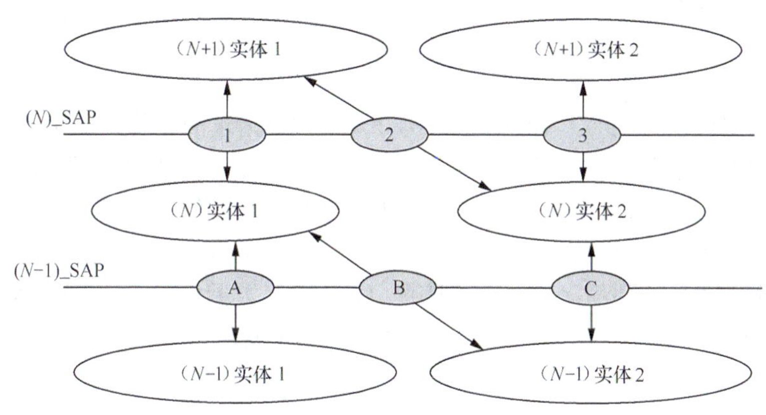

图 2-12 服务访问点和服务连接端点

2. 数据单元

在 OSI 参考模型中，数据单元（DU，Data Unit）是通信双方信息传递的单位。在各个层次（除第 1 层外）都由通信双方协议来规定其格式。图 2-13 所示的数据单元可归纳为下列几种类型。

（1）协议数据单元（DPU）。在不同的开放系统的对等实体间交换信息是在相关层的通信规程控制下完成的，这类信息传送单元称为协议数据单元（PDU）。它由下列两部分组成：

① 上一层的服务数据单元（SDU）；

② 本层的协议控制信息（PCI）。

PCI 一般作为头标（也称标题、报头）加在 SDU 之前，用于指示一个实体执行一种服务控制功能。但在数据链路层常有 PCI 头标置于 SDU 之前，而 PCI 尾标则放在 SDU 之后。

（2）接口数据单元（IPU）。在同一开放系统的相邻层间实体的一次交互中，通过 SAP 的信息传递单元成为**接口数据单元**（IDU）。根据层间接口的特性，IDU 的大小是有规定的，但 IDU 与相应的 PDU 大小并不一定存在直接的对应关系。例如，PDU 定义为 1 024 字节，但并行接口可能只允许每次只通过 1 个字节。另外，PDU 在通过层间接口时，还需加上一定的控制信息，诸如说明通过的 PDU 的长度，或者说明有无加速传送等。这些控制信息称为**接口控制信息**（ICI），这些 ICI 仅对 PDU 通过接口时才用，对下一层的 PDU 并无影响。因此，接口数据单元 IDU 是一个 PDU 加上适当的 ICI，经过 SAP 后，可将原先加上的 ICI 去掉。

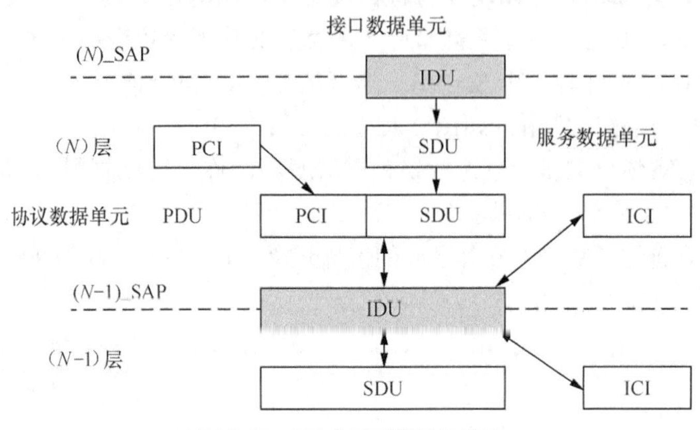

图 2-13　OSI 参考模型数据单元

（3）服务数据单元（SDU）。为实现（$N+1$）实体所请求的功能，（N）实体服务所需设置的数据单元称为服务数据单元（SDU）。实际上，SDU 是一个供接口调用的数据，只需要在（N）连接的两端保持其大小一致，与传送过程中所产生的变化无关。

在简单的情况下，任一层的 SDU 与其上一层的 PDU 是相对应的，则（N）SDU 就相当于该（N）层的用户数据。然而，在更多情况下，（N）SDU 大于（N）协议所要求的（N）PDU，则必须要对（N）SDU 进行“分段”处理，显然分段后的每个 SDU 应加上相应的 PCI，以便于收端能区分同属一个（N）SDU 的若干个 PDU。反过来，当 SDU 小于 PDU 所要求的长度时，可将若干个 SDU（配上各自的 PCI）合并成一个 PDU，这称作“合段”。

3．数据传输流程

OSI 环境中对等实体间通信数据封装与拆封的传送流程如图 2-14 所示。

在源端，系统的应用进程 AP_A 将用户数据送入应用层，在此层加封 AH（应用层协议的头标，或称标题）作控制作用，组成 APDU。通过 P_SAP 传到表示层；同样加封 PH，组成 PPDU。依此类推，直到第 2 层，控制信息分别加在数据单元的头（LH）、尾（LT），形成 LPDU，称帧。第 1 层只是比特流的传送，所以不必再加任何控制信息。

由图 2-14 可见，系统 A 作发送端时，对用户数据逐层加封（encapsulation），当一连串比特流经传输介质送到系统 B 后，从低到高层，由每一层实体来分析控制信息头标的内容并作出必要的操作，然后再拆封，将数据单元上交到高一层，依次处理直到应用进程 AP_B。

4．通信原语

当（$N+1$）实体向（N）实体请求服务，或（N）实体向（$N+1$）实体提供服务时，服务用户与服务提供者之间进行的交互操作采用通信原语。

OSI 规定了每一层可使用的下列 4 个通信原语：

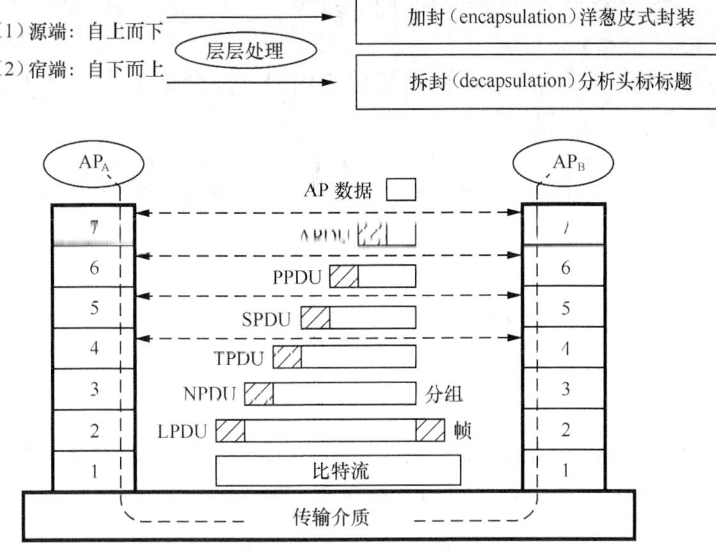

图 2-14　对等实体间通信数据封装与拆封的传送流程

请求（Request，或简写为 Req）；

指示（Indication，或简写为 Ind）；

响应（Response，或简写为 Resp）；

确认（Confirm，或简写为 Conf）。

图 2-15 示出了这 4 种通信原语的相互关系。图 2-15（a）是空间表示法，纵向代表层次，带圆的数字表示原语的使用顺序；图 2-15（b）是时间表示法，纵向代表时间。现假定图中系统 A 的用户要求与系统 B 的用户进行通信，其工作过程如下所述。

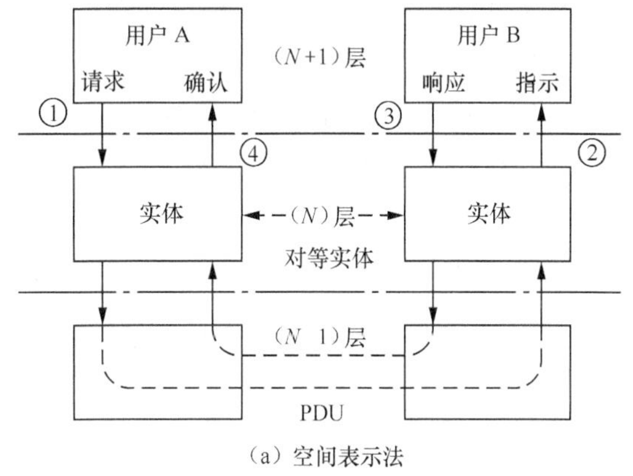

（a）空间表示法

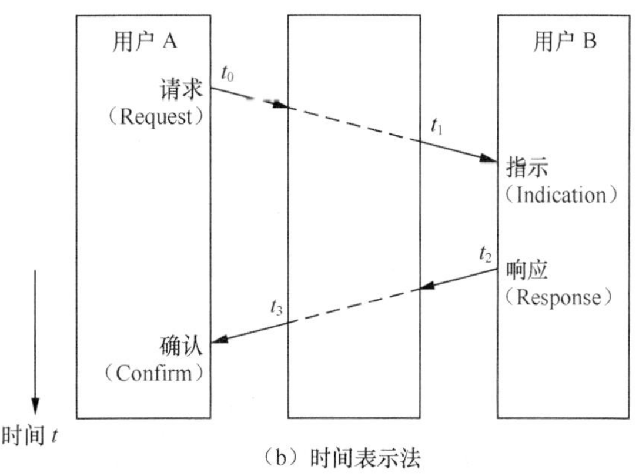

（b）时间表示法

图 2-15　通信原语的相互关系和表示方法

系统 A 的用户发出①请求原语，调用服务提供者（*N*）实体的某个进程，（*N*）实体则向对方发出一个 PDU。当系统 B 的（*N*）实体从网络收到该 PDU 后，就向其服务用户发出②指示原语。系统 B 的（*N*）服务用户调用了一个适当的协议过程，或由（*N*）实体已调用了一个必要的过程。过后，服务用户 B 发出③响应原语，用以完成“指示”原语所调用的过程，这时（*N*）协议产生 PDU，通过网络到达系统 A 的（*N*），系统 A 的（*N*）服务实体发出④确认原语，表示已完成了先前系统 A 的服务用户的请求原语调用的过程。

应当指出，一个完整的服务原语是由 3 部分组成：

原语名字 原语类型 （原语参数）

例如，请求建立传输连接的服务原语是指传输用户（即会话实体）要利用传输层提供的服务建立传输连接（Connect）的请求原语，可表示为：

T_CONNECT.request（被叫地址、主叫地址、优先级别、服务质量、用户数据）

服务原语也是 OSI-RM 中的一个抽象概念，在编程实现的过程中，要使用中断、函数调用、系统调用或操作系统内核所提供的进程控制机制。

（1）从使用角度，服务原语类型可分为：

① 确认（或证实）型，使用 4 种原语；

② 非确认型，仅使用请求原语、指示原语。

（2）从通信的角度看，服务方式可分：

① 面向连接（Connection Oriented）服务，如 X.25 分组网、帧中继、ATM 网；

② 无连接（Connectionless）服务，如 Internet，LAN。

2.3 因特网 TCP/IP 协议栈

因特网（Internet）的分层协议体系结构为全球信息联网奠定了基础。实际上，因特网是一个虚拟网，就像在图 1-5 中用一朵云来表示那样，所谓虚拟网是指：因特网由许许多多的网互连而成的，如图 2-16 所示。它执行 TCP/IP 协议栈（TCP/IP Stacks，也有译为协议集，或协议簇），并定义任何可以传输分组的通信系统均可看做为网络。因此，因特网具有网络对等性，即不论复杂的网络，还是简单的网络，甚至两台链接的计算机也算一个网络。它是依托在物理网络上运行，但与网络的物理特性无关。

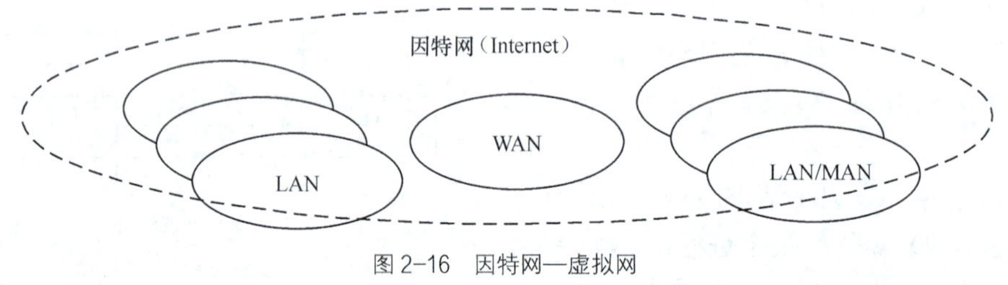

图 2-16 因特网—虚拟网

2.3.1 TCP/IP 分层体系结构

基于硬件层次上执行 TCP/IP 协议栈的因特网，如同 OSI 参考模型那样，由 4 个概念性层次组成，自上而下为应用层、传输层、网间互连子层（IP 子层）和网络接口层，如图 2-17 所示。图中也给出了 OSI-RM 的 7 个层次，以便对照。

1．应用层

应用层（Application Layer）对应于 OSI-RM 的高 3 层（应用层、表示层、会话层），用户通过 API（应用进程接口）调用应用程序来运用 TCP/IP 因特网提供的多种服务。应用程序负责收、发数据，并选择传输层提供的服务类型，如连续的字节流，独立的报文序列，然后按传输层要求的格式递交。

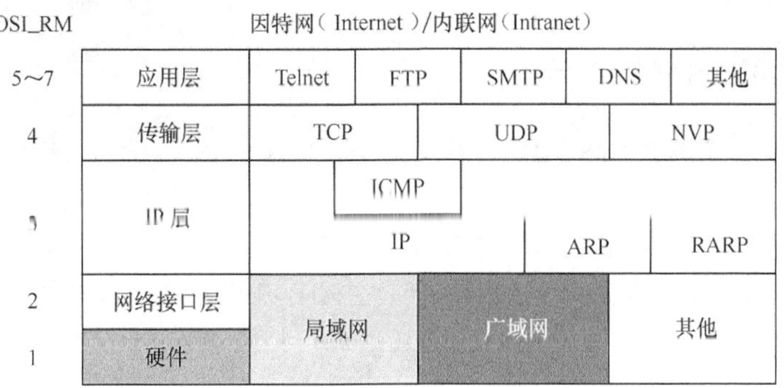

图 2-17 因特网 TCP/IP 分层体系结构

常用的基本服务程序有：远程登录（Telnet）、文件传输协议（FTP，File Transfer Protocol）、简化邮件传送协议（SMTP，Simple Mail Transfer Protocol）、域名系统（DNS，Domain Name System）。此外，还有普通文件传输协议（TFTP，Trivial File Transfer Protocol）、网络文件系统（NFS，Network File System）、网络信息系统（NIS，Network Information System）、简单网络管理协议（SNMP，Simple Network Management Protocol）等。

随着网络应用的不断发展，应用层的新服务正在不断涌现。

2. 传输层

传输层（Transport Layer）提供端到端应用进程之间的通信，常称为端到端（End-to-End）通信。该层的网络协议有：传输控制协议（TCP，Transport Control Protocol）、用户数据报协议（UDP，User Datagram Protocol）、IP 电话所用的数字话音协议（NVP，Numerical Voice Protocol）。

传输控制协议（TCP）提供可靠的信息流传输服务，确保无差错地按序到达对端。而 UDP 提供无连接的用户数据报服务。

3. 网间互连层

网间互连层（Interconnection Layer），常称为 IP 层，负责异构网或同构网的计算机进程之间的通信。它将传输层的分组封装为数据报（Datagram）格式进行传送，每个数据报必须包含目的地址和源地址。在因特网中，路由器或路由交换机是网间互连的关键设备，路由选择算法是网络层（包括互连子层）的主要研究对象。

这层主要协议有：网络互连协议（IP，Internet Protocol）、互连网控制报文协议（ICMP，Internet Control Message Protocol）、地址转换协议（ARP，Address Resolution Protocol）、反向地址转换协议（RARP，Reverse Address Resolution Protocol）等。

4. 网络接口层

网络接口层（Network Interface Layer）是 TCP/IP 协议栈的最下层，主要负责与物理网络的连接，实际上算不上一个独立的层次。网络接口包含各种设备驱动程序，也可以是一个具有下 3 层协议的通信子网。支持现有网络的各种接入标准，如广域网的数据通信子网，包括 X.25 分组交换网、DDN、FRN、ATM 网等；局域网和城域网如以太网（Ethernet）、以及 PPPoE 等。

2.3.2 TCP/IP 模型的工作机理

TCP/IP 模型的工作机理如图 2-18 所示，概述了两台主机 A、B 上的应用程序之间的通信过程。主机 A 通过应用层、传输层、网络互连层（IP 层）到网络接口层进入网络 1，按网络 1 的帧 1 格式传送和处理；路由器收到网络 1 的帧 1，在 IP 层加以识别数据报头，选择转发路径，按网络 2 的格式形成帧 2，流经网络 2，主机 B 在网络 2 中获取帧 2，经 IP 层、传输层、应用层到达主机 B；主机 B 到主机 A 的通信过程类似于 A⇒B 方向的通信过程。

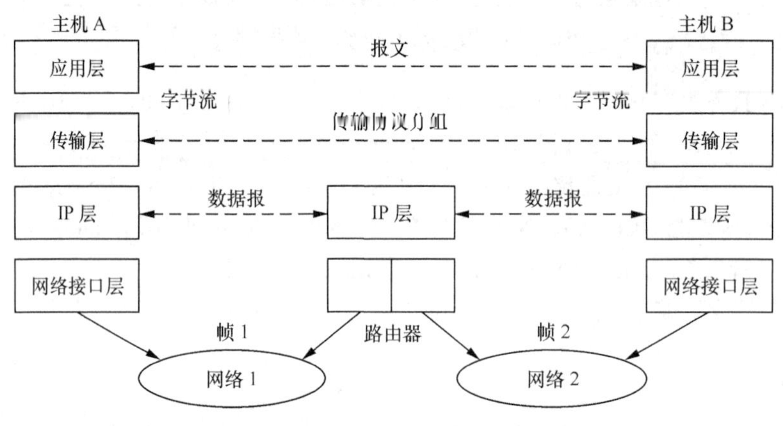

图 2-18 因特网上 TCP/IP 模型的工作机理

在实现 TCP/IP 分层模型的工作机理时，还需理解层间的界限，如图 2-19 所示。由图 2-19 可见，存在两个界限：（1）应用程序与操作系统（OS）之间的界限；（2）协议地址的界限。

一般地，在因特网中，软件分为操作系统软件和非操作系统软件。应用层程序是非操作系统软件，操作系统软件集成了通信协议软件，目的是减少在协议软件的低层间进行数据传送的开销。

在 IP 层之上的所有协议软件只使用 IP 地址，在网络接口层使用具体网络的物理地址。

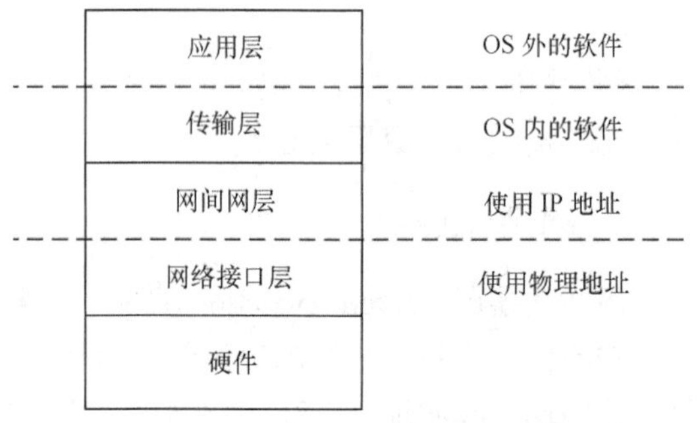

图 2-19 TCP/IP 分层模型的界限

2.4 网络设备

2.4.1 概述

在网络工程中，网络设备的选择成为组网的必然。网络设备是通称，泛指网络所用的不同制造商生产的各类品牌、各类规格的产品。计算机网络本身就是一个复杂的大系统，因而涉及的网络设备包罗万象，出现频度高的诸如交换机、路由器、网关、调制解调器、集中器、复用器、中继器等。

就交换机而言，每一种网络都会设计出适用于该网络的各类规格的设备。例如，公用数据网有 X.25 分组交换机、帧中继（交换）机、ATM 交换机等；固话网中使用程控电话交换机；移动网中特设适用移动业务的交换机等；而计算机局域网中使用以太交换机，这些设备的工作原理将在第 5 章介绍。

当前，因特网全球普及，网间互连设备在校园网、企业网中广泛使用。网间互连设备主要有中继器、网桥、路由器和网关。表 2-2 列出了网间互连设备在计算机网络体系结构中对应的层次。

表 2-2　互连设备的对应层次

网络互连设备	体系结构中对应的层次
中继器	物理层
网桥	数据链路层
路由器	网络层
网关	高层

2.4.2 网间互连设备

1. 中继器

中继器（Repeater）也叫再生器，主要是将信号整形后转发，不对比特流进行任何控制处理，一般含两个端口，连接两个网段的传输介质，用来延伸传输距离，如图 2-20 所示。中继功能在物理层上实现。

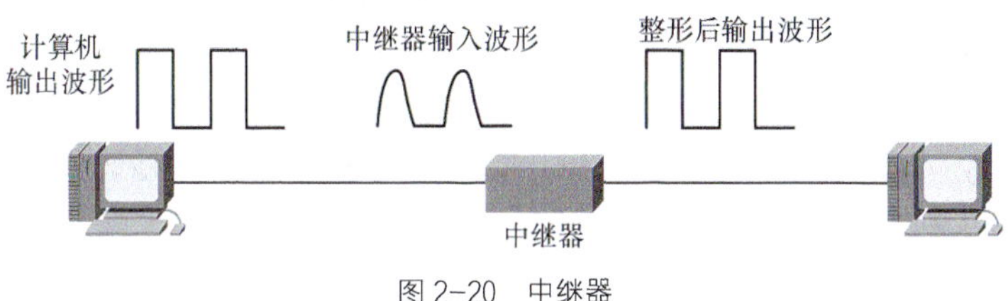

图 2-20　中继器

Hub（集线器）是内部具有总线结构的多端口中继器，图 2-21 给出了 TL-HP16MU TP-Link Hub，在前面板上设 16 端口（RJ-45），每个端口下方为状态指示灯。

图 2-21　TL-HP16MU TP-Link Hub

Hub 就是一种共享设备，本身不能识别目的地址，在以 Hub 为中心架构的一个局域网上，当 A 主机给 B 主机传输数据时，比特流是经过 Hub 以广播方式转发的，也就是连网的所有主机均能收到。因此，物理上呈现星型拓扑结构，而逻辑功能上仍为总线结构，只是将总线浓缩在 Hub 内，因而在网上数据传输时同样会产生冲突。

2．网桥

网桥（Bridge）是在数据链路层实现同构型 LAN 的互连。网桥在网络互连中的功能是接收、转发数据帧、MAC 地址过滤。当一台计算机内插上两张网卡后，并配上网桥软件，就可通过网卡连接两个 LAN，实现网桥的基本功能。目前，除了在无线局域网的互连上尚有应用，网桥基本上退出了市场。

在网桥的基础上，进而发展为支持多端口的以太交换机（见图 2-3）来实现数据链路层的 LAN 互联。

3．路由器

路由器（Router）是当前因特网中必不可少的网间互连设备，在网络层实现多协议路由的转换。为此，专设 2.4.3 小节，结合思科公司的 Cisco 1841 路由器，阐述路由器的工作原理、基本组成和通信接口。

4．网关

网关（Gateway）是网间协议转换设备，通常是实现传输层以上的协议转换功能。但不少文献将中继器、网桥、路由器都统称为网关，或网间连接器。

2.4.3　Cisco 1841 集成多业务路由器

Cisco 1841 集成多业务路由器能够以线速提供安全的数据访问应用，从而为中小企业和小型分支机构提供全套功能和灵活性，以便实现安全的互联网和内部网接入。它能够借助多种先进的安全服务和管理功能支持思科自防御网络，这其中包括硬件加密加速、IPSec VPN（AES、3DES、DES）、防火墙保护、内部入侵防御（IPS）、网络准入控制（NAC）和 URL 过滤支持等。Cisco 1841 属 SOHO 级接入路由器，适合用于中小企业和小型分支机构。

1．路由器的基本组成

路由器就是计算机，这话是出自 Cisco 公司培训教材的用语。图 2-22 给出了路由器的基本组成，可见它含有许多计算机中常见的硬件和软件组件，包括：CPU、RAM、ROM 和操作系统（IOS）。

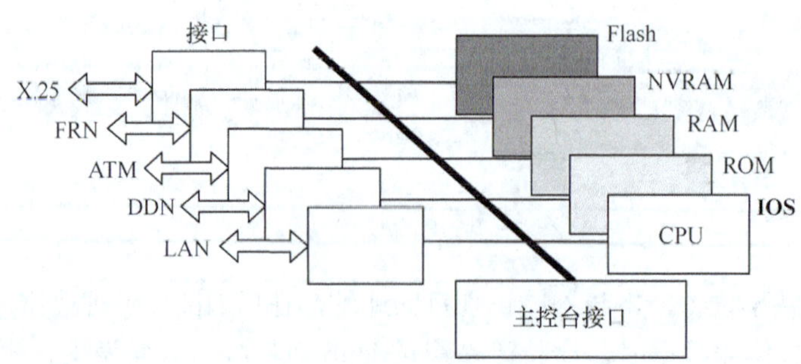

图 2-22　路由器的基本组成

（1）只读存储器（ROM）：在 ROM 中存放着上电自检程序、Bootstrap 程序和网络操作系统软件（Cisco IOS）等程序。

（2）随机存储器（RAM）：在 RAM 中存放路由表，并充当地址查询协议高速缓存、快速交换缓存、报文缓冲和报文队列等。

（3）非易失性随机存储器（NVRAM）：NVRAM 用来存储路由器的配置文件，掉电后仍可保持其内容。

（4）可擦可编程只读存储器（Flash）：Flash 用来保存操作系统的镜像文件和微码，掉电后仍然保持内容。网络管理员可以通过替换其中操作系统镜像文件和微码来进行系统软件的升级。

（5）主控台接口（Console）：网络管理员用来对新购路由器初次进行配置接口。

（6）接口（Interface）：它是数据报出、入路由器的网络连接端口，可集成在系统的主板上或在独立的模块上。图 2-22 中给出各种的网络接口，包括公用数据网接口（X.25 分组网、帧中继网、数字数据网 DDN、ATM 网等和 LAN），应根据需要来选择。通常，不同档次的路由器配置不同的网络接口，可查阅系列产品手册。例如，Cisco 1841 路由器仅提供 2 个快速以太网基本接口（10/100Base-T），如图 2-23 所示。图 2-23（b）插入（1）4 端口 Cisco EtherSwitch 10BASE-T/100BASE-TX 自适应 HWIC（高速 WAN 接口卡）；（2）高速 WAN 接口卡（HWIC）。

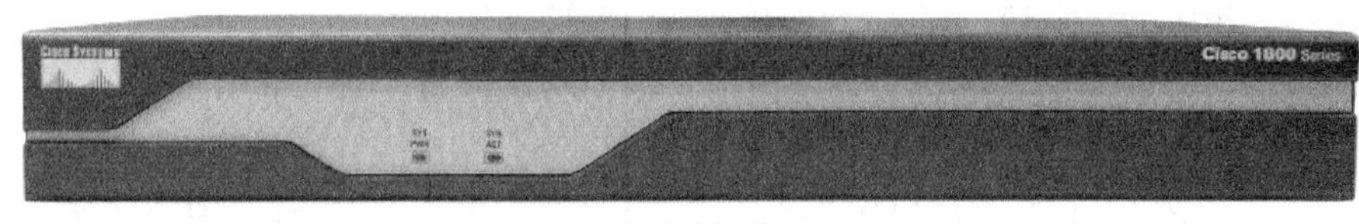

（a）1841 路由器正面

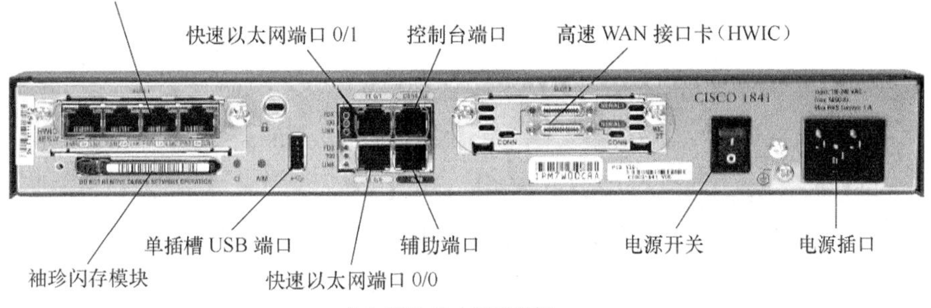

（b）1841 路由器后面板

图 2-23　Cisco 1841 集成多业务路由器

路由器系统将按下列过程进行初始化。

（1）由 ROM 中驻留程序执行**上电自检程序**，检测所有模板，并进行最基本的 CPU、内存和接口环路测试；

（2）引导程序（Bootstrap）将操作系统镜像文件装入主存；

（3）如何引导系统由配置寄存器决定，Boot system 命令可以设定装载路径；

（4）操作系统从低端地址开始装入内存，一旦装载成功，系统将检测系统硬、软件元素并在主控台上列出部件清单；

（5）存储在 NVRAM 中的配置文件被装入主存并逐行执行，配置文件启动路由进程。提供接口地址、设置用户、设置介质属性、设置访问控制表等。如果 NVRAM 中没有合法的配置文件，则操作系统将执行安装对话过程；

（6）在安装对话过程中，系统提示配置信息，提示网络管理员来进行路由器的配置（缺省配置出现在问题后的方括号内）；

（7）在安装过程结束后，系统提示是否保存配置信息，按 YES 保存，NO 退出；

（8）系统立即装载配置信息到主存，进入正常运行。

2．路由器工作原理

路由器是因特网的核心。当前使用 IPv4 所规定的 IP 数据报（也有简称为 IP 包）作为基本的传送单元，路由器主要工作是对 IP 数据报按无连接模式进行存储转发，具体处理过程如下。

（1）当路由器从物理端口收到比特流，按网络接口的数据链路功能模块，进行数据帧完整性验证，过后从帧中信息字段解封出 IP 数据报；

（2）路由器分析 IP 数据报头标（header）的目的 IP 地址，在路由表查找下一跳的 IP 地址，并将头标的生存期（TTL，Time To Live）值减 1，再对头标计算校验和（Checksum）；

（3）根据路由表中所查到的下一跳 IP 地址，将 IP 数据报送往相应的输出端网络接口链路层，被封装上相应的数据帧，然后经输出网络物理接口转发出去。

简言之，路由器的关键点就是为经过路由器存储转发的每个数据报寻找一条最佳传输路径，并将该数据报有效地传送到目的 IP 地址的站点。

在组网中路由器的性能则是决定网络性能的主要因素。在路由器中路由表（Routing Table）保存着各种传输路径的相关数据，供路由选择时使用。选择什么路径策略（或优化的路由算法）是学习的重点（在第 7 章介绍），也是研究路由器的关键问题之一。

3．Cisco 1841 路由器的特性

Cisco 1841 路由器可安全、快速、高质量地为中小型企业和小型企业分支机构提供多种并发服务。Cisco 1841 路由器可提供的安全特性归纳如下。

（1）提供了由可选 Cisco IOS 软件安全镜像支持的、基于硬件的内嵌加密；

（2）通过一个可选 VPN 加速模块对 VPN 性能的进一步改进；

（3）入侵防御系统（IPS）和防火墙功能；适用于各种连接需求的接口，包括对可选集成交换端口的支持；

（4）充足的性能和插槽密度，可用于未来网络扩展和先进应用以及集成的实时时钟。

2.5 计算机通信与网络标准化机构

计算机通信与网络涉及通信的双方或多方，其中包括点与点、点与多点、端与端的信息交互。为确保网络环境下实现互连、互通，标准化有利于系统的异构组成，也给用户提供了选择使用的灵活性。标准化的程度是衡量计算机通信与网络系统的重要质量指标之一。一般

来说，标准的制定有利于技术的发展，将激励大批量生产，降低成本；但有时各方意见不一的争执会给新技术的推广应用产生了牵制作用。

本节主要介绍一些制定标准的**组织与机构**。[1][21][22]

1. 国际电信联盟

（1）ITU 的组织机构和职能。国际电信联盟（ITU，International Telecommunication Union）成立于 1865 年。1947 年联合国成立时，国际电信联盟是联合国下设的电信专门机构，是一个政府间的组织。

1956 年，原先国际电报咨询委员会（CCIT）和国际电话咨询委员会（CCIF）合并成为国际电报电话咨询委员会（CCITT，Consulative Committee International Telegraph and Telephone），主要涉及电报和电话两项基本业务。随后通信业务种类不断增加，CCITT 仍沿用这个词语。实际上，CCITT 制定了所有的电信通信的建议标准，而 CCIR 负责无线电通信标准与频率划分。1993 年 2 月 28 日，ITU 的重组设立了下述 3 个部门。

① ITU-T：电信标准化；

② ITU-R：无线电通信规范；

③ ITU-D：电信发展。

ITU 的总部设在日内瓦，其内部结构采用“联邦制”。ITU 最高职位是“秘书长”，常设职能部门是“局”，其中包括电信标准局（TSB）、无线电通信局（RB）和电信发展局（BDT）。不同的活动由 3 个部门分担，这 3 个部门在很大程度上负责所有的 ITU 活动。以前的 CCITT 更名为 ITU-TSS（国际电信联盟电信标准化部门），缩写为 ITU-T，它的主要职能是研究技术、操作和资费课题，制定全球性的电信标准，涉及制定无线电通信（原 CCIR 的工作范围）的标准。而 ITU-R 仅负责无线电频率管理。

（2）ITU-T 的标准化工作。无论是以前的 CCITT，还是现在的 ITU-T，其标准化工作都是由很多研究小组（SG）来完成的。每个 SG 都负责电信的一个领域（传输、交换、话音和非话音网等）。除此之外，其他的一些国际组织、科技协会和公司等也可以派专家来参加标准化工作。

每个 SG 的成员最多可以有 400 多人。因此 SG 又分成许多工作组（WP），WP 可以再细分成专家组，甚至可以分得更细。

各个 SG 制定自己领域内的标准。在 1988 年以前，这些标准的草案必须提交给 4 年 1 次的代表大会，获一致通过才能正式成为标准。在 1993 年 3 月的 ITU 会议上，决定采用“加速程序批准新建议和修改建议”的方案。按照这种新的方法，标准的草案只要在 SG 会议上被通过，便可用信函的方法征求其他代表的意见，如果 80%的回函是赞成的，则这项标准就算获得最后通过，而且不再发行成套的建议书。自 1998 年起，ITU-T 加强了与 ISO、IETF 的合作与沟通，并使 TSB 原来每 4 年审批一次建议的周期缩短到 2 个月，提高了效率。

ITU-T 制定的标准被称为“建议书”，意思是非强制性的、自愿的协议，现已生效的 ITU-T 建议书有 2 700 份。表 2-3 列出了 ITU-T 系列建议分类汇总。

ITU 的网站地址：www.itu.int。

表 2-3　　ITU-T 系列建议分类（摘自网站 www.itu.int）

A 系列	Organization work of the ITU-T	ITU-T 组织工作
B 系列	Means of expression: definition，symbols，classification	表示方法：定义、符号、分类
C 系列	General telecommunication statistics	电信汇总
D 系列	General tariff principles	总则
E 系列	Overall network operation，telephone service，services operation and human factors	全网运行，电话业务，业务运行和人为因素
F 系列	Non-telephone telecommunication services	非话电信业务
G 系列	Transmission systems and media，digital systems and network	传输系统和介质，数字系统与网络
H 系列	Audiovisual and multimedia systems	视听和多媒体系统
I 系列	Integrated services digital network	综合业务数字网
J 系列	Transmission of television，sound programmed and other multimedia signals	电视、音频和其他媒体信号
K 系列	Protection against interface	接口防护
L 系列	Construction，installation and protection of cables and other elements of outside plant	电缆和其他室外基础的防护
M 系列	TMN and network maintenance: international transmission systems，telephone circuits，telegraphy，facsimile and leases circuits	电信管理网和网络维护：国际传输系统，电话回路，电报，传真和租用线路
N 系列	Maintenance: international sound programme and television transmission circuits	国际声音节目和电视传输电路
O 系列	Specifications of measuring and equipment	测量与设备规范
P 系列	Telephone transmission quality，telephone installations，local line networks	电话传输质量，电话安装，本地网
Q 系列	Switching and signaling	交换与信令
R 系列	Telegraph transmission	电报传输
S 系列	Telegraph services terminal equipment	电报业务终端设备
T 系列	Terminals for services	远程信息处理业务终端
U 系列	Telegraph switching	电报交换
V 系列	Data communication over the telephone network	电话网上数据通信
X 系列	Data network and open system communications	数据网与开放系统通信
Y 系列	Global information infrastructure	全球信息基础设施
Z 系列	Programming languages	编程语言

2．国际标准化组织

国际标准化组织（ISO，International Standard Organization）是一个综合性的非官方机构，具有相当的权威性，它由各参与国的国家标准化组织所选派的代表组成。ISO 下设各技术委员会（TC），其中 TC97 从事信息处理技术的研究，TC97 中的 SC6 负责数据通信的标准，SCl6 负责有关开放系统互连参考模型 OSI-RM。由于 ISO 的 TC97 所研究的问题与另一个重要的国际标准化组织——国际电工委员会（IEC，International Electro technical Commissions）的 TC83 有密切的联系， ISO 和 IEC 于 1987 年决定成立一个新的联合机构——联合技术委员会（JTC，Joint Technical Commissions）来负责制定有关信息处理的标准。也就是说，由 ISO/IEC JTCl 替代原来的 ISO TC97，JTC 后面的数字编号是考虑到今后发展的余地而设立的。ISO/IEC JTCl 下属的各分委员会 SC 的名称仍使用原来 TC97 中的各分委员会的序号。

ISO 的网站地址：www.iso.org。

3．美国电子工业协会

美国电子工业协会（EIA，Electronic Industries Association）是美国电子工业界的协会，它主要从事与 OSI 模型中物理层有关的标准制定。它颁布的最出名的标准是 RS-232C，这是一个应用于 DTE 和 DCE 之间的串行接口标准。与此相对应的 TIA 是电信行业协会，现常与 EIA 共同颁布标准。

4．美国国家标准学会

美国国家标准学会（ANSI，American National Standard Institute）是美国全国性的技术情报交换中心，协调在美国实现标准化的工作。它还是国际标准化组织 ISO 中美国指定的代表成员。

著名的电气与电子工程师学会（IEEE，Institute of Electrical and Electronic Engineering）也是 ANSI 的成员之一，主要从事 OSI 模型中物理层和数据链路层的协议的制定工作，制定了 LAN 和 MAN 的 IEEE 802 系列标准，ISO 接纳该系列标准，定为 ISO 8802。

IEEE 的网站地址：www.ieee.org。

5．欧洲计算机制造商协会

欧洲计算机制造商协会（ECMA，European Computer Manufacturers Association）是一个由在欧洲销售计算机的厂商（包括在欧洲的一些美国公司）所组成的标准化和技术评议机构，致力于计算机和通信技术标准的协调和开发。ECMA 的一些分委员会积极地参与了 ISO 和原 CCITT 的工作。

6．欧洲电信标准机构

欧洲电信标准机构（ETSI，European Telecommunication Standard Institute）是由从事电信的厂家和研究所参加的一个从研究开发到标准制定的机构，得到欧共体各国政府的资助。

7．因特网体系结构委员会

1983 年，由原 DoD（美国国防部）创建的信息委员会更名而设立因特网体系结构委员会（IAB，Internet Architecture Board）。随着因特网的规模日益庞大，1989 年，IAB 又一次重组，设立因特网工程任务组（IETF，Internet Engineering Task Force）和因特网研究任务组（IRTF，Internet Research Task Force）。IETF 负责现有因特网上所待解决的课题，而 IRTF 则侧重因特网长远的研究规划。通过颁布技术报告 RFC（Request For Comments）请求评述，至今已有 3 000 余份，可在网上查询，网址：www.ietf.org。

8．中国国家标准局

中国国家标准局制定并颁布我国的国家标准，其标准代号均为 GB****.**，每个*表示 1 位十进制数字，前 4 位是标准号，后 2 位是表示颁布的年份。如 GB2312-80 是我国国家标准局在 1980 年颁布的信息交换用汉字编码字符集的基本集（中文简体标准），每个汉字由两个字节来表示。中国国家标准局网址：http://www.chinagb.org/。

本 章 小 结

1．网络工程的 4 个阶段：网络规划、网络设计、网络实施和网络维护。

2．知识点从“识网”转向“组网”，从网络设计的角度，选择合理的网络拓扑结构是组网的基本内容。

3．网络拓扑结构的典型类型：星型、总线型、环型和树型。在广域网中，一般为不规则形拓扑（Abnormity Topology）结构，有时通常称为网状网（Mesh Topology）。常采用层次型网络拓扑结构：主干层、分布层和接入层。

4．计算机通信的网络体系结构实际上就是结构化功能分层和网络协议（规程）的集合。也就是从逻辑功能上构筑计算机进程之间相互通信的层次化结构、不同系统对等层之间通信协议以及同一系统相邻层间的接口服务的集合。

5．ISO 7498 标准定义 7 层功能的 OSI-RM，用于异种计算机应用进程间的通信，描述了网络体系结构的对象的类型、关系及约束。

6．因特网给出了 TCP/IP 协议栈的 4 层结构，自上而下分别为：应用层、传输层、网络互连层以及网络接口层。

7．网络协议是指描述计算机通信系统对等实体之间进行数据交换而建立的规则、约定和步骤的集合，也称为通信协议，或通信规程（protocol）。一个网络协议，应包含三个基本要素： 语义（semantics）、语法（syntax）和定时规则（timing）。

8．一个系统中的相邻上下层次间的信息传递是通过 SAP 实现的，下一层为相邻的上一层提供服务，其服务由本层实体执行，细节对上一层屏蔽；上层对下一层提出服务的要求。

9．网络设备泛指网络所用的不同制造商生产的各类品牌、各类规格的产品。出现频度高的诸如交换机、路由器、网关、调制解调器、集中器、复用器、中继器等。因特网上网间互连设备主要有中继器（Hub 集线器）、网桥、路由器和网关。

10．本章仅介绍 Cisco 1841 集成多业务路由器，属 SOHO 级接入路由器，适合用于中小企业和小型分支机构。

11．国际电信联盟（ITU）是联合国的一个专门机构，制定电信标准；国际标准化组织（ISO）是一个全球性的非政府组织，是国际标准化领域中一个十分重要的组织。IETF 和 IRTF 是因特网 IAB 属下的任务组，有关协议文档以 RFC<编号>命名，至今已出 RFC 6082（2010-11）。

复 习 题

1．计算机网络的拓扑结构种类有哪些？各自的特点是什么？

2．下载思科公司的软件 Packet Tracer 5.3，在微机上安装。安装完成后，使用该软件绘制图 2-1 的网络拓扑结构图。

3．什么是网络体系结构？为什么要定义网络的体系结构？

4．什么是网络协议？由哪几个基本要素组成？

5．OSI 参考模型的层次划分原则是什么？画出 OSI-RM 模型的结构图，并说明各层次的功能。

6．实系统、开放实系统和开放系统三者有何区别？

7．试述 OSI 服务与协议之间的关系及区别。

8．试述 OSI-RM 中 3 种类型数据单元之间的关系。

9．在 OSI 参考模型中各层的协议数据单元（PDU）是什么？

10．试述 OSI-RM 中网络层的服务类型。什么是残留差错率？什么是可通告的故障率？

11．试述 OSI-RM 中传输协议的类型。传输服务向传输服务用户提供哪些功能？

12．传输服务质量用什么来描述，有哪些参数？

13．什么是“会话”？它与“对话”有什么区别？

14．为什么要设立表示层？试举例说明其必要性。

15．什么是应用实体？它们由哪些元素组成？这些元素的作用各是什么？

16．什么是证实型服务与非证实型服务？面向连接服务属于哪一种类型的服务？

17．设有一个系统具有 n 层协议，其中应用进程生成长度为 m 字节的数据，在每层都加上长度为 h 字节的报头，试计算传输报头所占用的网络带宽百分比。

18．试比较 OSI-RM 与 TCP/IP 模型的异同点。

19．在 OSI 模型中，各层都有差错控制过程。试指出：以下每种差错发生在 OSI 的哪些层中？

（1）噪声使传输链路上的出错，即一个 0 变成 1 或一个 1 变成 0。

（2）一个分组被传送到不正确的目的站。

（3）收到一个序号有错的帧。

（4）分组交换网交付给一个终端的分组序号是不正确的。

（5）一台打印机正在打印，突然收到一个错误的指令，要打印头回到本行的开始位置。

（6）在一个半双工的会话中，正在发送数据的用户突然开始接收对方用户发来的数据。

20．试用 Packet Tracer 5.3 软件查看 Cisco 1841 集成多业务路由器后面板，如何更换网络接口插件？

第3章 数据传输与通信接口

第 2 章在 ISO/OSI-RM 中简述了物理层的基本功能，物理层的作用是为其服务用户（数据链路层）在一条数据电路上提供收发比特流的能力。物理层直接面向着各式各样的传输介质、各种不同的通信方式，涉及比较多的物理层规程或建议。具体的物理层协议是比较繁杂的，而且日常维护、运行和管理的大量工作都是与物理层有关[3]。

这些功能并不是指具体所要连接的计算机等设备和传输介质，但是计算机一类数据终端设备（DTE，Data Terminal Equipment）之间的通信又必须通过具体的设备和传输介质来完成信息的传输。数据传输是传播处理信号的数据通信，将源站的数据编码成信号，沿传输介质传播到目的地。数据传输是实现数据通信的基础，数据通信是构成计算机通信与网络的基础。

本章所阐述的内容：首先，介绍数据通信传输介质的分类及基本特性；其次，阐述模拟传输和数字传输之间的关系、数据传输质量参数、多路复用技术以及传输系统；最后，介绍 DTE-DCE 之间通信接口的特性与相关建议。

3.1 传输介质及其特性

传输介质是计算机通信与网络的重要组成部分，特别是在远程的网络工程投资中占有很高的比例。因此，如何利用传输介质是网络技术和应用的一个基本问题[3][6][9]。传输介质可以分为线传输介质（有线线路）和软传输介质（无线信道）两类。前者包括双绞线、同轴电缆及光缆等；后者主要包括无线电波、地面微波、卫星微波及红外线传输技术等。

从传输系统的设计目标来看，首先关注的是数据传输速率和传输距离，一般来说，数据传输速率越高、允许传输距离越远为优选。不同的传输介质具有不同的传输特性，传输介质的特性影响着数据的传输质量。

3.1.1 线传输介质

1．双绞线

双绞线（TP，Twisted Pair）是综合布线工程中最常用的一种传输介质。双绞线采用了一对外敷绝缘塑料的软铜线对扭绞而成，其结构如图 3-1 所示。扭绞的目的是防止线对间的串扰，以及抵御一部分外界电磁波干扰。

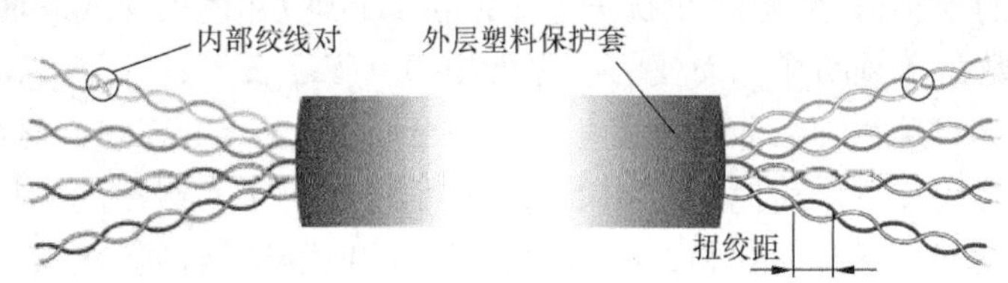

图 3-1 双绞线

目前，双绞线可分为非屏蔽双绞线（UTP，Unshilded Twisted Pair）和屏蔽双绞线（STP，Shilded Twisted Pair）。屏蔽双绞线电缆的外层由铝铂包裹，增加防御外界干扰的能力，STP 价格相对较高，安装要求比较高。

双绞线既可用来传输模拟信号也可用于传输数字信号。多对双绞线封塑后构成的线缆，常称**对称电缆**。电话通信所用对称电缆中双绞线对数可选范围很大（2 对～2 400 对），计算机局域网线缆使用 4 对双绞线（见图 3-1）。

美国电子工业协会/电信工业协会（EIA/TIA）为双绞线电缆定义了以下多种型号。

（1）1# UTP（CAT1）：一类线主要用于传输话音（主要用于早期的电话线缆），不用于数据传输；

（2）2# UTP（CAT2）：二类线传输频率为 1MHz，用于话音传输和最高传输速率为 4Mbit/s 的数据传输，常见于使用 4Mbit/s 的早期标记（或称令牌）传递环网；

（3）3# UTP（CAT3）：三类线指目前在 ANSI 和 EIA/TIA568 标准中指定的电缆，该电缆的传输频率 16MHz，用于话音传输及传输速率为 10Mbit/s 以太网（10BASE-T）的数据传输（在新网络中将停止使用）；

（4）4# UTP（CAT4）：四类线电缆的传输频率为 20MHz，用于话音传输、传输速率为 16Mbit/s 的标记环网和 10BASE-T/100BASE-T；

（5）5# UTP（CAT5）：五类线缆增加了线绕密度，外套一种高质量的阻燃绝缘材料，传输频率为 100MHz，用于话音传输和传输速率最高为 100Mbit/s 的数据传输。主要用于 10BASE-T 和 100BASE-T 网络，这是最常用的以太网电缆；

（6）5# UTP（CAT5E）：超五类线具有衰减小，串扰低的特点，并且具有更高的衰减串扰比（ACR，Attenuation Crosstalk Ratio）和结构回波损耗（Structural Return Loss）、更小的时延误差，性能得到很大提高。超 5 类线可用于吉比特以太网（1 000Mbit/s）；

（7）6# UTP（CAT6）：六类线电缆的传输频率为 1MHz～250MHz，6 类布线系统在 200MHz 时综合衰减串扰比（PS-ACR）应该有较大的余量，它提供 2 倍于超 5 类的带宽。6 类布线的传输性能远远高于超五类标准，适用于传输速率为 1Gbit/s 的应用；

（8）CAT7：7 类具有更高的传输带宽，至少为 600MHz，西蒙公司开发的 TERA7 类连接件的传输带宽高达 1.2GHz，并推出非 RJ 紧凑性设计及 1、2、4 对的模块化多种连接插头，1 个单独的 7 类信道（4 对线）可以同时支持语音、数据和宽带视频多媒体等混合应用，传输速率高于 10Gbit/s。

无屏蔽双绞线部分类型的参数与传输特性如表 3-1 所示。衰减（Attenuation）指信号沿链路传输的损耗。回波损耗（RL，Return Loss）是由于线缆特性阻抗和链路接插件阻抗偏离标准值而导致的对发送信号功率的反射。近端串扰（NEXT）损耗：类似于噪声，是从相邻的一对线上传过来的干扰信号。这种串扰信号是由于UTP中邻近的绕线对通过电容或电感耦合过来的。这些参数是随频率变化而变的，称为频率响应。表3-2列出CAT 6# UTP的衰减、回波损耗和近端串扰的频率响应曲线。相邻线对综合串扰（Power Sum）：指在使用UTP 4对线对同时传输数据的环境下，其他3对线上的工作信号对另1对线线间串扰总和。表3-2列出CAT 6# UTP的衰减、回波损耗和近端串扰的频率响应的数据，随着频率的增加，衰减和回波损耗都随之上升，而回波损耗在10～20MHz范围内呈现最高，表明其失配程度最小。

表3-1　无屏蔽双绞线部分类型参数和传输特性

类　型	数据速率	衰减 dB/100m	回波损耗 dB	近端串扰 dB/100m	裸铜mm	绝缘线径 mm	电缆直径 mm	线规
CAT5# UTP	100Mbit/s	2.0	20.1	65.0	0.51	0.92	5.0	24AWG
CAT5E UTP	1Gbit/s	2.0	20.1	65.3	0.51	0.92	5.0	24AWG
CAT 6# UTP	1Gbit/s	1.8	20.1	74.3	0.57	1.02	6.53	23AWG

参数测试频率为1MHz，AWG为美国线规。

表3-2　CAT 6# UTP的衰减、回波损耗和近端串扰的频率特性

频率（MHz）	特性阻抗（Ω）	衰减（dB/100m）	回波损耗（dB）	近端串音（dB/100m）
0.772	100±15	1.6	19.4	76.0
1.0		1.8	20.0	74.3
4.0		3.7	23.0	65.3
8.0		5.3	24.5	60.8
10.0		5.9	25.0	59.3
16.0		7.5	25.0	56.2
20.0		8.4	25.0	54.8
25.0		9.5	24.3	53.3
31.25		10.6	23.6	51.9
62.5		15.4	21.5	47.4
100.0		19.8	20.1	44.3
200.0		29	18.0	39.8
250.0		32.8	17.3	38.3

注：参阅中华人民共和国行业标准YD/T（1019—2000）。

非屏蔽双绞线电缆具有以下特点：

（1）无屏蔽外套，直径小，节省所占用的空间；

（2）具有阻燃性；重量轻，易弯曲，易安装；

（3）扭绞将串扰减至最小，以提高数据传输速率；

（4）具有独立性和灵活性，适用于结构化综合布线。

2. 同轴电缆

同轴电缆（Coaxial Cable）是由对地不对称的同轴管构成的一种通信传输介质。同轴管的内导体采用半硬铜线（单芯）或多股线扭绞，外导体采用软铜线或铝带纵包而成，内外导体间用聚乙烯塑料制成的垫片绝缘，如图 3-2 所示。

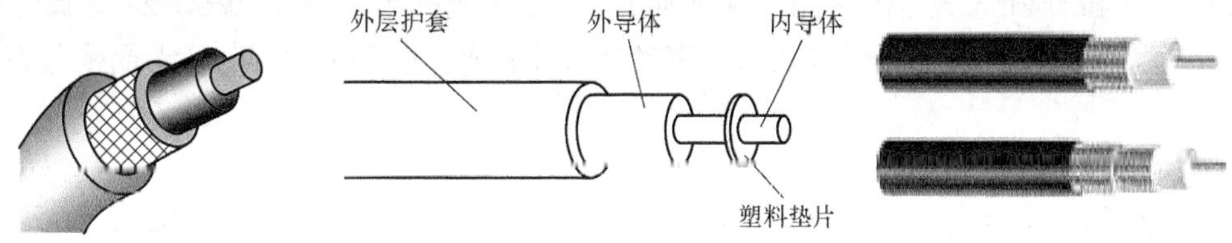

图 3-2 同轴电缆的结构

同轴电缆可分为基带（Baseband）和宽带（Broadband）同轴电缆。

（1）基带同轴电缆：以硬铜线为芯，外包一层绝缘材料，这层绝缘材料外用密织的网状导体环绕，网外又覆盖一层保护性材料。同轴电缆的这种结构，使它具有高带宽和极好的噪声抑制特性。同轴电缆的带宽取决于电缆长度，1km 的电缆可以达到 1～2Gbit/s 的数据传输速率。表 3-3 给出了局域网使用的基带同轴电缆型号和特性。基带同轴电缆（RG-8/RG-11）的特性阻抗为 50Ω，通常用于基带的数字信号，在局域网中使用这种基带同轴电缆，可在 2.5km（需加中继器）内以 10Mbit/s 传送基带的数字信号。

同轴电缆的低频串音及抗干扰特性不如对称双绞线电缆，随着频率升高，外导体的屏蔽作用增强，其串音和抗干扰能力能大为改善，适用于高频大通路长途干线。在计算机局域网、有线电视（CATV）中也得到了广泛的应用，其型号及特性如表 3-3 所示。

表 3-3　局域网所用同轴电缆型号及特性

同轴电缆型号	局　域　网	阻　　抗	缆　　径
RG-8/RG-11	10Base5	50Ω	粗缆 0.4 英寸
RG-58A/U	10Base2	50Ω	细缆 0.18 英寸
RG-59U	10Broad3600	75Ω	CATV 0.25 英寸
RG-63	ARCnet	93Ω	0.25 英寸（0.635cm）

（2）宽带同轴电缆：宽带同轴电缆的特性阻抗为 75Ω，它可用于模拟传输系统，如 CATV。在宽带同轴电缆上采用频分复用技术来传送模拟信号，其频率高达 300～800MHz，传输距离可达 100km（需加放大器）；如要传送数字信号，则需进行信号变换，即将数字信号变换成模拟信号，才能在电缆上传输。一般地，每秒传送 1 比特要用 1Hz 的带宽，取决于编码方式和所用的传输系统。通常在 300MHz 的电缆上可支持 300～150Mbit/s 的数据率。

在国内外长途通信电缆根据内外导体直径的尺寸，可分为中同轴电缆（2.6/9.5mm）、小同轴电缆（1.2/4.4mm）及微同轴电缆（0.7/2.9mm）。同轴电缆载波电话系统一条大同轴电缆最高可传送 10 800 话路（或 13 200 话路）。我国国内主要生产的 1 800 路和 4 380 路载波电话系统，线路最高传输频率分别为 8.428MHz 和 21.664MHz。小同轴电缆造价相对较低，使用灵活，常用的载波系统可达 3 600 路，而我国国内主要采用 300 路和 960 路系统，线路最高传输频率分别为 1.3MHz 和 4.188MHz。微同轴电缆主要用于数字通信中传输 2 次群（120 话路）、3 次群（480 话路）的脉冲编码调制（PCM）数字信号。

3. 光缆

光纤（Optical Fiber）是一种光传输介质，由于可见光的频率高达 10^8MHz，因此光纤传输系统具有足够的传输带宽。光缆是由一束光纤组装而成，用于传输调制到光载频上的已调信号。

在实际通信工程中使用的光缆有以下几种分类方式。

（1）按敷设方式分有：自承重架空光缆、管道光缆、铠装地埋光缆和海底光缆。

（2）按光缆结构分有：束管式光缆、层绞式光缆、紧抱式光缆、带式光缆、非金属光缆和可分支光缆。

（3）按用途分有：长途通信用光缆、短途室外光缆、混合光缆和建筑物内用光缆。

图 3-3 列举了其中一种层绞式光缆结构的外形和剖面。

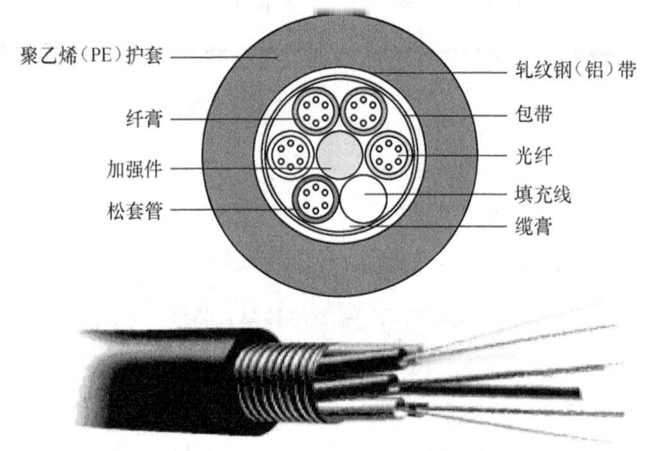

图 3-3 层绞式光缆结构的外形和剖面

图 3-3 中的光纤通常是由纯净的石英玻璃拉成细丝，主要由纤芯和包层构成双层通信圆柱体，其直径（含包层）仅 0.2mm。因此，必须加上加强芯和填充物，来增加其机械强度。必要时可接入远供电源线，最后加封包带层和外护套，以满足工程施工和应用的强度要求。

（4）按光在光纤中的传输模式分：单模光纤（SMF，Single Mode Fiber）和多模光纤（MMF，Multi Mode Fiber），如图 3-4 所示。

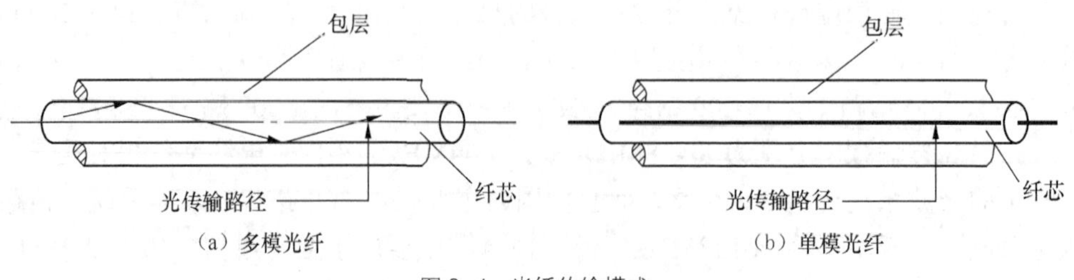

图 3-4 光纤传输模式

① 多模光纤：多模光纤的纤芯直径为 50～62.5μm，包层外直径 125μm，中心玻璃芯较粗，可传多种模式的光。但其模间色散较大（见图 3-4（a）），这就限制了传输数字信号的频率，而且随距离的增加会更加严重。例如：600MB/km 的光纤在 2km 时则只有 300MB 的带宽了。因此，多模光纤传输的距离就比较近，一般只有几公里。

② 单模光纤：单模光纤的纤芯直径为 8.3μm，包层外直径 125μm，只能传一种模式的光，如图 3-4（b）所示。光纤的工作波长有短波长 0.85μm、长波长 1.31μm 和 1.55μm。光纤损耗（衰减）一般是随波长加长而减小，0.85μm 的损耗为 2.5dB/km，1.31μm 的损耗为 0.35dB/km，1.55μm 的损耗为 0.20dB/km，这是光纤的最低损耗，波长 1.65μm 以上的损耗趋向加大。

光纤的传输特性主要是损耗和色散。损耗是光信号在光纤中传播时单位长度的衰减。从光纤的损耗特性来看，1.31μm 处正好是光纤的一个低损耗窗口。这样，1.31μm 波长区就成了光纤通信的一个很理想的工作窗口，也是现在实用光纤通信系统的主要工作波段。1.31μm 常规单模光纤的主要参数是由 ITU-T 在 G.652 建议中确定的，因此这种光纤又称 G.652 光纤。

色散则是到达接收端的时延差，即脉冲展宽。光纤的损耗会影响传输的中继距离，而色散会影响传输码率（即传输带宽）。SMF 的模间色散很小，适用于远程通信，但它存在着材料色散和波导色散，这样单模光纤对光源的谱宽和稳定性有较高的要求，即谱宽要窄，稳定性要好。后来发现在 1.31μm 波长处，单模光纤的材料色散和波导色散一为正、一为负，大小也正好相等。这就是说在 1.31μm 波长处，单模光纤的总色散为零。

20 世纪 80 年代末期，波长为 1.55μm 的掺铒（Er）光纤放大器（EDFA，Erbium Doped Fiber Amplifier）研制成功并投入实用，将光纤通信的波段成功的移到光纤最低的损耗窗口。把光纤通信技术水平推向一个新高度，成为光纤通信发展史上另一个重要的里程碑。研究表明，单模光纤在光波长为 1.3μm 或 1.5μm 时，其损耗分别为 0.5dB/km 和 0.2dB/km，从而使中继站的距离延长到 50～100km，码速可增加到 2.4Gbit/s，色散接近于 0。传输最大距离：海底光缆可达 1 000～10 000km，地面光缆为 100～1 000km，而在大城市中继为 10～50km。

光纤作传输介质用于通信，主要优点如下：

（1）传输速率极高，频带极宽，传送信息的容量极大；

（2）光纤不受电磁干扰和静电干扰等影响，即使在同一光缆中，各光纤间几乎没有干扰；易于保密；光纤的衰减频率特性平坦，对各频率的传输损耗和色散几乎相同，因而接收端或中继站不必采取幅度和时延等均衡措施。

（3）光纤的原料为石英玻璃砂（即二氧化硅），原料丰富，取之不尽。随着生产成本的日益降低，光缆必将成为 21 世纪的全球信息基础设施的主要传输介质。

3.1.2 软传输介质

软传输介质也就是无限的传输空间，但如何利用唯一的这个资源由国际电联专设 ITU-T 来统一开发与管理。无线电波是一个广义的术语，从含义上讲，无线电波中有些频段是全向传播，而微波频段则是定向传播。无线电波的频段分配见表 3-4。

表 3-4　无线电波频段和波段名称

频段名称	频率范围	波段名称	波长范围
极低频（ELF）	3～30Hz	极长波	10^8～10^7m
超低频（SLF）	30～300Hz	超长波	10^7～10^6m
特低频（ULF）	300～3 000Hz	特长波	10^6～10^5m
甚低频（VLF）	3～30kHz	甚长波	10^5～10^4m
低频（LF）	30～300kHz	长波	10^4～10^3m
中频（MF）	300～3 000kHz	中波	10^3～10^2m
高频（HF）	3～30MHz	短波	10^2～10m
甚高频（VHF）	30～300MHz	超短波	10～1m
特高频（UHF）	300～3 000MHz	分米波	1～0.1m
超高频（SHF）	3～30GHz	厘米波	10～1cm
极高频（EHF）	30～300GHz	毫米波	100～10mm
至高频（THF）	300～3 000GHz	亚毫米波	1～0.1mm

无线电波的不同频段可用于不同的无线通信方式。

（1）频率范围 3～30MHz，通称为高频（HF）段，可用于短波通信。它是利用地面发射无线电波，通过电离层的多次反射到达接收端的一种通信方式。由于电离层随季节、昼夜以及太阳黑子活动情况而变化，所以通信质量难以达到稳定。当用作数据传输时，在邻近的传输码元将会引起干扰。

（2）频率范围 30～300MHz 为甚高频（VHF）段，频率范围 300～3 000MHz 为特高频（UHF）段，电磁波可穿过电离层，不会因反射而引起干扰，可用于数据通信。例如，夏威夷 ALOHA 系统使用 2 个频率：上行频率为 407.35MHz，下行频率为 413.35MHz，2 个信道的带宽均为 100kHz，可传输数据率为 9 600bit/s。传输是以分组形式进行的，所以也称 ALOHA 系统为无线分组通信（Packet Radio Communication）。

此外，蜂窝无线电移动通信（Cellular Radio Mobile Communication）系统得到了广泛的应用。例如，蜂窝式移动电话模拟系统有多种制式提供服务，其中 TACS 制式，基站发射频段为 935～960MHz，移动台发射频率范围为 890～915MHz，收发间隔 45MHz，频道间隔为 25kHz，可有 1 000 个频道用于通话。另一种是蜂窝式移动电话数字系统，如 GSM，基于数字射频调制技术，时分多址或码分多址技术，提高系统容量和传送质量，有利于引入 ISDN 业务。

与无线电波频段相对应的波段名称及波长范围见表 3-4，其中分米波、厘米波、毫米波和亚毫米波可统称为微波。

下面主要阐述微波的特征。

1．地面微波

地面微波的工作频率范围一般为 1～20GHz，它是利用无线电波在对流层的视距范围内进行传输。由于受到地形和天线高度的限制，两微波站间的通信距离一般为 30～50km。当用于长途传输时，必须架设多个微波中继站，每个中继站的主要功能是变频和放大，这种通信方式称为微波接力通信，如图 3-5 所示。

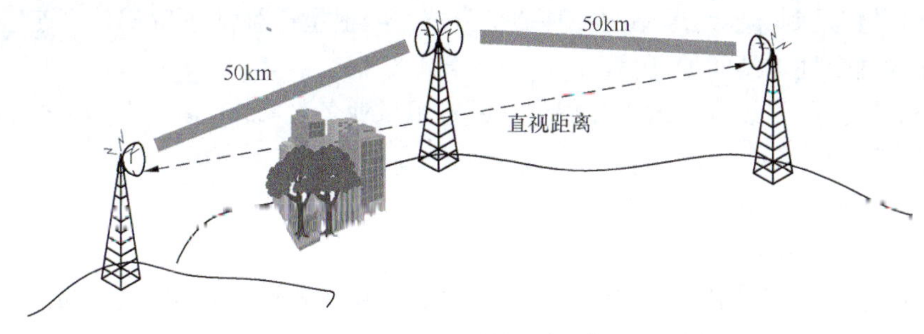

图 3-5　地面微波接力通信

目前，模拟微波通信主要采用调频制，每个射频波道可开通 300 路、600 路、1 800 路、2 700 路及 3 600 路。也可采用单边带调幅制，每个射频波道可最多开通 6 000 个话路。

微波天线的通用类型是抛物型“碟”，其直径为 3m，两天线间直径距离 L 为

$$L=7.14(kh)^{1/2}\ (\text{km}) \tag{3.1}$$

式中，k 为调整因子，考虑微波随地球的曲面而折射的因素，取经验值 k 为 4/3；h 为天线高度（m）。微波损耗随距离平方的对数关系变化，可用下式来表示

$$A=10\log(4\pi L/\lambda)^2 \tag{3.2}$$

式中，λ为波长。

数字微波大多采用相移键控（PSK）调制方式，有 4 相制和 8 相制。目前，国内长途干线主要采用 4GHz 的 960 路系统和 6GHz 的 1 800 路系统。

微波通信可传输电话、电报、图像、数据等信息，其主要特点有：

（1）微波波段频率高，其通信信道的容量大，传输质量上较平稳，但遇到雨雪天气时会增加损耗；

（2）与电缆通信相比，微波接力信道能通过有线线路难以跨越或不易架设的地区（如高山或深水），故有较大的灵活性，抗灾能力也较强；但通信隐蔽性和保密性不如电缆通信。

2. 卫星微波

通信卫星是现代电信的重要通信设施之一，它被置于地球赤道上空 3 5784km 处的对地静止的轨道上，与地球保持相同的转动周期，故称为同步通信卫星。实际上，它是一个悬空的微波中继站，用于连接两个或多个地面微波发射/接收设备（称为卫星通信地球站，简称为地球站），如图 3-6 所示。

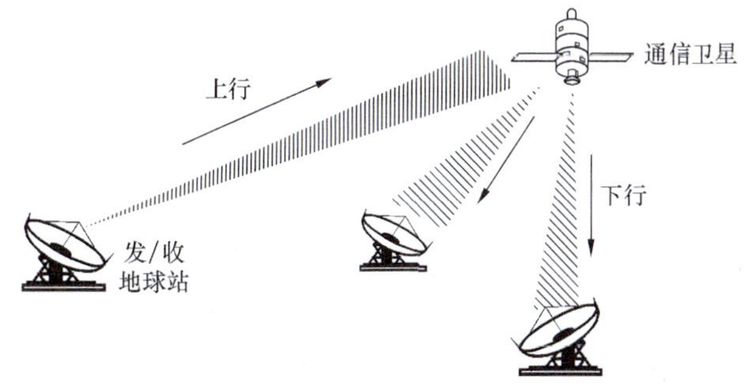

图 3-6　卫星微波中继通信

微波中继通信是利用同步通信卫星作为中继站，接收地球站送出的上行频段信号，然后以下行频段信号转发到其他地球站的一种通信方式。经卫星一跳[7]（hop），可连通地面最长达 13 000km 的两个地球站间的通信。

根据 1992 年世界无线电行政大会规定，固定卫星业务（FSS）常用下列 3 个频段。

（1）C 频段

上行：5 925～6 425MHz，带宽 500MHz

下行：3 700～4 200MHz，带宽 500MHz

从 1984 年起，为扩展卫星固定通信业务（FSS）用的频谱，其频段调整为：

上行：1 区：5 725～7 075MHz，带宽 1 350MHz

　　　2、3 区：5 850～7 075MHz，带宽 1 225MHz

下行：1～3 区：3 400～4 200MHz，4 500～4 800MHz，带宽合计为 1 100MHz

（2）Ku 频段

上行：1～3 区：14.0～14.25GHz，带宽 250MHz

　　　　　　　14.25～14.50GHz，带宽 250MHz

下行：1～3 区：10.95～11.20GHz，带宽 250MHz

　　　　　　　11.45～11.70GHz，带宽 250MHz

　　　2 区：11.7～11.95GHz，带宽 250MHz

　　　　　　11.95～12.2GHz，带宽 250MHz

　　　3 区：12.2～12.5GHz，带宽 300MHz

　　　　1、3 区：12.5～12.75GHz，带宽 250MHz

（3）Ka 频段

上行：29.5～30GHz，带宽 500MHz

下行：19.7～20.2GHz，带宽 500MHz

目前，应用较多的是 C 频段。通常将可用的频段带宽（如 500MHz）分为 36MHz 的转发器频带，因此，1 星可含 12 个或更多的转发器，实现多信道卫星通信。今后发展的方向是在 Ku 频段。卫星微波通信的主要特点是：

（1）通信覆盖区域广，距离远；

（2）从卫星到地球站是广播型信道，易于实现多址传输；

（3）但通信卫星本身和发射卫星的火箭费用很高，且受电源和元器件寿命的限制等因素，同步卫星的使用寿命一般多则 7～8 年，少则 4～5 年；

（4）此外，卫星通信的传输时延大，一跳的传播时延约为 270ms，因此，利用卫星微波作数据传输时，必须要考虑这一特点。

[注]一跳（hop）指从地至星、星返地的传输过程。

3．红外线

红外线（infrared）技术已经在计算机通信中得到了应用，例如两台笔记本电脑对着红外接口，可传输文件。红外线链路只需一对收发器，调制不相干的红外光（10^{12}～10^{14}Hz），在视线距离的范围内传输，具有很强的方向性，可防止窃听、插入数据等，但对环境（如雨、雾）干扰特别敏感。

3.2 数字传输与模拟传输

3.2.1 数据通信基础

1. 信息、数据和信号的基本概念

数据传输是实现数据通信的基础，在数据通信技术中，信息（information）、数据（data）与信号（signal）是十分重要的概念，与数据传输有着密切相关。图3-7归纳了信息、数据和信号的基本概念。

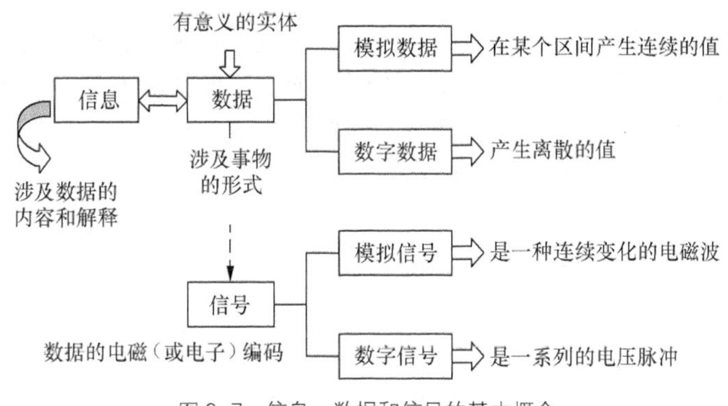

图3-7 信息、数据和信号的基本概念

数据是有意义的实体，使用约定俗成的关键词，对客观事物的数量、属性、位置及其相互关系进行抽象表示，以适合在这个领域中用人工或自然的方式进行保存、传递和处理。例如，通告上写着“会议室三楼开会”，包含会议室、三楼和开会3个关键词，可反映出客观世界的有关事物。数据是信息的载体，信息则是数据的具体内容和解释。就“会议室三楼开会”数据而言，毫无信息意义，因为通告中没有开会的具体日期、时间。信息应是具有时效性的、有一定含义的、有逻辑的、经过加工处理的、对决策有价值的数据流。信息涉及数据所表示的内涵，而数据涉及信息的表现形式，它可以是数值、文字、图形、声音、图像及动画等。在通信行业，信息可看成一种希望传送、交换、存储的，具有一定意义的抽象内容。

从形式上，数据分为模拟数据和数字数据两种（见图3-7）。

（1）模拟数据：是指在某个区间内连续的值。例如，声音或视频都是强度连续变化的波形，又如，用传感器采集到的数据包括温度和压力等，都是连续的。

（2）数字数据：是泛指离散的值，诸如文字、整数等。

信号（signal）是数据的电磁（或电子）编码。从通信的信号形式上看，则信号有以下两种。

（1）模拟信号：连续变化的电磁波，例如，话音信号，当前的电视信号。

（2）数字信号：离散的一系列电脉冲，如计算机所用的二进制代码“1”和“0”表示的信号。

数据是通过信号进行传输的。模拟数据和数字数据都可用模拟信号或数字信号来表示，其相对应的关系如图3-8所示。

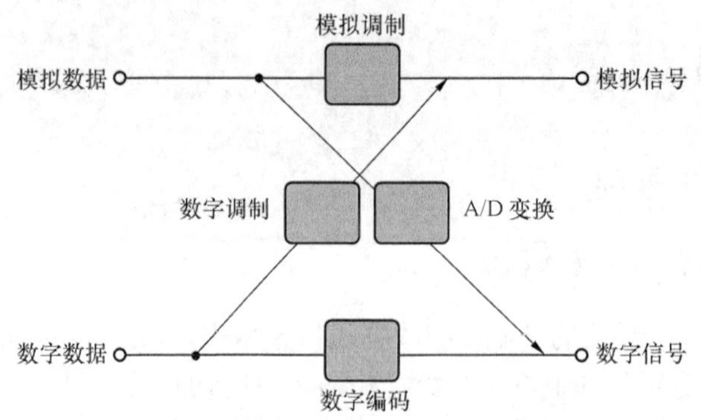

图 3-8　模拟数据、数字数据与模拟信号、数字信号的对应关系

模拟信号和数字信号都可以在合适的传输介质上进行传输。我们常用“信道”一词，用它来表示向某一方向传送数据的传输介质。由于目前使用的传输介质有多种，它们在传输特性上存在着差别。因此，数据传输设备采用不同的信号变换技术，以取得满意的数据传输质量。与信号的分类相似，现代通信网中的信道也可分为两种：

（1）数字信道主要用于传输数字信号，具有 64kbit/s 或较高速率的同步数字传输通路；

（2）模拟信道则用于传输模拟信号，具有通频带为 300～3 400Hz 的长途载波电话通路或实线通路。

从通信双方的信息交互方式来看，有以下 3 种基本通信方式：

（1）单工通信：即单方向通信，如电视广播，无线广播等；

（2）半双工通信：即双向交替通信，双方不能同时通信，一方发送信息时，另一方为接收信息，反之亦然；

（3）全双工通信：即双向同时通信，双方能同时收发信息。

2．异步传输和同步传输

在远距离通信通常采用串行传输，形成比特流。如何解决收、发端间字符传输的同步协调，目前主要存在两种方式：异步通信和同步通信。异步通信方式，也称起止式同步通信，以字符为传输单位，不论字符所采用的代码为多少位，在发送每一个字符代码时，都要在前面加上一个起始位，长度为一个码元长度，极性为“0”，表示一个字符的开始；后面加上一个终止位，长度可选为 1，1.5 或 2 个码元长度，极性为“1”，表示一个字符的结束，如图 3-9 所示。

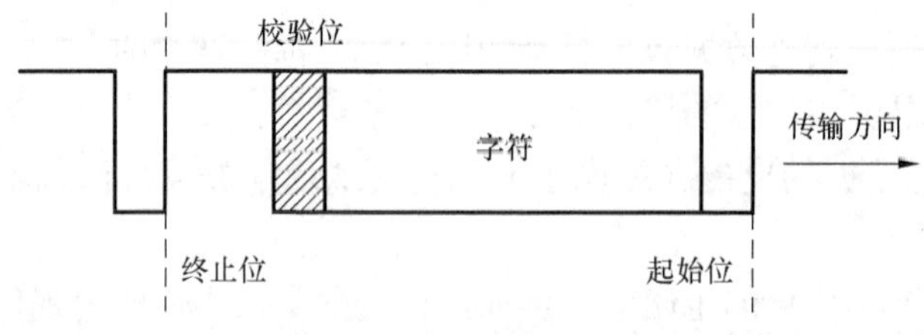

图 3-9　异步串行通信

字符可以连续发送，也可以单独发送；当不发送字符时，保持“1”状态。因此每个字符的起始时刻可以是任意的，从这一意义上，收发端的通信具有异步性，但在同一字符内部各码元长度应是相同的。接收方可以根据字符之间从终止到起始的跳变，即由“1”变“0”的

下降沿来识别一个字符的开始，然后从下降沿以后 $T/2$s（T 为接收方本地时钟周期）开始每隔 Ts 进行取样，直到取完整个字符，在来判断一个个字符，这种字符同步方法又称为起止式同步。异步通信方式的优点是实现字符同步比较简单，收发双方的时钟信号不需要严格同步。缺点是不适宜高速率的数据通信，且对每个字符都需加入起始位和终止位，因而传输效率低。如字符采用国际 5 号码，起始位为 1 位，终止位为 1 位，并采用 1 位奇/偶校验位，则传输利用率 U 仅为 70%。

同步传输方式要比异步传输复杂，它是以固定的时钟节拍来发送数据信号的，因此在一个串行数据流中，各信号码元之间的相对位置是固定的（即同步）。接收端为了从接收到的数据流中正确地区分一个个信号码元，必须具有与发送端一致的时钟信号。在同步通信方式中，发送的数据一般以组（block）或帧（Frame）为单位，通常一组（或帧）数据包含多个字符代码或多个比特，在前、后分别加上控制字段和校验字段，如图 3-10 所示。

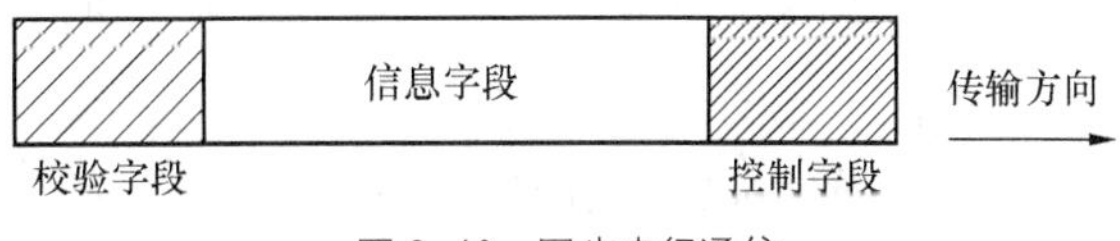

图 3-10 同步串行通信

同步方式有：比特同步、字符同步和帧同步。与异步通信方式相比，由于它发送每一字符时不需要单独加起始位和终止位，具有较高的传输效率，故现代数据通信，特别是高速环境下，主要采用同步通信。

3.2.2 数字数据的模拟信号调制

数字调制解调器（Modem，俗称“猫”）是一种信号波形变换设备，数字数据通过 Modem 可用模拟信号来表示，以利于在模拟信道中传送，如图 3-11 所示。

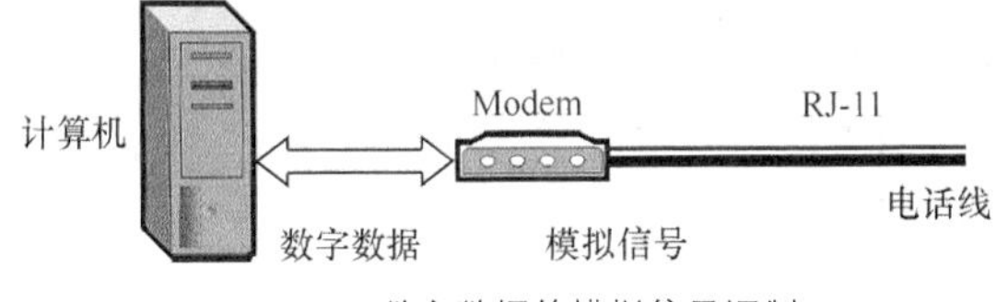

图 3-11 数字数据的模拟信号调制

基本的数字调制方法有下列 3 种：

（1）幅移键控法（ASK，Amplitude-Shift Keying）：用载波的幅度随基带数字信号而变化，如图 3-12（a）所示；

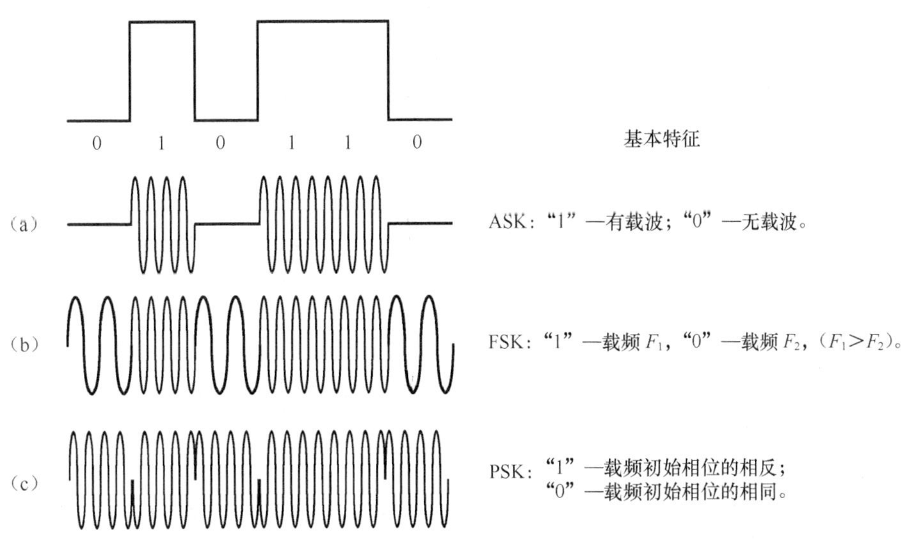

图 3-12 基本的数字调制方法

（2）频移键控法（FSK，Frequency-Shift Keying）：用不同的载波频率（相同幅度）随基带数字信号而变化，如图 3-12（b）所示；

（3）相移键控法（PSK，Phase-Shift Keying）：用载波的初始相位随基带数字信号而变化，如图 3-12（c）所示。

从传输速率以及抗干扰能力来看，PSK 最优，FSK 其次，ASK 则最差。在现代数字调制技术中，常将上述基本调制方法加以组合应用，如差分移相键控（DPSK）、正交幅度调制（QAM）等，以求在给定的传输带宽内可提高数据的传输速率。

3.2.3 数字数据的数字信号编码

数字数据的数字信号编码的目标：将二进制“1”、“0”，经过编码，使其特性有利于数字信道上传输，如图 3-13 所示。

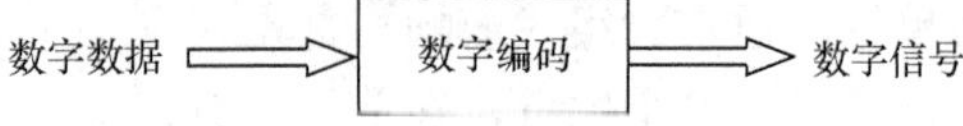

图 3-13 数字数据的数字信号编码

计算机通信中的二进制数字的基本表示方法是：“1”为正电压；“0”则为无电压，称为不归零（NRZ，Non Return to Zero）码，如图 3-14（a）所示。

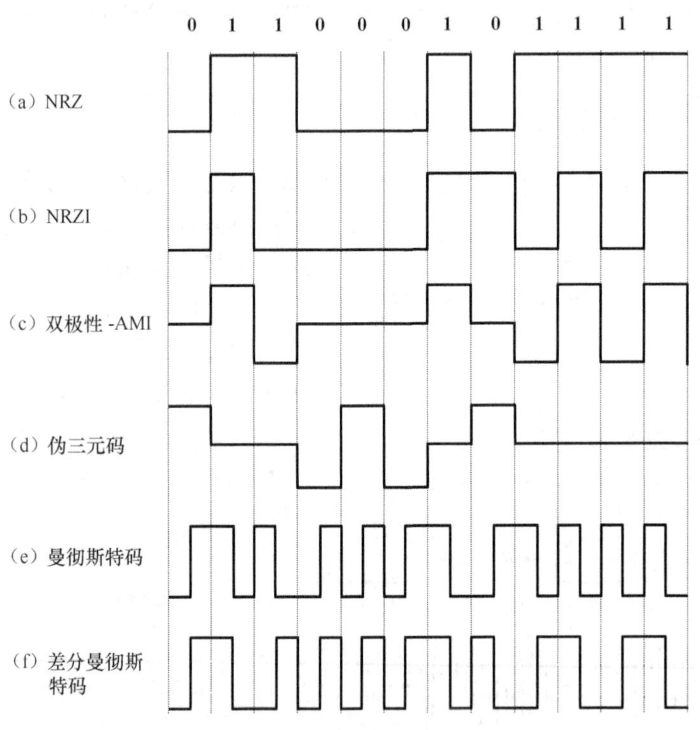

图 3-14 典型的数字数据的数字信号编码

典型的几种数字数据的数字信号编码，如图 3-14 所示。

（1）不归零见一反转码：不归零见一反转（NRZI，Non Return to Zero，Invert on One）码是 NRZ 码的变种，如图 3-14（b）所示。

其编码规则为：

① 二进制“1”，在每个周期开始时进行电平的转换（低-高，或高-低）；

② 二进制“0”，在每个周期开始时无信号转换。

（2）传号交替倒置编码：传号交替倒置（AMI，Alternate Mar kInversion）编码采用了多级二进制编码技术，即码元选用两个以上的信号电平，如图 3-14（c）所示。

其编码规则为：

① 二进制“1”正-负交换出现；

② 二进制“0”无信号。

（3）伪三元码：伪三元（pseudoternary）码也采用多级二进制编码技术，如图 3-14（d）所示。

其编码规则为：

① 二进制“0”正-负交换出现；

② 二进制“1”无信号。

（4）曼彻斯特（Manchester）编码：曼彻斯特码是采用双相位技术来实现的，如图 3-14（e）所示。

其编码规则为：

① 每个比特的中间有跳变（极性转换）；

② 二进制“0”表示为低到高的跳变；

③ 二进制“1”表示为高到低的跳变。

（5）差分曼彻斯特编码：差分曼彻斯特码是采用双相位技术来实现的，如图 3-14（f）所示。

其编码规则为：

① 每个比特的中间有跳变（极性转换）；

② 二进制“0”表示为每比特的开始有跳变；

③ 二进制“1”表示为每比特的开始无跳变。

在 10Mbit/s 的以太网中，使用曼彻斯特码；在标记环网中，使用差分曼彻斯特码。

曼彻斯特码、差分曼彻斯特码都是归零码（RZ），其特点是：

① 自同步；

② 无直流分量；

③ 差错检测；

④ 最大调制率是 NRZ 的两倍。

3.2.4　模拟数据的数字信号编码

使用数字信号来对模拟数据进行编码，典型的实例是在程控电话交换设备的用户接口电路上，采用脉冲编码调制（PCM，Pulse Coded Modulation），如图 3-15 所示。

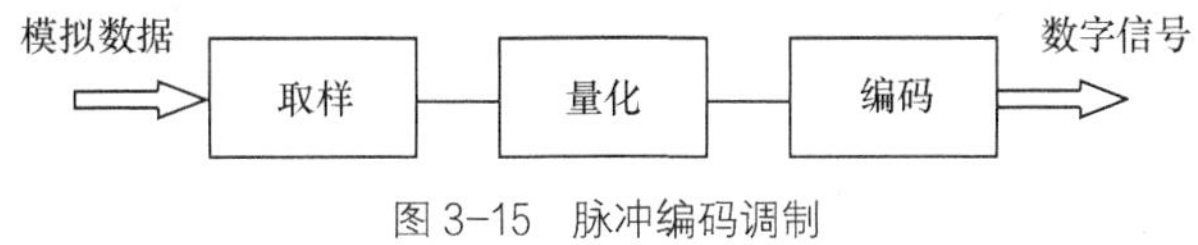

图 3-15　脉冲编码调制

脉冲编码调制过程如下。

（1）取样（sampling）：一个连续变化的模拟数据，设其最高频率或带宽 F_{max}。取样定理：若取样频率≥$2F_{max}$，则取样后的离散序列就可无失真地恢复出原始的连续模拟信号。

（2）量化（quantizing）：量化（quantizing）即分级处理，将取样所得的脉冲信号幅度按量级比较，并且“取整”。

（3）编码（coding）：将量化后的量化幅度用一定位数的二进制码来表示。

大多数话音能量的频率范围在300～3 400Hz标准频谱内，当取其带宽为4kHz时，则取样频率为每秒 8 000 次。二进制码组称为码字，其位数称为字长。此过程由模⇔数（A/D）转换器实现。在PCM系统的数字化话音中，通常分为 N=256个量级，即用 $\log_2 N$=8位二进制码。这样，话音信号的数据传输率为：

8 000Hz（每秒8 000次取样）×8（每次取样8比特）= 64kbits/s

3.2.5 模拟数据的模拟信号调制

使用模拟信号对模拟数据进行调制的方法有3种：

（1）幅度调制（AM，Amplitude Modulation），简称调幅：使载波幅度随原始的模拟数据（即调制信号）的幅度变化而得到的信号（已调信号），而载波的频率是不变的；

（2）频率调制（FM，Frequency Modulation），简称调频：使载波频率随原始的模拟数据的幅度变化而得到的信号，而载波的幅度是不变的；

（3）相位调制（PM，Phase Modulation），简称调相：使载波相位随原始的模拟数据的幅度变化而得到的信号，而载波的幅度是不变的。

载波通信就是采用幅度调制实现频率搬移的一种模拟通信方式。现有的无线广播电台仍采用调幅、调频技术。

3.3 数据传输质量参数

3.3.1 传输损耗

由于传输存在损耗，任何通信系统接收到的信号和发送的信号会有所不同。对于模拟信号，传输损耗导致了各种随机的改变而降低了信号的质量；对于数字信号，则会引起位串错误。影响传输损耗的主要参数有：衰减、衰减频率特性、时延失真和噪声。

1．衰减（衰耗，attenuation）

在任何传输介质上信号强度将随距离延伸而减弱。例如：

（1）有线类介质：信号衰减具有对数函数性；

（2）无线类介质：信号衰减则是距离和大气组成所构成的复合函数。

由图3-16可见，输入信号经传输后，输出信号小了，即形成衰减。而且从图3-16中实线曲线可知，随着频率的不同，低频或高频区域的衰减值大，在中段频域相对小些，所构成的曲线称衰减-频率特性。

为了实现长距离的传送，在模拟传输系统中，可采用放大器等来补偿传输损耗，但随之带来以下两个问题。

（1）系统信号噪声比下降。尽管通过放大器可补偿传输损耗，但噪声也会随之放大，尤其在经多次放大后，会产生噪声累加（见图 3-17），致使信号噪声比降低。这对数据传输很不利，将引起数据出错。

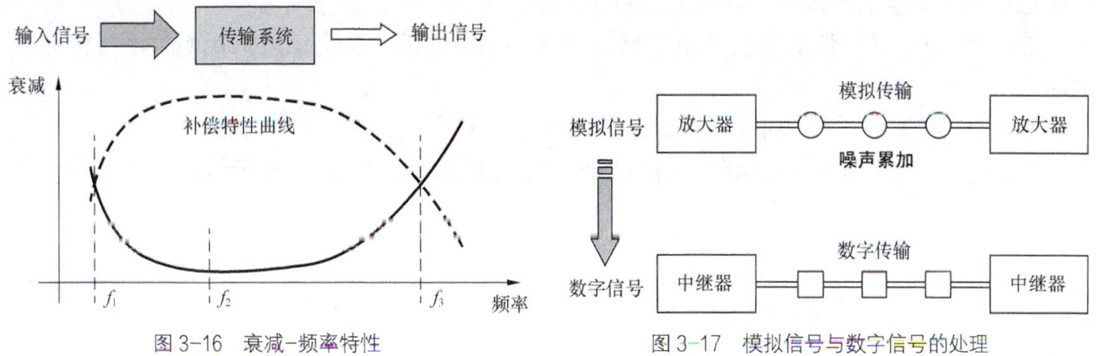

图 3-16　衰减-频率特性　　　　图 3-17　模拟信号与数字信号的处理

（2）放大器的增益-频率特性要求高。另一个问题是由于系统存在衰减-频率特性，在理想情况下，如果能按图 3-16 中补偿特性曲线（虚曲线）那样设计放大器的增益-频率特性，使信号在整个工作频率范围内的信号均匀补偿，但这种技术非常复杂，不利于规模化处理。

与此相反，数字传输与数字信号的内容有关，衰减会影响数据的完整性，为了延长传输距离，可选用中继器（或称再生器），再生信号，但不会产生噪声累加。

衰减 A 可定义为输入信号功率与输出信号功率的比值，并取以 10 为底的对数，如式（3.3）所示，即表示输入信号与输出信号的功率电平之差。

$$A = 10\log\left(\frac{P_1}{P_2}\right) \quad \text{单位：分贝（dB）} \tag{3.3}$$

式中，P_1 为输入信号功率（mW），P_2 为输出信号功率（mW）。

例如：当 $P_1 = 2P_2$，则 $A = 3\text{dB}$，常称为半功率点，即表示功率损耗一半的频率点。

2．时延失真

在数据传输系统中，一个有限频带的传输介质，不仅会影响信号的幅度特性，而且会影响其相位特性。由于相位频率特性的非线性，致使不同频率成分的信号到达接收端的相位不同，而造成时间有先后，通常是中心频率附近的信号传输速率最高，而频带两侧的信号速率较低，产生时延失真。

在实际描述相位传输 ϕ（f）特性时，常采用相移（相位差）对频率的变化率，即相移对频率的导数来表示，如式（3.4）所示。

$$\tau(f) = \frac{1}{2\pi} \cdot \frac{\mathrm{d}\phi(f)}{\mathrm{d}\phi} \tag{3.4}$$

这里所定义的 τ（f）称为群时延或包络时延。

时延失真对数字数据传输的影响很大，会引起信号内部的相互串扰，这是限制最高速率值的主要原因。

3．噪声

噪声干扰是影响数据传输质量的一个重要因素，在传输过程中，不可避免地会引入噪声，来源很多，就其性质和影响来说，可分为以下两大类。

（1）随机噪声：这类噪声的特点是在时间上分布比较平稳，常称为白噪声（white noise）。

造成这类噪声干扰的原因较多，主要有以下几点：

① 热噪声：通信传输介质和电子器件热运动所引入的。它是温度的函数，不可能完全消除。

② 内调制杂音：系统的非线性因素造成的交调干扰。

③ 串扰：系统电磁耦合所致，有近端串扰、远端串扰，如图 3-18 所示。

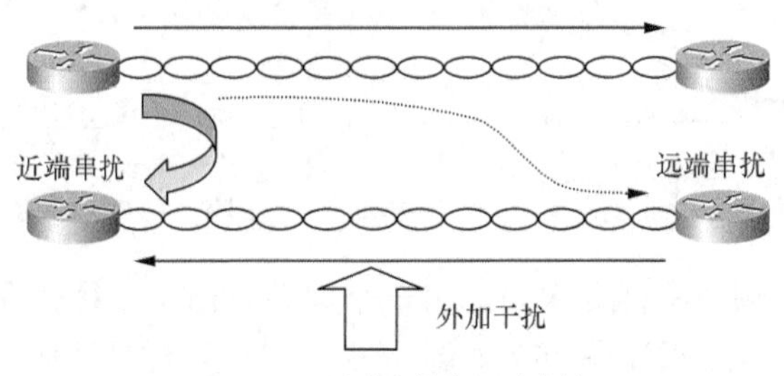

图 3-18　近端串扰和远端串扰

（2）脉冲噪声：脉冲噪声是非连续的、不规则的电磁干扰，如闪电。脉冲噪声对模拟数据的影响，至多造成话音传输中加入了短暂的劈啪声，但在数字数据中，将是导致信号出错的主要原因。例如，持续时间为 10ms 尖脉冲干扰，会使 64kbit/s 的 640 位数据受干扰。

3.3.2　信道容量

通信系统基础设施的投资费用很大，在总投资额中传输线路的投资比例通常占到 80%。如何高效地使用带宽，提高信道的利用率，一直是研究的重要课题。

任何实用的传输通道都是有限定的带宽，信道容量是在给定条件，给定通信路径（或信道上）的数据传输速率，与其关联的因素参看图 3-19。

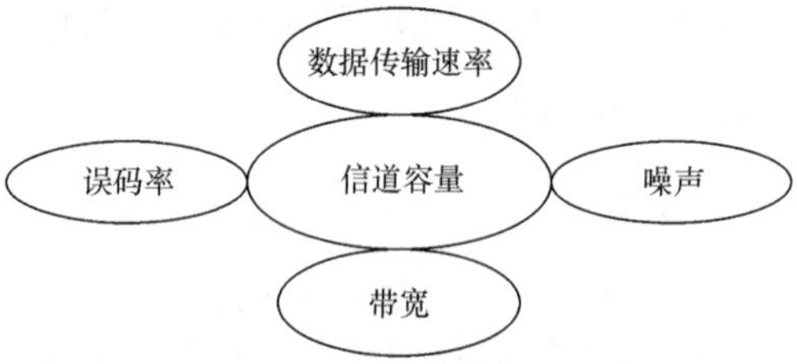

数据传输速率

误码率　信道容量　噪声

带宽

图 3-19　与信道容量关联的因素

1．奈奎斯特（Nyquist）定理

1942 年，H. Nyquist 证明，如果一个任意信号通过带宽为 W 的理想低通滤波器，当每秒取样 $2W$ 次，就可完整地重现该滤波过的信号。

在理想的条件下，即无噪声有限带宽 W 的信道，其最大的数据传输速率 C（信道容量）为：

$$C = 2W \text{lb}(N) \tag{3.5}$$

这就是著名的奈奎斯特（Nyquist）公式，也称奈奎斯特（Nyquist）定理，或取样定理。式中 N 是离散性信号或电平的个数。

如何应用奈奎斯特（Nyquist）公式，现举例如下。

【例 3-1】 一个无噪声的 3 000Hz 信道，试问传送的二进制信号可允许的数据传输速率是多少？

解：由于传送的二进制信号是“1”，“0”两个电平，所以，N=2。W=3 000Hz，则信道容量，即数据传输速率 $C = 2W \text{lb}(N)$=6 000bit/s。

【例 3-2】 一个无噪声的话音带宽为 4 000Hz，采用 8 相调制解调器传送二进制信号，试问信道容量是多少？

解：由于 8 相调制解调器传送二进制信号的离散信号数为 8，即 N=8。

则信道容量，即数据传输速率 $C = 2\times4\ 000\times\log_2 8 = 24\text{kbit/s}$。

2．仙农（Shannon）定理

1948 年，Claude Shannon 进而给出了在有噪声的环境中，信道容量将与信噪功率比有关。根据仙农（Shannon）定理，在给定带宽 W（Hz），信噪功率比 S/N 的信道，则最大数据传输速率 C 为

$$C = W\,\text{lb}\,(1+S/N) \tag{3.6}$$

式（3.6）中 S/N 常用分贝形式来表示，而公式中的 S/N 为信噪功率比，其计算公式如下：

$$(S/N)\,\text{dB}= 10\log_{10}(\text{信号功率}\ P_1/\text{噪声功率}\ P_2)$$

【例 3-3】 一个数字信号通过两种物理状态经信噪比为 20dB 的 3kHz 带宽信道传送，其数据率不会超过多少？

按 Shannon 定理：在信噪比为 20dB 的信道上，信道最大容量为：

$$C=W\,\text{lb}\,(1+S/N)$$

已知信噪比电平为 20dB，则信噪功率比 $S/N = 100$

$$C = 3\ 000\times\log_2(1+100)=3\ 000\times6.66=19.98\text{kbit/s}$$

数据率不会超过 19.98kbit/s。

3.3.3 误码率和误组率

数据传输的目的是确保在接收端能恢复原始发送的二进制数字信号序列。但在传输过程中，不可避免地会受到噪声和外界的干扰，致使出现差错。通常，采用误码率和误组率作为衡量数据传输信道的质量指标。

1．误码率

误码率 P_e 的定义：指在一定时间（ITU-T 规定至少 15min）内接收到出错的比特数 e_1 与总的传输比特数 e_2 之比（见式(3.7)），它是评定数据传输设备和信道质量的一项基本指标。

$$P_e = \frac{e_1}{e_2}\times100\% \tag{3.7}$$

随着数字网技术的发展和普遍使用，CCITT 建议采用“误码时间率”来评价数字网的传输质量。根据 CCITT G.821 建议，把误码状况分为以下 3 种类型。

（1）正常通信范围，$P_e\leqslant\times10^{-6}$；

（2）通信质量欠佳范围，$P_e = 10^{-3}\sim10^{-6}$；

（3）不能通信的范围，$P_e\geqslant10^{-3}$。

记载各种误码率范围内的累计通信时间，类型（1）和类型（2）称为可通信时间 t_1，类型（3）称为不可通信时间 t_2，则误码时间率 P_t 为（见式（3.8））

$$P_t = \frac{t_1}{t_1+t_2}\times100\% \tag{3.8}$$

通常，要求误码时间率达到 99%以上。

2．误组率

由于实际的传输信道及通信设备存在随机性差错与突发性差错，在用数据块或帧结构进行数据检验和重发纠错的差错控制方式下，误码率尚不能确切地反映其差错所造成的影响，例如，在一块或一帧中的 1 比特差错和几比特差错都导致数据块（或帧）出错，因此，采用误组率 P_B 来衡量差错对通信的影响更符合实际（见式（3.9））。

$$P_{\mathrm{B}} = \frac{b_1}{b_2} \times 100\% \tag{3.9}$$

式中，b_1 为接收出错的组数，b_2 为总的传输组数。

误组率在一些采用块或帧检验以及重发纠错的应用中能反映重发的概率，从而也能反映出该数据链路的传输效率。

3.4 多路复用技术

正如上述，在整个通信工程的投资成本中传输介质占有相当大的比重，尤其是线传输介质。对于软传输介质来说，虽然是不存在线问题的一个自由空间，但有限的可用频率是一种非常宝贵的通信资源。因此，提高传输介质的利用率，则是研究通信系统的一个不可忽视的重要内容。

既经济又有效地使用传输介质的方法就是多路复用技术。多路复用技术有多种不同的方式：

（1）时分复用（TDM，Time Division Multiplexing）；

（2）频分复用（FDM，Frequency Division Multiplexing）；

（3）码分复用（CDM，Coding Division Multiplexing）；

（4）波分复用（WDM，Wave Division Multiplexing）。

3.4.1 时分复用

时分复用（TDM）是利用时间分片方式来实现传输信道的多路复用。从如何分配传输介质资源的观点出发，时分多路复用又可分为两种。

1．静态时分复用

静态时分复用是一种固定分配资源的方式，即将多个用户终端的数据信号分别置于预定的时隙（TS，time slot）内传输，如图 3-20 所示。不论用户有无数据发送，其分配关系是固定的，即使图中斜线部分时隙无数据发送，此时其他用户也不得占用。这种方式的发、收之间周期性地依次重复传送数据，且保持严格的同步。所以又称为同步时分复用。使用这种方式时，高速的传输介质容量（即线路可允许的数据速率）是等于各个低速用户终端的数据率之和。

例如，设线路传输速率为 19.2kbit/s，若用户终端数 $n = 4$，则采用静态时分复用方式时，传输的循环周期 $T = \sum_{i=1}^{n} t_i$，其中 t_i 表示第 i 个用户所用的时隙。

如图 3-20（a）可见，每个用户的平均数据速率可达 4 800bit/s。这种方式构成的设备常称为复用器（MUX，MUltipleXer）。

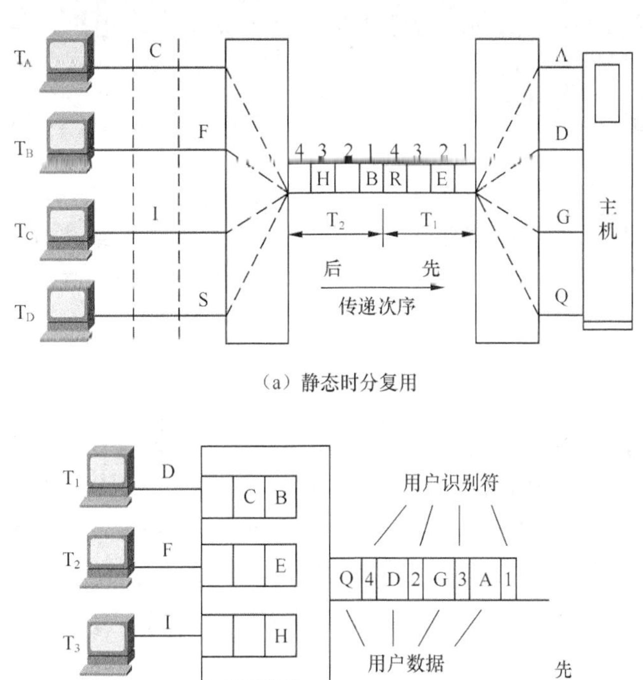

（a）静态时分复用

（b）动态时分复用

图 3-20 时分复用

2．动态时分复用

动态时分复用又称异步时分复用，或称统计时分复用（STDM，Statistical Time Division Multiple），是一种按需分配媒体资源的方式，即当用户有数据要传输时才分配资源，若用户暂停发送数据时，就不分配，如图 3-20（b）所示。由此可知，动态时分复用方式可以提高线路传输的利用率，这种方式特别适合于计算机通信中突发性或断续性的应用环境。基于这种方式构成的设备常称为集中器（concentrator）；分组交换设备及分组型终端设备也采用了这种工作机制。

从图 3-20（a）和图 3-20（b）比较可见，当采用动态时分复用时，每个用户的数据传输速率可高于平均速率，最高可达到线路传输速率 19.2kbit/s。但动态时分复用方式在各个线路接口处应采取以下必要的技术措施：

（1）设置缓冲区，按需要用于存储已到达的，而尚未发出的数据单元；

（2）设置流量控制，以利于缓和用户争用资源而引发的冲突。

在动态时分复用方式中，每个用户的数据单元在一条线路上互相交织着传输，为了便于接收端能区分其归属，必须在所传数据单元前附加用户识别标志，并对所传数据单元加以编号。这种机理就像把传输信道分成了若干子信道一样，这种信道通常称为逻辑信道

（Logical Channel）。每个子信道可用相应的号码表示，称作逻辑信道号。逻辑信道号作为传输线路的一种资源，可由网中分组交换机或分组型终端根据数据用户的通信要求予以动态地分配。逻辑信道为用户提供了独立的数据流通路，对同一个用户，各次通信可分配不同的逻辑信道号。

3.4.2 频分复用

频分复用（FDM）是利用频分分隔方式来实现多路复用，其工作原理是采用调制技术，将待送的信号频率搬移到传输介质的相应的频段上。传统的多路载波电话系统就是一种典型的频分多路复用系统。由前所述，利用软传输介质的无线电通信、微波通信、卫星通信以及移动通信中，仍然少不了频分复用技术。

3.4.3 码分多址

码分多址（CDMA，Code Division Multiple Access）是蜂窝移动通信中迅速发展的一种信号处理方式。在第 2 代移动通信中，GSM（全球通）采用了时分多址（TDMA，Time Division Multiple Access）技术，依据帧的属性来分配信道，将整个信道按 TDM（静态）和按 ALOHA（动态）方法分配给联网的各个站点，可看做是一种强制性的信道分配方法，结构复杂。而 CDMA 则完全不同，它允许所有站点同时在整个频段上进行传输，采用扩频（Spread Spectrum）编码原理对同时的多路传输加以识别。

CDMA 的关键就是在多重线性叠加的信号中能提取所需的信号，把其他的信号当做随机噪声丢弃。在 CDMA 中，每比特时间被分成 m 个切片（chip），通常，每比特可有 64 个或 128 个切片。

每个站点被指定一个唯一的 m 位代码或切片序列（chip squence）。当发送比特 1 时，站点送出的是切片序列，若发送比特 0 时，站点送出的是切片序列的补码。为简单说明其工作原理，现设每比特含 8 个切片。假设某站点的切片序列为 00011011，在信道上传输的切片序列 00011011 表示发送了比特 1，而其补码 11100100 则表示发送了比特 0。显然，CDMA 要求的带宽增加了 m 倍。例如，1.25MHz 的带宽给 100 个站点来共享，在使用 FDM 方法时，每个站点传输速率只能为 12.5kbits/s（假定 1bit/Hz）；当使用 CDMA 技术时，每个站点能使用 1.25MHz 的全部带宽，切片速率则为 1.25M 片/秒。因此，CDMA 每站的切片只要小于 100 片/秒，其有效带宽就可高出 FDM。

在接收端，若要从信号中提取单个站点的比特流，必须事先知道该站点的切片序列。通过计算收到的切片序列（各站发送的线性总和）和待还原站点的切片序列的内标积，就可导出比特流。

3.4.4 波分复用

波分复用（WDM）是在光纤成缆的基础上实现的大容量传输技术。第一代光纤使用 0.8 波长的激光器，传输率可达 280Mbit/s。目前使用了第 4 代掺饵光放大器（EDFA，Erbium-Doped Fiber Amplifier）的单模光纤，数据传输速率已达 10～20Gbit/s。

采用波分复用技术（见图 3-21）后，这种技术在一根光纤上使用不同的波长传输多种光信号。单纤可传送 16 种波长，每一波长速率为 2.5Gbit/s，则构成 40Gbit/s 的传输系统。

“密集波分复用”（DWDM）一词经常被用来描述支持巨大数量信道的系统，“密集”没有明确的定义。例如，100GHz（通道间隔）40CH（通道数）的DWDM模块采用干涉滤波器技术，其功能是将满足ITU波长的光信号分开（解复用）或将不同波长的光信号合成（复用）至一根光纤上，可支持100万个话音和1 500个视频信道。

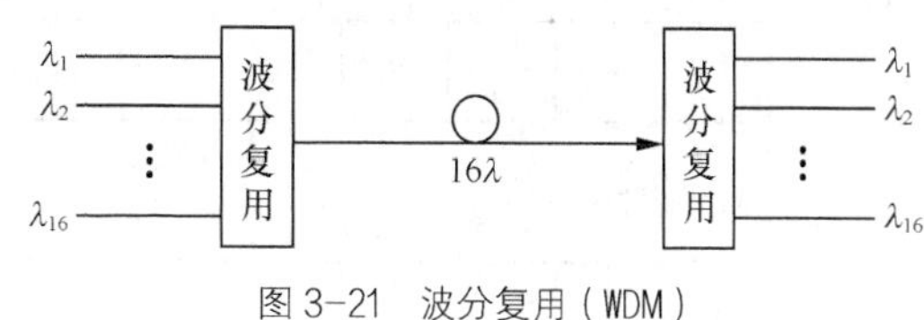

图3-21 波分复用（WDM）

3.5 传输系统

3.5.1 数字传输系统

1. 准同步数字系列

当前的数字传输系统不少仍是采用脉码调制（PCM，Pulse Code Modulation）体制。PCM方式的数字通信系统是一种典型的时分多路复用系统，它将话音信号或其他各种模拟信号（如电视图像信号等）数字化，需经过3个步骤：取样、量化和编码，并按一定的格式把各路数字信号分配在预定的时隙内，形成一个帧。传输时以帧为单元，周期性地依次重复传送帧，发、收方之间应保持严格的同步。

根据取样定理，只要取样频率f_s等于或大于模拟传输信号最高频率f_m的2倍，则样值信号序列就足够代表原先的模拟信号。在接收端将这些样值序列通过一个理想低通滤波器，就可以还原出原来的模拟信号。例如，标准的话音信号最高频率为3.4kHz，设话音带宽为4kHz。则取样频率一般为f_s=8 000Hz，相当于取样周期 T=1/125μs。取样后形成了幅度连续、时间离散的脉冲信号，即脉幅制（PAM）信号。

量化是将 PAM 信号的幅度进行分级、取整，即是幅度离散化过程，且将每一个取样瞬时幅度纳入邻近的整数级。编码则是把量化后脉冲取样值按幅度大小变换成相应的二进制码元，形成PCM信号。

PCM现有两个不兼容的国际标准：

（1）欧洲的E系列，其一次群PCM为32/30路，数字信号传输速率为2.048Mbit/s；

（2）北美（美国、日本等）的T系列，其一次群PCM为24路，传输速率为1.544Mbit/s。

对两个不兼容的系统在全球范围内的数字通信来讲，只能形成准同步数字系列（PDH ，Pseudo synchronous Digital Hierarchy）。

在我国采用的E系列PCM体制中，模拟信号的量化等级为256级，折算成8比特编码。因此，一个模拟话路信号的PCM信号速率为64kbit/s。为了有效地利用传输介质，PCM数字传输系统采用了同步时分多路复用方式，其帧结构如图3-22所示。

PCM 32/30路系统中，一个帧（一次群E1，数据速率为2.048Mbit/s）的时间长度为125μs，共分为32个时隙（time slot），时隙编号为TS_0～TS_{31}。

（1）**时隙TS_0**：偶数帧TS_0的第2～8比特为发送帧同步码组“0011011”，第1比特供国际图像用，不用时可暂定为“1”。奇数帧TS_0的第3比特A为失步对告码，正常为“0”，若失步为“1”；第二比特为奇帧监视码，定为“1”，防止奇数帧中TS_0的第2～8比特出现假同步码；第4～8比特为国内图像用，暂定全为“1”。

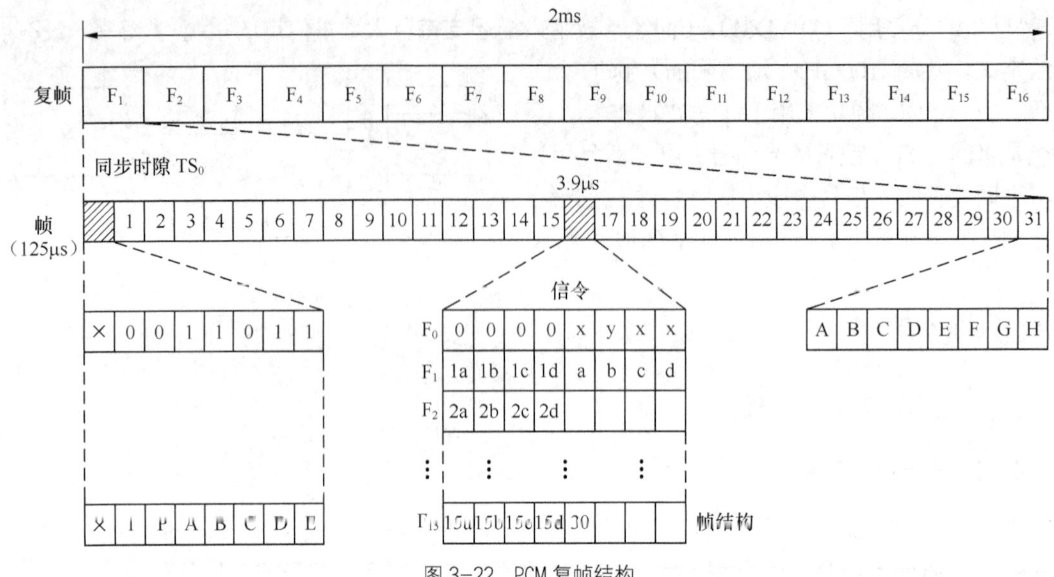

图 3-22 PCM 复帧结构

（2）**话路时隙**：话路时隙为 TS_1～TS_{15}，TS_{17}～TS_{31}，共 30 个话路。每个话路时隙由 8 位二进制码元组成，每个码元称为 1 比特。故通常记作 PCM 32/30。

（3）**标志时隙 TS_{16}**：TS_{16}用来表示 30 个话路的标志信号。每个话路的标志信号用 4 位码元，因此，对应 30 个话路的标志信号，需采用“复帧”来实现。

复帧是由 16 个帧所组成，其编号分别为 F_0～F_{15}，也就是每 16 帧重复一次 30 个话路的标志信号。由图 3-22 中可见，每一帧的 TS_{16}可同时传送两个话路的标志信号，分别占 1～4 比特和 5～8 比特。其中 F_1 到 F_{15} 中的 TS_{16} 的前 4 比特用来传送第 1～15 路（ch1～ch15）的标志信号；后 4 比特则用来传送第 16～30 路（ch16～ch30）的标志信号。F_0 的前 4 比特为复帧失步对告码，同步时为“0”，失步时为“1”，余下 3 比特留作备用，暂定为“1”。

由上述可知，每帧时间为 125μs，一个复帧为 2ms，每个时隙为 3.91μs，每比特为 0.488μs。一次群 E1 的传输速率为 2.048Mbit/s，每一路的数据传输速率为 64kbit/s。

在一次群的基础上，采取分级复用方式，可构成大容量的数字传输系统，如表 3-5 所示。表 3-5 中也列出了北美体制的分级复用方式，其中 T_1 的传输速率为 1.544Mbit/s，1 帧为 24 个话路。每个话路的取样脉冲用 7 比特编码，然后再加上 1 比特信令码元用于控制，因此 1 个话路时隙也有 8 比特，帧同步码是在 24 个话路的编码之后另附加上 1 比特，所以每帧共有 193 比特。

表 3-5　　PCM 分级复用标准

复用方式	E 系列（CCITT）		T 系列（CCITT）	
	传输速率（Mbit/s）	等效话路数	传输速率（Mbit/s）	等效话路数
1 次群	2.048	30/32	1.544	24
2 次群	8.848	120	6.312	96
3 次群	34.368	480	44.7	672
4 次群	139.264	1 920	274	4 032
5 次群	565.148	7 680		

PCM 数字传输系统的主要特点是：

（1）抗干扰能力强；

（2）信号可再生中继（传输中噪声和信号畸变不会累积）；

（3）数字电路易于集成与小型化；可直接提供数字传输信道，适宜于数据和其他的数字信号的传输，与数字交换系统相配合，有利于组成综合数字网（IDN）；

（4）便于加密；

（5）在相同的条件下，PCM 要求占用的传输频带较宽，可使用光纤传输。

PCM 数字传输系统构成网络时，要求全网的时钟系统保持同步，由于已经存在两种不同的 PCM 体制，在全球系统的 PCM 环境中，只能实现 PDH（准同步数字系列）。

2. 同步光纤网/同步数字系列

（1）什么是同步数字系列？为了在干线网上有效地传送高次群的比特流，以利于全球范围的宽带综合业务数字网间互连，美国贝尔通信研究公司（Bellcore）最早提出了同步光纤网（SONET，Synchronous Optical NETwork），后来成为美国国家标准 ANSI T1.105～106。SONET 标准为应用光纤传输系统定义了线路传送速率的等级结构。以 51.840Mbit/s（相当于 PDH 的 E3/T3 传输速率）为基础，对电信号来说，作为第 1 级同步传送信号，即 STS-1（Synchronous Transport Signal-1）；对于光信号而言，则是第 1 级光载波，即 OC-1（Optical Carrier-1）。1988 年 ITU-T 在 SONET 的基础上，经过修改，制定了相应的国际标准——同步数字系列（SDH，Synchronous Digital Hierarchy），即 G.707、G.708 和 G.709 系列建议，随后又增加了十多条建议。SDH 以 155.520Mbit/s 作为第 1 级同步转移模式，即 STM-1（Synchronous Transfer Mode-1），较高等级的 STM-*N* 则是 *N* 个 STM-1 的复用。表 3-6 列出了 SDH 和 SONET 各级的对应标准。

表 3-6　　SDH 和 SONET 各级的对应标准

SDH	数据速率（Mbit/s）			SONET	
光信号	总速率	同步包封	用户	电信号	光信号
	51.84	50.112	49.536	STS-1	OC-1
STM-1	155.52	150.336	148.608	STS-3	0C-3
STM-3	466.56	451.008	445.824	STS-9	0C-9
STM-4	622.08	601.344	594.432	STS-12	0C-12
STM-6	933.12	902.016	891.648	STS-18	0C-18
STM-8	1 244.16	1 202.688	1 188.864	STS-24	0C-24
STM-12	1 866.24	1 804.032	1 783.296	STS-36	0C-36
STM-16	2 488.32	2 405.376	2 377.728	STS-48	0C-48

SDH 是新一代的传输网体制，所谓 SDH 是一个将同步信息传输、复用、分插和交叉连接功能融为一体的结构化传送网络，并由统一网络管理系统进行运行、管理、维护和指配（OAM&P）。

（2）SDH 的帧结构。SDH 技术中采用的帧格式是基于字节的块状结构，如图 3-23 所示。SDH 采用标准化的等级结构，称为同步传送模块 STM-*N*，其中 *N*=1，4，16，64 等。

最基本的模块为 SMN-1，传输速率为 155.520Mbit/s（常说成每秒 155 兆比特）；将 4 个 STM-1 同步复用构成 STM-4，传输速率为 622.080Mbit/s（简述为每秒 622 兆比特）；依此类推。字节传送的次序是从左到右逐排进行，传送一帧需 125μs。与一般信息的帧格式不同，SDH 帧是由 9 行×(270×*N*)列字节组成，传输顺序自左到右，从上到下，依次排成串形码流。传输一帧需要 125 μs，每秒可传送 8 000 帧。由此可知，对 STM-1 来说，*N*=1，传输速率可算得为 9 行×270 列×8 比特/字节× 8 000 帧/秒=155.520Mbit/s。

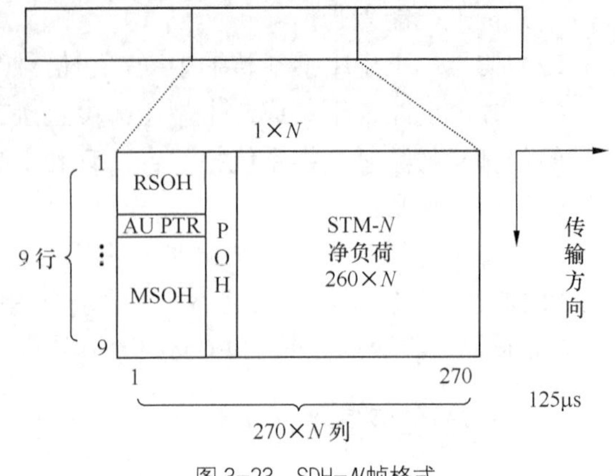

图 3-23 SDH-*N*帧格式

对高阶同步传送模块则可由基本模块 STM-1 的 *N* 倍组成，即 STM-*N*。其中，*N* 的取值为 4 的倍数，例如 *N*=4，则为 STM-4，所对应的传输速率为 4×155.520=622.080Mbit/s，*N*=16，则为 STM-16，所对应的传输速率为 16×155.520=2.488 320Gbit/s。

从格式上来看。SDH 帧结构可分为 3 部分：段开销（SOH，Section OverHead）、管理单元指针（AU PTR）和 STM-*N* 净负荷（payload）。

其中，净负荷中含 9 行×（1×*N*）列的通道开销（POH，Path OverHead），其他为信息净负荷，用于承载电信业务的比特，如 STM-1，则有 9 行×260 列字节用于业务传输。

（3）SDH 的特点。SDH 最为核心的 3 大特点，可归纳如下。

① 统一的光接口和复用标准。SDH 网不仅能与现有的 PDH 网完全兼容，即能使 PDH 的 T 系列和 E 系列（含 3 个地区性标准：欧洲、北美、日本）在 STM-1 上获得统一，同时还可容纳各种新的数字业务信号，如 ATM 信元、FDDI 帧等。另外，统一的 NNI 使网络单元（NE）在光通路横向上得以互通。

② 采用同步复用和灵活的复用映射结构。SDH 采用了先进的指针调整技术，使来自不同业务提供者的信息净负荷在不同环境下同步复用，且可承受一定的定时基准丢失。此外，SDH 引入了“虚容器”（VC，Virtual Container）的概念，所谓虚容器（VC）是一种支持通道层连接的信息结构，当各种业务信息经处理装入 VC 后，系统可不管所承载的信息结构，只需处理各种虚容器即可。这种方式尤如当前使用集装箱的运输方式，既减少了管理实体的数量，又具有信息传送的透明性。

③ 健全的网络管理功能。可统一的网管系统操作，并对网络单元进行分布式的有效管理、开设业务的性能监视，网络的动态维护、不同供应商设备间的互通等功能。

SDH/SONET 标准不仅适用于光纤传输系统，也可用于卫星和微波通信传输的技术体制，并已成为宽带综合业务数字网的物理层协议。

3.5.2 模拟传输系统

典型的模拟传输系统是四通八达的传统的长途电话通信系统。一般采用多层次结构的网络，我国现有电话网共分为长途电话网和市内电话网。长途电话网原为 4 级汇接辐射方式，这 4 级交换中心分别称为：

（1）一级中心，又称省间中心，C1；

（2）二级中心，又称省中心，C2；

（3）三级中心，又称县间中心，C3；

（4）四级中心，又称县中心，C4。

一级中心之间构成全连通网，每一个上级中心均按辐射状与若干下一级中心形成辐射式星形网，县中心下接的市话局可与其管辖范围内的电话用户相连，如图3-24所示。为了减少层次，现将C4组合成C3，形成本地网。

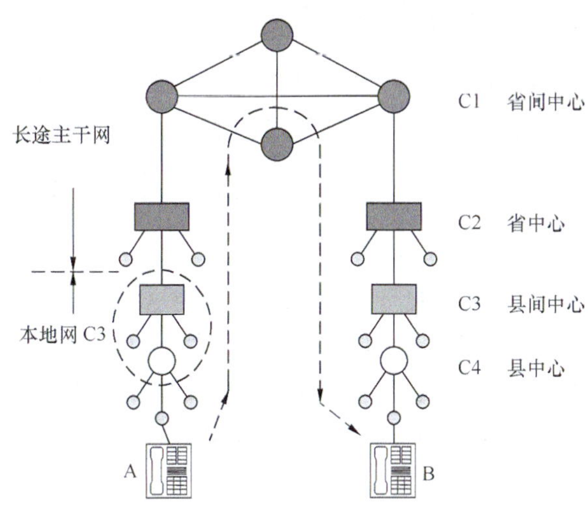

图3-24 国内长途电话网结构图

传统长途干线所用的模拟传输系统是基于频分多路复用（FDM）方式，多路载波电话系统是一个典型的FDM系统。长途话路的有效传输频带为0.3～3.4kHz，采用单边带幅度调制（AM）方式实现频率搬移。按ITU-T建议，每12个话路组成1个基群，其频带为60～108kHz；5个基群组成1个60路超群，占用312～552kHz频带；5个超群组成1个300路主群，占用812～2 044kHz频带；3个主群组成1个900路超主群，占用8 516～12 388kHz频带；4个超主群组成1个3 600路巨群，占用42.612～59.684MHz频带。在实现多路载波电话系统时，需要多级频率搬移，由低次群到高次群，最后形成适宜的线路传输频谱。

3.6 数据通信接口

数据通信接口是指数据终端设备（DTE，Data Termianl Equipment）和数据电路终接设备（DCE，Data Circuit terminating Equipment）之间的物理接口，如图3-25所示。

图3-25 DTE与DCE之间的通信接口

这种连接特性与选用的 DCE 类型、传输信道（模拟、数字）、通信方式（全双工或半双工）、传输方式（同步或异步）和通信速率等诸方面因素有关。为确保双方正常通信，最基本的任务是保持接口特性的标准化，要求符合物理层协议描述接口的 4 方面特性：机械特性、电气特性、功能特性和规程特性。

随着计算机通信与网络技术的发展，美国电子工业协会（EIA）制定的 RS-232 异步串行通信接口和 RJ-45 网络接口得到了广泛应用，在笔记本电脑上，通用串行总线（USB）接口成了主流。因此，本节将介绍实用的 RS-232-E、RJ-45 和 USB 接口。

3.6.1 RS-232-E 接口规范

RS-232-E 接口规范是美国电子工业协会（EIA）制定的，其中 RS 表示“推荐标准”，232 为标准编号。自 1962 年 RS-232 出台之后，经过多次修改，于 1991 年定为 EIA-232-E，习惯上仍称为 RS-232 接口。

1. 机械特性

机械特性规定了接插件的几何尺寸和引线排列。图 3-26 示出了接插件规格与引线排列，EIA-232-E/V.24 是 25 芯接插件（DB-25），分立上下两排（13/12 根引脚），每根引脚有编号。图 3-26 中还示出 X.21 的 DB-15 接插件、RS-232-C（DB-9）以及 V.35（DB-34）的接插件。特别指出，EIA/ITU-T 都规定接插件的插头应安装在 DTE 上，插座必须安装在 DCE 上。

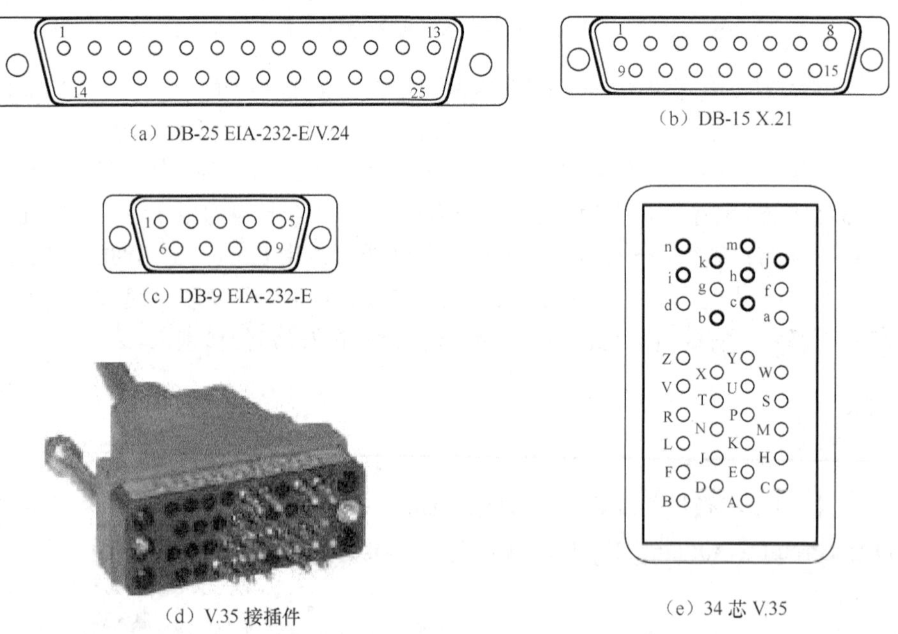

（a）DB-25 EIA-232-E/V.24　（b）DB-15 X.21　（c）DB-9 EIA-232-E　（d）V.35 接插件　（e）34 芯 V.35

图 3-26　接插件规格与引线排列

2. 电气特性

电气特性描述了通信接口的发信器（驱动器 G）、接收器（R）的电气连接方法及其电气参数，如信号电压（或电流、信号源、负载阻抗等）。RS-232、RS-423A、RS-422A 与 ITU-T V 系列建议的 V.28、V.10、V.11 及 X 系列的 X.26、X.27 都是描述有关电气特性的，其中 V.10 与 X.26，V.11 与 V.27 分别具有相同的特性（见表 3-7）。

表 3-7　　电气连接方式和特性

推荐标准	电气连接方式	速率范围（kbit/s）	ITU_T 建议	电气特性
RS-232C	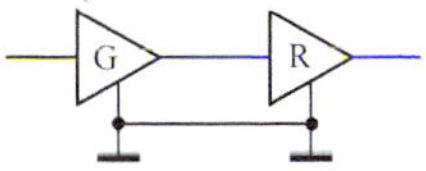 G R	≤33.6 ～56	V.28	• 不平衡双流接口电路 • 信号电压（开路）<25V • 负载组抗 3～7kΩ • 接口电压 −3V “1” 或 “off” +3V “0” 或 “on”
RS-423A	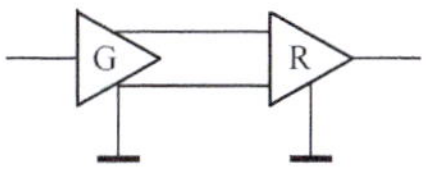 G R	≤100	V.10/X.26	• 准平衡双流接口电路 • 发信器输出阻抗<50Ω 不平衡驱动，差动平衡接收 • 接口电压 Vaa'<−3V “1” 或 “off” >+3V “0” 或 “on”
RS-422A	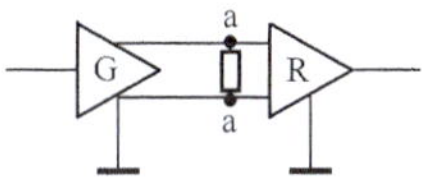 G a a R	≤100 00	V.11/X.27	• 平衡双流接口电路 • 发信器开路电压<6V 平衡驱动，差动平衡接收 • 接口电压 Vaa'<−3V “1” 或 “off” >+3V “0” 或 “on”

表 3-7 中给出的数据传输率是个参考值，它与 DTE/DCE 间电缆的长度和类型有关。RS-232/V.28 为不平衡接口，通过其公共的信号地线构成回路引起的串音会随工作速率增大而增加，所以 RS-232 的传输速率限制在 56kbit/s。

RS-432/V.10/X.26 为准平衡双流接口电路，发信器 G 为不平衡驱动电路，而接收端为差动平衡输入电路。若 DTE 侧为不平衡驱动，其公共回线为 Ga；同样 DCE 侧的不平衡驱动电路，其公共回线则为 Gb。当电缆长度为 10m 时，其速率可达 100kbit/s，若电缆长度为 1 000m 时，则速率小于 1kbit/s。RS-422/V.11/X.27 为平衡接口电路，即一对信号线对地平衡，当电缆长度为 10m 时，工作速率可达 10Mbit/s，而电缆长度为 1 000m 时，工作速率可达 100kbit/s。发信器的输出电压 $V_{aa'}<-0.3V$ 时，确定二进制数据为“1”或控制、定时端口为“off”（断开）状态；而 $V_{aa'}>0.3V$ 时，则为二进制数据“0”或控制、定时端口为“on”（连通）状态。

3．功能特性

功能特性描述了由接口执行的功能，定义接插件的每一引脚（pin，或称“针”）的作用。通常，将功能特性的端口可归为 4 类：数据线、控制线、定时线和地线。RS-232 标准与对应的 V.24 建议的功能特性（部分）如表 3-8 所示。

表 3-8 **RS-232 标准与对应的 V.24 建议的功能特性（部分）**

名称	DTE-DCE	功 能 含 义	RS-232C DB-25	RS-232C DB-9	ITU-T V.24
地线		信号地线或公共回线（SG）	7	5	102
数据线	→	发送数据（TxD）	2	3	103
	←	接收数据（RxD）	3	2	104
控制线	→	请求发送（RTS）	4	7	105
	←	允许发送（CTS）	5	8	106
	←	DCE 就绪（DSR）	6	6	107
	→	DTE 就绪（DTR）	20	4	108
	←	载波检测（DCD）	8	1	109
	←	振铃指示（RI）	22	9	125
定时线	→	发信码元定时（DTE）	24	—	113
	←	发信码元定时（DCE）	15	—	114
	←	收信码元定时（DCE）	17	—	115

表 3-8 中 RS-232 的每个引脚都标上信号流向指示，例如，DTE 的引脚 4 的箭头方向，表示从 DTE 向 DCE 请求发送（RTS）。而 V.24 则用 100 系列号标识，请求发送（RTS）引脚编号为 105。当前，台式计算机上 RS-232 通信接口由 DB-25 改成 DB-9，相应的引脚定义为：① DCD；② RxD；③ TxD；④ DTR；⑤ SG；⑥ DSR；⑦ RTS；⑧ CTS；⑨ RI。因此，仅适用于异步串行通信。

还有一些引脚的作用，如传送码元的定时信号、测试 Modem 等，异步串行通信中用得很少。而 RS-449/V.35 的机械特性采用 DB-37/DB-34，而电气特性使用 RS-422A，支持高速率的点到点同步传输。

公用数据网上使用 X.21 接口标准是 X.24 的一个子集，不像 V.24 那样一线一功能，所以 X.21 接口的功能特性线数大为减少（采用 DB-15），曾在电路交换数据网、分组交换数据网中用过。

4．规程特性

规程特性描述 DTE 和 DCE 之间通信接口上传输时间与控制需要执行的事件顺序。RS-232C 的通信过程控制是由许多控制线的状态变化来实现，且规定了各条控制线的定时关系。

现以图 3-25 为例来解释计算机（DTE_A）与服务器（DTE_B）的通信过程。

（1）初始状态，控制线的引脚状态均置 OFF。

（2）当 DTE_A 进入通信程序，应将其“DTE 就绪（20）”置 ON，可通过“发送数据②”拨号（被叫电话号码）。

（3）若电话网对 DTE_B 送入呼叫信号，则 DTE_B 将“振铃指示（22）”置 ON，接着 DCE_B 回送载波信号，并将“DCE 就绪⑥”置 ON，表示以准备好接收数据。

（4）当 DCE_A 检测到载波信号时，将 DCE_A 的“载波检测⑧”和“DCE 就绪⑥”均置

ON，告示 DTE_A 通信电路已接通。DCE_A 可通过“接收数据③”向 DTE_A 发送连通信息。

（5）DCE_A 随后向 DCE_B 发载波信号，DCE_B 将“载波检测⑧”置 ON。

（6）若 DTE_A 要发送数据，可将“请求发送④”置 ON。将“允许发送⑤”置 ON 以示响应。

（7）DTE_A 通过“发送数据③”发出数据；DCE_A 可将计算机数字信号变换成模拟信号，通过电话用户线向 DCE_B 发出。

（8）DCE_B 将收到的模拟信号转成出数字信号，经 DCE_B “接收数据③”向 DTE_B 发送。

3.6.2 RJ-45 接口规范

RJ-45 接口规范指的是使用由国际性的接插件标准定义的 8 个位置（8 针）的模块化插孔或者插头（见图 3-27），即 IEC（60）603-7 标准化，也是 ISO/IEC 11801 国际通用综合布线标准的连接硬件的参考标准。其中 RJ 是 Registered Jack 的缩写，意指是“注册的插座”。

（a） （b）

图 3-27 RJ-45 连接器

RJ-45 连接器由插头与插孔（插座）配套：RJ-45 插头是一种只能沿固定方向插入并自动防止脱落的塑料接头，俗称“水晶头”，如图 3-27（a）所示；图 3-27（b）所示的 RJ-45 插座可安装在计算机网卡（NIC）、集线器、交换机或布线施工室内墙上。

RJ-45 类似于常见的电话接口（RJ-11），但尺寸、线数不同。RJ45 插头所用的 4 对双绞色线的排序方法有两种（见图 3-28）。

（1）EIA/TIA-568A 标准：1→8 依次为绿白、绿、橙白、蓝、蓝白、橙、棕白、棕；

（2）EIA/TIA 568B 标准：1→8 依次为橙白、橙、绿白、蓝、蓝白、绿、棕白、棕。

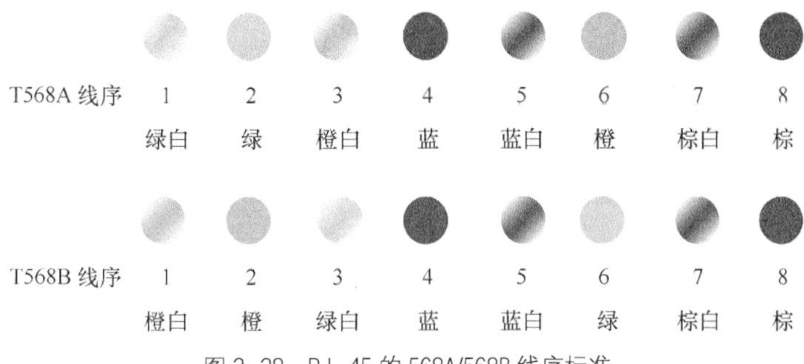

图 3-28 RJ-45 的 568A/568B 线序标准

因此，使用 RJ45 接头的 4 对 UTP 线缆也有两种：直连线和交叉线。如图 3-29 所示。

（1）直连线：UTP 线缆两端使用 568A 与 568A 插头（或 568B 与 568B 插头）；

（2）交叉线：UTP 线缆两端使用 568A 与 568B 插头。

直连线用于：（1）主机和 switch/hub；（2）router 和 switch/hub 连接。交叉线用于：（1）switch 和 switch；（2）主机和主机；（3）Hub 和 Hub；（4）Hub 和 switch；（5）主机和 router 连接。

在实践中，路由器和 PC 属于 DTE 类型设备，交换机和 Hub 属于 DCE 类型设备；同种类型设备之间使用交叉线连接，不同类型设备之间使用直连线连接。

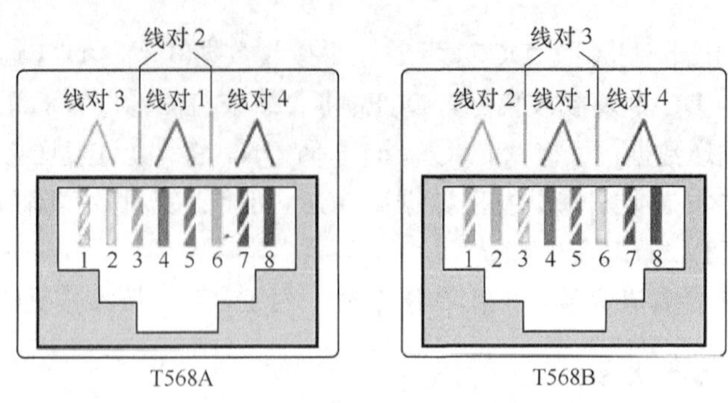

图 3-29　568A 与 568B 插头的线位

3.6.3　USB 接口规范

USB 是通用串行总线的英文缩写，它也是一种串行通信控制器，用来连接优盘（flash）、活动硬盘（10GB～300GB）以及含 USB 接口的鼠标、键盘、打印机、扫描仪等。在微机 Windows 操作系统的“设备管理器”上可查看通用总线串行通信控制器（含 USB Root Hub，活动硬盘 Mass Storage Device）。

与传统的 PS/2、COM、LPT 接口不同，USB 接口非常简单，如图 3-30 所示。在 USB 电缆内部只有 4 根不同颜色的导线，分别是：红色的 VBus 导线、绿色的+Data 导线、白色的−Data 导线与黑色的 GND 导线。其中，VBus 就是俗称的火线，GND 就是俗称的地线，它与 VBus 总称为电源线，为外接设备提供电源，工作电压为+5V，最高电流为 500mA。+Data 与−Data 就是数据传输线。与之相对应的，在 USB 接口中也只有 4 个金属触点。

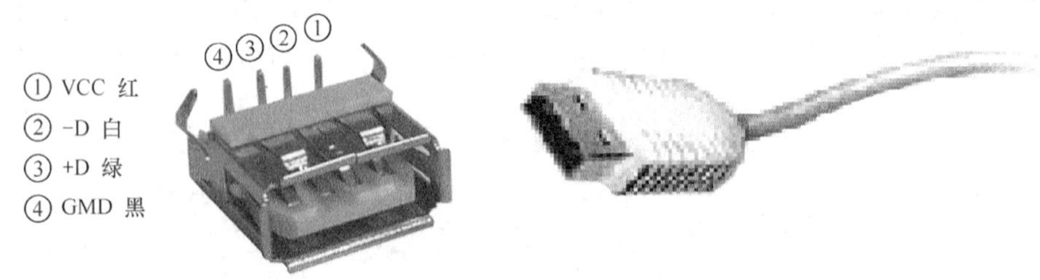

图 3-30　USB 接口外形

USB 接口有 3 种不同的类型。

（1）USB 1.0/1.1：数据速率为 12Mbit/s；

（2）USB 2.0 full speed：数据速率为 100Mbit/s；

（3）USB 2.0 high speed：数据速率为 480Mbit/s。

不论哪类 USB 接口，最大连线长度务必不要大于 5m。

在 USB 技术规定了两种典型的 USB 集线器（UH），即 4 接口与 7 接口型，使用它们最多可外接 4 个或 7 个 USB 设备。然后通过采用不同驱动能力的 USB 管理芯片，可以再外接 1～7 个 USB 设备，其作用如同电源插座不够时接入一个电源插板一样，相当于一个中继站，最多可连接 127 个 USB 外设。

UH 分为有源和无源式两种，前者有独立的电源，能提供标准的 500mA 电流，可以满足大部分低功率 USB 外设的需要，如键盘、鼠标、Modem、游戏摇杆等。无源 UH 则使用上一级的 UH 通过 USB 连线供电（有源 UH 也可以），但此时所能提供的电流强度只有 100mA，支持的硬件很有限。另外，有源 UH 都支持 USB 电源管理，即某个 USB 外设若在 3 秒钟内没有动作，则自动将电流强度降低到≤500μA（USB 1.0）或≤100mA（USB 1.1），使其进入休眠状态（Suspend），直到有动作为止，从而大幅降低了电力的消耗。

本章小结

1. 数据传输是传播处理信号的数据通信，将源站的数据编码成信号，沿传输介质传播到目的地。数据传输是实现数据通信的基础，数据通信是构成计算机通信与网络的基础。

2. 传输介质可以分为线传输介质（有线线路）和软传输介质（无线信道）两类。

3. 线传输介质包括双绞线、同轴电缆及光缆（多模、单模）等；软传输介质含无线电波、地面微波、卫星微波及红外线等。不同的传输介质具有不同的传输特性，传输介质的特性影响着数据的传输质量。

4. 信息（information）、数据（data）与信号（signal）是数据通信技术中重要的关键词，数据分为模拟数据和数字数据两种，信号有模拟信号与数字信号之分。

5. 模拟数据、数字数据与模拟信号、数字信号的对应关系为。

（1）数字数据的模拟信号调制：数字调制方法，如 ASK、FSK、PSK 等；

（2）数字数据的数字信号编码：数字编解码方法，如 NRZI、AMI、曼彻斯特（Manchester）编码、差分曼彻斯特编码等；

（3）模拟数据的数字信号编码：脉冲编码调制（取样、量化和编码）；

（4）模拟数据的模拟信号调制：AM、FM、PM 等。

6. 数据传输质量参数：衰减、时延失真（群时延或包络时延）、噪声、回波损耗、近端串扰、误码率和误组率等。

7. 信道容量计算公式为

（1）无噪声理想条件，奈奎斯特（Nyquist）公式 $C=2W\,\mathrm{lb}\,(N)$；

（2）有噪声的环境中，仙农（Shannon）公式 $C=W\,\mathrm{lb}\,(1+S/N)$。

8. 多路复用技术有不同的方式：

（1）时分复用（TDM）可分为同步时分复用、异步时分复用；

（2）频分复用（FDM，Frequency Division Multiplexing）；

（3）码分复用（CDM，Coding Division Multiplexing）；

（4）波分复用（WDM，Wave Division Multiplexing）。

9. 数字传输系统有准同步数字系列（PDH）和同步数字系列（SDH）。模拟传输系统采用基于 FDM 的频率搬移技术，如载波电话系统。

10. 物理层协议描述通信接口的 4 方面特性：机械特性、电气特性、功能特性和规程特性。

11. 实用的 RS-232-E、RJ-45 和 USB 接口。

复习题

1. 试解释以下名词：数据、信号、模拟数据、模拟信号、数字数据、数字信号。

2．常用的传输介质有哪几种？各有何特点？

3．5# UTP（CAT5）与 5# UTP（CAT5E）无屏蔽双绞线有什么不同之处？若要传送 1Gbit/s 数据，应选用什么型号的双绞线？

4．单模光纤与多模光纤的主要区别是什么？为何多模光纤所允许的传输距离较短？

5．使用频率 2.4GHz 的无线局域网有什么特点？

6．什么叫传信速率？什么叫传码速率？说明两者的不同与关系。

7．设数据信号码元长度为 833×10^{-6}s，若采用 16 电平传输，试求传码速率和传信速率。

8．在异步传输中，假设停止位为 1 位，无奇偶校验，数据位为 8 位，求传输效率为多少？

9．奈氏准则与仙农公式在数据通信中的意义是什么？比特和波特有何区别?

10．假设带宽为 3 000Hz 的模拟信道中只存在高斯白噪声，并且信噪比是 20dB，则该信道能否可靠的传输速率为 64kbit/s 的数据流？

11．什么是曼彻斯特编码和差分曼彻斯特编码?其特点如何?

12．从给出的曼彻斯特码波形图中求比特流。并根据此比特流画出差分曼彻斯特码波形图。

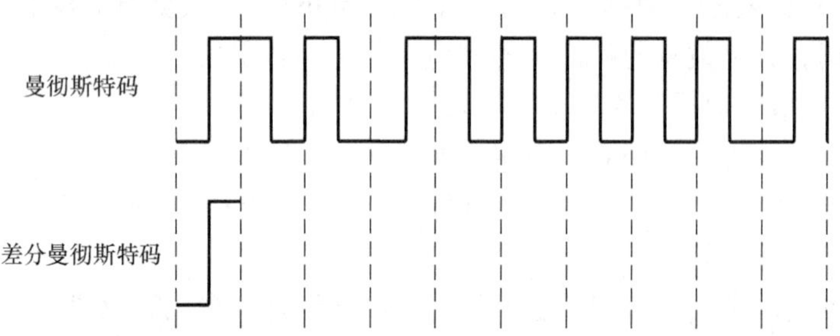

13．带宽为 6MHz 的电视信道，如果使用量化等级为 4 的数字信号传输，则其数据传输率是多少？假设信道是无噪声的。

14．对于带宽为 3kHz、信噪比为 20dB 的信道，当其用于发送二进制信号时，它的最大数据传输率是多少？

15．一个每秒钟取样 1 000 次的 4kHz 无噪声信道的最大数据传输率是多少？这样的取样率能否保障接收端恢复原始的模拟数据?

16．什么是多路复用？按照复用方式的不同，多路复用技术基本上分为几类？分别是什么？

17．比较频分多路复用和波分多路复用的异同点。

18．设有 3 路模拟信号，带宽分别为 2kHz、4kHz 和 2kHz，另有 8 路数字信号，数据率都为 8 000bit/s。当采用同步时分多路复用（TDM）方式将其复用到一条通信线路上，假定复用后为数字传输，对模拟信号采用 PCM 方式，量化级数为 16 级，则复用线路需要的最小通信能力为多少?

19．数字传输系统具有哪些优点？它的主要缺点是什么？

20．试画出两台 PC 通过 COM 端口选用电缆直接连接图，并标明连接电缆的接线端口。

第4章 数据链路控制

数据通信包含两方面内容：数据的传输（上一章已介绍）和数据传输前后的处理。本章主要讲述以帧为基本数据传输单元的数据链路控制功能；分析了基本的通信协议，同步通信双方如何协调收、发信息的流量，差错控制技术（奇偶校验码、汉明码、循环冗余码），以及高级数据链路控制规程（HDLC）和 PPP 协议。

4.1 数据链路控制的基本概念

如前所述，计算机通信在不同的发展阶段有其不同的应用对象，为了说明数据链路控制的作用，在此再强调一下两个术语，即“数据电路”和“数据链路”。实际上，数据电路和数据链路的概念是有差别的[4]。所谓数据电路是一条无源的点到点的物理线路段（可以是含线传输介质，也可以是软传输介质），中间不应包括任何交换节点。当两台计算机进行通信时，端到端之间的通路可能是由许多数据电路的链接而成的，所以，数据电路在网络通路中仅是一个基本段。计算机通信中常称为“物理链路”，或简称“链路”。但数据链路（data link）却有另一层含义。在 OSI-RM 的数据链路层上，常见用虚线来表示通信双方的连接。这是因为需要在一条线路上传送数据时，除了必须具有一条物理链路外，还需有一些必要的协议（规程）来控制这些数据的传输。把实现这些协议的软、硬件加到数据电路上，就构成了数据链路。因此，数据链路在对等的两个数据链路层之间就像一个数字管道，以帧为基本数据单元予以传输。当采用复用技术时，一条物理链路上可以构成多条数据链路。

4.1.1 物理链路的基本结构

由计算机和通信的各自发展进程中可知，“直接连接”一词是指两台设备之间传输信道为直接互连的通信形式。例如图 4-1（a）所示的两台计算机直接连接，常称点—点连接；多台计算机的直接连接，如图 4-1（b）所示，则称多点连接。

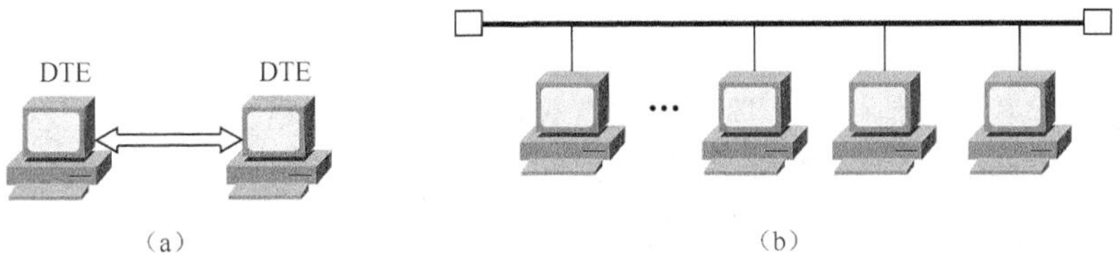

图 4-1 物理链路的结构

物理链路的基本结构可分为两种：点—点链路和多点链路。图 4-1 中数据链路两端 DTE 以是计算机或终端，也可以是路由器，或交换设备。从链路逻辑功能的角度，常将这些设备称为工作站（work station），从网络拓扑结构的观点，则常称为节点（node）。

1．点—点链路

在点—点链路中，发送信息或命令的站常称为主站（Primary，可简写成 P）；接收信息和命令而发出确认信息或响应的站称为从站（Secondary，可简写成 S）；兼有主、从站功能、可发送命令或响应的站称为复合站。

2．多点链路

在多点链路中，往往有一站为控制站，主管数据链路的信息流，并处理链路上出现的不可恢复的差错情况；其余各站则为受控站。多点链路早先用于面向终端的计算机系统，随着计算机通信技术的发展，现已广泛用于计算机局域网、无线分组网和卫星分组网。

4.1.2 数据链路控制的功能

在同步通信中，数据链路最重要的作用就是：通过一些数据链路控制规程（即数据链路层协议），在不太可靠的，有外来干扰的物理链路上实现可靠的、几乎无差错的数据传输。

依照 OSI 参考模式，可将数据链路层的主要功能归纳如下。

1．帧同步（frame synchronous）

在数据链路层，数据的传送单元是帧（Frame）。数据一帧一帧地依次传送，这样的措施，有利于在传输中一旦出现差错，只需将有差错的帧再重传一次，可避免了将全部数据都进行重传，尤其适合于传输长的数据文件。帧同步是指收方应能从收到的比特流中准确地判断出一帧的开始和结束，以便协调收发方之间的工作；另外，旨在提供一种有利于高效通信的传输方式。

2．寻址（addressing）

在点—点链接的环境中，例如 X.25 帧级的寻址方式，比较单一；但在多点链接的情况下，例如以太网，必须保证每一帧都能送到正确的地址。收方也应当知道发方是哪一个站。

3．流量控制（flow control）

应确保通信的基本要求：发方的发送数据速率必须不能超过收方及时接收和处理的能力。当收方来不及接收时，就必须采取相应的措施来控制发方发送数据的速率。

4．差错控制（error control）

在计算机一类数据通信中，一般都要求有极低的比特差错率。为此，广泛地采用了编码技术。编码技术有两大类：一类是纠错编码，即前向纠错，收方收到有差错的数据帧时，能够发现差错并能自动加以改正。这种方法的开销较大，适合于使用卫星中继的计算机通信；另一类是检错编码，即检错重发，收方一旦检测出收到的帧中有差错（但并不关心是哪几个比特有错），于是就要求发方重复发送这一帧，以便收方能正确接收。这种方法在计算机通信中是最常用的。本章所要讨论的协议主要是采用检错重发这种差错控制方法。

5. 数据和控制信息的识别（identification）

由于数据和控制信息都是在同一物理链路上传送，在许多情况下，数据和控制信息是处在同一帧中。因此，一定要有相应的办法使收方能够将它们区分开来。

6. 透明传输（transparent transmission）

所谓透明传输就是不管所传数据是什么样的比特组合，都应当能够在物理链路上传送。当所传数据中的比特组合恰巧与某一个控制信息完全一样时，就必须采取适当的措施，使收方不会将这样的数据误认为是某种控制信息。这就是说保证了数据链路的传输具有透明性。

7. 链路管理（link management）

当网络中的两个节点要进行通信时，数据的发方必须确知收方是否已在准备接收的状态。为此，通信的双方必须先要交换一些必要的控制信息。或者用我们的术语来讲，必须先建立一条数据链路。同样地，在传输数据时应当维持数据链路，而在通信完毕时要释放数据链路。数据链路的建立、维持和释放过程就叫做链路管理。

上述的数据链路控制功能是与其数据链路控制协议密切相关，不同的网络具有不同的通信协议（规程）。本章讨论的重点是广域网的数据链路控制规程、以太网的介质访问控制协议以及 PPPoE。这里出现的“协议”和“规程”两个词，在数据链路层是同义的。早期的数据通信“协议”曾称通信“规程”（specification，procedure），而在计算机网络中已经都使用“协议”（protocol）一词。

4.2 数据链路控制技术

4.2.1 确认重发技术

确认重发技术在公用数据网上已经广泛使用，其中停止等待（stop-and-wait）协议是在确认重发技术中最简单、最基本的数据链路控制协议。为叙述方便起见，我们假设数据以帧（Frame）为单元传输；并且数据链路为半双工传输方式（见图 4-2），仅由节点 A 向节点 B 发送数据，节点 B 向节点 A 回送确认。

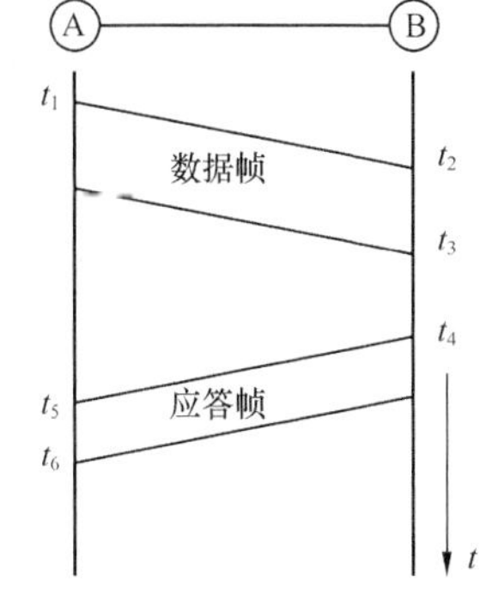

图 4-2　停止等待协议的通信过程

1. 停止等待协议的特征描述

停止等待协议的特征是：当节点 A 发出一个数据帧后，必须停止发送，等待节点 B 的应答（ACKnowledment）。如果节点 B 收到数据帧后，经检验无差错，则回送一个应答（确认）帧通知节点 A，节点 A 才能发送下一个数据帧，这种处理称为**正证实**。

（1）正常情况。所谓正常情况，是指在传输过程中，任何帧都不会出错或被丢失，这是一种理想情况。如图 4-2 所示，主机 A 将原文送到节点 A，以数据帧格式通过数据电路传到节点 B。节点 B 收到数据帧后，经验证无误，应立即执行：

① 把数据帧送往主机 B；

② 向节点 A 回送一个应答帧（ACK）确认。

下面以时间顺序对传输一个数据帧的简单过程来分析停止等待协议的特征。设：t_1 为数据帧传输第 1 比特的开始时刻，t_2 为第 1 比特到达节点 B 的时刻，t_3 为数据帧最后 1 比特到达时刻，则数据帧的传播时间 t_P 为

$$t_P = t_2 - t_1 = L/v \tag{4.1}$$

式中，L 为节点 AB 间的传输距离（km）；v 为电波速度，一般在线传输介质中取为 2×10^5km/s；

而数据帧的传输时间 t_F 为

$$t_F = t_3 - t_2 = \frac{F}{C} = \frac{H+D}{C} \tag{4.2}$$

式中，设 F 为数据帧长度（bit），C 为数据传输速率（bit/s）。

又设每个帧 F 由控制信息（帧头标）和数据信息两个部分组成：

$$F = H + D$$

式中，H 为控制信息的比特数，D 为每帧数据信息的比特数。

节点 A 和节点 B 的处理帧的时间 t_{proc} 为

$$t_{proc} = t_4 - t_3 = t_7 - t_6$$

应答帧（ACK）的传输时间 t_A 为

$$t_A = t_6 - t_5 = \frac{A}{C}$$

因此，停止等待协议传输一个数据帧中 D 比特数据的信道利用率 U 为

$$U = \frac{t_D}{t_F + t_A + 2t_P + 2t_{proc}} = \frac{D}{F + A + 2C(t_P + t_{proc})} \tag{4.3}$$

如果在纯理想的条件下，即既不考虑数据传输时间也忽略传播时延，不计确认帧的开销，则信道利用率 U 仅与帧的结构 $F = H + D$ 有关。例如，设帧 F 的 D 长度为 128 字节，而 H 为 6 字节，由此可算得 $U = 95.5\%$。与异步通信方式传输一个字符的信道利用率 $U = 70\%$～80% 相比较，可见以帧为单元的同步通信的信道利用率有了较大的改善。

（2）非常情况。接着，再来讨论节点 A 与 B 之间的数据传输有可能出现差错的情况，具体表现在以下两方面：

① 节点 A 向节点 B 发送数据帧时，在传送中受到干扰出错或丢失；

② 节点 B 收到数据帧后，回送出 ACK 帧，在 B→A 的传输过程中，受到干扰或丢失。

这两方面出现的问题，其结果都致使节点 A 将一直等不到 ACK 确认帧，所以节点 A 也就永远无法继续发送下一个帧，这就形成了死锁（dead lock）。

解决上述问题的办法是：在节点 A 设置一个定时器 T_1，它的预定时间为 t_0。当发出一个数据帧后，立即启动定时器 T_1。若在预定时间 t_0 内，节点 A 能收到 ACK，则可继续正常地传送下一个待发帧。若在预定时间内收不到 ACK，称超时（time out），则节点 A 由此可判定应重发数据帧。

定时器的 t_0 值应该取多少？如上所述，t_0 必须不小于节点 A 与 B 之间来回的传播时间，

节点A与B发、收帧的处理时间以及回送确认帧ACK的传输时间，即 $t_o \geqslant (2t_p + 2t_{proc} + t_A)$。很明显，如果 $t_o < (2t_p + 2t_{proc} + t_A)$，则有可能在回送ACK的行程中，节点A的定时器已超时，误认有错而重发，这样在节点B将会收到第2份相同的数据帧，形成重复帧，这是在数据链路控制协议中要采取措施解决的又一问题。

要解决重复帧的问题，行之有效的方法是把每一个发出的数据帧都编上号。若接收端收到相同编号的帧，可认为出现了重复帧。这时，应当丢弃这一重复帧，因上一个同样的数据帧已被正确收到并交送给主机B。与此同时，节点B仍应向节点A发送确认帧ACK，因为节点B收到了重复帧，这就表明上一次发送的ACK已受干扰或丢失，并未送到节点A。

接着要考虑的问题是如何选用编号方案？对于停止等待协议，节点A每次只能发一个数据帧，所以只需用1bit的两个状态0、1加以编号即可。在正常的数据帧交换过程中，帧的序号0、1交替地出现。每发送一个新的数据帧，编号值与上一次不同，于是收方就能区分出是新的还是重复的数据帧。

2．停止等待协议的定量分析

现在，对上述的停止等待协议作定量分析。考虑到传输差错的影响，若某帧被干扰或丢失，设定时器的时限为 T，则不成功传输所占用的传输容量 Q_1 为 $F+CT$，如果每帧重发平均次数为 R，那么含 R 个废帧、1个正确帧的信道总容量 Q_0 为

$$Q_0 = R(F + CT) + (F + A + 2CI)$$

式中 $I = t_p + t_{proc}$。

那么，考虑到传输差错影响的信道利用率 U_0 为

$$U_0 = \frac{D}{R(F+CT)+(F+A+2CI)} \tag{4.4}$$

现在再计算每帧重发的 R。设 P_1 为丢失某一数据帧的概率，P_2 为丢失1个ACK的概率。当数据帧和ACK帧两者均被正确接收，即帧发送成功的概率为 $(1-P_1)(1-P_2)$；显然，有故障的概率 P 为 $1-(1-P_1)(1-P_2)$，在 k 次试验中有 $k-1$ 次重发的概率为 $(1-P)P^{k-1}$，那么，每帧传送的平均数 R' 为

$$R' = (1-P)\sum_{k=1}^{\infty} k\,P^{k-1} = \frac{1}{1-P}$$

所以，每个数据帧重发的平均次数 R 为

$$R = \frac{P}{1-P} \tag{4.5}$$

将式（4.5）代入式（4.4），可得

$$U_0 = \frac{D}{\frac{P}{1-P}(F+CT)+(F+A+2CI)} \tag{4.6}$$

为简化分析，假设定时器的超时值 T 近似等于 $(A/C+2I)$，那么信道利用率 U_0 可化简为

$$U_0 = \frac{D}{H+D}\cdot(1-P)\cdot\frac{1}{1+\frac{CT}{H+D}} \tag{4.7}$$

式（4.7）表明停止等待协议的实际信道利用率 U_0 与以下 3 个因素有关：

（1）第 1 项 $D/(H+D)$，表明帧内附加控制信息头标的大小 H 会直接影响 U 的值，即使在正常情况下，为传送数据位 D 也要考虑附加 H 时所引起的开销；

（2）第 2 项（$1-P$），表明在传送过程中出现差错的概率 P 决定着重发过程，也就是说，差错概率越大，重发可能性越大，致使 U_0 降低；

（3）最后一项表明协议的控制过程所引起的开销，每发送一个数据帧，要等待 T 才能发送下一个数据帧，因此 T 值越大，其 U_0 越低。

当式（4.7）中的 $H<<D$，且 $CT<<F$ 时，则该式就简化为 $U<(1-P)$，说明信道利用率 U 取决于故障的概率 P。由以上分析可知，停止等待协议是简单的，但信道利用率不高。

3．停止等待协议的算法

下面用程序语言来阐述停止等待协议的算法。为了讨论方便，仍设数据链路为半双工通信方式，并仅由节点 A 发送数据帧，节点 B 接收数据帧；并假定只回送 ACK 确认帧的简单情况。发送节点 A 内设发送状态变量 $V(S)$，接收节点 B 内设接收状态变量 $V(R)$。$V(S)$的值表示下一个待发送的帧序号，$V(R)$的值表示期望接收的帧序号。停止等待协议基本的收发过程，如图 4-3 所示。其工作过程解释如下：

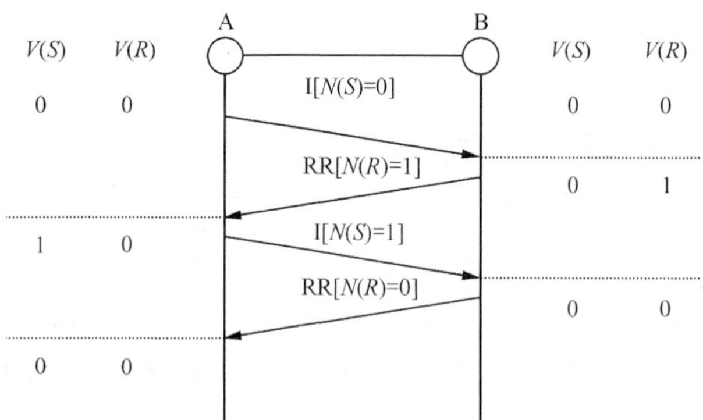

图 4-3　停止等待协议（半双工传输方式）基本的收发过程

（1）经数据链路初始化后，$V(S)$、$V(R)$分别置于 0。

（2）对停止等待协议的 $V(S)$、$V(R)$，若用 1 bit 编号，只能是 0、1 两个值。

（3）节点 A 每发送一个新帧，在其控制字段中填上 $N(S)$值，此值取自 $V(S)$。图 4-3 中节点 A 发送第一个数据帧 I 格式内含 $N(S)$，其值为 0，因为 $N(S)=V(S)$。

（4）在节点 B，每收到一个数据帧，将其 $N(S)$与节点 B 内的 $V(R)$相比：若相等，表明该帧序号为期望值，则

① 把数据帧的信息内容送往主机；

② 修改 $V(R)$，取 $V(R)\leftarrow V(R)+1$（模 2），赋值 $V(R)=1$；

③ 同时对节点 A 回送确认帧 ACK，内含节点 B 期望收到的下一个帧序号 $N(R)$，此值为修改后的 $V(R)$。如不相等，表明出错。

（5）当节点 A 收到节点 B 的确认帧，RR[$N(R)=1$]，RR 表示接收端准备妥（Receive Ready）。

取出 $N(R)=1$，节点 A 判定 $N(S)$为 0 的数据帧已被节点 B 正确接收了，可以发下一个数据帧。其 $V(S)$应为 $V(S)+1=0+1=1$。

为了对上述的停止等待协议（半双工传输方式）基本的收发过程有一个深入的理解，下面给出用 C 语言编写的算法程序。

```
const int MaxSeq=1;
enum EventType{FrameArrival,CkNumErr,TimeOut};
Struct Frame
{
    char info[131];
    int seq;
    int ack;
} r,s;
int vs,vr,
char buffer[131];
EventType event;
void protocol_1()
{
    vs=0;                                   /*初始化发送状态变量*/
    vr=0;                                   /*初始化接收状态变量*/
    FromHost(buffer);                       /*从主机取信息*/
    strcpy(s.info,buffer);                  /*准备发送开头的帧*/
    s.seq=vs;                               /*将发送状态变量值写入帧发送序号*/
    s.ack=1-vr;                             /*捎带（piggy-backing）ACK*/
    Sendf(s);                               /*发送帧*/
    StartTimer(s.seq);                      /*定时器开始运行*/
    while(!doomsday)
    {
        wait(event);                        /*等待可能性：帧到达，校验和差错，超时*/
        if(event=FrameArrival)              /*有效帧来到*/
        {
            Getf(r);
            if(r.seq=vr)                    /*处理输入信息流中序列号*/
            {
                ToHost(r.info);             /*报文送往主机*/
                vr++;                       /*变更接收序号*/
            }
            if(r.ack=vs)                    /*处理输出信息流*/
            {
                FromHost(buffer);           /*主机取新报文*/
                vs++;                       /*变更发送序号*/
            }
        }
    }
    s.info=buffer;                          /*构成输出帧*/
    s.seq=vs;                               /*在帧中插入序号*/
    s.ack=1-vr;                             /*这是上一次所收到的序号*/
    Sendf(s);                               /*发送一个帧*/
    StartTimer(s.seq);                      /*定时启动*/
}
```

下面给出有关程序的几个讨论。

（1）发送部分：

① 初始化 $V(S) = 0$；

② 从主机取一数据信息；

③ 将数据信息送到发送缓冲区；

④ 构成数据帧[$N(S) = V(S)$]；

⑤ 发送数据帧；

⑥ 启动定时器；

⑦ 等待；

⑧ 取一确认帧 ACK，修改 $V(S)$

（2）接收部分：

① 初始化 $V(R) = 0$；

② 等待；

③ 收到一有效帧；

④ 将数据信息送交主机；

⑤ 修改 $V(R)$；

⑥ 回送 ACK。

由上述算法程序可见，在实用中，执行停止等待协议的通信双方必须设置缓冲区，定义内置的状态变量，如 $V(S)$、$V(R)$。接收端节点 B 收到数据帧，要作出判断，其依据 $V(R)$是否等于 $N(S)$。若相等，回送确认帧 ACK；若不相等，则不予回答（这种方式称为“正证实”停止等待协议）。节点 A 收不到 ACK，定时器超时，则重发原数据帧。在此基础上，可进一步将停止等待协议的内容加以扩展，从以下几方面加以考虑。

（1）当接收端的节点 B 收到的 $N(S)$与本身的 $V(R)$不等，表明序号有错，那么也可以采用回送一否认帧（NAK），表明收到的帧有误。加了这点功能，标志着通信协议已有了变化，这种处理称为“负证实”。

（2）同样地，可将半双工数据链路推广为全双工通信工作方式，即节点 A、B 都可发送和接收数据帧、确认帧或否认帧等。于是，收、发双方均需各自设置 $V(S)$和 $V(R)$。在传输的数据帧中应有 $N(S)$与 $N(R)$两个值，分别取自 $V(S)$与 $V(R)$。由于在数据帧中可通过 $N(R)$传送确认信息，这种方式称捎带（piggy-backing）确认（在上列程序中已用到），其中 $N(R)$值告诉发送方，表明[$N(R) - 1$]及以前的序号的帧已正确地被接收到，期望对方发送的帧号为 $N(R)$，而 $N(S)$为本方发送的数据帧序号。

（3）在程序设计中，我们还应当考虑发送端在发完数据帧后，必须在其发送缓冲区内保留该数据帧的内容，以防出现差错时可重发。只有在收到对方发来的 ACK 后，才能加以清除。

由于这种机理通过接收端检错，发送端执行重发的控制体系，常称为自动请求重发（ARQ，Automatic Repeat reQuest）。

4.2.2 滑动窗口控制机制

实用的数据链路通信一般要求是：双向传输，即每个节点都能发送和接收数据；同一帧中既有数据信息又含有控制信息；发送节点发出的每一个帧均应有序号。本节将引入“滑动窗口（slide-window）机制来说明如何循环重复使用已收到确认的帧的序号，提供可靠的流量控制手段，保证信息传输的准确性，有效地提高信道利用率。

1．滑动窗口的概念

“滑动窗口”控制机制是实现数据帧的顺序控制的逻辑过程。要求通信两端节点设置发送存储单元（缓冲区），用于保存已发送但尚未被确认的帧，对应着一张连续序号列表。实质上，这也等效成一个先进先出的队列，如图 4-4 所示。

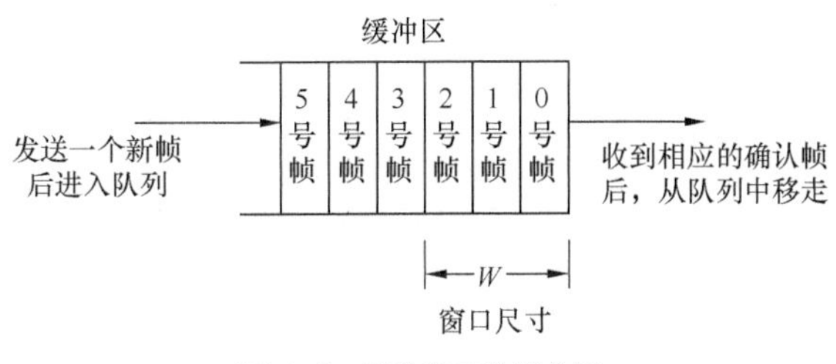

图 4-4 滑动窗口的概念图

图 4-4 中所示的已发送但未收到确认的序号队列的界，称为发送窗口。其上界和下界分别称为发送窗口的上沿 $H(W)$和下沿 $L(W)$。上沿与下沿的区间定义为窗口尺寸 W。设 W_T 为发送窗口的尺寸，表示要占用存储单元的数量。同理，在接收端也可设置类似的接收窗口，设 W_R 为接收窗口尺寸，指示期待接收的帧序号。

窗口尺寸 W 的选择与信道的数据速率以及传输时延都有关，还与编号的 bit 数有关。若用 n bit 编号，可以编 2^n 个序号，从 0 到 2^n-1，其中最大序号值 $S_{max}=2^n-1$。经常选用的 n 值为 3 或 7。当 $n=3$ 时，序号可为（0～7）模 8 循环使用；当 $n=7$ 时，序号可为（0～127）模 128 循环使用。

假定现用 3bit 进行编号，则窗口尺寸 W 的最小值为 1，最大值为模数值−1，即 $2^n-1=7$。对于模 8 的应用，数据帧的顺序编号总是 0～7 这 8 个数字循环，于是，可以把窗口看做（注意仅仅是看做而言）是由一个圆的多个连续的八等分扇形面所组成，如图 4-5（a）所示，每个扇形面代表一个序号，并按顺时钟方向编号，可比较形象化地看出序号的循环使用。图 4-5（b）给出了另一种更通用的表示方法，对编号的位数较大时非常适用，例如在因特网传输层 TCP 协议中使用 32bit。

发送窗口是用来对发送端进行流量控制的，发送窗口尺寸 W_T 表示在没有收到对方确认的条件下发送端可连续发送的帧数。就停止等待协议而言，按照窗口尺寸的概念，其 $W_T=1$。这意味着停止等待协议在发出一个数据帧后，没有收到对方确认的条件下，就不能连续发下个数据帧。

2．滑动窗口机制的流量控制方法

现在来解释图 4-5 中滑动窗口的流量控制方法。假定节点 A 的发送窗口尺寸 $W_T=3$，按定义，这表明在没有收到对方 B 确认的情况下，发送端 A 可连续最多发 3 个数据帧。在节点初始化后，图 4-5 的发送窗口内包含 3 个序号，即 0～2。当发送端 A 依次发完了 0～2 号数据帧，而尚未收到节点B的确认信息，那么发送窗口已满，就应停止发送进入等待状态。此时，窗口的下沿 $L(W)=0$，而窗口的上沿 $H(W)=2$。设最后收到节点B的确认帧的 $N(R)=3$，按上一节的解释，则表示A方发送的编号为0、1及2号的帧已全部正确被对方节点B所接收，对A方缓存的编号0～2号的帧内容可覆盖。这时将收到帧的 $N(R)$ 作为窗口的下沿 $L(W)=3$，则窗口上沿 $H(W)=W+N(R)-1$（模8）$=5$，表示现在节点A可以发送的数据帧编号为3、4、5，整个扇形面按顺时针方向滑动了一个区域，如图4-5（a）所示，或按如图4-5（b）所示向右移动指针。若此时 $V(S)$ 值为4，表示编号为3的帧已经发送，还允许继续发送4、5号帧。如果发送帧的 $N(S)$ 等于窗口的上沿时，则窗口关闭，应停止发送，等待确认。待接收到新的数据帧或确认帧，它的 $N(R)$ 大于上次的 $N(R)$，则窗口的下沿按顺时针方向移动，那样又可继续发送 $N(S)=V(S)$ 的数据帧。正因为窗口按照上述规律不断地向前滑动，故称为滑动窗口机制的流量控制方法。

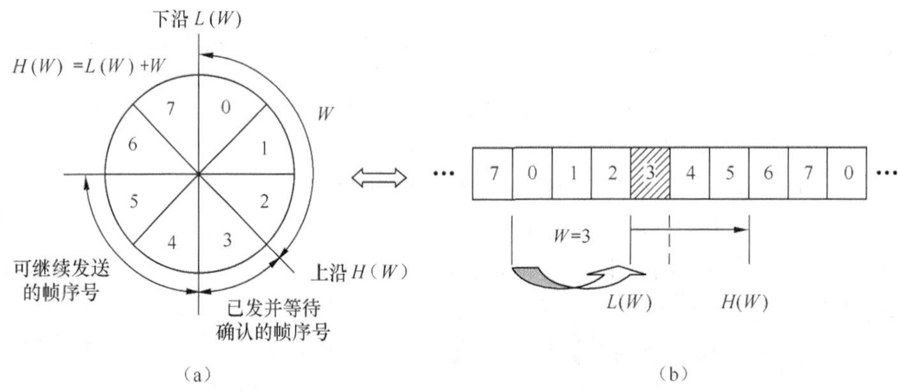

图4-5　滑动窗口机制的流量控制

对于接收窗口的设置与发送窗口有类似原理，但接收窗口是表明接收端允许接收的数据帧的序号范围。因此，只有在接收窗口内的数据帧才是期望接收的，换句话说，接收窗口之外的帧，看做非法而丢弃。

滑动窗口机制的流量控制方法可用于包括数据链路控制协议在内的各层次控制协议，例如，在网络层、传输层中都有应用。

4.2.3　连续ARQ协议

连续ARQ协议是运用滑动窗口机制的流量控制方法，改进了停止等待协议的缺点。其工作原理为：在发送一个数据帧后，不是停止发送，而是允许继续发送多个数据帧，使通信的效率得到了提高。

在连续ARQ协议中，所用的发送窗口尺寸 W_T 应大于1，且接收端必须是有序接收的。我们知道，允许连续发送数据帧的个数取决于窗口尺寸的大小。一般 $W_T \leqslant 2^n-1$，其中 n 为编号的比特数。

现举例解释连续ARQ协议的工作过程，如图4-6所示。假设节点A向节点B发数据帧，设发送窗口的尺寸 $W_T=5$，表明节点A可连续发送5个数据帧，其序号为0～4。当节点A发完0号帧后，可以继续发送后续的1号帧、2号帧等，对于每一帧分别按顺序编号。而接

收窗口的尺寸 $W_R = 1$。

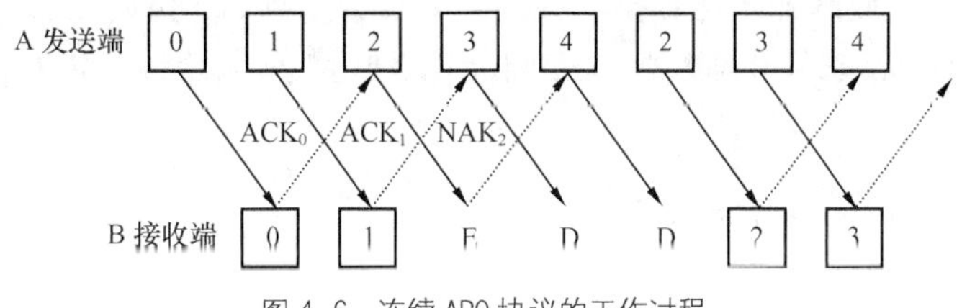

图 4-6　连续 ARQ 协议的工作过程

（1）设节点 B 在收到一帧后立即应答，可想而知，应指明是对哪个帧号予以确认或否认，因为节点 A 已发了多个帧；

（2）现在假设 2 号数据帧在传输中出了差错（图 4-6 中用 E 表示），于是节点 B 发送否认帧 NAK_2（实际上用 REJ（Reject），表示帧拒绝），它到达节点 A 时，节点 A 正在发送 4 号帧。节点 A 根据收到的 REJ 中附带的 $N(R) = 2$，就可知道应当重发 2 号帧，但应在 4 号帧发送完后才能进行 2 号帧的重发；

（3）节点 B 应答 NAK_2 后，接着陆续收到 3、4 号帧，尽管这些帧号是正确到达的序号，但节点 B 也要将其丢弃（图 4-6 中用 D 表示）。由于有序接收的约束，节点 B 只期待的是 2 号帧。可知连续 ARQ 协议有这么一个特征：节点一旦发现出错的数据帧后，其状态变量 $V(R)$ 值一直不变，等待该帧序号的到达。此例中的 $V(R) = 2$，因此任何不等于 2 的 $N(S)$都不加以处理；

（4）节点 A 在发完 4 号帧后，还要向回走，重传从 2 号帧开始的所有帧，所以连续 ARQ 协议又称为 Go-back N ARQ，它指的是出现差错必须重传时，要向后走 N 个帧，然后开始重传。

由此可知，连续 ARQ 协议应允许连续发送多个数据帧，提高了吞吐率；但重传的方法（即把原已正确的帧也不得不重传）又增加了开销。在数据链路不太可靠（误码率大）的网络环境中，连续 ARQ 协议的通信效率并不会改善。

通过定性分析了连续 ARQ 协议的工作过程，现在再来寻求连续 ARQ 协议的吞吐量关系式。由图 4-6 可见，在无差错时，成功地发送一个数据帧所需的时间为 t_F，当出现差错时，重发一个数据帧所需的时间为 t_T，若取图 4-6 中重发处理所需的时间应近似为 $3t_F + 2t_P$。

由此可得出在连续 ARQ 协议情况下，正确传送一个数据帧所需的平均时间 t 为

$$t=t_F+(1-P)\sum_{i=1}^{\infty} ip^i t_T=\frac{t_F[1+(a-1)P]}{1-P} \tag{4.8}$$

式中，$a=\dfrac{t_T}{t_F}$。

当发送节点处于饱和状态时，吞吐量的最大值（每秒成功发送的最大帧数）λ_{max} 为

$$\lambda_{max}=\frac{1}{t}=\frac{1-P}{t_F\left[1+(a-1)P\right]} \tag{4.9}$$

而归一化的吞吐量 ρ 为

$$\rho=\lambda t_F\leqslant\frac{1-P}{1+(a-1)P}=\rho_C \tag{4.10}$$

式中，λ 为每秒到达的帧数，小于 λ_{max}。若式（4.10）中 $a = 1$（即传播时间和超时时限值都

远小于一个数据帧的传输时间 t_F），则 $\rho = (1-P) = \rho_S$，即为停止等待协议的吞吐量。

【例 4-1】在一个广域网上传送数据（见图 4-6），设数据帧为 1 096bit，数据速率为 64kbit/s，链路长度为 2 000km。试求停止等待协议的归一化吞吐量 ρ_S 与连续 ARQ 协议的归一化吞吐量 ρ_C。

解： $t_F = \dfrac{1\,096}{64\,000} \approx 17(\text{ms})$, $P = 0.01$

$$t_P = \frac{l}{v} = \frac{2\,000(\text{km})}{2 \times 10^5(\text{km/s})} = 10(\text{ms})$$

$$t_T = t_F + 2t_P + 2t_F = 3t_F + 2t_P = 71(\text{ms})$$

$$a = \frac{t_T}{t_F} = \frac{71}{17} \approx 4.176$$

$$\rho_C = \frac{1-P}{1+3.176P} = \frac{0.99}{1+0.031\,76} \approx 0.959$$

$$\rho_S = \frac{1-P}{4.176} = \frac{0.99}{4.176} \approx 0.237$$

此例结果表明，在题中的条件下，采用连续 ARQ 协议的归一化吞吐量 ρ_C 可达 95.9%，而同样情况下，停止等待协议的归一化吞吐量 ρ_S 只有 23.7%。

值得注意的是，在连续 ARQ 协议中，为了减少接收端开销，不必像图 4-6 所示的那样，每收到一个正确的数据帧就立即回送一个确认帧或否认帧，而是等连续收到好几个正确数据帧后，只对最后那个帧发一个确认信息即可。用 $N(R)$表示接收端期望接收的帧序号，也表明$[N(R)-1]$号的帧及此号以前的各个数据帧均已正确无误收到。例如，如图 4-6 所示发送窗口 $W_T = 5$，发送端节点允许连续发送 0～4 号帧，然后窗口关闭，等待确认；而接收端节点每收到一个正确序号的帧，用 $V(R)$与 $N(S)$相比。如果相等，$V(R) \leftarrow V(R) + 1$（模 n）。由于接收是有序的，每当 $V(R)$增 1 后，则表示前一帧已判为正确帧。若不相等，收端节点应立即回送一个否认帧。

当接收端节点接收了所有应该收到的序号，如果接收端恰有数据帧传送到节点 A，则可由数据帧将 $N(R)$信息捎带传到节点 A。如果接收端尚未有数据帧要传送，则应送出确认帧带上 $N(R)$值。

问题是应该等待多久才送出确认帧。为确保应答及时，可设置一应答定时器 T_2，其预定时间应小于 T_1 的预定时间。每接收一数据帧，经判断为正确帧后，就启动 T_2。若节点 B 有数据帧发送，则可复位 T_2，并发出捎带 $N(R)$的数据帧。如一时无数据要发，则等待 T_2 超时后即送出确认帧。

4.2.4 选择重传 ARQ 协议

为了进一步提高信道利用率，减少重传的帧数，可以设法只重传有错的帧或者是定时器超时的帧，这就是选择重传 ARQ 协议。在该协议中，接收窗口的尺寸 W_R 必须加大，使得接收序号不连续的但仍在接收窗口内的那些帧可暂存一下，以便等待所缺序号的帧经重传到之后再一并送交主机。由此可见，这种协议所允许的发送窗口的尺寸 W_T 和接收窗口的尺寸 W_R 均可大于 1，但应满足下式：

$$W_T + W_R \leqslant 2^n \tag{4.11}$$

接收窗口 W_R 的约束条件是不能大于发送窗口，由此可得，W_R 的最大值等于 2^{n-1}。若用 3bit 编号，取 $W_{R\max} = 2^{n-1} = 4$ 时，可求得 $W_T = 4$。

这种选择重传 ARQ 协议可以避免重传那些已经正确到达对方的数据帧，但要求占用更多的缓冲空间，对于存储单元大幅下降的今天，还是很有价值的。

4.3 差错控制技术

计算机通信中的差错控制主要用来提高数据传输的可靠性与传输效率，它涉及纠、检错编码理论与方法、数据信道中差错分布的统计特性，以及选择相应的差错控制方式。

计算机通信中的差错控制方式基本上可分为以下 3 类：

（1）自动请求重发（ARQ）：接收端检测到接收信息有错时，通过重发发送端保存的副本以达到纠错的目的；

（2）前向纠错（FEC）：接收端检测到接收信息有错后，通过计算，确定差错的位置，并自动加以纠正；

（3）混合方式：接收端采取纠错混合（在 ATM 中应用），即对少量差错予以自动纠正，而超过其纠正能力的差错则通过重发原信息的方法加以纠正。

不论哪种控制差错方式，都是以降低实际传输效率来提高其传输的可靠性。因此，在信道特性已经确定的条件下，差错控制的基本任务是寻求简单、有效的方法来确保系统的可靠性。目前，按码的构型可分为分组码和卷积码。常用的分组码有：恒比码、垂直水平奇偶校验码、记数校验码、斜校法校验码和循环冗余校验码。其中循环冗余校验码在数据链路控制中应用最为普遍，而卷积码则在前向纠错系统中应用较多。本节着重介绍奇偶校验码、海明码和循环冗余校验码（CRC，循环冗余码）。

4.3.1 奇偶校验码

奇偶校验码可分为奇校验码和偶校验码，两者的校验原理相同。在偶校验码中，其校验规则为：加入校验位后的码字所含总的“1”的个数为偶数，即

$$D_1 \oplus D_2 \oplus D_3 \oplus \cdots \oplus D_7 \oplus D_8 = 0$$

例如：ASCII 码字中大写字母 A，其二进制 7 比特为 1000001（左为 D_7，右为 D_1），1 的个数为偶数，因此为确保加入校验位 D_8 后的码字所含总的“1”的个数为偶数，则校验位 D_8 必为 0。

同理，在奇校验码中，其校验规则为：加入校验位后的码字所含总的“1”的个数为奇数，即

$$D_1 \oplus D_2 \oplus D_3 \oplus \cdots \oplus D_7 \oplus D_8 = 1$$

如以上例说明，为确保加入校验位 D_8 后的码字所含总的“1”的个数为偶数，则校验位 D_8 必为 1。

奇偶校验码简单实用，但检错能力有限，一般只能检出奇数个出错码元，不适宜检测突发性差错。在此基础上，又进而发展成垂直水平奇偶校验码、记数校验码、斜校法校验码等，都属于二维奇偶校验码，适用于检测突发差错。

4.3.2 海明码

海明码是由 R.Hamming 在 1950 年提出的一种特殊的线性分组码，它可以纠正 1 位出错的比特。其基本编码规则是：若码长为 n，信息位为 k，则附加 r 位冗余信息（也称校验位），其中每个校验位与某几个特定的信息位构成偶校验的关系。接收端对这 r 个奇偶关系进行校验，即将每个校验位和与它关联的信息位进行相加（异或），相加的结果称为校正因子。如果没有错误的话，这 r 个校正因子都为 0；如果有一个错误，则校正因子不会全为 0，根据校正因子的不同取值，可以知道错误发生在码字的哪一个位置上。

若要求用 r 个校验位构造出 r 个校验关系式来指出一位出错码的 n 种可能的位置，必须满足下列条件

$$2^r \geqslant n+1，\text{即 } 2^r \geqslant k+r+1。\tag{4.12}$$

现以 $k=4$ 为例来说明海明码的构造方法。如要满足上述不等式，则有 $r \geqslant 3$。如取 $r=3$，于是 $n=k+r=7$，常记作(n, k) 。

现以 $c_6c_5c_4\cdots c_0$ 表示例中的 7 个码元，用 S_1、S_2、S_3 表示 3 个校验关系式中的校正因子，则海明码中 S_1、S_2 和 S_3 的值与出错码位置的对应关系，如表 4-1 所示（注：也可定成另一种对应关系，不会影响其一般性）。

表 4-1　　校正因子与出错码位置的对应关系

$S_1\ S_2\ S_3$	出错码位置	$S_1\ S_2\ S_3$	出错码位置
0 0 0	无差错	0 1 1	c_3
0 0 1	c_0	1 0 1	c_4
0 1 0	c_1	1 1 0	c_5
1 0 0	c_2	1 1 1	c_6

从表 4-1 可知，仅当一个出错码位于 c_6、c_5、c_4 和 c_2 时校正因子 S_1 为 1，否则 S_1 为 0。可求得 c_6、c_5、c_4、c_2 4 个码元形成的偶校验关系；同理，可得 c_6、c_5、c_3、c_1 和 c_6、c_4、c_3、c_0 两组 4 个码元形成的偶校验关系（见式（4.13））：

$$\left.\begin{aligned} S_1 &= c_6 \oplus c_5 \oplus c_4 \oplus c_2 \\ S_2 &= c_6 \oplus c_5 \oplus c_3 \oplus c_1 \\ S_3 &= c_6 \oplus c_4 \oplus c_3 \oplus c_0 \end{aligned}\right\}\tag{4.13}$$

在发送端的信息位 c_6、c_5、c_4 和 c_3 的值取决于输入数据，是随机的，而校验位 c_2、c_1 和 c_0 则根据信息位的值按校验位关系式确定，若编成的码组中无差错，那么校验位应使式（4.13）中的 S_1、S_2、S_3 值应为 0，可得

$$\left.\begin{aligned} 0 &= c_6 \oplus c_5 \oplus c_4 \oplus c_2 \\ 0 &= c_6 \oplus c_5 \oplus c_3 \oplus c_1 \\ 0 &= c_6 \oplus c_4 \oplus c_3 \oplus c_0 \end{aligned}\right\}\tag{4.14}$$

式（4.14）经移项后，求出校验位生成式

$$\left.\begin{aligned} c_2 &= c_6 \oplus c_5 \oplus c_4 \\ c_1 &= c_6 \oplus c_5 \oplus c_3 \\ c_0 &= c_6 \oplus c_4 \oplus c_3 \end{aligned}\right\}\tag{4.15}$$

例如，对于一段信息 1000，按式（4.15）校验位的生成式可得：$c_2=1$，$c_1=1$，$c_0=1$，于是发送端发送的码字是 1000111。

假如在接收端收到码字 0000011，按以上校正因子的计算式（4.13）可得：$S_1=0$，$S_2=1$，$S_3=1$，3 个校正因子不全为 0，说明码字有错，错误位置为 $S=S_1S_2S_3=011=3$，即信息位 c_3 有错，将 c_3 上的 0 变为 1，即可纠正错误。最后去掉校验位，得到正确信息为 0001。

上述海明码的码长为 7 比特，其中信息为 4 比特，因此(7, 4)海明码的编码效率为 4/7。

如果取信息位数为 7，可求得 $r\geqslant 4$，取 $r=4$，则码字长度为 11。根据上面介绍的方法，同样可以求得(11, 7)海明码的码表，(11, 7)海明码的编码效率为 7/11。可见信息位长度越长，编码效率越高。

4.3.3　循环冗余码

1．循环冗余码的特性

循环冗余码（CRC）是一种分组码。在一个长度为 n 的码组中有 k 个信息位和 r 个校验位，校验位的产生只与该组内的 k 个信息位有关。通常称这种结构的码为(n, k)码，值 k/n 称为这种码的编码效率。

循环冗余码有以下两个特性。

（1）一种码中的任何两个码字按模 2 相加后，形成的新序列仍为一个码字；若两个相同码字相加则得一个全 0 序列，所以，循环码一定包含全 0 码字。具有这种特性的码称为线性码。

（2）一码字的每次循环移位一定也是码集合中的另一个码字。

设有一个(n, k)线性码，其中每一个码字表示为

$$U=\{U_0, U_1, U_2, \cdots, U_i, \cdots, U_{n-2}, U_{n-1}\}$$

式中，U_i 为“0”或“1”。

如果 U 循环右移 1 位所得码字为

$$U=\{U_{n-1}, U_0, U_1, U_2, \cdots, U_i, \cdots, U_{n-2}\}$$

称这种特性为循环特性。

根据以上两个特性，循环冗余码可把码字表示为 $n-1$ 次幂的多项式

$$U(s)=U_{n-1}x^{n-1}+U_{n-2}x^{n-2}+\cdots+U_2x^2+U_1x+U_0$$

式中，系数 U_{n-1}，U_{n-2}，$\cdots$，U_1，U_0 为码组中相应码元的值（0 或 1）；x 为延迟因子，表示单位时延。向左移 1 位，相当于多项式各项乘以 x，并且满足 $x^n=1$，则原来最高幂次项 $U_{n-1}x^{n-1}$ 向左移后成了幂次最低的一项。

一个循环冗余码(n, k)有且仅有一个生成多项式 G(x)。上述两个特性可概括为每一码字多项式 U(x)都可以表示码生成多项式的倍式，即

$$U(x)=i(x)G(x)\quad [\text{模}(x^{n-1})] \tag{4.16}$$

2．循环冗余码的编码/译码

设 k 信息位的多项式可写成

$$M(x)=m_{k-1}x^{k-1}+m_{k-2}x^{k-2}+\cdots+m_2x^2+m_1x+m_0 \tag{4.17}$$

式（4.17）中，m_i 系数值为“0”或“1”，所谓编码就是找出其对应码字的表达式。通常码字的前 k 位为信息位，后 $n-k$ 为校验位，因此其信息位的多项式为 $x^{n-k}M(x)$，幂次小于 n。

当用 $G(x)$去除 $x^{n-k}M(x)$时，可得

$$\frac{x^{n-k}M(x)}{G(x)} = Q(x) \oplus \frac{R(x)}{G(x)} \tag{4.18}$$

式（4.18）中，$Q(x)$为幂次小于 k 的商式，$R(x)$为幂次小于$(n-k)$的余式。由式（4.18）可知

$$x^{n-k}M(x) \oplus R(x) = Q(x)G(x)$$

即多项式 $x^{n-k}M(x) + R(x)$是 $G(x)$的倍式，因此，它必是一个 $G(x)$生成的循环冗余码中的码字。

由此可知，循环冗余码的编码步骤如下：

（1）求 $M(x)$所对应的码字，可先求 M(x)，并乘以 x^{n-k}；

（2）然后被 $G(x)$除，求其余式；

（3）得 $x^rM(x) \oplus R(x)$，即为所求码字。

$M(x)$乘 x^r 可用移位寄存器的移位来实现，而被 $G(x)$除，则可用 $G(x)$的除法电路来实现。$G(x) = x^r + g_{r-1}x^{r-1} + \cdots + g_1x + 1$ 的一般除法电路如图 4-7（a）所示，符号 g_i 表示需连接或不连接，依据多项式中系数的“1”或“0”而定。

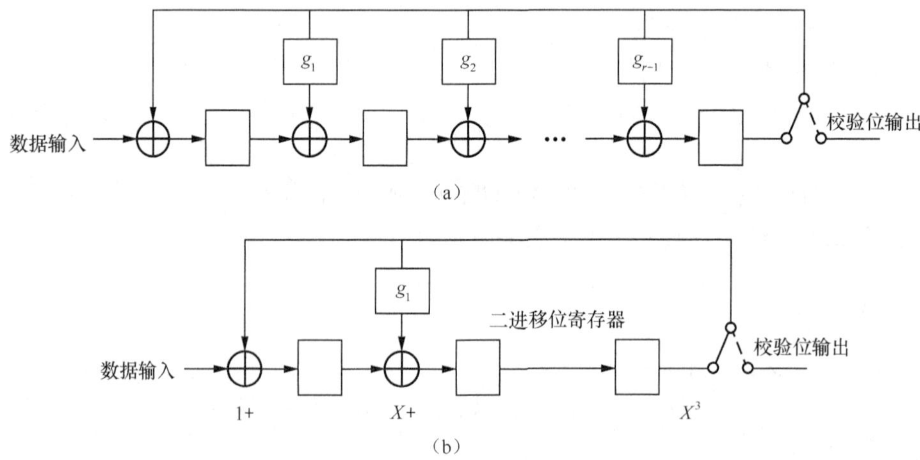

图 4-7　循环冗余码编码器

现假设生成多项式 $G(x) = x^3 + x + 1$ 构成的(7, 4)循环冗余码。又设待编码的信息二进序列为 1101（左边为高序），它对应的信息多项式为 $M(x) = x^3 + x^2 + 1$。利用多项式的长除法，可求得余式 $R(x)$序列为 001，则码组多项式为

$$x^3 M(x) \oplus R(x) = x^6 + x^5 + x^3 + 1$$

其对应的二进制序列为 1101001（左边为高序）。由图 4-7（b）所示的 $x^3 + x + 1$ 的除法电路可知，信息码输入经过 3 个单位时间的延迟，才从输出端产生余式。实用的编码电路可改成图 4-8 所示形式。

图 4-8 中 A 信号在移位脉冲 1～4 期间使门 a、c 开通，B 信号在此期间使门 b 关闭；而在移位脉冲 5～7 期间，则门 a、c 关闭，门 b 开通。移位寄存器初始状态为 000，修改后的编码电路的寄存器状态如表 4-2 所示。可以看出，经输入 4 位二进制信号序列，即可得移位寄存器的状态为“100”，即为余式。

在接收端，循环冗余码的译码电路也是由图 4-7（b）所示的除法电路构成的。校验的方法是用生成多项式 $G(x)$除接收下来的 $x^rM(x)\oplus R(x)$，如能整除，则表明传输无差错。

例如，接收端收到的 $x^rM(x)\oplus R(x)$序列为 1101001，而 $G(x)$为 1011，则运算后除尽。若由于传输中出错，使接收序列变为 1111001，则经长除运算可得余式 $R'(x)$，如图 4-9 所示，表明传输有误，但并不能指明错在哪个比特位。表 4-2 列出了编码电路的寄存器状态。

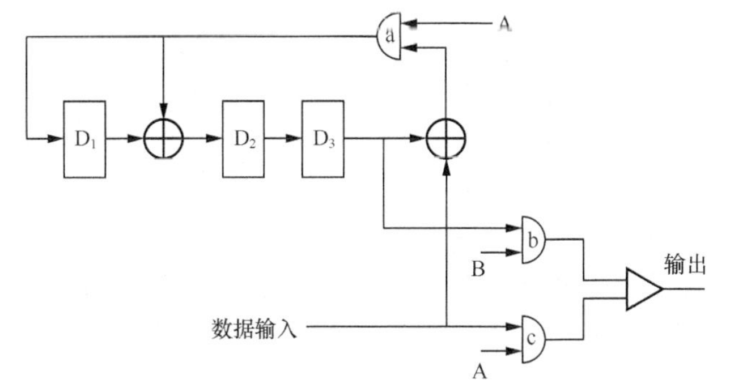

图 4-8 改进的(7, 4)循环编码电路

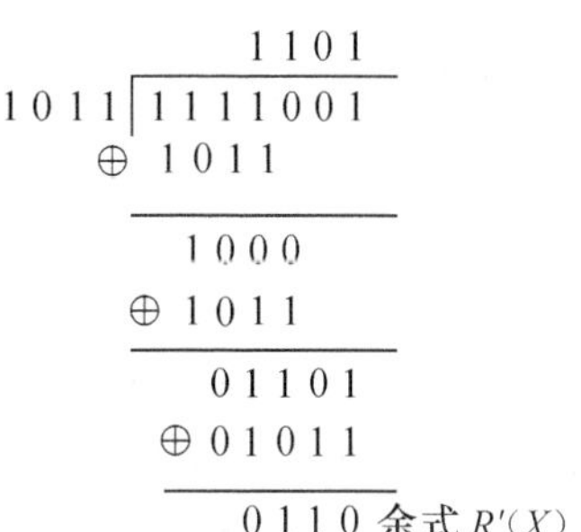

图 4-9 循环冗余码的检错能力

表 4-2 **编码电路的寄存器状态**

移位脉冲序号	输入信号	移位后寄存器状态		
		D_1	D_2	D_3
初始位	0	0	0	0
1	1	1	1	0
2	1	1	0	1
3	0	1	0	0
4	1	1	0	0

4.3.4 纠/检错能力分析

如上所述，当数据通信时，由于信道热噪声或环境噪声的干扰，在介质上传输的数字信号从“1”变为“0”，或“0”变成了“1”，这时就称做发生了差错。这类差错可分为两种：一种称为单个错，另一种称为突发错。单个错通常是由随机的信道热噪声引起，一次只影响一位，且错误之间不存在相关联。突发错通常是由瞬间的脉冲噪声引起，如雷电等，突发错所影响的最大连续数据位数称为突发长度。

任何一种检错码或纠错码，其检错和纠错能力都是有限的，即不能保证检出所有的错误。那么它们的检错与纠错能力和什么有关呢?

假设有信息长度 k 比特，在发送端按照上述某种差错编码算法附加上 r 位冗余信息，这样实际传输的长度为 $n=k+r$ 位的码字。其中有效码字数为 2^k 个（k 个信息位有 2^k 种不同组合），而总码字数为 2^n 个，显然有 $2^k<2^n$，因此必有一部分是无效码字。当一个有效码字由于差错变成了一个无效码字时，立即就能判断出有错；反之，当一个有效码字错成了另一个有效码字时，因为没有理由认为它出错，这时错误就检测不出来了。

两个码字的对应位数取值不同的个数称为这两个码字的海明距离，如 10001001 和

10110001 这两个码字，它们的第 3、4、5 位取值不同，因此这两个码字的海明距离为 3，表示一个码字出错的必要条件：含 3 位才能变成另一个码字。一个有效编码集内，任意两个码字的海明距离的最小值称为该编码集的海明距离。

至此，可以推出一个重要结论：如果要能检测出 d 个差错，则编码集的海明距离至少应为 $d+1$。这是因为一个有效码字至少要错 $d+1$ 位才能变成另一个有效码字，出错位数≤d 只能变成无效码字，从而能被检测出来。

一般来说，如果要能纠正 d 个错误，则编码集的海明距离至少应为 $2d+1$。这是因为：当出错位数≤d 时，该无效码字仍然与正确的码字距离最近，可以在接收端被正确恢复。检/纠错码的检/纠错能力与编码集的海明距离有关，海明距离越大，检/纠错能力就越强，但所需的冗余信息就越多，编码效率就越低。以检查出(d−1)个及其以下的差错。例如，在 4.5.3 小节所述的(7, 4)循环冗余码，$d=3$，它能纠正 1 个错或检出 2 个错。但实际上 1 个码字若有 d 个或 d 个以上的差错时，有很大可能会从 1 个码字错成非码字，因此这一类差错仍然能被检查出来。由于非码字的个数为 2^r，所以在一码组内如有 d 个或 d 个以上的差错时，能查出差错的比例是与 2^r 成正比的。

如定义 P_x 为不可检测的误组率。在二进对称信道中，设 P 为平均误码率，则组长为 n，其中又恰有 m 个差错的概率 $P(m, n)$为

$$P(m,n)=\binom{n}{m}P^m(1-P)^{n-m} \tag{4.19}$$

则组长为 n 的误组率 P_B 为

$$P_B=1-(1-P)^n$$

可以证明

$$P_x=\frac{1}{2^r}\sum_{m=d}^{n}P(m,n) \tag{4.20}$$

式（4.20）表明，当检测长度大于$(r+1)$位的突发错时，只有全部差错模式中的 $1/2^r$ 无法查出，其余都能检查出来。当前在高级数据链路规程（HDLC）及 ITU-T X.25 建议中采用的都是循环冗余码，$r=n-k=16$，其生成多项式 $G(x)$为

$$G(x)=x^{16}+x^{12}+x^5+1$$

此外还有：CRC-12 的 $G(x)=x^{12}+x^{11}+x^3+x^2+x+1$；

CRC-16 的 $G(x)=x^{16}+x^{15}+x^2+1$。

利用这个多项式能检测出：所有的 1 位、2 位及奇数位的差错，所有长度小于和等于 16 位的突发错，99.997%的 17 位突发错，99.998%的 18 位或更长的突发错。在局域网的标准中，为了提高可靠性，采用 32 位检验手段，其生成多项式 $G(x)$为

$$G(x)=x^{32}+x^{26}+x^{23}+x^{22}+x^{12}+x^{11}+x^{10}+x^8+x^7+x^5+x^4+x^2+x+1。$$

4.4 数据链路控制协议

同步通信的数据链路控制可分为以下两类：（1）面向字符的链路控制；（2）面向比特的链路控制。早期的计算机通信，如 ARPAnet 的 IMP-IMP 协议（IMP，Interface Message Processing，接口消息处理）和 IBM 公司的二进同步通信（BSC，Binary Synchronous Communication）规程

都是面向字符的，它使用一组给定的字符编码集合（如ASCII码）中特定的10个“控制字符”来确定数据帧的边界，并控制数据交换。随着计算机通信的发展，面向字符的数据链路控制协议（DLCP）存在不少缺点。如BSC协议采用停止等待协议，因而在长距离、高速率环境下信道利用率很低，只适用于半双工传输方式；而且只对数据部分进行差错控制，因此对控制部分出错就无能为力了；控制功能扩展性差，每增加一项控制功能就得添加及定义相应的控制字符。为此，IBM公司在20世纪70年代初推出了面向比特的同步数据链路控制（SDLC）规程（ITU文本中常用specification一词，译成规程），用于IBM SNA中的数据链路层。后来，IBM将SDLC规程提交到美国国家标准学会（ANSI）和ISO讨论。

（1）ANSI把SDLC修改为ADCCP（高级数据通信控制协议）作为美国标准。

（2）ISO把SDLC修改成HDLC（高级数据链路控制）。

（3）ITU-T（原CCITT）将HDLC修改成链路接入控制（LAP : Link Access Control），作为X.25建议中的帧级。后来又改为LAPB，意指平衡型链路接入规程。

（4）在帧中继技术中，采用LAPF。

（5）在N-ISDN中的D信道采用LAPD。

（6）在接入网（Access Network）中采用LAPV。

HDLC和ADCCP没有本质上的区别。SDLC、X.25 LAPB、LAPF、LAPD和LAPV都是HDLC的一个子集。这些协议（规程）的主要特点是：不论数据还是单独的控制信息，均以帧为单元传送。

本节主要介绍面向比特的高级数据链路协议的操作模式、帧结构及其有关的基本应用。

4.4.1 高级数据链路控制协议

1. HDLC的基本特点

HDLC定义了3种类型的站、2种配置和3种数据传送模式。

（1）3种类型的站为：主站、从站和复合站。

（2）两种配置为：

① 不平衡配置，可用于点—点链路或多点链路；

② 平衡配置，只能用于点—点链路，链路两端要求为复合站。

（3）3种数据传送操作模式为：

① 正常响应模式（NRM），属于不平衡配置，只有主站才能发起向从站的数据传输，而从站只有在主站询问（即发送命令帧）时才能回答响应帧；

② 异步响应模式（ARM），也属于不平衡配置，这种方式允许从站发起向主站的数据传输，即从站不必等待主站发命令，就可向主站发响应帧。但主站仍负责全程的初始化、差错恢复和逻辑拆线（释放）；

③ 异步平衡模式（ABM），属于平衡配置，任一复合站均可发送、接收命令/响应帧，无询问的额外开销。

2. HDLC的帧结构

如上所述，数据链路层的数据传输是以帧为单位，在OSI中称为数据链路协议数据据单元，通常称帧，一个HDLC帧的结构有固定的格式，如图4-10所示。

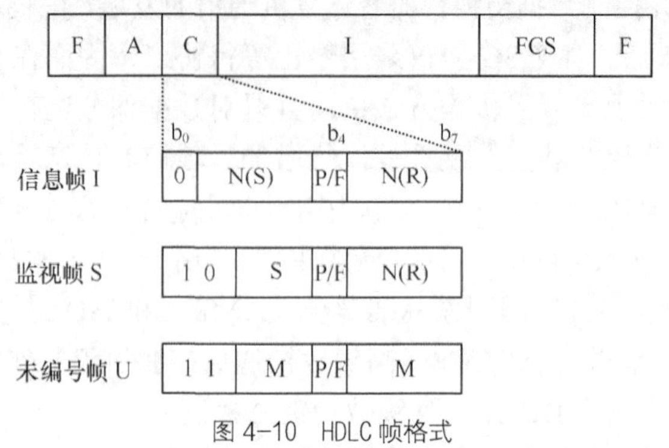

图4-10 HDLC帧格式

（1）标志字段（F）。标志字段在帧的两端用一组合型字符为帧的定界符，即01111110。当连续传输两帧时，前一帧的结束标志F可设置为后一帧的起始标志。在链路上的各站，采用硬件搜索标志码，作为一个帧的开始和结束。在接收一帧的过程中，站继续搜索帧的标志码以确定该帧是否结束。显然，意味着帧标志码不允许在帧内出现。为确保F的唯一性，在发送端采用“零比特插入”方法：除帧标志F外，对帧内其他字段进行监测，当发现有5个连1时，则立即插入一个0。在接收端，进行反变换，即检测比特流，在连续5个1后，若后一个比特为0，则自动删除，恢复为原比特流，如图4-11所示。

发送端	1 0 1 1 1 1 1 1 1 0 1 0 1 1 …
线路上传输插入0后的比特流	1 0 1 1 1 1 1 [0] 1 1 0 1 0 1 1 … 插入的0比特
接收端删去0后的比特流	1 0 1 1 1 1 1 1 1 0 1 0 1 1 …

图4-11 0比特插入/删除原理

这样确保在两个F之间不会出现与F字段相同的比特组合，实现了透明传输。在接收端，若连续5个1后的比特为1，则有待进一步判断，因为有可能是插入的0比特在传输过程中错成为1，也可能出现结束帧标志的前兆。在此情况下，收端尚需通过对第7个比特位的属性来作出判决。若为0，则认定为标志码；若为1，则认定为帧放弃比特序列，如图4-12所示。

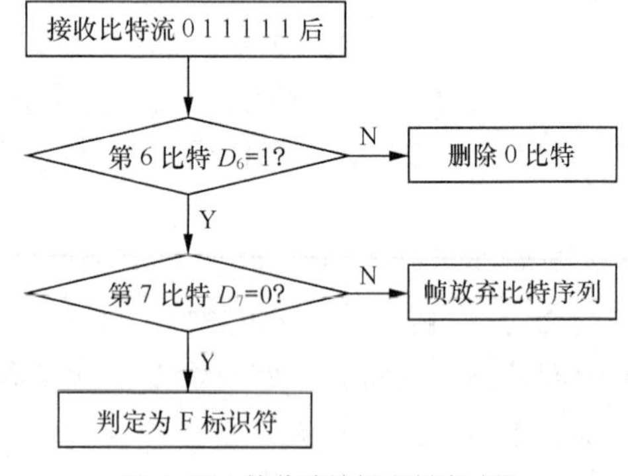

图4-12 接收端帧标志判决过程

（2）地址字段（A）。地址字段的使用取决于特定的过程类别。在使用不平衡配置传送数据时，地址字段总是写入从站的地址，但在平衡配置时，则总是填入应答站的地址。此外，某些地址可以分配给一个以上的站，形成组（group）地址。全1地址为广播方式，全0地址是无效地址。8位地址字段的有效地址可达254个，对一般的多点链路是足够的，但考虑有些特殊链路（如无线分组网）的用户较多，可以扩展地址字段。每个8bit地址段的低位比特指明：如为1，是最后一个字节；如为0，则表示下一字节的高7位也为地址。

（3）控制字段（C）。控制字段是 HDLC 的关键字段，许多重要的功能都靠控制字段来实现。HDLC 有 3 种不同类型的帧格式，如图 4-10 所示，即信息帧、监视帧和未编号帧，分别简称为 I 帧、S 帧和 U 帧。在控制字段 8bit 中，b_0 比特为 0，则定义为 I 帧；$b_0=1$，$b_1=0$，为 S 帧；$b_0=1$，$b_1=1$，为 U 帧。

下面分别介绍这 3 种帧的特点。

① 信息帧（I 帧）。信息帧用于数据传送，它包含有信息字段。在控制字段中，b_1～b_3 比特为 $N(S)$，b_5～b_7 比特为 $N(R)$。$N(S)$表示当前发送的信息帧的序号，$N(R)$表示该站所期望收到的帧的发送序号。为了保证协议正常工作，在全双工通信的收发双方均设置两个状态变量 $V(S)$和 $V(R)$。在采用连续 ARQ 协议时，每发送一个新帧，必须将当前 $V(S)$和 $V(R)$值分别填入控制字段的 $N(S)$和 $N(R)$。发送 1 帧后，可将 $V(S)$加 1（模 8）。每当需要重发时，可从缓存队列中依次取出已发过而未收到确认的帧，其序号 $N(S)$仍用原序号，与当前 $V(S)$之值无关。但重发旧帧时，其接收序号 $N(R)$应予以更新，使其与 $V(R)$一致。

b_4 比特称做 P/F 比特。这个比特的功能较多，在命令帧中是探询位（P 位），在响应帧中是停止位（F 位）。探询位用于引导对端发送响应，停止位用于对探询位为 1 的命令帧作出响应，即收到探询位为 1 的命令帧后，应尽快发送终止位为 1 的响应帧。有了 P/F 比特，可使 HDLC 规程的应用更加灵活。若两个复合站全双工通信时，一方随时可使 $P=1$，这时对方应立即回答且置 $F=1$。如果不用 P/F 比特，那么收方不一定马上会发送确认帧，有可能在收方要发送信息帧时，把确认信息 $N(R)$捎带出去。

② 监视帧（S 帧）。监视帧用于监视和控制数据链路，完成信息帧的接收确认、重发请求和暂停发送请求等功能。监视帧没有信息字段，全帧长度（含 F 标志）为 48bit。

监视帧共有 4 种，由 b_2b_3 比特组成，表 4-3 中列出了 4 种监视帧的代码、名称及功能。前 3 种用在连续 ARQ 中，最后 1 种只用于选择重发 ARQ 中（较少使用）。

S 帧没有含用户的数据信息字段，因而不需要 $N(S)$。但 S 帧中的 $N(R)$特别有用。在 RR（Receive Ready）帧、RNR（Receive Not Ready）帧，意味着序号为$[N(R)-1]$及以前的各帧均已收妥，相当于以前讲过的确认帧 ACK。然而，RR、RNR 帧还具有流量控制的作用。RR 帧表示接收端准备妥，期望接收下个帧，其帧序号为 $N(R)$，允许对方可以继续发送。然而，RNR 帧则表示因收方忙（如来不及处理收到的帧，或缓冲器已存满等因素），希望对方暂停发送。REJ（REJect）帧表示帧拒绝，相当于否认帧 NAK，其中 $N(R)$表示所否认的帧号，要求发送端从 $N(R)$指示的帧号开始重发，但 REJ 帧也确认了$[N(R)-1]$及以前的各帧均已收妥。SREJ（Select REJect）帧表示选择性帧拒绝，通知发送端只需对出错的帧加以重发，应该重发的帧序号由 $N(R)$来指明。

表 4-3　　HDLC 正常模式的控制字段分类、功能和代码

类　型		记忆符	HDLC		X.25		控制字段比特				
			命令	响应	命令	响应	87654321				
信息帧（I）			○				$N(R)$	P	$N(S)$		0
控制帧	监视帧（S）	RR	○	○	○	○	$N(R)$	P/F	00	0	1
		RNR	○	○	○	○			01		
		REJ	○	○	○	○			10		
		SREJ	○	○					11		

续表

类型		记忆符	HDLC		X.25		控制字段比特				
			命令	响应	命令	响应	87654321				
控制帧	未编号帧（U）	SNRM	○				1 0 0	*P*	0 0	1	1
		SARM	○				0 0 0	*P*	1 1		
		DM		○		○	0 0 0	*F*	1 1		
		SABM	○		○		0 0 1	*P*	1 1		
		DISC	○		○		0 1 0	*P*	0 0		
		RD		○			0 1 0	*F*	0 0		
		SIM	○				0 0 0	*P*	0 1		
		RIM		○			0 0 0	*F*	0 1		
		UP	○				0 0 1	*P*	0 0		
		UI	○				0 0 0	*P/F*	0 0		
		XID	○				1 0 1	*P/F*	1 1		
		RSET	○				1 0 0	*P*	1 1		
		FRMR		○		○	1 0 0	*F*	0 1		
		UA		○		○	0 1 1	*F*	0 0		
		SNRME	○				1 1 0	*P*	1 1		
		SARME	○				0 1 0	*P*	1 1		
		SABME	○		○		0 1 1	*P*	1 1		

③ 未编号帧（U 帧）。未编号帧用于附加的数据链路控制及管理，它本身不带编号，可以在任何需要的时刻发出，而不影响带序号的信息帧的交换顺序。它由 5 个比特位（即 M_1，M_2）来表示不同的未编号帧（共 32 种组合）。HDLC 所定义的未编号帧名称及代码见表 4-3。

在表 4-3 中还列出了 HDLC 的子集——X.25 帧级使用的未编号帧（仅有符号“○”标记的 5 种）和监视帧（RR、RNR 和 REJ）。

④ 信息字段（I）。信息字段允许可变长的任意比特数，但应是 8 比特的整数倍。

⑤ 帧校验序列（FCS）。帧校验序列（FCS）是一个 16bit 的序列，它用于帧的差错检验。帧校验序列采用循环冗余校验，生成多项式为 CCITT V.41 建议的 $G(x) = x^{16} + x^{12} + x^5 + 1$。

如果传输无差错，则余数为 0001 1101 0000 1111，否则即判为有错。

用这种方法产生的 FCS，不仅能检测出传输差错，而且能检测出相邻两帧间标志序列丢失的情况。

上述计算方法的典型实现过程是：在发送端，把计算除法余数的移位寄存器的初始值全置为 1，然后用 $G(x)$去除 A、C 和 I 字段，所得余数的反码作为 16 位 FCS 后随信息字段发送出去，发送顺序为 F、A、C、I、FCS 和 F。其中 A、C、I 字段是从低位开始发送，而 FCS 字段是从高位开始发送。

3．数据链路控制的操作

HDLC 执行数据传输控制功能，一般可分 3 个阶段：（1）数据链路的建立；（2）信息帧传送；（3）数据链路释放。

数据链路信道分工作和空闲两种工作状态。当主站、从站或复合站正在发送一个帧，或者发连续 7 个 1 而放弃某一个帧，或在帧之间连续发帧标志序列来填充，这时均称为工作状态。如果一个站检测出至少 15 个比特为连续的 1，表示远程数据站已终止其继续传输的要求，数据链路信道则处于空闲状态。

图 4-13 为两个站都是复合站的点—点数据链路的建立与释放过程。复合站中的一个站先送出 SABM（$P=1$）的未编号帧（命令帧），待对方回送一个 UA（F=1）的响应帧后，则完成链路的建立过程。这时双方设置的 $V(S)$、$V(R)$值为 0。接着双方就可进行双向的信息传送。由于两站是复合站，任何一站可在数据传送结束后提出释放要求，即发出 DISC（$P=1$）的命令帧，在对方用 UA（$F=1$）响应后，链路释放过程完成。若 B 站发出释放命令，要 A 站作出响应，则地址字段应填入 A 站的地址。

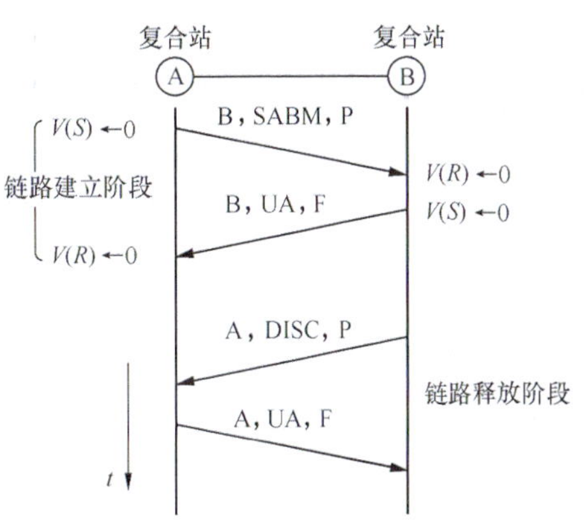

图 4-13 复合站的数据链路建立与释放过程

图 4-14 给出了在多点链路建立和释放过程中的未编号帧的应用。A 站先向 B 站发出 SNRM 的命令，且将 $P=1$，要求 B 站立即作出响应。与此同时，将与 B 站通信用的 $Va_1(S)$置为 0。B 站若同意建立链路，可发送 UA（$F=1$），且将外 $V_b(S)$、$V_b(R)$分别置 0。当 A 站收到 B 站的 UA 帧后，也将 Va_1(R)置 0。至此，A 站与 B 站完成链路的建立。接着，A 站又可与 C 站建立链路，A 站设置 $V_{a2}(S)$、$V_{a2}(R)$为 0，C 站设置 $V_c(S)$、$V_c(R)$为 0。待双方的状态变量均初始化完毕，则轮询可开始。A 站可向 B 站发 RR[0]，P=1 的轮询监视帧，指明接收端站址为 B 站，表示期望收到 $N(R)=0$ 的帧。B 站响应，连续发 3 个信息帧（序号 0～2），最后结束时，将 P/F 比特置 $F=1$，表示已发送完毕。A 站收到 B 站的 3 个帧后，发回确认帧 RR[4]。若 P/F 比特未置 1，则 B 站收到后可不必立即应答。A 站又可轮询 C 站，P=1。C 站若无数据发送，也必须立即应答。C 站应答 RR 帧，表示无信息帧发送，但 F = 1，则表示回答对方命令的一个响应。

上面两个例子说明了 HDLC 的数据链路控制的操作。有时会出现异常情况，如收到了没有规定的命令、无效的控制字段、数据字段过长等，但帧校验序列又是正确的，则可发送帧拒绝（FRMR），它是响应帧，允许带有 3～5 字节说明其原因。收 FRMR 帧的站应发送 RSET（复位）命令，重置其发送状态序号，而收到 RSET 命令的站则重置接收状态变量。

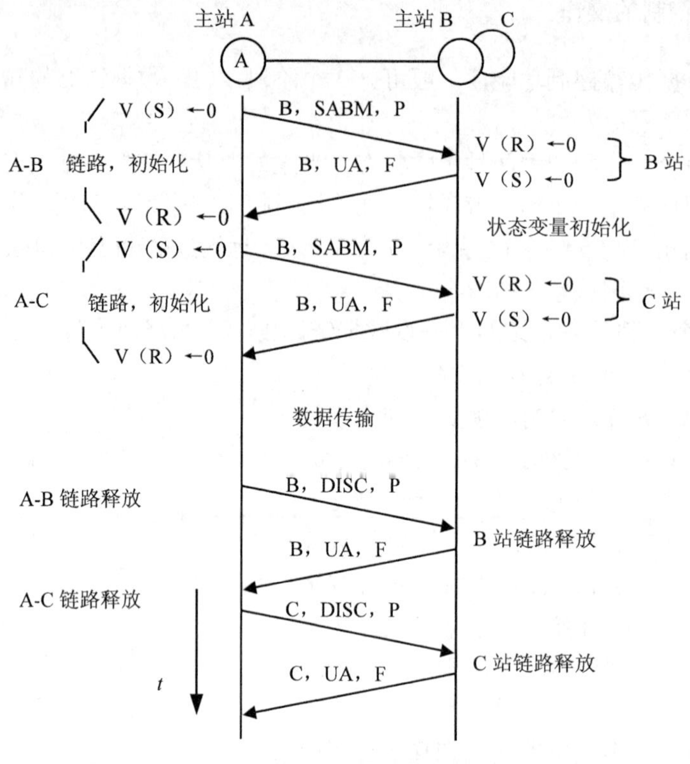

图 4-14 多点链路建立和释放过程

4.4.2 点到点协议

在因特网中，网络接口层要面对各种物理网络的数据接入。点到点协议（PPP，Point-to-Point Protocol）主要用于通过拨号或专线方式建立点对点连接发送数据。PPP 协议将 IP，IPX 和 NETBEUI 包封装在 PPP 帧内，通过点对点的链路发送。

1. PPP 组成

（1）点到点协议 PPP 的组成：

① 一个将 IP 数据报封到串行链路的方法，以帧为数据单元进行串行通信。PPP 既支持异步链路（无奇偶校验的 8 比特数据），也支持面向比特的同步链路。

② 链路控制协议（LCP）：用于建立、配置、测试和拆除数据链路；

③ 网络控制协议（NCP）：用于支持不同的网络层协议（如 IP、IPX 等），在建立连接时可动态分配 IP 地址。

（2）PPP 的帧格式类似 HDLC（如图 4-15 所示）。

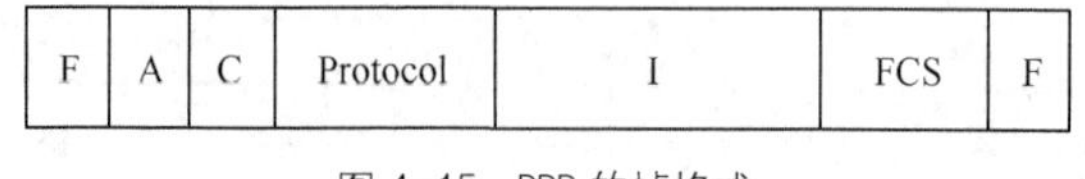

图 4-15 PPP 的帧格式

① F 帧标志（01111110）：帧的定界和定位（同步）；

② A 地址字段：0xff 表示广播；

③ C 控制字段：0x03 无编号帧；

④ Protocol 协议字段：1～2 字节，指明信息字段中所含的数据类型。与 LCP 协商，可定义为 1 字节。可支持网络控制协议（NCP）；

⑤ FCS 帧校验序列，2 字节，也可协商为 4 字节。

PPP 的帧标志作为帧开始和结束标志，若在帧中出现与 F 相同的字符，必须加以填充。在同步数据链路中，按 0 比特插入法处理；在异步数据链路中，按字符填充法转义，规则为：转义字符为 0x7d，并且跟随在转义字符后面的字符，其第 6 比特必须取反。例如，当帧中信息字段出现字符 0x7e（即 01111110），则用两个字符 0x7d 和 0x5e 来转义后传输；当帧中信息字段出现字符 0x7d，则用两个字符 0x7d 和 0x5e 来表示。PPP 对所有小于 0x20 的字符，也需要加以填充，例如，0x02 用 0x7d 和 0x22 来传送。

地址字段为 1 字节（oxff），在点—点链路上无须分配链路地址。

控制字段为 1 字节（ox03），为无编号帧，表示 PPP 在缺省的情况下不提供帧编号的确认重发机制，但在噪声的环境中也可选用帧编号的传输模式。

协议字段的长度为 2 字节，也可用 LCP 协商成 1 字节。通常以 0 开始的编码表示为信息字段中承载的是网络层的数据报，而以 1 开始的编码表示为信息字段中承载的是用于协商协议的数据报。例如，0x0021 表示载有 IP 数据报，而 0xc021 则表示载有 LCP 数据报，用来协商 PPP 参数。

帧校验字段 FCS 通常为 2 字节，也可协商为 4 字节。

（3）PPP 的特点有：

① 在链路层上具有差错检测功能；

② 可提供通信双方进行参数协商；

③ 协议字段使 PPP 提供一组 NCP，能支持多种网络层协议；

④ 支持 IP 的 NCP 可在连接建立时动态分配 IP 地址。

2．PPP 拨号会话过程

PPP 协议主要应用于连接拨号用户和网络接入服务器（NAS，Network Access Server）。PPP 拨号会话过程可以分成如下 4 个不同的阶段。

（1）**创建 PPP 链路**。点对点 PPP 协议使用链路控制协议（LCP）建立、维护或释放一次物理连接。在 LCP 阶段的初期，将对基本的通信方式进行选择。注意在链路建立阶段，只是对验证协议进行选择，用户验证将在第 2 阶段实现。同样，在 LCP 阶段还将确定链路对等双方是否要对使用数据压缩或加密进行协商。实际对数据压缩/加密算法和其他细节的选择将在第 4 阶段实现。

（2）**用户验证**。在第 2 阶段，用户 PC 会将用户的身份明文发给远端的接入服务器。该阶段使用一种安全验证方式避免第三方窃取数据或冒充远程客户接管与客户端的连接。大多数的 PPP 协议方案只提供了有限的验证方式，包括口令验证协议（**PAP，Password Authentication Protocol**）、挑战握手验证协议（**CHAP，Challenge Handshake Authentication Protocol**）和微软挑战握手验证协议（MS-CHAP）。

① 口令验证协议（PAP）。PAP 是一种简单的明文验证方式。NAS 要求用户提供用户名和口令，PAP 以明文方式返回用户信息。很明显，这种验证方式的安全性较差，第三方可以很容易的获取被传送的用户名和口令，并利用这些信息与 NAS 建立连接获取 NAS 提供的所有资源。所以，一旦用户密码被第三方窃取，PAP 无法提供避免受到第三方攻击的保障措施。

② 挑战—握手验证协议（CHAP）。CHAP 是一种加密的验证方式，能够避免建立连接时传送用户的真实密码。NAS 向远程用户发送一个挑战口令（challenge），其中包括会话 ID 和一个任意生成的挑战字串（arbitrary challenge string），如图 4-16 所示。远程客户必须使用 MD5 单向哈希算法（one-way hashing algorithm）返回用户名和加密的挑战口令、会话 ID 以及用户口令，其中用户名以非哈希方式发送。

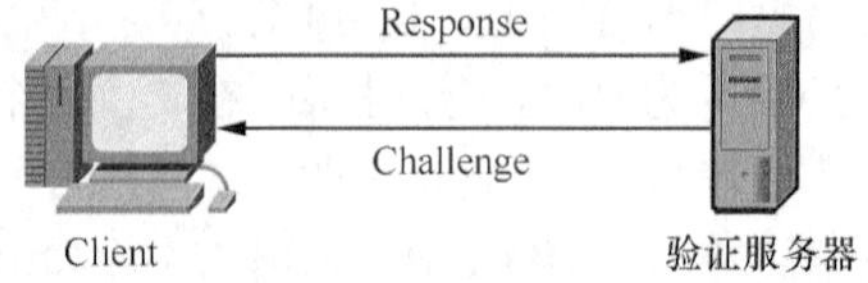

图 4-16　CHAP 过程

CHAP 对 PAP 进行了改进，不再直接通过链路发送明文口令，而是使用挑战口令以哈希算法对口令进行加密。因为服务器端存有客户的明文口令，所以服务器可以重复客户端进行的操作，并将结果与用户返回的口令进行对照。CHAP 为每一次验证任意生成一个挑战字串来防止受到再现攻击（replay attack）。在整个连接过程中，CHAP 将不定时的向客户端重复发送挑战口令，从而避免第三方冒充远程客户（remoteclient impersonation）进行攻击。

③ 微软挑战—握手验证协议（MS-CHAP）。与 CHAP 相类似，MS-CHAP 也是一种加密验证机制。同 CHAP 一样，使用 MS-CHAP 时，NAS 会向远程客户发送 1 个含有会话 ID 和任意生成的挑战字串的挑战口令。远程客户必须返回用户名以及经过 MD5 哈希算法加密的挑战字串，会话 ID 和用户口令的 MD4 哈希值。采用这种方式服务器端将只存储经过哈希算法加密的用户口令而不是明文口令，这样就能够提供进一步的安全保障。此外，MS-CHAP 同样支持附加的错误编码，包括口令过期编码以及允许用户自己修改口令的加密的客户—服务器（client-server）附加信息。使用 MS-CHAP，客户端和 NAS 双方各自生成 1 个用于随后数据加密的起始密钥。MS-CHAP 使用基于 MPPE 的数据加密，这一点非常重要，可以解释为什么启用基于 MPPE 的数据加密时必须进行 MS-CHAP 验证。

在第 2 阶段 PPP 链路配置阶段，NAS 收集验证数据然后对照自己的数据库或中央验证数据库服务器（位于 NT 主域控制器或远程验证用户拨入服务器）验证数据的有效性。

（3）**点对点 PPP 协议回叫控制（call back control）**。微软设计的 PPP 包括一个可选的回叫控制阶段。该阶段在完成验证之后使用回叫控制协议（CBCP），如果配置使用回叫，那么在验证之后远程客户和 NAS 之间的连接将会被断开。然后由 NAS 使用特定的电话号码回叫远程客户。这样可以进一步保证拨号网络的安全性。NAS 只支持对位于特定电话号码处的远程客户进行回叫。

（4）**调用网络层协议**。在以上各阶段完成之后，PPP 将调用在链路建立阶段选定的各种网络控制协议（NCP）。例如，在该阶段 IP 控制协议（IPCP）可以向拨入用户分配动态地址。在微软的 PPP 方案中，考虑到数据压缩和数据加密实现过程相同，所以共同使用压缩控制协议协商数据压缩（使用 MPPC）和数据加密（使用 MPPE）。

一旦完成上述 4 阶段的协商，点对点 PPP 协议就开始数据传输阶段，即在连接的对等双方之间转发数据。每个被传送的数据报都被封装在 PPP 帧内，该帧将会在到达接收方之后被去除。如果在阶段 1 选择使用数据压缩并且在阶段 4 完成了协商，数据将会在被传送之前进行压缩。类似地，如果已经选择使用数据加密并完成了协商，数据（或被压缩数据）将会在传送之前进行加密。

本 章 小 结

1．数据链路层是OSI参考模型的第2层。其目的是：屏蔽物理层的特征，面向网络层提供几乎无差错、高可靠传输的数据链路，确保数据通信的正确性。

2．数据链路层的主要功能。

3．数据链路控制技术之一，确认重发技术（停等协议的定量分析，半双工环境下的算法）。

4．滑动窗口机制的流量控制方法提供可靠的流量控制手段，保证信息传输的准确性，有效地提高信道利用率。应用“滑动窗口”技术的实用协议：连续ARQ协议，选择重传ARQ协议。

5．计算机通信中的差错控制主要用来提高数据传输的可靠性与传输效率，它涉及纠、检错编码理论与方法、数据信道中差错分布的统计特性，以及选择相应的差错控制方式。

6．奇偶校验码可分为奇校验码和偶校验码，是在异步传输中常选用的一种简单方法。

7．循环冗余码（CRC）是一种分组码。在一个长度为 n 的码组中有 k 个信息位和 r 个校验位，校验位的产生只与该组内的 k 个信息位有关，即 $n = k + r$。通常称这种结构的码为 (n, k) 码，编码效为 k/n。

8．海明码是一种特殊的线性分组码，它可以纠正1位出错的比特，应满足 $2^r \geqslant n + 1$ 条件，即 $2^r \geqslant k + r + 1$。

9．如果要能检测出 d 个差错，则编码集的海明距离至少应为 $d + 1$。如果要能纠正 d 个差错，则编码集的海明距离至少应为 $2d + 1$。

10．同步通信的数据链路控制有两类：（1）面向字符的链路控制；（2）面向比特的链路控制。

11．SDLC、X.25 LAPB、LAPF、LAPD和LAPV都是HDLC的一个子集。

12．HDLC定义了3种类型的站、2种配置和3种数据传送模式。数据链路层是以帧为单位进行传输。HDLC的帧结构有固定的格式：帧标志（F）、地址字段（A）、控制字段（C）、信息字段（I）和帧校验序列（FCS）。设3种类型的帧：信息帧（I）、监视帧（S）和未编号帧（U）。

13．HDLC执行数据传输控制分3个阶段：数据链路的建立；信息帧传送；数据链路释放。

14．点到点协议（PPP）用于通过拨号或专线方式建立点对点连接发送数据。

15．PPP由3个部分组成，PPP链路的建立过程。

复 习 题

1．简述数据链路层的功能。

2．试解释以下名词：数据电路、数据链路、主站、从站和复合站。

3．数据链路层流量控制的作用和主要功能是什么？

4．在停止—等待协议中，确认帧是否需要序号？为什么？

5．解释为什么要从停止—等待协议发展到连续 ARQ 协议。

6．对于使用 3 比特序号的停止—等待协议、连续 ARQ 协议和选择 ARQ 协议，发送窗口和接收窗口的最大尺寸分别是多少？

7．信道速率为 4kbit/s，采用停止等待协议，单向传播时延 t_p 为 20ms，确认帧长度和处理时间均可忽略，问帧长为多少才能使信道利用率达到至少 50%？

8．假设卫星信道的数据率为 1Mbit/s，取卫星信道的单程传播时延为 250ms，每一个数据帧长度是 1 000bit。忽略误码率、确认帧长和处理时间。试计算下列情况下的卫星信道可能达到的最大的信道利用率分别是多少？

（1）停止—等待协议；

（2）连续 ARQ 协议，W_T=7；

（3）连续 ARQ 协议，W_T=127。

9．简述 HDLC 信息帧控制字段中的 $N(S)$和 $N(R)$的含义。若要保证 HDLC 数据的透明传输，可采用哪种方法？

10．若窗口序号位数为 3，发送窗口尺寸为 2，采用 Go_back_N（出错全部重发）协议，试画出由初始状态出发相继发生下列事件时的发送及接收窗口图示：发送 0 号帧；发送 1 号帧；接收 0 号帧；接收确认 0 号帧；发送 2 号帧；接收 1 号帧；接收确认 1 号帧。

11．试用 HDLC 协议，给出主站 A 与从站 B 以异步平衡方式，采用选择 ARQ 流量控制方案，按以下要求实现链路通信过程：

（1）A 站有 6 帧要发送给 B 站，A 站可连续发 3 帧；

（2）A 站向 B 站发的第 2、4 帧出错；

帧表示形式规定为：(帧类型：地址，命令，发送帧序号 $N(S)$，接收帧序号 $N(R)$，探询/终止位 P/F)。

12．在面向比特同步协议的帧数据段中，出现如下信息：1010011111010111101（高位在左低位在右），则采用“0”比特填充后的输出是什么？

13．HDLC 协议中的控制字段从高位到低位排列为 11010001，试说明该帧是什么帧，该控制段表示什么含义？

14．HDLC 协议的帧格式中的第 3 字段是什么字段？若该字段的第一比特为“0”，则该帧为什么帧？

15．简述 PPP 协议的组成。

16．试述 PPP 链路的建立过程。

第 5 章 公用数据交换网

本章内容以公用**数据交换网**使用的数据交换技术为主线，介绍了基本的电路交换、报文交换、分组交换原理与特点，以及快速分组交换技术，如帧中继（FR，Frame Relay）、信元交换（cell switching）——异步传输模式（ATM，Asynchronous Transfer Mode），并结合移动网分析了 GSM，GPRS 以及移动信号协议，作为深化学习第三代移动通信的基础知识。

5.1 交换技术基础

在大量用户（人或计算机）群体之间互相要求通信时，如何有效地进行接续？实践与理论都表明，采用交换技术是一种有效且经济的解决办法。

交换技术是采用交换系统（交换机或称节点）通过寻址技术（路由选择算法）为要求通信的双方（点⇔点）或多方（点⇔多点）之间建立连接（物理的、逻辑的），构成一条通道（Path），实现信息（话音、数据和图像等）内容传送和转接的一种技术。[23]

5.1.1 交换节点的基本组成

交换节点泛指通信网内各类交换机，它是由交换网络（SN，Switching Network）、通信接口（用户接口、中继接口等）、控制单元以及信号单元等部分所组成，如图 5-1 所示。

1. 交换网络

交换网络的基本功能是根据用户的呼叫要求，通过控制单元部分的接续命令，建立主叫与被叫用户间的连接通路。

在不同的交换方式中，其连接可以是物理的，也可以是逻辑的。所谓**物理连接**是指用户在通信过程中，不论用户有无信息传送，交换网络始终按预先分配的方法保持其专用的接续通路；而**逻辑连接**则只有在用户有信息传送时，才按需分配提供接续通路。所以，逻辑连接也称为虚连接（Virtual Connection）。

在交换系统中，交换网络部分是与硬件有关的交换机构（Switch Fabric），整个连接过程是受控制单元程序控制的。目前主要采用由电子开关阵列构成的空分交换网络和由存储器等电路构成的时分接续网络。

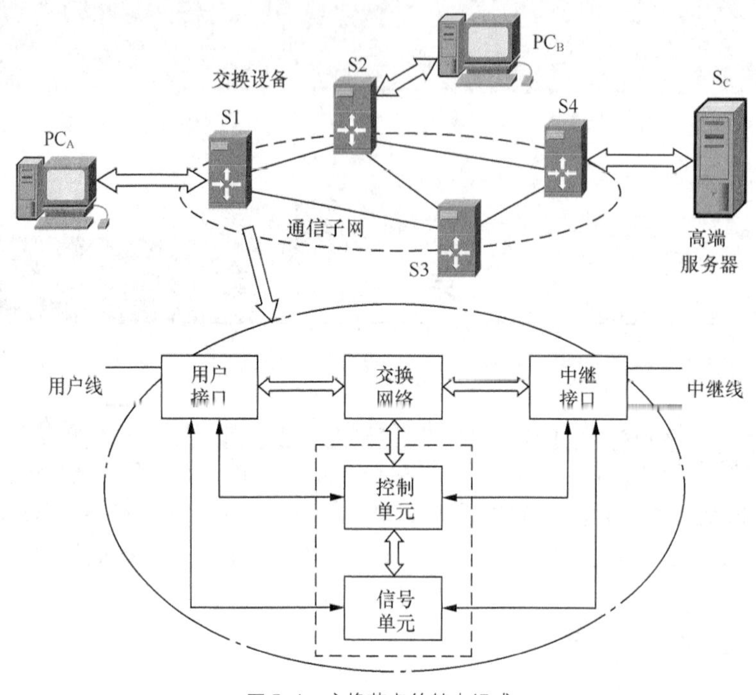

图 5-1 交换节点的基本组成

2．通信接口

各类交换系统的通信接口，一般分成两种：用户接口（Subscriber Interface）和中继接口（Trunk Interface）。用户使用用户线（Subscriber Line）终接到交换系统的用户接口，而交换局间中继接口通过中继线相互连接。不同类型的交换系统具有不同的通信接口，通信接口技术主要由硬件来实现，有部分功能可由软件或固件（firmware，将其功能程序化后固化在EPROM 或 PROM 内）来完成。

3．信号单元

信号单元为任意用户之间的连接采用相关的呼叫信号（或信令）来实现交换功能。不同类型的交换系统所采用的信号方式有很大差别。信令处理过程需用加以规范化的一系列协议来实现的。

4．控制单元

交换系统应能在程序控制下有条不紊地完成大量的接续连接，以确保**服务质量**（QoS）。由图 5-1 可见，交换网络、通信接口、信令单元都与控制单元有关联。不同类型的交换系统有不同的控制技术，这与通信协议密切相关。控制技术的实现与处理机控制结构有关，直接会影响到交换系统的性能和服务质量。

5.1.2 交换方式

由第 1 章电信网分类可知，交换方式基本上分为 3 种，即电路交换（CS，Circuit Switch）、报文交换（MS，Message Switch）、分组交换（PS，Packet Switch），如图 5-2 所示。

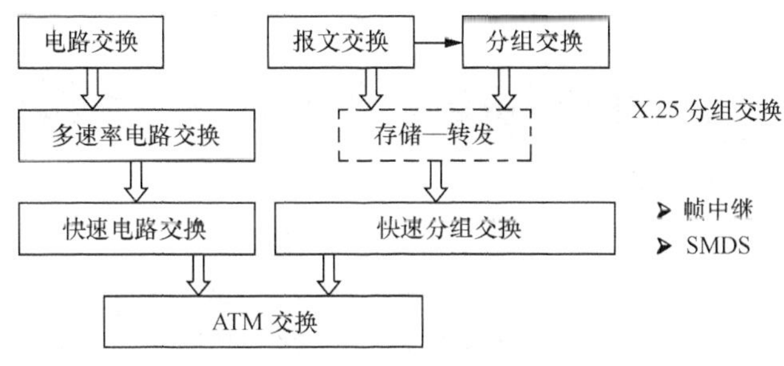

图 5-2 交换方式分类

从交换技术上来看，电路交换是电路传送模式，又称同步传送模式；而报文交换和分组交换是与电路交换方式完全不同的，采用存储/转发模式，又称异步传送模式。ATM 交换是在快速分组交换的基础上结合了电路交换的优点而产生的高速异步传送模式，由 ITU-T 确定为 B-ISDN 的基本传送模式。

5.2 数据交换原理

本节将讲述电路交换、报文交换和分组交换的工作原理和特点。

5.2.1 电路交换原理

在计算机通信与网络中应用的电路交换和电话交换系统的工作原理是相似的，但从系统设计的对象来讲是不同的：电话交换系统是以话音业务通信为目标，而计算机网中的电路交换是面向数据业务的，构成电路交换的公用数据网（CSPDN，Circuit Switching Public Data Network）。

[注] 利用现有电话网进行数据和计算机通信，或拨号上网，从概念上应理解为电话网上支持的数据传输，对电话网来说，数据传输是它的增值业务。在法国、日本已建成 CSPDN，但我国没有采用。

1. 电路交换处理过程

电路交换（Circuit Switching）是根据电话交换原理发展而成的一种交换方式，图 5-3 给出了电路交换的基本框架。

所有电路交换的基本处理过程都包括呼叫建立、通信（信息传送）和连接释放 3 个阶段，如图 5-4 所示。

（1）呼叫建立阶段。图 5-4 中主叫（calling party）用户取机，听拨号音，拨被叫（called party）号码。若被叫用户不在同一个交换局，则 A 局向 B 局送占用信号，转接被叫号码，再由 B 局转发到 C 局。A 局常称本地局，C 局为远端局，而 B 局仅起到中转作用，称为转接局。

最终 C 局按被叫号码向被叫发送振铃信号。当被叫用户取机后，C 局接收应答信号，然后通知各局加以连接。

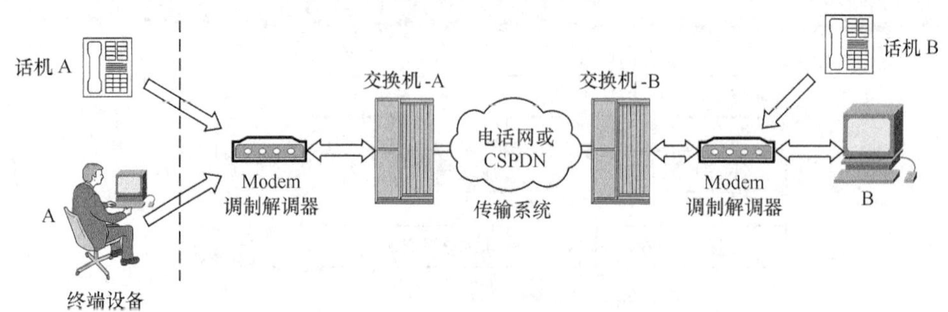

图 5-3 电路交换的基本框架

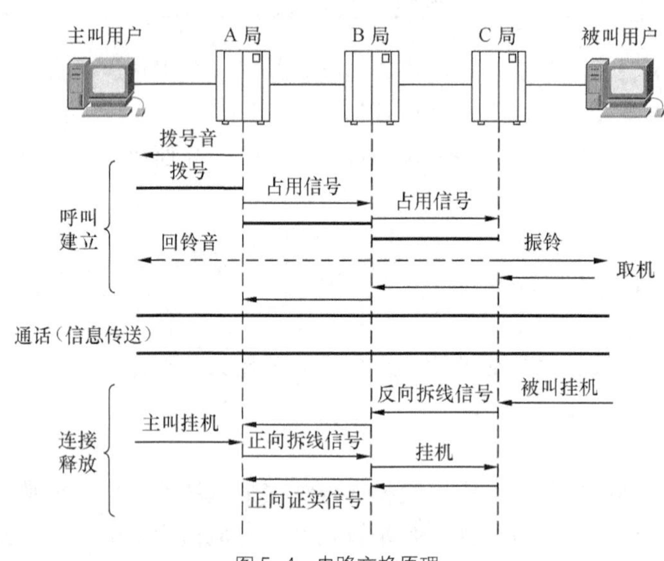

图 5-4 电路交换原理

（2）通信阶段。在通信阶段，始终在主叫与被叫用户间保持这一条物理连接。

（3）连接释放阶段。当主叫或被叫任一方挂机，如图 5-4 所示，局间互送正向或反向拆线信号，经证实后释放连接。值得说明的一点，目前电路交换系统采用了主叫计费方式，因此，若被叫先挂机，物理连接暂不释放，由端局向主叫送忙音催挂。

2. 电路交换的主要特点

电路交换的主要特点归纳如下。

（1）电路交换是一种实时交换，适用于实时要求高的话音通信（全程≤200ms）。

（2）在通信前要通过呼叫为主、被叫用户建立 1 条物理的、逻辑的连接。如果呼叫请求数超过交换网的连接能力（过负荷），用户会听到忙音。衡量电话交换服务质量指标之一是呼叫损失率，简称为呼损率。

（3）电路交换是预分配带宽，话路接通后，即使无信息传送也虚占电路。据统计，传送数字话音时电路利用率仅为36%。

（4）在传送信息时，如果没有任何差错控制措施，不利于传输可靠性要求高的突发性数据业务。

采用电路交换方式的交换节点在建立的连接通路上，通常只提供1种基本的传送速率（如64kbit/s）。为了适应各种业务的不同需要，电路交换方式也进行了变革。例如：

（1）多速率电路交换方式。多速率电路交换方式的基本思路是：使交换节点内的交换网络及控制过程，能为不同的业务提供不同的带宽（基于基本速率8kbit/s或64kbit/s）。

（2）快速电路交换方式。快速电路交换方式的基本思路是有用户信息传送时分配带宽和网络资源。也就是在为用户建立连接过程中，由网内相关交换节点通过协商保存所需的带宽、路由，向用户提供的是逻辑连接，即虚电路。

上述两种方式，虽改善了电路利用率、适应多业务的需求，但控制过程较复杂，而未能被推广应用。

5.2.2 报文交换原理

1. 报文交换处理过程

早在20世纪40年代，电报通信系统是典型的数据通信之一，采用了报文交换方式，报文交换（Message Switch）与电路交换的工作原理不同，每个报文传送时，没有连接建立/释放两个阶段。在报文交换节点，接收一份份报文，予以存储，再按报文的报头（内含收报人地址和流水号）进行转发，如图5-5所示。

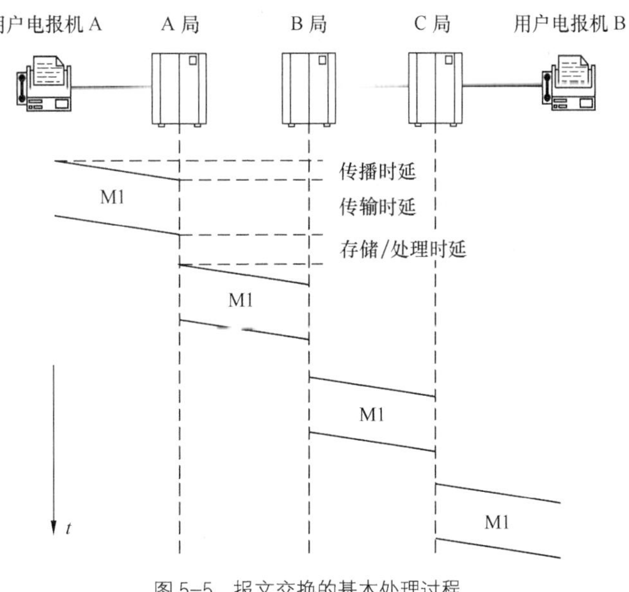

图5-5 报文交换的基本处理过程

报文从用户电报终端到交换节点，或交换节点间的存储转发过程包括4方面的时延。

（1）传播时延（Propagation Delay）：

$$t_{\text{prop}} = L/v \tag{5.1}$$

式中，t_{prop}为传播时延，L为传输距离，v为电波速度（3×10^5km/s）。

（2）传输时延 （Transmission Delay）：

$$t_{\text{T}} = D/C \tag{5.2}$$

式中，t_{T}为传输时延，D为报文长度，C为传输速率。

（3）处理时延（Processing Delay）：处理时延是指交换节点内部执行程序所开销的时间。t_{proc}与报文长度、处理机处理能力有关。

（4）存储时延（Queueing Delay）：交换节点将收到的报文先在缓存单元存储，等待转发处理。存储时延也就是在缓存单元的排队时间 t_{q}。t_{q}是随机的，与交换节点的交换能力、网络负荷有关。

2. 报文交换特点

报文交换的特点如下：

（1）交换节点采用存储/转发方式对每份报文完整地加以处理；

（2）每份报文中含有报头，必须包含收、发双方的地址，以便交换节点进行路由选择；

（3）报文交换可进行速率、码型的变换，具有差错控制措施，便于一对多地址传送报文，超过负荷时将会导致报文延迟。

5.2.3 分组交换原理

分组交换也是一种存储—转发处理方式，其处理过程是需将用户的原始信息（报文）分成若干个小的数据单元来传送，这个数据单元专门称为分组（Packet），也可称为“包”。每个分组中必须附加一个分组标题，含可供处理的控制信息（路由选择、流量控制和阻塞控制等）。图 5-6 给出了 3 台分组交换机（PSE，Packet Switching Equipment）互连而成的分组交换网示意图，图中设每台分组交换机各连 1 台计算机（或称主机）。

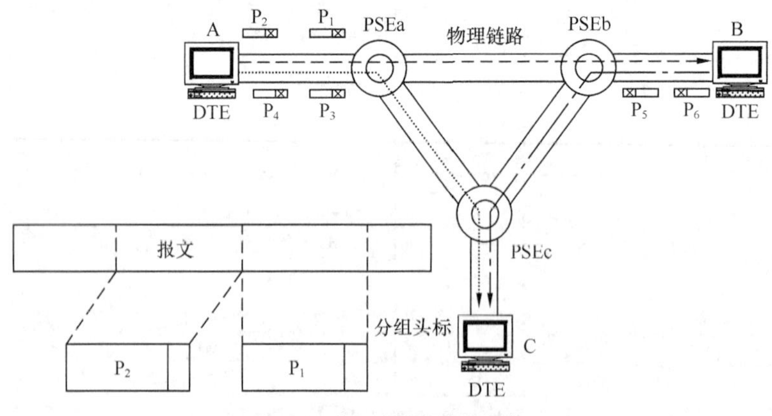

图 5-6 分组交换网的虚连接

分组交换可提供两种服务方式：虚电路（VC，Virtual Circuit）和数据报（DG，Datagram），下面分别加以解释。

1. 面向连接的虚电路服务

虚电路是分组交换网向用户提供的一种**面向连接**（CO，Connection Oriented）的网络服务方式，即两个用户数据终端设备（DTE）之间完成一次数据通信的过程，包括呼叫建立、数据传输和呼叫释放 3 个阶段，其工作过程类似于电话通信。

面向连接的虚电路分组交换处理过程：

（1）呼叫建立阶段。主叫 DTE 发出呼叫建立分组，通过分组网与被叫 DTE 建立逻辑上的连接，即建立一条虚电路，如图 5-6 中虚线表示的虚连接。

由于分组交换在网中是采用逐段链路进行存储—转发处理，因此每段的处理由分组型终端或分组交换机基于线路传输能力的按需动态分配原则来确定一**逻辑信道**，因此一条虚电路实际上是由多段分配的逻辑信道链接集合而成的。

（2）数据传输阶段。一旦建立了虚电路之后，分组交换机协调用户 DTE 为其保持这种逻辑连接。用户可按需要随时发送分组，若用户暂无数据传送，网络可将线路的传送能力和交换机的处理能力为其他用户动态地提供复用服务。网络仍为原用户保持这种逻辑上的连接关系。

在虚电路服务方式中，用户所有的分组均按已建立的路径有序地通过网络，因此远端用户的 DTE 或交换机不需要对收到的分组进行重新排序，分组在网内的传送时延相对较小，且容易及时发现分组丢失。

（3）呼叫释放阶段。当用户要终止通信时，必须通过呼叫释放分组来拆除逻辑连接。

具有上述 3 个阶段的虚电路服务称为交换虚电路（SVC）服务，其处理过程如图 5-7 所示。

此外，网络还可提供永久虚电路（PVC）服务，即用户 DTE 之间的通信设备没有呼叫建立和连接释放两个阶段，可直接进入数据传输阶段，好像网络向用户提供了一条专线。但这种服务需由用户向电信管理部门预约申请后才有效。

2. 无连接的数据报服务

数据报是类似于电报处理过程的一种无连接（CL，Connectionless）的网络服务方式，数据报方式分组交换仍然采用分组（即数据报，DataGram，简写为 DG）作为传送的基本单元，如图 5-8 所示。其工作过程是将每一个分组都当作独立的报文（或称电文）一样来处理，但每个数据报头必须都要包括源地址和目的地地址（也有称宿地址），也就是在交换过程中每个数据报都需要进行路由选择，路由算法复杂；且同一报文划分成的各个数据报，可能无次序到达目的地，需要进行排序。但数据报方式分组交换不需要连接建立和拆除阶段，具有高度的灵活性，一旦网络出现故障，数据报仍能传送到目的地，可靠性高。

数据报服务方式的特征是：用户 DTE 之间的通信没有呼叫建立和释放阶段，适宜于短报文通信；对网络故障的自适应能力强，但路由选择方法较复杂；分组传输的时延较大，且各不相同。

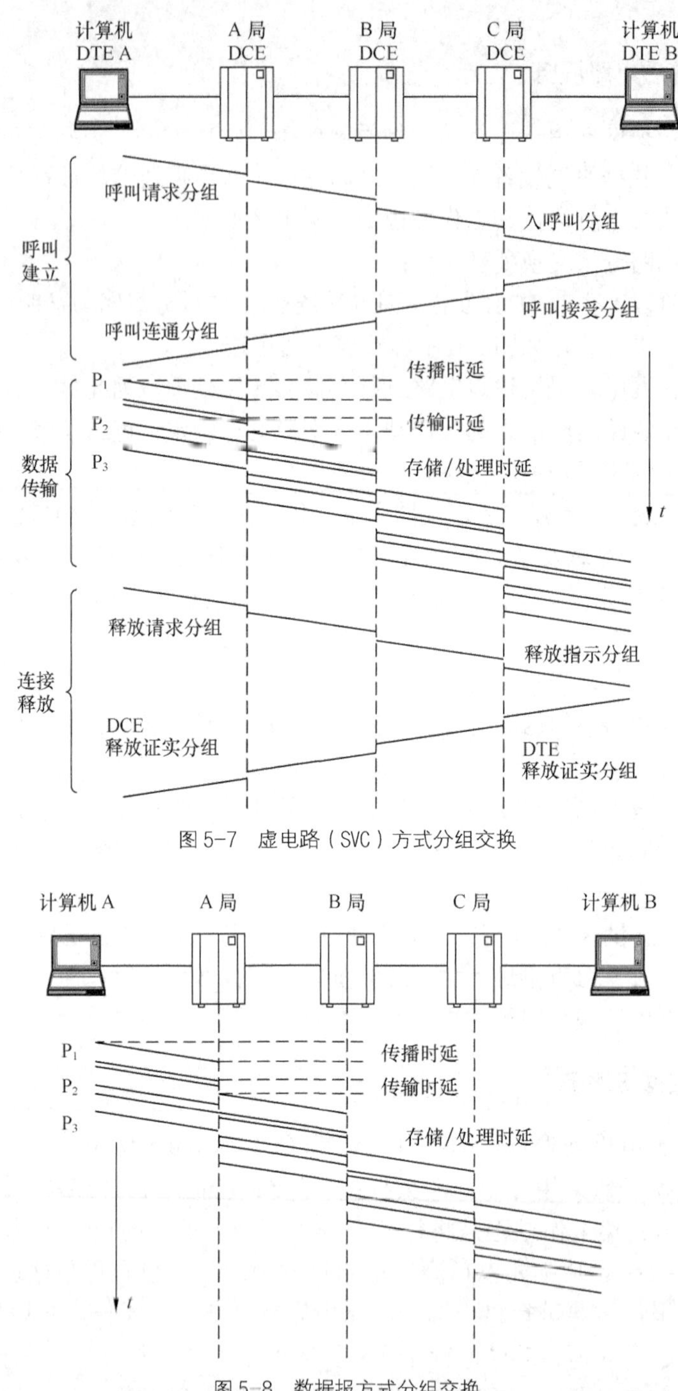

图 5-7　虚电路（SVC）方式分组交换

图 5-8　数据报方式分组交换

若与图 5-6 作一对照，当一个完整的报文，被分成 3 个相对固定长度的分组（P_1、P_2 和 P_3）来传送时，交换节点收到一个数据报后即可进行转发处理，因此，数据报的网络时延、所占用缓存均小于报文交换，数据报服务特别适合于计算机通信时所呈现的断续性或突发性业务要求。

当前，分组交换网提供的网络服务可分为用户与网络（DTE-DCE）接口服务和网内操作两个方面。表 5-1 列出了流行的分组交换网（包括专用网和公用网）所提供的典型服务示例。由此可见，公用分组网如加拿大北方电讯公司 NORTEL 产品，美国 SPRINT 产品都具有 ITU-T X.25 建议的接口规程—虚电路服务，不采用数据报服务，因为自 1984 年后 ITU-T 的 X.25 建议取消了这种服务方式。但网络内部操作方式至今尚未有统一的规程，因此，网内操作有虚电路（如 SPRINT）和数据报（如 NORTEL）两种方式。

表 5-1　　分组交换网的服务和操作方式

网内操作方式 / 网络服务方式	虚电路（VC）	数据报（DG）
虚电路（VC）	SPRINT（Telenet） IBM/SNA	NORTEL ChinaPAC
数据报（DG）		因特网 DEC/DNA

综上所述，分组交换的主要优点可以归纳如下。

（1）能够实现不同类型的数据终端设备（含有不同的传输速率、不同的代码、不同的通信控制规程等）之间的通信。

（2）分组多路通信功能。由于提供线路的分组动态时分复用，因此提高了传输介质（包括用户线和中继线）的利用率。每个分组都有控制信息，使分组型终端和分组交换机间的一条传输线路上可同时与多个不同用户终端通信。

（3）数据传输质量高、可靠性高。每个分组在网络内中继线和用户线上传输时可以分段独立地进行差错流量控制，因而网内全程的误码率可达 10^{-10} 以下。由于分组交换网内具有路由选择、拥塞控制等功能，当网内线路或设备产生故障后，网内可自动为分组选择一条迂回路由，避开故障点，不会引起通信中断。

（4）经济性好。分组交换网是以分组为单元在交换机内存储和处理的，因而有利于降低网内设备的费用，提高交换机的处理能力。由于分组采用动态时分多路复用，一方面大大提高了通信线路的利用率，相对可降低用户的通信费用。另一方面，分组交换方式可准确地计算用户的通信量，因此通信费用可按通信量和时长相结合的方法计算，而与通信距离无关。分组交换网可通过网络管理系统对网内实行分散式处理、控制和集中维护的管理模式，提高网络全程的运行效率。

分组交换也有如下缺点。

（1）由于采用存储—转发方式处理分组，所以分组在网内的平均时延可达几百毫秒；

（2）每个分组附加的分组标题，都会需要交换机进行分析处理，而增加开销，因此分组交换适宜于计算机通信的突发性或断续性业务的需求，而不适宜于在实时性要求高、信息量大的环境中应用；

（3）分组交换技术比较复杂，涉及网络的流量控制、差错控制、代码、速率的变换方法和接口，网络的管理和控制的智能化等。

5.3 公用数据交换网

5.3.1 X.25 分组交换网

ITU-T X.25 建议（以下简称为 X.25）是分组交换公用数据网（PSPDN）的接口规程。它是非常著名的建议，其全称为：在公用数据网（PDN）上连接分组型终端（P-DTE）和数据通信设备（DCE）之间的同步通信规程。也可称为 X.25 协议，并在 1976 年正式成为国际标准。特别需要指出：X.25 只是一个对 PSPDN 通用接口的规格说明，并不提供网络内部的通信规程。

由于 X.25 是由原 CCITT 在综合各国提交的建议基础上，经过反复讨论和修改而成的，而且是在模拟通信系统为主的那种环境下投入使用的，早就被许多国家所接受，它是当今世界上应用广泛的成功建议之一。但从数字通信系统的技术上考虑，存在处理过程较复杂的缺点，严重影响计算机通信的高速化，实际应用也证实了这种观点。

如前所述，X.25 是先于 OSI 参考模型制定的通信接口规程，采用的名称、功能与 OSI-RM 也有所不同。从层次结构来看，X.25 与 OSI 参考模型的下 3 层相对应，如图 5-9 所示。

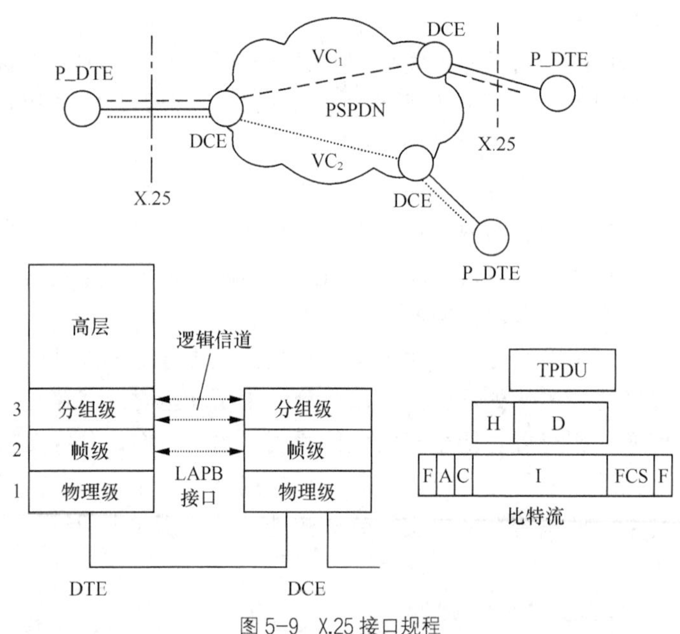

图 5-9 X.25 接口规程

X.25 建议有 3 个功能层次。

（1）分组级（Packet Level）；

（2）帧级（Frame Level）：LAPB（链路接入平衡方式）；

（3）物理级（Physical Level）：X.21。

当高层 TPDU 传递到分组级，它将加上分组头，形成数据分组。然后，将其传递到数据链路层（帧级）LAPB 实体，由该实体加上帧头、帧尾，形成 LAPB 帧。最后，以帧为单元经物理层通过接口形成比特流传输。

1. X.25 分组级

X.25 分组级是利用帧级提供的服务在 DTE-DCE 接口进行分组交换。它定义了 DTE-DCE 之间传输分组的过程，并且能在一条数据链路上（按动态时分复用技术）为用户 DTE 建立多条虚电路实现多向同步通信。这种面向连接的虚呼叫服务涉及 DTE（本端与远端），因此，X.25 的分组级具有端到端的意义（与 OSI-RM 网络层不同之处）。

X.25 分组级的分组可为两大类：数据分组（带有分组级用户的数据）和控制分组。为了区分分组类型，实现分组级的通信控制，各类分组均含有至少 3 个字节的分组标题（也称为分组头标），如图 5-10 所示。

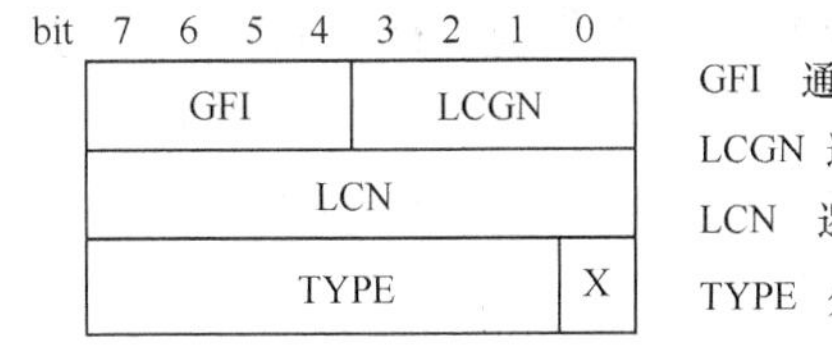

图 5-10 分组标题格式

X.25 分组级的功能为：

（1）提供交换虚电路（SVC）和永久虚电路（PVC）的连接；

（2）提供虚电路的建立、维持和释放（清除）的方法；

（3）为每个用户呼叫（指一次通信过程）分配一个逻辑信道；

（4）依据逻辑信道组号（LCGN）和逻辑信道号（LCN）来识别与每个用户呼叫有关的分组；

（5）为每个用户的通信提供有效的分组顺序扩展和流量控制技术；

（6）检测且恢复分组级的差错。

2. X.25 分组级通信过程

在早期版本中，X.25 接口规程可提供虚电路服务和数据报服务。但在 1984 年版本中，取消了数据报服务方式。因此 X.25 分组级通信是以虚电路服务为基础的，如前所述，整个通信过程包括了 3 个阶段：呼叫建立阶段、数据传送阶段和呼叫清除（释放）阶段（见图 5-7）。

在 DTE－DCE 接口上 1 次呼叫分配的 LCN 对应着 1 条双向的逻辑信道，也就是上述的呼叫请求分组和呼叫连接分组用相同的 LCN_1，而入呼叫分组与呼叫接收分组用相同的 LCN_2。主叫 DTE—被叫 DTE 之间建立的一条虚电路具有端—端的意义，是由各段链路上的逻辑信道（具有本地意义）链接而成的。表 5-2 列出了虚电路和逻辑信道间的关系。

表 5-2 虚电路和逻辑信道间的关系

	虚 电 路	逻 辑 信 道
1	DTE—DTE 之间的逻辑连接	DTE—DCE 之间一种线路资源编号
2	交换虚电路（SVC）在呼叫建立后才存在，在永久虚电路（PVC）则是固定存在	逻辑信道始终存在，或处于空闲（准备状态），或处于工作（已被分配）

3. 分组多路通信

图 5-11 画出了分组多路通信的端口号、逻辑信道及用户呼叫的关系图。由图 5-11 可见，虚电路 VC_1 是主叫 DTE 的分组经端口 1 及 LCN=85 到本地 DCE 的端口 2；在本地 DCE 内存有路由表（见表 5-3），指明用网内规程分配的 LCN=150，且将分组转换成网内分组格式（例如，数据报方式），从端口 3 到端口 4；被叫 DCE 内的路由表（见表 5-4）选择端口 5，LCN=10 与被叫 DTE-A 相连。同理，可知虚呼叫 2 和 3 分别与被叫 DTE-B 和 DTE-C 连通，主叫 DTE 可按动态时分复用方式实现分组多路通信。从概念上来说，依据逻辑信道号、端口号和虚呼叫之间的关系，使接收端能够很方便地识别主叫 DTE—DCE 间的 LCN=85，被叫 DTE-DCE 的 LCN=10，就可知道对应着虚呼叫 1。

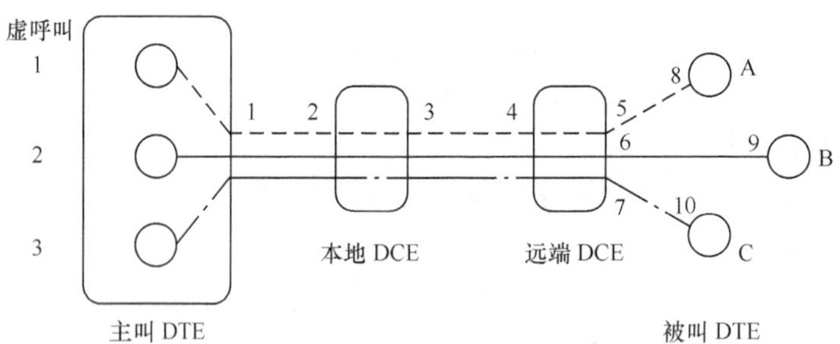

图 5-11 分组多路通信的端口号、LCN 和用户呼叫的关系

表 5-3 本地 DCE 的路由表

虚呼叫	入口		出口	
	端口号	LCN	端口号	LCN
1	2	85	3	150
2	2	84	3	149
3	2	83	3	148

表 5-4 被叫 DCE 的路由表

虚呼叫	入口		出口	
	端口号	LCN	端口号	LCN
1	4	150	5	10
2	4	149	6	11
3	4	148	7	12

【例 5-1】已知有 3 个路由器 A、B 和 C 接入分组交换网，图 5-12 给出了 A—B，A—C，B—C3 条虚电路表示不同方向的分组通信，试写出每条虚电路对应的各逻辑信道号。

[解] （1）A—B 虚电路是由 LCN（逻辑信道号）64—90—400 集合组成；

（2）A—C 虚电路是由 LCN（逻辑信道号）74—95—260 集合组成；

（3）B—C 虚电路是由 LCN（逻辑信道号）401—91—96—261 集合组成。

分组在交换网中是采用逐段链路进行存储—转发处理，每段的处理由分组型终端或分组交换机基于电路传输能力的按需动态分配原则来确定一个**逻辑信道**，逻辑信道号仅具有本地意义。一条虚电路实际上是由多段分配的逻辑信道链接而成的。

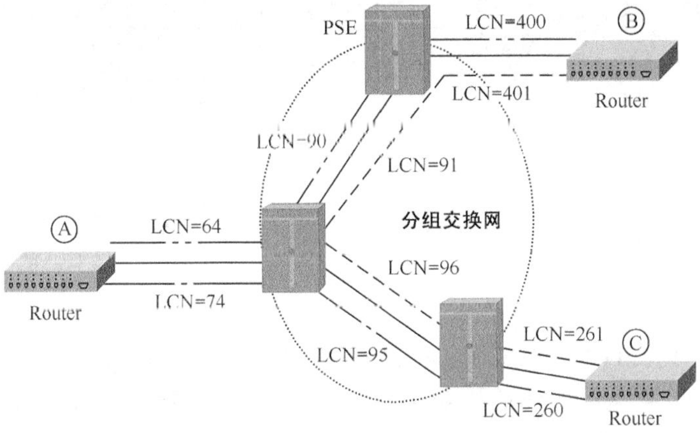

图 5-12 分组多路通信示例

分组级的滑动窗口机制与第 4 章讲述的方法是一样的，在数据分组中，$P(S)$：发送的分组顺序号，$P(R)$：期望接收的分组顺序号，顺序号比特数为 3，编号值 0～7，mod 8 循环运用；扩展顺序号比特数为 7，编号值 0～127，mod 128 循环运用。采用循环冗余检验（CRC）技术检测且恢复分组级的差错。

4. X.25 帧级与物理级

X.25 帧级规定了 DTE-DCE 之间数据链路上传送分组的过程，并要求在物理级提供的双向链路上实施以帧为单元的信息传输控制。X.25 的帧级采用了 ISO 开发的高级数据链路控制（HDLC）规程的帧结构，且是 HDLC 的一个子集。下面从 3 个方面来加以阐述。

（1）X.25 帧级采用了异步平衡模式的 LAPB 规程（平衡式链路接入规程）：允许两个复合站中任意一站发送置异步平衡模式（SABM）命令表示要求建立链路，另一站用 UA（未编号确认）帧响应，即可建成双向的链路。不使用 SNRM 和 SARM 模式。

（2）X.25 控制字段的 I 帧、S 帧的格式和用法与 HDLC 相同，只是在 X.25 的监视帧中，仅用了 RR、RNR 和 REJ，可见 X.25 帧级采用了连续 ARQ（即 Go-Back *N*）技术，并不采用 SREJ（选择重传 ARQ）。

（3）X.25 的 U 帧仅使用 5 种命令/响应：置异步平衡模式（SABM）或置异步平衡扩展模式（SABME）、断链（DISC）、已断开（DM）、未编号证实（UA）以及帧拒绝（FRMR）。

此外，X.25 的帧校验序列（FCS）是一个 16 比特的序列，用来校验帧通过链路传输时产生的各种错误。FCS 的生成与检验原理如图 5-13 所示。

FCS 是由发送端生成的。它是利用循环冗余码（CRC）方法对随机的待发送的数据信息进行逐位处理而得。图 5-13 中发送端的数据序列应是起始 F 后的第 1 比特到 FCS 之前的最后一个比特。例如信息帧，应是（A+C+I）字段，而 S 帧则为（A+C）字段。我们将数据流用多项式方法来表示，令它为 $M(X)$。而 ITU-T 定义了一个生成多项式为 $P(X)=X^{16}+X^{12}+X^5+1$，它的比特序列为 10001000000100001，称为常数。

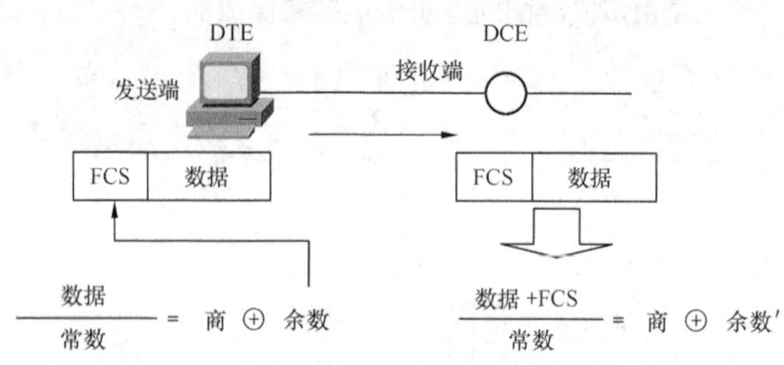

图 5-13 FCS 的生成与检验原理

X.25 物理级定义了 DTE 与 DCE 之间的接口特性，为帧级提供一个物理连接，实现比特流的透明传输。涉及物理级的建议和规程比较多，诸如：V.24、X.21 以及综合业务数据网（ISDN）的 I.430、I.431 建议等。

5.3.2 帧中继

如前所述，分组交换技术具有许多独特的优越性，已形成了全球性的公用数据通信网络。但进入 20 世纪 80 年代后期，随着计算机技术和通信技术的不断发展和进步，用户对数据通信网的速率提出了更高的要求，现有的 X.25 分组交换网的体系结构和接口协议已不适合于高速交换和服务的市场需求，因而快速分组交换（FPS，Fast Packet Switching）技术的研究与开发应运而生。快速分组交换是一个总的概念，在实现的技术上，有两大类：帧中继（Frame Relay）和信元中继（Cell Relay）。本节主要介绍帧中继的工作原理和特点、技术标准和体系结构、通信协议、业务功能和服务特征等。

1. 帧中继基本原理与特点

（1）什么是帧中继？

帧中继是在 OSI 参考模型第 2 层（数据链路层）上，采用简化协议，且以帧为单元来传送数据的一种技术。帧中继起初由 AT&T 作为 N-ISDN 的帧方式的承载业务提出来。其产生的技术背景是：

① 传输网络的数字化和传输介质光纤化，传输误码率比以往模拟网的要小很多；

② 用户终端设备的处理能力大为提高。

这些应用环境为帧中继网内简化通信协议、提高帧中继用户的接入速率创造了条件。

（2）帧中继技术的特点。与 X.25 分组交换相比，帧中继技术的特点如下。

① 帧中继协议简化了 X.25 分组级功能，只有两个层次：物理层和数据链路层。这使网内节点的处理大为简化，在帧中继网中，一个节点收到一个帧时，大约只需执行 6 个检测步骤。实验结果表明，采用帧中继时一个帧的处理时间可以比 X.25 的处理时间减少 1 个数量级，因而提高了帧中继网的处理效率。

② 传送的基本单元为帧，帧的长度是可变的，最大长度允许 1 600 字节，要比 X.25 网的缺省分组 128 字节长，特别适合于封装局域网的数据单元，减少了分段与重组的处理开销。

③ 在数据链路层完成动态（统计）复用、帧透明传输和差错检测，但与 X.25 网不同的是：帧中继网内节点若检测到差错，将出错的帧丢弃，不采用重传机制，减少了帧编号、流量控制、应答等开销，因此减少了交换机的处理时间，提高了网络吞吐量，降低了网络时延。例如 X.25 网内每个节点进行帧检验产生的时延为 5～10ms，而帧中继节点的处理时延小于 2ms。

④ 帧中继技术提供了一套有效的带宽管理和阻塞控制机制，使用户能合理传送超出约定带宽的突发性数据，充分利用网络资源。

⑤ 帧中继现可提供用户的接入速率在 64kbit/s～2.048 Mbit/s，也可达 45Mbit/s。

⑥ 与 X.25 分组交换一样，帧中继采用了面向连接的工作模式，可提供 PVC 业务和 SVC 业务。由于帧中继 SVC 业务对用户的资费并不能带来明显的好处，实际上主要用作局域网的互连，因此仅采用 PVC 业务。

2．帧中继的协议结构

帧中继的协议结构，如图 5-14 所示，它包括以下两个操作平面。

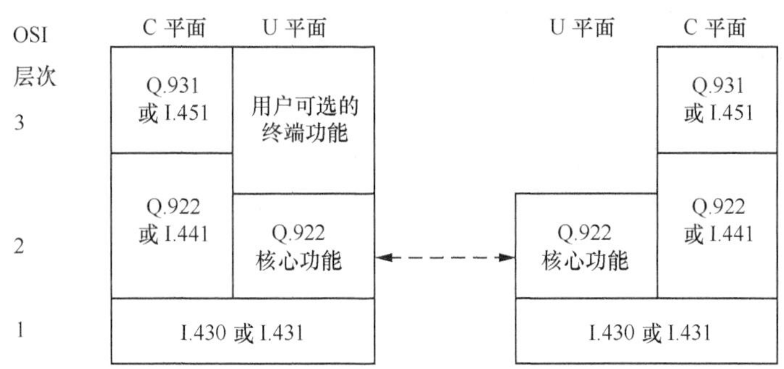

图 5-14 帧中继的体系结构

（1）控制平面（C-plane）用于建立和释放逻辑连接，传送与处理呼叫控制消息；

控制平面（简称 C 平面）使用 ITU-T Q.931（或 I.451）和 Q.921 两个协议。Q.931 或 I.451 是为 N-ISDN 用户—网络接口（UNI）提供基本呼叫控制用的第 3 层规范。定义了对帧中继提供交换虚电路 SVC 业务的呼叫建立过程，其功能是处理和传送呼叫控制消息，并完成多条数据链路的管理。在第 2 层的 Q.921 协议是一个完整的数据链路协议，它在 C 平面中为 Q.931 的控制信息提供可靠的传输。C 平面协议仅在用户和网络之间操作。

（2）用户平面（U-plane）用于传送用户数据和管理信息。

用户平面（简称 U 平面）使用了 ITU-T 于 1991 年作为内部建议公布的新建议 Q.922。Q.922 是 Q.921（I.441）中所描述的 LAPD （Link Access Procedure on the D-channel）的扩充版本。LAPD 是 1 组 OSI 第 2 层协议，用于 ISDN 的 D 通路上实现可靠的数据链路服务，是对 X.25 的 LAPB 协议的改进形式，也是帧中继标准的基础。

Q.922 将 Q.921 协议细分为两个子层（DL-CORE 和 DL-CONTROL），在 DL-CORE 中加入了一系列拥塞控制，使协议可用于 H 通道（H_0 384kbit/s，H_{10} 1538 或 H_{11}1920kbit/s 数字通路）等高速通道。对应有 LAPE 和 LAPF（“E”表示扩展，“F”表示帧中继）。

物理层提供 I.430（2B+D）和 I.431（30B+D）接口。

（3）Q.922 中核心部分（DL-CORE）的功能。帧中继只用到了 Q.922 中核心部分（DL-CORE）。其功能如下：

① 帧定界、同步和透明传输；

② 用地址字段实现帧复用和解复用；

③ 对帧进行检测，确保 0 比特插入前/删除后的帧长是整数个八位组（octcts）；

④ 对帧进行检测，确保其长度不致于过长（Jabbers）或过短（runts）；

⑤ 检测传输差错；

⑥ 拥塞控制。

U 平面的核心功能（DL-CORE）只提供无应答的链路层数据传输帧的基本服务，构成了数据链路层的子层。

Q.922 的其余部分（DL-CONTROL），则是用户侧的用户平面可选功能，提供了窗口式的应答传输。

帧中继所提供面向连接的数据链路层服务，具有下列特性：

① 保持网络出、入口处所传帧的顺序；

② 确保不交付重复帧；

③ 帧丢失率很小。

帧中继方式中的用户数据帧在网内中间节点基本上不做处理，只是丢弃出错的帧，由用户侧高层进行差错恢复处理。这种体系结构将网络应完成的处理减到最少。

3. 帧中继的帧格式

ITU-T Q.922 核心功能所规定的帧中继的帧格式如图 5-15（a）所示。Q.922 核心附件 A 所定义的数据链路层帧方式承载业务，即 LAPF（及 LAPE 帧）的帧格式如图 5-15（b）所示。

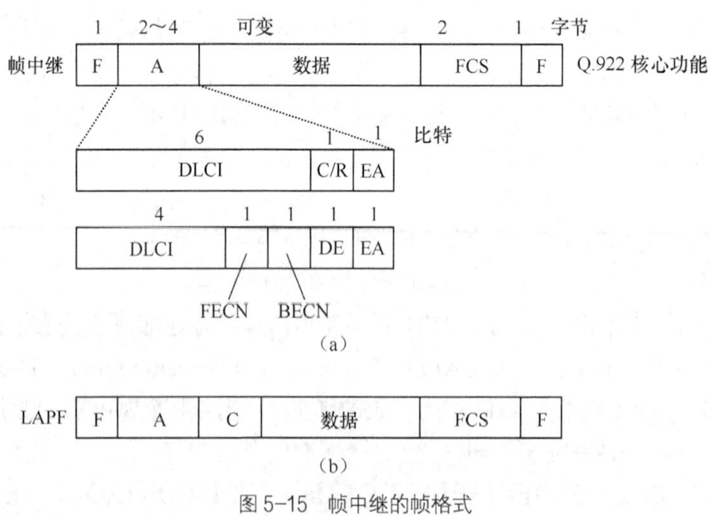

图 5-15 帧中继的帧格式

按 Q.922 核心功能定义的帧中继的帧格式和 LAPF 的格式类似，最主要的区别是帧格式中没有控制字段。

（1）标志字节（F）。标志字节是一个 01111110 的比特序列，用于帧同步和定界（指示一个帧的始/末）。

（2）地址字段（A）。地址字段一般为 2 字节，也可扩展为 3 或 4 字节。地址字段又由下列几部分组成。

① 数据链路连接标识符（DLCI，Data Link Connection Identifier）。当采用 2 字节的地址字段时，DLCI 占 10 位，用于标识永久虚电路、呼叫控制或管理信息（见表 5-5）。

表 5-5 **帧中继 DLCI 说明**

DLCI 值	用　法
0	为呼叫控制信号保留
1～15	保留
16～1 007	分配给 PVC
1 008～1 022	保留
1 023	本地管理接口（LMI）

可见，帧中继技术专设的一条数据链路连接（DLCI=0）上传送呼叫控制消息，类似 ISDN 采用的共路信令，具有“带外信令”的性质。DLCI 共有 992 个地址供帧中继使用。和 X.25 的虚电路号相似，对于标准的帧中继接口，DLCI 只有本地意义。这就是说，在一个帧中继的连接中，在连接两端的用户网络接口 UNI 上，一般来说，所使用的两个 DLCI 可以不一样。

② 命令/响应（C/R）。命令/响应与高层应用有关，帧中继本身并不使用。

③ 扩展地址（EA）。当 EA 为 0 时表示下一个字节仍为地址字段，当 EA 为 1 时，表示下一个字节为信息字段的开始。依照此法，地址字段可扩为 3 字节或 4 字节。这样，当地址字段 A 为 3 字节时，DLCI 为 17bit，图 5-15 中第 3 字节中 DLCI 占高 7 位，其余格式不变；当地址字段 A 为 4 字节时，DLCI 为 24bit（所加第 3、4 字节的高 7 位为 DLCI）。

④ 正向显式拥塞通知（FECN，Forward Explicit Congestion Notification）。若某节点将 FECN 置为 1，表明与该帧同方向传输的帧可能受到网络拥塞的影响而时延。

⑤ 反向显式拥塞通知（BECN，Baekward Expliut Congestion Nofification）。若某节点将 BECN 置为 1，即指示接受者，与该相反方向传输的帧可能受网络拥塞的影响而时延。

⑥ 丢弃指示（DE，Discard Eligilility）。由用户置为 1 时，表明有网络发生拥塞时，为了维持网络的服务水平，该帧与 DE 为 0 的帧相比应先丢弃。由于采用了 DE 比特，用户可以比通常允许条件下多发送一些帧，并将 DE 置 1。可见 DE 置 1 的帧，在必要时可先丢弃。由于帧中继网是双向传输的，因此用此方法可进行流量控制。

（3）信息字段（I）。允许用户数据长度可变，最大长度可由用户与网络管理部门协商确定。但在用于 LAN 互连时，网络支持的最大长度不少于 1 600 字节，以便用户在分段与重组时开销不至于太大。

（4）帧校验序列（FCS）。帧校验序列（FCS）与 X.25 中 FCS 的含义相同，用来检查帧通过链路传输时可能产生的差错。

4．帧中继的管理与控制

（1）帧中继的逻辑链路连接。帧中继提供两种基本的业务：交换虚电路（SVC，Swifched Virfual Circuit）和永久虚电路（PVC，Permanent Virfual Circuit）。无论是 PVC 还是 SVC，帧中继的逻辑链路连接都是通过 DLCI 来实现的。

DLCI 包含于帧的地址字段中，它是附加在帧上的一种标记。当帧通过网络时，DLCI 可以改变，因此 DLCI 只有本地意义，如图 5-16 所示。DLCL 并不是指示目的站点地址，而是用来标识用户和网络节点以及节点与节点之间的逻辑连接。帧中继的 DLCI 作用与 X.25 分组标题中的逻辑信道号（LCN）的作用相似。帧中继由多段 DLCI 的链接构成端到端的虚电路，图 5-16 中终端 A—B 和 A—C 间的两条永久虚电路分别由各段的 DLCI 构成，即 35—45—55—65 和 40—50—60；而 X.25 的分组级通过多段 LCN 构成端到端的虚电路。但不同的是帧中继在链路层实现了网络（线路和交换机）资源的统计复用；而分组交换（X.25）是在网络层实现统计时分复用的。

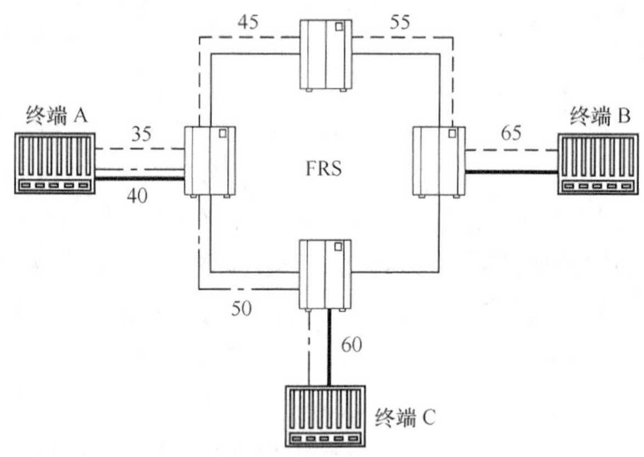

图 5-16　帧中继的 PVC 和 DLCI 寻址

帧中继网节点一旦收到帧的首部，就可立即开始转发此帧，即在帧的尾部还未收到之前，节点（交换机）就可将帧的首部发送到下一相邻交换机。显然，帧中继网中节点处理帧是以所传送的帧基本不出错为前提的。问题的另一方面，若帧出现传输差错又该如何处理呢？按帧校验序列检错方法，只有在整个帧完全收下后节点才能处理。但帧中继的节点检测到出错时，帧的大部分可能已转发到下一个节点了。

解决这个问题的办法是：当检测到有误码的节点，应立即中断这次传输，当中断传输的指示下达到下一个节点后，下一个节点就立即中断该帧的转发，至此，该帧就从网内消除。帧中继节点在链路层增加了路由寻址功能，网内将会丢弃有错的帧，差错的恢复由网内转移到用户终端负责，这就表明，帧中继设备不必像 X.25 网中交换机那样，在接收到确认之前要保存数据。由此可知，在帧中继网中，要纠正比特差错所耗的时间反而要比 X.25 分组交换网稍多一些。

（2）帧中继业务的带宽控制。每一用户接入帧中继网，使用约定的下列 3 个参数：

① 约定的信息速率 *CIR*（Committed Information Ratio）；

② 约定的突发数据长度 *Bc*（Committed Burst Size）；

③ 超越的突发数据长度 *Be*（Excess Burst Size）。

网络以约定的时间间隔 *Tc*（Committed Time Interval）周期性地对用户-网络的速率进行监测。由此可得

$$Tc=Bc/CIR \tag{5.3}$$

Tc 值一般选取在几百毫秒到 10s 内。取值越小，越适应突发性低的应用业务，反之亦然。网络对监测结果采取的措施如图 5-17 所示。

① 测得的比特数≤Bc 时，网络节点应转发这些帧。在正常情况下，应保证这些帧送到目的地，如图 5-17 中帧 F_1 和 F_2。

② 测得比特数＞*Bc*，而≤*Bc*+*Be*，网络通过 DE 置为 1 后转发，并努力把这类帧传到目的地。一旦出现拥塞，将首先丢弃这些 DE=1 的帧，如 F_3 帧。

③ 测得的比特数＞*Bc*+*Be* 时，网络应丢掉这些帧，如 F_4 帧。

（3）帧中继网的拥塞控制。图 5-18 给出了网络负荷与吞吐量的关系。当网络开始加载时，随着入网信息量的增加，吞吐量线性地上升，当到达 A 点后，网络不能继续接收更多的信息，开始丢弃 DE=1 的帧。如果入网信息量继续加大，网络将呈现严重拥塞状态（B 点），拥塞引起的重传使吞吐量急剧下降，直至崩溃（死锁）。

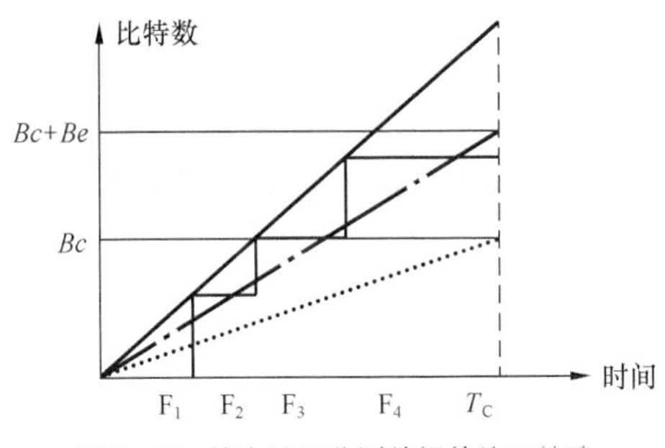

图 5-17 帧中继网监测数据的处理策略

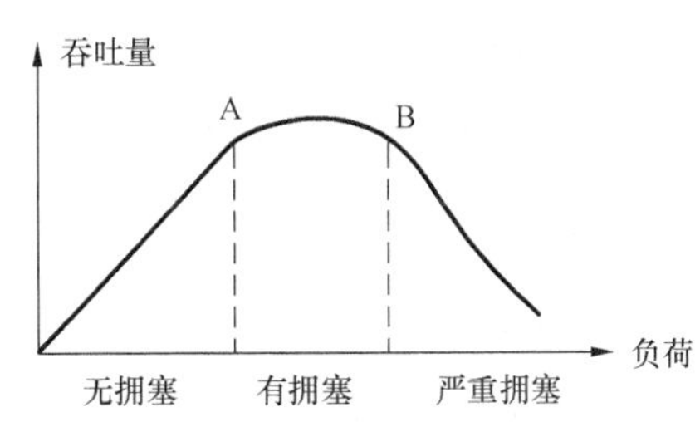

图 5-18 网络负荷与吞吐量的关系

为防止拥塞，网络所采取的措施如下：

将 FECN、BECN 置 1，通知到帧中继用户；

丢弃 DE=1 的帧；

每隔 *N* 帧丢弃 1 帧。当 *N*=1 时，表明无缓冲器可用，所有的帧将被丢弃。

根据上述规定，网络只能负责通知用户发生拥塞与否，而接收到通知的用户应降低入网的信息速率。

5. 帧中继的呼叫控制

帧中继的呼叫控制规程（Q.931 和 Q.933）只是在 ISDN 环境中使用帧中继时才启用。若在网桥或路由器之间的点到点链路上使用帧中继，则协议可以简化。

下面来简单介绍帧中继的呼叫控制过程。与 X.25 一样，帧中继也支持一条链路复用多个连接。每个数据链路连接有其分配的唯一的 DLCI。数据传输有 3 个阶段：

（1）在两个端点之间建立逻辑连接，并且分配给该连接 1 个唯一的 DLCI；

（2）用数据帧交换信息，每个帧中 DLCI 用于标识其所用的连接；

（3）释放逻辑连接。

帧中继通过 DLCI=0 的帧，实现逻辑连接的建立与释放，其信息字段中填入呼叫控制报文。至少需要 4 种报文：

（1）建立（SETUP）；

（2）连接（CONNECT）；

（3）释放（RELEASE）；

（4）释放完成（Release COMPLETE）。

任何一端通过发送 SETUP 报文都可以请求建立逻辑连接。收到 SETUP 报文的一端，如果同意建立连接，则用 CONNECT 报文响应；如果不同意建立连接，则用 RELEASE COMPLETE 报文响应。连接建立的发起方可在 SETUP 报文中指出选定的 DLCI 值。如果发起方未指明 DLCI 值，则接受方可在其发回的 CONNECT 报文中指明 DLCI 值。建立连接的任一端可通过发 RELEASE 报文请求释放逻辑连接，收到 RELEASE 报文的一端，必须用 RELEASE COMPLETE 报文响应。

5.3.3 异步传送模式（ATM）

1．ATM 概述

电信网的发展历程表明，按照电信业务的特征组建的各种类型的业务网，如电话网、电报网、X.25 分组网等，每个业务网都有其各自的网络体系结构、接口规范和编号方案，因此，电信网实际上是由各种业务网混合组成的叠加网。

随着数字技术的发展，在 1976 年 CCITT 开始研究用单一网络支持不同类型的业务，并在 80 年代后期推出了综合业务数字网（ISDN，Integrated Service Digital Network），并给出了定义：ISDN 是由电话综合数字网（IDN）演变而成的一个网络，它提供端到端的数字连接，以支持包括话音和非话音业务在内的多种电信服务，并为用户接入提供一组有限的多用途用户网络间的标准接口。由于当时技术和应用的限制，提供的业务速率一般不超出 2Mbit/s。在 80 年代后期，提出研究业务速率为 100Mbit/s 的视频活动图像通信的 ISDN，称为宽带综合业务数字网（B-ISDN，Broadband ISDN），简称 ISDN。为了避免混淆，将以前定义的 ISDN 命名为基于 64kbit/s 的 ISDN，也可称为窄带 ISDN 或 N-ISDN。

尽管 B-ISDN 和 N-ISDN 的名称相似，但各自的信息表示、交换和传输方式是根本不同的，N-ISDN 是以数字式电话网为基础，采用电路交换方式；而 B-ISDN 则是真正意义上的综合，采用快速分组交换方式，即异步传输模式（ATM）技术[5][6][26]。

ITU-T 在 1992 年曾将 ATM 作为 B-ISDN 的基本传输模式，但随后在因特网发展的冲击下，风云突变，ATM 技术的布局与应用受到了抑制。但 ATM 技术特点，特别是支持 QoS，仍是因特网可以借鉴的，这也是本节介绍 ATM 技术的基本出发点。

2．B-ISDN 协议参考模型

图 5-19 给出 B-ISDN 协议参考模型为分层结构，由 3 个平面组成：用户平面（User Plane）、

控制平面（Control Plane）和管理平面（Management Plane）。[27][28]

（1）用户平面用于传送用户信息；

（2）控制平面提供呼叫和逻辑连接的控制功能；

（3）管理平面提供面管理和层管理两种管理功能。

面管理不分层，实现与整个系统有关的管理功能，并完成各个面之间的协调功能；而层管理实现网络资源和协议参数的管理，并处理各层内的操作、管理和维护（OAM）。

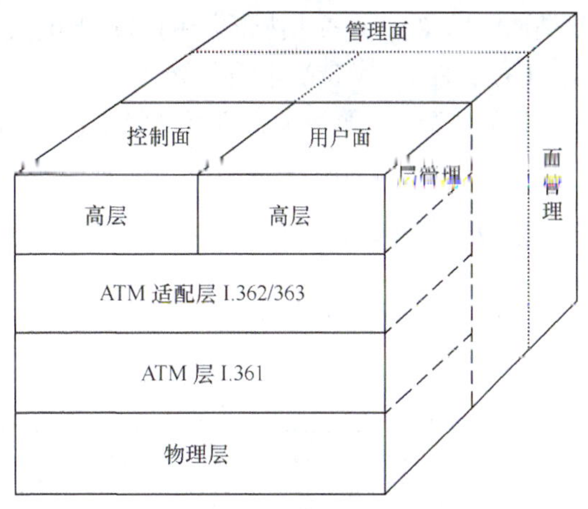

图 5-19　B-ISDN 协议参考模型

B-ISDN 协议体系结构（正面）含有 4 个层次，自下而上为物理层、ATM 层、ATM 适配层和高层（应用服务）。

（1）物理层功能：通过物理介质有效且正确完成信元的传送。物理层又细分为物理介质相关（PMD）子层和传输汇聚（TC）子层。前者提供与传输介质有关的机械、电气接口，实施线路编码、比特定时，确保比特流的正确传输；后者完成信元的定界和扰码，信元速率的去耦，信元头的差错控制及传输帧的形成、适配和恢复。

（2）ATM 层功能：ATM 层是 ATM 交换的核心层次。它从时延和效率两方面因素，选用了信元作为基本的传输单元。信元定为 53 个字节，其中信元头 5 个字节，净负荷（payload）为 48 个字节。

（3）ATM 适配层：ATM 适配层（AAL）是执行应用服务高层的差错处理，定时控制等，并支持高层与 ATM 层间的适配。AAL 可分成两个逻辑子层：汇聚子层（CS，Convergence Sub-layer），分段/重组子层（SAR，Segmentation And Reassembly）。

（4）高层（应用服务）。

B-ISDN 应用了 N-ISDN 的基本概念，因而其用户-网络接口（UNI）的参考配置与 N-ISDN 的相同，也采用了参考点（Reference Points）和功能群（Functional Grouping）规定了 B-ISDN 用户系统的标准结构。UNI 的参考配置，如图 5-20 所示，具有 5 个功能群和 4 个参考点。在 S、T、U 参考点名称注脚都加上字母 B。

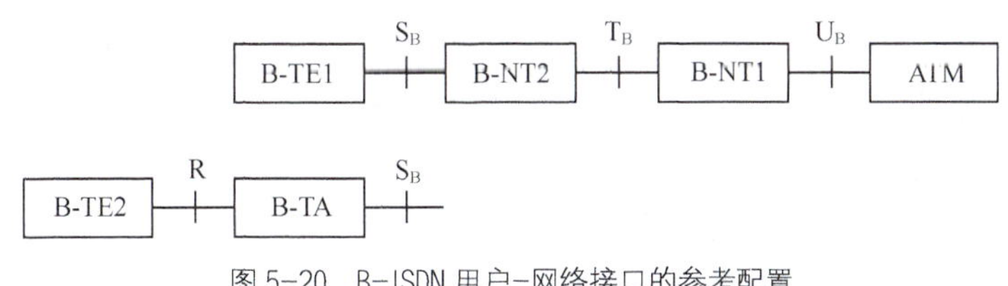

图 5-20　B-ISDN 用户-网络接口的参考配置

功能群是一个抽象的概念，指的是实现所需功能的硬件及软件，不一定要求与实际的设备一致。B-ISDN UNI 功能群分别为：

（1）B-NT1：第一类宽带网络终端，实际上是传输线路的终接设备；

（2）B-NT2：第二类宽带网络终端，相当于专用的 ATM 交换机；它具有物理层和高层的功能（如信令功能、MAC 功能）。B-NT1 和 B-NT2 间的参考点 T_B 是网络与用户的交接点，也就是说，由 T_B 点向交换机的一侧归属于电信部门，另一侧属于用户部门。

（3）B-TA：宽带终端适配器；

（4）B-TE1：第一类宽带终端设备，即标准的 B-ISDN 终端，可直接接入 B-ISDN 网；

（5）B-TE2：第二类宽带终端设备，非 B-ISDN 标准的终端，需通过 B-TA 适配后接入。

3. ATM 技术

（1）ATM 网的基本传送单元为信元。ATM 信元长度固定为 53 字节，其中信元头标长 5 字节，净负荷（信息字段）长为 48 字节，ATM 信元格式如图 5-21 所示。

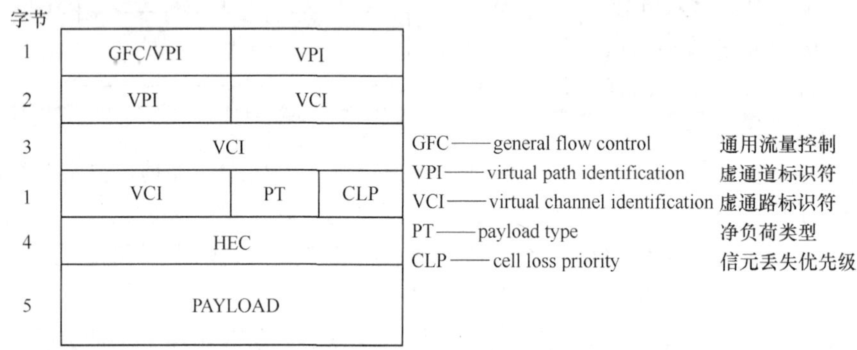

图 5-21 ATM 信元格式

信元头标比较简单，其中虚通道标识符（VPI）和虚通路标识符（VCI）用来标识虚电路，与 X.25 分组网中的（LAGN+LAN）和帧中继中的（DLCI）的作用类似。信元丢失优先级（CLP）与帧中继的 DE 类似。

【例 5-2】 当 ATM 交换机的接口传输速率为 155.520Mbit/s 时，试问传送 1 个信元所耗时间为多少？若两台交换机之间的传输距离为 1 000km，假设使用确认-重发机制，求重发出错信元的时间？（交换机的处理、存储时间忽略不计）

解：传送 1 个信元所耗时间 t_C=(53×8) /155.520=2.73μs，

两台交换机之间的传播时延为 5ms，

重发出错信元的时间=10ms。

由此可知，当信元出错时，从发送确认信息到收到重发的信元，理想条件下也要 10ms，等待时间太长，致使效率太低。目前，在高速 ATM 网络环境下，不再使用“确认-重发机制”。ATM 网内对出错的信元丢弃，把遗留问题转移到端接设备进行处理。

（2）ATM 可实现 VP 和 VC 两级交换。在 ATM 网接口的传输链路，例如同步数字系列（SDH）的同步传送模式 STM-1（155.520Mbit/s）、STM-4（622.080Mbit/s）等，可划分为若干个虚通道（VP），1 个 VP 又可分成若干个虚通路（VC），如图 5-22 所示。

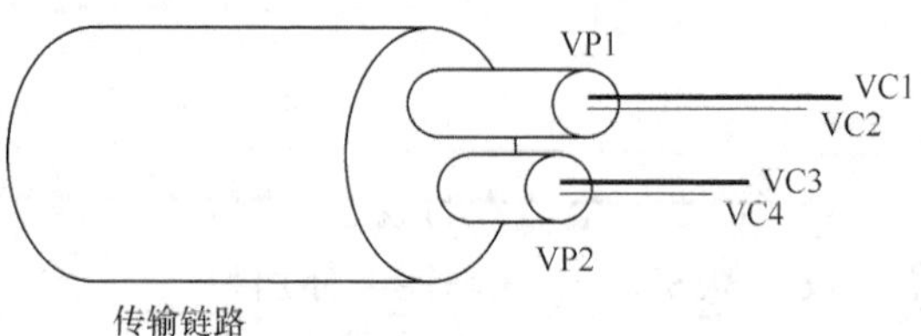

图 5-22 VP 与 VC 逻辑结构

在 ATM 网中，VP 和 VC 的带宽可灵活地加以配置，既可固定分配，又可按需动态分配。在 SDH 环境中，VP 或 VC 的带宽单位为 Mbit/s 或 kbit/s，可折算成 155.520Mbit/s 数据速率的 SDH 帧（125 μs）内分配的信元数。此外，可对 VP 和 VC 分别加以编号，有利于 ATM 交换机实现 VP 交换和 VC 交换。在 ATM 交换机中采用了异步时分复用方式，可提高系统资源的利用率。

图 5-23 给出了 ATM 交换机的处理框图以及内置的转发表。从图中转换表的第一行可见，交换机左侧端口 1 有 VPI=2 内有两个 VCI=32，VCI=34；而右侧端口 4 的 VPI=58 也有两个 VCI=32，VCI=34，表示输入与输出仅更改了 VPI 值，而 VCI 值不变（在表中记作×），这就是 VP 交换。图中转换表的其他行，例如第 3 行，交换机左侧端口 2（VPI=4，VCI=48）与右侧端口 4（VPI=59，VCI=33）之间形成 VP+VC 交换。

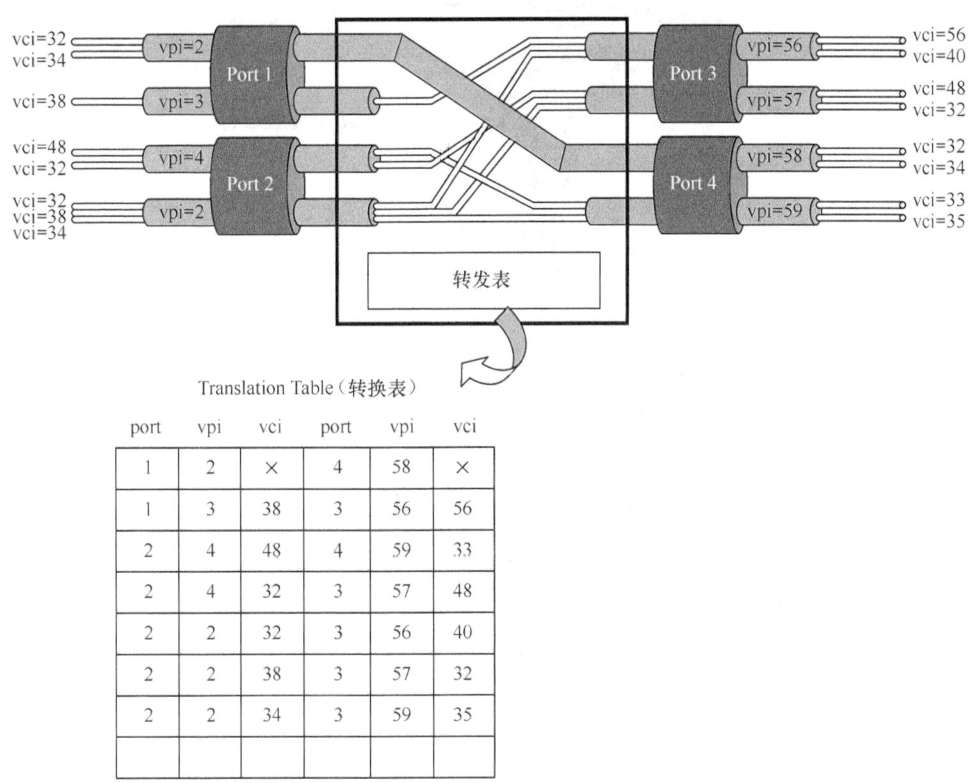

port	vpi	vci	port	vpi	vci
1	2	×	4	58	×
1	3	38	3	56	56
2	4	48	4	59	33
2	4	32	3	57	48
2	2	32	3	56	40
2	2	38	3	57	32
2	2	34	3	59	35

图 5-23　ATM 交换机的处理框图以及内置的转发表

ATM 交换机的机内转发表是如何生成的？依据电信服务，虚电路可分为两种：交换式虚电路和永久式虚电路。交换式虚电路就是主叫用户通过呼叫拨号，要求与被叫用户建立一条虚电路，每一台经过的 ATM 交换机按特定的路由协议选择一输出端口，分配相应的 VPI 和 VCI，生成转发表项数据，然后进行存储转发，表项的关系仅适用本次呼叫连接。永久式虚电路则是不需要呼叫连接，表内的数据是由网络管理员按客户要求而设置的，表项的关系一直保留。

（3）ATM 可综合多种业务流。ATM 作为 B-ISDN 的基本传送模式，可提供全方位的业务，包括未来新的信息业务。在单一 ATM 网上支持灵活、简便的多种连接方式（如单向、双向，广播、多播等），不同的信息流（如连续性和或突发性）业务，如图 5-24 所示。

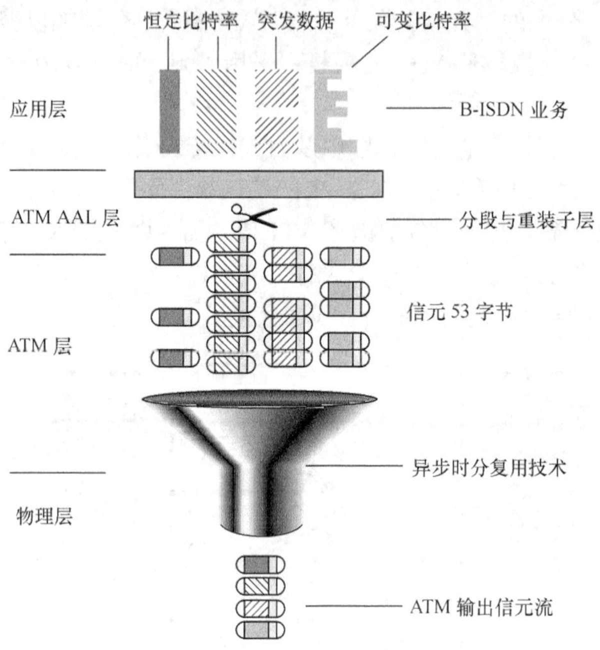

图 5-24 ATM 网承载多种业务分层处理

图 5-24 中将不同的业务对象按带宽分类：恒定比特率（CBR）、实时可变比特率（Rt-VBR），非实时可变比特率（nRt-VBR）、可利用比特率（ABR）和未知或不保证比特率（UBR）等。在 ATM 适配层加以区分处理，并经过“分段与重装”子层，裁剪为信元的净负荷（payload），由 ATM 层封装成信元，按异步时分复用方式流出 ATM 信元流。

ATM 采用面向连接的通信服务方式，可支持实时和非实时业务。为了满足服务质量（QoS，Quality of Service）的要求，ATM 描述流量控制和 QOS 的参数如表 5-6 所示。

表 5-6　　ATM 描述流量控制和 QOS 的参数

流量控制参数	峰值信元速率	PCR，Peak Cell Rate
	可维持信元速率	SCR，Sustained Cell Rate
	最小信元速率	MCR，Minimum Cell Rate
	最大突发长度	MSB，Maximum Burst Block
	允许的信元抖动容限	CDVT，Cell Delay Variation Tolerance
服务质量参数	峰值信元时延抖动	Peak-to-Peak Cell Delay Variation
	最大信元传送时延	Maximum Cell Transfer Delay
	信元丢失率	Cell Loss Ratio
	信元错误率	Cell Error Ratio
	严重出错的信元块比例	Severely-errored Cell Block Ratio
	信元误插率	Cell Mis-insertion Rate

ATM 信元兼顾实时和非实时业务的方式，使得它虽能同时支持电话与数据，但对二者又都不是最佳的。相对于电话业务而言，53 个字节的信元仍嫌长（时延达 6ms）；对数据业务而言则效率偏低，特别是当它用于承载 IP 数据报时，AAL 和 ATM 层的一些功能显得冗余，复杂的流控管理和信令协议使得 ATM 交换机在得到 QoS 性能的同时，付出成本的代价，尤其是 ATM 终端成本，居高不下，IP（因特网协议）的成功最终使 B-ISDN 信元到桌面的初衷落空。

5.4 移动网

通用个人化通信（UPT）是 21 世纪一种引人注目的先进通信方式。个人化通信是指任何人可在任何时间与任何地点的人（或机）以任何方式进行任何可选业务的移动通信。第一代模拟移动系统已经在我国退出市场，进而以第二代（2G）GSM 和 CDMA 技术为主，支持话音、数据业务，GPRS（有人称 2.5G）可提供较高速率（172kbit/s）的接入，第三代（3G）蜂窝移动通信系统已经上市（数据率可达 2Mbit/s），主流 3G 技术规范有：WCDMA、TD-SCDMA 和 CDMA2000，在 IMT-2000 中，已经明确规定，3G 必须支持移动 IP 业务。随着移动业务的突飞猛进，内容日益更新，本节从用户数最多的 GSM 移动网着眼，介绍网络结构，进而阐述 GPRS 网络数据传输，以及移动信令协议。

5.4.1 GSM 网络结构

1988 年 CCITT 通过了关于公用陆地移动网（PLMN，Public Land Mobile Network）的 Q.1000 系列建议，对 PLMN 的结构、接口、功能以及与公用电话交换网的互通等作了详尽的规定。图 5-25 所示，为 PLMN（GSM）网络结构。

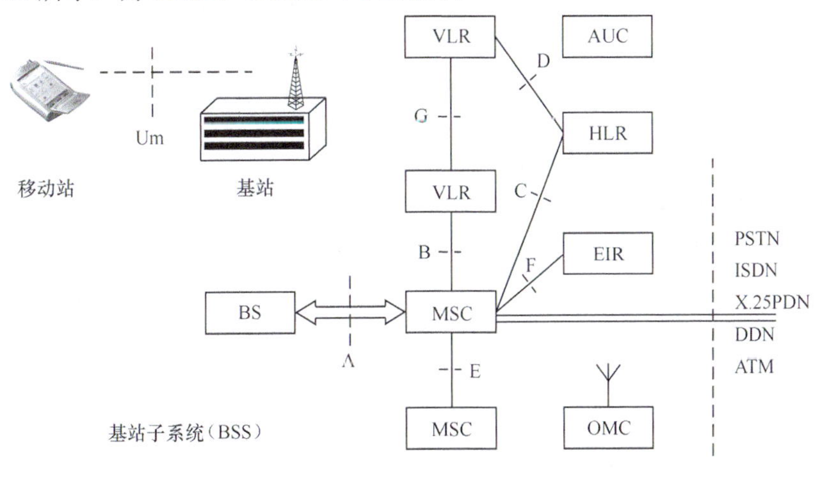

图 5-25 GSM 网络结构

1. GSM 网络基本组成

（1）网络功能部件：

① 基站子系统：

基站（BS）：负责射频信号的发送和接收以及无线信号至移动业务交换中心（MSC）的接入，在某些系统中还可以有信道分配、蜂窝小区管理等控制功能。一般地，一个基站控制一个或数个蜂窝小区（cell）。

通常基站（BS）是由一个或多个基站收发信台（BTS）和基站控制器（BSC）组成。根据业务需要，BTS 和 BSC 可处于同一位置，或分开设置。如果 BTS 与 BSC 之间的距离小于 10m，业务信道可直接连接，称为组合方式；否则在 BTS 与 BSC 之间必须用 A_{bis} 接口连接，称为远程方式。

② **网络子系统：**

MSC：移动交换中心，完成移动呼叫接续、过区切换控制、无线信道管理等功能，同时也是 PLMN 与 PSTN、PDN、ISDN 等陆地固定网的接口设备。

HLR（Home Location Register）：原籍位置登记器。所谓“原籍”指的是移动用户开户登记的电信运营商所属区域。HLR 存储在该地区开户的所有移动用户的用户数据（用户号码、移动台类型和参数、用户业务权限等）、位置信息、路由选择信息等。移动用户的计费信息也由 HLR 集中管理。

VLR（Visitor Location Register）：访问用户位置登记器，存储进入本地区的所有访问用户的相关数据。这些数据都是呼叫处理的必备数据，取自于访问用户的 HLR，MSC 处理访问用户的去话或来话呼叫时，直接从 VLR 检索数据，不需要再访问 HLR。访问用户通常称为“漫游用户”。

EIR（Equipment Identify Register）：设备标识登记器，记录移动台设备号及其使用合法性等信息，供系统鉴别管理使用。

AUC（Authentication Center）：鉴权中心，存储移动用户合法性检验的专用数据和算法。通常与 HLR 位于一起。

OMC（Operation and Maintenance Center）：网络操作维护中心。

（2）网络接口：

Um 接口：无线接口，又称空中接口，该接口采用的技术决定了移动通信系统的制式。GSM 按照话音信号采用模拟还是数字方式传送，可分为模拟和数字移动通信系统；按照多址方式可分为 FDMA（频分多址）、TDMA（时分多址）和 CDMA（码分多址）系统。

A 接口：无线接入接口。在数字系统中，尤其是欧洲的 GSM 系统，对 A 接口作了详尽的定义，该接口传送有关移动呼叫处理、基站管理、移动台管理、信道管理等信息，并与 Um 接口互通，在 MSC 和 MS 之间互传信息。

B 接口：MSC 和 VLR 之间的接口，MSC 通过该接口向 VLR 传送漫游用户的位置信息，并在呼叫建立时向 VLR 查询漫游用户的有关数据。

C 接口：MSC 和 HLR 之间的接口，MSC 通过该接口向 HLR 查询被叫移动台的选路信息，以便确定呼叫路由，并在呼叫结束时向 HLR 发送计费信息。

D 接口：VLR 和 HLR 之间的接口。该接口主要用于登记器之间传送移动台的用户数据、位置信息和选路信息。

E 接口：MSC 之间的接口。该接口主要用于跨局切换。当移动台在通信过程中由某一

MSC 业务区进入另一 MSC 业务区时，两个 MSC 之间需要通过该接口交换信息，由另一 MSC 接管该移动台的通信控制，使移动台通信不中断。

F 接口：MSC 和 EIR 之间的接口。MSC 通过该接口向 EIR 查询发呼移动台设备的合法性。

G 接口：VLR 之间的接口，当移动台由某一 VLR 管辖区进入另一 VLR 管辖区时，新老 VLR 之间通过该接口交换必要的信息。

MSC 与 PSTN/ISDN 的接口：利用 PSTN/ISDN 的 NNI 信令建立网间话路连接。

2. 网络区域划分

根据 CCITT 建议，PLMN 的空间划分是由以下几个区域组成的。

（1）蜂窝小区：为 PLMN 的最小空间单元。每个小区分配一组信道。小区半径按需要划定，一般为 1km 至几十千米范围。半径在 1km 以下的称为微小区，还有更小的微微小区。小区越小，频率重用距离越小，频谱利用率就越高，但是系统设备投资也越高，且移动用户通信中的过区切换也越频繁。

（2）基站区：一个基站管辖的区域。如果采用全向天线，则 1 个基站区仅含 1 个小区，基站位于小区中央。如果采用扇形天线，则 1 个基站区包含数个小区，基站位于这些小区的公共顶点上。

（3）位置区：可由若干个基站区组成。移动台在同一位置区内移动可不必进行位置登记。

（4）移动交换业务区：一个 MSC 管辖的区域。一个公用移动网通常包含多个业务区。

（5）服务区：由若干个互相联网的 PLMN 覆盖区组成的区域。在此区域内，移动用户可以自动漫游。

（6）系统区：指的是同一制式的移动通信系统的覆盖区，在此区域中 Um 接口技术完全相同。

3. 信道划分和波道指配

波道指的是具有一定频带宽度的无线传输通道。移动通信系统都是按指定的工作频段设计的。公用移动网大多采用 800MHz 和 900MHz 频段，少数采用 450MHz 频段，欧洲推出的 DCS 数字系统采用 1 800MHz 频段，第 3 代移动通信系统将采用 2 000MHz 频段。每个系统在其工作频段中划分为若干波道，以供众多用户使用。GSM 数字系统频段宽度是 25MHz，划分为 125 个波道。

信道则是传送数据或控制信息的逻辑通道。对于 FDMA 系统来说，一个信道就占用一个波道；对于 TDMA 系统来说，多个信道通过时分复用的方式共用一个波道；对于 CDMA 系统来说，多个信道通过分配不同的伪随机扩频序列（伪码）共用一个波道。

蜂窝式移动通信系统中的无线信道均为双工信道。常称基站发往移动台的方向为下行方向，其信道为前向信道；移动台发往基站的方向为上行方向，其信道为后向信道。GSM 系统的双工间隔均为 45MHz。考虑到双工工作方式，这两个系统的实际工作频段宽度为 25MHz×2。对于时分双工（TDD）的系统来说，前、后向信道占用同一波道中的两个不同的时隙。

按功能划分，有两类信道：业务信道和控制信道。业务信道用于传送话音和用户数据，只在通话时占用。控制信道用于传送信令信息和系统管理数据。前向控制信道主要传送系统广播信息和寻呼信息，后向控制信道主要传送移动台的寻呼响应信息和发呼时的接入信息。控制信道的数量和划分视系统而异。

系统的波道必须按一定的方法分配给各个蜂窝小区，其原则是既要提高频谱利用率，又要减小不同小区间的互相干扰。一般采用固定方式指配波道。具体来说，就是将系统总波道数分成 *N* 组，把每一组波道固定指配给一个小区，*N* 个小区组成一簇（cluster）。然后将这样的小区簇在空间重复衍生，直至覆盖整个服务区域。其基本要求是任意两个相邻的小区（包括分属不同簇的相邻小区）指配的波道组应不相同。

4. 编号计划

在移动通信系统中，由于用户的移动性，需要有 4 种号码对用户进行识别、跟踪和管理。

（1）移动台号簿号码（MSDN，Mobile Station Directory Number）。这就是人们呼叫该用户所拨的号码。在 GSM 系统中称为 MS-ISDN。其结构为：【国际电话字冠】+【国家号码】+【国内有效号码】。当前，国内有效号码的编号采用独立于 PSTN/ISDN 的编号方式，其结构为：【移动网号】+ $H_0H_1H_2H_3$ + ABCD。其中，移动网号为 1XX 用来识别不同的移动系统，$H_0H_1H_2H_3$ 用以标识用户所属的 HLR，ABCD 仍为用户号。

（2）国际移动台标识号（IMSI，International Mobile Station Identification）。这是任何网络唯一识别一个移动用户的国际通用号码。移动用户以此号码发出入网请求或位置登记，移动网据此查询用户数据。此号码也是 HLR 和 VLR 的主要检索参数。

IMSI 编号计划国际统一，由 CCITT E.212 建议规定，以适应国际漫游的需要。它和各国的 MSDN 编号计划互相独立，这样使得各国电信管理部门可以随着移动业务类别的增加独立发展其自己的编号计划，不受 IMSI 的约束。

ITU-T 规定的 IMSI 结构为：【MCC】+【MNC】+【MSIN】。其中，MCC 为 3 位国家号，MNC 为 2 位移动网号，MSIN 为国内移动台号。我国数字（TDMA）移动网参照 GSM 规范，取 IMSI 为 15 位。例如，对中国移动 GSM 网来说，MCC=460，MNC=00，MSIN 采用等长 10 位数字编号格式。IMSI 用于 GSM 移动通信网所有信令中，存储在 HLR、VLR 和 SIM 卡中。

每个移动台可以是多种移动业务的终端（如话音、数据等），相应地可以有多个 MSDN。但是其 IMSI 只有一个，移动网据此受理用户的通信或漫游登记请求，并对用户计费。IMSI 由电信经营部门在用户开户时写入移动台的 EPROM。当任一主叫按 MSDN 拨叫某移动用户时，终接 MSC 将请求 HLR 或 VLR 将其翻译成 IMSI，然后用 IMSI 在无线信道上寻呼该移动台。

（3）国际移动台设备标示号（IMEI，International Mobile Equipment Identification）。这是唯一标识移动台设备的号码，又称移动台电子串号。该号码由制造厂家永久性地置入移动台，用户和电信部门均不能改变，其作用是防止有人使用非法的移动台进行呼叫。

根据需要，MSC 可以发指令要求所有的移动台在发送 IMSI 的同时发送其 IMEI，如果发现两者不匹配，则确定该移动台非法，应禁止使用。在 EIR 中建有一张“非法 IMEI 号码表”，俗称“黑表”，用于禁止被盗移动台的使用。EIR 也可设置在 MSC 中。ITU-T 建议 IMEI 的最大长度为 15 位。其中，设备型号占 6 位，制造厂商占 2 位，设备序号占 6 位，另有 1 位保留。我国数字移动网即采用此结构。

（4）移动台漫游号（MSRN，Mobile Station Roaming Number）。这是系统赋给来访用户的一个临时号码，其作用是供移动交换机路由选择使用。在 PSTN 中，交换机是根据被叫号码中的长途区号和交换机局号判知被叫所在地点，从而选择中继路由的。固定用户的位置与其号簿号码有固定的对应关系，但是移动台的位置是不确定的，它的 MSDN 中的长途区号和局号（或移动网号和 $H_1H_2H_3$）只反映它的原籍地。当它漫游进入其他地区接收来话呼叫时，该地区的移动系统必须根据当地编号计划赋予它一个 MSRN，经由 HLR 告知 MSC，MSC 据此才能建立至该用户的路由。在 CDMA 系统中，MSRN 称为 TLDN（临时本地号簿号码）。MSRN 由被访地区的 VLR 动态分配，它是系统预留的号码，一般不向用户公开，用户拨打 MSRN 号码将被拒绝。

5．移动交换基本技术

（1）移动台初始化。在蜂窝式移动通信系统中，每个小区指配一定数量的波道，在这些波道上按规定配置各类逻辑信道，其中必有一个用于广播系统参数的广播信道，移动台开机后首先就要通过自动扫描，捕获当前所在小区的广播信道，由此获得所在 PLMN 号、基站号和位置区域等信息，并将其存入 RAM 中。扫描的起始信道根据选定的原籍 PLMN 确定。

（2）移动台呼叫固定网用户（MS→PSTN 用户）。呼叫接续过程如图 5-26 所示。

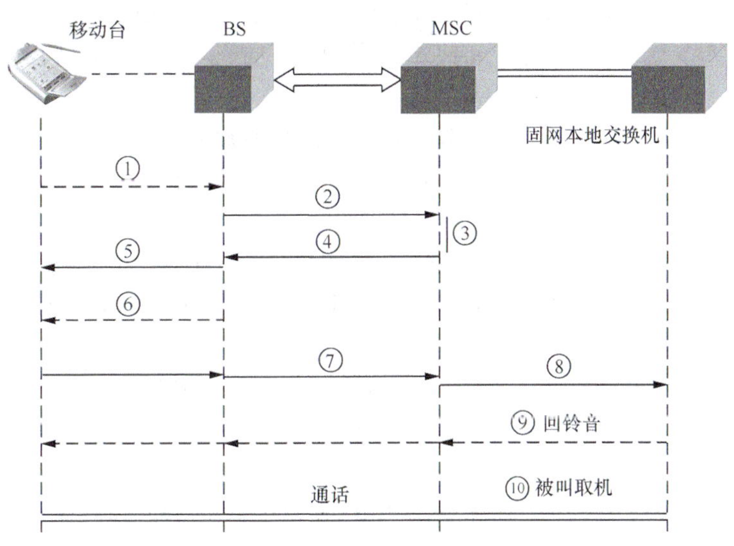

图 5-26 移动台呼叫固定网用户（MS→PSTN 用户）

① 移动台发号，即移动台摘机、拨号、按下“发送”键后，占用控制信道，向基站发出“始呼接入”消息。消息的主要参数是被叫号码，同时发出移动台标识号 IMSI。

② 基站将移动台始呼消息转送给移动交换机（MSC）。

③ MSC 根据 IMSI 检索用户数据，检查该移动台是否为合法用户，是否有权进行此类呼

叫。用户数据取自 VLR 或 HLR。

④ 若为合法有权用户，则为移动台分配一个空闲业务信道。根据不同系统实现，可由基站控制器或交换机分配。

⑤ 基站开启该波道射频发射机，并向移动台发送“初始业务信道指配”消息。

⑥ 移动台收到此消息后，即调谐到指定的波道，并按要求调整发射电平。

⑦ 基站确认业务信道建立成功后，将此信息通知移动交换机。

⑧ 移动交换机分析被叫号码，选定路由，建立与用户 PSTN 交换局的中继连接。

⑨ 若被叫空闲，则终端交换局回送后向指示消息（加 ACM），同时经话路返送回铃音。

⑩ 被叫摘机应答后，即可和移动用户通话。

这里有几点需要说明。

第一，在 PSTN 中，用户摘机后必须听到拨号音（表示交换机已准备收号）后，才能拨号，移动网中，任一移动台可以在任何时刻发出始呼消息。为此必须解决多个移动台同时起呼时可能发生的接入控制信道的争用冲突问题。在 GSM 系统中，并无接入信道忙闲指示，而是采用无线局域网中常用的“时隙 ALOHA”协议，允许移动台随机接入。如果由于冲突，基站没有收到移动台发出的接入请求消息，则移动台将收不到基站返回的响应消息，此时移动台随机延迟若干时隙后重发接入请求消息。从理论上说，第二次再发生冲突的概率将很小。系统通过广播信道发送“重复发送次数”和“平均重复间隔”参数，以控制信令业务量。

第二，基站如何确认移动台已经正确地调谐到指定的业务信道上。GSM 系统的机理十分简单：移动台收到“业务信道指配”消息后，在与该业务信道位于同一波道时隙的随路信令信道上回送响应消息，基站收到响应消息就表明此业务信道已连通。

第三，在数字移动系统中，则是将终端局回送的后向成功建立消息转换成相应无线接口消息送给移动台，再由移动台生成话音信号。

在数字移动系统中，被叫应答事件是通过应答消息通知基站的。在模拟系统中，则是通过专门的信号音（ST）进行通知：在振铃时，移动台通过反向话音信道向基站发送单频 ST；被叫应答后，移动台即停止发送 ST。

在移动通信系统中，为节省无线传输资源，呼叫释放采用互不控制复原方式。在数字 GSM 系统中，MSC 和 MS 之间的释放过程和 ISDN 相同，采用 Disconnect/Release/Release Complete 3 个消息过程。

同样，固定网用户可以呼叫移动台（PSTN 用户→MS），限于篇幅，这里不再细述。

（3）漫游。漫游（roaming）服务是蜂窝式移动通信系统的一项十分重要的功能，它可使不同地区的蜂窝移动网实现互连。移动台不但可以在原籍交换局的业务区中使用，也可以在访问交换局的业务区中使用。具有漫游功能的用户，在整个联网区域内任何地点都可以自由地呼出和呼入，其使用方法不因地点的不同而变化。

根据系统对漫游的管理和实现的不同，可将漫游分为 3 类：

① 人工漫游：两地运营部门预先订有协议，为对方预留一定数量的漫游号，用户漫游必须提出申请。用于 A、B 两地尚未联网的情况。

② 半自动漫游：漫游用户至访问区发起呼叫时由访问区人工台辅助完成。用户无须事先

申请。但漫游号回收困难，实际很少使用。

③ 自动漫游：这种方式要求网络数据库通过7号信令网互连，网络可自动检索漫游用户的数据，并自动分配漫游号。对于用户来说没有任何感觉。

（4）切换。切换（h/o,handover）是蜂窝式移动通信系统的又一重要功能，它指的是移动台在通话过程中改变所用的话音信道。改变的原因通常是由于移动台游动远离基站或接近无线盲区，或者由于外界干扰而造成在原有话音信道上通话质量下降，这时必须切换到一条新的空闲话音信道上去，以保持通话不被中断。根据新、老话音信道的相对位置关系，可将切换划分为以下4种类型：

① **越区切换**：新、老话音信道属于两个不同的蜂窝小区，这对应于移动台跨越两个邻近小区的情况，切换由 MSC_1 控制完成。

② **越局切换**：新、老话音信道属于两个不同的蜂窝小区，且这两个小区分属不同的MSC管辖，这对应于移动台跨越两个邻近交换业务区的情况。其切换由 MSC_1 和 MSC_2 协调完成，且新的话音通路要占用 MSC_1 和 MSC_2 之间的局间中继电路。

③ **不同系统间切换**：新、老话音信道不但分属不同的交换业务区，而且这两个业务区属于不同的运营系统。首先，要求这两个系统的信令能够互通，其次，若这两个系统所用频段不完全相同，则 MSC_2 在分配新的话音信道时要考虑移动台的适应性。

④ **小区内切换**：新、老话音信道属于同一蜂窝小区。这类切换发生于两种情况：一是原有话音信道由于干扰通话质量下降，二是话音信道设备需要维护。这类切换在同一基站范围内进行，实现较为简单。

另有一类称为强迫切换，它并不是由于信道质量下降引起的，而是由于小区话务调节的需要。如移动台所在小区话务密度较高，其邻近小区话务密度较低，在发生瞬时话务高峰时，本小区话音信道可能不够用。为了避免话务损失，可以借用邻近小区的信道，强迫正在通话中的靠近邻近小区的移动台切换到借用信道上去，将让出的信道分配给新的呼叫。这类切换通常是越区切换。

为了保证通信不中断，切换必须在极短时间内完成，这就要求无线信道质量检测、高速信令传送和交换机快速处理的配合。

5.4.2 GPRS

通用无线分组业务（GPRS，General Packet Radio Service）是一种以全球通（GSM）为基础的数据传输技术，可以说是GSM的延伸。GPRS和以往连续占用频道传输的方式不同，是以分组（Packet）方式来传输，信道利用率高。

1. GPRS网络系统结构

GPRS网络是在现有GSM网络中增加GGSN和SGSN来实现的，使得用户能够在分组方式下端到端发送和接收数据，其系统结构如图5-27所示。

在图5-27中，笔记本电脑通过串行或无线方式连接到GPRS蜂窝电话上；GPRS蜂窝电话与GSM基站通信，但与电路交换式数据呼叫不同，GPRS分组是从基站发送到GPRS服务支持节点（SGSN），而不是通过移动交换中心（MSC）连接到话音网上。SGSN与GPRS网关支持节点（GGSN）进行通信；GGSN 对分组数据进行相应的处理，再发送到目的网络，如因特网或公用数据网。来自因特网的标识有移动台地址的 IP 包由 GGSN 接收，再转发到 SGSN，继而传送到移动台上。

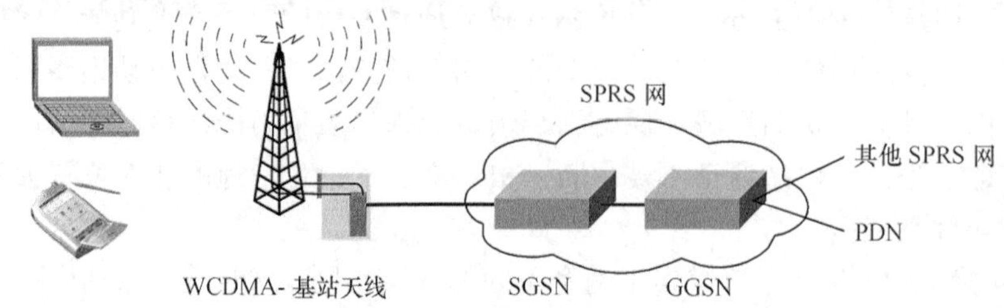

图 5-27　GPRS 网络系统结构

SGSN 是 GSM 网络结构中的一个节点，它与 MSC 处于网络体系的同一层。SGSN 通过帧中继与 BTS 相连，是 GSM 网络结构与移动台之间的接口。SGSN 的主要作用是记录移动台的当前位置信息，并且在移动台和 GGSN 之间完成移动分组数据的发送和接收。

GGSN 主要是起网关作用，也有将 GGSN 称为 GPRS 路由器。GGSN 通过基于 IP 协议的 GPRS 骨干网连接到 SGSN，它是连接 GSM 网络和外部分组交换网（如因特网和局域网）的网关。GGSN 可以把 GSM 网中的 GPRS 分组（数据报）进行协议转换，从而可以把这些分组（数据报）传送到远端的 TCP/IP 或 X.25 网络。SGSN 和 GGSN 之间利用 GPRS 隧道协议（GTP）对 IP 或 X.25 分组进行封装，实现二者之间的数据传输。

2．GPRS 逻辑体系结构

从逻辑上来说，GPRS 通过在 GSM 网络结构中增添 SGSN 和 GGSN 两个新的网络节点来实现。由于增加了这两个网络节点，需要命名新的接口。图 5-28 列出了 GPRS 逻辑体系结构，在表 5-7 中给出了 GPRS 网络结构的接口或参考点。

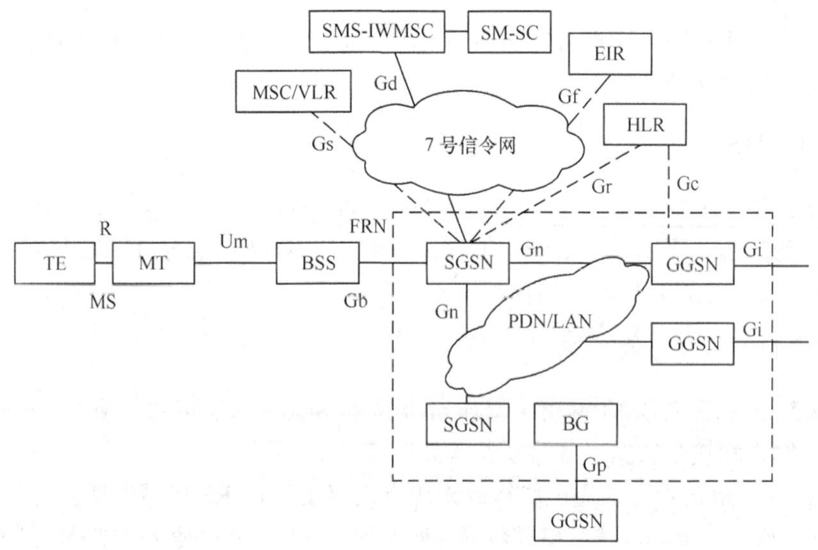

图 5-28　GPRS 逻辑体系结构

表 5-7　　GPRS 体系结构中的接口及参考点

接口或参考点	说　明
R	非 ISDN 终端与移动终端之间的参考点
Gb	SGSN 与 BSS 之间的接口
Gc	GGSN 与 HLR 之间的接口
Gd	SMS-GMSC 之间的接口，SMS-IWMSC 与 SGSN 之间的接口
Gi	GPRS 与外部分组数据之间的参考点
Gn	同一 GSM 网络中两个 GSN 之间的接口
Gp	不同 GSM 网络中两个 GSN 之间的接口
Gr	SGSN 与 HLR 之间的接口
Gs	SGSN 与 MSC/VLR 之间的接口
Gf	SGSN 与 EIR 之间的接口
Um	MS 与 GPRS 固定网部分之间的无线接口

除了这些接口和参考点之外，GPRS 还新增加了分组控制单元（PCU，Packet Control Unit）和 Gb 接口单元（GBIU, Gb Interface Unit）。其中 PCU 使 BSS 提供数据功能、控制无线接口、使多个用户使用相同的无线资源。GBIU 提供从 BSS 到 SGSN 的标准接口，可以和 PCU 合并在同一个物理实体中。由于 GPRS 在 GSM 网络中引入了两个 GPRS 支持节点和新的接口及单元，会对 GSM 网络设备产生以下的要求：

（1）HLR 软件需更新，以支持 Gc、Gr 接口；

（2）MSC 现有软件需要升级，以支持 Gs 接口；

（3）在 BSC 中引入 PCU，并且软件需要升级；

（4）BTS 配合 BCF 进行相应的软件升级。

3. GPRS 网络主要实体

GPRS 网络主要实体包括 GPRS 支持节点（SGSN）、本地位置寄存器（HLR）、短信业务网关移动交换中心（SMS-GMSC）和短信业务互通移动交换中心（SMS-IWMSC）、移动台、移动交换中心（MSC）/访问位置寄存器（VLR）等。

（1）GPRS 支持节点。GPRS 的支持节点（GSN）是 GPRS 网络中最重要的网络节点，它包含了支持 GPRS 所需的功能。GSN 具有移动路由管理功能，可以连接各种类型的数据网络，并可以连到 GPRS 寄存器。GSN 可以完成移动台和各种数据网络之间的数据传送和格式转换。GSN 是一种类似于路由器的独立设备，也与 GSM 中的 MSC 集成在一起。在一个 GSM 网络中允许存在多个 GSN。GSN 有两种类型：SGSN 和 GGSN。

① SGSN 是为移动台（MS）提供业务的节点（即 Gb 接口由 SGSN 支持）。在激活 GPRS 业务时，SGSN 建立起一个移动性管理环境，包含关于这个 MS 的移动性和安全性方面的信息。SGSN 的主要作用就是记录移动台的当前位置信息，并且在移动台和 SGSN 之间完成移动分组数据的发送和接收。

② GGSN 通过配置一个 PDP 地址被分组数据网接入。它存储属于这个节点的 GPRS 业

务用户的路由信息，并根据该信息将 PDU 利用隧道技术发送到 MS 的当前的业务接入点，即 SGSN。GGSN 可以经 Gc 接口从 HLR 查询该移动用户当前的地址信息。GGSN 主要是起网关作用，它可以和多种不同的数据网络连接，如 ISDN 和 LAN 等。另外，GGSN 也又被称做 GPRS 路由器。GGSN 可以把 GSM 网中的 GPRS 分组数据包进行协议转换，从而可以把这些分组数据包传送到远端的 TCP/IP 或 X.25 网络。

SGSN 与 GGSN 的功能既可以由一个物理节点全部实现，也可以在不同的物理节点上分别实现。它们都应有 IP 路由功能，并能与 IP 路由器相连。当 SGSN 与 GGSN 位于不同的 PLMN 时，通过 Gp 接口互连。SGSN 可以通过任意 Gs 接口向 MSC/VLR 发送定位信息，并可以经 Gs 接口接收来自 MSC /VLR 的寻呼请求。

（2）本地位置寄存器（HLR）。在 HLR 中有 GPRS 用户数据和路由信息。从 SGSN 经 Gn 接口或 GGSN 经 Gc 接口均都可访问 HLR，对于漫游的 MS 来说，HLR 可能位于另一个不同的 PLMN 中，而不是当前的 PLMN 中。

（3）短信业务网关移动交换中心（SMS-GMSC）和短信业务互通移动交换中心（SMS－IWMSC）。SMS-GMSC 和 SMS-IWMSC 经 Gd 接口连接到 SGSN 上，这样就能让 GPRS MS 通过 GPRS 无线信道收发短信（SM）。

（4）GPRS 移动台。GPRS MS 能以 3 个运行模式中的一个进行操作，其操作模式的选定由 MS 所申请的服务所决定：仅有 GPRS 服务，同时具有 GPRS 和其他 GSM 服务，或依据 MS 的实际性能同时运行 GPRS 和其他 GSM 服务。

① A 类（Class-A）操作模式：MS 申请有 GPRS 和其他 GSM 服务，而且 MS 能同时运行 GPRS 和其他 GSM 服务。

② B 类（Class-B）操作模式：一个 MS 可同时监测 GPRS 和其他 GSM 业务的控制信道，但同一时刻只能运行一种业务。

③ C 类（Class-C）操作模式：MS 只能应用于 GPRS 服务。

（5）移动交换中心（MSC）和访问位置寄存器（VLR）。在需要 GPRS 网络与其他 GSM 业务进行配合时选用 Gs 接口，如利用 GPRS 网络实现电路交换业务的寻呼，GPRS 网络与 GSM 网络联合进行位置更新，以及 GPRS 网络的 SGSN 节点接收 MSC/VLR 发来的寻呼请求等。同时 MSC/VLR 存储 MS（此 MS 同时接入 GPRS 业务和 GSM 电路业务）的 IMSI 以及 MS 相连接的 SGSN 号码。

5.4.3 移动信令协议

信令（signaling）是关系到移动网能否联网的关键技术，要实现全球漫游，各移动系统必须遵从统一的信令规范，并采用统一的无线传输技术。GSM 系统设计的一个重要出发点是支持泛欧漫游和多厂商环境，因此定义了相当完备的信令协议，其接口和协议结构对于 3G 移动通信的标准制订也有很大的影响。

1. 无线接口信令

（1）**物理层**。GSM 系统将物理层无线信道分为两类：业务信道（TCH）和控制信道（CCH）。前者用于传送用户信息，包括话音或数据；后者用于传送信令消息，又称为信令信道。

GSM 系统定义了 4 类控制信道：广播信道、公共控制信道、专用控制信道和随路控制信道，其基本功能如表 5-8 所示。为了节省无线资源，上述信道按一定方式构成组合信道，每个组合信道占用一个物理信道。常用的 3 种组合信道为：

① TCH+FACCH+SACCH；

② BCH+CCCH；

③ SDCCH+SACCH。

表 5-8　控制信道类型及其基本功能

CCH 控制信道	类型	基 本 功 能
BCH 广播信道	BCCH 广播控制信道	用于向移动台发送识别和接入网络所需的系统参数
	FCCH 频率校正信道	用于向移动台提供系统的基准频率信号，以使移动台校正其工作频率
	SCH 同步信道	向移动台传送同步训练序列，供其捕获与基站的起始同步；同时广播基站识别号码，以使移动台识别相邻的同频基站
CCCH 公共控制信道	PCH 寻呼信道	由基站发往移动台
	RACH 随机接入信道	由移动台使用，向系统申请入网信道。包含呼叫时移动台向基站发送的第一个消息
	ACCH 接入准许信道	基站由此信道通知移动台所分配的业务信道和专用控制信道，同时向移动台发送时间提前量
DCCH 专用控制信道	SDCCH 独立专用控制信道	基站和移动台间的双向信道，用于传送呼叫控制和位置登记信令信息
ACCH 随路控制信道	SACCH 慢速随路控制信道	和 TCH（SDCCH）位于同一物理信道中，以时分复用方式插入要传送的信息
	FACCH 快速随路控制信道	在呼叫进行过程中快速发送一些长的信令消息

（2）**数据链路层**。数据链路层协议称为 LAPDm，它是在 ISDN 的 LAPD 协议基础上修改形成的。图 5-29 示出 LAPDm 的帧格式。最大长度固定为：23*bytes*（SDCCH 信道 FACCH 信道），或者 21 *bytes*（SACCH 信道）；主要不同之处在于取消帧定界标志（Flag）和帧较验序列（FCS），因为其功能已由 TDMA 系统的定位和信道纠错编码完成。但是有个指出了帧中有效信息字节数的长度指示（L）；填充字节默认使用“00101011”；地址域（A）为 1 字节，其中，EA（扩展地址位）恒为 1，C/R 为命令/响应位，LPD 为链路协议注释位，在 GSM 的空中接口，服务访问点标识符（SAPI）的取值只能为 0 或者 3。所有的信令消息被送往 SAPI=0，短信服务使用 SAPI=3 （包括语音和数据）。SAPI=0 的帧优先级高于 SAPI=3 的帧。为了保证在 MS 和 BTS 间短信传输的可靠性和快捷性，在 SAPI=3 上总是使用连接模式。控制字段（C）定义了两类帧：I 帧和 UI 帧。前者用于专用控制信道（SDCCH，SACCH，FACCH），后者用于除 RACH 外的所有控制信道。

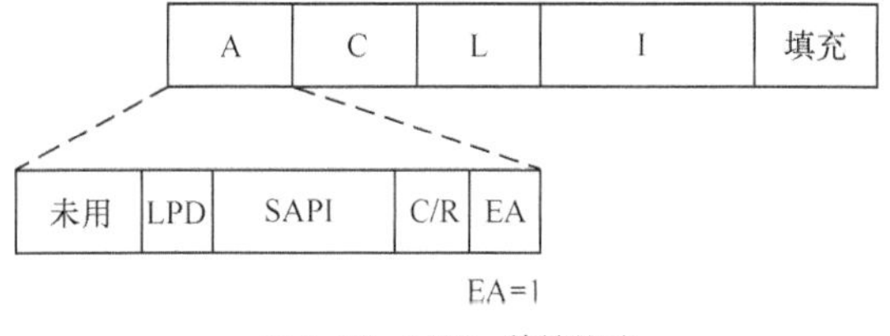

图 5-29　LAPDm 的帧格式

专门用于 RACH 的帧格式仅一个字节。实际上它并不是 LAPDm 帧，只是由于接入消息的信息量少，所以就赋予一个最简化的结构。

第 2 层可以将多条数据流复用到同一条物理信道上。通过 SAPI 对它们进行区分，指出传输信息的内容，然后毫无差错地将它们送往相应的第 3 层。

（3）信令层（第 3 层）。第 3 层是收发和处理信令消息的实体，包括 3 个功能子层。

① RR（无线资源管理）：其作用是对无线信道进行分配、释放、切换、性能监视和控制，共定义了 8 个信令过程；

② MM（移动性管理）：定义了移动用户位置更新、定期更新、鉴权、开机接入、关机退出、TMSI 重新分配和设备识别 7 个过程；

③ CM（连接管理）：负责呼叫控制，包括补充业务和 SMS 的控制。由于有 MM 子层的屏蔽，CM 子层已感觉不到用户的移动性。其控制机理继承 ISDN，包括去话建立、来话建立、呼叫中改变传输模式、MM 连接中断后呼叫重建和 DTMF 传送 5 个信令过程。

2. 基站接入信令

（1）**Abis 接口信令**。GSM 系统将基站系统（BSS）进一步分解为基站收发信系统（BTS）和基站控制器（BSC）两部分，它们之间的接口称为 A bis，一个 BSC 可以控制分布于不同地点的多个 BTS，对于小型基站系统也可以合二为一。

Abis 接口信令也是 3 层结构。其第 3 层采用 LAPD 协议；第 3 层有 3 个实体：业务管理过程、网络管理过程和第 2 层管理过程，SPI 值分别为 0、62 和 63，对应的第 2 层逻辑链路分别称为 RSL（无线信令链路）、OML（操作和管理链路）和 L2ML（第 2 层管理链路）。

GSM 规范将 BTS 的管理对象分为 4 类：无线链路层、专用信道、控制信道和收发信机，相应定义了 4 个管理子过程。

无线链路层管理过程负责无线通路数据链路层的建立和释放以及透明消息的转发；专用信道管理过程负责 TCH、SDCCH 和 SACCH 的激活、释放、性能参数和操作方式控制以及测量报告等；控制信道管理过程负责不透明消息转发及公共控制信道的负荷控制；收发信机管理过程负责收发信机流量控制和状态报告等。

（2）**A 接口信令**。图 5-30 示出 A 接口信令结构。它采用 7 号信令作为消息传送协议[14]，严格说来有 4 层：物理层（MTP1,64kbit/s 链路）、链路层（MTP 2）、网络层（MTP3+SCCP）和应用层。但是由于 A 接口为用户侧信令，只用到极其有限的网络层功能，因此 GSM 规范仍将其归为 3 层结构，应用层作为信令的第 3 层，MTP 2/3+SCCP 作为第 2 层，负责消息的可靠传送。

MTP3 复杂的信令网管理（SNM）功能基本上不用，主要用其信令消息处理功能。传送某一特定事务（如呼叫）的消息序列和操作维护消息序列采用 SCCP 面向连接服务功能（类别 2）；适用于整个基站系统、与特定事务无关的全局消息则采用 SCCP 无连接服务功能（类别 1）。另外，利用 SCCP 子系统号可识别多个高层应用实体。

高层包括 3 个应用实体：

① BSSOMAP（BSS 操作维护应用部分）：用于和 MSC 及网管中心（OMC）交换维护

管理信息。与 OMC 间的消息传送也可采用 X.25 协议或 TCP/IP 协议；

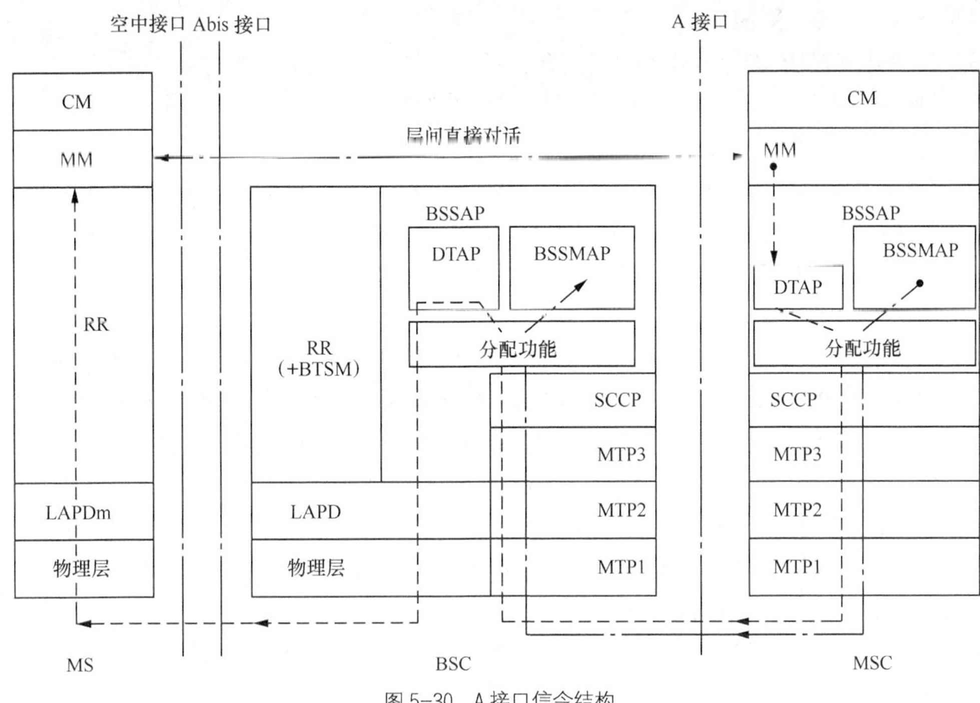

图 5-30 A 接口信令结构

② DTAP（直接传送应用部分）：用于透明传送 MSC 和 MS 间的消息，这些消息主要是 CM 和 MM 协议消息。RR 协议消息终接于 BSS，不再发往 MSC；

③ BSSMAP（BSS 管理应用部分）：用于对 BSS 的资源使用、调配和负荷进行控制和监视。消息的源点和终点为 BSS 和 MSC，消息均和 RR 相关。某些 BSSMAP 过程将直接引发 RR 消息，反之，RR 消息也可能触发某些 BSSMAP 过程，GSM 标准共定义了 18 个 BSSMAP 信令过程。

BSSMAP 和 DTAP 合称为 BSSAP（基站系统应用部分）。

3．网络接口信令

网络接口包括接口 B～G，其信令协议就是 MAP（移动应用部分），它是 7 号信令系统的应用层协议，由信令连接控制部分（SCCP）和事务处理能力应用部分（TCAP）支持，其主要功能是支持移动用户漫游、切换和网络的安全保密，实现全球联网。为此，需要在 MSC 和 HLR、VLR、EIR 等网络数据库之间频繁地交换数据和指令，这些信息都与电路连接无关，最适于采用 OSI-RM 7 层结构的 7 号信令方式传送。MSC 和 MSC 之间以及 MSC 和 PSTN/ISDN 之间关于话路接续的信令则采用 7 号信令的 TUP/ISUP 协议（当然也可采用随路信令）。

MAP 协议共定义了 10 个信令过程。

（1）位置登记和删除。

（2）补充业务处理：包括补充业务的激活、去活、登记、取消、使用和询问，一般由 MS 发起这些操作，MSC 通过 VLR 向 HLR 查询用户的补充业务权限等数据，据此决定能否执行这些操作。若用户补充业务的注册情况有变化，则由 HLR 直接通知 VLR，修改其数据库，这时不涉及 MSC 和 MS。

（3）呼叫建立过程中检索用户参数。它包括 3 种情况：

① 直接信息检索：MSC 由 VLR 直接获得所需参数；

② 间接信息检索：VLR 还需向 HLR 获取部分或全部用户参数；

③ 路由信息检索：PSTN/ISDN 用户呼叫 MS 时，网关 MSC（GMSC）向 HLR 请求漫游号；

（4）切换：用于支持越局基本切换和后续切换。为此定义了请求测量结果、MSC-A 切换至 MSC-B，MSC-B 切回 MSC-A，MSC-B 后续切换至 MSC-B'和获取切换号等信令过程。已考虑切换的局间中继电路的优化。

（5）用户管理：包括用户位置信息管理和用户参数管理，主要是 VLR 向 HLR 验证信息或 HLR 向 VLR 检索信息，可用于 VLR 和 HLR 重新启动后的数据恢复或正常的数据库更新。

（6）操作和维护：已定义的主要是计费数据由 MSC 向 HLR 传送的过程。

（7）位置登记器的故障恢复：包括 VLR 和 HLR 的恢复。VLR 重新启动后，将所有的 MS 标上“恢复”标记，表示数据尚待核实。当收到来自 MSC 或 HLR 的消息（如呼叫建立、位置更新。用户鉴权等）时，表示该用户仍在本 VLR 控制区内，这时可去除恢复标记。也有可能收到位置删除消息，则将此 MS 记录删除。

HLR 重新启动后，将向全部或相关的 VLR 发送“复位”消息，VLR 收到此消息后，将所有属于该 HLR 的 MS 打上标记，待核实后即通知 HLR，予以更新恢复。

（8）IMEI 的管理：定义 MSC 向 EIR 查询移动台设备合法性的信令过程。

（9）用户鉴权：包括 4 个信令过程。

① 基本鉴权过程：处理其他事务（如呼叫建立、位置登记、补充业务操作等）时进行的正常鉴权；

② VLR 向 HLR 请求鉴权参数（数据组）：当 VLR 保存的预先算好的鉴权数据组低于门限值时，执行此过程；

③ 向原先 VLR 请求鉴权参数：此过程在向原 VLR 索取 IMSI 时一并完成；

④ 切换时的鉴权：为了确保安全，规定切换完成后需进行鉴权，鉴权仍由 MSC-A 发起，鉴权结果由 VLR-A 校核，但需由 MSC-A 通知 MSC-B 向 MS 索取鉴权计算结果。

（10）网络安全功能的管理：主要是加密密钥、TMSI 等的传送。

本 章 小 结

本章内容以公用数据交换网使用的数据交换技术为主线，介绍了基本的电路交换、报文交换、分组交换的原理与特点，分组交换技术所具有的灵活性、资源共享、健壮性、响应能力以及经济性等优点，使其已经成为交换技术的发展方向。

1．分组交换可提供两种服务方式：面向连接的虚电路（VC）和无连接的数据报（DG）。

2．X.25 分组交换网内没有规定使用哪种服务方式，但 DTE 与 DCE 之间的 X.25 规程是面向连接的虚电路分组交换方式。

3．从主叫与被叫 DTE 之间建立的一条虚电路，具有端—端的意义，是由各段链路上具有本地意义的逻辑信道（LCN）链接而成的。

4．分组在交换网中是采用逐段链路进行存储—转发处理，每段由分组交换机基于电路传输能力按需动态分配原则来确定一个逻辑信道，赋给 LCN。

5．帧中继是在 OSI-RM 第 2 层（数据链路层）上，采用简化协议，且以帧为单元来传送数据的一种快速分组交换技术。它提供了一套有效的带宽管理和阻塞控制机制，使用户能合理传送超出约定带宽的突发性数据，充分利用网络资源。

6．帧中继现可提供用户的接入速率在 64kbit/s～2.048 Mbit/s，也可达 45Mbit/s。

7．与 X.25 分组交换一样，帧中继采用了面向连接的工作模式，可提供 PVC 业务和 SVC 业务。采用 DLCI 标识 VC。

8．ITU-T 在 1992 年曾将 ATM 作为 B-ISDN 的基本传输模式，在因特网发展的冲击下，ATM 技术的布局与应用受到了抑制。但 ATM 技术特点，特别是支持 QoS，可供 IP 网借鉴。

9．ATM 采用信元作为基本的传送单元，信元首部比较简单，虚通道标识符（VPI）和虚通路标识符（VCI）用来标识虚电路。

10．ATM 采用面向连接的通信服务方式，可支持实时和非实时业务。所设计的 ATM 描述流量控制和 QoS 的参数，可满足服务质量（QoS）的要求。

11．个人化通信是指任何人可在任何时间与任何地点的人（或机）以任何方式进行任何可选业务的移动通信。

12．PLMN（GSM）网络由基站子系统（BSS）和网络子系统（NSS）组成。它涵盖网络接口，网络区域划分，信道划分和波道指配，编号计划等。

13．移动交换基本技术涉及移动台初始化、漫游（roaming）和切换。

14．GPRS 以分组方式来传输，通过在 GSM 网络结构中增添 SGSN 和 GGSN 两个新的网络节点来实现。

15．移动信令协议包括无线接口信令、基站接入信令（Abis 接口信令，A 接口信令）和网络接口信令。

复 习 题

1．试比较虚电路和数据报这两种服务的优缺点。

2．试分析 X.25、帧中继和 ATM 的技术特点，简述其优缺点。

3．为什么 X.25 不适合高带宽、低误码率的链路环境？试从层次结构上以及节点交换机的处理过程进行讨论。

4．在 X.25 分组交换网中，分组长度的缺省值是多少字节？ATM 信元长度是多少字节？

5．在 X.25 分组交换网络中，若需在网络目的节点缓冲分组，重新排序后再发送至目的站点的传送方式是（　　）。

A．外部虚电路，内部虚电路

B．外部虚电路，内部数据报

C．外部数据报，内部虚电路

D．外部数据报，内部数据报

6．帧中继设备的功能不包括（　　）。

A．路由输入帧到正确的输出端

B．检查帧中的 FCS 以决定该帧是否有差错，如果有差错，则丢弃该帧

C．检查并确定它的缓冲器是否是满的，若是，则丢弃输入进来的帧直至拥塞消除

D．流量控制

7．ATM 信元的格式与所传输的业务类型（　　）。

A．有关　　　　　　　　B．无关

C．对高速率业务来说有关　　D．对低速率业务来说有关

8．ATM 的服务质量参数和流量控制参数是什么？

9．在 ATM 交换中，为什么没有采用确认重发机制？

10．GSM 中基站（BS）由哪几部分组成？网络子系统中的 HLR、VLR、EIR 和 AUC 的功能是什么？

11．试分析 GSM 中移动台（或手机）呼叫固定网用户的过程。

12．试解释蜂窝式移动通信系统中 4 种切换的特点。

13．试从 GPRS 逻辑体系结构解释 SGSN 和 GGSN 的功能。

14．试分析 GSM 系统无线接口信令的物理层常用的 3 种组合信道，各有什么特点？

15．试述 GSM 系统 A 接口信令采用 7 号信令的消息传送协议所支持的 3 个应用实体功能。

第6章 局域网与城域网

计算机局域网络简称为局域网（LAN，Local Area Network）[16][18]，它是计算机通信中发展最快的一个分支。它始于20世纪70年代，经过技术开发阶段和商品化阶段，促使彼此独立的众多个人计算机（如微机、工作站）构成网络环境。局域网技术的研究与应用一直是计算机通信与网络领域中一个主要内容，同时，电信级城域以太网的研究与应用得到了快速的发展。

本章将从计算机局域网与城域网（LAN&MAN）的参考模型与标准出发，重点阐述以太网/802.3的介质访问控制方法（CSMA/CD）、交换式以太网、虚拟局域网（VLAN）、高速以太网、电信级城域以太网和无线局域网。

6.1 局域网/城域网参考模型与标准

从硬件的角度看，局域网（LAN）是传输介质、网卡、工作站、服务器以及其他连接网络设备的集合体；从软件角度看，LAN是由网络操作系统（NOS，Network Operating System）统一协调、指挥、提供文件、打印、通信和数据库等服务功能；从体系结构来看，LAN由一系列层次服务和协议标准来定义。LAN标准主要由IEEE802委员会制定，并得到国际标准化组织ISO的采纳。

6.1.1 局域网/城域网参考模型

有别于广域网，LAN的基本特征有下列3方面：（1）覆盖的地理范围可以在一幢办公楼、一个校园的区域，其距离一般0.1～10km；从技术上来说，已能延伸到城区（MAN）的范围；（2）数据传输速率高，如10Mbit/s、100Mbit/s、1Gbit/s、10Gbit/s的以太网已先后得到了广泛的应用；（3）误码率很低，可为10^{-8}～10^{-12}。在80年代初，局域网的标准化工作已经开展。美国电气与电子工程师协会（IEEE）、欧洲计算机制造厂商协会（ECMA）侧重于办公自动化（OA）构架的LAN标准化。IEEE设立了802委员会，公布了多项LAN和MAN的标准文本，如今美国国家标准局（ANSI）已将IEEE802标准列为美国国家标准。1984年，IEEE 802标准又被ISO接纳为国际标准，命名为ISO 8802。

图6-1给出了IEEE802局域网/城域网（LAN&MAN）参考模型。IEEE802标准遵循ISO/OSI参考模型的原则，802委员会认为，其工作重心首先集中于OSI-RM的最低两层的功能，以

及与第3层的接口服务、网络互连有关的高层协议。因LAN网络拓扑简单，没有路由问题，一般不单独设置网络层。OSI-RM的数据链路层对应LAN参考模型的两个子层：逻辑链路控制（LLC）子层和介质访问控制（MAC）子层，提供了数据链路控制与介质和布局无关的理想特性。

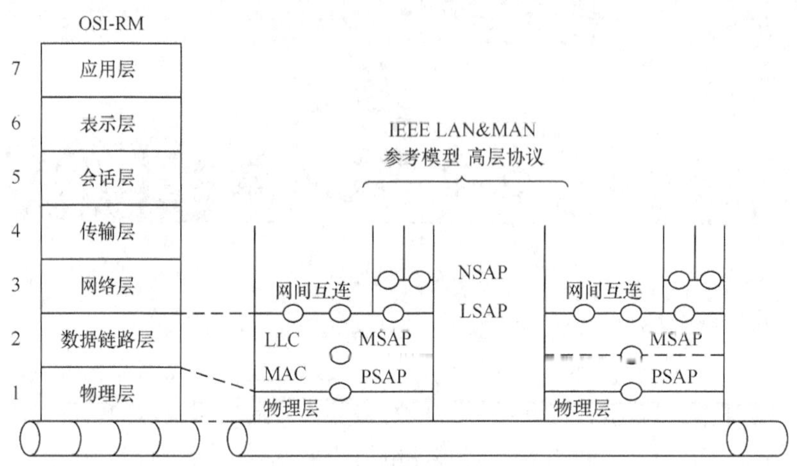

图6-1 IEEE 802局域网/城域网参考模型

1. 物理层功能

物理层实现比特流的传输与接收、同步引导码的生成/删除等，并规定了有关的拓扑结构和传输速率，规定了所使用的信号、介质和编码，包括对基带信号编码和频带信道的分配。

2. 数据链路层功能

局域网数据链路层分为两个子层：介质访问控制（MAC，Media Access Control）子层和逻辑链路控制（LLC，Logical Link Control）子层。

（1）介质访问控制（MAC）子层。介质访问控制（MAC）子层在支持LLC子层中完成介质访问控制功能。IEEE 802已规定了CSMA/CD（载波监听多重访问/冲突检测）、Token Bus（标记总线）、Token Ring（标记环）和CSMA/CA（载波监听多重访问/冲突避免）等。

在使用MSAP（MAC子层服务访问点）支持LLC时，MAC子层实现帧的寻址和识别，并完成帧校验序列的产生和检验等。

（2）逻辑链路控制（LLC）子层。IEEE 802规定两种类型的链路服务：无连接LLC（类型Ⅰ）和面向连接LLC（类型Ⅱ）。

① 类型Ⅰ：在类型Ⅰ的操作中，信息帧在LLC实体间交换，无须在对等层实体间事先建立逻辑链路，对这类LLC帧既不确认，也无任何流量控制或差错恢复功能；

② 类型Ⅱ：在类型Ⅱ的操作中，任何信息帧在交换前，在一对LLC实体间必须建立逻辑链路，在数据传送方式中，信息帧依次序发送，并提供流量控制或差错恢复功能。

此外，也可采用类型Ⅲ（确认性无连接服务）。

3. 服务访问点（SAP）

在参考模型中，每个实体和另一系统的对等层实体间按协议进行通信。而在一个系统内的相邻层实体间通过接口进行通信，用服务访问点（SAP）来定义逻辑接口。

由图 6-1 可知，在网间互连子层与 LLC 子层实体间可有多个 LSAP，网间互连子层与高一层实体间可有多个 NSAP，但 LLC-MAC 和 MAC-物理层间只有 1 个服务访问点，分别称为 MSAP 和 PSAP。

4．服务原语

LLC/MAC 的用户服务原语如图 6-2 所示。

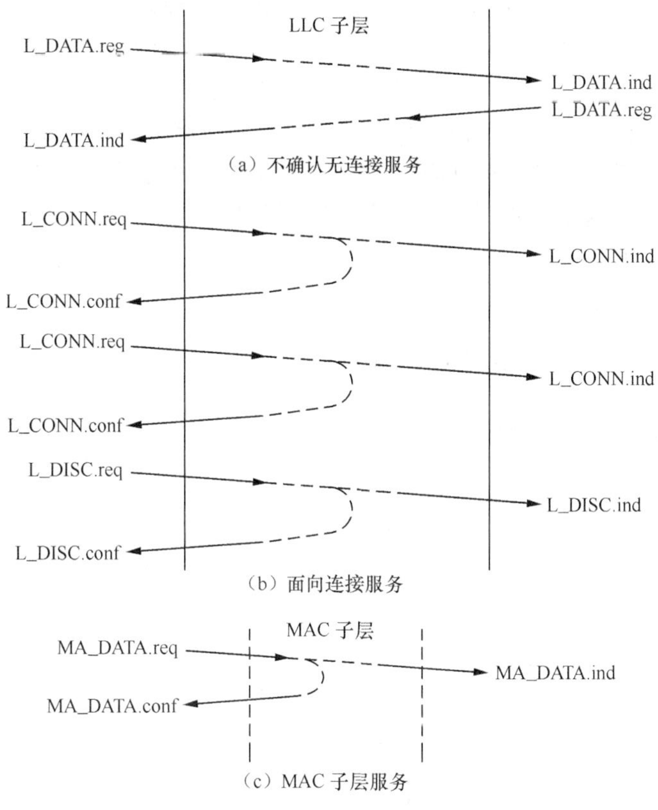

图 6-2 LLC/MAC 的用户服务原语

（1）网络互连层与 LLC 子层间服务原语：

① 不确认无连接数据传输原语。如图 6-2（a）所示，LLC 子层用户发送 L_DATA.req 原语到 LLC 子层，请求使用不确认无连接协议发送一个 LSDU，对端的 LLC 子层向网络互连层发送 L_DATA.ind 指示 LSDU 的到达。

② 面向连接服务的原语。如图 6-2（b）所示，请求建立连接的服务原语组为 L_CONN.req、L_CONN.ind、L_CONN.conf。数据传输的服务原语组为 L_DATA.req、L_DATA.ind 和 L_DATA.conf。释放连接的服务原语组为 L_DISC.req、L_DISC.ind 和 L_DISC.conf。此外，还有复位（Reset）、流控的服务原语组。

（2）LLC 子层与 MAC 子层间服务原语：图 6-2（c）给出了 LLC 子层与 MAC 子层间服务原语：MA_DATA.req、MA_DATA.ind 和 MA_DATA.conf。

由此可知，任何一条服务原语需要包含一些必要的参数，指定必须为接收实体所使用的信息，例如，L_DATA.req（local_address，remote_address，L_sdu，service-class）。local_address 和 remote_address 指定数据单元传输中涉及的本地 LSAP 和远程 RSAP，远端可指定为单地址或组地址。L_sdu 参数指定由链路层实体传送的链路服务数据单元，service-class 参数可指明数据单元传送要求的优先级。

此外，还有 status 参数（指示与数据单元传输有关的成功程度），reason 参数（指示断链的原因，LLC 内部的错误，远程实体的请求），amount 参数（提供 LLC 实体允许通过的数据量信息）。

值得提请注意的是：IEEE 802 面向连接的服务原语中 REQUEST 原语请求"服务提供者"发送请求信息，INDICATION 原语指示该请求已达目的地，这两条原语与 ISO 所定义的相同，但并没有 RESPONSE 原语类型。IEEE 802 协议所提供的服务并不将 CONFIRMATION 与另一服务用户的动作结合在一起，CONFIRMATION 原语类型定义为仅是服务提供者的确认，只有局部意义，因此 INDICATION 原语和 CONFIRMATION 原语之间并不存在定时关系。IEEE 802 面向连接的服务能确保所发送的数据能传送到另一个 SAP，且没有任何丢失、重复、损伤或重新排序，但并不保证远程服务用户是否确实收到了数据，因此 IEEE 802 服务规范并不需要定义响应服务原语。

6.1.2 IEEE 802 局域网/城域网标准

IEEE 802 委员会先后为 LAN 内数字设备提出了一套连接的标准（见图 6-3），这些标准包括以下系列标准。

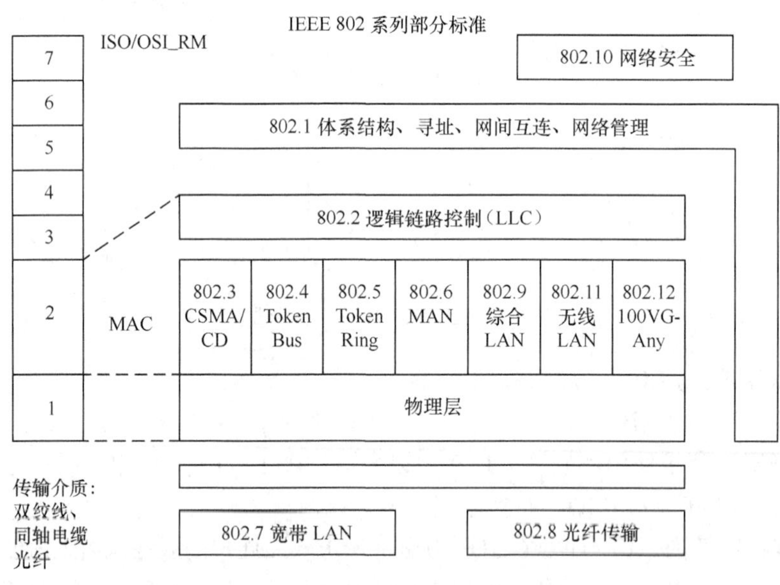

图 6-3 IEEE 802 局域网部分标准一览

（1）IEEE 802.1：概述、体系结构（801.1A），寻址、网间互连和网络管理（802.1B）的指南文件。

（2）IEEE 802.2：逻辑链路控制（LLC）。

（3）IEEE 802.3：CSMA/CD 访问方法和物理层技术规范。

（4）IEEE 802.4：标记总线（Token Bus）访问方法和物理层技术规范。

（5）IEEE 802.5：标记环（Token Ring）访问方法和物理层技术规范。

（6）IEEE 802.6：城域网（MAN，或称市域网）访问方法和物理层技术规范。

（7）IEEE 802.7：宽带传输标准。

（8）IEEE 802.8：光纤网标准（FDDI）。

（9）IEEE 802.9：综合话音/数据（V/D）局域网标准接口。

（10）IEEE 802.10：网络安全。

（11）IEEE 802.11：无线局域网 WLAN（采用扩展频谱技术）。

（12）IEEE 802.12：100VG-Any LAN。

在图 6-3 中，802.6 是城域网（MAN）标准，已超越了局域网的传输范围，为此本节的标题选为局域网/城域网标准。IEEE802 委员会在有线电视、WPAN、RPR、宽带无线访问以及 FBWA、MBWA 上也给出以下相关的标准。

（1）IEEE 802.14：利用 CATV 宽带通信标准（1998）。

（2）IEEE 802.15：无线个人网（WPAN，Wireless Personal Area Network）。

（3）IEEE 802.16：固定宽带无线接入（FBWA）标准，其中包括固定宽带无线访问的无线界面（802.16-1）；宽带无线访问系统的共存（802.16-2）。

（4）IEEE 802.17：弹性分组环（RPR，Resilient Packet Rings）。

（5）IEEE 802.20：移动宽带无线接入（MBWA）标准。

6.1.3 以太网系列规范

以太网是施乐公司（Xerox）在 1973 年提出，并于 1975 年研制成功的。以太网（Ethernet）是在无源的基带总线上传输数据帧，1976 年以太网发明者 Matcalfe 和 Boggs 发表的论文面世。1980 年，由 DEC、Intel 和 Xerox 3 家公司联合推出 DIXv1，即 10Mbit/s 以太网。随后，1982 年又提出修改版 DIX Ethernet v2。但与 IEEE802.3 的标准在帧格式的定义上有细微的差别。表 6-1 列出了以太网的系列规范，包括传输速率、拓扑结构、传输介质、网段长度以及网段数等参数。以太网规范的表示方法非常简单直观，以太网上可用的传输介质有 3 种，即双绞线、同轴电缆（粗缆、细缆）以及光缆，对应于不同的物理接口。例如 10Mbit/s 的以太网有其特定的命名方法：10Base-T，10Base-5，10Base-2 和 10Base-F。其中，Base 表示介质上传送的基带信号，Base 前面的 10 表示数据率 10Mbit/s，后面的字母或数字，表示介质的长度或属性。例如，字母“T”表示双绞线，字母“F”表示光纤，而数字“5”或“2”表示一段电缆允许的最大长度 500m 或 200m（实际应为 185m）。

随着因特网的应用发展，促使以太网在局域网市场成为一枝独秀。在网络应用的推动下，IEEE802 委员会与 DIX 联手在以太网基础上又相继出现了以下一系列技术规范。

（1）IEEE 802.3ac：虚拟局域网 VLAN（1998）。

（2）IEEE 802.3ab：1000Base-T 物理层参数和规范（1999）。

（3）IEEE 802.3ad：多重链接分段的聚合协议（2000）。

（4）IEEE 802.1Q：虚拟桥接以太网（1998）。

（5）IEEE 802.3u：100Mbit/s 快速以太网。

（6）IEEE 802.3z：1Gbit/s 高速以太网（1998）。

（7）IEEE 802.3ae：在光纤上传输十吉比特以太网的标准，传输距离从 300m 到 40km（2002）。

（8）IEEE 802.3an：10Gbit/s 高速以太网（2003）。

从全双工以太网、802.3u 快速以太网、到现在的吉比特、十吉比特以太网，之所以能如此长足发展，绝非偶然。其实理由很简单，因为以太网技术的每一次产品变革都是“科技适应社会需要”的表现。

表 6-1　以太网的系列规范

以太网规范	IEEE 标准	出台年份	传输速率（Mbit/s）	拓扑结构	传 输 介 质	网段长度（km）
10Base-5	802.3	1983	10	总线型	粗同轴电缆（50Ω）	0.5
10Base-2	802.3a	1988	10	总线型	细同轴电缆（50Ω）	0.185
10Base-T	802.3i	1990	10	星型	2 对 100Ω#3UTP	0.1
10Broad-36	802.3b	1988	10	总线型	75Ω同轴电缆	1.8
100Base-X	802.3u	1995	100	星型		
100Base-T4					3 对数据，1 对检测	0.1
100Base- FX					双芯多模/单模光纤	2.0
1 000Base-X	802.3z	1998	1 000	星型		
1 000Base-T	802.3ab	1999	1 000	星型	4 对#5/6/7UTP	0.1
1 000Base-LX					长波长多/单模光纤	
1 000Base-SX					短波长多/单模光纤	
10Gbase-FX	802.3ae	2002	10 000	星型	单模光纤	0.300-40

6.2 介质访问控制方法

6.2.1 访问控制技术

所谓“访问”（Access）指的是两个实体间建立联系并交换数据（信息）。在任何网络中，访问方式是泛指分配介质使用权限的机理、策略和算法，是一种关键技术，它几乎用到了计算机和通信网中的一切可用技术。表 6-2 列出了按访问技术分类的介质访问控制方法。主要有预约、选择、争用、环和混合等 5 类方式。

表 6-2　访问控制技术分类

<table>
<tr><td rowspan="7">预约式
（多路复用）</td><td rowspan="4">静态预约（固定分配）</td><td>FDM（频分复用）</td></tr>
<tr><td>TDM（时分复用）</td></tr>
<tr><td>CDMA（码分多址）</td></tr>
<tr><td>WDM（波分复用）</td></tr>
<tr><td rowspan="3">动态预约（按需分配）</td><td>集中</td></tr>
<tr><td>STDM（统计时分复用）</td></tr>
<tr><td>无冲突访问</td></tr>
</table>

续表

<table>
<tr><td rowspan="4">选择式</td><td colspan="2">菊花链（daisy chain）</td></tr>
<tr><td rowspan="2">探询（polling）</td><td>轮叫探询（roll-call polling）</td></tr>
<tr><td>中心探询（hub polling）</td></tr>
<tr><td colspan="2">单独选择</td></tr>
<tr><td rowspan="8">争用式</td><td rowspan="2">ALOHA</td><td>纯 ALOHA</td></tr>
<tr><td>时分 ALOHA</td></tr>
<tr><td rowspan="6">CSMA
（载波监听多重访问）</td><td>非持续 CSMA</td></tr>
<tr><td>持续 CSMA</td></tr>
<tr><td>P 持续 CSMA</td></tr>
<tr><td>CSMA/CD</td></tr>
<tr><td>Ethernet</td></tr>
<tr><td>CSMA/CA（W-LAN）</td></tr>
<tr><td rowspan="4">环式</td><td colspan="2">标记（token）</td></tr>
<tr><td colspan="2">分时环</td></tr>
<tr><td colspan="2">寄存器插入方式</td></tr>
<tr><td colspan="2">开关转接</td></tr>
<tr><td rowspan="3">混合式</td><td colspan="2">预约 ALOHA</td></tr>
<tr><td colspan="2">有限争用</td></tr>
<tr><td colspan="2">争用环</td></tr>
</table>

在局域网/城域网中，如何评价介质访问控制的方法？有 3 个基本要素：（1）协议简单；（2）有效的通道利用率（utilization）；（3）公平性（fairness）：网上站点的用户公平合理。本章将着重讨论争用式的以太网，以及在卫星通信中使用的 ALOHA 技术。

6.2.2 争用技术基础

争用（contention）技术又称随机访问技术，即 2 个或多个用户站点竞争使用同一线路或信道。这种竞争是随机性的，在任何时刻与任意站点之间都可能发生。早期研制的随机访问系统称为 ALOHA（Additive Link On-line HAwaii system），它是 20 世纪 70 年代初在夏威夷大学试验成功的。ALOHA 在夏威夷方言中是“你好”的意思，可称得上是无线分组网的一个范例。

1. ALOHA 技术 [5][16]

（1）纯 ALOHA。夏威夷大学的 ALOHA 方式称为纯 ALOHA（Pure ALOHA），起初是在无线公用信道上实现的。ALOHA 是集中控制的转接系统，设立一个中央控制主站，使用两个频率，一个是 407.35MHz，用于用户站点（从站）到主站的上行传输（争用方式）；另一个是 413.475MHz，可用于主站到用户站点的下行传输（广播方式）；两个信道带宽各为 100kHz，其数据率为 9 600bit/s。传输是以分组形式进行的，每个站点均可自由地发送分组，并利用应答技术来确保发送的成功。当从站发出一个分组后，必须等待主站的应答来确认，才能继续发下一个分组。若等待一定时间仍收不到应答信号，意味着分组出现冲突(collision)，该站应重发同一分组。可想而知，由于分组的随机发送，在最不利的情况下，可能会使上一分组的尾部与后一分组的前部相冲突，致使两败俱伤，这样相邻的两分组都得重发。待重发的分组需各自时延一个随机时间，然后再重发，直至成功，如图 6-4 所示。

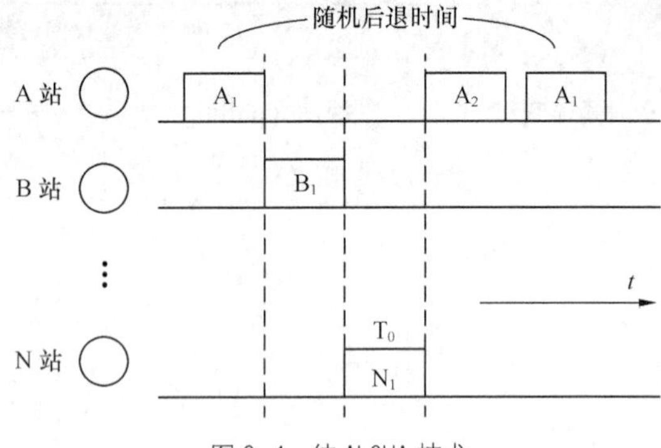

图 6-4 纯 ALOHA 技术

假设 ALOHA 为一个定长分组、数据率固定且有无限多个用户数量。在稳定的情况下，在发送时间 T_0 内分组成功发送的平均数 S（称为吞吐量）及网络负载 G（也称总通信量）之间的关系为

$$S = Ge^{-2G} \tag{6.1}$$

这是 Abramson 于 1970 年首次推出的著名公式。

可见，当 G 为轻负载时，$S \approx G$；在 G 为重负载下，由于冲突增多，致使 $S < G$。当 $G = 0.5$ 时，$S \approx 0.184$ 为最大值。这表明，纯 ALOHA 的信道利用率最多只有 18.4%，显然不能令人满意，但在低负载和高速的条件下，冲突较少，传输时延不大，仍有一定的实用价值。

（2）时隙 ALOHA。为了提高信道利用率，提出了时隙 ALOHA（slotted ALOHA）方式。它将各站点都同步工作，且将时间分为等长的时隙 T_0。同时规定不论分组何时到达站点，只能在每个时隙开始瞬间才能发送出去。于是，一旦发生冲突，只会破坏 1 个时隙内各分组的传送。因而，与纯 ALOHA 相比，冲突的危险区时间由 2 个 T_0 变为 1 个 T_0，信道利用率也提高了 1 倍；S 与 G 的关系式为

$$S = Ge^{-G} \tag{6.2}$$

由式（6.2）可知，其最大吞吐量为 0.368，且出现在 G 等于 1.0 处。

如今 ALOHA 技术仍在蜂窝式移动通信系统（GSM）和卫星通信中应用。上述两种 ALOHA 系统成功发送一个分组平均所需的时间分别为

$$T = \begin{cases} T_0\{1+P+E[P+,(1+k)/2]\} & \text{纯ALOHA} \\ T_0\{1+P+E[P+0.5+,(1+k)/2]\} & \text{时隙ALOHA} \end{cases}$$

式中，P 为站点到主站的来回传播时间与处理时间之和，E 为重传次数，$(1+k)/2$ 为平均重发一次所产生的时延，k 表示每次重传后退时间的最大系数。

2. CSMA 技术

图 6-5 给出了总线型局域网拓扑结构，CSMA 是 ALOHA 系统的一种改进协议。采用附加的硬件接口（网卡），每个站点都能在发送前监听到同一信道其他站点是否在发送分组。如果监听到有分组在传输，这个站就暂不发数据，从而减少了发生冲突的可能性，这样可以提高吞吐量和信道利用率，减少成功发送分组的时延。下面先简单介绍 CSMA 的几种类型及工作原理。

根据每个站点准备发送分组且监听信道已被占用所采取的策略，CSMA 方式可分为以

下 4 种。

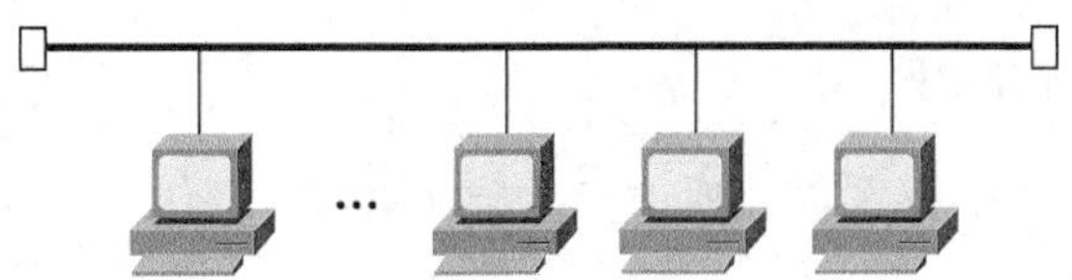

图 6-5　总线型局域网拓扑结构

（1）非持续（nonpersistent）CSMA。非持续（nonpersistent）CSMA 的工作原理为：如果监听到信道为空闲，便立即发送分组；如果监听到信道为忙，则启动一随机延迟定时器，等到超时后再监听信道。

（2）时隙非持续 CSMA。时隙非持续 CSMA 其操作过程与非持续 CSMA 基本相同，只是允许在每个时隙开始瞬时才能发送分组。

（3）持续（persrsistent）CSMA。持续（persrsistent）CSMA 的操作过程如下：如果监听到信道为空闲，便立即发送分组；如果监听到信道为忙，则继续坚持监听信道，直至信道为空闲。

（4）P 持续 CSMA。P 持续 CSMA 的操作过程为：如果监听到信道为空闲，则以概率 P 的可能立即发送分组，而以（$1-P$）概率推迟一定时间后再发送；如果遇到信道忙，则继续坚持监听，直到信道为空闲，再以概率 P 来发送分组。

同样，在持续 CSMA 中也可有“时隙持续 CSMA”方式。CSMA 在发送分组之前进行载波监听，减少了冲突的可能性。但由于传输时延的存在，冲突仍然是难以避免的。例如，图 6-6 所示的局域网上两端站点 A 和 B 相距 1km，设用同轴电缆相连，电磁波在电缆中的传播速度约为自由空间的 65%，因此 1km 长度信号的传播时间约为 5μs。当 A 向 B 发出分组，B 要在 5μs 之后方能收到此分组，由于载波监听检测不到 A 所发的分组，则 B 若在 A 的分组到达 B 之前发送了自己的分组，必然会与 A 的分组发生冲突，致使双方的分组都受损。可见，在最不利的情况下，A 发完分组后需经过 2 倍的传播时延（τ）才能收到 B 发的确认信息。由于 CSMA 算法没有检测冲突的功能，即使冲突已发生，仍然要将已遭破坏的帧发完，导致总线的利用率降低。

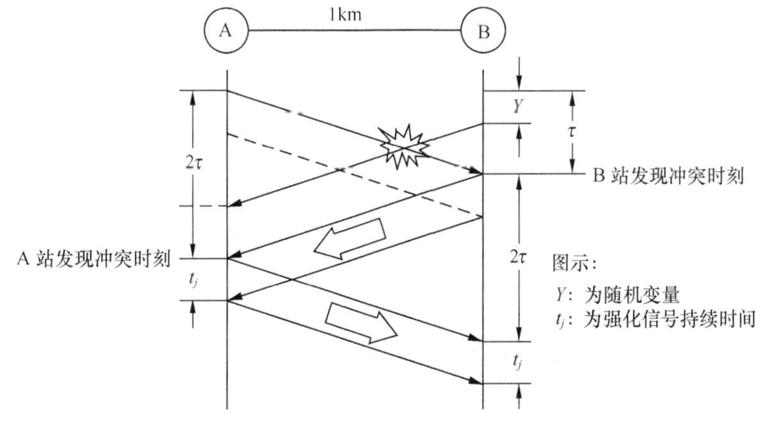

图 6-6　传播时延对载波监听的影响

6.2.3 CSMA/CD

1. CSMA/CD 的工作原理

以太网/802.3 定义了 CSMA/CD 介质访问控制（MAC）协议。CSMA/CD（Carrier Sense Multiple Access with Collision Detection）译成“载波监听多次访问/冲突检测”，它是基于介质共享的机理，即在**基带总线**上只能存在一个单向的信息流，各个站点（包括工作站、服务器）均得通过随机访问技术的**争用**方法来获取通信权限。CSMA/CD 属于广播式信道，因此具有多目的地址的特征。

CSMA/CD 比 CSMA 增加了一个边发送边监听的功能。只要监听到冲突，则冲突双方立即停止发送。这样，致使信道很快进入空闲期，可提高信道利用率，这种边发送发监听的功能称为冲突检测（collision detection）。在实际的网中，往往还采取一种强化冲突的措施，也就是当发送分组的站点一旦发现冲突时，除了立即停止发送外，还要继续发送若干比特的干扰信号（jamming signal），以便使所有站点能确知发生了冲突（见图 6-7）。

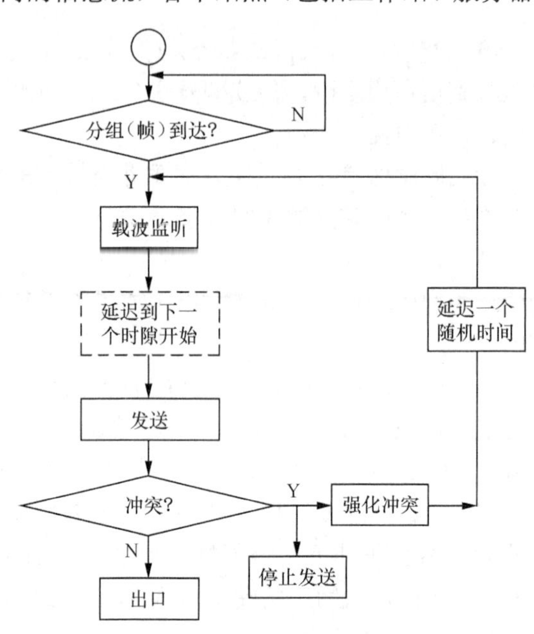

图 6-7　CSMA/CD 的工作流程图

由图 6-7 可见，CSMA/CD 的工作原理可归纳如下。

（1）**载波监听**：任一站要发送信息，首先要监测总线，用来判决介质上是否有其他站的发送信号。

① 如果介质为忙，则等待一定间隔后重试；如果介质为空闲，则可以立即发送。

② 由于通道存在传播时延，采用载波监测的方法仍避免不了两站点在传播时延期间发送的帧会产生冲突。

（2）**冲突检测**：每个站在发送帧期间，同时具有检测冲突的能力。一旦遇到冲突，就立即停止发送，并向总线上发一串干扰（jam，阻塞）信号，通报总线上各站冲突已发生。

（3）**多次访问**：检测到冲突，并在发完阻塞信号后，为了降低再次冲突的概率，需要等待一个随机时间（冲突的各站可不相等），然后再用 CSMA 的算法重新发送。

2. 截断二进制指数退避算法

为了选定这随机时间，以太网采用截断二进制指数（truncated binary exponential）类型退避算法”，算法的过程如下所述。

（1）确定基本退避时间，通常取以太网的端-端往返传播时延（2τ），也称争用期；

（2）定义参数 k，令 k = min[重传次数，10]；

（3）从离散的整数集合[0, 1, …, (2^k-1)]中随机取一个数，记为 r。重传所需的时延则是 r 倍的基本退避时间；

（4）当重传次数达 16 次，仍然不能成功发送，则丢弃该帧，并向高层报告。

【例 6-1】 设以太网两工作站间的传播时延为 25.6μs，当 A 站和 B 站初次产生冲突，如何确定各自的退避时间？

解：初次冲突后的第 1 次重传，$k=1$，则 r 可取 0 或 1。因此，重传时间为 51.2μs 或 0。

若出现第 3 次重传时，$k=3$，r 的取值为 0，1，…，7，重传时间可在 8 个值中随机取一个。总的算法很简单，目的是减少重传时再次发生冲突的概率。

6.3 以太网技术

6.3.1 以太网卡

台式机一般都采用内置式网卡（或集成在主版上的网卡）来连接网络。网卡也叫“网络适配器”，英文全称为“Network Interface Card”，简称“NIC”，网卡是局域网中最基本的部件之一，它是连接计算机与网络的硬件设备。无论是双绞线连接、同轴电缆连接还是光纤连接，都必须借助于网卡才能实现数据的通信。图 6-8 例示一种网卡，随着电路集成度的提高，网卡上芯片数不断减少，价格也在下降。

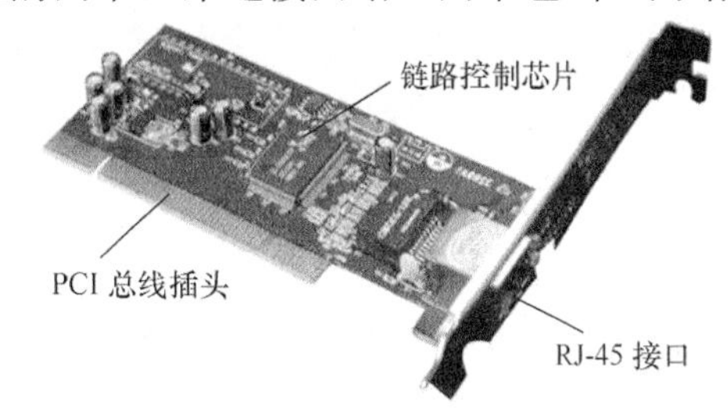

图 6-8 内置式网卡

图 6-9 画出了网卡的基本组成，包括链路控制芯片（网卡的核心）、PCI 总线接口、串/并变换、编/解码电路以及网络 RJ-45 接口。

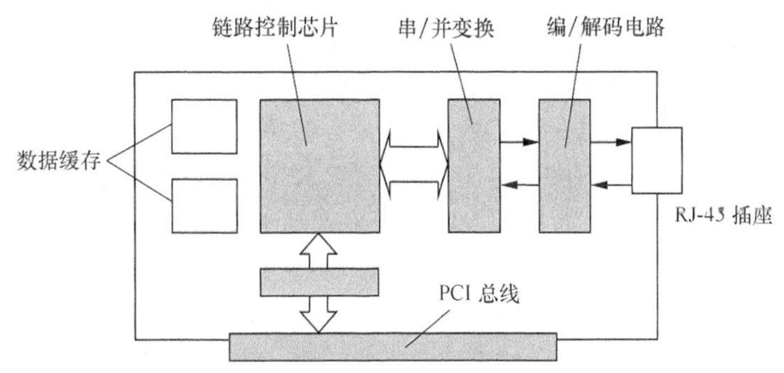

图 6-9 网卡的基本组成

网卡的基本功能：（1）链路管理：实现数据链路层 MAC 子层的 CDMA/CD 协议。（2）数据的帧封装和解封：发送时将高一层的数据组成以太网 MAC 帧，反则接收时将 MAC 帧的头部和尾部去除，将数据送交高一层。（3）编码/解码：例如 10Base-T 以太网使用曼切斯特编码/译码。

如今，使用的网卡大都是以太网网卡。目前网卡按其传输速率来分可分为 10M 网卡、10/100M 自适应网卡以及千兆（1G）网卡。如果日常办公等，比较适合选用 10M 网卡和 10/100M 自适应网卡两种，若应用于服务器等，就应选择吉比特级的网卡。

网卡有不同类型的接口，如 RJ-45 接口（双绞线）、细同轴电缆 BNC[①]（Basic Network

① BNC 是 Bayonet Neil-Concelman 的缩写，B 表示接口类型，NC 为两个发明人的首字母。

Connector）接口、粗同轴电缆 AVI（Attachment Unit Interface）以及光接口。现在粗/细同轴电缆接口的网卡早已推出市场。

有不同总线的网卡接口，如 ISA 总线（16 位）、EISA 总线、PCI 总线（32 位）。目前，微机都使用 PCI 总线。

对于网卡而言，每块网卡都有一个唯一的网络节点地址，它是网卡生产厂家在生产时固化在只读存储芯片（ROM）中的，常称为 MAC 地址（物理地址）。MAC 地址共有 6 字节，高位 3 字节，通常代表公司号，低位 3 字节则是由该公司生产的网卡号。

6.3.2 以太网/802.3 标准的帧格式

以太网和 IEEE802.3 在数据链路层和 MAC 子层都以帧为基本传输单元，以太网/802.3 标准的 MAC 帧格式如图 6-10 所示。

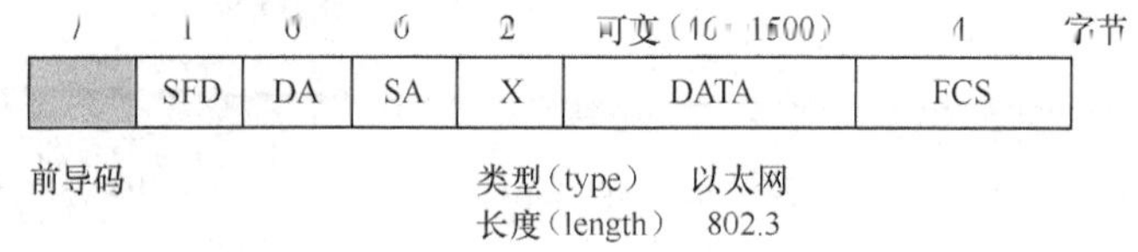

图 6-10 以太网/802.3 的 MAC 帧格式

（1）前导码（7 字节）：用于同步，每字节为 10101010。

（2）SFD（1 字节）：起始定界符，该字节为 10101011。

（3）DA，SA（6 字节）：分别为 MAC 目的地址，源地址（早期曾可选 2～6 字节）。网卡从网上收到一个 MAC 帧，应用硬件检查 MAC 帧的 DA 地址，如果与本站的地址一致，则收下，再作进一步处理，否则丢弃该帧。此外，还定义了下面两种特殊的地址。

① 广播地址 FF-FF-FF-FF-FF-FF 表示发给所有以太站点；

② 多播地址 01-00-5E-00-00-00 到 01-00-5E-7F-FF-FF 表示发到特定的一组以太站点。

（4）X（2 字节）：应当注意的是以太网的帧格式与 IEEE802.3 的略有不同。以太网中 X 表示类型，指后随的数据字段属性（例如，MAC 帧中承载 IP 数据报，则类型代码规定为 0x0800）。在 802.3 中 X 表示长度，指后随的数据字段中 LLC 数据的字节数。

（5）数据字段（46～1500 字节）：可变长，不足 46 字节的数据字段需加填充字节。由此可知，以太网 MAC 帧的规范长度为 64～1518 字节。小于 64 字节（超短帧），或大于 1518 字节（超长帧）的 MAC 帧都是无效帧。

（6）FCS（4 字节）：帧校验序列，使用 CRC 循环冗余码检测是否有传输上的差错。帧校验的对象只含（DA+SA+X+DATA）字段，不包括前导码和 SDF。

6.3.3 以太网的信道利用率

由图 6-6 可知，以太网 MAC 子层采用 CDMA/CD 的协议，尽管任一站点在获知可发送帧后，但并不能保证一定成功。原因是传播时延τ的存在，而τ则与传输距离直接有关。在最不利的条件下，发送数据帧后的站点至多经历 2τ时间就可知道产生冲突，因此以太网上端到端的往返时延 2τ是一个很重要的参数，常称为争用期（contetion period），也称冲突窗口

（collision winwdos），或碰撞窗口。

下面接着来分析以太网的信道利用率。分析的理论是随机过程与排队论，这里假设：（1）总线上有 N 个站点，每个站点发送帧的概率为 p；（2）争用期设为 2τ（为简便起见，检测到冲突后不发干扰信号）；（3）帧的发送时延 $T_0(s)=F/C$，其中，F 为帧长（bit），C 为发送速率（bit/s）。

这样，成功发送一帧的平均时间 Tav 的定义为，任何一个站点从发送一个帧，有可能经过若干次重传，直到发送成功，且信道转成空闲为止的所需的时间，如图 6-11 所示。

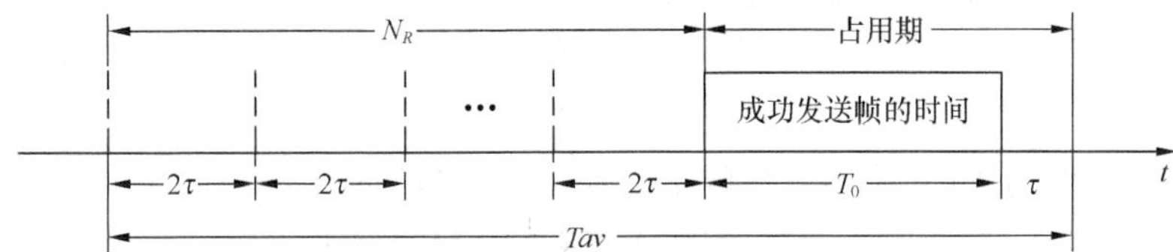

图 6-11 成功发送 1 帧的平均时间

设 A 为站点发送成功的概率，则

$$A = P[\text{站点发送成功}] = Np(1-p)^{N-1} \tag{6.3}$$

当然，该站点不一定能发送成功，则发送失败的概率为 $1-A$。设重传次数=争用期的个数 $= m$，因而，

$$P[\text{争用期的 } m \text{ 个数}] = P[\text{发送 } m \text{ 失败但下一次成功}] = A(1-A)^m \tag{6.4}$$

重发帧的次数 N_R：

$$N_R = \sum_{m=0}^{\infty} mA(1-A)^m = (1-A)/A \tag{6.5}$$

至此，可求出以太网的信道利用率为

$$S = \frac{T_0}{T_{av}} = \frac{T_0}{2\tau N_R + T_0 + \tau} = \frac{1}{1+\alpha(2A^{-1}-1)} \tag{6.6}$$

式中，$\alpha = \tau/T_0$ 是总线的单向传播时延与帧的发送时延之比。

由式（6.6）可知，若发送成功的概率 A 最大，则可得以太网的信道利用率，即最大的归一化吞吐量。将式（6.3）对 p 求极大值，即 $p = 1/N$ 时可求出 $A_{\max}$：

$$A_{\max} = \left[1-\frac{1}{N}\right]^{N-1} \tag{6.7}$$

当 $N\rightarrow\infty$ 时，$A_{\max}=1/e = 0.368$。从式（6.6）可知，以太网信道利用率的最大值与 $A_{\max}$，α 有关，而平均重发的次数 $N_R = (1 - 0.368)/0.368 = 1.72$。在 $A_{\max} = 0.368$ 的情况下，

$$S_{\max} = \frac{1}{1+4.44\alpha} \quad (N\rightarrow\infty) \tag{6.8}$$

由式（6.8）可得出一个**重要结论**：最大的信道利用率取决于帧的长度和传播时间。$S_{\max}$ 与 α 成反比，即帧的长度越短，则 $S_{\max}$ 越小。

以太网的争用期长度取 51.2μs。对于 10Mbit/s 以太网，则在争用期内可发送 512bit，MAC 最短帧长度为 64 字节。

【例 6-2】 某总线以太网长度为 400m，信号传播速率为 200 m/μs，假如位于总线两端的

站点在发送数据帧时发生了冲突，问：

（1）该两站之间信号的传播时延是多少？

（2）最多经过多长时间才能检测到冲突？

解：（1）该两站之间信号的传播时延$\tau = t_{传播}$ = 400m/（200m/μs）= 2μs；

（2）有一站最多经过 2τ时间，即 4μs 才能检测到冲突。

【例 6-3】 10Mbit/s 以太网长度为 1km，试求总线两端的站点发送 MAC（最短帧和最长帧）的信道利用率。

解：传输距离为 1km，则传播时延为 5μs。

MAC 最短帧长度为 64 字节，则帧的发送时间 = (64 × 8)/(10 × 10^6) = 51.2μs

$$\alpha = \tau/T_0 = 5\mu s/51.2\mu s = 0.097\ 7$$

MAC 最长帧长度为 1518 字节，则帧的发送时间 = (151 8 × 8)/(10 × 10^6) = 1214.4μs

$$\alpha = \tau/T_0 = 5\mu s/1\ 214.4\mu s = 0.004\ 1$$

按式（6.8）可计算出

S_{max}（最短帧）= 1/(1 + 4.44 × 0.097 7) = 0.697

S_{max}（最长帧）= 1/(1 + 4.44 × 0.004 1) = 0.982

6.4 交换式以太网

6.4.1 局域网的扩展

随着网络应用与服务需求的不断提升，总线型以太局域网存在下列问题：（1）用户增多，网络负荷增大时，网络性能急剧下降，网络带宽利用率低；（2）网络覆盖的距离有限，工程施工复杂，成本高，难维护。因此，常采用网络设备以星型拓扑结构连接上网计算机，典型的网络设备有集线器、网桥、以太交换机以及路由器等。

1. 集线器技术

集线器（Hub）是一个多端口的转发器，配有 4 个（或 8，或 16 个）RJ-45 插座。使用 Hub 的以太网在物理上可看成一个星型网，但在逻辑上仍是一个总线网，各个连网的工作站仍使用 CSMA/CD 协议，共享逻辑上的总线。

早期使用多级结构的 Hub 可以在物理层上级联（uplink）扩展以太网，延伸传输距离，扩大覆盖范围，满足多端口的需求。级联（uplink）是通过一条直连双绞线将集线器的 uplink 端口与其他集线器的普通端口相连而成，简单方便。对于 10Base-T 以太网而言，扩展后的多级结构的 Hub 形成了一个更大的冲突域，最大的吞吐量并没有提升，仍然是 10Mbit/s。

2. 网桥技术

网桥（Bridge）是在数据链路层实现 LAN 的扩展方法之一。前面已经介绍，可在微机中插上两张网卡，再配上相应的端口管理软件和网桥协议，构成最简单的二端口网桥。网桥的每个端口连接一个 LAN，称为网段。网桥从端口接收网段上传送的帧。每收到一个帧时，通常存放在指定的缓冲区，若该帧传输过程无差错，且 MAC 帧的 DA 不在同一网段，则查找转发表，找出对应的端口，重构 MAC 帧进行转发。

网桥的特点：（1）过滤通信量。网桥通过 LAN 各个网段隔离冲突域，可减少扩展后的 LAN 的负荷和帧平均时延；（2）可连接不同物理层、MAC 子层和数据速率的 LAN；（3）提高了可靠性，网络出现的故障仅影响对应网段；（4）网桥没有流量控制功能，无法避免广播风暴（即过多广播信息所产生的网络拥塞）。（5）网桥的接口可以不设网卡，因此不需要改变所转发的 MAC 帧源地址。

目前使用最多的网桥是透明网桥（transparent bridge），它是一种即插即用设备，符合 IEEE802.1D 标准。所谓“透明”是指 LAN 上的站点并不知道所发的帧要途径多少个网桥，网桥对站点而言是看不见的。另一种网桥称为源路由（source route）网桥，这种网桥是在发送帧时将详细的路由信息置于帧头标中。

上述设备采用网络分段的措施，虽能提高网络带宽，但仍有局限性。

6.4.2 交换式以太网

在网桥技术的基础上，交换式集线器于 1990 年上市，现在常称为以太交换机，或第 2 层交换机（L2 交换机），这是交换式以太网的主要设备之一。

1. 以太交换机工作原理

以太交换机实质上是一个多端口的网桥，工作在数据链路层，交换机内拥有一条很高带宽的背板总线和内部交换矩阵。交换机的所有的端口都挂接在这条背板总线上，控制电路收到数据帧后，处理端口会查找内存中的地址转发表，以确定 MAC 帧目的地址的 NIC（网卡）挂接在哪个端口上，通过内部交换矩阵迅速将数据帧传送到目的端口，若转发表中不存在 MAC 帧目的地址，则采用广播到所有的端口（除收到数据帧的那个端口）的方式，接收端口回应后交换机会“学习”新的地址，并把它添加入内部转发表中，如图 6-12 所示。

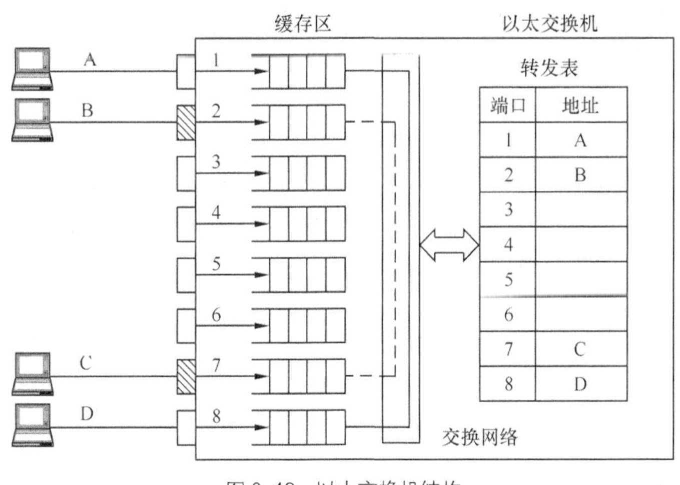

端口	地址
1	A
2	B
3	
4	
5	
6	
7	C
8	D

图 6-12 以太交换机结构

以太交换机是一种基于 MAC 地址识别，能完成数据帧封装、转发功能的网络设备。每个交换端口都直接连接 1 台主机（或 1 个 Hub），交换机可以“学习”MAC 地址，并把其存放在内部转发表中，支持全双工方式，其交换（转发）速率取决于交换机的背板速率。

（1）交换机转发表。就如网桥那样，转发表上一般设立 3 个条目：① 站地址；② 端口；③ 时间。用来记录收到 MAC 帧的源地址以及进入该交换机的端口号和时间（图 6-12 中未列出时间）。当交换机新接到网上，交换机内转发表是空的。

参见图 6-12，假设初始转发表为空表，交换机有 8 个端口，假设端口 1、2、7、8 分别连接了 MAC 地址为 A、B、C、D 的站点。下面来解释转发表通过“学习”的建立过程。

① 设交换机在端口 1 上收到来自 PC_A 的 MAC 广播帧。

② 交换机将 MAC 帧源地址（A）和接收该帧的交换机端口（1）记入转发表。

③ 由于 MAC 帧的目的地址为广播，交换机将该帧泛洪发送到所有端口（接收该帧的端口 1 除外）。

④ 所有连网的目的站点对广播作出响应，发出目标地址为 PC_A 的单播帧。

⑤ 交换机将 PC_B 的 MAC 帧源地址（B）和接收该帧的交换机端口的端口号（2）记入转发表。

⑥ 同样方法，转发表中记入端口 7－地址 C，端口 8－地址 D，而端口 3～6 未接用户。

⑦ 至此，可在 MAC 转发表中找到 MAC 帧的目的地址及其关联的端口。

交换机如何使用转发表来处理收到的 MAC 帧呢？当交换机收到传入的 MAC 帧，而转发表中没有该 MAC 帧的目的地址时，交换机将把该帧从所有端口广播转发出去（除接收该帧的端口之外）。当目的站点响应时，交换机从响应帧的源地址字段中获得的该站点的 MAC 地址，并将其记录在转发表中。当某个特定端口上收到某个特定站点的 MAC 帧，将按目的地址 DA 去查转发表，找出对应的端口，就可以成帧从指定端口上发出。例如，以太交换机内设置转发表指出“端口－MAC 地址的映射”。当站点 PC_A 发出 MAC 帧的 DA=站点 D 地址，交换机按转发表判断，将帧从端口 8 转发输出，为 A-D 站点之间建立一条虚连接；同理，还可支持站点 PC_B→端口 2→端口 7→站点 PC_C 的并发虚连接。

在多台交换机互连的网络中，连接其他交换机的端口在转发表中记录有多个 MAC 地址，用来代表远端站点。通常，用于互连两台交换机的交换机端口在转发表中记录了多个 MAC 地址。

（2）以太交换特点。以太交换的特点归纳如下。

① 以太交换主要解决了共享总线网络的网段微化，即冲突域的分割，均衡负荷。以太交换机将 LAN 分为多个独立的网段（称为网段微化），并以线速支持网段交换。允许不同用户对同时进行通信。一般来讲，网段规模越小，即网段内站点数越少，每个站点的平均带宽相对越高。

② 从设计目的上看，以太交换能解决网络带宽的不足，即网络瓶颈。提高了每个站点的平均占用带宽能力并提供了网络整体的集合带宽，具有通信量高，时延低和价格低的优点。在极端的情况下，若每个网段只含有 1 个站点，则该站点占用的带宽达到最大值，即由共享带宽变为独享带宽。例如，对于 10Mbit/s 共享式以太网，若共有 N 个端口，则每个用户占用的平均带宽为总带宽/N，而在交换式以太网中，可支持每个站点独占带宽 10Mbit/s，并且网中允许 $N/2$ 个站点对（N 为站点数）互相交互信息，使网络总体带宽可达（$N \times 10/2$）Mbit/s。

③ 保护原有的以太网基础设施可继续使用，提供全双工模式操作，提高处理效率。

2．交换机的转发方式

当以太交换机端口接收到一个帧，其处理过程和效率是与 LAN 转发方式有关。以太交换机有 3 种交换转发方式（参见图 6-13）：

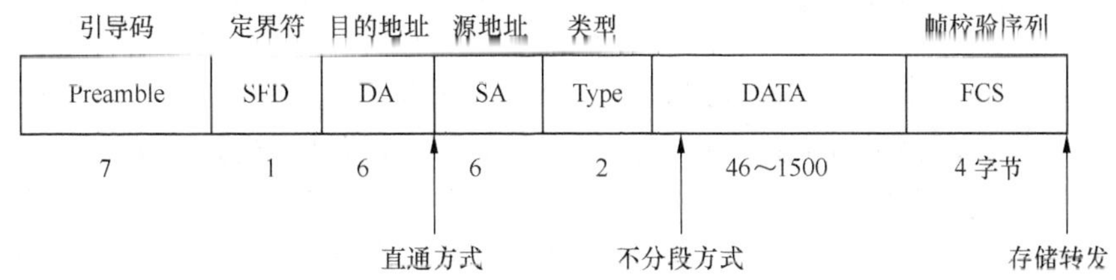

图 6-13 不同的交换模式在帧中发生的位置

① 存储转发（store-and-forward）方式；
② 直通（cut-through）方式；
③ 不分段（fragment free）方式。

（1）存储转发。存储转发交换是一种基本的以太交换类型。在这种方式下，以太交换机将整个帧存储到它的缓存区中，并且计算循环冗余校验（CRC）。如果这个帧有 CRC 差错，或者太短（runts，包含 CRC 少于 64 字节），或者太长（jabber，包含 CRC 长于 1 518 字节），那么这个帧将被丢弃。如果帧没有任何差错，那么以太交换机将在转发表中查找其目的地址，从而确定输出端口，并将帧发往其目的端。由于这种类型的交换要存储整个帧，并且运行 CRC，因此时延将随帧长度不同而变化。

（2）直通。直通型交换是另一种主要的以太交换类型。在这种方式下，以太交换机仅仅将目的地址（前缀之后的 DA 六个字节）存到它的缓存区中。然后它在转发表中查找该目的地址，从而确定输出端口，并将帧发往其目的端。这种直通交换方式减少了时延，因为交换机一读到帧的目的地址，就去确定输出端口，将帧转发。

有些交换机设计了自适应的选择交换方式，一般工作在直通方式，直到某个端口上的差错达到用户定义的差错极限，交换机会由直通方式自动切换成存储转发方式，而当差错率降低到这个极限以下，交换机又会由存储转发方式自动切换成直通方式。

（3）不分段方式（改进的直通方式）。不分段方式是直通方式的一种改进形式。在这种方式下，交换机在转发之前等待 64 字节的冲突窗口。如果 1 个帧有错，那么差错一般都会发生在前 64 字节中。不分段方式较之直通方式提供了较好的差错检验，而几乎没有增加时延。不分段交换方式会检查到帧的数据域。

3．以太交换机的堆叠

为了使以太交换机满足大、中型网络对端口的数量要求，一般有两种做法：一种是采用机箱式交换机，支持多个模块插槽，通过添加模块，就可以满足不同的端口密度需求；另一种是采用堆叠式交换机，将多个交换机堆叠起来，并可以通过单一 IP 地址，对整个堆叠交换机进行集成管理，一般的堆叠数量为 2～4 个。

（1）堆叠式交换机。所谓堆叠（stacking）式交换机，就是指一个交换机中一般同时具有“UP”和“DOWN”堆叠端口。当多个交换机连接在一起时，其作用就像一个模块化交换机一样，堆叠在一起的交换机可以当做一个单元设备来进行管理。一般情况下，当有多个交换机堆叠时，其中存在一个可管理交换机，利用可管理交换机可对此堆叠式交换机中的其他“独立型交换机”进行管理。堆叠式交换机可非常方便地实现对网络的扩展，是新建网络时最为理想的一种选择。

（2）堆叠与级联的特点。堆叠与级联都是可以增加端口密度的一种方法，但两者仍有较大的差别。简单地说，级联可通过一条双绞线在任何网络设备厂家的交换机之间，集线器之间，或交换机与集线器之间完成以太网的扩展。而堆叠只有在各自厂家的设备之间，且此设备必须具有堆叠功能才可实现。堆叠需要专用的堆叠模块和堆叠线缆，而这些设备可能需要单独购买。级联相对容易实现，但堆叠这种技术有级联不可达到的优势。

首先，多台交换机堆叠在一起，从逻辑上来说，它们属于同一个设备。这样，如果对这几台交换机进行设置，只要连接到任何一台设备上，就可看到堆叠中的其他交换机。而级联的设备逻辑上是独立的，如果想要网管这些设备，必须依次连接到每个设备。

其次，多台设备级联会产生级联瓶颈。例如，两个百兆交换机通过一条双绞线级联，则它们的级联带宽是百兆。而两个交换机通过堆叠连接在一起，堆叠线缆将能提供高于 1G 的背板带宽，极大地减低了瓶颈。现在交换机有一种新的技术——Port Trunking，通过这种技术，可使用多条双绞线在两个交换机之间进行级联，这样可成倍地增加级联带宽。

级联后的每台集线器或交换机在逻辑上仍是多个被网管的设备，而堆叠后的数台集线器或交换机在逻辑上是一个被网管的设备。级联还有一个堆叠达不到的目标，它可增加连接距离。比如，一些计算机到交换机的距离超过了双绞线所允许的最长距离 100m，则可在中间加放一台交换机级联相连；但堆叠线缆最长也只有几米。堆叠和级联各有优点，在实际的方案设计中经常同时出现，可灵活应用。

6.4.3 虚拟局域网

1. 什么是虚拟局域网？

虚拟局域网（VLAN，Virtual Local Area Network）并不是新型的局域网，而是从网络管理上，以及为用户灵活组合而提供的一种服务。IEEE 于 1999 年颁布了实现 VLAN 的 802.1Q 标准，给出了如下的定义：虚拟局域网是由分散在不同区域的局域网网段，在逻辑上构成虚拟工作组。

利用符合 802.1Q 标准的以太交换机就能方便地实现 VLAN。现举例说明虚拟局域网的基本概念。图 6-14 给出了一幢 3 层的办公楼，配置了 4 台以太交换机（S_0～S_3），设每层安装 1 台 24 端口的以太交换机，通过水平布线连接到不同工作室的信息点，形成 3 个楼层的交换以太网，分别为：

LAN_1 S_1（A_1，B_1，C_1），LAN_2 S_2（A_2，B_2，C_2），LAN_3 S_3（A_3，B_3，C_3）。然后汇接到 S_0 以太交换机，构成星型拓扑结构。

现设各层计算机要求跨层组成 3 个 VLAN，如图 6-14 中虚线所圈：人力资源部 $VLAN_1$（A_1，A_2，A_3），财务处 $VLAN_2$（B_1，B_2，B_3），销售科 $VLAN_3$（C_1，C_2）。在 VLAN 上，每

个站点可监听到同一 VLAN 的其他成员所发出的广播。例如，当站点 A_1 向 $VLAN_1$ 内其他成员发送数据时，A_2、A_3 都能收到广播信息，虽然 B_1，C_1 在同一台 S_1 的不同端口，但不会收到 A_1 发出的广播信息。

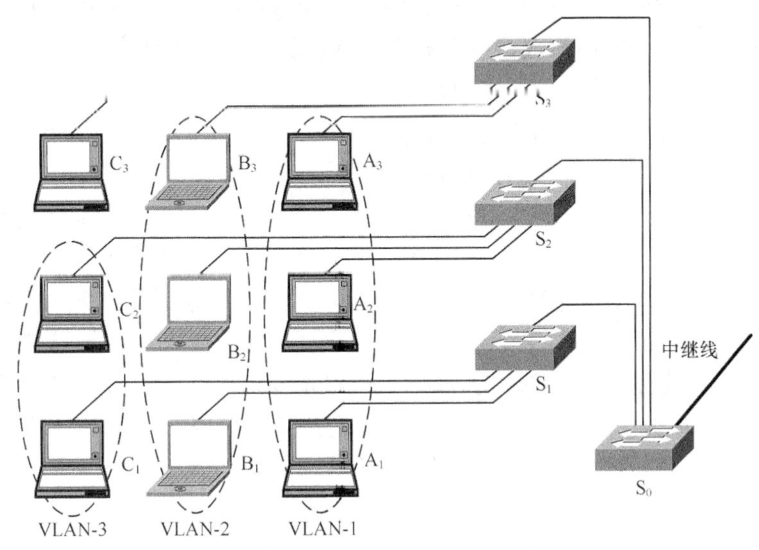

图 6-14 虚拟局域网的构成

VLAN 的特点：（1）将网络划分为多个 VLAN，可减少参与广播风暴的站点数；（2）按第 2 层平面网络划分为多个逻辑工作组（广播域）可以减少网络上不必要的流量，并提高性能；（3）VLAN 将用户和交换机聚合到一起，管理灵活简便，以支持特殊应用需求，或地域上的需求。

2. VLAN 实现方法

在交换式以太网上实现 VLAN 的方法，可以大致划分为以下 4 类。

（1）**基于端口划分的 VLAN**。这种划分 VLAN 的方法是根据以太交换机的端口来划分，比如 Cisco Catalyst 2960 或 Quidway S3526 的 1～6 端口为 VLAN 10，7～17 为 VLAN 20，18～24 为 VLAN 30。当然，这些属于同一 VLAN 的端口可以不连续，如何配置由管理员按需确定，如果有多个交换机，例如，可以指定交换机 S1 的 1～6 端口和交换机 S2 的 1～4 端口为同一 VLAN，即同一 VLAN 可以跨越数个以太网交换机。

这种划分的方法的优点是：定义 VLAN 成员时非常简单。它的缺点是如果 $VLAN_1$ 的用户离开了原来的端口，到了一个新的交换机的某个端口，那么就必须重新定义。

（2）**基于 MAC 地址划分 VLAN**。这种划分 VLAN 的方法是根据每个主机的 MAC 地址来划分，即对每个 MAC 地址的主机都配置归属于哪个组。这种划分 VLAN 的方法的最大优点就是当用户物理位置移动时，即从一个交换机换到其他的交换机时，VLAN 不用重新配置，所以，可以认为这种根据 MAC 地址的划分方法是基于用户的 VLAN，这种方法的缺点是初始化时，所有的用户都必须进行配置，如果有成千上百个用户的话，配置是非常累的。而且这种划分的方法也导致了交换机执行效率的降低，因为在每一个交换机的端口都可能存在很多个 VLAN 组的成员，这样就无法限制广播帧了。另外，对于使用笔记本电脑的用户来说，他们的网卡可能经常更换，这样，VLAN 就必须不停的配置。

（3）**基于网络层划分 VLAN**。这种划分 VLAN 的方法是根据每个主机的网络层地址或协议类型（如果支持多协议）划分的，虽然这种划分方法是根据网络地址，比如 IP 地址，但它不是路由，与网络层的路由毫无关系。它虽然查看每个数据包的 IP 地址，但由于不是路由，所以，没有 RIP、OSPF 等路由协议，而是根据生成树算法进行桥交换。

这种方法的优点是用户的物理位置改变了，不需要重新配置所属的 VLAN，而且可以根据协议类型来划分 VLAN，这对网络管理者来说很重要；还有，这种方法不需要附加的帧标记来识别 VLAN，这样可以减少网络的通信量。

这种方法的缺点是效率低，因为检查每一个数据包的网络层地址是需要消耗处理时间的（相对于前面两种方法），一般的交换机芯片都可以自动检查网络上数据包的以太网帧头，但要让芯片能检查 IP 帧头，需要更高的技术，同时也更费时。当然，这与各个厂商的实现方法有关。

（4）**基于 IP 多播组划分 VLAN**。IP 多播（multiplecast）实际上也是一种 VLAN 的定义，即认为一个多播组就是一个 VLAN，这种划分的方法将 VLAN 扩大到了广域网，因此这种方法具有更大的灵活性，而且也很容易通过路由器进行扩展，当然这种方法不适合局域网，主要是效率不高。

根据端口划分是目前定义 VLAN 的最广泛的方法，IEEE 802.1Q 规定了依据以太网交换机的端口来划分 VLAN 的国际标准。

3．VLAN 帧格式

每个 VLAN 的帧应有一个明确的标识符，指明发送该帧的站点所属的 VLAN。1988 年 IEEE 给出了 802.3ac 标准，在以太网的帧格式中插入 4 个字节，用来支持 VLAN，称为 VLAN 标记（tag），如图 6-15 所示。

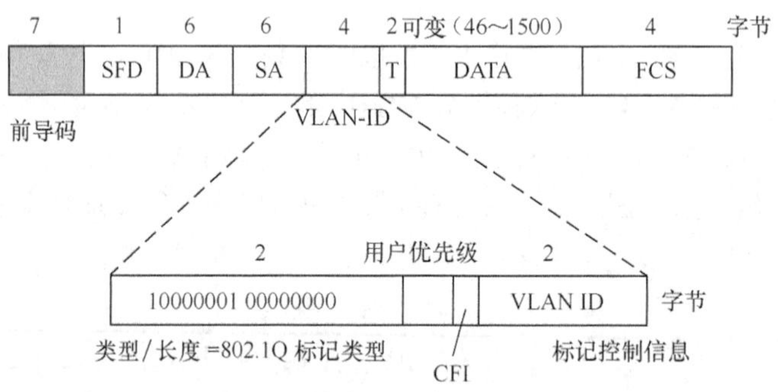

图 6-15　以太网/802.3MAC 帧格式中 VLAN ID

VLAN 一个以太网的帧长度实为 68～1 522 字节。VLAN 标记字段（4 字节）插在以太网 MAC 帧的 SA 与类型/长度字段之间。前 2 个字节定义为 802.1Q 标记类型，设为 0x8100。这样，在数据链路层检测 MAC 帧在 SA 后面为 0x8 100 时，就可判定插入了 VLAN 标记。接着，检查后两个字节：3 比特为用户优先级字段（由 802.1p 标准来定义），1 比特的规范格式指示符（CFI，Canonical Format Indicator），12 比特为 VLAN 标识符。VLAN ID 共有 4 096 个，例如，一台 Cisco Catalyst 2960 交换机最多可支持 255 个 VLAN。

6.4.4 高速以太网

1. 快速以太网

1993 年，40 多家网络厂商加入高速 Ethernet 联盟合作开发高速以太网，1995 年 IEEE 正式通过 100BASE-T 标准 802.3u，称为快速以太网（Fast Ethernet），它仍是一种共享介质技术，也可以在交换式快速以太网为每端口提供 100Mbit/s 带宽。

100Base-T 是继承性地直接拓展了 10Mbit/s 以太网，其主要特征如下。

（1）原封不动地采用了 IEEE802.3 标准的 CSMA/CD 介质访问控制技术，采用 Hub 或以太交换机组网构成星型拓扑结构，将网络的传输速率达到 100Mbit/s，提供了 10Base-T 平滑过渡 100Mbit/s 性能的解决方案。

（2）100Base-T 技术的关键部件是 100Mbit/s 的 CSMA/CD 收发器及介质独立接口（MII，Media Independent Interface ），现支持 3 种类型的收发器。

① 100Base-T4：采用 4 对 3 类，或 5 类 UTP 双绞线缆，采用 8B6T-NRZ 编码：将数据流中每 8 比特成一组，按编码规则转成每组 6 比特的三元制码元。同时使用 3 对双绞线传送数据（每一线对承传 1/3 线速），另一对用做检测冲突的接收信道。

② 100Base-TX：采用 2 对 5 类 UTP 或 150Ω STP 双绞线缆，采用多电平传输 3 编码，编码规则为：输入为 0，则下个输出值不变；若输入为 1，则下个输出值要变。如何变？如果前一个输出非 0，则下一个输出值为 0；若前一个输出为 0，则下一个输出值与上次的一个非 0 输出值的符号相反。

③ 100Base-FX：采用 2 对 MMF 多模光纤，一发一收，有利于结构化布线。采用 4B/5B-NRZI 编码：将数据流中每 4 比特成一组，按编码规则转成每组 5 比特，确保至少每组有 2 个“1”，即信号至少存在两次跃变。NRZI 是不归零反转制，即当“1”出现时，信号电平在“+”和“−”值交替变化。

（3）快速以太网在全双工方式下工作不会产生冲突，因此，CSMA/CD 协议无效。

100Base-T 网采用自适应网卡，可在 10Mbit/s 和 100Mbit/s 环境下混合使用，快速以太网网卡的传输线速率是 10Base-T 的 10 倍。

2. 吉比特对以太网

1996 年，吉比特以太网（Gigabit Ethernet）问世，1999 年 IEEE 发表了 1000Base-X 标准 802.3z，引起业界的广泛兴趣。吉比特以太网（1000Mbit/s）和以太网（10Mbit/s、100Mbit/s）具有相同的帧格式、流量控制和全双工操作。在半双工模式中，吉比特以太网也采用相同的 CSMA/CD 基本原理，解决共享媒体的争用。

（1）吉比特对以太网标准。IEEE 802.3z 标准定义了：

① 100Base-LX（长波长），支持在园区内主干单模光纤和建筑物内垂直主干多模光纤的应用，其链路长度分别是 550m 和 3km；

② 1000Base-SX（短波长），支持在较短垂直主干和水平布线多模光纤的应用，其链路长度是 260m；

③ 1000Base-CX，支持在室内铜屏蔽线缆（STP、150Ω）的应用，其链路长度 205m。

802.3z 以 1.25G 波特率使用 8B/10B 编码，从而获得 1 000Mbit/s 的数据传输速率。

IEEE 802.3ab 标准定义了：

1000Base-T，支持 4 对 5 类非屏蔽双绞线（UTP）的应用，其链路长度是 100m。提供半双工（CSMA/CD）和全双工 1Gbit/s 的以太网服务。1000Base-T 的拓扑准则与 100Base-TX 所用的自动协商机制（Auto Negotiation System）相同。这样不仅简化了与传统以太网逐步集成的任务，还可能提供 100Mbit/s 和 1 000Mbit/s 双频的物理协议子层（PHY）产品。后者确保了 1000Base-T 设备能够“后退到”100Base-TX 的操作，因此为升级系统提供一种灵活方法。

（2）吉比特以太网的体系结构。吉比特以太网的体系结构如图 6-16 所示。图中数据链路层仍分为两个子层：LLC 和 MAC。在两层之间有一个 MAC 控制（可选）子层。

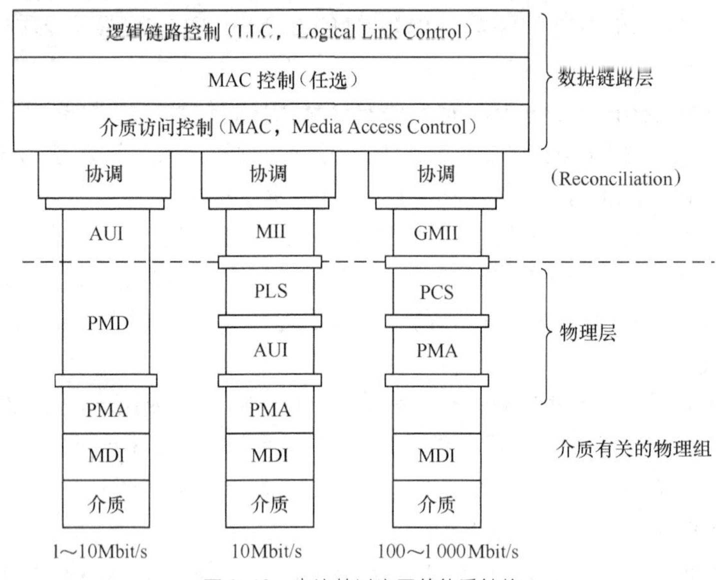

图 6-16 吉比特以太网的体系结构

物理层比较复杂，图 6-16 中列出了 10Mbit/s 和 100Mbit/s 的层次加以对照。

① 介质相关接口（MDI，Medium Depedence Interface）子层，适配不同的传输介质，如双绞线、同轴电缆或光纤。

② 介质有关的物理组（Medium Depedence PHY group）包括 3 个层次：

- 物理编码子层（PCS，Physical Coding Sublayer）；
- 物理介质附属子层（PMA，Physical Medium Attachment Sublayer）；
- 物理介质相关子层（PMD，Physical Medium Dependent Sublayer）。

③ 吉比特介质独立接口（GMII，Gigabit Medium Independent Interface）。

（3）吉比特以太网技术特征。1000Base-T 使用 5 类 UTP，可保护大部分用户（约占 72%）的投资。然而，1000Base-T 在使用 5 类 UTP 中，在施工安装时，提出更高的质量要求。例如，端接硬件的非双绞 UTP 长度不得超过 13mm，通过现场对全程链路测试其性能参数，来判定施工质量的优劣。除了在 ANSI/TIA/EIA-TSB-67“双绞线缆系统现场测试的传输性能规范”、ANSI/TIA/EIA-568-A 附录 E 和 ISO/IEC11801:1995 中已规定的要求以外，主要有以下几点。

① 回波（Echo）：在同一线进行收、发全双工通信时，会产生回波。所谓回波是指接收到不希望的残留的发送信号，该回波是由于2/4线转换混合损耗（trans-hybrid loss）和布线引起的返回损耗（return loss）因素的组合而产生的。

② 返回损耗：测量因信道失配而引起的反射回转至发送端的能量损耗。差值越大越好。

③ 远端串音衰耗（FEXT）：信号从发送器远端电缆中的一线对泄漏到另一线对。FEXT与近端串音衰耗（NEXT）一样，它也是一种噪声信号，均以分贝（dB）形式测量。在较高的频率时串音会变小，因而差值越大越好。

④ 等能量级远端串音衰耗（ELFEXT）：FEXT和全程链路衰减（Attenuation）的差值。

⑤ AMD公司进行的实验表明：在具有冲突的半双工拓扑中，吉比特以太网在网络100%负荷时其吞吐量超过720Mbit/s。

吉比特以太网使用全双工通信，典型应用是在两个端点（endpoint）之间，如交换机之间、交换机和服务器之间、交换机和路由器之间等，在网段上无冲突，从而可不使用CSMA/CD介质访问方式和流量控制。

吉比特以太网的全双工通信可选择IEEE802.3x的流量控制机制：如果接收站发生阻塞，它可以回送一个称为“暂停帧”给源站，请求该站在一特定的间隔内停止发送。发送站在发送更多的数据之前等待所请求的时间。一旦阻塞解除，接收站还可以送回一个“零等待时间帧”给源站，请求开始再次发送数据。这个机制从IEEE802.3z中分离出来，但允许吉比特以太网速率的设备共享这种流量控制机制。

（4）吉比特以太网的编码。IEEE 802.3z采用ANSI X3T1L Fiber Channel FC1层描述的同步和8B/10B编码模式，如图6-17所示。这种8B/10B编码模式是指每8个数据比特转换为不包含连续两个0的比特码。其编码过程：将8个比特分成5B/6B和3B/4B两部份分别编码。

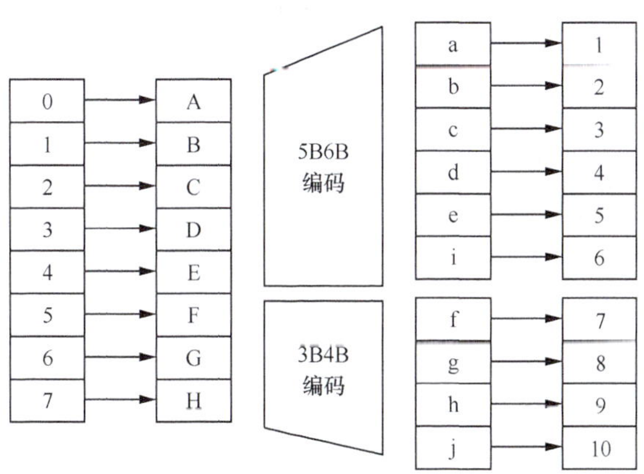

图6-17 8B/10B编码模式

8B/10B码表可有256种组合，分为以下几种。

① 数据码组（标为D）：用于数据传输；

② 特定控制码组（标为K）：控制序列传输（comma, ordered-sets, and so forth）。例如，设有8位数据位00100010（HGFEDCBA），按5B/6B和3B/4B编码表可得：

① 数据位 00010（EDCBA）可编为 101101 或 010010（abcdei）；

② 数据位 001（HGF）可编为 1001 或 1001（fGHj）。然后再合成 1001 101101 或 1001 010010 输出（左边为最高位）。表 6-3 给出了 3 组 8B/10B 编码示例，例如表中 8 位组（Octet）值 34，$(34)_H=(52)_D=(20+32)$ 编为 D20.1 组。

表 6-3　　8B/10B 编码示例

码　组　名	Octet 值	HGF EDCBA	abcdei fGHj RD（－）	abcdei fGHj RD（＋）
D0.0	00	000 00000	100111 0100	011000 1011
D20.1	34	001 10100	001011 1001	001011 1001
D10.3	6A	011 01010	010101 1100	010101 0011

8B/10B 编码模式具有更好的直流（DC）平衡性。若 DC 平衡性差，可能会发送“1”比“0”的个数多，潜在地致使激光发热，从而导致较高的误码率。

IEEE 802.3ab 为了提高性价比，采用 4 对 5 类 UTP，而不采用 8B/10B 编码。在 MAC 子层和 PHY 子层定义一个逻辑接口，允许引入更高性价比的编码方案。由于可用带宽的限制，每对 5 类 UTP 以取不超过 125M baud 为宜。最大限度地减少多元制的符号位数，取 5 级（quinary）编码，即 8B/4Quinary。这样（1000/4）×（4/8）=125M baud 能够满足可有带宽的限制。

3. 吉比特以太网

以太网在局域网/城域网的发展中占有统治地位，独领风骚，其原因是：结构简便，有利于用户使用；在交换式双绞线以太网出台后，使网络更可靠，便于安装使用；在高速化的进程中，其帧格式一直未变，便于网络升级，保护了用户投资。

1993 年又成立了 IEEE 802.3 高速研究组（HSSG），致力于吉比特（10Gbit/s）以太网的研究，可记为 10GbE 或 10GE，也常称为万兆以太网。其标准的制定是由 802.3ae 任务组承担，已在 2002 年出台[16]。

（1）吉比特以太网的主要特点有：

① 仍然保持以太网的帧格式，符合 802.3 的最大帧长（1518 字节）和最小帧长（64 字节），有利于网络升级，以及互连、互通。

② 吉比特以太网只采用光纤作为传输介质，若使用单模光纤，增强型收发器，传输距离可超过 40km，可适宜城域网（MAN）或广域网的应用范围；而使用多模光纤，传输距离为 300m～2km。

③ 吉比特以太网只支持全双工方式，因此不存在争用问题，也不采用 CSMA/CD 介质访问控制协议。

尽管吉比特以太网技术是在原有千兆以太技术的基础上发展起来，但是由于其极高速率和适用范围的拓宽，与原有的技术相比还是有很大的差异。主要表现在：物理层实现方式、帧格式、MAC 的工作速率及适配策略。

（2）物理层实现方式。由于吉比特以太网既可作为 LAN，也可作为 MAN/WAN 使用，而 LAN 和 WAN 之间由于工作环境不同，对于各项指标的要求存在较大的差异。主要表现在时钟抖动、BER（比特差错率）、QoS 等要求不同。据此制定了两种不同的物理介质标准：

LAN PHY、WAN PHY。这两种物理层的共同点有：共用一个 MAC 层，仅支持全双工，省略了 CSMA/CD 策略，采用光纤作为物理传输介质。

对应着 OSI 模型第 1 层的以太网物理层，其将介质和 MAC 子层连接起来，而 MAC 子层则对应着 OSI 模型的第 2 层。以太网协议体系结构将物理层进一步划分为 PMD（物理介质相关）子层和 PCS（物理编码子层）。如光接收器就是一种典型的 PMD，PCS 由编码器、排序器及复用器组成。LAN PHY 和 WAN PHY 的区别就在于 PCS 的不同。WAN PHY 有 1 个 WIS（广域网接口子层），包含了一个简化的 SONET/SDH 成帧器。吉比特广域以太网 MAC 层还具有速率匹配功能。

作为吉比特以太网的物理接口，XAUI 是 XGMII（10G 介质无关接口）的扩展。XGMII 接口宽度为 64 比特（全双工方式下每个通道各占 32 比特）。XAUI 可替代 XGMII 接口，或作为 XGMII 的扩展，将介质与 MAC 子层连接起来。吉比特广域网物理层功能如图 6-18 所示。

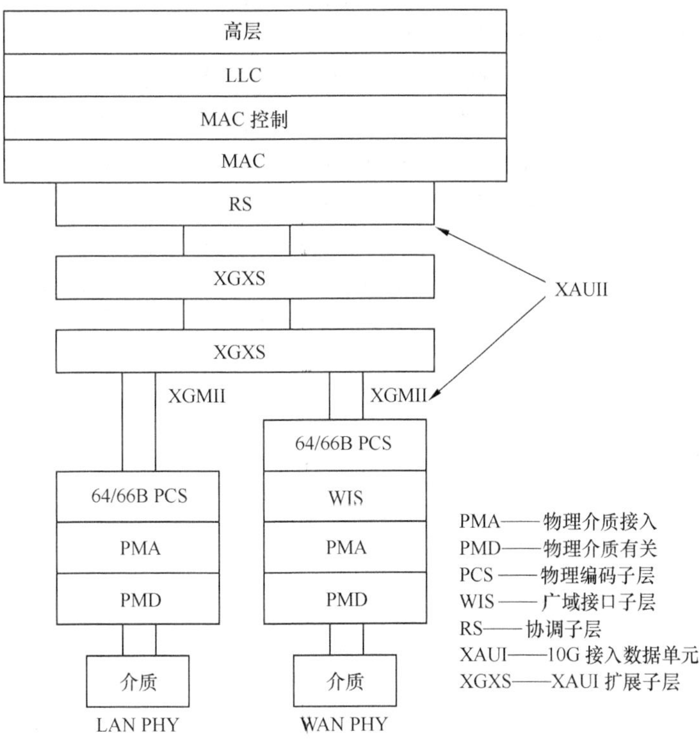

图 6-18 吉比特以太广域网物理层功能

① 吉比特局域以太网物理层。支持 802.3MAC 全双工工作方式，MAC 时钟可选择分别工作在 1G 方式或吉比特两种模式，允许以太网复用设备同时携带 10 路 1Gbit/s 信号，帧格式与以太网的帧格式保持一致，工作速率为 10Gbit/s。吉比特局域网可用最小的代价升级现有的局域网，并与 10/100/1000Mbit/s 以太网兼容，传输距离最远可达 40km。

② 吉比特广域网物理层。采用 SONET OC-192/SDH STM54 帧格式在线路上传输，传输速率为 9.58464Gbit/s，通过 XGMII 接口提供速率匹配。当物理介质采用单模光纤时，传输距离最远可达 300km；采用多模光纤时，传输距离最远可达 40km。吉比特广域网物理层采用

两个扰码多项式，其结构如图 6-19 所示。

PCS 层提供从 XGMII 到 PMA 的映射并进行 MAC 帧定界。为了避免伪帧定界，PCS 层对 MAC 帧的前 8 个字节进行 $X^{43}+1$ 的自同步扰码，以避免信息字段中出现物理层帧的帧定位字节的情况。扰码器的使用将降低传输比特流中出现多个“0”或多个“1”的概率，提高了宿端时钟恢复能力。PMA 对整个帧进行 X^7+X^6+1 帧同步扰码，最后将扰码后的信号传送到光纤进行传输。

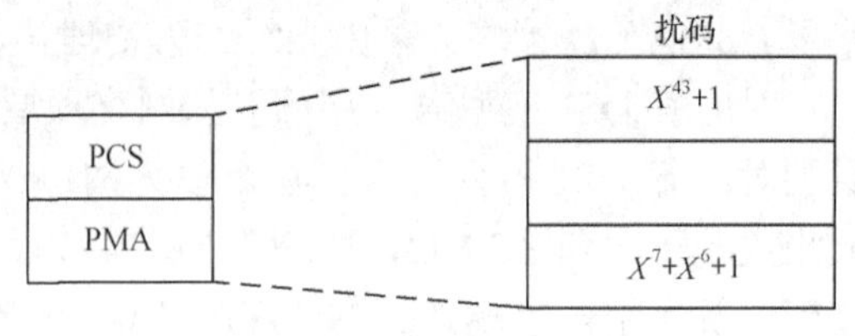

图 6-19 扰码多项式结构

（3）**帧格式**。吉比特以太网继承了原有的 IEEE 802.3 的帧格式。为了达到 10Gbit/s 的速率，采用了将多个以太网帧映射到一个 SONET OC-192/SDH STM64 帧的技术。以往的以太网技术通常利用物理层中特殊的 10 字节代码来实现帧定界，当 MAC 层有数据需要发送时，PCS 子层对这些数据进行 8B/10B 编码，当发现帧头和帧尾时，自动添加帧起始定界符（SPD）和帧结束定界符（EPD）；当 PCS 子层收到来自于底层的 10 字节编码数据时，根据 SPD 和 EPD 找到帧的起始和结束从而完成帧定界。但是 SDH 中承载的吉比特以太网帧定界不同于标准的吉比特以太网定界，因为复用的数据已经恢复成 8B 编码的码组，去掉了 SPD 和 EPD。10G 以太网如果只利用前导（Preamble）和帧起始（SFD）进行帧定界，由于信息数据中出现与前导和帧起始相同码组的概率较大，采取这样的定界策略可能会造成接收端始终无法进行正确的以太网帧定界，为了避免这种情况，其采用了 HEC 策略。

吉比特以太网的帧格式，添加长度域和 HEC 域。为了在帧定界过程中方便地查找出下一个帧的位置，同时由于最大帧长为 1 518 字节，长度字段最少需有 11 个比特，所以在复接 MAC 帧的过程中用两个字节替换前导头两个字节作为长度域。然后对这 8 个字节进行 CRC-16 校验，将最后得到的两个字节作为 HEC 插入 SFD 之后。修改后的 MAC 帧的字段安排见图 6-20，其中长度域的值表示修改后的 MAC 帧长。

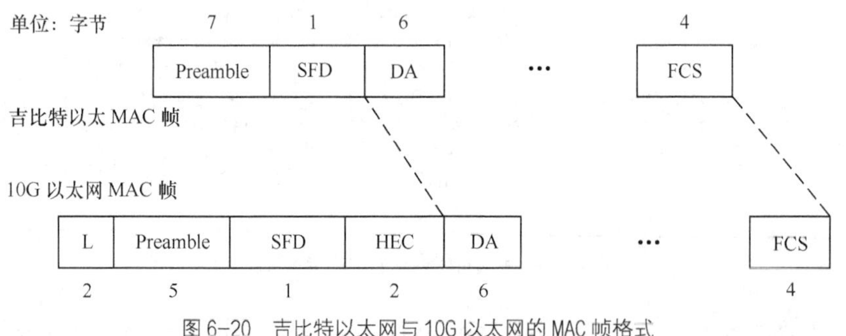

图 6-20 吉比特以太网与 10G 以太网的 MAC 帧格式

（4）10G 以太网 LAN 和 WAN 速率匹配。10G 局域以太网和广域网物理层的速率不同，LAN 与 WAN 在 10G 以太网下速率分别为 10Gbit/s 和 9.58464Gbit/s（PCS 层未编码前的速率）。但由于这两种速率的物理层共用了一个速率为 10Gbit/s 的 MAC 层，采用了在 XGMII 接口处发送 HOLD 信号、MAC 层在一个时钟周期停止发送数据的技术，从而实现了不同网络类型下的速率匹配。

6.5 电信级城域以太网

6.5.1 电信级城域以太网的概念

随着通信业务IP化的不断深入，在IP网上的承载数据、语音和视频多业务面临日益严峻的挑战。尤其是IP城域网的二层平面（汇聚层和接入层），已广泛应用的以太网技术如何适应多业务承载的新需求，引起运营商和各大设备商的极大关注。

在这个背景下，电信级城域以太网的概念应运而生。电信级城域以太网的一个根本目的是，要把以太网应用从局域网的范围延伸到城域网甚至广域网的范畴。从技术上讲，所谓电信级城域以太网，即在保留传统以太网的帧结构的基础上，通过扩展帧头和引入二层信令，在以太网上实现与电信网类似的可管理性和高可靠性。

根据ITU-T和城域以太网论坛（MEF，Metropoliton Ethernet Forum）的定义，电信级城域以太网应具备以下特征。

（1）高可靠性。在线型和环型组网的情况下，提供50ms的自动保护倒换。

（2）端到端的QoS保障能力。具备业务区分和识别能力，能够提供基于CIR和EIR的QoS保障能力。

（3）完善的OA&M（操作、管理和维护）和可管理性。提供网络级的故障管理和性能管理，方便运行与维护。

（4）多业务。能够综合承载语音、数据和视频等多种业务，并针对不同业务提供相应的QoS等级。

（5）标准化。具备良好的互连、互通性，实现不同厂商和运营商之间的业务互通。

围绕上述5个特征，各大设备商从不同的思路出发，开发了不同类别的电信级城域以太网技术。目前，主流的电信级城域以太网技术包括：增强型以太网、PBB-TE和MPLS-TP。

1．增强型以太网技术

从帧结构的角度区分，增强型以太网采用标准的以太网帧头，并通过IEEE 802.1ad QinQ的方式来实现扩展，解决单层VLAN ID空间的局限性。

IEEE 802.1ad QinQ也称Stacked VLAN或Double VLAN。标准出自IEEE 802.1ad，目前该标准仍处于草案阶段。堆叠VLAN（SVLAN，Stacked VLAN）或双层VLAN（Double VLAN）的实现是在802.1Q协议标签前再次封装802.1Q协议标签，其中一层标识用户系统网络（customer network），一层标识网络运营网络（service provider network），将其扩展实现用户线路标识。目前部分交换机可以支持QinQ功能。

QinQ允许运营商为每个用户分配最大到4k的第2个VLAN ID。运营商VLAN标记在IPDSLAM（数字用户线接入复用器）网络侧插入，在用户侧删除。BAS通过识别用户的第2个VLAN确定用户线路标识。

QinQ技术通过在以太帧中堆叠两个802.1Q标记，有效地扩展了VLAN数目，使VLAN的数目最多可达4 096 × 4 096个。同时，多个VLAN能够被复用到一个核心VLAN中。MSP通常为每个客户建立一个VLAN模型，用通用属性注册协议/通用VLAN注册协议（GARP/GVRP）自动监控整个主干网络的VLAN，并通过扩展生成树协议（STP）来加快网络收敛速度，从而为网络提供弹性。

增强型以太网技术基于双层 VLAN ID 来提供用户的定位和业务分流，不需要增加额外的控制信令。和普通以太网交换机相比，增强型以太网主要在可靠性和 OAM 上有了提高。它可以通过 ITU- T X.87 MSR（城域网多业务环）、G.8031（线型保护）、G.8032（环型保护）和 IETF RFC 3619 EAPS 等保护倒换协议提供在环型或线型拓扑下的 50ms 保护倒换能力，并通过支持 IEEE 802.1ag 或 Y.1731 等 OAM 标准实现端到端的故障和性能管理功能。

由于主要工作在无连接模式，增强型以太网技术并不能确保端到端的 QoS。但因为其对现有以太网设备的改动不大，所以目前支持增强型以太网技术的厂商较多。此外，由于其封装格式为标准的以太网帧结构，不同厂家的设备在数据平面不存在互连互通性问题。目前，影响互通性的主要制约在于保护倒换时各厂商采用的标准不一致，导致控制平面无法互通。而这一问题将随着 ITU-T G.8031 和 G.8032 的完善逐渐得到解决。

QinQ 技术作为初始的解决方案是不错的，但随着用户数量的增加，SVLAN 模型也会带来可扩展性的问题。因为有些用户可能希望在分支机构间进行数据传输时可以携带自己的 VLAN ID，这就使采用 QinQ 技术的 MSP 面临以下两个问题：

第一，第一名客户的 VLAN 标识可能与其他客户冲突；

第二，服务提供商将受到客户可使用标识数量的严重限制。

如果允许用户按他们自己的方式使用各自的 VLAN ID 空间，那么核心网络仍存在 4 096 个 VLAN 的限制。

主要特点分析：

（1）没有协议交互过程，不需要任何配置；

（2）与业务不关联，对 DSLAM 无影响；

（3）扩展了 4k VLAN；

（4）二层 VLAN 统一规划，同时要求运营商二层网络必须支持二层 VLAN tag，对设备要求比较高。

（5）报文有效载荷降低，同时造成可能分片、重组；

（6）协议扩展性不强，不支持用户其他控制属性。

2．PBB-TE 技术

PBB-TE 技术是在 MAC in MAC 基础上的扩展。PBB 是 Provider Backbone Bridge 的简称，译成提供商主干网桥，PBB-TE 则是 PBB-Traffic Engineering 的英文缩写，PBB 业务量工程，由 IEEE 802.1ah 工作组制定。PBB 以太网的帧传送技术的主要目标是允许由 802.1ad 所规定的提供商网桥网（PBBN）在数量上支持 224 个业务 VLAN，同时定义了 PBBN 的架构和桥接协议，实现多个 PBBN 的兼容和互连。它通过区分运营商和用户 MAC 提高了设备的安全性，并且通过引入面向连接的功能实现了以太网上的端到端的业务提供和管理功能。

PBB-TE 中通过 48bit 的运营商目的 MAC 地址和 12bit 的 VLAN ID 来进行转发，并通过 24bit 的 I-SID 实现了业务的标识和区分能力。在 PBB-TE 网络中，边缘节点需要完成运营商 MAC 的添加和删除以及 I- SID 的映射；而核心节点的转发方式和普通的以太网交换机相同。

PBB-TE 和增强型以太网技术均属于 Ethernet+技术，因此在保护倒换和 OAM 上有一定共性。目前，PBB-TE 中的保护倒换可能会采用 ITU-T G.8031 和 G.8032 标准，而 OAM 也将基于 IEEE 802.1ag 和 ITU-T Y.1731。目前的 PBB-TE 技术主要是基于静态的预配置方式实现面向连接的功能，随着网络规模的增加可能会产生 *N* 平方问题。因此，IETF 也在考虑在 PBB-TE 上引入 G-MPLS 作为控制平面。

PBB-TE 技术由 IEEE 802.1Qay 工作组进行标准化，目前处在标准的草案阶段，尚不成熟。因此，当前实际支持 PBB-TE 的厂商较少，多为仅支持 MAC in MAC 的封装格式，互连互通性仍存在一定问题。

3. MPLS-TP 技术

MPLS-TP 技术是基于 MPLS（多协议标签交换）的面向连接的分组传送技术。和 MPLS 相比，MPLS-TP 去掉了对路由信令的需求，并在数据平面进行了相应的简化。如去掉了倒数第二跳弹出（PHP，Penultimate Hop Popping）功能，它是一个在 MPLS 激活的网络特定路由器执行的功能。它是指任何一个 MPLS 标签分组的最外面的分组被一个标签转换路由器（LSR）去除的过程，在这个分组被转到一个邻近的标签边缘路由器（LER）。PHP 在一个 MPLS VPN (RFC 2547)环境的第 3 层是重要的，因为它减少了在 LER 中的负担。和 PBB-TE 类似，目前的 T-MPLS 采用基于预配置的业务管理方式，未来会引入 G-MPLS 作为控制平面扩展。

T-MPLS 目前由 ITU-T SG15 进行标准化，其框架雏形已基本确定。T-MPLS 的 OAM 和保护倒换借鉴了 MPLS 的相关标准，OAM 主要遵循 G.8113 和 G.8114，保护倒换采用 G.8131（线型保护）和 G.8132（环型保护）。

和其他电信级以太网相比，T-MPLS 技术本身更偏向传送网技术。由于采用了 MPLS 作为业务层面，T-MPLS 对多业务的支持能力较好。但是，和 IETF 现有的 MPLS 标准体系相比，T-MPLS 并无本质区别，甚至可以认为是 MPLS 在静态配置情况下的简化 MPLS 二层 VPN（虚拟专用网）和伪线功能的结合。此外，由于对 MPLS 现有机制进行了简化，T-MPLS 设备和现有 MPLS 设备的互通也可能存在问题。

从技术成熟度来看，增强型以太网的主要技术近两年来已经在传统固网运营商的宽带接入网中得到了广泛应用，如灵活 Q-in-Q、双上行、QoS 等技术已成为汇聚层设备招标的必选要求。而 PBT 和 MPLS-TP 相对来说，受标准化和核心芯片的影响，目前主要处于测试和试点期，其正式规模商用有待时日。

6.5.2 电信级城域以太网的 EAN 应用

以太汇聚网（EAN，Ethernet Aggregation Network）应用是电信级城域以太网技术在现阶段最主要的应用方式。它用于城域网中业务控制点以下和“最后一公里”以上的宽带流量汇聚。这里业务控制点是指宽带接入服务器（BRAS）或业务路由器（*SR*）。具体而言，EAN 将 LAN 接入交换机、IP DSLAM、FTTx、软交换接入网关（AG）、Wi-Fi 和 WiMAX 的上行以太网流量进行接入和汇聚，并通过高速的以太网接口上行到业务控制点。与其他汇聚方式相比，EAN 中采用电信级城域以太网技术有以下优势：

（1）可以有效地实现对大粒度（GE 和 10GE）的数据业务进行接入和调度；

（2）可以通过双星型和环型的拓扑提供对数据业务的小于 50 ms 的保护倒换；

（3）利用电信级以太网技术的 OAM 机制实现故障定位和性能监控。

EAN 应用比较适合采用增强型以太网技术，因为它能在成本较低的情况下满足对 OAM 和高可靠性的需求，并且便于从现有网络实现平滑升级过渡。此外，增强型以太网技术由于对组播的支持较好，可以满足 IPTV 等业务大规模部署的需求。

6.5.3 电信级以太网提供 EPON OLT 的可靠汇聚

EPON（Ethernet Passive Optical System）是“基于以太网的无源光网络”的英文缩写，它是一种采用点到多点网络结构、无源光纤传输方式、基于高速以太网平台和 TDM（Time Division Multipexing）时分介质访问控制（MAC，Media Access Control）方式提供多种综合业务的宽带接入技术。OLT（Optical Line Terminal）为“光线路终端”的英文缩写，在 EPON 的统一管理方面，OLT 是主要的管理中心，实现网络管理的主要功能。

由于 EPON 技术在未来移动城域网中将会有大量应用，因此 OLT 汇聚作为一个普遍性问题被提出来。在 OLT 上承载了大量业务，其中可能包括软交换语音业务、视频业务以及集团接入等业务，因此 OLT 汇聚必须要保证可靠性。

图 6-21 给出了 OLT 可靠汇聚的两种方案：（a）光纤直驱；（b）以太环网。在传统方式中，一般考虑双星型光纤直驱的方式，如图 6-21（a）所示，但这种方式有几个弊端：

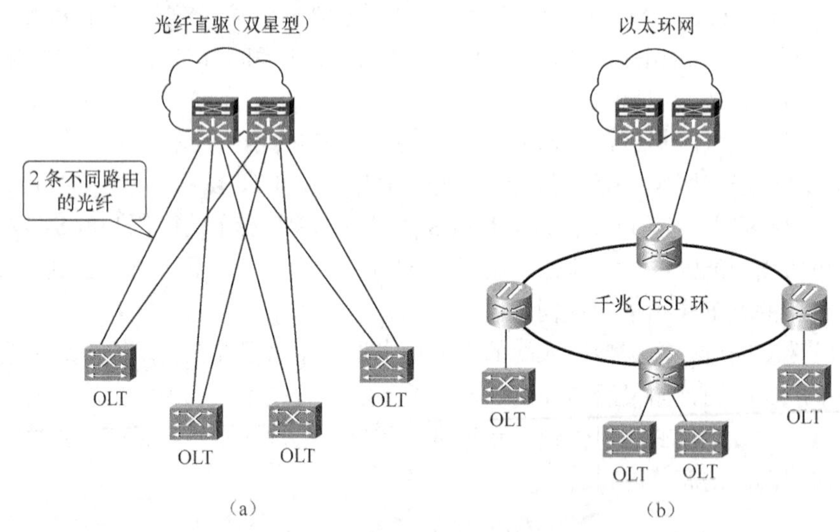

图 6-21 以太环网与光纤直驱的 OLT 可靠汇聚

（1）双星型组网占用大量光纤资源，而且光纤距离比较远。尤其是随着 EPON OLT 数量的增加，每一个 OLT 必须使用两条不同路由的光纤向骨干节点汇聚，光缆的占用非常多。

（2）扩容不方便。每增加部署新的 OLT，必须远距离光纤直连到骨干节点，扩容不方便。

（3）占用较多的骨干设备光端口。采用双星型组网，每增加一台 OLT，意味着上面的骨干设备必须配置 2 个吉比特以太（GE）光端口。如果部署了 N 个 OLT，意味着每台骨干设备得配置 2N 个 GE 端口。而 BRAS 和 SR 的 GE 光端口是比较昂贵的。

而采用以太环网进行汇聚，如图 6-21（b）所示，相对有如下好处：

（1）节省光纤资源，增加新的 OLT 较为方便。新的 OLT 只需要就近接入到以太环网的节点，不需要远距离光纤直连到骨干设备上。

（2）可以利用传输网络现有的环形光纤资源。据统计，一般来说，传输网络的光缆资源具有一定的剩余，这样就可利用现有环形光缆资源来组建以太环网。

（3）减少了骨干设备上 GE 光端口的占用。经过以太环网汇聚之后，只需要 1～8 个 GE 口或者若干个 10G 口连到主干设备上，明显减少了主干设备上光端口的占用。

（4）提供了 OLT 的可靠上连。以太环网的 50ms 保护倒换能力，提供了 OLT 的可靠上连。当然，双星型组网也可提供 50ms 的主备倒换机制。

6.6 无线局域网

无线局域网作为有线局域网的补充和扩展，具有灵活的移动性、安装简便、运行成本低、可扩展性强等优点，已经得到了广泛的应用。

6.6.1 无线局域网标准

目前，无线局域网（WLAN，Wireless LAN）[17]领域主要是 IEEE 802.11x 系列与 HiperLAN/x（欧洲无线局域网）系列两种标准。802.11 是 IEEE 在 1997 年为 WLAN 定义的一个无线网络通信的工业标准。此后这一标准又不断得到补充和完善，形成了 802.11x 的标准系列。802.11x 标准是现在 WLAN 的主流标准，也是 Wi-Fi（Wireless Fidelity）的技术基础。

最初制定的一个 WLAN 标准是 802.11，主要用于解决办公室局域网和校园网中用户与用户终端的无线接入，业务主要限于数据存取，起初速率最高只能达到 2Mbit/s。由于它在速率和传输距离上都不能满足人们的需要，因此，IEEE 又相继推出了 802.11b 和 802.11a 等系列标准[17]。

1. 802.11b

802.11b 是一种 11Mbit/s 无线标准，可为笔记本电脑或桌面电脑用户提供完全的网络服务。IEEE802.11b 的特点和应用范围如表 6-4 所示。

表 6-4　IEEE 802.11b 的特点和应用范围

IEEE 802.11b	特　点
频段	2.4GHz，直接序列扩频（DSSS）
数据传输速率	11Mbit/s（最大 22 Mbit/s）
动态速率转换	当射频情况变差时，可将数据传输速率降低为 5.5Mbit/s、2Mbit/s 和 1Mibt/s
使用范围	支持的范围是在室外为 300m，在办公环境中最长为 100m
可靠性	使用与以太网类似的连接协议和数据包确认，来提供可靠的数据传送和网络带宽的有效使用

续表

IEEE 802.11b	特　点
互用性	只允许一种标准的信号发送技术，WECA 将认证产品的互用性
电源管理	网络接口卡可转到休眠模式，访问点将信息缓冲到客户，延长了笔记本电脑的电池寿命
漫游支持	当用户在楼房或公司部门之间移动时，允许在访问点之间进行无缝连接
加载平衡	NIC 更改与之连接的访问点，以提高性能
可伸缩性	最多 3 个访问点可以同时定位于有效使用范围中，以支持上百个用户
安全性	内置式鉴定和加密

2．802.11a

802.11a 标准是 802.11b WLAN 标准的后续标准。标准工作在 5GHz 频带，物理层速率可达 54Mbit/s，传输层可达 25Mbit/s。采用正交频分复用（OFDM，Orthogonal Frequency Division Multiplexing）的独特扩频技术；可提供 25Mbit/s 的无线 ATM 接口和 10Mbit/s 的以太网无线帧结构接口，以及 TDD/TDMA 的空中接口；支持语音、数据、图像业务；一个扇区可接入多个用户，每个用户可带多个用户终端。

3．802.11g

802.11g 是为了提高更高的传输速率而制定的标准，它采用 2.4GHz 频段，使用补码键控（CCK，Complementary Code Keying）技术与 802.11b（Wi-Fi，Wireless Fidelity）向下兼容，同时它又采用 OFDM 技术支持高达 54Mbit/s 的数据流。

从 802.11b 到 802.11g，可发现 WLAN 标准发展的轨迹：802.11b 是所有 WLAN 标准演进的基石，未来许多的系统大都需要与 802.11b 向下兼容；802.11a 是一个非全球性的标准，与 802.11b 向下不兼容，但采用 OFDM 技术，支持的数据流高达 54Mbit/s。802.11g 是兼容调制方式和工作频段不同的两种 802.11b 和 802.11a 互通的一种混合标准。通过其高速模式，802.11g 支持多个同时高质量的视频信道，允许同一所房子中的 2～3 个人同时观看不同的视频节目。

4．802.11n

IEEE 802.11n 工作小组由高吞吐量研究小组发展而来，并计划将 WLAN 的传输速率增加至 108Mbit/s 以上，最高速率可达 320Mbit/s。和以往的 802.11 标准不同，802.11n 协议为双频工作模式（包含 2.4GHz 和 5.0GHz 两个工作频段），保障了与以往的 802.11a/b/g 标准兼容。采用多进多出（MIMO）和空间流技术，接收天线的数量越多，可以保持一定数据传输速度的传输距离就越长。若采用 2×3MIMO 方式则表示 2 根发射天线和 3 根接收天线，表示 2 根天线独立地并行发送由单独编码的信号组成的不同的流（即空间流），在接收端，每根天线收到信号流的不同组合。多出的接收天线增加了给定吞吐量的传输距离。或者说，增加了给定距离上的吞吐量。

表 6-5 列出了 802.11 和 802.11a/b/g/n 的性能比较。

表 6-5 802.11、802.11b 和 802.11a/b/g/n 的性能比较

标　准	频　率	带　宽	距　离	业　务
802.11	2.4GHz	1～2Mbit/s	100m	数据
802.11b	2.4GHz	可达 11Mbit/s	功率增加可扩展	数据、图像
802.11a	5.0GHz	可达 54 Mbit/s	5～10km	语音、数据、图像
802.11g	2.4/5.0GHz	可达 54 Mbit/s	视网络环境而定	语音、数据、图像
802.11n	2.4/5.0GHz	可达 108～320 Mbit/s	视网络环境而定	语音、数据、图像

5．802.11e

802.11e 是 IEEE 为满足语音、视频等传输的服务质量（QoS）方面要求而制定的。在 802.11MAC 子层，802.11e 添加了 QoS 和多媒体支持功能，它的分布式控制模式可提供稳定合理的服务质量，而集中控制模式可灵活支持多种服务质量策略，让影音传输能及时、定量、保证多媒体的顺畅应用，Wi-Fi 联盟将此称为 WMM（wi-fi multimedia）。

6．802.11h

802.11h 是为了与欧洲的 HiperLAN2 相协调的修订标准，美国和欧洲在 5GHz 频段上的规划、应用上存在差异，制定这一标准的目的，是为了减少对同处于 5GHz 频段的信号干扰。类似的还有 802.16（WIMAX），其中 802.16B 即是为了与 Wireless HUMAN 协调所制定。802.11h 涉及两种技术，一种是动态信道选择（DCS），即接入点不停地扫描信道上的信号，接入点和相关的基站随时改变频率，最大限度地减少干扰，均匀分配 WLAN 流量；另一种技术是发射功率控制（TPC），总的传输功率或干扰将减少 3dB。

7．802.11i

802.11i 是无线局域网的安全标准，也称为 Wi-Fi 保护访问，它是一个存取与传输安全机制，由于 Wi-Fi 联盟已经先行提出比 WEP（Wired Equivalent Privacy）更高防护力的 WPA（Wi-Fi Protected Access），因此 802.11i 也被称为 WPA2。WPA 使用当时密钥集成协议进行动态加密，其运算法则与 WEP 一样，但创建密钥的方法不同。

蓝牙（Bluetooth）是与 IEEE 802.11b 无线局域网标准相当的另一个标准。蓝牙有包括 IBM 为主蓝牙特殊利益集团（SIG）的支持，IEEE 802.11b 有无线以太网兼容性联盟 （WECA）的支持。两者工作频段均工作在 2.4GHz 频段上。IEEE 802.11 只规定了开放式系统互联参考模型（OSI-RM）的物理层和 MAC 层，MAC 层利用载波监听多重访问/冲突避免（CSMA/CA）协议，而在物理层，802.11 定义了 3 种不同的物理介质：红外线、跳频扩谱方式（FHSS）以及直扩方式（DSSS）。若要进行无线数据通信，数据设备先要安装有无线网卡。蓝牙技术具有一整套全新的协议，可以应用于更多的场合。蓝牙技术中的跳频更快，因而更加稳定，同时它还具有低功耗、低代价和比较灵活等特点。

IEEE 802.11b 实现的是有形的、特定的网络，而由蓝牙形成的网络是无形的、看不见的，蓝牙技术是自主网（ad hoc）中的一个主流技术。

在应用上，IEEE 802.11b 的传输距离长、速度快，可以满足用户运行大量占用带宽的网络操作，就像在有线局域网上一样。而蓝牙技术面向的却是移动设备间的小范围连接，因而从本质上说，它是一种代替电缆的技术。蓝牙适合用在手机、掌上型电脑等简易数据传递，速率小于 1Mbit/s。

目前这些技术还仍处于并存状态，由于 IEEE 802.11b 和蓝牙的载波频带都使用 2.4GHz 频带，当同时收发这两种规格的数据时，有可能引起数据包冲突等电波干扰等问题；从长远看，随着产品与市场的不断发展，它们将走向融合。

6.6.2 IEEE 802.11 无线局域网的拓扑结构

IEEE 802.11 无线局域网（WLAN）是由移动终端站和无线接入点（AP，Access Point）组成。IEEE 802.11WLAN 采用单元结构，整个系统分为许多基本单元，每个单元称为基本服务集（BSS，Basic Service Set）。BSS 有两种组成方式。

（1）分布对等式：无中心拓扑结构，即 BSS 中任意两个移动终端站之间可直接对等地通信，无须其他设备参与；

（2）集中控制式：星型拓扑结构，即 BSS 中以 AP 为中心，任何移动终端站之间不能直接通信，必须经 AP 中继接入 WLAN。

IEEE 802.11 WLAN 体系结构是基于基本服务集 BSS 的。当一个 BSS 内的所有终端都是移动终端，并且和有线网络没有连接时，即分布对称式网络结构，该 BSS 就叫做独立 BSS（IBSS，Independent Basic Service Set）。IBSS 中的所有移动终端都可以相互自由通信。IBSS 是最基本的 IEEE 802.11 WLAN，一个最小的 IEEE 802.11 WLAN 可以只含 2 个移动终端站。但即使属于同一个 IBSS，并不是每一个移动终端都能与其他所有移动终端通信。IBSS 没有中继功能，一个移动终端要想和其他移动终端通信，他们必须在能够直接通信的范围之内。因 IBSS 的建立不需要预先规划，它常常被称做 ad hoc 网络，如图 6-22（a）所示。

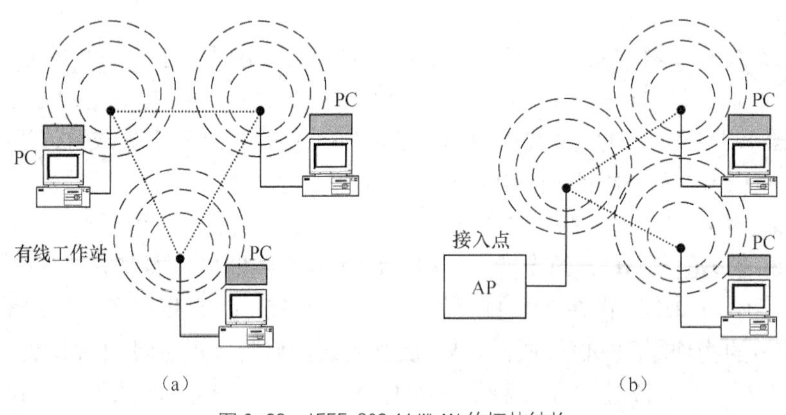

图 6-22　IEEE 802.11 WLAN 的拓扑结构

当一个 BSS 中包含 AP 时，该 BSS 被称为基础设施网 BSS（Infrastructure Basic Service Set），如图 6-22（b）。无线接入点 AP 除了本身是一个独立的终端之外，还提供对分布系统（DS，Distribution System）的接入，包括与其他 AP 的连接以及对有线网络的接入。如果 BSS 中的一个移动终端要和其他移动终端通信，数据将首先被发送到 AP，然后由 AP 转发到目的移动终端。这样，BSS 内部通信所消耗的带宽是数据直接从一个移动终端发送到另一个移动终端所消耗带宽的两倍，但 AP 可以缓存发往当前正处于节能模式移动终端的数据。扩展服务网络（ESS，Extended Service Set）由两个或两个以上 BSS 组成，每个 BSS 中有一个终端作为 AP 接入分布系统 DS，并通过 DS 与其他 BSS 相连。IEEE802.11 既支持纯粹的无线网络，也可以通过 DS 和 PORTAL 与其他有线 LAN 相连。PORTAL 是一个逻辑实体，它既可以是一个独立的网络部件，也可以和无线接入点集成在一起。PORTAL 在 IEEE 802.11 网络和其他类型的网络之间执行协议转换功能，使得其他类型网络的数据可以与 IEEE 802.11 网互通。

6.6.3 802.11 MAC 帧格式

MAC 层支持 3 种主要的帧类型——站点间传输信息所用的数据帧、控制访问介质所用的控制帧以及管理帧。管理帧用于站点第 2 层间交换管理信息。

1. 数据帧格式

802.11 数据帧格式是可变长的，如图 6-23 所示。

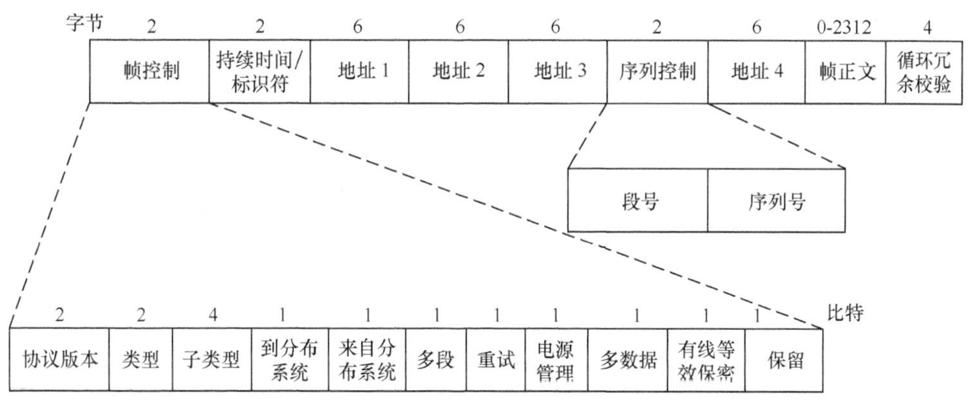

图 6-23 MAC 数据帧格式

帧正文域（Frame body）的最大长度可达 2 312 字节（见图 6-23）。这样能传输以太网的最大长度帧（含 1 500 字节信息域）。然而，因为无线链路的误码率比 LAN 误码率高得多，随着帧长度增加，帧信息受破坏的概率也更高。因此一个无线局域网比一个有线局域网的应用环境就糟糕多了。为弥补这种情况，无线局域网在 MAC 层支持一种简单的分段重装机制。

（1）**控制（Control）字段**。16 比特的帧控制字段包含 11 个子字段。其中有 8 个 1 比特字段，通过设置，可指定一个特性或功能。这一小节将详细介绍控制字段中的每个子字段。

① 协议版本（Protocol Version）子字段。2 比特的协议版本子字段提供了一种标识 802.11 标准版本的机制。该标准的最初版本中，协议版本子字段值设为 0。

② 类型和子类型（Type/Subtype）子字段。类型和子类型子字段提供 6 比特来标识一个帧。类型子字段能识别 4 种类型的帧；但目前仅定义了 3 种。4 比特的子类型子字段标识了类型分类中的一种特定类型的帧。

表 6-6 列出了类型和子类型子字段的值，并且描述了这 6 比特值的含义。在子类型描述栏的条目中，注意术语信标（Beacon）与标记环网无关。信标帧由接入点周期性地发送，其值为传送时的时钟值，这可使接收站点与 AP 时钟保持同步。

表 6-6　　类型值和子类型值

类型值 b_3b_2	类型描述	子类型值 $b_7b_6b_5b_4$	子类型描述
00	管理	0000	关联请求
00	管理	0001	关联响应
00	管理	0010	重新关联请求
00	管理	0011	重新关联响应
00	管理	0100	探查请求
00	管理	0101	探查响应
00	管理	0110-0111	保留
00	管理	1000	信标（Beacon）
00	管理	1001	ATIM
00	管理	1010	非关联
00	管理	1011	授权认证
00	管理	1100	非授权认证
00	管理	1101-1111	保留
01	控制	0000-0001	保留
01	控制	1010	PS-Poll
01	控制	1011	RTS
01	控制	1100	CTS
01	控制	1101	ACK
01	控制	1110	CF End
01	控制	1111	CF End+ CF-ACK
10	数据	0000	数据
10	数据	0001	数据+ CF-ACK
10	数据	0010	数据+ CF-Poll
10	数据	0011	数据+ CF-ACK+CF-Poll
10	数据	0100	空（无数据）
10	数据	0101	CF-ACK（无数据）
10	数据	0110	CF-Poll（无数据）
10	数据	0110	CF-ACK+CF-Poll（无数据）
10	数据	1000-1111	保留
11	数据	0000-1111	保留

③ 到分布系统（TO DS）子字段。该子字段 1 比特。当帧寻址到一个 AP 以便转发到分

布系统（DS，Distribution System）时，该子字段置1。否则该子字段置0。

④ 来自分布系统（FROM DS）子字段。该子字段也是1比特。当帧是收自分布系统时，该子字段置1。否则该子字段置0。

⑤ 多段（MORE FRAGMENT）子字段。该子字段1比特。当在当前段之后还有更多的段时，这个字段的值就设为 1。这个字段使发送端注意一个帧是一个段，并且允许接收端将一系列段重装成一个帧。

图6-24说明了帧分段的过程。注意本例中段0、段1、段2的MAC头部的More Fragment子字段值设为1。

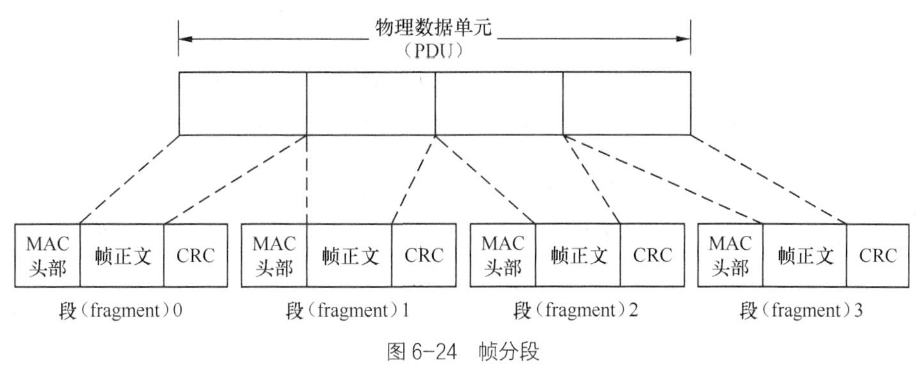

图6-24 帧分段

IEEE 802.11标准中分段传输过程是基于一种简单的停-等算法（send-and-wait algorithm）。这种算法中，发送站点只有收到对前一段的确认，或是判定该段已重传了预定的次数，并丢弃整个帧时，才能发送一个新的段。

⑥ 重试（RETRY）子字段。这个1比特字段被置1，表示这个帧是一个先前传送过的重传段。接收站点用这个字段来识别当确认帧丢失时可能发生的重传。

⑦ 电源管理（POWER MANAGEMENT）子字段。IEEE 802.11站点有两种电源模式：节能模式或活动模式。当发送时一个站点是活动（active）模式，一个帧能将其电源状态从活动改为节能模式。

通过使用电源管理比特，一个站点可标识其电源状态。接入点使用该信息，不断维护工作在节能模式的站点记录。AP将缓存发往其他站点的分组，直到那些站点通过发送轮询请求来特定请求分组，或是改变其电源状态。

通过使用信标帧可获得另一种将缓存帧发送给一个运行于节能模式站点的技术。AP周期性地发送信息，这些信息关于运行于节能模式的站点有AP所缓存的帧。作为信标帧的一部分，每个这样的站点接收信标帧后被唤醒，注意到有帧存储在AP中等待转发。然后这些站点就保持在活动电源状态，并且给AP发送一个轮询信息以索取那些帧。

⑧ 后随更多数据（MORE DATA）子字段。这个子字段指示在当前帧后带有更多帧。这个1比特子字段由AP设置，指示有的更多帧缓存在一个特定站点中。记住：在一个目的站点运行在节能模式时，在AP中产生缓存。目的站点可利用此信息来决定它是否要继续轮询，或者这个站点是否要将电源管理模式转变为活动模式。

⑨ 有线等效保密（WEP）子字段。负责开发无线标准IEEE 802.11委员会提出通过附加授权认证和加密来保证安全性，统称为有线等效保密（WEP, Wired Equivalent Privacy）。WEP

子字段的设置指示了帧的正文按 WEP 算法加密。

WEP 使用 RC4 加密算法，这是一种流加密。流加密操作是将一个短密钥扩展成一个无穷伪随机密钥流。发送端将密钥流和明文进行 XOR（异或，即模 2 加）处理，加密后生成密文。可想而知，接收端必须有密钥的拷贝以便能正确地将密文还原为明文。为此，接收端使用产生相同的伪随机比特序列的密钥；然后将密文模 2 减运算，以恢复明文。图 6-25 描述了一个基于模 2 操作的加密和解密的简单示例。

明文（plaintext）	10101101	密文（ciphertext）	11000110
伪随机比特	01101011	伪随机比特	01101011
模 2 加	⊕————	模 2 减	⊖————
形成密文	11000110	恢复明文	10101101

图 6-25　基于模 2 算法的加密/解密示例

WEP 算法使用一个伪随机数生成器，由一个 40 比特的秘密密钥初始化。通过所用 40 比特的秘密密钥和一个 24 比特的初始化向量，产生一个 64 比特的密钥。多数产品，例如接入点和网络接口卡，都有一个 WEP 配置窗口，它提示用户键入 10 个 16 进制数字（0～9、a～f，或 A～F 的任意组合）以形成一个 40 比特的 WEP。有些设备支持 128 比特的 WEP 密钥，就要求输入 26 个 16 进制数字。不论访问点还是和访问点支持的客户端都必须被配置成使用相同加密密钥和密钥长度。

一旦输入了一个合适的数字序列，那些数字就被用于产生一个密钥伪随机比特序列，其长度和最大可能的分组长度相同。这些比特与帧比特进行模 2 加运算对帧加密。每个帧和一个初始化向量一起发送，该初始化向量重启伪随机数生成器，为后续帧提供一个新的密钥序列。因此，这项技术就使攻击者很难危及信息安全。因为一个站点必须知道密钥以正确对数据解密，密钥实际上就成为一种授权认证机制。

⑩ 顺序（ORDER）子字段。控制字段的最后一个子字段是 1 比特的顺序子字段。该比特置 1 指示帧使用严格顺序服务等级进行发送。该子字段的使用是适应 DEC LAT 协议的，DEC LAT 协议不允许单播帧和多播帧间顺序的变化。因此，对于大多数无线应用是不使用该子字段。

以上对控制字段内的子字段作了详细介绍，下面继续讨论 MAC 数据帧的其他字段。

（2）**持续时间/标识符字段**。这个字段的含义与帧类型有关。在一个节能轮询消息中，该字段指示了站点标识符（ID）。在其他类型帧中，该字段指出持续时间值，它表示发送一帧以及到发送下一帧所需的时间间隔，单位是μs。

（3）**地址字段**。一个帧可以包含多达 4 个地址，这与控制字段中 ToDS 和 FromDS 比特设置有关。地址字段被标识为地址 1 到地址 4。

基于控制字段中的 ToDS 和 FromDS 比特设置，地址字段的应用情况归纳在表 6-7 中。注意表 6-7 中地址 1 总是指接收端地址，这个地址可以是目的地址（DA，destination address）、基本服务集 ID（BSSID）或是接收地址（RA，recipient address）。如果 ToDS 比特置 1，那么地址 1 中含 AP 地址；如果 ToDS 比特置 0，那么地址 1 中是站点地址。所有站点按地址 1 字段中的值进行过滤。

表 6-7 基于控制字段中的 ToDS 和 FromDS 比特设置的 MAC 地址字段值

ToDS	FromDS	地址 1	地址 2	地址 3	地址 4
0	0	DA	SA	BSSID	N/A
0	1	DA	BSSID	SA	N/A
1	0	BSSID	SA	DA	N/A
1	1	RA	TA	DA	SA

地址 2 总是用于标识发送分组的站点。如果 FromDS 比特置 1，那么地址 2 中是 AP 地址；否则代表站点地址。地址 3 字段也与 ToDS 和 FromDS 比特设置有关。当 FromDS 比特设为 1，地址 3 中就是原来的源地址。如果 ToDS 比特置 1，则地址 3 中就是目的地址。

地址 4 字段用于特定情况，即使用了无线分布系统，并且一个帧从一个 AP 上发往另一个 AP。在这种情况下，ToDS 和 FromDS 比特都被置位。因此，原来的目的地址和源地址都不可用了，地址 4 就仅限于标识有线 DS 帧的源地址。

（4）序列控制字段。2 字节的序列控制字段用作表示所属帧的不同段顺序的机制。如前面的图 6-23 所示，序列控制字段包含两个子字段：段号和序列号。这些子字段用于定义帧和所属帧的各段的段号。

（5）帧正文字段。帧正文字段用于在站点间传送实际信息。如图 6-23 所示，这个字段是可变长的，最长可达 2 312 字节。

（6）CRC 字段。MAC 数据帧中最后一个字段是 CRC（循环冗余校验）字段。这个字段长 4 字节，包含 32 比特的 CRC。

2. MAC 控制帧

MAC 部分控制帧格式，如图 6-26 所示。

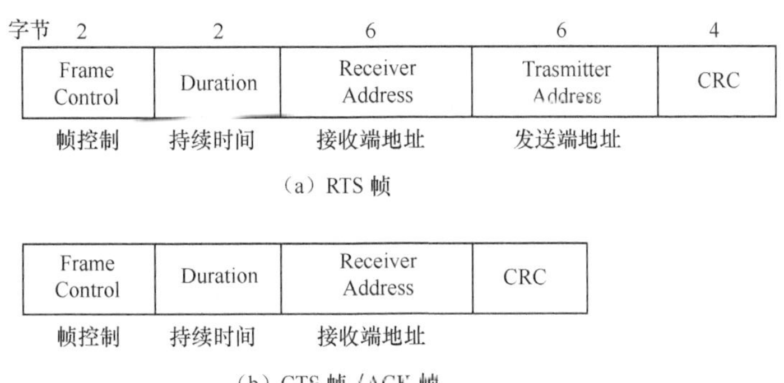

图 6-26 控制帧和管理帧格式

（1）RTS 帧。图 6-26（a）给出了 RTS 帧格式。注意 MAC 帧头的前 4 个字段与图 6-23 一样。帧中的接收地址 RA 表示无线网站点地址，它是下一个数据帧或管理帧的直接接收站。发送端地址表示发送 RTS 帧的站点地址。持续时间字段中包含了为发送下一个数据帧或管理帧加上一个 CTS 帧、一个 ACK 帧，和 3 个帧间隔时间所需的时间，单位为μs。另外需注意的是，RA 和 TA 字段以及 IEEE 802.3 以太网有线 LAN 帧中的源、目的地址字段有相同的地址长度。

（2）CTS 帧/ACK 帧。图 6-26（b）列出了 CTS 帧/ACK 帧格式，可见这两种帧的格式是相同的。由于 CTS 帧是在收到一个 RTS 帧后作为响应而发出的，因此每个帧中一定的字段之间是有关系的。分析图 6-26 可知 CTS 帧与 RTS 帧格式是相对应的，CTS 帧的接收端地址（RA）是从所接收到的 RTS 帧中发送端地址（TA）字段复制下来的。持续时间字段的值是从所接收到的 RTS 帧的持续时间字段所得的数，减去发送 CTS 帧和短帧间隔（SIFS）所需的微秒数。CTS 帧中的 RA 字段长度是 48 比特，与 IEEE 802.3 有线 LAN 使用的地址长度一样。

与 CTS 帧一样，ACK 帧中几个字段的值是与先前收到的帧有关的。比如，ACK 帧的接收端地址是从先前收到帧的地址 2 字段中复制而得的。帧间字段关系的另一个例子是前一帧的控制字段中 More Fragment 比特的设置。如果这个比特设为 0，那么 ACK 帧的持续时间字段将设为 0。否则，持续时间字段的值就从前一帧中的持续时间字段获得的数值，并将其减去传送 ACK 帧和对应的 SIFS 间隔所需的微秒数。

6.6.4 MAC 层功能结构

MAC 层无线介质访问功能结构如图 6-27 所示。其中分布协调功能 DCF 是介质访问控制的基本方式，采用 CSMA/CA 协议，工作于竞争期 CP（Contention Period）。点协调功能 PCF 建立在 DCF 基础上，只存在于基础设施网络中，工作于非竞争期。在基础设施网络的一个工作周期内，PCF 和 DCF 交替出现，首先进入非竞争期（CFP，Contention-Free Period），由 PCF 控制数据传输，然后进入 CP，各移动终端使用 DCF 竞争无线介质使用权。

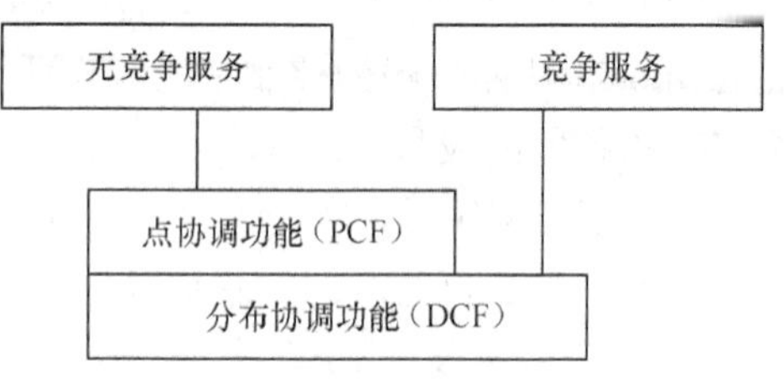

图 6-27 MAC 层无线介质访问功能结构

IEEE 802.11 规范在管理信息库（MIB）中定义了 4 种对无线介质访问的时间间隔，以提供多种访问优先级，按照时间间隔由短到长（参见表 6-8）列出如下。

表 6-8 部分帧间隔

	物理层		
帧间隔	DSSS	FHSS	IR
时隙	20μs	50μs	8μs
SIFS	10μs	28μs	7μs
PIFS	30μs	78μs	15μs
DIFS	50μs	128μs	23μs

（1）短帧间隔 SIFS。SIFS（Short InterFace Space）是最短的帧间隔，为某些帧提供对介质的最高优先级访问。下列帧要求使用 SIFS 时间间隔对介质进行访问，以完成所需的帧交换，防止其他终端对无线介质的访问企图，减少帧重发次数。

① 应答帧（ACK）；

② 清除发送帧（CTS）；

③ MAC 服务数据单元（MSDU）除第一个分片以外的分片；

④ 无竞争期（CFP）期间点协调器（PC）发送的帧以及被轮询到的 STA 的回应帧。

（2）PCF 帧间隔 PIFS。PIFS（PCF InterFace Space）是工作在集中控制方式下的 AP 在无

竞争期开始时获得介质访问权的时间间隔。因为PIFS比DIFS短，使得集中控制方式对介质访问的优先级高于分布式控制方式。这类站点一旦检测到介质空闲时间长于PIFS，就可以进入无竞争期来集中控制数据传输。

（3）DCF帧间隔DIFS。所有工作于分布式控制方式下的终端都使用DIFS（Distributed InterFace Space）来发送数据帧和管理帧。当载波监听机制检测到介质空闲多于DIFS，并且终端的随机退避已经结束，终端就可以立即发送数据。

（4）扩展帧间隔EIFS。对于工作于DCF，但失去与无线介质真实空闲/忙状态同步的终端，当不正确的FCS（Frame Check Sequence）值导致错误的接收帧的情况下，都要使用EIFS（Entended Inter Face Space）作为等待时间。这为其他终端发送正确的应答帧提供了足够的时间。EIFS期间内收到正确的帧将使终端重新同步并且结束EIFS，终端重新进入正常的媒质访问规程。

下面分别介绍在MAC协议中的两种介质访问功能。

1. 分布协调功能DCF

IEEE 802.11 WLAN中的每个移动终端都要实现分布协调功能DCF，它由CSMA/CA和差错恢复机制组成。在IBSS或基础网络设施中所有的移动终端都必须具有此功能。

（1）载波侦听和退避机制。对要发送数据的移动终端来说，它将首先侦听介质来决定是否有其他终端已经占有介质。如果介质空闲，则传输可以继续。载波侦听多重访问/冲突避免（CSMA/CA，Carrier Sense Multiple Access/ Collision Avoiding）分布式算法规定了在传送连续MSDU之间的最小时间间隔DIFS。发送方在数据传送之前将在这段时间内侦听介质，以确保介质是空闲的。如果介质忙，则发送方将延迟到当前传输结束；否则，在DIFS时间之后发送方将选择一个随机退避间隔，并赋值给移动终端退避时间计数器，移动终端隔一段时隙（Slot Time），即检测信道状态的时间，由物理特性决定它的大小。侦听介质是否空闲，如空闲，将退避时间计数器值减少一个时隙。当退避时间计数器减小到0时，移动终端将占有介质并把数据发送出去。当在同一时刻有多个移动终端同时发送数据时，如果不进行退避，那么在介质空闲时，将是冲突发生概率最高之时。如果各终端独立随机退避不同的时间，将会减少碰撞的机会。在这种介质访问机制下，各移动终端的竞争机会均等，所以这种机制属于公平竞争型机制。

IEEE 802.11 CSMA/CA协议采用物理载波检测和虚拟载波检测相结合的方式，只要任何一种机制认为信道忙，该信道就被判定为忙。物理信道评估和网络分配向量（NAV，Network Allocation Vector）值的结合为MAC决定信道状态提供了足够的信息，这就保证了某一时刻只有一个终端发送，从而避免了无线网络中冲突的发生，大幅度提高了无线网络效率，如图6-28所示。图6-28以图解方式归纳了使用RTS和CTS控制分组以及它们与数据流和NAV之间的关系，注意：在RTS和CTS帧的持续时间域运行了一种在每帧的域持续时间数据所含的分布介质保留信息的机制，这个持续时间数据存储为网络分配向量，并指示介质忙的时间区间。

物理上，CSMA/CA采用3种方式检测信道空闲状态：能量检测（ED，Energy Detection）、载波侦听（CS，Carrier Sense）和能量载波混合检测。物理层控制机制提供的物理信道评估结果发送到MAC层，作为确定信道状态的一个因素。

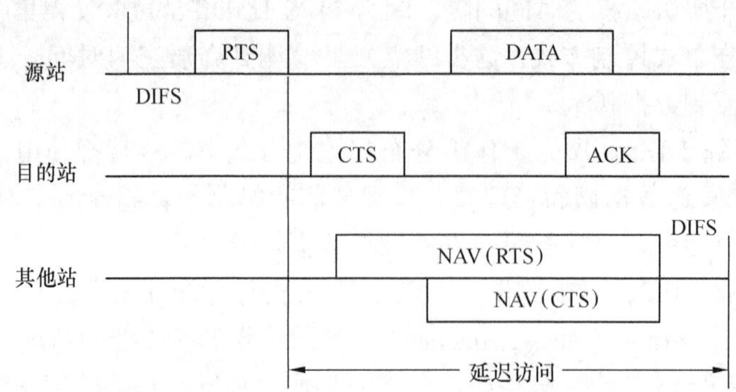

图 6-28 RTS、CTS、ACK 和数据分组间关系

MAC 利用帧中持续时间字段（Duration）的信息实现虚拟载波检测机制，发送终端利用这一字段向网络上所有终端广播本终端将要占用无线介质的时间。各非发送终端检查所有 MAC 帧的持续时间字段，如果某值大于当前的 NAV 值，就用侦听到的信息更新终端的 NAV。NAV 就像是一个计数器，当 NAV 值按固定速率（SlotTime）递减到 0。并且物理载波侦听表明信道空闲时，该终端就可以发送数据了。终端采用两种方式发布无线信道预留信息：

① 在发送实际数据前，交换较短的控制帧 RTS/CTS，RTS/CTS 帧中的持续时间字段（Duration）定义了随后发送的实际数据分片所需占用无线信道的时间。发送端发送 RTS 帧后，在发送端接收范围内的所有终端可以获得发送端的预留时间信息；接收端回应 CTS 帧后，在接收端接收范围内的所有终端也能获得这一信道预留时间。这样能解决无线环境中的“隐藏终端”问题，避免了由此产生的信道冲突和数据重传。

所谓“隐藏节点”是指其他客户端（或接入点）不可能监听到的客户端（或接入点）传送数据，因而不能判断出介质忙。这是如何发生的呢？图 6-29 示例说明了 3 个站点间的数据传输。在图 6-29 示例中，设站点 A 和 B 可以通信，而障碍物阻止了 C 站点接收 A 站点传输的信号。这样，C 站点就不知道信道忙，而 A 站点和 C 站点就有可能试图同时与 B 站点发送数据。为解决隐藏节点问题，监听到 CTS 控制分组的站点将“保持”介质忙，直到数据传输结束。RTS 控制分组中的持续时间信息也用于使发送端在 ACK 期间避免发生冲突。此外，由于 RTS 和 CTS 控制分组相对较短，其使用减少了冲突的开销，因为识别那些短分组要比发送一个数据帧致使冲突发生要快得多。

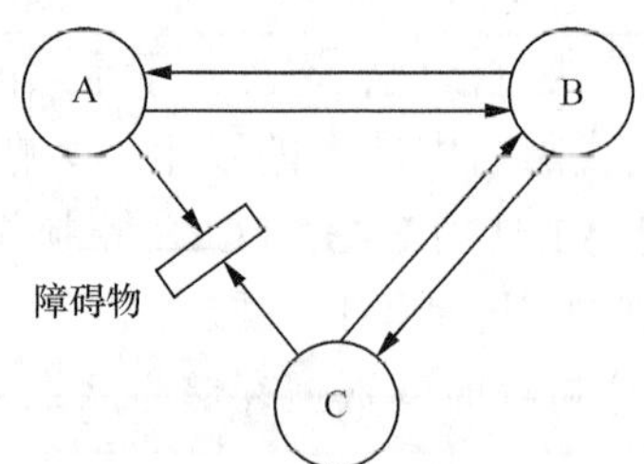

障碍物使 C 不确定信道是忙，将使 A 和 C 试图同时向 B 发送。

图 6-29 无线隐藏节点传输问题的示例

通过数据分片和 ACK 帧中的持续时间字段。该 Duration 子段给出了 WLAN 要为该帧对应的 ACK 帧传输预留的时间或加上传输下一个分片和对应的 ACK 所需要预留的时间。

CSMA/CA 机制利用下面的公式计算随机退避时间：

退避时间 BackOff = Random() × SlotTime

Random()是一个分布在[0，*CW*]段上的伪随机整数，竞争窗口（*CW*）是介于管理信息库（MIB）中定义的 *CW*min 和 CWmax 之间的一个整数，各终端的伪随机数生成过程独立。同样，时隙也可以从管理信息库（MIB）中直接获得，它表示物理层最小侦听介质空闲状态间隔。移动终端在需重发数据时将改变 *CW* 的值，*CW* 呈指数增长。开始时，*CW* 取 *CW*min，以后每次终端发送数据不成功，*CW* 就取下一个值，直到 *CW* 值达到 *CW*max。每次终端成功发送数据，*CW* 将恢复到 *CW*min。每一个移动终端将维护一个短重发计数器（SSRC，Station Short Retry Count）和长重发计数器（SLRC，Station Long Retry Count），记录当前帧的重发次数，初值为 0。处理规则如下。

② 当需重发的帧的长度小于 RTS 门限值（MIB 值，当分片帧长度>RTS 门限，在发送分片之前需发送控制帧 RTS/CTS，它是提高传输质量的一个参数）时，SSRC 加 1；

③ 当需重发的帧的长度大于 RTST 门限，SLRC 加 1；

④ 当 SSRC 或 SLRC 增加时，*CW* 都会成指数递增并重新计算退避时间，如果重发次数超过短重发次数或长重发次数的门限值（MIB 值），此分片帧连同所有未发的分片将丢弃。

⑤ 如果当前分片帧发送成功，则 SSRC 或 SLRC 重置为 0，*CW* 重置为 *CW*min。

这样，无论网络利用率是高还是低，都能有效降低碰撞，最大化 WLAN 的吞吐量。当网络利用率较低时，终端无须等待很长时间就能成功完成发送任务；当网络利用率较高时，终端发送前会退避一个较长的时间，为需要发送数据的终端提供了足够的发送间隔，避免了多个终端同时发送数据造成的碰撞。

选定退避时间后，终端就开始退避过程，如果在一个时隙时终端判定介质空闲，就从退避时间中减去一个时隙时间；如果判定介质忙，将立即暂停退避过程。下一次介质空闲 DIFS 或者 EIFS 后，终端将重新继续退避过程，直到退避时间递减为 0，终端开始发送数据。多个终端同时进入退避过程时，拥有较小退避时间的终端将赢得发送数据的机会。

（2）差错恢复机制。由于 WLAN 的干扰或发生冲突，原始帧序列可能被破坏。如移动终端 A 发出数据帧后收不到 ACK 帧或者移动终端发出 RTS 帧后收不到 CTS 帧。为了解决这一问题，IEEE 802.11 MAC 中引入了差错恢复机制。

终端在进行帧交换的同时，要完成差错恢复的任务。终端发出帧一段时间后，如果收不到来自目的终端的确认信息，就重新发送该帧，并在帧头控制域中表明此帧为重传帧。这一过程称为自动请求重传（ARQ，Automatic Retransmit reQuest）。自动请求重传的引入使得目的终端有可能收到重复的帧，终端必须能够识别并且丢弃重复的帧。

为尽可能减少出错数据的重传大小，节省网络资源，MAC 中引入了分片和重组机制。把 MAC 服务数据单元 MSDU 或者 MAC 管理协议数据单元（MMPDU，MAC Management Protocol Data Unit）分成更小的 MAC 协议数据单元（MPDU，MAC Protocol Data Unit）的过程称为分片。当信道特性限制了长帧接收的可靠性时，分片增加了无线信道数据成功发送的可能性。每一个分片都有相对唯一的序列号和分片号。与之相反，把多个 MPDU 组装成一个 MSDU 或者 MMPDU 的过程称为分片重组。目的地址唯一的数据帧当其长度超过一个分片门限（a Fragmentation Threshold）时必须进行分片，而多播或者组播帧即使长度超过分片门限也不进行分片，分片门限是 MIB 中定义的一个属性，其值随着信道质量的变化而动态改变，即信道质量变好时增大，反之亦然。

同一个 MSDU 或者 MMPDU 的不同分片分别发送和确认，数据帧的重传也是基于分片的。这就降低了无线网络数据传送的粒度，提高了可靠性。当然，这是以增加额外的开销为代价的，每个分片都加上了帧头和 CRC 校验字段，但是这样的代价是值得的，数据传输的可靠性是无线网络提高效率的前提。在通常情况下，同一个 MSDU 或者 MMPDU 的所有分片是作为一个连续的帧交换序列传送的，也就是说，在 CP 期间，一个 MSDU 或者 MMPDU 的第一个分片执行 DCF 介质接入过程，如果没有特殊情况（如介质冲突等），后续分片将不再执行这一过程而立即发送；在 CFP 期间，同一个 MSDU 或者 MMPDU 的所有分片执行 PC 介质访问过程而作为一个连续的帧交换序列发送。

2. 点协调功能

点协调功能（PCF）建立在分布式控制功能 DCF 的基础上，提供移动终端对无线介质的无竞争访问。在这种模式下，位于 AP 上的点协调器（PC）控制所有终端的数据交换，所有其他终端均在 PC 的控制下获得对介质的有限访问。

在这种工作模式下，在每一个无竞争期的开始，PC 使用 PIFS 时间间隔首先取得对介质的控制权。这是因为 PIFS 小于工作在分布式控制模式下的移动终端使用的访问时间间隔 DIFS，点协调器（PC）只需要等待较短的时间就可以占有无线介质。

这样，点协调器（PC）就可以在无竞争期保持对介质的控制权。点协调器（PC）在每一个无竞争期开始前 PIFS 时间，都对介质进行检测。如果介质在 PIFS 间隔后仍然空闲，点协调器（PC）就发送一个包含无竞争期各项参数的信标（Beacon）帧。网络中所有终端收到信标帧后，利用无竞争期参数中 CFP Max Duration 的值更新它们的 NAV，这个值表示无竞争期的长度。根据 DCF 机制规定的介质访问过程，各移动终端只有在无竞争期结束，才有可能获得对介质的控制权。如果初始信标帧发送时遇到介质忙，点协调器（PC）将要随机退避一段时间再发送信标帧。发送信标帧后，点协调器（PC）将等待一个 SIFS，然后发送下列帧之一。

（1）数据帧（Data）：这种帧直接从点协调器（PC）发往某个移动终端，如果点协调器（PC）没有收到该终端返回的 ACK 帧，它就会在无竞争期内的 PIFS 间隔后重发该帧。除了这种单点传输的数据帧外，点协调器（PC）还可以向所有的移动终端（包括处于节能模式状态下的终端）发送广播帧，因为所有处于节能模式状态下的终端每隔 DTIM 时间都要转入活动状态接收 PC 发出的信标帧。

（2）无竞争轮询帧（CF-Poll）：PC 向某个移动终端发送无竞争轮询帧，授权该终端可以向任何其他终端发送数据。如果被轮询的终端没有数据要发送，它就发送一个空数据帧。如果该终端没有收到任何应答帧，它必须在被点协调器（PC）再次轮询时才能重发此帧。

（3）数据帧+无竞争轮询帧（Data+CF-Poll）：PC 向某个终端发送数据，并且轮询该终端是否有数据要发送。这样做可以降低单独传输带来的系统和网络开销。

（4）空数据帧（NULL）：当 PC 没有帧需要发送而且没有终端需要轮询时发送这种类型的帧。终端可以选择是否被轮询，它在连接请求（Associate Request）帧的功能信息字段的 CF Poll able 字段表明自己是否是可轮询的和 CF Poll_Request 字段表明是否要求被轮询。移动终端可以通过重新连接请求（Reassociate Request）帧来改变现有的连接属性，表达是否愿意加入轮询队列。点协调器（PC）维护着一个轮询队列，每个非竞争期PC至少会发送一次CF-Poll，队列中的终端在无竞争期都可能被轮询。在CFP期间结束之前，AP将发送CF-End控制帧，这是一个广播帧，表明CFP期间已结束，AP交出主控权；当AP没有需要轮询的移动终端的时候，也可以立即发送此帧来提前结束CFP。各移动终端收到此控制帧后，将开始竞争信道，CP期间开始，在竞争中获胜的移动终端将占有介质并传输数据。

MAC层除了对无线环境的访问控制之外，它还具有一些其他功能，如加密、电源（power）管理和同步。此外，MAC层还在多个接入点处提供漫游支持。

本章小结

1．计算机局域网是计算机通信中发展最快的一个分支。IEEE 802委员会在LAN发展进程中制定局域网与城域网（LAN&MAN）的参考模型与标准。

2．LAN网络拓扑简单，没有路由问题，不单独设置网络层。OSI-RM的数据链路层对应LAN参考模型的两个子层：逻辑链路控制（LLC）子层和介质访问控制（MAC）子层，提供了数据链路控制与介质和布局无关的理想特性。

3．评价介质访问控制的方法有3个基本要素：协议简单、有效的通道利用率和公平性。

4．IEEE 802委员会与DIX在以太网（IEEE 802.3）基础上又相继出现了千兆、万兆系列技术规范，包括传输速率、拓扑结构、传输介质、网段长度以及网段数等参数。

5．重点理解在局域网市场一家独秀的以太网工作原理、CSMA/CD介质访问控制方法和截断二进制指数退避算法。

6．以太网卡的基本组成，包括链路控制芯片（网卡的核心）、PCI总线接口、串/并变换、编/解码电路以及网络RJ-45接口，每块网卡都有一个唯一的网络节点地址。

7．以太网/802.3、快速以太网和高速以太网的帧格式规范统一是赢得市场的重要因素。

8．以太交换机是交换式以太网的主要设备，它是一种基于MAC地址识别，能完成数据帧封装、转发功能的多端口的网桥。

9．以太交换机转发方式包括存储转发方式、直通方式和不分段方式。以太交换机的堆叠和级联是扩展交换能力的两种不同的技术。

10．虚拟局域网是由分散在不同区域的局域网网段，在逻辑上构成虚拟工作组，从网络管理上，以及为用户灵活组合而提供的一种服务。

11．在交换式以太网上实现VLAN的方法：基于以太交换机的端口、基于MAC地址、基于网络层网络地址和基于IP多播组。

12．以太网/802.3 MAC帧格式中VLAN ID为12比特（IEEE 802.11Q）。

13．电信级城域以太网的目的是把以太网应用从局域网的范围延伸到城域网，甚至广域网的范畴。

14．主流的电信级城域以太网技术：增强型以太网（IEEE 802.1ad QinQ）、PBB-TE和MPLS-TP等。

15．WLAN标准是IEEE 802.11（以及802.11b，802.11g，802.11n）和蓝牙技术标准。

16．WLAN的介质访问控制为CSMA/CA，不同于以太网的帧结构以及MAC层功能结构。

复 习 题

1．计算机局域网的主要特点是什么？3 个关键技术是什么？

2．试分析 CSMS/CD 介质访问技术的工作原理。

3．以太网的帧格式与 IEEE 802.3 的帧格式有什么不同？

4．长度为 1km，传输速率为 10Mbit/s 的 802.3 LAN，其传播速度为 200m/μs，假设数据帧长 256 字节，包括 18 字节开销（含帧头、校验和等字段）。一个成功发送以后的第一个时间片保留给接收方以捕获信道来发送一个 64 字节的确认（响应）帧。假定没有冲突，那么不包括开销的有效数据速率是多少？

5．考虑一个具有等距间隔站点的基带总线 LAN，数据速率为 10 Mbit/s，总线长度为 1 000m，传播速度为 2×10^8m/s。若发送一个 1 000 位的帧给另一站，从发送开始到接收结束的平均时间是多少？若两个站点严格地在同一时刻开始发送，它们发出的帧将会彼此干扰，如果每个发送站在发送期间监听总线，平均多长时间可发现这个干扰？

6．什么是以太网的冲突域？

7．在以太网中，介质的最大利用率取决于什么？

8．一个网络中有 12 台工作站，通过一台网络以太交换机互连，若交换机的每个端口均为 10Mbit/s，则这个网络的系统整体带宽为多少？

9．网络适配器（网卡）主要由哪几部分组成?各部分的基本功能是什么?

10．Hub 与以太交换机有什么区别？

11．以太交换机有哪 3 种交换模式？

12．吉比特以太网中采用什么线路编码？为什么？

13．试述 VLAN 的基本工作原理。

14．简述以太交换机及其 VLAN 的配置步骤。

15．试分析无线局域网 802.11 标准为何选用 CSMS/CA 技术。

16．IEEE 802.11 MAC 层如何处理 WLAN 中的隐藏节点问题？

17．分别说明电信级城域以太网技术：增强型以太网、PBB-TE 和 MPLS-TP。并从网络搜索相关的新技术。

第 7 章 因特网和宽带 IP 网

本章在因特网的分层模型的基础上，进一步阐述 IP 编址方案、网间互连子层协议机制（IP、ARP/RARP，ICMP）、因特网寻径与路由技术（路由协议 RIP、IGRP、OSPF 等）、宽带 IP 网、包括基于 IPv6 的 NGN、基于软交换的 NGN 以及 IMS。

7.1 网络互连和因特网

7.1.1 网络互连

在第 2 章已经简述了 ISO/OSI-RM 的层次结构和通信协议、服务、服务访问点（SAP）等基本概念，它给出了理想的标准框架，对实际的研究、开发和应用奠定了开放互连的基础。在此之前，各大计算机公司设计了自成系统的体系结构，如 IBM 公司的网络体系结构（ SNA，System Network Architecture ），均由于其自身的局限性，比如系统结构不够开放，需要公司的专用设备和软件等因素，使其发展受到了限制。网络互连是多元化、多样性网络存在的必然。

1. 网络互连的问题

由于不同发展阶段出现的多种多样的网络，其服务对象与设计目标有所不同，在网络技术上存在不同程度的差异。因此，网络之间互连的基本要求就是消除（或减少）由网间在性能或功能上的差异给全程通信带来的影响，使它们能实现透明传输。总之，网间互连有许多待解决的问题，可归纳为下列几个方面。

（1）在网络之间提供互连的链路；

（2）提供网间的路由控制；

（3）在不改变互连在一起的任何网络体系结构的前提下，采用网间互连设备来协调和适配网络之间存在的各种差异，这些差异包括：

① 不同的寻址方案；

② 不同的路由选择方法；

③ 不同的连接方式；

④ 不同的服务支持策略；

⑤ 不同的最大分组长度；

⑥ 不同的超时控制；

⑦ 不同的差错恢复方法；

⑧ 不同的状态报告方式；

⑨ 不同的网络管理和控制方法等。

2. 网间互连的类型

从当前现有的计算机网络分类可知网络互连的类型有下列几种。

（1）广域网与广域网互连：

① 公用网与专用网互连；

② 公用网与公用网互连。

（2）计算机局域网与局域网间互连。

（3）局域网与广域网互连。

（4）局域网—广域网—局域网互连。

以上汇总了网络互连具有普遍性的问题以及存在的差异，不同的网络互连时，其解决方案也会各不相同。例如，第 5 章公用数据交换网中提及的固定电话网与移动电话网的互连，公用电话交换网与公用数据交换网的互连。

7.1.2 因特网体系结构分析

因特网（Internet）简单而有效地解决了计算机网络之间的互连问题，特别是它能支持不同的计算机系统、不同的系统软件的互连。实践表明，如今因特网的 TCP/IP 协议栈，已成为网间互连事实上的国际标准。[1][2][19][20]

这里使用"因特网"一词作为 Internet 的中文译名，是由我国自然科学名词审定委员会所定义的。可是人们仍喜好简称它为互连网，或互联网，或网间网等，但要注意互连网或互联网一词，从词义上来讲，应是指任何网络之间互连和互通的泛称，包括 X.25 分组网间的互连，电话网与数字数据网（DDN）的互连等。为避免混淆，在本章未加特别说明，因特网是指计算机网间的互连。

图 7-1 列出了 LAN-WAN-LAN 通过网关互连而成的一个典型的因特网示例。实际上，因特网是一个虚拟网，所谓虚拟网是指因特网可由许许多多的网互连而成的，它执行 TCP/IP 协议，并定义任何可以传输分组的通信系统均可视为网络。因此，因特网具有网络对等性，即不论复杂的网络，还是简单的网络，甚至两台链接的计算机也算一个网络。它是依托在物理网络上运行，但与网络的物理特性无关。

基于硬件层次上执行 TCP/IP 协议栈的因特网仅由 4 个概念性层次组成，自上而下为应用层、传输层、网间互连层（IP 层）和网络接口层。在因特网 TCP/IP 体系中，网间互连层（IP 层）是 ISO/OSI-RM 定义的网络层上的一个子层，形成一个网络平台（platform），起到隐藏被接网络底层细节的作用，为不同网络上的主机提供无连接（CL，Connectionless）的通信服务。从用户的角度，虽然因特网是多个物理网络通过网关互连起来的集合，但可以看成是单一的**虚拟网络，统称 IP 网**。

在 TCP/IP 体系中，每个物理网络中的主机以及网络互连设备必须运行 TCP/IP 软件。IP 层包含 IP 协议（网际协议）、ICMP 协议（网际控制报文协议）等若干协议，其中 IP 协议是该层中最重要的协议，也是 TCP/IP 体系中最重要的协议。IP 层的协议数据单元称为 IP 数据报，也可简称为数据报，或 IP 包，或 IP 分组。IP 层下面的网络接口层对应各种物理网络的协议，即各种局域网和广域网协议。网络互连设备诸如网关（gateway）、路由器（router）等是因特网中必不可少的关键设备，维系着 IP 数据报的存储转发功能。

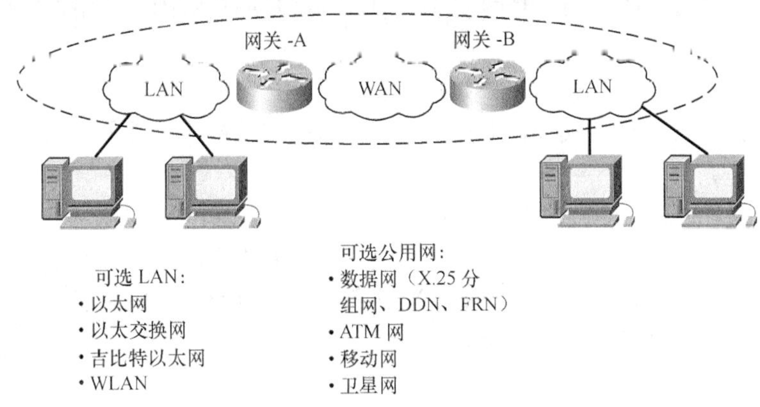

图 7-1　典型的因特网示例

IP 层的功能包括编址方案、路由选择方案等，为提高效率，将网络层的拥塞控制问题留给传输层和应用层来解决。

综上所述，因特网体系结构分析如下。

（1）结构模型。IP 网的网络结构采用“云图模式”，网络分为核心和边缘。整个网络是扁平的，所有网络单元（简称网元）基本处于同一层次，这种模式对于网络的扩展性和灵活性有很大好处。

（2）IP 编址方案。IP 编址方案中网元是采用全局命名规则的（当然其中保留了私有地址空间），这是实现网络端到端透明性的基本需求。另外，IP 网中网络标识和主机标识是合一的，即 IP 地址既表示网络位置也表示用户主机在网络中身份。现在 IP 编址有两个版本，即 IPv4 和 IPv6。IPv4 要求给每个主机都分配一个 32 比特的整数地址，称为**网际协议地址**（IP 地址，Internet Protocol address），相关内容包括分类 IP 地址、子网划分、构造超网、无分类编址和 CIDR 等。IPv6 则是下一代网络（NGN，Next Generation Network）可选择的编址方式。

（3）寻址与路由。IP 网的寻址和路由方式是由网络的扁平化、编址的全局化和网络的自组织性来决定的。由于在路由协议设计之处，网络传输链路是不可靠的，因此要求网络能够在出现局部故障的时候，智能的发现新的通路实现网络的可达性，从而使得网络表现出自组织的智能。这种网络自组织特性对寻址性能是有影响的。

（4）服务质量保证方式。传统的 IP 网提供“尽力而为”（Best Effort）的服务方式，不提供服务质量保证的。由于目前开展的一些实时性业务对 IP 网服务质量提出更高的要求，因此在 IP 网上实现服务质量保证是有难度的，这是由 IP 网对业务数据的“无记忆传输”特性所决定的，传统 IP 网希望网络中保存的状态越少越好，网络逻辑越简单越好，业务数据是透明传输的，网络基本不保存和业务数据相关的信息（路由信息除外）。

（5）网络安全性。网络的端到端透明原则是 IP 网的核心理念之一。网络终端可以访问网络中的任何一个网元或者其他网络终端，这种特性对于保证 IP 网的通达性有着重要的作用，但是对于网络安全有较大影响。

（6）可管理能力。由于 IP 网是自组织性很强的网络，每个网元只需完成存储转发功能。一般来讲，对于网络其他部分的状况是不关心的。因此用于 IP 网的路由器和交换机的网络管理系统基本上是“各自为政”的，是网元级别的，并不是网络级的，这给网络的运行和维护带来不便。

（7）业务支撑能力。由于在 IP 网中采用了分层结构，网络和业务是分离的，即利用同一个 IP 网络可以支持多种业务，这是 IP 技术受到青睐并被普遍认为是下一代网络基础协议的重要原因。

（8）对应的商业模式。因特网中由于 IP 网络的端到端透明性、网络与业务的分离，业务智能主要在网络终端上实现。用户可以自主完成整个业务逻辑，而不需要运营商的参与，这样运营商只能通过提供传输通道等手段来获取利润，没有对业务的控制能力，也就不能实现一些高附加值的业务，难以形成合理的盈利模式。

7.2 IP 数据报与编址

7.2.1 IP 数据报

TCP/IP 技术是为包容物理网络技术的多样性而设计的，而这种包容性主要体现在 IP 层中。TCP/IP 的重要思想之一就是通过 IP 数据报和 IP 地址将物理网络统一起来，达到隐藏底层物理网络细节、提供一致性的目的。IP 数据报（简称为数据报）是因特网 IP 层的基本传送单元，它为不同物理网络提供统一格式。IP 数据报划分为首部（也称为报头）和数据区两个部分。其格式有两个版本：IPv4 和 IPv6。目前，IPv4 数据报仍在主流应用中，而 IPv6 数据报则在主干网高端网络设备中启用，下面分别介绍 IPv4 和 IPv6 数据报格式。

1. IPv4 数据报的格式

IPv4 数据报的格式（见图 7-2），其首部包含 20 字节的固定部分以及可选的 IP 选项部分。下面来介绍首部各字段的含义。

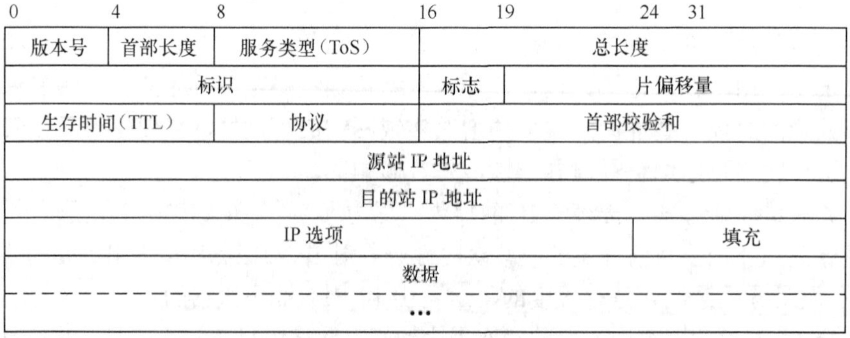

<table>
<tr><td>0</td><td>4</td><td>8</td><td>16</td><td>19</td><td>24 31</td></tr>
<tr><td>版本号</td><td>首部长度</td><td>服务类型（ToS）</td><td colspan="3">总长度</td></tr>
<tr><td colspan="3">标识</td><td>标志</td><td colspan="2">片偏移量</td></tr>
<tr><td colspan="2">生存时间（TTL）</td><td>协议</td><td colspan="3">首部校验和</td></tr>
<tr><td colspan="6">源站 IP 地址</td></tr>
<tr><td colspan="6">目的站 IP 地址</td></tr>
<tr><td colspan="5">IP 选项</td><td>填充</td></tr>
<tr><td colspan="6">数据</td></tr>
<tr><td colspan="6">…</td></tr>
</table>

图 7-2 IPv4 数据报格式

（1）**版本（Version）**：占 4 比特，包含了创建数据报所用的 IP 协议的版本信息。目前主流使用的版本号是 4，IPv4 即表示版本 4 的 IP 协议。

（2）**首部长度（Header Length）**：占 4 比特，以 4 字节为单位表示 IP 首部长度。IP 首部的最大长度为 15 × 4 个字节。数据报首部长度必须是 4 字节的整数倍，有 IP 选项时可能需要在填充字段中填 0 来保证。由于选项字段很少使用，所以最常见的首部长度是 20 字节，字段值为 5。

（3）**服务类型（ToS，Type of Service）**：占 8 比特，指明应当如何处理数据报。这个字段最初用来指定数据报的优先级和期望的路径特征（低时延、高吞吐量或高可靠性）。在 20 世纪 90 年代 IETF 重新定义了该字段的含义，用于提供对分组的区分服务（Differentiated Service，简称 DiffServ）。新定义将 TOS 前 6 比特作为码点（codepoint，也称 DSCP），后 2 位保留未用。一个码点值被映射到一个底层服务定义。无论使用最初的 TOS 解释还是修改后的区分服务解释，在数据报中指明某种服务级别，仅仅是提供给转发算法作参考，转发软件必须在当前可用的底层物理网络技术中进行选择，并且必须符合本地策略，并不能保证沿途路由器都接受并响应这种服务级别的请求。

（4）**总长度（Total Length）**：占 16 比特，以字节为单位的整个数据报的长度。IP 数据报总长度理论上可以达到 65 535 字节。当数据报从一台设备传送到另一台时，总是要通过网络接口层经物理网络进行传输，而各种分组交换网在处理技术上都规定了一个物理帧所能传送的最大数据量，称为最大传送单元（MTU）。例如，以太帧的 MTU 为 1 500 字节，即一个以太帧至多传送 1 500 字节的数据；而 X.25 分组网的传送单元为 128 字节。为了使 IP 网传输更高效，一般力图使每个数据报尽可能长，并且能封装在一个独立的物理帧中发送。一个数据报在从源站到目的站的过程中，可能会穿过 MTU 不尽相同的多个物理网络。如果把数据报的大小限制成 IP 网中最小可能的 MTU，会令所有能够运载更大长度帧的网络不能充分发挥效用。

为隐藏底层网络技术并方便用户通信，TCP/IP 软件并没有设计受物理网络限制的数据报，而是根据源站所属网络的 MTU，以及高层协议数据的大小，选择一个合适的初始数据报大小，所谓合适，是指在源站所属物理网络上能进行最大限度的封装。此外，提供一种分片传输机制，即在数据报需要经过 MTU 小于数据报长度的网络时，把数据报分解成若干较小的片（fragment），数据报分解的过程称为分片（fragmentation）。每个数据报片都封装在单个物理帧中发送，并且作为独立的数据报进行传输。而且在数据报片到达目的站之前，如果需要还可被再次（多次）分片，但在沿途路由器上不进行重装（reassemble，也称重组）。协议规定仅在目的站重装所有的片。

（5）**标识（Identification）**：16 比特整数，源主机赋予数据报的唯一标识符。实现方法比如：在源主机的内存中保持一个全局计数器，每产生一个新数据报，计数器加 1，将计数器的值分配给新数据报，值达到 65 536 时置为 0。总之要保证（在较长一段时间内）同一主机发出的各数据报的标识是唯一的。一个数据报分片，其实是**分割数据报的数据部分**，数据报片的首部主要从初始数据报首部中复制，仅做少量修改，标识字段必须不加修改地复制到各个分片中，以方便重装时识别属于同一初始数据报的所有分片。

（6）**标志（Flag）**：占 3 比特，只有低两位有效。中间一位为“不分片”（Don't Fragment flag，简称 DF）比特，置 1 时表示数据报不能被分片，置 0 时表示数据报允许被分片。当路由器必须对数据报分片才能转发，而该数据报的 DF 又被置位（为 1）时，路由器将抛弃该数据报，并向其源主机发送一个ICMP差错报告。3个比特中的最低位是“更多分片”（More Fragments flag，简称MF），置位时说明该数据报不是最初始数据报的最后一个分片，该位复位（为0）时表示是最后一个分片。

（7）**片偏移量（Fragment Offset）**：占13比特，指出本数据报片中数据相对于最初始数据报中数据的偏移量，以8个字节为单位计算偏移量。还没被分片的数据报或者第1个数据报片的偏移量为0。由于各片按独立数据报的方式传输，无法保证按序到达目的主机，而目的主机能够根据分片中的源站IP地址、标识、偏移量以及MF字段重装出最初始数据报的完整副本，除非没能收齐所有分片。

注意，因为片偏移量以8字节为单位，所以除最后一个分片外，其余分片的数据部分的大小应尽量接近，但不超过网络MTU并且是8字节的整数倍，最后一个分片可以较其他片小。图7-3给出一种可能发生分片的互联网，其中A和B两主机分别直连到MTU为1 500字节的以太网上，A和B之间通信需要穿越MTU为660字节的网络。如果A向B发送一个长度超过660字节的数据报，则路由器R1需要把数据报分片，反之类似。

图7-3　可能发生分片的情形示例

【例7-1】 假定图7-3中主机A向主机B发送了一个首部20字节，数据区1 400字节长，DF为0的数据报，路由器R1向R2转发时要先把数据报分片，再分别封装在网络2物理帧中发送，请写出分片结果。

解：分片结果如图7-4所示。

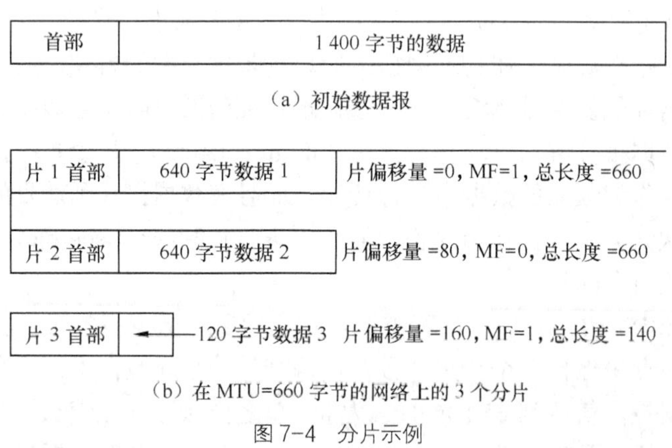

图7-4　分片示例

（8）**生存时间（TTL，Time To Live）**：占1个字节，设计初衷是用来指明数据报在互联网系统中允许保留的时间（以s为单位）。由于路由器刚出现时速度慢，所以过去标准规定，如果路由器让一个数据报滞留了*K*s，则应把TTL字段的值减去*K*。但现在的路由器和网络完成一个数据报的转发一般仅需要几毫秒。因此，现在TTL实际起着“跳数限制”的作用，而不是延迟时间的估计。数据报每经过一个路由器，路由器就将其TTL值递减1，并且一旦

TTL减为0，路由器就不再转发该数据报，而是予以丢弃，并向数据报的源站发送一个ICMP差错报告。

（9）**协议（Protocol）**：1个字节的整数，指明数据报数据区的格式，即数据报封装了哪个协议的协议数据单元，以便目的站的IP软件知道应将数据交由哪个（高层）协议软件处理。协议和协议字段值的映射由中央管理机构（NIC）统一管理，确保在整个因特网内保持一致。表7-1列出了一些协议与规定的协议编号。

表7-1 指定的网际协议编号

协议字段值	1	2	3	4	6	8	17	88	89
协议名	ICMP	IGMP	GGP	IP	TCP	EGP	UDP	IGRP	OSPF

（10）**首部校验和（Header Checksum）**：占16比特，用于首部的校验。**校验和算法**：设校验和字段初值为0，再把首部看成一个16位整数序列，对所有整数进行反码求和（其规则是从低位到高位逐位进行计算。0 + 0 = 0；0 + 1 = 1；1 + 1 = 0，但要产生一个进位。如果最高位产生进位，则结果要加1），得到的和的二进制反码就是校验和的值。数据报从源站发出后，沿途路由器及目的站都要检验首部校验和，如果检验失败，数据报将被立即丢弃。检验方法同校验和的计算，运算结果为0表示首部没有变化，否则表示有错。校验和要随首部任何字段的变更而重新计算，例如，分片后要为各数据报片算校验和，再如，所有数据报的TTL字段在转发节点处都要被减1，因此路由器对每个被转发的数据报都要重算校验和。

网际协议不提供可靠通信功能，端到端或点到点之间没有确认，也没有对数据的差错控制，只检验首部，并且没有重传，没有流控。只有首部校验和的优点是大大节约了路由器处理每个数据报的时间，符合IP“尽力而为”的特征；缺点是给高层软件留下了数据不可靠的问题，增加了高层协议的负担。不过IP数据报首部和数据区的分开校验允许高层协议选择自己的校验方法。

（11）**源站IP地址和目的站IP地址**：也称为源IP地址和目的IP地址，各占4字节，分别指明本数据报最初发送者和最终接收者的IP地址。数据报经路由器转发时，这两个字段的值始终保持不变，即使被分片转发。路由器总是提取目的站IP地址与路由表中的表项进行匹配，以决定把数据报发往何处。

（12）**IP选项**：长度可变，主要用于控制和测试两大目的。要求主机和路由器的IP模块均支持IP选项功能。每个数据报中选项字段是可选的。为保证数据报首部长度是32位的整数倍，可能需要填充字段包含一些0比特。IP选项不常用，因此IPv4数据报首部长度一般都为20字节。

一个数据报中可以包含多个选项。有实际意义的选项含有1字节的选项类型（option-type）、1字节的选项长度（option-length）和若干字节的选项数据（option-data）。有2个仅含有选项类型的单字节选项。一个用于放在选项表的末尾使IP数据报首部长度是32比特的整数倍，可放多个。还有1个单字节选项，用于放在选项之间，对齐选项使其长度都是32比特的倍数。

选项类型8位组分为复制标志（copied flag）、选项类（option class）和选项号（option number）3个字段：

复制标志	1bit	1：表示分片时本选项复制到所有分片中； 0：表示分片时本选项仅复制到第 1 个片中。
选项类	2bits	0：控制；2：诊断和测量；1 或 3：保留暂未使用；
选项号	5bits	指明选项类中某个具体选项。

可用的选项类与选项号列表可参见 RFC 791。这里简单介绍 2 个较受关注的选项功能。

① 记录路由选项：选项类型为 135，该选项允许源主机在选项部分创建一个 IP 地址列表空间，沿途路由器处理该数据报时将其 IP 地址填入选项的地址列表中，以此跟踪数据报所走的路线；

② 严格源路由选项：（Strict Source Routing）选项类型为 137，该选项允许源站指明本数据报的确切路径。选项数据是一条路线的数据，即各跳的 IP 地址列表。

【例 7-2】 若在某主机（IP 地址为 10.10.1.95）上用网络监听工具监测网络流量，获取的一个 IP 数据报的前 28 字节用十六进制表示如下：

45 00 00 47 E6 EE 00 00 67 11

19 2A 75 4E D2 D6 0A 0A 01 5F

A4 CA 0D 4B 00 33 6B 26

请解析 IP 数据报各字段。

解：根据 IP 数据报的格式分析，第 1 个字节为版本号和单位为 4 字节的 IP 首部长度，因此算得版本号为 4，IP 首部长度为 5 × 4 = 20 字节；总长度为 $(00\ 47)_H = 71$ 字节；标识为 $(E6\ EE)_H$；此数据报没有分片；生存时间为 $(67)_H=103$；协议为 $(11)_H=17$，表示 IP 数据包的数据部分是 UDP 报文；首部校验和为 $(19\ 2A)_H$；源 IP 地址：75 4E D2 D6，也即 117.78.210.214；目的 IP 地址为 0A 0A 01 5F，也即 10.10.1.95，可见这是主机收到的 IP 数据报。IP 数据报数据部分的 8 个字节，可参考第 8 章的 UDP 报文格式作进一步分析。

2. IPv6 数据报的格式

IPv6 基本首部为 40 字节，包含了 16 字节的源、目的 IP 地址字段，如图 7-5 所示。但首部所包含的字段数比 IPv4 的还少一些，首部所含字段数的精简反映了协议的变化。

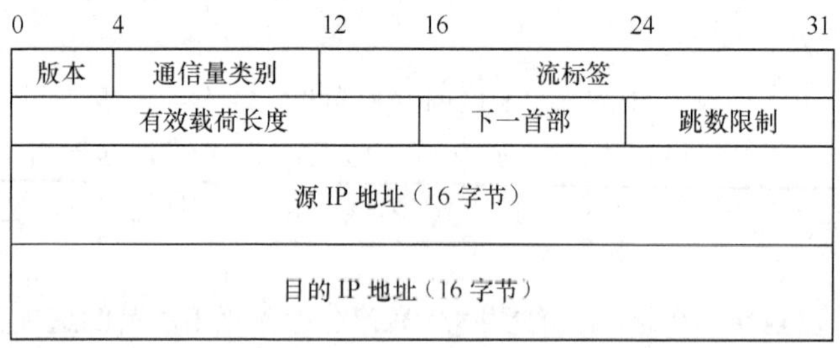

图 7-5 40 字节 IPv6 基本首部的格式

与 IPv4 首部的固定部分相比，IPv6 基本首部主要有下列变化：

（1）由于基本首部长度固定，取消了 IPv4 中的首部长度字段，IPv4 中的数据报总长度字段被有效载荷长度字段（16 位）所取代；

（2）源、目的地址由 4 字节增大到 16 字节（128 位）；

（3）分片有关字段被转移到了“分片扩展首部”中；

（4）生存时间字段改名为跳数限制（hop limit）字段（8 位）；

（5）服务类型字段改名为通信量类别（traffic class）字段（8 位），并增加了流标签（flow label）字段（20 位），一并用于支持资源的预分配；

（6）协议字段由指明后续内容格式的下一首部字段（8 位）替代。注意：下一首部可能是 IPv6 数据报的扩展首部，也有可能是 ICMP、TCP、UDP、IGMP、OSPF 等首部。

IPv6 定义了下列扩展首部：逐跳选项（Hop-by Hop Options）、源路由（Routing）、分片（Fragment）、目的地选项（Destination Options）、认证（Authentication）和封装安全净荷（Encapsulating Security Payload）扩展首部。

IPv6 数据报归纳起来有以下几个特点。

（1）**扩展了路由和寻址的能力**。IPv6 把 IPv4 地址由 32 位增加到 128 位，从而能够支持更大的地址空间，估计在地球表面每平方米有 4×10^{18} 个 IPv6 地址，使 IP 地址在可预见的将来不会用完，可扩展到物联网的应用。IPv6 的编址采用类似于 CIDR 的分层分级结构，如同电话号码。简化了路由，加快了路由速度。在组播地址中增加了一个“范围”域，从而使组播不仅仅局限在子网内，还可以横跨不同的子网和不同的局域网。

（2）**报头格式的简化**。IPv4 报头格式中一些冗余的字段或被丢弃或被列为扩展首部，从而降低了数据报处理和首部带宽的开销。虽然 IPv6 的地址是 IPv4 地址的 4 倍，但首部只有它的 2 倍大。

（3）**对可选项更大的支持**。IPv6 的可选项不放入首部，而是放在一个个独立的扩展首部。如果不指定路由器，不会打开处理扩展头部，这大大改变了路由性能。IPv6 放宽了对可选项长度的严格要求（IPv4 的可选项总长最多为 40 字节），并可根据需要随时引入新选项。IPV6 的很多新的特点就是由选项来提供的，如对 IP 层安全（IPSEC）的支持，对超长报（jumbogram）的支持以及对 IP 层漫游（Mobile-IP）的支持等。

（4）**QoS 的功能**。因特网不仅可以提供各种信息，缩短人们的距离，还可以进行网上娱乐。网上 VOD 现正被商家炒得热火朝天，而大多还只是准 VOD 的水平，且只能在局域网上实现，因特网上的 VOD 都很不理想。问题在于 IPv4 的报头虽然有服务类型的字段，实际上现在的路由器实现中都忽略了这一字段。在 IPv6 的头部，有两个相应的优先权和流标识字段，允许把数据报指定为某一信息流的组成部分，并可对这些数据报进行流量控制。如对于实时通信，即使所有分组都丢失也要保持恒速，所以优先权最高，而一个新闻分组延迟几秒钟也没什么感觉，所以其优先权较低。IPv6 指定这两字段是每一 IPv6 节点都必须实现的。

（5）**身份验证和保密**。在 IPv6 中加入了关于身份验证、数据一致性和保密性的内容。

7.2.2 IP 编址技术

1. 分类的 IP 地址

TCP/IP 的设计者选择了一种类似于物理网络的编址方案，IPv4 给因特网上每个主机分配一个 32 比特的唯一值作为单播地址，该地址用在与该主机的所有通信中。

分类编址是因特网采用全局命名规则下衍生出的一种方法。理想的地址应该比较短，因为作为 IP 数据报首部的一部分，地址越短，IP 数据报的开销会越小。但理想的地址也应足够大，以便能够标识更多的主机，对于 IP 地址，最好能够标识全球所有的主机。此外，IP 地址应支持高效率的路由选择，比如根据目的主机的 IP 地址，就可分辨能否与之直接通信，或者该选择哪个路由器作为下一跳，以使 IP 数据报逐跳向目的主机转发。

IPv4 编址方案中，IP 地址选择了 32 比特，分为两部分：前缀和后缀。前缀标识主机所属的物理网络，称为网络号（network ID）；后缀用于区分物理网络内的主机，即标识主机，后缀也称为主机号（host ID）。那么前缀与后缀各应包含多少比特呢？前缀越长，支持的物理网络数越多，但网络内的主机数就越少。反之，短前缀和长后缀则意味着支持规模较大的物理网络（主机数多），但仅能支持较少的这样的网络。最初的 IP 编址方案兼顾了这两种情形，没有采用单一界限划分前缀和后缀，而是采用 3 种界限划分，因此称为分类编址方案（classical addressing）。

（1）**IPv4 地址的分类**。最初的 IPv4 分类编址方案中含 5 种类型的 IP 地址，如图 7-6 所示。其中的 A、B、C 类是 3 种主要类别，用于标识主机和路由器。D 类地址为组播（multicast）地址。E 类地址为保留地址，留作以后使用。

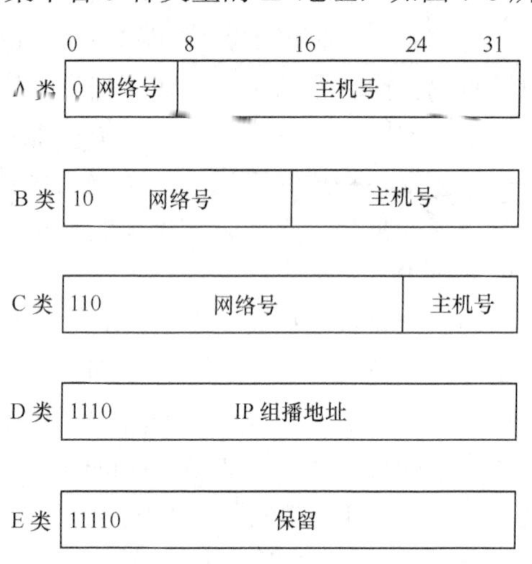

图 7-6　分类编址方案中 IPv4 地址的 5 种类型

分类 IP 地址是自标识的（self-identifying），仅从地址本身就能够确定前缀和后缀之间的边界，不用参考其他信息。从地址的最高 2 比特可以区分 3 种主要类别，从地址的最高 3 比特可以区分 A、B、C、D 4 类。路由器在决定一个分组发往何处时要使用地址的网络号部分进行路由选择，地址的自标识特性使得网络号的抽取非常方便，有助于提高路由器的效率。

A 类地址包含 8 比特的网络号部分和 24 比特的主机号部分；B 类地址包含 16 比特的网络号和 16 比特的主机号；C 类地址包含 24 比特的网络号和 8 比特的主机号。

在应用程序或技术文档中，为方便起见，一般采用**点分十进制记法**书写 IP 地址。将 IP 地址写成小数点分隔的 4 个十进制整数，每个整数给出 IP 地址的一个 8 比特组的值。例如，某主机 32 比特的 IP 地址：10000001 00000001 01000110 00001111，可写成 129.1.70.15。由于该地址最高两位是 10，根据分类规定可知该地址是一个 B 类地址，并且网络号为 129.1，主机号为 70.15。该主机所在物理网络的 IP 网络地址也可写成 32 位 IP 地址形式：129.1.0.0，注意：网络地址的主机号部分用全 0 表示。

（2）**IP 地址的分配与使用**。在最初的 IP 编址方案中，因特网中的每个物理网络都必须被分配一个唯一的网络号（IP 地址前缀），而该物理网络上的每个主机都使用该网络号作为主机 IP 地址的前缀，该网络上各主机的主机号互不相同。

为确保地址的网络部分在因特网上是唯一的，所有因特网地址都有一个中央管理机构进行分配。从因特网出现到 1998 年秋天，一直由 IANA（因特网赋号管理局）控制着 IP 地址的分配，并制定政策。注意：**全球统一分配的是 IP 地址的网络号部分**，而主机号由用户组织自行分配，必须保证同一物理网络中各主机的主机号互不相同。位于不同物理网络中的主机，其 IP 地址的主机号可以一样。1998 年底，组建了 ICANN（因特网名字与号码指派协会），它负责制定政策，分配地址，并为协议中使用的名字和其他常量分配值。

ICANN 是顶级的地址管理机构，它授权了一些地址注册商 ARIN、RIPE、APNIC、LATNIC、AFRINIC 来管理地址。一般单位可以从它的 ISP（因特网服务提供商）申请 IP 地址，本地 ISP 将单位接入因特网，并为用户网络提供有效的地址前缀。本地 ISP 还很可能是更大型 ISP 的用户，本地 ISP 向它的 ISP 申请地址前缀。因此，一般只有最大型的 ISP 需要和地址注册商联系。

申请和分配分类 IP 地址时，应充分考虑物理网络的大小，根据网络中已经或将要包含的主机数申请合适类别的 IP 地址。表 7-2 归纳了每个 IP 地址类的点分十进制值的范围。

表 7-2　每个 IP 地址类的点分十进制值的范围

类别	最低地址	最高地址	备　注
A	1.0.0.0	127.0.0.0	网络号 127 用于回送地址
B	128.0.0.0	191.255.0.0	128.0.0.0 不会被分配
C	192.0.0.0	223.255.255.0	192.0.0.0 不会被分配
D	224.0.0.0	239.255.255.255	组播地址

每个类中的地址值并不是全都可供分配。例如 A 类的网络号 127 保留用于回送地址，用于测试 TCP/IP 协议软件以及本机进程间的通信。发送到网络号 127 的分组永远不会出现在任何网络上。B 类地址中最先被分配的网络号是 128.1，C 类地址中最先被分配的网络号是 192.0.1。

由于 IP 地址是一个网络标识符和该网络上一个主机标识符的编码，因此 IP 地址不仅指明单个计算机，还指明了计算机到一个网络的连接。例如连接 2 个物理网络的路由器，有 2 个 IP 地址，其中的网络号互不相同，分别标识网络连接所属的物理网络。因此，准确地说，IP 地址标识的是网络连接。

另外，有些特殊形式的 IP 地址只能在特定情况下使用（见表 7-3）。

表 7-3　特殊形式的 IP 地址

net-id	host-id	用作源地址	用作目的地址	说　明
0	0	可以	不可以	启动时源站地址
全 1	全 1	不可以	可以	本地网受限广播
net-id	全 1	不可以	可以	定向广播
127	任意（常为 1）	可以	可以	回送地址

【例 7-3】 设某单位有 3 个物理网络，分别分配了 128.9.0.0、128.10.0.0 和 128.11.0.0 3 个 B 类 IP 地址，连接情况如图 7-7 所示，请给图中的主机和路由器分配 IP 地址。

解：主机和路由器的 IP 地址分配示例见图 7-7。例如，路由器 R2 互连了 128.9 和 128.10 2 个网络，其 2 个接口的 IP 地址分别设置为 128.9.0.21 和 128.10.0.20。路由器 R3 互连了 128.9 和 128.11 2 个网络，其 2 个接口的 IP 地址分别设置为 128.9.0.22 和 128.11.0.20。连接到 128.11 网络的主机 H3 分配了 IP 地址 128.11.0.12。

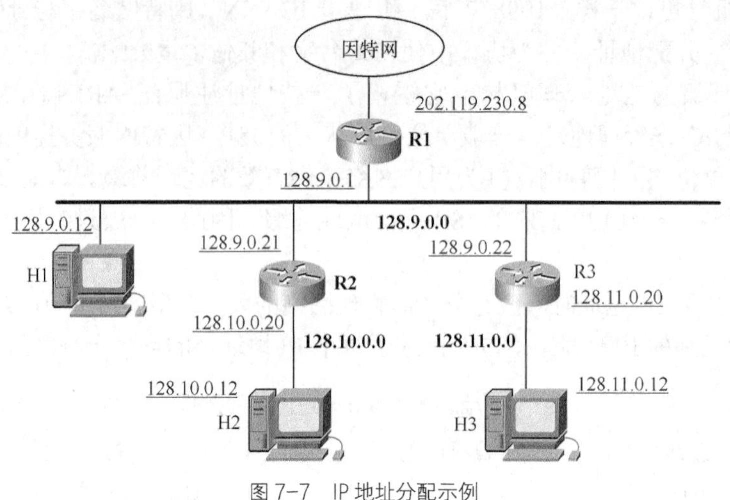

图 7-7 IP 地址分配示例

2. 子网编址

因特网设计之初个人计算机还不曾出现，因此设计人员没有预见到因特网的发展速度：每隔 9～15 个月，其物理网络数（已分配的分类 IP 网络地址数）就翻一番。到 20 世纪 80 年代中期，一方面发现了分类 IP 网络地址将不够用；另一方面，已分配的地址并没有得到充分利用。例如，一个 B 类 IP 网络地址可以给 6 万多个主机编址，但实际上为了网络性能较好，避免网络拥塞，一个 LAN 并不能连接如此多的主机，因而给一个 LAN 使用一个 B 类 IP 网络地址会导致地址空间的利用率极低。在不摒弃分类编址的情况下，如何适应网络增长的需要呢？设计人员主要提出了 3 种技术：子网编址、代理 ARP 和无编号的点对点链路，目标都是减少使用网络前缀数量。

（1）**子网划分**。对于一个中等规模的机构，比如有若干大楼的大学或公司，鉴于 LAN 技术的限制，一般需要构建若干 LAN 来覆盖本地区域。对于这种情况，TCP/IP 设计人员想到可以给这样的网点分配一个 IP 网络地址，再从主机号部分借用几比特来标识各个子网（各个 LAN）。这种允许一个分类网络地址供多个物理网络使用的技术称为子网编址（subnet addressing）或划分子网（subnetting），相应更新的 IP 转发技术称为子网转发（subnet forwarding）。

划分子网技术使得多个物理网络可以共用一个网络前缀。将 IP 地址的后缀分成 2 个字段，分别用于标识物理网络和网络上的主机，具体方法如图 7-8 所示。IP 地址原有的前缀解释为因特网部分，用于标识网点，该网点可能包含多个物理网络。而原有的后缀解释为本地部分，因特网中的路由器在作转发决策时照例只用看网络前缀。本地部分的具体分配与后缀一样留给本地网点，网点上的所有主机和路由器知道本网点的子网划分方案，而这些对于网点之外的路由器可以是透明的，即它们可以认为这个网点仅有一个物理网络。本地部分的一部分用于标识网点上的物理网络，剩余部分用于标识给定物理网络上的主机。

TCP/IP 的子网编址的标准允许各网点根据具体情况灵活选择子网划分方案。应当根据网点的拓扑及每个网络的主机数决定如何**分割后缀部分**。

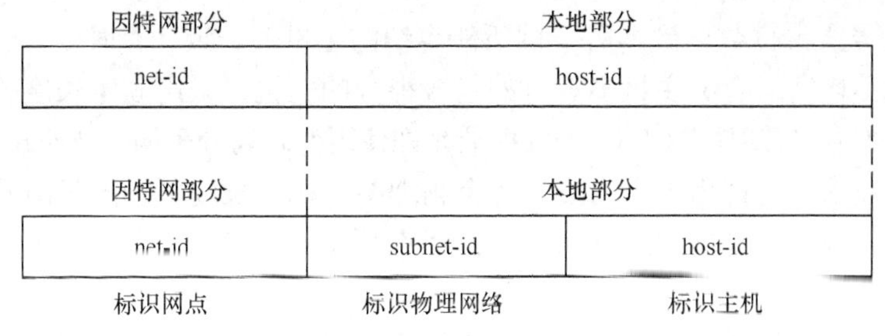

图 7-8 划分子网时 IP 地址结构

【例 7-4】 一个包含 5 个物理网络的单位拥有一个 B 类网络地址 130.27.0.0，每个网络中主机不超过 1 000 台，该如何划分 B 类 IP 地址的主机号部分呢？

解：在分类编址方案中，默认情况是不划分子网的，即一个分类网络地址仅用于 1 个子网，设某分类 IP 地址的后缀有 y 位（B 类地址的 y=16），则唯一的子网中的主机数最高可达 2^y-2。若从主机号字段划分出 3 比特作为子网号，则一个 B 类网络地址可用于（2^3-2）个子网，子网中的主机数最高可达（$2^{16-3}-2$）。同理，假定各子网的子网号长度一样，设子网号占 x（$x\geqslant 2$ 且 $x\leqslant y-2$）比特，则最多允许有（2^x-2）个子网，每个子网最多有（$2^{y-x}-2$）台主机。注意：一般要求避免使用全 0 和全 1 的子网号和主机号。所以子网号位数至少为 2，以免没有可分配的子网号；子网号位数必须小于或等于 $y-2$，也即主机号位数大于或等于 2，否则没有可分配的主机号。

一个 B 类地址的所有定长子网划分方法如表 7-4 所示。对于本例，查表 7-4 可知满足条件（能包含 5 个子网），且每个子网的主机可达 1 000 台的共有 4 种选择，见表中带阴影的 4 行，即子网号字段占 3～6 位都可以满足条件。若选择子网号长度为 3，则子网号可以为 001、010、011、100、101 和 110 中的任意 5 个。

表 7-4　　一个 B 类地址的所有定长子网划分方案

子网号长度	子　网　数	每个子网的主机数
0	1	65 534
2	2	16 382
3	6	8190
4	14	4094
5	30	2046
6	62	1022
7	126	510
8	254	254
9	510	126
10	1022	62
11	2046	30
12	4094	14
13	8190	6
14	16 382	2

大多数划分子网的网点都采用了定长的分配方案。具体确定子网号占几比特由各网点自

已确定，各子网号所占位数一致，各子网所能容纳的主机数一致。有时候，一个网点内的物理网络大小也很不均衡，有的主机多，有的包含很少的主机，采用固定长度的子网划分就显得地址空间利用得不够合理。TCP/IP 子网标准允许使用**变长划分子网**（Variable-Length Subnet Masks, VLSM）技术，允许为一个网点的各个物理网络挑选长度不一的子网号。采用 VLSM 分配地址，比较困难，容易出现地址二义性；优点是灵活，支持网点内大小网络的混合，并能够更充分利用地址空间。

（2）**子网掩码**。标准要求用 32 比特的**子网掩码**来表示划分方案。无论使用定长或变长的配置方案，使用子网编址的网点必须为每个网络设置一个子网掩码。子网掩码中的 1 表示主机 IP 地址的对应比特是网络号和子网号部分。标准没有规定必须从主机号的高位起选择连续相邻的若干比特作为子网标识标志物理网络，但实践中还是推荐如此，并且建议在所有共享同一 IP 网络地址的各物理网络中使用相同的掩码。

【例 7-5】 一个包含 5 个物理网络的单位拥有一个 B 类网络地址 130.27.0.0，每个网络中主机不超过 1 000 台，请划分子网，并写出每个子网的子网地址、子网掩码、子网中的最小/最大主机地址及子网广播地址。

解：不妨选用子网号占用 3 比特的方案，并将原主机号部分的前 3 比特作为子网号部分，则各子网的子网掩码为 255.255.224.0。给每个物理网络指定一个子网号，子网地址和每个子网可用的主机地址见表 7-5，注意子网号也可选用“110”。

表 7-5　　子网编址示例：一个 B 类地址用于包含 5 个物理网络的网点

子网号	子网地址	子网掩码	子网中最小主机地址	子网中最大主机地址	子网广播地址
001	130.27.32.0	255.255.224.0	130.27.32.1	130.27.63.254	130.27.63.255
010	130.27.64.0	255.255.224.0	130.27.64.1	130.27.95.254	130.27.95.255
011	130.27.96.0	255.255.224.0	130.27.96.1	130.27.127.254	130.27.127.255
100	130.27.128.0	255.255.224.0	130.27.128.1	130.27.159.254	130.27.159.255
101	130.27.160.0	255.255.224.0	130.27.160.1	130.27.191.254	130.27.191.255

3．无编号的点对点网络

由于 IP 把点对点连接看成是一个网络，因此，采用最初的 IP 编址方案时，给这样的网络需要分配一个唯一的前缀。一般使用 C 类地址，但仅需要给点对点网络中的两点各分配 1 个主机标识就可以了，所以即使用 C 类地址还是很浪费。

为了避免给因特网中每条点对点连接都分配一个前缀，提出了一种简单的技术，称为匿名联网（anonymous networking）。这种技术一般用在通过租用数字线路连接一对路由器时，线路两端的路由器接口都不需要分配 IP 地址。那么向这些接口发送帧时怎么设置帧的目的地址呢？所幸的是点对点连接的硬件与共享媒体的硬件不同，从一点发出的帧，只有确定的一个目的地能够收到，因此物理帧中可以不使用硬件地址。使用匿名联网的点对点连接构成的网称为无编号网络（unnumbered network）或匿名网络（anonymous network）。图 7-9 中的例子有助于了解无编号网络中的转发。

图 7-9（a）中路由器 R1 和 R2 的接口 2 都没有分配 IP 地址。图 7-9（b）给出了（a）中路由器 R1 的路由表，表中默认路由的下一跳地址是 R2 的以太网接口分配的 IP 地址（一般

情形下应是 R2 的接口 2 的 IP 地址)，这只是为了方便记住点对点连接另一端的路由器的地址。这个下一跳地址其实可以是 0，因为 R1 从其接口 2 向 R2 的租用线路接口转发数据报时，在帧中不用填写硬件地址，所以不需要下一跳地址以解析其硬件地址。

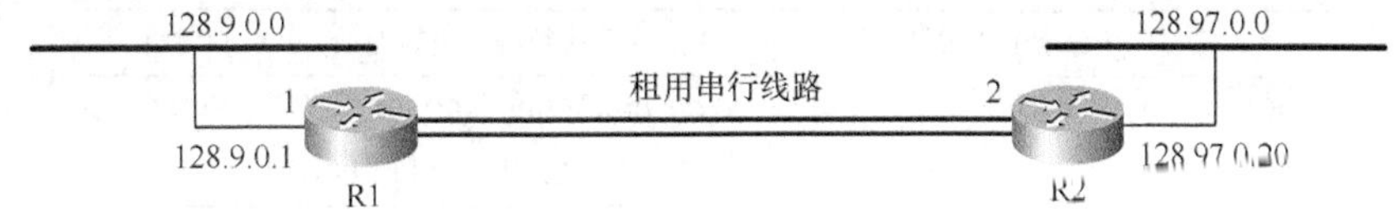

（a）两个路由器之间的无编号点对点连接

目的网络	下一跳地址	输出接口
128.9.0.0	直接交付	1
其他（默认路由）	128.97.0.20	2

（b）路由器 R1 的路由表

图 7-9　无编号网络转发示例

4．无分类编址与 CIDR

尽管子网编址和无编号网络能够有效利用 IP 网络地址，但到 1993 年，因特网的增长速度还是让人们感觉这些技术无法阻止地址空间的耗尽。此外，因特网还即将面临 B 类网络地址空间的耗尽和路由信息过量等问题。由于缺乏适于中等规模机构单位所需要的网络类型，而导致 B 类地址消耗得快。毕竟一个 C 类地址仅有 254 个主机地址，所以一般单位更愿意申请 B 类地址。然而很少单位有 6 万多主机，因此，即使对 B 类地址划分子网也未能得以充分利用。另外，随着大量网络前缀的分配，路由器的路由表大小和增长速率也即将使当时的软件无法有效管理。

于是人们开始定义启用含有更多地址的新版 IP 协议—IPv6，并提出了一种称为**无分类域间路由选择**（Classless Inter-Domain Routing，简称 CIDR，读作“sider”）的新技术作为在 IPv6 被正式使用前的过渡方案。1993 年发布的有关 CIDR 的 RFC 文档为 RFC 1517～RFC 1520。使用 CIDR 可以更加有效地分配 IPv4 的地址空间，另外可以减缓路由表的增长速度和降低对新 IP 网络地址的需求的增长速度，使得因特网在一定时期内仍能持续增长并高效地运行。

CIDR 最大的特点是采用无分类编址机制，与分类编址相同的是将地址分成前缀和后缀两部分，不同的是前、后缀之间的边界不是仅主要有 3 种（1 字节、2 字节和 3 字节长的前缀)，而是任意的，前缀长度不一，可以是 1 到 32 之间的任意值。与子网编址类似，CIDR 使用 32 比特的地址掩码来指明前缀与后缀之间的边界。掩码中连续相邻的 1 比特对应于前缀，掩码中的 0 比特与后缀相对应。

（1）CIDR 地址块。对尚未分配的分类 IP 地址，CIDR 将其看做是一些地址块，每个块内的地址连续。例如 A 类地址 58.0.0.0 和 59.0.0.0 可以看成是一个大小为 2^{25} 的 CIDR 地址块（也称为“25 位的块”)，掩码为 254.0.0.0，也可使用 CIDR 记法表示为 58.0.0.0/7，如图 7-10 所示。这个地址块被 IANA 分配给了地址注册商 APNIC（亚太地区网络信息中心)，由它把这些地址划分为若干地址块分配给一些大型 ISP。这些 ISP 会将申请到的地址块根据用户的要求划分成更小的地址块，分给单位或小型 ISP。一个单位将拥有的地址块再根据需要分成若干块（可以大小不等），分配给物理网络。使用 CIDR 后，为了方便路由聚类，减少路由表的项数，应尽量按照网络拓扑和网络所在地理位置来划分地址块。

	点分十进制记法	32 比特的二进制地址
最低地址	58.0.0.0	00111010 00000000 00000000 00000000
最高地址	59.255.255.255	00111011 11111111 11111111 11111111

图 7-10 CIDR 地址块 58.0.0.0/7 示例

地址块的 CIDR 记法也称斜线记法。斜线“/”后的数值 N 表示网络前缀的长度，确切地说有两种含义。对于一个主机的 IP 地址，N 表示地址的前 N 比特是一个具体的网络前缀，唯一标识了主机所在的物理网络；如果作为一个地址块，表示地址块拥有者可以自由分配（32−N）比特的后缀，前 N 比特标识地址块。如果一个 ISP 拥有 N 比特长前缀的 CIDR 块，它可以选择给用户分配前缀长大于 N 比特的任意地址块。这是无分类编址的一个主要优点：能够灵活分配各种大小的块。

【例 7-6】 某个 ISP 拥有地址块 202.118.0.0/15。先后有 5 个单位申请地址块，单位 A 需要 1 800 个地址，单位 B 需要 900 个，单位 C 需要 900 个地址，单位 D 需要 400 个地址，单位 E 需要 3 500 个地址，该怎样分配地址块呢？

解：首先分析各单位的需求，如果不使用 CIDR，则应给每个单位都分配一个 B 类网络地址（这将浪费很多地址）或若干 C 类地址。而使用 CIDR，对于单位 A，1 800 个地址需要 11 比特标识主机，因此这个单位的 IP 地址前缀长度应是 N=32−11=21。同理，单位 B、C、D、E 的网络前缀长度应分别为 22、22、23、20。另外应保证各个单位的前缀是可区分的，不会引起二义性。一种可能的分配方案，如图 7-11 所示。

ISP/ 单位	地址块	前缀的二进制表示	地址数
ISP	202.118.0.0/15	11001010 0111011*	2^{17}=131072
单位 A	202.118.0.0/21	11001010 01110110 00000*	2^{11}=2 048
单位 B	202.118.8.0/22	11001010 01110110 000010*	2^{10}=1 024
单位 C	202.118.12.0/22	11001010 01110110 000011*	2^{10}=1 024
单位 D	202.118.16.0/23	11001010 01110110 0001000*	2^{9}=512
单位 E	202.118.32.0/20	11001010 01110110 0010*	2^{12}=4 096

图 7-11 CIDR 地址块划分示例

此外，各个单位内部可以根据需要再进行划分，直到给每个物理网络分配一个具体的网络前缀。CIDR 地址块划分机制可以大大缩减路由表的大小。例如若采用分类编址，可以给 A 单位分配 8 个 C 类网络地址，在 ISP 内路由器的路由表中，则需要包含 8 个表项表示到单位 A 的路由。而采用无分类编址，则在 ISP 内路由器的路由表中，仅需要使用一个“超网”路由 202.118.0.0/21。

（2）使用 CIDR 时的路由查找算法。使用 CIDR，路由表的每个表项应由“网络前缀/掩码”和“下一跳”组成。观察 ISP 给用户分配地址块，会发现用户地址块的网络前缀长度总是比 ISP 的长，网络前缀越长，其地址块就越小。路由表中可能会混合含有到 ISP 的路由、到 ISP 的某用户单位网络的路由及到单位内某物理网络甚至到某主机的路由。显然，查找路由时，目的地越具体的路由越值得采纳。因此路由表查找的目标是**最长前缀匹配**（longest prefix match）。也就是说，查找路由表时，即使找到了匹配表项，查找还不能结束，必须查找完所有的表项，在所有的匹配表项中再选择具有最长前缀的路由。

为了提高查找下一跳的速度，在分类编址情况下，IP 查找使用散列方法，路由表项的存放地址取决于以网络前缀作为关键字的散列函数值。分类地址是自标识的，容易提取出网络前缀。采用无分类编址时，散列就不能很好发挥作用了。

为了避免低效率的搜索，无分类查找使用分层的数据结构。使用最广泛的是一种二叉线索（binary trie）的变形。方法是将路由表中的各个路由信息存放在一棵二叉线索树中。具体地说，就是将各表项中的网络前缀写成比特串（取前缀长度个比特），表项中网络前缀的比特串决定从根结点逐层向下的路径，可以令 0 比特对应左分支，1 比特对应右分支，在每个地址路径的终止节点中应包含相应表项信息（网络前缀/掩码以及下一跳地址）。如果包含特定主机路由，理论上二叉线索树应为 33 层（含根层）。

下面通过例子说明使用二叉线索存储结构实现无分类路由查找的基本原理。例如路由表中有图 7-12 所示的一组路由，构建的二叉线索树如图 7-13 所示。由于各路由开头有共同的“128.10”，因此可对线索树做适当优化，使根节点之下的连续 16 层的单分支合并为一个分支。同样对特定主机地址的第 4 个字节所对应的线索也进行了压缩。图 7-13 中加粗的节点表示路由表中某个网络前缀路径的终止。

网络前缀/前缀长度	下一跳
128.10.0.0/16	10.0.0.2
128.10.2.0/24	10.0.0.4
128.10.3.0/24	10.1.0.5
128.10.4.0/24	10.0.0.6
128.10.4.3/32	10.0.0.3
128.10.5.0/24	10.0.0.6
128.10.5.1/32	10.0.0.3

图 7-12　含有同一网络的一般路由和特殊路由的路由表示例

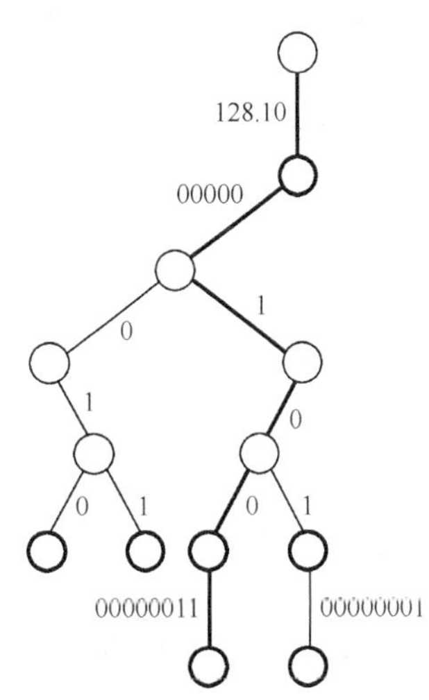

图 7-13　图 7-12 中路由表所构成的二叉线索树

给定一个目的 IP 地址 128.10.4.3（I_D），从线索树的根节点开始，首先将 I_D 的前 16 比特与分支上的“128.10”比较，相等则转到下一节点，该节点中存放路由信息，表示找到一个匹配项。但仍需继续往下查找，经过“00000”、“1”、“0”、“0”等分支，到达一个包含路由信息的节点，表示又找到一个匹配路由，覆盖较早发现的匹配，因为较晚的匹配对应一个更长的前缀。继续与“00000011”比较，相等，转到下一节点，该节点中包含路由，这表示又匹配了，再覆盖先前发现的匹配，另外，由于该节点是叶子节点，所以查找结束。最长前缀的匹配所对应的下一跳地址是最终路由查找结果。如果 I_D 是 128.10.4.5，也将查找到叶子节点，但最长前缀的匹配项存储在叶子节点的上一个节点中。

5．专用 IP 地址

IPv4 地址资源是有限的，为了节约地址的使用，IANA 保留了 3 块只能用于专用内联网（private Intranet）内部通信的 IP 地址空间[RFC 1918]，参见表 7-6。任何机构可以使用 TCP/IP 技术并且使用保留的专用地址构建专用互联网。

表 7-6　保留用于专用互联网的 CIDR 地址块

前　缀	最 低 地 址	最 高 地 址
10/8	10.0.0.0	10.255.255.255
172.16/12	172.16.0.0	172.31.255.255
192.168/16	192.168.0.0	192.168.255.255

完全隔离的专用内联网通常也不是人们所希望的，可以使用网络地址转换（NAT）技术将使用专用地址的内联网接入因特网。

6．IPv6 编址

前几小节介绍了各种有效使用 IPv4 地址空间的方法，据国外媒体报道据“互联网之父”温顿·瑟夫（Vinton Cerf）预示，IPv4 地址将很快耗尽，现在应立即部署 IPv6。IPv4 采用 32 位地址长度，只有约 43 亿个地址。而 IPv6 则采用 128 位地址长度，几乎可以不受限制地提供地址。

（1）编址模型。IPv6 地址有 3 种类型。

① 单播（Unicast）：单个接口的标识符。发向一个单播地址的分组被交付给由该地址标识的接口。

② 任播（Anycast）：一组接口（一般属于不同的节点）的标识符。发向一个任播地址的分组被交付给该地址标识的其中一个接口（根据路由选择协议的距离度量，通常是最近的那个接口）。

③ 组播（Multicast）：一组接口（一般属于不同的节点）的标识符。发向一个组播地址的分组被交付给由该地址标识的所有接口。IPv6 中没有广播地址，广播被看做是组播的一个特例。

与 IPv4 地址一样，所有类型的 IPv6 地址都被分配给接口，而不是节点。一个 IPv6 单播地址涉及单个接口。每个接口属于单个节点，节点的任何一个接口的单播地址可以用做节点的标识符。

所有接口要求拥有至少一个本地链路单播地址。单个接口可以有多个任意类型或范围的 IPv6 地址。另外，和 IPv4 模型一样，子网前缀与一个链路相关联。允许给同一链路分配多个子网前缀。此外，IPv6 编址模型中有一个例外：一个单播地址或一组单播地址可以被分配给多个物理接口，如果实现把多个物理接口作为一个接口来处理，这对于基于多个物理接口的负载分配是有用的。

（2）IPv6 地址的表示方法。IPv6 地址较长，为表示简洁些，使用冒号分十六进制记法。另外，由于 IPv6 地址中常包含长的 0 比特串，因此允许**零压缩**，即使用“::”表示一个或多个连续的 16 比特 0。为避免搞不清“::”表示几个 16 比特 0，规定在任何一个地址中只能使用一次零压缩。

【例 7-7】 将下列地址记法进行零压缩：

单播地址 2001:DB8:0:0:8:800:200C:417A

组播地址 FF01:0:0:0:0:0:0:101

回送地址 0:0:0:0:0:0:0:1

未指定地址 0:0:0:0:0:0:0:0

解： 上述地址记法零压缩后可以写成：

2001:DB8::8:800:200C:417A

FF01::101

::1

::

IPv6 还支持冒号分隔和点分隔混合记法：*x:x:x:x:x:x:d.d.d.d*，其中高位的 6 个 *x* 表示 6 个十六进制数，低位的 4 个 *d* 表示 4 个十进制数。这种记法适用于表示 IPv4 兼容或映射的 IPv6 地址，例如：0:0:0:0:0:0:13.1.68.3、0:0:0:0:0:FFFF:129.144.52.38，相应的压缩表示为：

::13.1.68.3、::FFFF:129.144.52.38。

此外，CIDR 的斜线表示法仍然可用。IPv6 地址前缀表示为：IPv6 地址/前缀长度。

（3）地址空间的分配。IPv6 地址的高位标识 IPv6 地址的类型，见表 7-7。

表 7-7 IPv6 地址的类型

地 址 类 型	二进制前缀	IPv6 记法	解 释
非特指（Unspecified）	00...0（128 bits）	::/128	不可分配给任何节点，仅用作源地址，且路由器不转发源地址为非特指地址的 IPv6 分组
回送（Loopback）	00...1（128 bits）	..1/128	回送地址，不可分配给任何物理接口
组播	11111111	FF00::/8	
本地链路单播	1111111010	FE80::/10	用于单个链路，仅在本地范围才有意义
全球单播	其他		

以上除组播地址外，都是单播地址。取决于担当的角色，IPv6 节点可以非常了解也可以不了解 IPv6 地址的内部结构。一般的单播地址可分为 2 部分：子网前缀和接口 ID。接口 ID 用于标识链路上的接口。在某些情况下，接口标识符可直接由接口的链路层地址派生出来。同一接口标识符可以用于一个节点的多个接口上，只要它们连接到不同的子网。所有单播地址，除了以 000 比特开头的，接口 ID 的长度要求是 64 比特。

全球单播地址的一般格式如图 7-14 所示。其中全球选路前缀是分配给一个网点（一群子网/链路）的值，子网 ID 是网点内链路的标识符，接口 ID 如同上述。非 000 比特开头的全球单播地址的接口 ID 长 64 比特，以 000 比特开头的则不受此限。

例如，以 000 比特开头的全球单播 IPv6 地址是在低 32 比特嵌入 IPv4 地址，有 2 种方式：IPv4 兼容（IPv4-Compatible）IPv6 地址和 IPv4 映射（IPv4- mapped）IPv6 地址，具体格式可参见 RFC 4291。

图 7-14 IPv6 全球单播地址的一般格式

下面简单解释一下任播地址。任播地址是从单播地址空间分配，使用任何已定义的单播地址格式，因此从地址本身无法区分二者。当单播地址分配给不止一个接口时，就转成了任播地址，被赋予该地址的节点必须被显式地配置的是一个任播地址。

任播地址可以用于标识连接到一个特别子网上的路由器集合，标识提供到一个特别路由域入口的路由器集合等。目前预定义了子网-路由器任播地址（Subnet-Router anycast address），其格式如图 7-15 所示。其中“子网前缀”标识一个特定的链路，发向子网-路由器任播地址的 IPv6 分组将被交付给该子网上一个路由器。所有路由器要求支持其直连子网的子网-路由器任播地址。该地址拟用于节点需要和一组路由器中任何一个通信的应用。

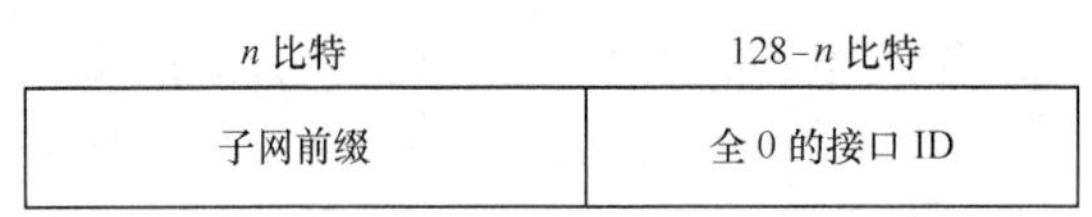

图 7-15 IPv6 子网-路由器任播地址格式

7.3 数据报传送与差错处理

IP 网设计目标是提供包含多个物理网络的一个虚拟网络，并提供无连接的数据报交付服务。本节重点关注 IP 数据报的传送机制、IP 的差错监测机制以及因特网地址映射到物理地址的方法等。

7.3.1 无连接的数据报传送

路由器是因特网关键的网络互连设备，涉及 IP 数据报的无连接服务方式存储转发、差错监测与控制、IP 地址与物理地址映射处理以及寻址与路由等一系列重要的技术。

每个路由器与两个以上的物理网络有直接的连接。路由器的每个网络接口（network interface）提供双向通信，包含输入和输出端口。整个路由器结构可分为两大部分：分组转发部分和路由选择部分。分组转发部分由 3 个部分组成：交换结构、一组输入端口和一组输出端口。路由选择部分简单地说就是按照选定的路由选择协议构造并维护路由表（将在 7.4 节介绍）。

路由器在输入端口接收 IP 分组，首先按照物理层协议进行比特流的接收，再按照数据链路层协议处理承载 IP 数据报的帧，然后将数据报交付网络层模块处理，若网络层模块在忙（查路由表），则数据报被暂存在输入队列中等待处理，排队结束后，网络层模块根据数据报首部中的目的站 IP 地址查找路由表（实质上是匹配目的网络地址），根据查找结果（包括下一跳 IP 地址和输出端口），经过交换结构到达合适的输出端口。

输出端口也设有队列，当交换结构传送过来的分组的到达速率超过输出链路的发送速率时，来不及发送的数据报就暂存在队列中。排队结束后，输出端口中的数据链路层处理模块给 IP 分组加上帧头和帧尾，交给物理层实体后发送到线路上。

路由器中输入或输出队列的溢出是造成数据报丢失的重要原因。

1. 直接交付与间接交付

IP 网中，每个路由器至少与 2 个物理网络有直接的连接。主机通常直接与一个物理网络连接，或者说属于一个物理网络，但也有直接与多个物理网络相连的多穴主机（multi-homed host）。

主机和路由器都参与到 IP 数据报传送过程，而且都要选路。当一个主机上的应用程序试图进行通信时，TCP/IP 协议将产生若干数据报。无论是只有一个网络连接的主机还是多穴主机，都要做出最初的转发决策，即确定把数据报发往何处。

源主机首先根据目的主机的 IP 地址判断目的主机与本机是否在同一个物理网络上。对于最初的 IP 编址方案，可以根据分类编址规则，很容易地从目的 IP 地址中抽取出网络前缀，再与本机 IP 地址的网络前缀作比较。如果匹配，则意味着数据报可以**直接交付**。可通过地址解析获取目的主机的物理地址，再将 IP 数据报封装在物理帧中直接发给目的主机。如果不匹配，则应将数据报交给本地路由器的本地网络连接（在源主机路由表中指定）。这时要先通过地址解析获取路由器本地网络连接的物理地址，再将数据报封装在帧中发给路由器，这种交付称为**间接交付**。每个路由器将数据报间接交付给下一个路由器，直到数据报到达路径上最接近目的站的路由器，由该路由器将数据报直接交付给目的站。

上述表明，IP 网中的路由器形成了一个相互协作的互连结构。对于源、宿主机不在一个物理网络上的数据报，先被源主机传递到本地路由器，再经过若干次间接交付后，抵达可进行直接交付的路由器，最后被直接交付。直接交付是任何数据报传输的最后一步。

2. 采用分类编址方案时的 IP 数据报转发算法

IP 转发是基于路由表驱动的。路由表存储有关怎样到达目的网络的信息。主机和路由器都有路由表。当主机或路由器中的 IP 转发软件需要传输数据报时，它就查询路由表来决定把数据报发往何处（下一路由器或目的主机）。

路由表一般存储目的网络地址以及如何到达该网络的信息，并不保存主机地址信息，这有助于缩减路由表大小，因为网络数量远小于主机数量。此外，还有利于提高路由表查询效率以及降低路由表维护开销。

一个 IP 网及路由表的示例如图 7-15 所示。示例的 IP 网设有 4 个 B 类网络，用 3 个路由器将它们互连起来。图 7-15（b）是路由器 R2 的路由表。路由表一般包含多个（*N*，*R*）对，*N* 是目的网络 IP 地址，*R* 是通往网络 N 的路径上的下一跳（next hop）的 IP 地址，实际上路由表中还会指明输出端口。当 R2 接收到一个目的网络地址为 128.2.0.0 的数据报，根据路由表，R2 将直接交付该数据报。当 R2 接收到一个目的网络地址为 128.4.0.0 的数据报，逐条查询路由表项，路由选择结果是下一跳地址为 128.3.0.2。注意：路由表中的下一跳总是与本路由器的某网络连接同属于一个物理网络。

图 7-16 例示的是一个小型 IP 网，如果 IP 网包含的物理网络很多，让路由表包含所有网络必将使路由表表项数很多，不利于查找。有一种用来隐藏信息和保持路由表容量较小的技

术是把多个表项合并成一个表项，即**默认路由**。例如，对于只有一个网络连接的主机，除了和直连（同一物理网络内）的主机通信，其余情况都应通过唯一的路由器通向 IP 网的其余部分，因此主机路由表中一般只需 2 个表项即可。对于一个网点（如一个包含多个物理网络的企业级互联网）内的路由器，路由表中可以包含网点内的各网络的网络 IP 地址，最后加一个到所有其他目的网络的默认路由。

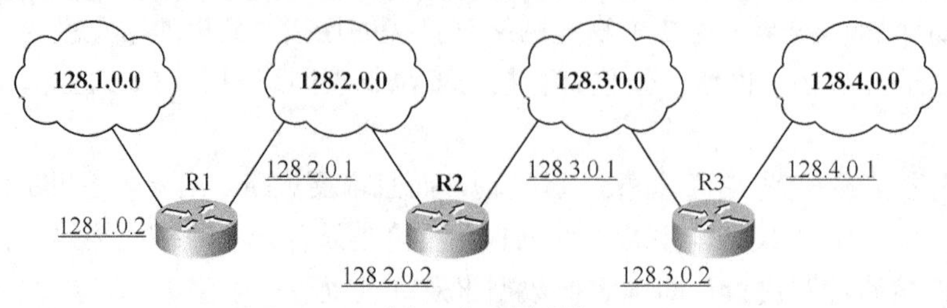

（a）一个 IP 网示例

目的网络	路由（下一跳）
128.2.0.0	直连
128.3.0.0	直连
128.1.0.0	128.2.0.1
128.4.0.0	128.3.0.2

（b）路由器 R2 的路由表

图 7-16 小型 IP 网与路由表

尽管 IP 转发是基于网络而不是基于个别主机的，但是多数 IP 转发软件允许为某个特定的目的主机特别指定路由。这主要用于测试，还可以出于安全的考虑。在调试网络连接或路由表时，尤其可能需要为单个主机指定一条特殊路由（**特定主机路由**）。

考虑上述所有情况，采用分类编址方案时 IP 数据报转发算法如图 7-17 所示。

```
采用最初的分类编址方案时的 IP 数据报转发（数据报 DG，路由表 T）
从数据报 DG 中取出目的站 IP 地址 I_D;
if 表 T 中含有 I_D 的一个特定路由，则
  把 DG 发送到该表项指明的下一跳
  （包括完成下一跳 IP 地址到物理地址的映射，将 DG 封装入帧并发送）;
  return。
根据分类地址规则，从 I_D 中提取出网络前缀，得到网络地址 N;
if N 与任何一个直接相连的网络地址匹配，则
  通过该网络把 DG 直接交付给目的站
  （包括解析 I_D 得到对应的物理地址，将 DG 封装入帧并发送）;
else if 表 T 中包含一个到网络 N 的路由，则
  把 DG 发送到该表项指明的下一跳
  （包括完成下一跳 IP 地址到物理地址的映射，将 DG 封装入帧并发送）;
else if 表 T 中包含一个默认路由，则
  把 DG 发送到该表项指明的下一跳（默认路由器）;
else
  向 DG 的源站发送一个目的不可达差错报告
```

图 7-17 采用分类编址方案时的 IP 数据报转发算法

3．对传入数据报的处理

前面讨论了 IP 数据报的传送过程，并详细介绍了如何基于路由表进行 IP 数据报的转发。下面讨论 IP 软件对传入数据报的处理。分为两种情况，一种是主机收到数据报，另一种是路由器收到。

当一个数据报到达主机时，网络接口软件就把它交给 IP 模块进行处理：

```
从数据报 DG 中取出目的站 IP 地址 ID；
if   ID 与主机的 IP 地址（单播或广播地址）匹配，则
    接受 DG，根据 DG 中的协议指示将 DG 的数据交给高层协议软件进一步处理；
else
丢弃 DG
```

注意，没有被指派作为路由器的主机应避免完成路由器的功能，所以当收到不是发给自己的数据报时，选择丢弃而不是转发。

当一个数据报到达路由器某网络连接上的输入端口时，网络接口软件把它交给 IP 模块进行处理：

```
从数据报 DG 中取出目的站 IP 地址 ID；
if   （ID 与路由器的任一个物理网络连接的 IP 地址匹配） ||
   （ID 是受限 IP 广播地址，或目标是路由器的某直连网络的定向 IP 广播地址），则
      接受 DG，根据 DG 中的协议指示将 DG 的数据交给相应协议软件进一步处理；
else
      把 DG 首部中的生存时间 TTL 减 1；
      if   TTL 为 0，则
      丢弃 DG，向 DG 的源站发送一个超时差错报告；
else
      重新计算校验和，并转发数据报
```

在网际协议的控制下，主机和路由器的 IP 实体间及相邻路由器的 IP 实体间的通信，使网际互连层能够向上一层提供无连接的数据报传送服务。

7.3.2 差错与控制报文处理

任何网络在任何时候应能保持正常运转，但出现差错也是难免的。对于 IP 网，除了存在通信线路和处理器故障外，主机或路由器临时或永久的网络连接断开、路由器拥塞得无法接收或处理数据报、路由表有误导致出现了路由环路（routing cycle）都可能导致数据报交付的失败。因此 IP 网需要差错检查与纠正机制。

IP 网提供高效率的尽力而为服务，IP 协议仅通过 IP 首部校验和提供一种传输差错检测手段，却没有提供差错纠正机制，而是让高层协议（如 TCP）处理各种差错。IP 层虽然不直接参与纠错，但有个补充协议：因特网控制报文协议（ICMP，Internet Control Message Protocol），它提供一种差错报告机制，用于路由器或目的主机把发生的交付问题或路由问题通告（发送 ICMP 报文）给源站。源站必须将差错告诉给某单独的应用程序，或者采取其他措施来纠错。此外，ICMP 还包括提供信息功能。

为什么 ICMP 报文仅发给引起问题的数据报的源站呢？原因是数据报只含有源、目的站

的 IP 地址，并不包含所走路径的完整记录（除非数据报使用了记录路由选项），而且实在无法确定究竟路径上的哪个节点该对问题负责。

ICMP 报文的传递需要 IP 层的支持，即每个 ICMP 报文要封装在 IP 数据报中，源 IP 地址为发送报告的设备的 IP 地址，目的 IP 地址为出现差错的数据报的源站地址。因为一个 ICMP 报告可能要经过多个物理网络才能到达目的地，所以必须封装在 IP 数据报中，进而封装在帧中发送出去。ICMP 的两级封装如图 7-18 所示，其中帧的类型字段值为 0x0800，IP 数据报的协议字段值为 1，表示数据是 ICMP 报文。ICMP 是 IP 层的必要组成部分，不要把它列入高层协议。

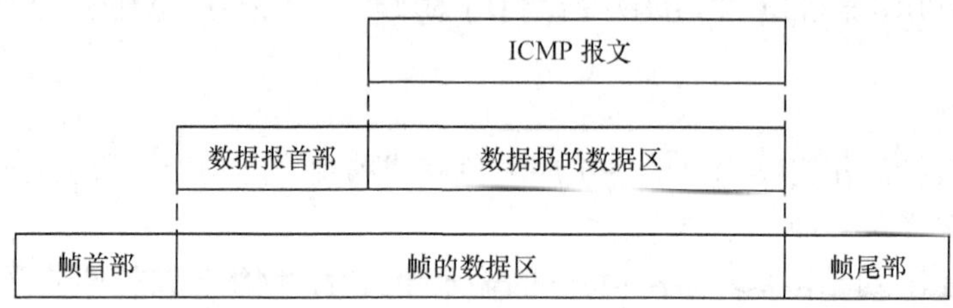

图 7-18 ICMP 的两级封装

ICMP 报文一般报告在数据报处理中遇到的差错。但为避免对报告再产生报告，携带了 ICMP 报文的数据报发生差错时不发送 ICMP 报文。另外，仅对片偏移量为 0 的分片处理过程中才可能发送 ICMP 报文，对其余分片处理不发差错报告。

ICMP 报文分为两大类：ICMP **差错报告报文**和**提供信息的报文**。每个 ICMP 报文有自己的格式，前 3 个字段格式统一：1 字节的类型、1 字节的代码和 2 字节的校验和。类型用于标识报文类型，代码表示有关本类型的更多信息。校验和算法与 IP 首部校验和相同，不过是计算整个 ICMP 报文的校验和。此外，报告差错的 ICMP 报文总是复制了产生问题的数据报的首部和前 64 比特数据（包含重要信息），以便让接收方能够更准确地判断应由哪个协议及应用程序对已发生的差错负责。下面介绍部分差错报告报文和提供信息的报文，更多内容请参见 RFC 792。

（1）目的不可达报文。目的不可达 ICMP 报文的格式如图 7-19 所示，类型为 3。代码进一步描述问题：

0：网络不可达　　1：主机不可达
2：协议不可达　　3：端口不可达
4：需要分片但 DF 被置位　5：源路由失败

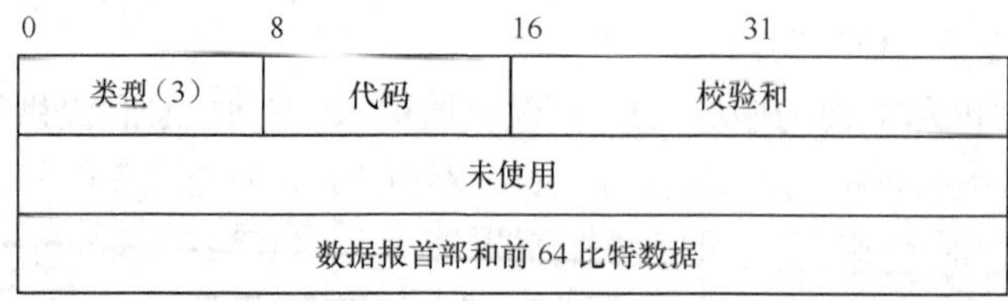

图 7-19 ICMP 目的不可达报文格式

如果根据路由器的路由表，一个数据报的目的站 IP 地址所指定的网络是不可达的，比如到那个网络的距离是无穷的，则路由器可向该数据报的源主机发送代码为 0 的目的不可达报文。

在目的主机中，如果数据报指定的协议模块不在活动，IP 模块将无法交付数据报中的数据，则目的主机会向源主机发送代码为 2 的目的不可达报文。

当路由器必须对一个数据报进行分片才能将其转发，而数据报的 DF（不分片）标志为 1 时，路由器将丢弃数据报，并向源主机返回一个代码为 4 的目的不可达差错报告。

代码为 0、1、4 和 5 的目的不可达报文一般由路由器发出，而代码为 2 和 3 的一般由主机发出。

（2）超时报文。ICMP 超时报文的格式与目的不可达报文的相同，只是类型值为 11。代码说明超时的性质：0 表示转发中 TTL（生存时间）超时，1 表示分片重装超时。

路由协议用于维护更新路由表，路由表有时可能会有差错，差错可能导致数据报被兜圈子传递，例如从路由器 R1 发给 R2，经过数跳又发给了 R1。为了避免数据报在因特网中无休止地兜圈子而到不了目的站，IP 规定：路由器在转发数据报前要先将其 TTL 字段减 1，一旦 TTL 为 0，则丢弃之，并借助超时报文（代码为 0）通知数据报的源主机。

目的主机负责分片的重装。主机在收到第 1 个数据报片后就启动一个**重装计时器**。如果在所有数据报片都到达以前计时器就超时了，则主机将丢弃已收到的数据报片，并且如果已收到过片偏移量为 0 的分片，则向源主机发送超时报文（代码为 1），否则不发。

还有一些差错报告报文：参数问题报文（类型 12）、源站抑制报文（类型 4）、重定向报文（类型 5）。注意：对 ICMP 差错报告报文是不需要进行反馈的，仅仅起着报告的作用。

（3）回应请求与应答报文。回应请求与应答是格式相同的一对报文（见图 7-20）。它们仅类型值不同，类型字段值为 8 表示报文是回应请求，为 0 表示是回应应答。

0　　　　　8	8　　　　　16	16　　　　　31
类型（8/0）	代码	校验和
标识符		序号
数据		

图 7-20 ICMP 回应请求与应答报文的格式

图 7-20 中数据字段长度可变，可以是任何数据，回应应答返回的数据总是与收到的回应请求中的数据完全相同。标识符（Identifier）字段和序号（Sequence Number）字段被发送方用来匹配应答与请求。回应应答报文可以来自路由器或主机。

回应请求与应答主要用于测试目的站的可达性，也可通过计算发出请求和收到应答之间的时间差来估计源和目的主机之间的往返时延。另外，通过适当设置封装回应请求报文的数据报的 TTL 值，还可以实现路由跟踪功能。

此外，提供信息的 ICMP 报文对还有：时间戳请求与应答、地址掩码请求与应答等。

【例 7-8】 分析 Windows 操作系统上提供的路径跟踪工具的实现原理。

解：在 Win2K 上运行路径跟踪工具 tracert 跟踪从本机到 Web 服务器（http://www.njupt.edu.cn）的路径，同时运行监听工具，如 Sniffer，监测 tracert 产生的流量。注意观察 IP 包首部中的协议和 TTL，以及 ICMP 报文中的类型和代码取值。

7.3.3 IP 地址与物理地址的映射

因特网 TCP/IP 软件都使用 IP 地址标识通信主机。考虑连接到同一物理网络的主机 A 和

B，设 A 和 B 分配得到的 IP 地址分别为 I_A 和 I_B，物理地址分别为 P_A 和 P_B。由于 TCP/IP 的设计目标是隐藏物理网络细节，高层的程序仅利用 IP 地址进行通信，因此 A 上应用程序要向 B 的应用程序发送 IP 数据报，只需知道 B 的 IP 地址。不过，IP 数据报由 A 传到 B 必须依靠物理网络来实现，而物理网络中两台机器之间的通信必须使用硬件地址（物理地址）。由此产生了问题，即 A 如何将 B 的 IP 地址 I_B 映射为 B 的物理地址 P_B 呢？

如果通信双方 A 和 B 不在同一个物理网络，则 IP 数据报从 A 发到 B 需要依赖沿途的路由器进行转发。每个主机和路由器都有路由表，指明到目的网络的路由。例如，通过查询本机的路由表，A 知道应该将数据报发给本地路由器 R1，其 IP 地址为 I_{R1}，由 R1 再进行转发。由上一段分析可知，A 向 R1 发送 IP 数据报需要获悉 R1 的物理地址。同样 R1 通过查路由表可以知道下一个路由器 R2 的 IP 地址，然后也需要进行地址映射，获悉 R2 的物理地址。同理，A 至 B 路径上的最后一个路由器需要由 B 的 IP 地址获悉 B 的物理地址。总之，协议软件需要一种机制将一个 IP 地址映射为相对应的硬件地址，这种把 IP 地址映射为物理地址的问题称为**地址解析问题**。

IP 网采用 2 种地址解析技术：**直接映射法**和**动态绑定法**。通过直接映射进行解析适用于物理地址是易配置的短地址的情形。而对于固定长度的长物理地址，例如以太网地址，则通过动态绑定进行解析。IP 网采用**地址解析协议**（Address Resolution Protocol，ARP）完成动态地址解析。

1．直接映射法

如果网络硬件的硬件地址是可配置的，而且可以使用小整数，那么可以给网络内计算机顺序分配地址，给网络上的第一台计算机分配地址 1，给第二台分配地址 2，依此类推。由前所述，可知给一个网络内的计算机分配 IP 地址的要点是：使用相同的网络号，主机号部分任意分配，互不重复即可。假定一个网络的网络号是 202.119.211，则可以给其中的硬件地址为 1 的计算机分配 IP 地址为 202.119.211.1，给硬件地址为 2 的计算机分配 IP 地址为 202.119.211.2。也就是说，将计算机的硬件地址编码到 IP 地址的低 8 位中。由于 IP 地址含有硬件地址的编码，因此地址解析极其简单，只需通过提取 IP 地址的低 8 位就可获得相应的物理地址，这样完成的地址解析称为**直接映射**。当然从 IP 地址计算出物理地址，还可以采用不同于上述的方法将硬件地址融入 IP 地址，不过 IP 地址和硬件地址之间的关系越简单，直接映射的效率越高。

2．ARP 动态绑定法

虽然直接映射是高效的，但将 48 位的以太网地址编入 32 位的 IP 地址实在不可行。因此对有广播能力的以太网，使用 ARP 通过动态绑定进行地址解析。基本思路很简单：当主机 A 需要解析本网络内主机 B 的 IP 地址 I_B 时，A 先广播一个特殊的分组，请求 IP 地址为 I_B 的主机 B 将其物理地址告诉 A。网内所有主机都接收到这个请求，但只有主机 B 发现是在问自己（分组中指明了 I_B），所以向 A 单播发出一个含有自己物理地址的分组作为响应。

并非 A 每次向 B 发送分组前，都要先广播一个 ARP 请求以获悉 B 的物理地址，再利用物理网络发送 IP 分组。实际上，为降低通信费用，使用 ARP 的计算机各维护着一张 ARP 表，ARP 表在高速缓存中存放最近获得的 IP 地址与物理地址的绑定。为防止绑定陈旧，每个绑定都设有超时计时器，典型的超时时间是 20min，过时的表项将被删除。有了 ARP 表，当 A 要发送分组时，总是先在高速缓存中寻找所需的绑定，如果找不到，才向网络广播 ARP 请求，并等待回答。此外，当应用程序生成了多个需要解析同一 IP 地址（如本地路由器的 IP 地址）的数据报时，ARP 一般还会设法避免为解析该地址而广播多个请求。

ARP 报文格式相当通用，能够适用于任何物理地址和任何协议地址。图 7-21 给出了 ARP 报文格式，其中的 4 个地址字段占用字节数不固定，取决于硬件类型和协议类型，并由地址长度字段明确指出。ARP 报文中的硬件类型字段指明物理网络类型，值为 1 表示是以太网。协议字段指明高层协议地址类型，值为 0x0800 表示是 IP 地址。操作类型字段指明本 ARP 分组是 ARP 请求（值为 1）、ARP 响应（值为 2）、RARP 请求（值为 3）还是 RARP 响应（值为 4）。硬件地址长度和协议地址长度字段分别指出了硬件地址和高层协议地址的长度，这使得 ARP 能够在任意网络中使用。例如，以太网硬件地址为 6 个 8 位组（字节）长，IP 地址为 4 个 8 位组长。

2 字节的硬件类型	2 字节的协议类型	1 字节硬件地址长度	1 字节协议地址长度	2 字节的操作类型	发送方硬件地址	发送方协议地址	目标硬件地址	目标协议地址
1：以太网 6：IEEE 802 网络 15：帧中继	0x0800:IP	6：以太网硬件地址长度	4：IP 地址长度	1：ARP 请求 2：ARP 响应 3：RARP 请求 4：RARP 响应				

图 7-21 ARP 报文格式

设 A 为了向 B 发送 IP 数据报而要解析 B 的 IP 地址，则 A（发送方）应在 ARP 请求报文的目标协议地址中填上 B 的 IP 地址 I_B，为使 B 能够单播给 A 发 ARP 响应，A 还应在 ARP 请求报文的发送方硬件地址和协议地址中分别填上 P_A 和 I_A。

ARP 请求报文封装在物理网络帧中（作为帧的数据）广播出去以后，若是以太网，则网上的任何计算机都能收到。此时以太网帧的类型为 0x0806（表示封装了 ARP 报文），目的地址是广播地址，源地址是 A 的物理地址 P_A。接收方的 ARP 软件将首先提取发送方 A 的硬件地址和 IP 协议地址，并检查本地高速缓存，查看 ARP 表中是否已存在该发送方的地址绑定，如果有，则用 ARP 请求中的发送方硬件地址覆盖该表项中的物理地址，并复位该表项的计时器。

接着，接收方检查 ARP 请求中的目标协议地址是不是与本机 IP 地址匹配，如果不是，则可停止处理该 ARP 请求。如果匹配，则将本机的物理地址 P_B 填入报文中所缺的目标硬件地址字段，并交换发送方和目标地址对，然后把操作类型字段值改成 2（响应），再将该 ARP 响应报文封装在物理网络帧中单播发给 A。对于以太网，帧的类型为 0x0806，目的地址为 P_A，源地址为 P_B。

ARP 响应报文仅有一个接收方，接收方 A 将 ARP 响应中发送方的 IP 地址和物理地址绑定写入 ARP 高速缓存中。然后 A 就可以用该绑定中的物理地址作为帧的目的地址封装待发 IP 分组，并发送该帧了。

3. 反向地址解析协议

反向地址解析协议（Reverse Address Resolution Protocol，RARP）用于将物理地址映射

为 IP 地址。RARP 目前在因特网中基本不再使用，但它过去曾是无硬盘工作站自引导系统所使用的一种协议。RARP 允许系统在启动时获得一个 IP 地址，过程如下：在系统启动时，广播发送一个 RARP 请求，请求中包含本机的硬件地址，然后等待 RARP 服务器的响应，响应报文中给出请求方的 IP 地址。RARP 报文的格式与 ARP 报文的格式一样，仅仅是操作类型字段值不同。RARP 请求报文与响应报文各字段值的设置与 ARP 的类似。另外，封装了 RARP 报文的以太帧类型字段值应为 0x8035。

7.4 因特网的路由选择协议

本节讨论因特网中路由器的路由表是怎样初始化和动态更新的，重点讨论几种常用的路由选择协议（路由更新协议）。

7.4.1 自治系统与路由选择协议分类

路由选择协议的核心是路由选择算法，也即路由计算与更新算法。一个理想的路出选择算法应具有如下一些特点。

（1）算法必须是正确的。所谓正确，是指沿着各路由表所指的路由，分组一定能够最终到达目的网络和目的主机。

（2）算法在计算上应简单。更新路由表的计算要占用路由器的处理器资源，为计算路由，需要路由器之间交换信息，这还将占用网络带宽。因此，路由选择算法应简单，以免对路由器的关键任务——数据报的转发产生大的影响。

（3）算法应能适应通信量和网络拓扑的变化。这就是说，要有自适应性。当网络中的通信量发生变化时，算法应能自适应地改变路由以均衡各链路的负载。当某些路由器、链路发生故障不能工作时，或者设备或链路修复再投入运行时，算法应能及时地改变路由。

（4）算法应具有稳定性。当网络通信量和网络拓扑相对稳定时，路由选择算法计算得出的路由应比较稳定，不应不停地变化。

（5）算法应是公平的。算法应平等对待具有相同优先级的用户。

从能否随网络通信量或拓扑的变化进行自适应地调整来看，路由选择算法可以划分为两大类，即静态路由选择策略与动态路由选择策略。静态路由选择也叫做非自适应路由选择，其特点是简单和开销较小，但不能及时适应网络状态的变化。动态路由选择也叫做自适应路由选择，其特点是能较好地适应网络状态的变化，但实现起来较为复杂，开销也较大。

一个实际的路由选择算法应尽可能地接近于理想的算法。在不同的应用条件下，可以对以上几个方面有不同的侧重。实际上，因特网路由选择首先是个非常复杂的问题，因为它需要因特网中路由器共同协调工作。其次，路由选择的环境往往是随机变化的，即无法事先知道的。

因特网采用的路由选择协议主要是自适应的、分布式的路由选择协议。因特网采用分层次的路由选择协议，原因在于以下两个方面。

（1）因特网是全球范围的互联网，规模很大，已拥有 6 亿多台服务器，千百万台路由器将很多物理网络互连在一起。如果让所有路由器知道到所有物理网络应怎样到达，则路由表将非常大，查询和更新起来都很费时，而且所有路由器之间交换路由信息的通信量就会使因特网的通信链路饱和。

（2）许多企业不愿意外界了解自己单位 IP 网的拓扑细节以及本单位采用的路由选择协议，但同时还希望连到因特网上。

1. 自治系统

因特网在全球被划分为许多自治系统（AS，Autonomous System）。传统定义的 AS 是在单一技术管理下的一组路由器，使用一个内部网关协议（IGP，Interior Gateway Protocol）和共同的测度确定如何在 AS 内路由数据报，并使用一个 AS 间路由选择协议决定如何将数据报发送到其他自治系统。不过，AS 的定义有了发展，现在单个 AS 可以使用多个内部网关协议，有时还使用几组测度。现在使用自治系统术语强调的是，即使使用了多个内部网关协议和几组测度，一个 AS 在其他自治系统看来应具有单个一致的内部路由选择策略，对可通过该 AS 到达的目的网络具有一致的描绘。

一个 AS 是一组连通的有单一、明确定义的路由策略的 IP 网络，包含由一个或多个网络提供商管理的一个或多个 IP 前缀（CIDR 地址块）。AS 是一个互联网，或更确切地说，是连接网络的路由器的集合，这些路由器共享相同的路由策略。自治系统的路由策略表述的是网络前缀如何在自治系统之间进行交换。

因特网可看做是随意连接的 AS 的集合，一个 AS 与一个或多个其他的 AS 连接。每个 AS 都有一个自治系统号（AS 号），一个与自治系统相关联的 16 比特整数，作为与其他自治系统交换动态路由信息的标识符。每个与外界连接的 AS 必须指定本 AS 内的一台或几台路由器，使用某外部网关协议（EGP，Exterior Gateway Protocol）向其他 AS 通告网络可达性。当前因特网中使用的外部网关协议是版本号为 4 的边界网关协议（BGP-4，Border Gateway Protocol version 4）。AS 之间使用 BGP-4 交换路由信息。

AS 号空间与 IP 地址空间一样是有限的，因此现在并不建议把 AS 号作为管理的一种形式，而是把 AS 号作为路由策略的表示，仅当存在不同于边界路由器对等端所用的路由策略时才需要。由 IANA 下属的 APNIC 等地址注册商负责管理 AS 号的统一分配，这有助于限制全球路由表的扩展。因为一个自治系统将汇集本 AS 内相邻的 IP 地址前缀，并与其他 AS 交换信息，AS 划分过细不利于将公布于全球互联网的路由数量减至最低。

对于 1 个单接入网点（Single-homed site），一般都不需要作为单独的 AS，因为网点的 1 个或多个前缀（1 个前缀表示 1 个 CIDR 地址块）通常都是由网点的 ISP 分配的，并且网点的前缀通常与网点服务提供者的其他客户有相同的路由策略。

1 个网点如果满足下列条件，可以分配 AS 号：（1）是多宿主的（Multi-homed site，也称为多接入网点）；（2）有单一的、明确定义的路由策略，并且不同于提供商的路由策略。

一个 AS 有权自主地决定在本系统中采用何种内部路由更新机制。一个 AS 内的路由器可以使用一个或多个内部网关协议与本 AS 内其他路由器交换路由信息。在互联网中常用的 IGP 有：RIP、OSPF 和 IGRP。IGRP（Interior Gateway Routing Protocol）是 Cisco 公司 20 世纪 80 年代开发的，是一种动态的最大可支持 255 跳的路由选择协议，使用一组测度确定到达一个网络的最佳路由，测度包括网络延迟、带宽、可靠性和负载等，Cisco IOS（Internetwork Operating System）允许路由器管理员为 IGRP 的每种测度设置权重。IGRP 是一种距离向量型的内部网关协议。协议要求每个路由器以规则的时间间隔向其相邻的路由器发送其路由表的全部或部分。随着路由信息在网络上扩散，路由器就可以计算到所有目的网络或目的站的距离。

2．路由选择协议分类

目前，因特网路由选择协议可划分为两大类：

（1）内部网关协议（IGP）：把1个自治系统内部路由器交换路由信息所用的任何协议统称为内部网关协议。每个自治系统可自主选择具体的IGP协议。目前因特网中常用的IGP有RIP、OSPF和IGRP。

（2）外部网关协议（EGP）：两个自治系统之间传递网络可达性信息所用的协议称为外部网关协议。每个自治系统内都指定1个或多个路由器除了运行本系统的IGP外，还运行EGP与其他的自治系统交换信息。目前因特网中唯一在用的EGP协议是BGP-4。BGP称运行BGP的路由器为边界网关（border gateway）或边界路由器（border router）。在图7-22中，路由器R1收集自治系统AS1中的网络有关信息，并使用EGP把信息报告给AS2中的路由器R2。同样，R2把AS2的网络可达性信息报告给R1。

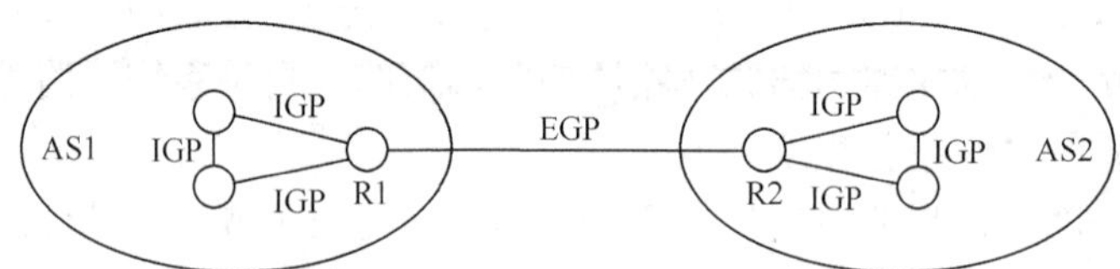

图7-22 自治系统、内部网关协议和外部网关协议

下面介绍因特网中最常用的两种IGP协议：OSPF和RIP，以及唯一在用的EGP协议BGP-4。

7.4.2 内部网关协议——RIP

路由信息协议（RIP，Routing Information Protocol）是内部网关协议中最先得到广泛使用的协议，RIP使用一种距离向量算法更新路由表，常用于小型的自治系统。

距离向量算法要求每个路由器在路由表中列出到所有已知目的网络的最佳路由，并且定期把自己的路由表副本发送给与其直接相连的其他路由器。为了确定最佳路由，使用测度来度量路由优劣。可以使用表示数据报到目的网络必须经过的路由器的个数，即跳数（hop）作为测度，也可以使用数据报经历的时延、发送数据报的开销等作为测度。RIP使用跳数作为测度，这样，所谓最佳路由就是能够以最少跳数到达某目的网络的路由。

路由器启动时对路由表进行初始化，为与自己直连的每个网络生成一个表项。表项包括一个目的网络、到该网络的最短距离（最少跳数）及路由（下一跳）。每个路由器根据相邻路由器定期发来的路由信息更新自己的路由表，获悉更多目的网络以及到各网络的最佳路由。下面通过例子说明。设路由器K与两个网络相连，K初始的距离向量路由表如图7-23所示。

目的网络	距离	路由
网络1	0	直接
网络2	0	直接

图7-23 1个初始的距离向量路由表示例

每个路由器只和相邻路由器（数量非常有限）交换路由信息并更新路由表，一个自治系统中的所有路由器经过若干次路由通告与更新后，最终都会知道到达本AS中任何一个网络的最短距离和路径中下一跳路由器的地址。

【例7-9】 假如经过数次路由更新后路由器K的路由表如图7-24（a）所示。当相邻路由器J的路由信息报文如图7-24（b）所示，到达路由器K后，请问K的路由表将如何更新？

解：K检查报文中的（目的网络，到该网络的距离）列表（J的路由表副本）。**如果J知道去某目的网络更短的路由，或者J列出了K中不曾有的目的网络，或者K目前到某目的网络的路由经过J，而J到达该网络的距离有所改变，则K就会替换自己的路由表中的相应表项**。更新后的K的路由表如图7-24（c）所示。

目的网络	距离	路由
网络1	0	直接
网络2	0	直接
网络4	4	路由器L
网络17	7	路由器M
网络24	6	路由器J
网络30	2	路由器Q
网络42	2	路由器J

（a）路由器K的路由表

目的网络	距离
网络1	2
网络4	3
网络17	**5**
网络21	**6**
网络24	**4**
网络30	9
网络42	**3**

（b）来自路由器J的路由信息

目的网络	距离	路由
网络1	0	直接
网络2	0	直接
网络4	4	路由器L
网络17	**6**	**路由器J**
网络21	**7**	**路由器J**
网络24	**5**	**路由器J**
网络30	2	路由器Q
网络42	**4**	**路由器J**

（c）更新后的K的路由表

图7-24　基于距离向量算法的路由更新示例

图7-24（b）中加粗的表项将引起K的路由表的更新。原本从K经路由器M至目的网络17的距离为7，但邻居J声称它到网络17的距离为5，这个路由更短，因此K路由表中至网络17的距离更新为5 + 1（从J到目的网络的距离加上K到J的距离），路径上的下一跳指定为J。J声称从它能够到达网络21，K路由表中无此目的网络，因此新增一个到网络21的表项。从K到网络24的路由原本经过J，距离为6，但J声称从它到网络24的距离（由5变）为4了，因此更新距离为4+1。同理，K的路由表中至网络42的路由也要做类似更新。

注意，如果J报告到某目的网络的距离是N，并且K根据该信息需要添加或更新自己路由表中的某个表项时，则该表项的距离为N+1，下一跳指定为路由器J。

虽然距离向量算法易于实现，但它们也有缺点。当路由迅速发生变化（如链路出现故障）时，相应的信息缓慢地从一个路由器传到另一个路由器，算法可能无法稳定下来，出现路由表的不一致问题和慢收敛问题。

RIP和下一小节要介绍的OSPF都是分布式路由选择协议。它们共同的特点是每一个路由器都要不断地和其他一些路由器交换路由信息。RIP路由信息交换与更新有以下3个特点。

（1）RIP路由器仅和本自治系统内与自己相邻的路由器交换信息。RIP规定，信息仅在相邻的路由器之间交换，所谓相邻是指在一个网络上。此外主机可以参与接收RIP广播并更新自己的路由表，但主机不发送路由更新报文。

（2）RIP支持2种信息交换方式。一种是**定期的路由更新**，即路由器按固定的时间间隔，例如每30s向所有邻居发送一个更新报文，其中包含路由器当前所知道的全部路由信息，即自己的路由表。另一种是**触发的路由更新**，无论何时只要路由表中有路由发生改变，路由器就可立即向与其直连的主机和路由器发送触发更新报文。

（3）路由表更新的原则是按照距离向量算法，确定并记录到各目的网络的最短距离（以跳数计）和路径上的下一跳。

RIP 规定距离 16 表示无路由或不可达，还规定路由超时时间为 180s。例如，假设某路由器 X 到网络 *n* 的当前路由以路由器 G 为下一跳，如果 X 有 180s 都没有收到来自 G 的路由更新信息，则可以认为 G 崩溃了或 X 连到 G 的网络不可用了，此时 X 可以标记至网络 *n* 的距离为 16。

RIP 存在 2 个版本，版本 1（RIP-1）出现于 20 世纪 80 年代[RFC 1058]，较新的版本 2（RIP-2）发布于 90 年代[RFC 1388，RFC 2453]。RIP-1 中交换的路由信息仅包含一组（网络地址，到网络的距离），而 RIP-2 的更新报文中还增加了下一跳信息，这有助于解决慢收敛问题和防止出现路由环路。RIP-2 的更新报文中还增加了子网掩码信息，以支持变长子网地址或无分类地址。总之，RIP-2 更新报文包含 4 元组（网络地址，网络掩码，到网络的下一跳，到网络的距离）列表（格式见图 7-25）。

<table>
<tr><td>命令</td><td>版本</td><td>为 0</td></tr>
<tr><td colspan="2">网络 1 的协议族</td><td>网络 1 的路由标记</td></tr>
<tr><td colspan="3">网络 1 的 IP 地址</td></tr>
<tr><td colspan="3">网络 1 的子网掩码</td></tr>
<tr><td colspan="3">到网络 1 的下一跳</td></tr>
<tr><td colspan="3">到网络 1 的距离</td></tr>
<tr><td colspan="2">网络 2 的协议族</td><td>网络 2 的路由标记</td></tr>
<tr><td colspan="3">网络 2 的 IP 地址</td></tr>
<tr><td colspan="3">网络 2 的子网掩码</td></tr>
<tr><td colspan="3">到网络 2 的下一跳</td></tr>
<tr><td colspan="3">到网络 2 的距离</td></tr>
<tr><td colspan="3">…</td></tr>
</table>

图 7-25 RIP-2 报文格式

命令字段指明一种操作，例如为 1 表示请求，请求响应系统发送路由表所有或部分信息，为 2 表示响应，1 个响应报文包含发送者路由表的全部或部分信息，该报文可以是为响应 1 个请求而发送，也可能是由发送者产生的 1 个更新报文。

路由标记（Route Tag）字段用于支持 EGP，用于传播路由来源之类的额外信息。例如，如果 RIP-2 路由器从另一个自治系统得知一个路由，可以使用路由标记字段携带那个自治系统的编号。

此外，为了防止不必要地增加不监听 RIP-2 分组的主机的负担，RIP-2 的周期广播使用 1 个固定的组播地址 224.0.0.9。使用固定的组播地址意味着不需要依赖 IGMP（因特网组管理协议）。RIP-2 比 RIP-1 还增加了认证机制。

RIP 基于 UDP，使用 UDP 端口 520（有关端口的意义请参阅第 8 章）。虽然可以在其他 UDP 端口发起 RIP 请求，但请求报文的 UDP 目的端口总是 520，并且 RIP 广播报文的源端口也是 520。

RIP 作为内部网关协议，存在一些限制。第一，用一个小的跳数值表示无穷大，限制了使用 RIP 的互联网规模。使用 RIP 的互联网中，任意 2 台主机之间最多有 15 跳。第二，路由器周期地向邻居广播完整的路由表，随着网络规模的增大，开销会增大，路由更新的收敛时间也会延长。第三，RIP只使用跳数测度，不支持负载均衡，路由选择相对固定不变。

7.4.3　内部网关协议——OSPF

1．协议概述

OSPF是IETF的一个工作组设计的一个内部网关协议，它使用链路状态（Link State）算法，或称最短路径优先（SPF，Shortest Path First）算法。OSPF也即开放的SPF协议，所谓开放，是指协议规范可在公开发表的文献中找到。

在链路状态路由选择协议中，每个路由器维护1个描述自治系统拓扑的数据库。该数据库称为链路状态数据库。每个参与的路由器有相同的数据库。数据库的每一项是单个路由器的本地状态（例如，路由器接口所连网络、与接口输出端关联的代价（cost，也称开销）、不可用的接口及可达的邻居等）。路由器利用洪泛法（flooding）向整个自治系统发布自己的本地状态。

所有路由器并行地运行着相同的算法。每个路由器根据链路状态数据库，使用Dijkstra最短路径算法，构建1个以自己为根的最短路径树。最短路径树给出了到自治系统中每个网络的路由。从自治系统外部得到的路由信息在树中作为叶子出现。

如果到一个目的站存在若干条代价相同的路由，则把流量均匀地分配给这些路由。路由的代价用单个无量纲测度描述。因此OSPF能提供负载均衡（load balancing）功能。而RIP对每个目的站只计算1条路由。

OSPF允许将AS中的网络分成若干组，每个组称为1个**区域**（area）。1个区域的拓扑相对于AS的其他部分来说是隐藏的。信息隐藏能够使路由信息流量显著减少。此外，在区域内的路由选择仅取决于区域自己的拓扑，从而保护区域不受外界坏路由数据的影响。区域是子网化IP网络的推广。

OSPF允许灵活配置IP子网，支持特定主机的路由、特定子网的路由、无分类路由和特定分类网络的路由。OSPF分发的每个路由都含有目的地和掩码。相同IP网络号的两个不同子网可能具有不同的掩码，即变长子网划分。主机路由被当做是掩码为全1的子网。IP分组被转发到最佳匹配所指定的下一跳。

所有OSPF协议交换都要被鉴别，从而保证只有可信的路由器可以参与自治系统的路由选择。OSPF支持各种鉴别机制，而且允许每个区域配置不同的鉴别机制。

从外部得到的路由选择数据（例如从一个外部网关协议如BGP获得的路由）要在整个自治系统中通告，这些数据将与OSPF协议的链路状态数据分开存放。

2．OSPF区域和路由器类别

为使每个区域能够和同一AS内的其他区域进行通信，每个区域都设有**边界路由器**，所有区域边界路由器都属于特别的区域0，也称为OSPF骨干（backbone）。骨干负责在非骨干区域之间分发路由信息。骨干必须是连续的，但物理上不必是连续的，骨干连通性可以通过配置虚拟链路（virtual link）建立与维持。在任意两个有接口连接到普通（非骨干）区域的骨干路由器之间，可以配置虚拟链路，虚拟链路属于骨干。协议把由虚拟链路连接的两个路由器，当做就像是由一个无编号点到点骨干网络连接的一样处理。

图 7-26 给出了 1 个 OSPF 区域划分示例，该图实质上是个有向图。其中，每个路由器接口的输出端都有一个代价，如果没标定则表示代价为 0，注意：从网络到路由器的代价总为 0。代价可由系统管理员配置。代价越小，接口越有可能用于转发流量。从外部获得的路由数据（如 BGP-4 获得的路由）也有代价与之关联。

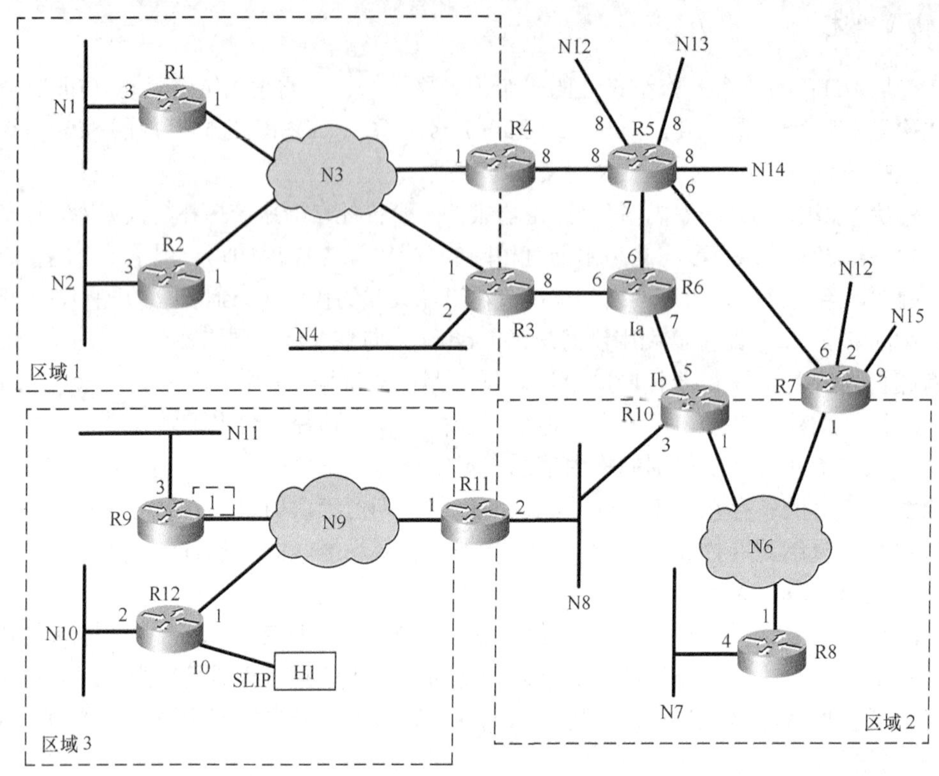

图 7-26　1 个 AS 的 OSPF 区域配置示例

如果不引入区域，唯一具有专门功能的是那些通告外部路由信息的 OSPF 路由器。如果划分区域，AS 中的路由器按照功能可进一步分为以下 4 个有重叠的类别。

（1）内部路由器（Internal router）：一个所有直连网络属于同一区域的路由器。这些路由器运行单个一份基本路由选择算法。

（2）区域边界路由器（Area border router）：连接到多个区域的路由器。这些路由器运行多份基本路由选择算法，每份用于 1 个连接的区域。区域边界路由器浓缩它们所附属的区域的拓扑信息并散布到骨干，骨干反过来再将信息分发到其他区域。

（3）骨干路由器（Backbone router）：有接口到骨干区域的路由器。包括所有连接到不止 1 个区域的路由器。不过，骨干路由器不一定是区域边界路由器，可以是内部路由器，其所有接口都连接到骨干区域。

（4）AS 边界路由器（AS boundary router）：与属于其他 AS 的路由器交换路由信息的路由器。这样的路由器将 AS 外部路由信息传遍本自治系统。AS 中的每个路由器都知道到每一AS 边界路由器的路径。AS 边界路由器可能是内部或区域边界路由器，并且也许加入也许没加入骨干。

在图 7-26 中，路由器 R1、R2、R5、R6、R8、R9 和 R12 是内部路由器；R3、R4、R7、

R10 和 R11 是区域边界路由器；R5 和 R7 是 AS 边界路由器。

自治系统中网络类型可分为 3 种：（1）点到点网络（Point-to-point networks），指连接一对路由器的网络；（2）广播网络（Broadcast networks），指支持连接多个（超过 2 个）路由器，并且具有广播能力的网络。可使用 OSPF 的 Hello 协议动态发现网络上的相邻路由器，广播网上的每一对路由器之间都假定能直接通信，例如以太网；（3）非广播网络（Non-broadcast networks），指支持连接多个路由器，但没有广播能力的网络，例如 X.25 公用数据网，对这种网络可能必须作适当配置，以帮助发现邻居，使用 Hello 协议维持邻居关系。每个通常被组播的 OSPF 协议分组需要被依次发送到每个邻近路由器（neighboring router）。非广播网络在 OSPF 中分为 2 种模式：NBMA（non-broadcast multi-access），模拟广播网上的 OSPF 操作；另一种是点到多点（Point-to-MultiPoint）网络，把网络视为点到点链路的集合。

在图 7-26 中，唯一的点到点网络连接 R6 和 R10，并已被指定了接口地址 Ia 和 Ib。点到点网络的接口可以不指定 IP 地址。当指定了接口地址时，接口就作为末梢链路，每个路由器向另一个路由器的接口地址通告一个末梢连接。网络 N6 是一个连接了 3 个路由器的广播网络。

3. OSPF 基本路由选择算法

在每个区域运行单独的一份 OSPF 基本路由选择算法。有若干接口连到多个区域的路由器运行多份算法。算法简单概括如下。

（1）当路由器启动时，首先初始化路由选择协议数据结构。然后等待低级协议指示其接口已经起作用了。

（2）然后路由器使用 OSPF 的 Hello 协议获得邻居。路由器发送 Hello 分组给它的邻居，接着收到邻居返回的 Hello 分组。在广播和点到点网络上，路由器通过发送 Hello 分组到组播地址 AllSPFRouters（224.0.0.5）动态地探测它的邻居。在非广播网络上，为发现邻居可能必需一些配置信息。在广播和 NBMA 网络上，Hello 协议还为网络选举一个指定路由器（Designated Router）。例如图 7-26 中网络 N6 就会选举出一个指定路由器，由它产生网络 N6 的链路状态通告（LSA，Link State Advertisement）。

（3）路由器将尝试与其新获得的邻居中的一些形成**邻接**关系（Adjacency）。一对邻接的路由器之间的链路状态数据库是同步的。在广播和 NBMA 网络上，指定路由器决定哪些路由器应成为邻接的。邻接关系控制路由信息的分发，仅在邻接路由器上收发路由更新。

（4）路由器周期地通告它的状态，也称为链路状态。路由器也在其状态改变时通告链路状态。路由器的邻接关系反映在它的 LSA 的内容中。邻接和链路状态之间的关系使得协议能够及时地察觉不工作的路由器。

（5）LSA 在整个区域内洪泛发送。OSPF 使用可靠的洪泛算法，确保一个区域中的所有路由器有完全相同的链路状态数据库。该数据库由属于该区域的各个路由器发起的 LSA 的集合组成。从这个数据库，每个路由器计算 1 个以自己为根的最短路径树（shortest-path tree）。再由最短路径树产生 1 个 OSPF 路由表。

上述描写的是单个区域内协议的运转。对于**区域内部路由选择**（intra-area routing），不需要其他路由信息。

对于**区域间路由选择**（inter-area routing），则需要另外的路由信息。为了能够路由到区域外的目的地，区域边界路由器要给区域注入附加的路由信息。附加的路由信息是对除本区域外的自治系统拓扑其余部分的提炼，提炼方法是：每个区域边界路由器（根据定义是连至骨干的）汇总其所连接的非骨干区域的拓扑，在骨干上传输到达所有其他区域边界路由器。结果，一个区域边界路由器就有了关于骨干及来自各个其他区域边界路由器的区域摘要的完整拓扑信息。根据这个信息，该路由器计算到所有跨区域目的地（inter-area destinations）的路径，这使该区域的内部路由器在转发到跨区域目的地的流量时，能够选择最佳的出口路由器。

关于 AS 外部路由（AS external routes），有关于其他 AS 的信息的路由器可以将信息洪泛至整个 AS。外部路由选择信息（external routing information）一般被分发到每个参与的路由器，有个例外是：不洪泛到末梢区域（“stub” areas）。当 1 个区域仅有 1 个出口点，或者当出口点不基于每个外部目的地来选择时，区域可以配置为末梢区域。为利用外部路由选择信息，到所有通告外部信息的路由器的路径必须传遍 AS（末梢区域除外）。因此非末梢区域的边界路由器要汇总 AS 边界路由器的位置。

4. 最短路径树和路由表生成示例

假如图 7-26 中的自治系统没有划分区域，即 AS 只有 1 个区域，其中 R5 和 R7 是 AS 边界路由器，则路由器 R6 构建的最短路径树如图 7-27 所示。

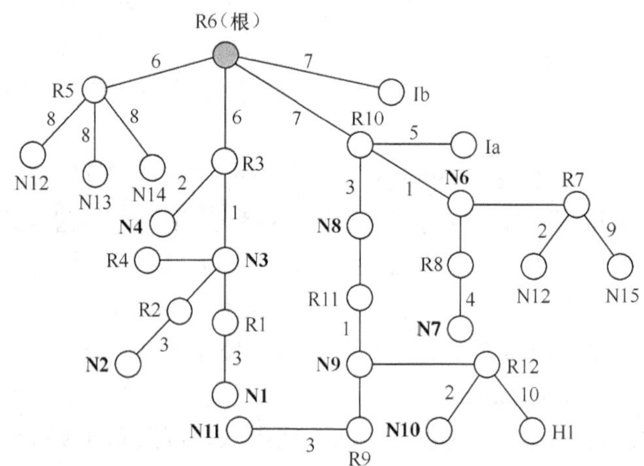

图 7-27 图 7-26 中的自治系统不分区域时路由器 R6 的 SPF 树

依据该树可以得到 R6 的路由表，见表 7-8。其中计算了至 R5 和 R7 的区域内部路由（intra-area routes），并进一步计算了到 R5 和 R7 所通告的目的网络 N12～N15 的外部路由（external routes）。表 7-8 列出了图 7-26 中的自治系统不分区域时 R6 的路由表。

表 7-8 图 7-26 中的自治系统不分区域时 R6 的路由表

目的类型	目　的	区　域	路径类型	代　价	下 一 跳	通告路由器
Network	N1	0	intra-area	10	R3	*
Network	N2	0	intra-area	10	R3	*
Network	N3	0	intra-area	7	R3	*
Network	N4	0	intra-area	8	R3	*
Network	Ib	0	intra-area	7	*	*
Network	Ia	0	intra-area	12	R10	*

续表

目的类型	目　的	区　域	路径类型	代　价	下 一 跳	通告路由器
Network	N6	0	intra-area	8	R10	*
Network	N7	0	intra-area	12	R10	*
Network	N8	0	intra-area	10	R10	*
Network	N9	0	intra-area	11	R10	*
Network	N10	0	intra-area	13	R10	*
Network	N11	0	intra-area	14	R10	*
Network	H1	0	intra-area	21	R10	*
Router	R5	0	intra-area	6	R5	*
Router	R7	0	intra-area	8	R10	*
Network	N12	*	external	10	R10	R7
Network	N13	*	external	14	R5	R5
Network	N14	*	external	14	R5	R5
Network	N15	*	external	17	R10	R7

下面考虑划分了区域的图 7-26 中的自治系统。区域 1 由网络 N1～N4 以及路由器 R1～R4 组成。区域 2 由网络 N6～N8 以及路由器 R7、R8，R10 和 R11 组成。区域 3 由网络 N9～N11 和主机 H1 以及路由器 R9、R11 和 R12 组成。区域 3 被配置成在向区域外部通告路由信息时，能够将网络 N9～N11 和主机 H1 组合成一条路由。R5 和 R7 是 AS 边界路由器，R3、R4、R7、R10 和 R11 是区域边界路由器。

路由器 R4 连至区域 1 和骨干（区域 0），R4 的路由表如表 7-9 所示。注意区域边界路由器 R3 有两个路由表项，因为它有和 R4 一样的两个区域。表 7-9 中计算了到所有区域边界路由器的骨干路径，因为在决定区域间路由（inter-area routes）时要用到。表 7-9 中所有的区域间路由都与骨干关联，计算路由的路由器本身是区域边界路由器时总是这样。路由选择信息在区域边界被压缩。例如，路由器 R11 向骨干通告区域 3 路由时，区域 3 中到网络 N9～N11 的路由和到 H1 的主机路由全被压缩成单条路由，并且这条路由的代价是到各个组成部分的代价集合中的最大值。

本例中有两条到网络 N12 的等代价路径，不过它们都使用相同的下一跳（路由器 R5）。另外，路由器 R10 和 R11 之间配置了虚拟链路，没有该虚拟链路，R11 就不能向骨干通告用于网络 N9～N11 和主机 H1 的路由了。如果在 R4 和 R3 之间也配置一条虚拟链路，R4 的路由表中的某些路径将变得短一些，这里从略。

表 7-9　　划分区域的图 7-26 的 AS 中路由器 R4 的路由表

目的类型	目　的	区　域	路径类型	代　价	下 一 跳	通告路由器
N	N1	1	intra-area	4	R1	*
N	N2	1	intra-area	4	R2	*
N	N3	1	intra-area	1	*	*
N	N4	1	intra-area	3	R3	*
R	R3	1	intra-area	1	*	*
N	Ib	0	intra-area	22	R5	*
N	Ia	0	intra-area	27	R5	*

续表

目的类型	目　的	区　域	路径类型	代　价	下 一 跳	通告路由器
R	R3	0	intra-area	21	R5	*
R	R5	0	intra-area	8	*	*
R	R7	0	intra-area	14	R5	*
R	R10	0	intra-area	22	R5	*
R	R11	0	intra-area	25	R5	*
N	N6	0	inter-area	15	R5	R7
N	N7	0	inter-area	19	R5	R7
N	N8	0	inter-area	18	R5	R7
N	N9-N11,H1	0	inter-area	36	R5	R11
N	N12	*	external	16	R5	R5,R7
N	N13	*	external	16	R5	R5
N	N14	*	external	16	R5	R5
N	N15	*	external	23	R5	R7

5．OSPF 分组和链路状态通告

为减少未参与系统的负载，OSPF 通过组播发送报文。为了消除对 IGMP 的依赖，协议预设了两个 IP 组播地址：224.0.0.5 用于所有路由器（AllSPFRouters），224.0.0.6 用于所有**指定路由器**（AllDRouters）。为避免将 OSPF 报文送出区域，要对路由器进行配置，防止它将发送给上述两地址的报文转发出去。OSPF 分组直接封装在 IP 数据报中发送，协议号为 89。

OSPF 共有以下 5 种分组类型。

（1）Hello 分组：在每个运行的路由器接口上发送。用于发现和维持路由器的邻居关系。在广播和 NBMA 网络上，Hello 分组还要用于选举**指定路由器**和候补指定路由器。

（2）数据库描述（Database description）分组：汇总数据库内容。数据库描述和下面的链路状态请求分组用于形成**邻接关系**。数据库描述分组的发送取决于邻居的状态。

（3）链路状态请求（Link State Request）：用于下载数据库。

（4）链路状态更新（Link State Update）：用于数据库更新。每个链路状态更新分组携带一组新的链路状态通告（LSAs）。单个链路状态更新分组可能包含不同路由器的 LSAs。每个 LSA 用发起路由器的 ID 和链路状态内容的校验和标记。每个 LSA 还有类型字段标识 LSA 的类型，LSA 分为如表 7-10 所示的 5 种类型。

（5）链路状态确认（Link State Ack）：用于对洪泛的确认。OSPF 的可靠更新机制通过链路状态更新和链路状态确认分组实现。

除了 Hello 分组，OSPF 路由选择分组都仅在邻接路由器上发送，分组的 IP 源地址是邻接的一端，目的地址是邻接的另一端或者是 IP 组播地址。

每个 LSA 描绘 OSPF 路由域的一部分。每个路由器发起一个 router-LSA。无论何时一个路由器被选为指定路由器，它就发起一个 network-LSA。区域边界路由器为每个已知的区域间目的地（inter-area destination）发起单个 summary-LSA。AS 边界路由器为每个已知的 AS 外目的地发起单个 AS-external-LSA（参见表 7-10）。

表 7-10 OSPFv2 链路状态通告（LSA）

LS 类型	LSA 名字	LSA 描述
1	Router-LSAs	区域中的每个路由器发起 1 个 router-LSA，描述路由器到本区域的接口的状态，仅洪泛遍及单个区域
2	Network-LSAs	区域中的每个广播和 NBMA 网络由其指定路由器发起一个 network-LSA，该 LSA 包含连到该网络上的路由器列表，仅洪泛遍及单个区域
3, 4	Summary-LSAs	由区域边界路由器发起，洪泛遍及与本 LSA 相关的区域。每个 Summary-LSA 描述一条到区域外且还在 AS 内的一个目的地的路由（即一个 inter-area route）。类型 3 描述到网络的路由。类型 4 描述到 AS 边界路由器的路由
5	AS-external-LSAs	由 AS 边界路由器发起，洪泛传遍 AS。该 LSA 描述至另一 AS 中的一个目的地的路由。AS 的默认路由也可以由 AS-external-LSAs 描述

例如考虑图 7-26 中的路由器 R4，它是一个区域边界路由器，连到区域 1 和骨干。R4 向骨干区域发起 5 个不同的 LSAs、1 个 router-LSA 和 4 个 summary-LSAs（为到网络 N1～N4 各发起 1 个）。R4 还要向区域 1 发起 8 个不同的 LSAs、1 个 router-LSA 和 7 个 summary-LSAs（其中为到网络 N6～N8 的路由各发起 1 个 summary-LSA，为到 AS 边界路由器 R5 和 R7 的路由各发起 1 个，为到主机 Ia 和 Ib 的路由合并发起 1 个，另发起 1 个通告到网络 N9～N11 和主机 H1 的路由）。如果 R4 被选为网络 N3 的指定路由器，它还将向区域 1 为 N3 发起一个 network-LSA。

再如图 7-26 中的 AS 边界路由器 R5。R5 将发起 3 个不同的 AS-external-LSAs（网络 N12～N14 各 1 个）。这些 LSAs 将被洪泛遍及整个 AS，假如没有区域被配置为末梢区域。不过，假如区域 3 被配置为末梢区域，网络 N12～N14 的 AS-external-LSAs 就不会洪泛到该区域中。而路由器 R11 将发起 1 个默认 summary-LSA，该 LSA 将被洪泛传遍区域 3，指示所有区域 3 的内部路由器把到 AS 外的流量发送给 R11，由它再转发。

在洪泛过程中，许多 LSAs 可以包含在单个链路状态更新分组中运送。然后所有 LSAs 被洪泛传遍 OSPF 路由域。洪泛算法是可靠的，保证所有路由器拥有相同的 LSAs 集合，即链路状态数据库。

注意，唯有 AS-external-LSAs 要被洪泛传遍整个自治系统；所有其他类型的 LSAs 仅在单个区域内洪泛。不过，AS-external-LSAs 不被洪泛到末梢区域，这样可以减少末梢区域内路由器的链路状态数据库的大小。

由链路状态数据库，每个路由器构建以自己为根的最短路径树。根据树可以构建路由表，算法略，可以参见 RFC 2328。

7.4.4 外部网关协议——BGP

1. BGP 概述

BGP（Border Gateway Protocol）是设计用于 TCP/IP 互联网自治系统之间的路由选择协议。它的创建是基于 EGP 及其使用经验，这里 EGP 表示一个具体的协议，定义于 RFC 904

中。BGP 最初版本 BGP-1 于 1989 年在 RFC1105 中发布。后来又分别在 RFC 1163、RFC 1267 和 RFC 1771 中发布了 BGP-2、BGP-3、BGP-4，最新 BGP-4 发布在 RFC 4271 中。BGP-4（以下简称 BGP）增加了对 CIDR 的支持。而早期版本缺乏对 CIDR 的支持，所以都过时了，不能用于当今的因特网。

每个自治系统中需要配置一个或多个路由器运行 BGP，这些路由器称为 BGP 发言人（BGP speaker）。一对通信的 BGP 发言人也可互称为 BGP 对端（BGP peer）。BGP 发言系统的主要功能是与其他的 BGP 系统交换网络可达性信息。网络可达性信息包括可到达的网络信息以及可达性信息所穿过的一系列自治系统的信息。这些信息足够构造一个 AS 连通图，由图可以删除路由回路（routing loop），并可以在 AS 级别上实施一些策略决策（policy decisions）。

2. BGP 特点

BGP 特点包括以下几个方面。

（1）BGP 是一个自治系统之间的路由选择协议。

（2）BGP 发言系统的主要功能是与其他 BGP 系统交换网络可达性信息。BGP 通告下一跳和路径信息。与距离向量路由选择协议类似，BGP 通告可到达的目的地和到达这些目的地各自的下一跳信息。BGP 发言人一般仅向其对端通告它自己使用的路由（指最首选的 BGP 路由，并且在转发中使用）。此外，BGP 还通告到达目的地的路径信息，允许接收方了解到达目的地的路径上的一系列自治系统，以避免路由环路以及执行路由策略。

（3）经由 BGP 交换的路由选择信息仅支持基于目的的转发模式（destination-based forwarding paradigm）。BGP 假设路由器转发分组仅基于分组中的目的 IP 地址，这反过来决定了能够使用 BGP 实施的策略决策集。有些策略，基于目的的转发模式不支持，因而需要使用如源路由技术来实施。这样的策略不能使用 BGP 实施。BGP 能够支持任何符合基于目的的转发模式的策略。

（4）BGP 提供一组机制支持无类域间路由 CIDR。这些机制包括支持将一组目的地作为一个 IP 前缀通告，并在 BGP 内部消除网络"类"的概念。BGP 还引入机制允许路由聚合，包括 AS 路径的聚合。

（5）BGP 假定一个 AS 内部的路由选择由 IGP 完成，BGP 对各个自治系统使用什么 IGP 没有特别的要求，对自治系统之间的互连拓扑不作限制。BGP 强调即使使用了多个 IGPs 和测度，一个 AS 的管理，从其他自治系统看来，应具有单个一致的内部路由选择规划，并呈现一致的对通过它可达的目的地的描述。

（6）BGP 使用 TCP 作为传输协议，在 TCP 端口 179 上监听。TCP 提供可靠传输服务，因此 BGP 不需要执行显式的 BGP 报文分段、重传、确认和排序。

（7）BGP 采用增量更新以节约网络带宽。在两个 BGP 系统之间建立一个 TCP 连接，连接上最初的数据流是输出策略所允许的 BGP 路由表（routing table）的一部分。以后当路由表有改变时，再发送增量（变化的部分）更新。BGP 不要求周期地刷新路由表。

（8）BGP 支持策略，不是简单地通告本地路由表中的路由，而是能够执行本地管理员选择的策略。例如，BGP 路由器经过配置，能够把自治系统内可达的目的地和通告给其他自治系统的目的地区分开来。

（9）BGP 需要周期性地发送保活报文，确保连接是活跃的；当连接发生错误时，发送通知报文并关闭 TCP 连接。

（10）BGP 提供鉴别机制，允许接收方对报文进行鉴别，即确认发送方的身份。

3. BGP 报文

BGP 定义了 5 种基本报文类型：OPEN（打开）、UPDATE（更新）、NOTIFICATION（通知）、KEEPALIVE（保活）和 ROUTE-REFRESH（路由刷新）。每个 BGP 报文都有固定大小的首部：

16 字节的标记	2 字节的长度	1 字节类型

在初始的报文中，标记值为全 1，如果 BGP 双方同意使用鉴别机制，标记就可以包含鉴别信息。由于 BGP 基于将高层协议数据看成是流式数据的 TCP，TCP 不提供相邻 BGP 报文之间的边界，因此需要标记字段识别报文的起始。在任何情况下，BGP 双方必须就标记值达成一致，这样才能使双方保持同步。首部中的长度字段指明以字节为计量单位的报文总长度，最小为 19 字节（不含数据部分），允许的最大报文长度是 4 096 字节。类型字段用于标识报文的类型，为 1 表示是 OPEN 报文，为 5 表示是 ROUTE-REFRESH 报文。

（1）OPEN 报文。两个 BGP 对等端一旦建立了 TCP 连接，就分别发送一个 OPEN 报文。OPEN 报告中声明发送者自己的 AS 号，并设置其他操作参数。如果 OPEN 报文被接收，对等端就会确认 OPEN 而发回 KEEPALIVE 报文。除了固定长度的 BGP 首部外，OPEN 报文还包含如图 7-28 所示的一些字段。

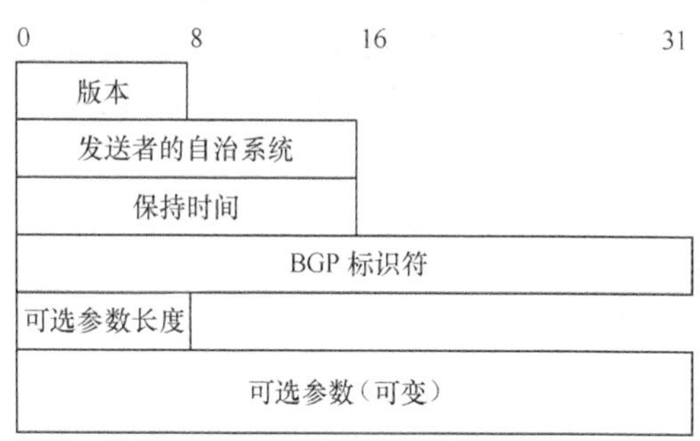

图 7-28　除 BGP 首部之外的 BGP OPEN 报文格式

其中版本字段指示报文的协议版本号，当前 BGP 版本号为 4。保持时间（Hold Time）字段用来设定保持计时器，该计时器定义了 BGP 收到来自对等端的连续的 KEEPALIVE 和/或 UPDATE 报文可以经过的最大秒数。如果保持计时器超时，则推断对等端不再可用。保持时间必须为 0 或者至少 3s。若为 0 表示不使用 KEEPALIVE 报文。如果保持计时器的值大于 0，标准建议把 KEEPALIVE 间隔时间设置为保持时间的 1/3，且不能小于 1s。4 字节的 BGP 标识符唯一标识发送方，协议规定，使用 BGP 发言人的某个 IP 地址作为 BGP 标识符的值，在启动时确定 BGP 标识符的值，并且用在每个本地接口及其与 BGP 对等端的通信中。

可选参数长度指示可选参数字段以字节为单位的总长度。OPEN 报文的可选参数字段是可选的，可以没有（只需将可选参数长度字段设为 0）。如果有，可选参数包含一个参数列表。现有的参数用于有关鉴别、能力、允许 32 位 AS 号等的协商。

（2）UPDATE 报文。两个 BGP 对等端发送 OPEN 报文并得到确认后，使用 UPDATE 报文相互传送路由选择信息。UPDATE 报文中的信息可用于构建一幅描述各个自治系统关系的图。通过应用规则，可以发现路由环路和一些其他异常，以便从 AS 间路由（inter-AS routing）中删除。UPDATE 报文用于向对等端通告可行的且具有相同路径属性的路线，或者当目的地变得不可用时用来撤销曾通告过但现在不可行的路线。除固定长度的 BGP 首部外，UPDATE 报文还可能包括如图 7-29 所示的字段，其中长度可变的字段并不出现在每个更新报文中。

每个 UPDATE 报文分成两个部分，前一部分列出正准备撤销的目的地。一个 UPDATE 报文可以列出以前被通告过但现在要被撤销的多个路由。如果没有要撤销的，则撤销路由长度字段为 0，并省略撤销路由字段。撤销路由长度指出后面撤销路由字段以字节为单位的长度。后一部分给出要通告的新目的地的相关内容。如果没有新的目的地要通告，则 TPAL 字段为 0，此时报文不包含路径属性和 NLRI 字段。

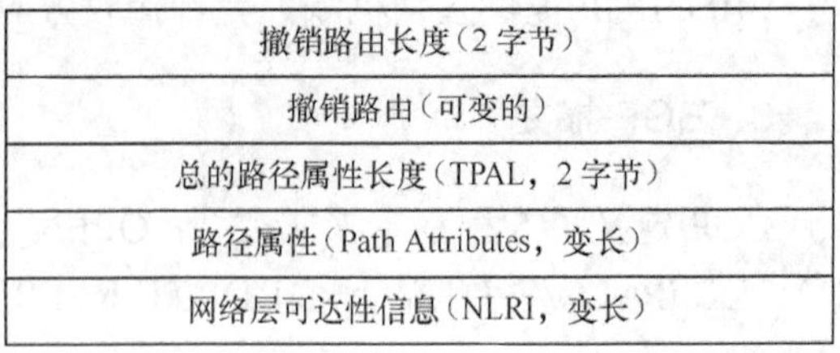

撤销路由长度（2 字节）
撤销路由（可变的）
总的路径属性长度（TPAL，2 字节）
路径属性（Path Attributes，变长）
网络层可达性信息（NLRI，变长）

图 7-29　除 BGP 首部之外的 BGP UPDATE 报文格式

撤销路由和 NLRI 都是变长字段，都包含 IP 地址前缀的列表。为了适用于无分类编址，每个 IP 地址前缀编成一个 2 元组的形式<长度，前缀>。长度字段占 1 个字节，指明 IP 地址前缀的二进制位的长度。长度为 0 表示匹配所有 IP 地址的前缀，此时没有前缀字段。前缀字段包含一个 IP 地址前缀，后面接若干个使本字段位数为 8 的倍数的填充比特，这些后缀比特的值任意。

总的路径属性长度字段指出要通告的路由相关的路径属性的长度，以字节为单位。由此可以确定 NLRI 字段的长度=BGP 报文长度−19−4−撤销路由长度−TPAL。

路径属性字段包含路径属性列表，每个路径属性是个变长的三元组<属性类型，属性长度，属性值>。属性类型占 2 字节，由属性标志八位组和属性类型码八位组组成。属性标志主要用来标识属性是熟知的（well-known）还是可选的（optional），是可传递的还是不可传递的。属性类型码表示属性的类型，RFC 4271 中定义了 7 种属性类型（见表 7-11）。目前已定义了 22 种路径属性，详细内容可参见 IANA 的在线发布。

表 7-11　　　　BGP 路径属性

属 性 名 称	类型码	含　义
ORIGIN	1	熟知的强制的属性，定义路径信息的来历，可以来源于 IGP、EGP 或其他
AS_PATH	2	熟知的强制的属性，由一系列 AS 路径段组成，每个 AS 路径段包含一个或多个 AS 号
NEXT_HOP	3	熟知的强制的属性，定义应该用做到 NLRI 字段中列出的目的地的下一跳的路由器的（单播）IP 地址
MULTI_EXIT_DISC	4	可选的非传递的属性，一个 BGP 发言人的决策处理可能用该属性的值来区别到一个相邻自治系统的多个进入点
LOCAL_PREF	5	熟知的属性，一个 BGP 发言人用它来通知其他内部对等端它对被通告路由的优先等级
ATOMIC_AGGREGATE	6	熟知的任意的属性，表示被聚合的路由中不含路由环路
AGGREGATOR	7	可选可传递的属性，6 字节长，包含形成聚合路由的最后一个 AS 号，以及形成聚合路由的 BGP 发言人的 IP 地址

一个 UPDATE 报文至多通告一组路径属性，但可以通告多个共享这些属性的目的地。给定 UPDATE 报文中包含的所有路径属性适用于该报文 NLRI 字段中所携带的所有目的地。

（3）KEEPALIVE 报文。BGP 并不基于 TCP 的保活机制来确定对等端是否可达，而是在对等端之间通过足够多次地交换 KEEPALIVE 报文避免保持计时器超时。KEEPALIVE 报文仅包含首部，19 字节长。

（4）NOTIFICATION 报文。当检测到错误状况时，BGP 发送通知（NOTIFICATION）报文，然后立即关闭 BGP 连接。除固定长度的 BGP 首部外，通知报文还包含如图 7-30 所示的内容。差错码指明通知的类型，目前定义了 6 个差错码：报文首部差错、OPEN 报文差错、UPDATE 报文差错、保持计时器超时、有限状态机差错和停止（Cease），差错码值分别为 1 到 6。差错子码提供更具体的有关错误的信息，每个差错码可能有若干差错子码，如果没定义子码，则子码字段置为 0。数据字段是变长的，用于诊断通知的原因，数据字段的内容取决于具体的错误。

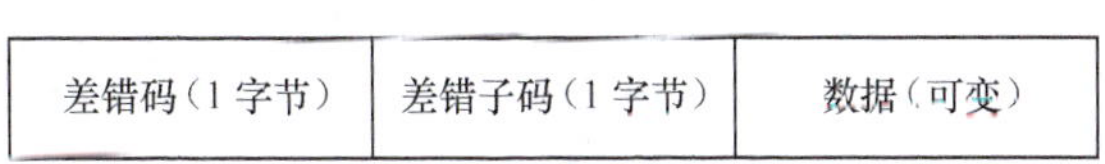

差错码（1 字节）	差错子码（1 字节）	数据（可变）

图 7-30 除 BGP 首部之外的 BGP 通知报文格式

（5）ROUTE-REFRESH 报文。BGP 发言人之间可以动态地交换路由刷新请求，然后再重新通告各自的 Adj-RIB-Out（允许通告的路由信息）。BGP 不要求周期刷新路由表，为允许本地策略改变时不用复位 BGP 连接，BGP 发言人应该保留其对等端向它通告的当前版本的路由信息，或者利用路由刷新功能。利用路由刷新功能，可以避免维护开销。一个 BGP 发言人若愿意接收来自对等方的路由刷新报文，在 BGP 会话建立时可使用能力通告（OPEN 报文的能力可选参数）向对等方通告路由刷新能力。路由刷新报文的格式略，可参见 RFC 2918。

7.5 IP 组播

前面几节介绍了 IP 数据报单播交付机制及其相关技术，本节探讨 IP 的另一特性：数据报的多点交付，即 IP 组播。IP 组播的概念是 Steve Deering 在 1988 年首次提出的。1992 年 3 月 IETF 首次在因特网上试验了会议音频的组播。目前，我国的 IPTV 业务利用了 IP 组播技术。本节介绍 IP 组播的基本概念和主要相关技术。

7.5.1 IP 组播基本概念

IP 组播（IP multicasting）是对硬件组播的因特网抽象，它仍然表示到达一个主机子集（包含若干主机）的传输，但它的概念更广泛，允许主机子集跨越 IP 网上任意的物理网络。这个子集在 IP 术语中称为组播组（multicasting group）。

对于一对多的通信，可以用单播实现，也可以用 IP 组播实现；相比较而言，用 IP 组播实现可以大大节约网络资源。图 7-31 展示了组播的特点，图中网络 N1 和 N2 中的一些主机构成一个组播组 G，主机 S 是一个视频服务器，它可以不属于组播组 G。现在 S 要向 G 的成员发送 1 个包含视频信息的 IP 数据报。如果采用组播方式，源主机 S 只需要发送 1 个数据报，该数据报先到达路由器 R1，再到达 R2；在 R2 处再将数据报复制成 2 个拷贝，分别向 R3 和 R4 各转发一个拷贝；然后数据报被转发到具有硬件组播功能的局域网 N1 和 N2，也即到达成员主机上，如图 7-31 中箭头所示。组播数据报仅在传送路径分叉时才需要被复制再继续转发。如果采用单播方式，假如组 G 成员有 100 个，从源主机 S 就要发送 100 个副本，显然这很浪费网络资源。不仅如此，通过源主机单播实现一对多的通信，必然导致源主机负担重从而引入较大时延，而这对于一些时延敏感的应用，通常是无法容忍的。

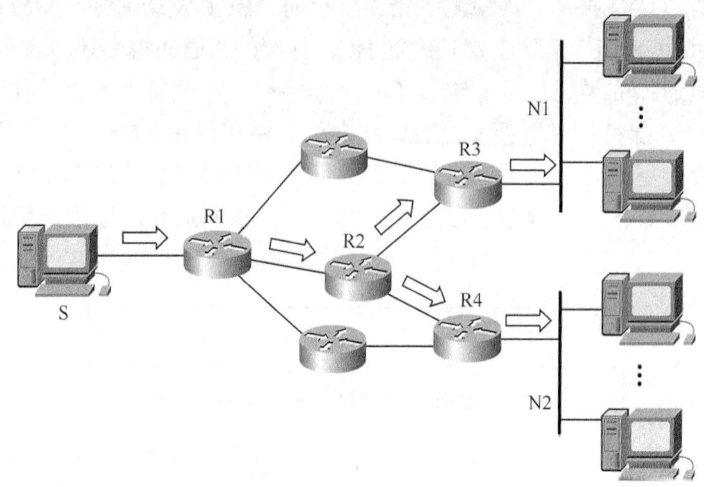

图 7-31 组播示例

当组播组的主机数很大时，采用组播可明显减轻网络资源的消耗。在因特网中组播主要靠运行组播协议的路由器（**组播路由器**）来实现。组播路由器可以是一个单独的路由器，也可以是运行组播软件的普通路由器。

从概念上讲，IP 网组播系统有 3 个组成部分：组播编址机制、有效的通知和交付机制和有效的转发软件（forwarding facility）。主机需要一种通知机制把自己参与的组播组通知给组播路由器，路由器需要一种交付机制把组播数据报交付给主机。实现组播数据报正确有效的转发是实现组播的关键，目标是能够沿最短路径转发组播数据报，不向没有组成员的路径发送数据报拷贝，允许主机在任何时刻参加或退出组播组。

7.5.2 IP 组播地址和 IP 协议对组播的处理

IP 组播需要把 D 类地址（224.0.0.0～239.255.255.255）作为目的地址。回顾一下 D 类地址，前 4 个比特是 1110，其余 28 比特标识特定的组播组，其中不再有层次结构，也不包含任何其他信息。

IP 组播地址划分为 2 类：永久组地址和暂时性组地址。永久组地址也称为熟知组地址，由 IANA 分配用于因特网上的主要服务以及基础结构维护。永久组始终存在，不管组中是否有成员。暂时性组地址可供临时使用，需要时创建使用暂时性组地址的暂态组播组（transient multicast group），没有组成员时则撤销该组播组。表 7-12 给出几个永久组地址的例子，更多永久组地址可参见 IANA 在线发布。

表 7-12 永久组地址示例

永久组地址	含　义
224.0.0.0	基地址（保留）
224.0.0.1	本子网上的所有系统
224.0.0.2	本子网上的所有路由器
224.0.0.4	DVMRP 路由器

续表

永久组地址	含　义
224.0.0.5	OSPFIGP 所有路由器
224.0.0.6	OSPFIGP 指定路由器
224.0.0.7	ST 路由器
224.0.0.8	ST 主机
224.0.0.9	RIP2 路由器
224.0.0.10	IGRP 路由器
224.0.0.11	移动代理
224.0.0.12	DHCP 服务器/中继代理
224.0.0.13	所有 PIM 路由器
224.0.0.14	RSVP-封装
224.0.0.15	所有 cbt 路由器
224.0.0.16	指定的 sbm
224.0.0.17	所有的 sbms
224.0.0.22	IGMP

在224.0.0.0和224.0.0.255之间的地址保留用于路由选择协议和其他低级别的拓扑发现或维护协议。组播路由器不应该转发目的地址处于这个范围内的任何组播数据报，不管它的 TTL 值为多大。

IP 组播地址只可作为目的地址，不会出现在数据报的源地址字段，也不会出现在源路由或记录路由选项中。此外，不会为组播数据报产生 ICMP 差错报告。例如，路由器对组播数据报的 TTL 的处理，与对单播数据报的一样，路径上每个路由器将 TTL 减 1，如果减为 0 则丢弃数据报，然而不同的是，不会因此发送 ICMP 报文。

组播数据报也要被封装在物理帧中发送，可分为两种情况。（1）物理网络仅支持单播和广播传送，此时一般用硬件广播方式传送组播数据报。（2）物理网络支持单播、广播和组播传送，如以太网，此时一般采用硬件组播方式传送组播数据报。

IP 协议特别规定了 IP 组播地址到以太网地址的映射：将 IP 组播地址中的低 23 位放入以太网组播地址 $(01.00.5E.00.00.00)_{16}$ 的低 23 位上。比如 224.0.0.1 映射为 $(01.00.5E.00.00.01)_{16}$。不过这种映射并不是唯一的。因为我们知道 IP 组播地址有效位数为 28，只取 23 位产生以太网组播地址，显然有 2^5 个 IP 组播地址会映射到同一个硬件组播地址上。理论上确实存在冲突的可能性，但事实上冲突的机会不多。而且即使发生硬件地址冲突也没关系，因为各主机的 IP 软件还会根据 IP 组播地址判别传入的数据报可否接收。

IP 组播可以用在单个物理网络上。这种情况下，主机只要直接把数据报封装在帧中，就可以把它发给目的主机，不需要组播路由器，对用于本地网络控制的永久组的组播就是这样。

IP 组播也可以用在 IP 网上。这种情况下，需要组播路由器负责在网络间转发数据报。为此，组播路由器要管理组信息、传播组播路由选择信息并转发组播数据报。主机把组播数据报发给路由器所用的技术与单播数据报时不同。后一种情况要查找主机路由表确定初始路由器，并利用 ARP 解析路由器的硬件地址，将其作为帧的目的地址再发送承载单播数据报的帧。而主机发送组播数据报则不用查询主机的路由表，只需要使用网络硬件的组播能力将数据报发送到本地网上。如果网络上有组播路由器，它将接收组播数据报，并根据目的地址将数据报转发到其他网络上。当组播数据报要穿越不支持组播的互联网时，可使用 **IP 隧道（IP-in-IP）技术**传输，把组播数据报封装在常规的单播数据报中，单播数据报的源宿 IP 地址分别为隧道两头的组播路由器的 IP 地址。

在因特网中，并非所有主机都能参与组播通信。IP 协议规定，主机参与组播通信的方式有 3 级，如表 7-13 所示。注意，能发送组播数据报的主机未必能接收组播数据报，而能接收的必定能发送，因为前者可能是组外主机，而后者必然是组成员。

表 7-13　　主机参与 IP 组播的 3 种级别

级　别	含　义
0	不能发送也不能接收 IP 组播数据报
1	能发送但不能接收 IP 组播数据报
2	既能发送也能接收 IP 组播数据报

为了使主机具有发送组播数据报的能力，只需要对原主机 IP 软件增加 2 个功能：（1）使应用程序能够指定某组播 IP 地址作为本次传送的目的地址；（2）网络接口软件能够将 IP 组播地址映射到相应的硬件组播地址（或广播地址，若硬件不支持组播）。

为了使主机具有接收组播数据报的能力，对原主机 IP 软件的扩展较为复杂：（1）IP 软件必须提供应用程序加入或退出组播组的界面；（2）假如一个主机上有若干应用程序加入同一个组播组，IP 软件应为每一个应用程序传递一份发给该组的数据报的拷贝；（3）如果所有应用程序都离开了某个组播组，主机必须记住自己不再参与该组的通信；（4）IP 软件必须向本地组播路由器报告自己的组成员状态；（5）IP 软件必须为本机所连的每个网络分别维护一份组播地址列表，同时，应用软件要求加入或退出某组播组时，都要指定相关的特定网络。

7.5.3　IP 组管理协议

为了参与本网络上的 IP 组播，主机必须使用允许收发组播数据报的软件。而为了加入跨越物理网络的 IP 组播，主机另外还必须事先通知本地组播路由器关于自己加入某组播组的信息（也即组成员信息）。然后，各组播路由器之间再相互交换各自的组成员信息，并建立组播传送路由。本小节介绍组播路由器和参与组播的主机之间交换组成员信息所用的协议——**网际组管理协议**（IGMP）。

IGMP 是 IP 协议的一部分，虽然 IGMP 和 ICMP 一样也使用 IP 数据报来携带报文。所有参与 2 级 IP 组播的主机必须包含 IGMP 软件。组播路由器都包含 IGMP 软件。目前，最新版本是 IGMPv3（参见 RFC 3376，RFC 4604），不过它是向后兼容的，因此同一网络上可以同时使用 IGMP 的 3 个版本。

IGMPv3 定义了两种报文类型：成员关系查询（membership query）报文和成员关系报告（membership report）报文。成员关系查询报文是由路由器发送的组播组成员探询报文，有 3 种变形：通用查询（General Queries）、特定组查询（Group-Specific）和特定组和源查询（Group-and-Source-Specific Queries）。成员关系报告用来报告主机接口的当前组播接收状态，组播接收状态的改变，由主机生成，发给组播路由器。IGMPv3 不仅允许主机报告加入某组播组，还可以指定接纳或拒绝来自特定源的发往该组播组的组播流量。

IGMP 工作过程可分为 2 个阶段。(1）当主机加入一个新的组播组时，向该组（使用该组的 IP 组播地址作为目的地址）发送 1 个 IGMP 报文，以声明其成员关系。本地组播路由器接收到这个报文后，一方面将这个组成员信息记录下来，一方面向 IP 上其他的组播路由器通告，以建立必要的路由。(2）为适应组成员的动态变化，本地组播路由器周期性地探询（例如每隔 125s 一次）其所连的本地网络上的主机，以确定本地网络中是否仍然有各个组播组的成员存在。只要有一个主机为某个组做出响应，路由器就认为该组是活跃的（因为有成员)。如果经过若干次探询都没有某组成员做出响应，则组播路由器就停止向其他组播路由器通告该组的成员信息。

由于一个网络中可以有多个主机参加多个组播组，还可能有多个组播路由器，因此 IGMP 特别考虑采取如下措施，避免组成员查询与报告造成本地网络（子网）的拥塞、产生不必要的流量或给无关主机带来额外开销。

(1）主机与组播路由器之间的通信都尽量使用 IP 组播，以避免无关主机因接收和处理 IGMP 报文而付出额外开销。

IGMPv3 中，组播路由器以全系统组地址（224.0.0.1）为 IP 目的地址发送通用查询，以待查组的组地址为 IP 目的地址发送特定组查询和特定组和源查询。以 224.0.0.22 为 IP 目的地址，发送 IGMPv3 报告，所有支持 IGMPv3 的组播路由器监听 224.0.0.22。IGMPv1 或 v2 兼容系统将 IGMPv1 或 v2 报告发送给报告的组地址字段所指定的组播组。

(2）探询组成员情况时，不需要针对每个组播组发送一个查询报文，可以针对所有可能的组播组发送一个通用查询。路由器发送两次通用查询的间隔默认为 125s。

(3）主机不会同时响应 IGMP 查询。在查询报文中包含一个字段指定组成员最大响应时间 N。当查询到达时，主机选择 0 至 N 之间的一个随机时延，在这个时延之后再发送响应报文。这样可以避免同时的响应造成本地网络拥塞。

(4）如果有多个组播路由器连接到同一个子网，它们会选出一个路由器负责本子网的组播查询。

(5）在 IGMPv3 中，主机可以用一个报文报告自己的多个组成员关系，以节约带宽。路由器必须掌握每个主机的组成员关系和对发送源的过滤情况。

在 IGMPv2 中使用了另一种节省带宽的方法。各主机会监听其他主机的成员关系报告，一旦有主机报告了一个组播组的成员关系，其他主机就会抑制自己的报告。

7.5.4 组播转发和路由选择

组播转发和路由选择比单播的情形要复杂得多，体现在以下几个方面。

(1）在单播路由选择中，只有当拓扑结构改变，链路带宽或负载发生改变，或设备出故障时才需要改变路由，而组播路由选择则不同，主机上一个应用程序加入或退出组播组就有可能造成组播路由的改变。

(2）组播数据报可以从非组成员的主机上发起，并可能途经没有组成员的网络到达组成员主机。从特定源站到组播组所有成员的一组无环路路径可以用**转发树**（或交付树）来描述。其中组播数据报的源站是树的根节点，组播路由器对应于树中的一个节点，一条路径上的最后一个路由器称为叶路由器，连接在叶路由器上的网络称为叶网络。可见，对于某特定组播组，如果有多个处于不同物理网络上的数据报源站，将包含多个不同的转发树。

（3）转发组播数据报时组播路由器不仅仅要检查目的地址，为了避免路由选择环路，还必须检查数据报的源地址。组播路由器必须有一个常规的路由表，其中有到每个目的地的最短路由。当组播数据报到达时，组播路由器取出源地址，在常规路由表中查找通往源站的接口，并避免向该接口转发该数据报。该机制称为反向路径转发（RPF）或反向路径广播（RPB）。

为了能够有效转发组播数据报，避免浪费带宽（如向既没有组成员也不通向组成员的网络传送组播数据报），组播路由器之间采用组播路由选择协议传播成员信息，构建组播路由表。组播路由表列出了通过路由器每个网络接口可以达到的组播组列表，每个表项由一对地址标识：（组地址，源站的网络前缀）。注意，组播路由表的大小与互联网的网络数和组播组数的乘积成正比。

组播路由器使用数据报的源地址和目的地址进行转发决策，分两个步骤。先用源地址查询常规路由器，应用 RPF 规则防止路由环路。再用目的地址查询组播路由表，检查可否通过路由器的某些接口到达目的地址指定的组成员，如果有，就从这些接口转发数据报，如果没有，就不从这些接口转发。此即为基本的组播转发模式，称为截尾反向路径转发（TRPF，Truncated Reverse Path Forwarding），或截尾反向路径广播（TRPB，Truncated Reverse Path Broadcasting）。

组播路由器使用组播路由选择协议传播组播路由信息。至今，IETF 已研究了不少组播路由选择协议，包括距离向量组播路由选择协议（DVMRP）[RFC 1075]、OSPF 组播扩展（MOSPF）[RFC 1584]、核心基干树（CTB，Core Based Trees）、协议无关组播-稀疏方式（PIM-SM，Protocol Independent Multicast – Sparse Mode）[RFC 4601]、协议无关组播-密集方式（PIM-DM，Protocol Independent Multicast – Dense Mode ）[RFC 3973]。有两种基本的路由选择方法：数据驱动（data-driven）方法和需求驱动（demand-driven）方法。下面简单介绍一下这几种组播路由选择协议。

（1）DVMRP：它是一种内部网关协议，允许自治系统内组播路由器相互传递组成员关系和路由选择信息。它扩展了 RIP 协议，结合了 TRPB 算法。通过 RIP 来发现到源的最短路径，采用基于数据驱动的洪泛和修剪（flood and prune）策略来构建转发树。

（2）MOSPF：使用 OSPF 作为本地协议，将每一个路由器中的 IGMP 组成员通告为 OSPF 区域中的一部分链路状态信息。MOSPF 可以使用路由器中的链路状态数据库构建基于**源的组播分发树**。

（3）CBT：采用需求驱动的方式避免洪泛，并允许各源站尽可能地共享同一个转发树。CBT 为每个组构建一个**共享的组播分发树**，适于域间和域内的组播路由选择。CBT 把互联网分区（region），每个区里指定一个核心路由器（也称为核心、会合点），充当发送方和组接收方之间的会合点。区中有主机 H 加入组播组 G 时，本地路由器 L 一收到主机的请求，就生成一个 CBT 加入请求（JOIN_REQUEST）报文 J，并被单播发向核心路由器，动态建立转发树。在通往核心的路径上的每一个路由器都会对这个请求 J 进行检查。一旦已成为 CBT 共享树一部分的路由器 R 收到了该请求，R 就会向 L 返回确认（JOIN_ACK），继续传递 J，更新组播路由表，并且开始向 H 方向转发组 G 的流量。在确认传回本地路由器 L 的过程中，中间路由器检查该报文，并配置路由表，以转发该组的流量。发送方可以将数据报通过**隧道**发给核心。

（4）PIM-DM：它是个与协议无关的、用于密集模式（网络中包含较多的组成员）的组播路由选择协议。采用数据驱动方式进行组播树的构造。它没有拓扑发现机制，而是使用下层的单播路由选择信息库提供反向路径信息，洪泛组播数据报到所有的组播路由器，并使用修剪报文避免把以后的数据报传播到没有组成员信息的路由器。所谓与协议无关，指的是PIM使用传统的单播路由表，但不限定使用何种单播路由选择协议来建立这个表。

（5）PIM-SM：它是个与协议无关的、用于稀疏模式（网络中包含很少的组成员）的组播路由选择协议。PIM-SM构建单向的共享树，每个组以一个集结点（Rendezvous Point，RP）为树的根，所有发向一个组的源站共享这个树，共享树也称为RP树。组播数据的发送方仅需要将数据发向组播组。发方的本地路由器接受数据分组，单播封装它们将其直接发给RP。RP接收这些封装了的数据分组，去掉封装，将其转发到共享树上。分组然后沿着RP树被转发，并在分叉处被复制，最终到达组的所有接收方。此外PIM-SM还可选择为每个源创建最短路径树。

7.6 移动IP

随着无线通信的兴起以及便携计算机的流行，产生了允许主机移动而且不中断正在进行的通信的需求。前面讨论的IP编址和IP数据报转发机制都是针对固定环境设计的。本节讨论由IETF设计的、允许便携计算机从一个网络移动到另一个网络的IP技术，即IP移动性支持（IP mobility support），一般简称为移动IP（mobile IP）。IETF于1996年就公布了移动IP相关的建议标准。本节仅简单介绍IPv4移动IP。

7.6.1 移动IP的概念

因特网当前使用的无分类IP编址机制是针对固定环境设计和优化的，主机地址的前缀标识与主机相连接的网络。如果一个主机从一个网络移动到一个新网络，根据前面介绍的内容，则主机地址必须改变，或者因特网上所有路由器都有到该主机的特定主机路由表项。这两个选择都不太可行，因为更改地址会中断所有现有传输层TCP连接；另一个选择需要在因特网上传播到所有移动主机的特定主机路由信息，这在通信上需要耗费大量带宽，在存储上需要有超大存储器存储路由表，显然从扩展性考虑这是极不可行的。

移动IP技术支持主机的移动，而且既不要求主机更改其IP地址，也不要求路由器获悉特定主机路由信息。它包括下列特征。

（1）**宏观移动性**：移动IP并不支持主机的频繁移动，是为主机在给定位置停留相对较长一段时间的情况而设计的。

（2）**透明性**：移动IP协议支持IP层以上的透明性，包括活跃TCP连接和UDP端口绑定的维护。对主机移动涉及不到的路由器来说，移动也是透明的。

（3）**与IPv4的互操作性**：使用移动IP的主机既可以与运行常规IPv4软件的普通主机相互通信，也可以与其他移动主机通信，而且分配给移动主机的IP地址就是常规的IP地址。

（4）**物理广泛性**：移动IP允许在整个因特网范围内的移动。

（5）**安全性**：移动IP提供了可确保所有报文都经过鉴别的安全功能。

总的来说，移动IP是一种在整个因特网上提供移动功能的方案，它具有可扩展性、可靠性和安全性，并使主机在切换链路时仍可保持正在进行的通信。特别值得注意的是，移动 IP 提供一种路由机制，使移动主机可以以一个永久 IP 地址连接到任何链路（物理网络）上。

移动 IP 实现主机移动性的关键是允许移动主机拥有两个 IP 地址。一个是应用程序使用的长期固定的永久 IP 地址，称为**主地址**（primary address）或**归属地址**（home address），该地址是在归属网络（home network）上分配得到的地址。另一个是主机移动到外地网络（foreign network）时临时获得的地址，称为**次地址**（secondary address）或**转交地址**（care-of address）。转交地址仅由下层的网络软件使用，以便经过外地网转发和交付。

移动 IP 定义了 3 种必须实现移动协议的功能实体。

（1）移动主机。

（2）归属代理（home agent）。有一个端口与移动主机同属于一个物理网络的路由器。归属代理和外地代理都会周期地发送代理通告消息，主机通过接收这些消息能够判定自己是否移动了。检测到自己移动后，主机通过与外地网通信获得一个转交地址，然后通过因特网将其新获得的转交地址通知给它的归属代理。归属代理还会解析送往移动主机的归属地址的数据报，并将这些包通过隧道技术传送到移动主机的转交地址上。

（3）外地代理（foreign agent）。在移动主机的外地网络上的路由器。它可以给移动主机提供转交地址，帮助移动主机把它的转交地址通知给它的归属代理，并为已被归属代理设置了隧道的移动主机发送拆封后的 IP 包。但外地代理不是必需的。如果外地网络上有外地代理，则它将作为连接在外地网络上的移动主机的默认路由器。

7.6.2 移动 IP 的通信过程

移动 IP 包括以下 3 个主要部分。

（1）主机移动后，要获取转交地址。有两种类型的转交地址。当外地网上没有外地代理时，移动主机可以通过 DHCP（动态主机配置协议）获取一个当地地址，这个地址称为**同址转交地址**（co-located care-of-address）。此时，移动主机要自己来处理所有转发和隧道动作。如果外地网上有外地代理，移动主机首先利用 ICMP 路由器发现机制来发现外地代理，然后与该代理通信，获得一个转交地址，该地址称为**外地代理转交地址**（foreign agent care-of-address）。要注意的是，外地代理并不需要为每个移动主机分配一个唯一的 IP 地址，而是可以把自己的 IP 地址分配给每个到访的移动主机。

（2）注册（registration）。当移动主机发现它从一个网络移动到另一个网络时，就要进行注册。注册的主要目的是把移动主机的转交地址通知给它的归属代理，归属代理将根据转交地址把目的地址为移动主机主地址的数据报通过隧道送给移动主机。注册过程包括移动主机和它的归属代理之间一次注册请求和注册应答的交互，分为两种情况：

① 如果移动主机获得的是同址转交地址，则由移动主机直接进行注册，注册过程如图 7-32 所示。

② 如果有外地代理，移动主机通过代理发现机制获得代理转交地址，然后通过外地代理把注册请求消息中继给移动主机的归属代理。归属代理发送的注册应答也要通过外地代理中继给移动主机，注册过程如图 7-32 所示。

移动主机回到归属网络后要进行注销。所有注册（包括注销）消息都是通过 UDP 发送的，注册请求消息必须被封装在目的端口号为 434 的 UDP 报文中。

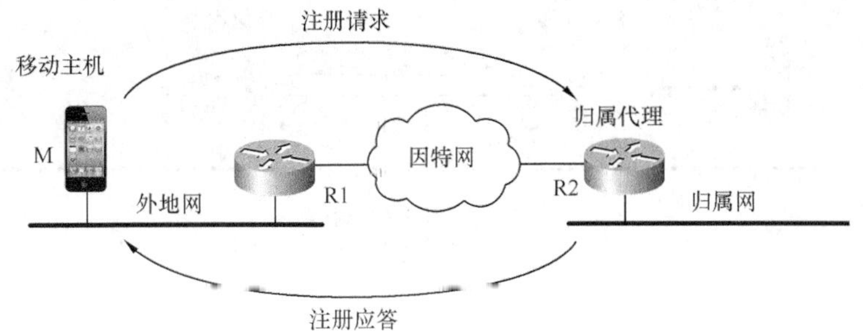

图 7-32 获得同址转交地址的移动主机的注册过程

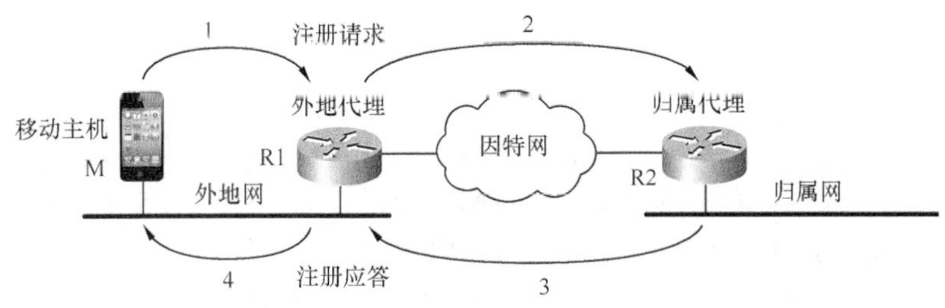

图 7-32 获得代理转交地址的移动主机的注册过程

（3）数据报传送。移动主机连接到外地网络上时，对它发出的或发往它的数据报要进行特殊的转发处理。

移动主机发送的数据报，源地址为移动主机的主地址，将被直接路由到通信对端。转发分为如下 3 种情况：

① 移动主机连接在归属网络上时就像普通主机一样工作。与其他主机拥有相同的路由表，路由表项和 IP 地址可以通过手工配置、DHCP 和 PPP 的 IPCP 得到，路由器的物理地址可以通过 ARP 得到；

② 移动主机连接在外地网络上，并且采用代理转交地址时，一般以外地代理作为移动主机当前的默认路由器。移动主机在外地网络时，禁止发送包含它的归属地址的 ARP 报文。外地代理的物理地址可以在包含代理通知消息（ICMP 路由器广播消息的扩展）的帧中找到；

③ 移动主机连接在外地网络上，并且采用同址转交地址时，可以通过 DHCP 得到路由器的 IP 地址，通过发送包含同址转交地址的 ARP 请求获得路由器的物理地址。

发往移动主机的数据报，目的地址为移动主机的主地址，转发分为 2 种情况：

① 向位于归属网络上的移动主机传送数据报，无须特殊处理；

② 向位于外地网络上的移动主机传送数据报，数据报先被送往归属网络，由归属代理截获这些数据报，然后经隧道将其发送到移动主机的转交地址。如果是代理转交地址，则经过封装的数据报先到达外地代理，然后再被直接交付给移动主机。

由上面的介绍可以知道，移动主机位于外地网与通信对端通信时，相互交互的数据报的路由构成了一个三角形，如图 7-33 所示，注意如果没有外地代理，隧道的两端应分别是归属代理和移动主机。

三角路由显然不够优化，但优化路由存在安全方面的障碍。有关移动 IP 的路由优化、安全以及移动主机如何收发广播和组播包等问题，限于篇幅不再讨论，有兴趣的读者请参阅文献[34]和 IETF 的 mip4 和 mipshop 工作组公布的文档 [35]。

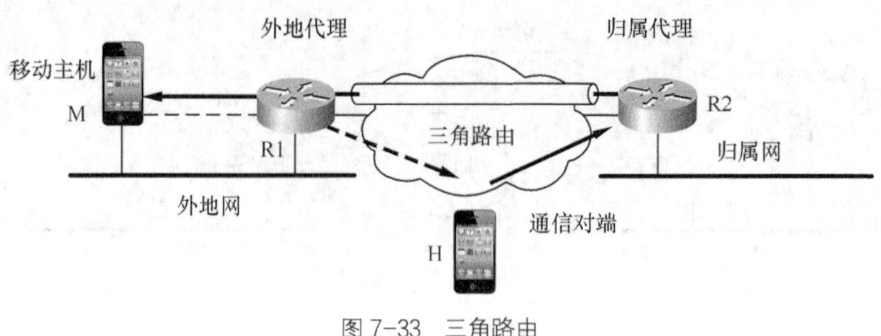

图 7-33　三角路由

7.7　宽带 IP 网

因特网已经成为国家信息基础设施的重要组成部分，没有因特网的发展和高速推进，不可能达到现在的社会信息化的普及程度。因特网之所以有如此巨大的能量推动社会信息化进程，其特点是：首先，采用了 IP 技术作为统一的技术标准，架构了网络互连通信平台；其次，Web 技术及基于 Web 业务的产生建立了开拓新兴业务的技术平台；因特网采用了"先发展，后治理"模式，在简单、宽松的环境中得以发展。但是，因特网的体系结构存在着固有的缺陷，在服务质量（QoS）、安全可信方面都面临重大的挑战，已成为高速化应用发展的一个主要"瓶颈"问题，基于 IPv6 的下一代因特网（NGI）、基于软交换的下一代网络（NGN）和 IMS 成为国内、外研究与应用的热点。

7.7.1　基于 IPv6 的下一代因特网

IP 的基本设计原理来自"端到端"的思想：把"智能"尽可能地放到网络的边缘节点（源和目的网络中的主机）中，留下"傻"的核心网络。网络中间节点（路由器）除了把 IP 数据报的目的地址与路由表对照后，确定其下一跳并作转发外，几乎不需要做其他任何工作。如果下一跳的队列较长，则 IP 数据报的转发可能会被延迟；如果下一跳的队列缓冲区满或不可用，则允许路由器超时丢弃 IP 数据报。这种"尽力而为"的服务理念，无法预知服务质量（QoS）。因此要使基于 IP 技术的网络作为需要服务质量保证的电信业务的承载网（即 IP 电信网），就必须采取技术措施，使 IP 网能够提供一定的服务质量保证。IP QoS 是指当 IP 数据报流经一个或多个网络时，其所表现的性能属性，诸如业务有效性、延迟、抖动、吞吐量、包丢失率等。

1. 综合业务模型

综合业务（Int-Serv，Integrated Service）模型能够在因特网中提供有别于"尽力而为"服务的一种服务模型，沿着传统电路交换网保证服务质量的思路：端到端地建立连接并预留资源。Int-Serv 是以流为单位保证服务质量，每个流都从网络请求特定级别的服务。Int-Serv 定义了两种新的业务模型：保证型（Guaranteed）业务和控制型载荷（Controlled-Load）。保证型业务严格界定端到端数据报延迟，并具有不丢包的保证；虽不能控制固定延迟，但能保证排队延迟的大小，网络使用加权公平排队，用于需要严格 QoS 保证的应用。控制型载荷利用统计复用的方法控制载荷，用于比前者具更大灵活性的应用，可假设网络包传输的差错率近似于下层传输媒质的基本包差错率；包平均传输延迟～网络绝对延迟（光传输延迟+路由器转发延迟）。Int-Serv 模型的重要组成部分之一是资源预留协议（RSVP，Resource ReSerVation Protocol）作为请求带宽和其他网络资源的信令协议。RSVP 的工作过程如图 7-34 所示。发送端在发送数据流之前，先发送一个 RSVP PATH 消息给接收端。PATH 消息包含了发送端的信息以及数据流的特点。当数据通路上的某台路由器收到这个 PATH 消息时，它就把该数据流的状态信息保留下来。当接收端收到该 PATH 消息时，它产生一个 RESV 消息表示 QoS 请求并把它返回给发送端。RESV 消息将在与 PATH 消息相同的路径上返回，沿途路由器根据请求保留资源（但如何预留资源与 RSVP 无关）。因为每台路由器在数据流转发的过程中都保存了状态信息，因此需要在通信中周期性地交换 PATH 和 RESV 消息。

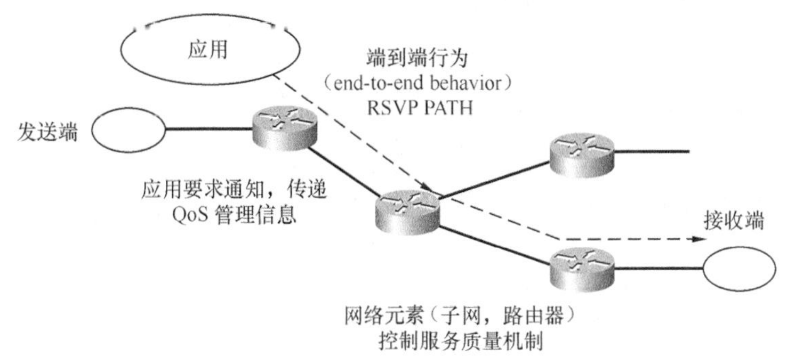

图 7-34 Int-Serv 模型 RSVP 的工作过程

Int-Serv 模型要求在端到端的通信中为每个数据流都执行上面的信令过程，并且网络中每台路由器必须为所有经过它的数据流保留状态信息（如会话建立信息以及带宽分配信息），因此 Int-Serv 模型不具有支持大型网络的可扩展性，一般用于网络边缘或需要“绝对”QoS 保证的业务。

2. 分类业务模型

分类业务（Diff-Serv，Differentiated Services）模型是 IETF 针对 InterServ 不具有可扩展性、无法支持大范围的组网而提出了另外一种 QoS 体系，如图 7-35 所示。Diff-Serv 旨在为因特网上流量提供有区别的业务级别。与 InterServ 相比，Diff-Serv 定义的是一个粒度粗而相对简单的控制系统。图 7-35 中分类调节单元中的 EF 为加速转发，相对应于 EF 的 PHB 可被用来建立一个低丢包率、低延迟、低抖动、保证带宽的端到端（在 DS 域中）的业务；AF 为保证处理转发；BF 则为 IP 网原有的“尽力而为”策略。边缘路由器的功能是通过标识该字段，对数据流进行分类、标记和策略管理。转发路由器则通过标识该字段的服务类别（ToS），将其置入不同的队列，并由输出队列的分类调度器按流量管理机制控制每个队列给予不同的每一跳行为（PHB），服务类型的标识可利用 IPv4 报头中的 ToS 字段，或利用 IPv6 的业务类型（Traffic Class）字段。Diff-Serv 在 Diff-Serv 域的边缘对进入的流进行分类，并为每一类型指定一个类型标志——DSCP（Diff-Serv 编码点，6 比特）。域内的核心路由器只查看 DSCP 值，并根据每一类的特定逐跳行为（PHB）调度包的转发。网关路由器则完成不同域的约定策略，并进行包标识翻译，聚合同类业务后传送。

另外，Diff-Serv 是对流聚合后的每一类 QoS 控制，而不是像 Int-Serv 那样针对每个流。

因此，DiffServ 具有良好的可扩展性，能够在大型网络上提供 QoS 服务。

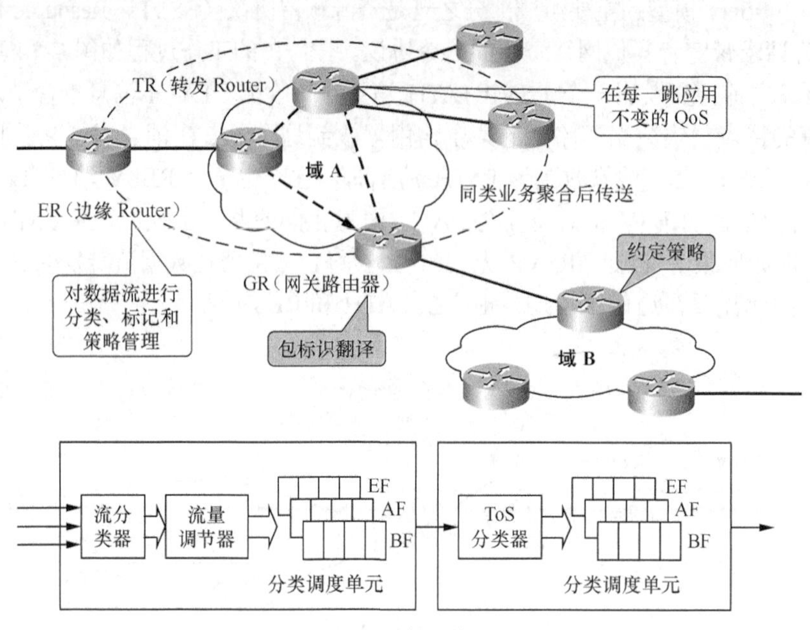

图 7-35 Diff-Serv 模型的分类处理过程

Diff-Serv 的设计思想是希望通过使用一种与目前 IP 协议相结合的方式来实现对网络 QoS 的保证，因此其实现比 Int-Serv 模型要简单，网络额外负担也较小，但聚合后的粒度较粗，因此更适合于主干网。

3. 多协议标签交换

多协议标签交换（MPLS，Multiple Protocol Lable Switch）技术为每一个 IP 数据报加上一个固定长度的标签，并根据标签值进行转发，因此 MPLS 从原理上能够实现高速转发。根据标签确定的转发路径称为标签交换路径（LSP，Lable Switch Path）。MPLS 在提供 QoS 方面的作用如下。

（1）支持 Diff-Serv。MPLS 用一个垫层头封装了 IP 数据报，核心路由器看不到 Diff-Serv 的 DSCP，因此 Diff-Serv 与 MPLS 并不兼容。为此，IETF 提出了一种 MPLS 支持 Diff-Serv 的方法。MPLS 支持的 Diff-Serv 能够把 Diff-Serv 的多个行为聚集（BA）映射到 MPLS 的一条 LSP 上，可以依据 BA 的 PHB 来转发 LSP 上的流量。目前定义的 LSP 与 BA 的映射有两种方式：E-LSP 和 L-LSP。E-LSP 用 EXP 字段把多个 BA 指派到一条 LSP 上；L-LSP 把一条 LSP 指派给一个 BA（表示为多个包丢弃优先级）。

（2）流量工程。现在 IP 网的动态路由协议（如 RIP、OSPF 和 IS-IS）都会导致流量分布的不均匀，因为它们总是选择最短路径转发 IP 数据报。其后果是在两个节点之间顺着最短路径上的路由器和链路可能发生了拥塞，而沿较长路径的路由器和链路反倒是空闲的。MPLS 流量工程（TE，Traffic Engineering）可以安排流量如何通过网络，以避免由于不均衡地使用网络而导致的拥塞。为使 MPLS 流量工程自动化，QoS 约束路由在流量工程中具有重要的作用。

（3）保护与恢复。IP 路由机制的故障恢复时间通常需要数秒甚至数十秒，这会影响到某些业务。在 MPLS 网络中，可以在入口和出口之间事先建立工作 LSP 和备用 LSP（也可同时预留资源），这样就能够在主 LSP 出现故障时实现最小程度的中断。这种保护可以是 1+1 的，也可以是 1:1 的；可以是在入口和出口处交换（路径保护），也可以是在与故障邻接的节点本地（链路保护）。为每条链路预先建立恢复路径的保护交换策略通常被称为 MPLS 快速重路由。

4．LAN 的 QoS 技术

IP 和 MPLS 都工作在比 LAN 更高的层次上，如果承载它们的网络是 LAN，那么 LAN 技术也必须支持 QoS。除了 ATM 能够支持 QoS 之外，还有一种在以太网中支持 QoS 的技术。

LAN 标准 IEEE 802.10 和 802.1D 标准扩展了以太网的帧格式，增加了 4 个字节，包括在以太网上传输数据时的 VLAN（Virtual LAN）标签和显式的“user priority”字段。802.1D “user_priority”字段（已在 802.1p 中作了定义）使用 802.1Q VLAN 标签的 3 个比特定义了 8 种以太网上的流量类型。对于以太网交换机上的某端口上的一定数量的队列，802.1D 定义了使用哪种流量类型，以及如何把它们指派给这些队列的方式。

子网带宽管理（SBM）协议是一种工作在 IEEE 802 类型 LAN 网络上、基于 RSVP 的许可控制信令协议。SBM 提供了一种把因特网级的“setup”协议（比如 RSVP）映射到 IEEE 802 类型网络上的方法，提出了一种 RSVP 使能的主机/路由器与链路层设备（如交换机）的互操作机制，以支持为 RSVP 使能的数据流能够预留 LAN 资源。

5．基于 IPv6 的 NGI 关键技术

基于 IPv6 的 NGI 有待解决的关键技术如下。[7][36]

（1）网络可扩展技术。大容量路由器、高速链路、大型网络负载分担技术、大规模路由技术是当前保证网络扩展性的主要技术。

① 大容量路由器技术：最可行的方法是采用一体化路由器结构方案，又称为路由器矩阵技术或多机箱（Multi-Chassis）组合技术。采用多机箱组合技术后，最大交换容量理论上可以达到 92Tbit/s，支持 1 152 个 40Gbit/s 端口，大大减少了业务呈现点（POP）内设备间互联端口。每个节点只有一个路由控制进程，从外部看像一个路由器一样，路由体系和 MPLS 实施变得比较简单，运行管理得以简化，运营成本可以降低。从长远发展看，电的交换矩阵在速度上总是要受限于器件和微带处理工艺以及功耗和串扰的，其规模则会受限于芯片内部逻辑和引脚数的限制，接口速率的提高也要受数据报首部处理的复杂性所限。日益增长的巨大路由表对线速处理和交换也成为很大的负担，路由器的长远扩展性问题的深入研究工作仍需继续进行。

② 高速链路技术通过多条等价链路增加网络容量是大型 IP 网络设计的基本方法。目前基于链路状态算法的内部网关协议（IGP）能够支持多达 16 条等价路径的负载分担，基本满足网络可扩展的要求。

③ 网络负载分担技术在内部边界网关协议（iBGP）引入路由反射器（RR）后，对路由信息进行了选择性转发，屏蔽了多条等价路径信息，使得边界网关协议（BGP）不能利用 IGP 实现等价路径的负载分担和最短路径的选择，造成流量分布的不均衡，严重影响网络的可扩展性。多协议标记交换（MPLS）、MPLS 虚拟专用网（VPN）和组播负载分担技术也存在一些不足之处，需要进一步完善才能满足大容量、可扩展的要求。

④ 路由器控制技术。路由器控制引擎普遍采用 64 比特高性能多 CPU，同时 SPP 路由算

法中引入了部分路由计算（PRC）和增量最短路径优先（I-SPF）等优化算法后，使得 SPF 计算效率大大提高，计算次数减少。按照目前的技术，在传输链路可用性达到 99.9%的情况下，2 000 台路由器和 8 000 条中继链路的网络可以稳定运行，SPF 计算时间小于 100ms。8 000 条链路的典型网络结构，单向网络容量最大可达 320Tbit/s，按照平均流量穿越 5 条中继链路计算，具备同时传递 3 200 万对 2Mbit/s 带宽的可视电话业务。

（2）网络可用性技术。影响网络可用性的关键技术有路由快速收敛技术、快速重路由技术（FRR）、软硬件在线升级技术、协议平稳重起技术和设备自身的可靠性技术等，另外还依赖于底层传送网络的可用性。影响快速路由收敛和快速重路由切换时间的关键因素是故障检测和判断技术，由因特网工程任务组（IETF）提出的双向失效检测（BFD）协议是关键。BFD 协议通过定期发送基于数据报协议（UDP）层的故障检测数据包，不但可以检测和判断传输链路、光接口和设备端口的中断故障，还可以检测和判断传输层、链路层、IP 层和应用层存在的误码、丢包等软故障，弥补了目前基于 SDH 故障检测只能实现传输层故障检测的不足。目前 BFD 缺省检测间隔是 10ms，连续 3 次检测到故障，就判断链路故障，也就是 30ms 就可以检测和判断故障。BFD 技术已经是新一代路由器端口故障检测的必备功能，不依赖于任何其他协议或者应用，采用硬件实现，不影响设备性能。采用 BFD 后，结合其他技术，大型网络路由收敛时间有望小于 500ms，FRR 时间小于 50ms。IETF 还提出了一系列平稳重起协议，包括针对中间系统—中间系统（IS-IS）、开放式最短路径优先（OSPF）协议、BGP、标记分配协议（LDP）、资源预留协议（RSVP）等的平稳重起。平稳重起就是在路由器控制平面故障、软件升级、主备切换等情况下，依然保证数据转发平面能正常工作，不影响业务的正常提供。它是在网络稳定，也就是拓扑没有变化的情况下，尽量保证业务提供。如果在协议重起期间，网络拓扑发生变化，由于控制引擎不能及时进行计算，可能造成网络路由不同步，产生路由黑洞。

（3）网络管理控制技术。要实现业务的管理和控制，需要依靠应用层和网络层的协同配合。网络层管理和控制的难点是配置管理和资源管理、业务开通和准入控制，技术瓶颈是管理协议和管理对象的标准化模型。目前网络管理协议主要是简单网络管理协议（SNMP）和网络配置协议（NETCONF）。SNMP 采用 UDP 传送，实现简单，技术成熟，但是在安全可靠性、管理操作效率、交互操作和复杂操作实现上还不能满足管理需要。NETCONF 协议采用可扩展标识语言（XML）作为配置数据和协议消息内容的数据编码方式，采用基于传输控制协议（TCP）的 SSHv2 进行传送，用简单的远程过程调用（RPC）方式实现操作和控制。NETCONF 是将来网络管理，尤其是设备配置和业务开通管理的主要发展方向，SNMP 则在数据采集和故障报警等方面的使用将会长期存在。网络层的业务控制主要在业务接入控制点实现，一般指业务路由器 （SR）和宽带接入服务器（BRAS）。目前有远程拨号用户认证（RADIUS）和公用开放策略服务（COPS）两种协议体系实现业务管理系统和业务接入控制点之间的通信，实现业务的管理和控制。RADIUS 基于 UDP 协议，通过属性值来实现控制功能，已经在 AAA 认证中广泛使用，但是 RADIUS 协议在可靠性、安全性、交互性、可扩展性和在线过程控制上不能满足业务控制的需求。COPS 基于 TCP 协议，优化了管理信息库（MIB）的设计，加强了操作的交互能力，能够在线调整业务。

（4）网络安全技术。网络安全的关键是实现应用层、网络层和物理层的溯源和攻击者的物理定位。溯源是事后威慑方式的安全防范技术，目前的 PSTN 网就具备可溯源性，从而很少出现类似的分布式拒绝服务攻击（DDOS）。应用层溯源可通过自身的身份识别和认证来实现，也可以在应用层协议中增加网络层信息，将其转化为网络层的溯源问题，比如在电子邮件协议 SMTP 和 POP 协议中增加发送者源地址信息，或者电子邮件服务器记录发送者的源地址信息，将应用层的追溯转移到网络层，由后者实现。网络层溯源可以根据源 IP 地址实现，物理层溯源是在用户和业务接入控制点之间采用可堆叠虚拟局域网（SVLAN）技术实现一个用户一个 VLAN，建立物理层点对点连接，完成用户接入物理位置的定位。近期可以暂时采用 DHCP Option82、PPPoE+、ATMPVC 和 VBASE 等技术协助实现用户物理层的唯一性标识。由于目前 IPv4 地址数量的限制，普通用户上网采用 PPP 拨号或者 DHCP 实现动态地址分配，企业上网采用 NAT 技术，这些都给网络层溯源带来极大的困难。建立完整的地址资源管理信息库，结合 RADIUS 记账信息中 IP 地址和物理端口信息的对应信息，实现网络层的溯源，并最终实现物理层溯源，是目前现实可行的方案。在业务接入控制点设备上，采用严格的单播的反向路径查找（uRPF）技术，基本可以防止源地址欺骗。

当采用 IPv6 技术后，所有个人和企业终端都可以分配到永久性的公共 IP 地址，因而很容易识别发送设备的类型，实现端到端的安全。再结合采用网络层、链路层等多层次 RPF 技术，有望从根本上解决网络层的溯源问题。

（5）IPv6 技术。采用 IPv6 从根本上解决了 IPv4 存在的地址限制和更加有效地支持移动 IP，给业务实现和网络运营管理带来的好处是革命性的：IPv6 使地址空间从 IPv4 的 32 比特扩展到 128 比特，完全消除了由互联网地址壁垒造成的网络壁垒和通信壁垒，解决了网络层端到端的寻址和呼叫，有利于运营商网络向企业网络和家庭网络的延伸；IPv6 避免了动态地址分配和 NAT 的使用，解决了网络层溯源问题，给网络安全提供了根本的解决措施，同时扫清了 NAT 对业务实现的障碍；IPv6 协议已经内置移动 IPv6 协议，可以使移动终端在不改变自身 IP 地址的前提下实现在不同接入介质之间的自由移动，为 3G、WLAN、WiMAX 等的无缝使用创造了条件；IPv6 协议通过一系列的自动发现和自动配置功能，简化了网络节点的管理和维护，可以实现即插即用，有利于支持移动节点和大量小型家电和通信设备的应用；采用 IPv6 后可以开发很多新的热点应用，特别是 P2P 业务，例如在线聊天、在线游戏等。

IPv6 的技术标准已经基本成型，但实际网络推进速度很慢。主要原因是 IPv4 通过采用 NAT 等措施尚能应付 5 年左右的地址需求。IP 地址方式与上层协议和网络的运作方式关系紧密，实现 IPv4 向 IPv6 升级几乎涉及网上所有设备和应用，耗时费力，存在较大的风险。

（6）QoS 业务控制技术。可运营的 QoS 应该具备业务质量保证和业务质量控制两个方面的能力。QoS 业务相关的关键技术包括：质量保证、质量控制、QoS 管理、QoS 业务标识和防盗。质量保证主要采用适度轻载、区分服务（DiffServ）和流量工程（TE）相结合实现。网络质量控制是网络控制的重要组成部分，是在轻载网络上如何实现网络层差分业务的关键。NGI 应该具备针对不同包类型、应用类型和业务类型，实现可人为配置的丢包比例和丢包方式、包乱序控制和包延时控制，这样才能真正实现可控的差分服务，同时打击非法应用和非法运营。QoS 业务管理是部署 QoS 业务的难点。近期可行的 QoS 管理方案是采用 OPNET 进行离线的 QoS 参数计算和网络仿真、参数在线配置、实际运行参数的采集和统计分析，然后根据统计分析的结果周期性调整网络 QoS 参数。QoS 业务盗用是用户自行修改 QoS 等级标记，享受高等级的服务质量，甚至利用高等级流量实施安全攻击，所以 QoS 业务防盗成为采用 QoS 后面临的问题。根据物理端口完成业务分类和等级标识是最安全和可信的，如最高等级的业务必须基于物理端口完成 QoS 业务标记，另外，在业务接入控制点设备上进行业务等级的审查和重标识。在 DSL 论坛 TR-059 架构中，规定了用户设备（CPE）负责业务上行 QoS 分类、标记和控制功能，而宽带接入远程服务（BRAS）负责业务下行 QoS 功能和 CPE 业务上行 QoS 的确认检查。

7.7.2 基于软交换的下一代网络

软交换（Soft-Switching)）的概念最早起源于美国企业网的应用。在企业网环境中，用户采用基于以太网进行电话通信，即 IP 电话，通过一套 PC 服务器的呼叫控制软件，实现用户交换机的功能（IP PBX），综合成本远低于传统的 PBX。

在软交换进入商用规模之时，第 3 代伙伴组织计划（3GPP，Third Generation Partnership Projects）为移动网定义了 IP 多媒体子系统（IMS，IP Multimedia Subsystem），IMS 是一种基于会话初始协议（SIP，Session Initiation Protocol）融合的网络体系结构，有利于各种业务的融合以及有效出台。

1. 软交换体系结构

软交换是一种功能实体，为 NGN 提供具有实时性要求的呼叫控制和连接控制的功能。与传统的程控交换不同，软交换中的“呼叫控制”功能是各种业务的基本控制功能，与业务类型无关。

软交换系统是按 NGN 的业务化、分组化、分层化来具体实现的。软交换的网络体系结构参见图 7-36。

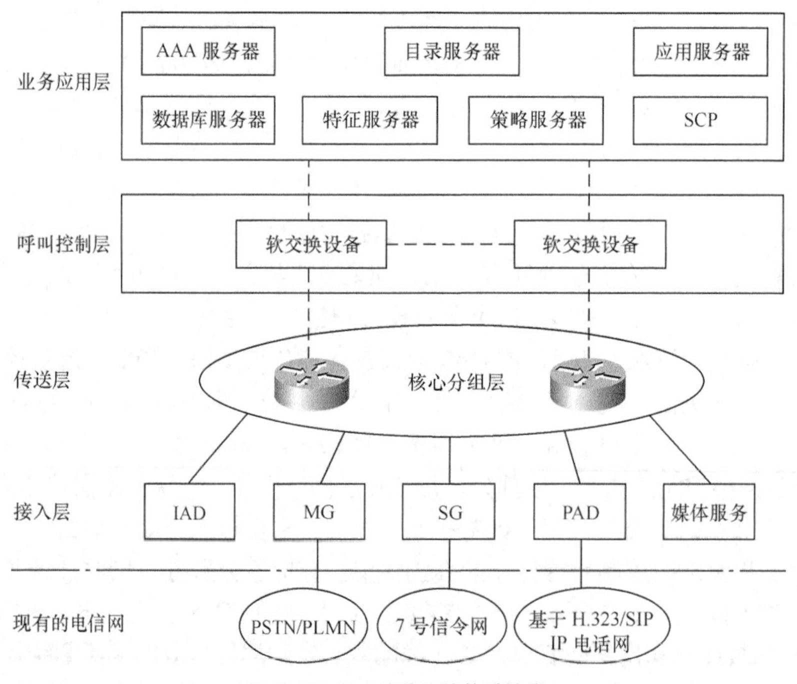

图 7-36 软交换的网络体系结构

软交换体系结构按功能分为 4 个层次：接入层、传送层、呼叫控制层和业务功能层，各功能层间采用标准化协议进行连接与通信，可见软交换体系是以软件为基础的多种通信网逻辑功能实体的集合。

（1）接入层。接入层可将现有的电信网支持的多种业务和媒体流汇入软交换体系，递交传送层。

① 媒体网关（MG，Media Gateway）：用来连接公用电话交换网（PSTN，Public Switch Telephone Network）和公用陆地移动网（PLMN，Public Land Mobile Network），可将一种媒体格式转换成另一种媒体格式，只受控于一个软交换的MG控制器。

② 分组接入设备（PAD，Packet Access Device）：用来连接基于H.323/SIP协议的IP电话终端。

③ 综合接入设备（IAD，Integrated Access Device）：用来连接LAN、ADSL等。

④ 信令网关（SG，Signaling Gateway）：提供7号信令与分组网SIP之间的转换。

⑤ 媒体服务：提供一些公用的特殊服务，如交互式语音应答（IVR，Interactive Voice Response）、传真等。

（2）传送层。对不同的业务和媒体流提供公共的通信平台。采用基于分组的传送方式，如新一代因特网—宽带IP网，或已有的ATM主干网。

（3）呼叫控制层。主要实现呼叫控制、路由、认证等功能，如：

① 互连互通：可通过相应的网关提供因特网与PSTN、移动网、智能网（IN，Intelligent Network）的互通。

② 媒体接入：将各种网关、各种终端接入软交换系统。

③ 提供业务：除了提供基本的话音业务外，还应提供现有的智能业务；此外应提供开放的、标准的API，以实现新业务。

④ 呼叫控制：实现连接的建立、维持和释放等控制，如呼叫处理、连接控制、资源控制等。

⑤ 认证和计费：对接入的用户进行验证、授权、计费，常称为AAA（Authentication、Authorization Accounting）。

（4）业务应用层。在呼叫控制的基础上，为用户提供各种应用业务，包括话音业务、增值业务、多媒体业务以及今后可能随时出现的各种新业务。

2. 软交换功能结构

软交换的基本含义就是将呼叫控制功能从媒体网关传送层中分离出来，通过软件来实现基本呼叫控制功能，软交换功能结构示意图参见图7-37。其中，软交换设备应包括下列几个功能模块：

（1）呼叫控制功能；

（2）地址解析路由功能；

（3）网管计费功能；

（4）业务交换功能；

（5）业务提供功能；

（6）互通功能。

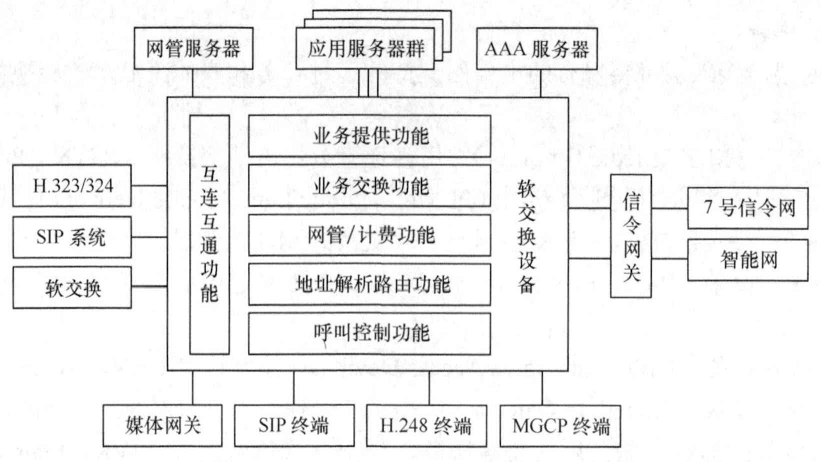

图 7-37　软交换功能结构示意图

3. 软交换相关协议

软交换技术作为 NGN 的关键技术，采用软件方式来实现传统交换设备的控制、接续和业务处理的功能，各实体之间通过标准的协议进行连接与通信。ITU-T 和 IETF 已制定并完善了一系列协议，主要有 H.323、MGCP/ H.248、SIGTRAN、SIP、Parlay API 等，如图 7-38 所示。

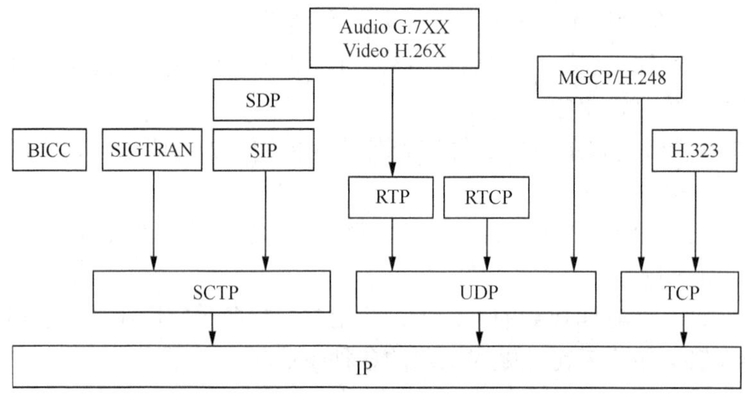

图 7-38　软交换主要协议

（1）H.323 协议。H..323 协议是 ITU-T 制定的无 QOS 保证的分组网上的多媒体通信系统标准，已被公认为分组网上支持话音、图像和数据业务的成熟协议。

H.323 系统组成和协议体系结构，请参看第 8 章图 8-37。

（2）会话初始协议。会话初始协议（SIP）是由 IETF 提出的类似 H.323 的一个协议，SIP 协议给出的多媒体 IP 体系结构如图 7-39 所示。可见 SIP 的制定原则是充分与现有协议兼容，在呼叫控制信令改用了 SIP 协议。SIP 协议采用 C/S 工作方式，借鉴了 SMTP 和 HTTP，并沿用了部分 HTTP 的语法规则和定义，包括响应编码结构，但不同的是 SIP 可选用 TCP 或 UDP。RFC 2327 会话描述协议（SDP，Session Description Protocol）是 SIP 的配套协议，在电话会议中为适应参加者的动态加入和退出的需要而特定的，指明了媒体编码、协议端口号和组播地址。

① **SIP 协议的组成**。SIP 协议采用 C/S 工作方式，系统结构如图 7-40 所示。一个 SIP 系统包含两类实体组件：用户代理（UA，User Agent）和网络服务器。

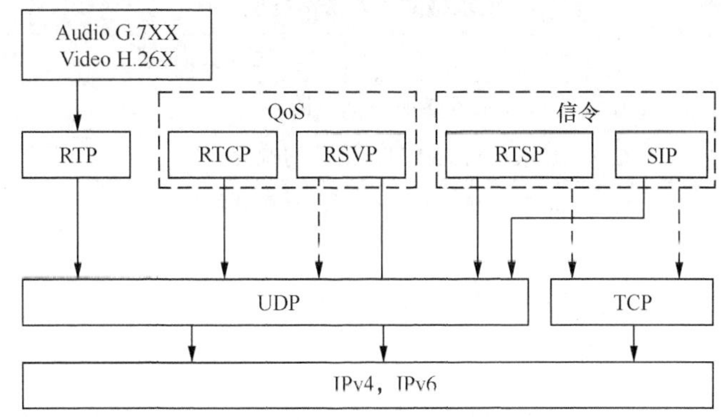

图 7-39 SIP 的多媒体通信协议

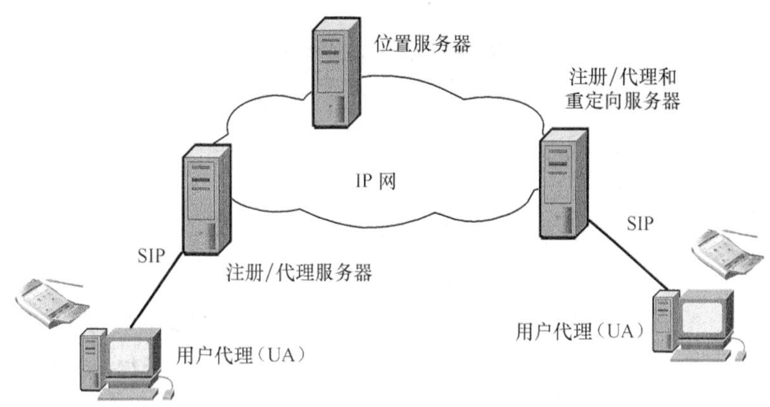

图 7-40 SIP 系统结构

用户代理（UA）又分为用户代理客户端（UAC）和用户代理服务端（UAS），UAC 负责发起呼叫请求，UAS 则负责响应呼叫请求。一般地，UA 都含有 UAC 和 UAS。

网络服务器主要为 UA 提供注册、认证、鉴权、路由等服务。按服务性质可分为：

- 注册服务器（Register Server）：完成用户地址的注册请求，记录 SIP 地址和 IP 地址。
- 代理服务器（Proxy Server）：提供路由功能，将 SIP 用户请求和响应转发到相应的下一跳，类似于 HTTP 的 Proxy 和 SMTP 的消息传送代理（MTA）。
- 重定向服务器（Redirect Server）：实现地址解析服务，通过响应向用户报告下一跳的服务器地址，然后用户则可向下一跳服务器重新发起请求，其功能类似于 DNS。
- 定位服务器（Location Server）：协助 SIP 代理服务器和重定向服务器获取被叫方的可能位置消息。

② **SIP 报文格式**。SIP 采用因特网文本报文格式（RFC 822），其报文分为两种：请求报文和响应报文。每个报文由报文首部和报文体组成，如图 7-41 所示。报文首部则包含开始行、一个或多个首部描述字段，以回车-换行（CRLF）表示首部结束。

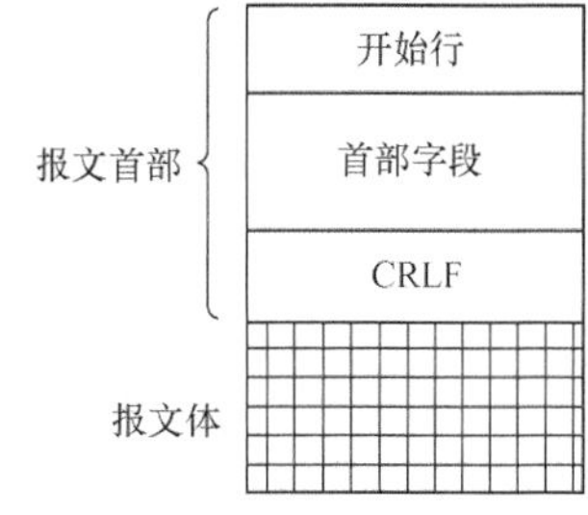

图 7-41 SIP 报文格式

在请求报文的格式中，开始行定义为请求行，请求行以元素“方法”标记为开始，后随请求的 URL 和 SIP 版本，最后以回车键结束。表 7-14 列出了请求报文“方法”类型。

表 7-14　请求报文“方法”类型

方法类型	功能描述
INVITE	邀请用户或服务参加一个会话
ACK	C→S 确认（对 INVITE 请求的响应）
BYE	UAC 向 S 发送，结束会话，释放连接
CANCEL	取消一个正在进行的请求
REGISTER	用户向注册服务器发注册报文
OPTION	询问网中服务器的能力

请求报文首部字段的类型与功能描述如表 7-15 所示。SIP 的首部字段与 HTTP 在语法规则和定义比较类似。而响应报文的开始行表示状态行（版本号、状态码和短语）。

表 7-15　请求报文首部字段类型

首部字段类型	功能描述
From	发方地址
To	收方地址
Call-ID	识别所请求的参数，与 From/To 结合确保呼叫唯一性
Cseq	用于表征事务的参数
Contact	告诉对端发下一个请求时，可直接向所指定地址发送
Via	请求消息经过代理服务器，代理服务器将其地址加入表征路径，以便响应按原路径返回
Content-Type	表征报文体内容类型
Record-Route	确保后续的请求通过代理服务器

SIP 呼叫建立过程：首先由 SIP UA 发送实体产生请求报文，通过 IP 网传送到接受实体（网络服务器），服务器处理请求后，则回送一个或多个响应报文，相应的请求和响应构成一个事务。

【例 7-10】 利用 SIP 协议实现一个德国用户 cx@cs.du-berlin.de 呼叫美国哥伦比亚大学另一个用户 hanshen@cs.columbia.edu 的处理过程，如图 7-42 所示。处理过程的描述见表 7-16。

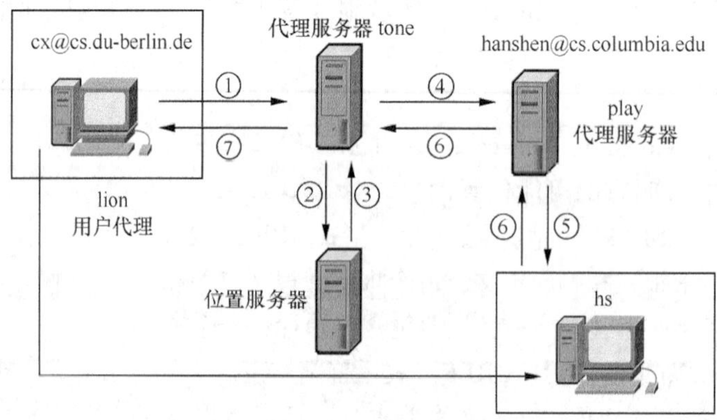

图 7-42　SIP 呼叫处理过程

表 7-16　　　　　SIP 处理过程描述

顺序	处理过程描述	顺序	处理过程描述
①	**lion 发出 INVITE 请求 tone** INVITEsip:hanshen@cs.columbia.edu SIP/2.0 From:<sip:cx@cs.du-berlin.de>,tag=17 To:hanshen@cs.columbia.edu Call-ID:20081224@lion.cs	⑤	**Play 接收 INVITE 请求，被叫在其管辖内** INVITEsip:hanshen@cs.columbia.edu SIP/2.0 From:<sip:cx@cs.du-berlin.de>,tag=17 To:hanshen@cs.columbia.edu Call-ID:20081224@lion.cs
②	**向位置服务器寻找 hanshen 的位置**	⑥	**被叫用户 hs 接受呼叫，向 play 响应，并转发到 tune** SIP/2.0 200 OK From:<sip:cx@cs.du-berlin.de>,tag=17 To:<hanshen@cs.columbia.edu>,tag=42 Call-ID:20081224@lion.cs
③	**给出位置地址 hs@play**	⑦	**tune 将响应转发给 lion** SIP/2.0 200 OK From:<sip:cx@cs.du-berlin.de>,tag=17 To:<hanshen@cs.columbia.edu>,tag=42 Call-ID:20081224@lion.cs Contact:<sip:hs@play.cs.Columbia.edu>
④	**tone 重写 INVITE 请求的 URL 为 play** INVITEsip:hs@play SIP/2.0 From:<sip:cx@cs.du-berlin.de>,tag=17 To:hanshen@cs.columbia.edu Call-ID:20081224@lion.cs	⑧	**Lion 经 tune,play 向被叫用户代理发 ACK** ACK sip: hs@play.cs.Columbia.edu From:<sip:cx@cs.du-berlin.de>,tag=17 To:<hanshen@cs.columbia.edu>,tag=42 Call-ID:20081224@lion.cs

（3）媒体网关控制协议。媒体网关控制协议（MGCP，Media Gateway Control Protocol，也可写成 Megaco）/H.248 分别是由 IETF 和 ITU-T 推出的新标准，给出了 PSTN 与 IP 网之间无缝实现多种业务和应用的多媒体规范。

MGCP/H.248 规定了 MGC 与媒体网关（MG）之间的接口，使 MGC 能够对 MG 进行有效控制，同时，MG 也能向 MGC 发送必要的通知，进而实现话音、传真和多媒体信号在 PSTN 和 IP 网之间进行转换和传输。

H.248 协议报文可以用二进制，也可用文本方式编码，在 IP 网上传送时，可选用 TCP 或 UDP。当使用文本方式编码时，协议报文的默认端口号为 2944，而使用二进制编码时，则默认端口号为 2945。

（4）SIGTRAN 协议。SIGTRAN 是 IETF 的一个工作组，负责制定信令网关 SG 和媒体网关控制器 MGC 之间的交互信令，即 SIGTRAN 协议。

SIGTRAN 协议是在 IP 网上传送 PSTN 信令的一套传输控制协议，包括 SCTP、SCCP、M2UA、M3UA 和 M2PA，提供和 7 号公共信道信令系统（No7CCSS）的报文传送部分（MTP，Message Transfer Part）同样的功能。

① **SCTP**。**SCTP** 是由 IETF 提出的面向连接的流控制传输协议，位于传输层，采用了类似 TCP 的流量控制和拥塞控制算法，通过确认和重发机制来保证数据的可靠传送。SCTP 改进了 TCP 无法满足电信网中信令传输质量要求的不足，采用面向 TCP 的较为完善的拥塞控制和自动检测路径技术，具有传输时延小、可靠性高和安全性强的特点。

② **协议适配**。协议适配层是用来适配不同的电信网中信令协议，主要有：

- M2UA/M2PA：用于 MTP 第 2 层（MTP2）的用户适配；
- M3UA：用于 MTP 第 3 层（MTP3）的用户适配；
- IUA：用于综合业务的用户适配；
- SUA：用于信令的用户适配。

而 SCCP 则是信令连接控制协议，支持事务处理应用（TCAP）。

（5）BICC 协议。ITU-T 制定了与承载无关的呼叫控制（BICC，Bearer Independent Call Control）协议，目的是在扩展的承载网络上实现 PSTN、ISDN 等业务，以弥补 IP 网不具备运营级服务质量的不足。

BICC 协议解决了呼叫控制和承载控制的分离，使呼叫控制信令可在各种网络（7 号信号网、IP 网、ATM 网）上承载，BICC 协议是传统电信网向综合业务网络演进的一项措施。BICC 面向传统电话业务的应用，依据严谨的体系结构，可在软交换中对现有电路交换的 PSTN 中的业务提供透明性；在固定网的软交换应用中，可支持不同软交换之间的呼叫接续。BICC 体系结构可使现有网络的功能保持不变，如号码分析、路由处理等，因而在网络管理方式上与现有的电路交换网相似。

7.7.3 IMS

什么是 IMS？IMS，即 IP Multimedia Subsystem，译为 IP 多媒体子系统，本质上说是一种网络架构。IMS 技术植根于移动领域，最初是 3GPP 为移动网定义的，而在 NGN 的框架下，3GPP、ETSI、ITU-T 多个国际组织都在进行 IMS 实现移动、固定业务融合的研究，目的是使 IMS 成为基于 SIP 会话的通用平台，同时支持移动和固定业务的多种接入方式，实现移动网和固定网的融合。目前涵盖 IMS 增强特性的 3GPP R6 已经基本定案，这标志着 IMS 技术已经走向成熟。

1．IMS—未来网络融合的解决方案

顺应网络 IP 化的趋势，IMS 系统采用 SIP 协议进行端到端的呼叫控制。IP 技术在因特网上的应用已经非常成熟，是 Internet 的主导技术，它能方便而灵活地提供各种信息服务，并能根据客户的需要快捷地创建新的服务。但是 IP 技术的一个最突出特性就是“尽力而为”，在数据传输的安全性和计费控制方面，却显得力不从心，而且只考虑固定接入方式。传统的基于电路交换的移动网络，虽然具有接入的灵活性，可以随时随地进行语音的交换，但由于无法支持 IP 技术，所以只能形成一种垂直的业务展开方式，不同业务应用的互操作性较低，而且需要较多的业务网关才能接入移动通信网。不同的业务分别进行业务接入、网络搭建、业务控制和业务应用开发，甚至包括业务计费等主要的网络单元也必须建立独立的运营系统。所以，直到现在电信业务的主流仍然是话音业务。新业务的部署，在目前的状态下很容易招致更大的风险和成本增加。在这种情况下，不论是移动网还是固定网均在向基于 IP 的网络演进，已经成为必然趋势。

然而，要将 IP 技术引入到电信级领域，必须要考虑到运营商实际网络服务的需求，要求 IMS 网络从网元功能、接口协议、QoS 和安全、计费等方面全面支持固定的接入方式。从目前的技术看，SIP 具有简单性、兼容性、模块化设计和第三方控制性，从而成为基于因特网

通信市场的主流协议。所以基于 SIP 的 IMS 框架通过最大限度地重用因特网技术和协议、继承蜂窝移动通信系统特有的网络技术和充分借鉴软交换网络技术，使其能够提供电信级的 QoS 保证、对业务进行有效而灵活的计费，并具有了融合各类网络综合业务的强大能力。这样，利用 IMS 系统，电信运营商可以低成本地进入其向往已久的移动领域，而移动运营商则可以在保证其原有的语音和短信业务质量不受影响的前提下，轻松引入全新的丰富的多媒体业务，即所谓的全业务运营。

接入的无关性是指 IMS 借鉴软交换网络技术，采用基于网关的互通方案，包括信令网关（SG）、媒体网关（MG）、媒体网关控制器（MGC）等网元，而且在 MGC 及 MG 采了 IETF 和 ITU-T 共同制定的 MGCP/H.248 协议。这样的设计使得 IMS 系统的终端可以是移动终端，也可以是固定电话终端、多媒体终端、PC 机等，接入方式也不限于蜂窝射频接口，可以是无线的 WLAN，或者是有线的 LAN、ADSL 等技术。另外，由于 IMS 在业务层采用软交换网络的开放式业务提供构架，可以完全支持基于应用服务器的第三方业务提供，这意味着运营商可以在不改变现有的网络结构、不投入任何的设备成本条件下，轻松地开发新的业务，进行应用的升级。

总之，IMS 为未来的全 IP 网络和与固网的无缝融合提供了可能，是下一代网络和应用的核心。

2. IMS 分层网络架构

在 NGN 的框架中，终端和接入网络是各种各样的，而其核心网络只有一个 IMS，它的核心特点是采用 SIP 协议和与接入的无关性。软交换网络与 IMS 将不仅是互动的关系，而是互通融合的关系，在这个关系里，当前的软交换将通过软件升级的方式提供新兴业务。IMS 分层网络架构可分为接入互连层、会话控制层和业务应用层，如图 7-43 所示。

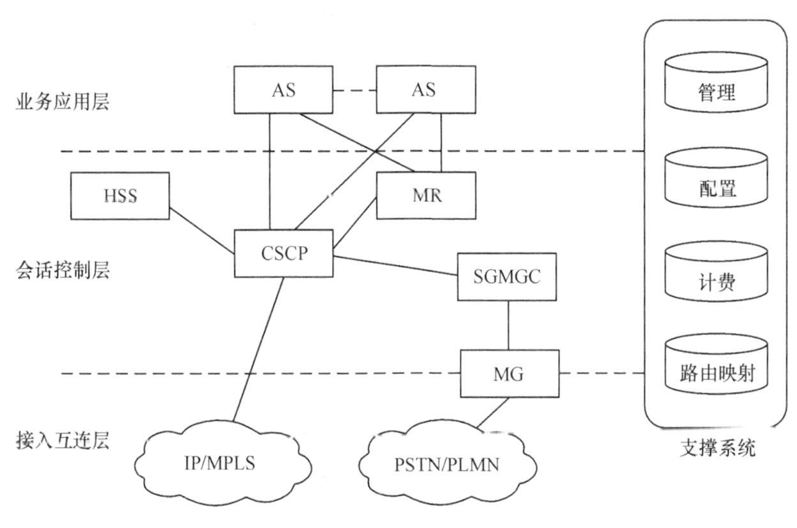

图 7-43 IMS 分层网络架构

（1）接入互连层。由用于主干和接入网络的路由器及交换机组成，包括各类 SIP 终端、有线接入、无线接入、互联互通网关等设备。实现的主要功能包括 SIP 会话的发起与终止，以及 IP 分组各种承载类型之间的转换；根据业务部署和会话控制层的控制实现各种 QoS 策略；完成与传统 PSTN/PLMN 间的互连互通等功能。

（2）会话控制层。由网络控制服务器组成，其中 CSCF（呼叫会话控制功能），也就是常说的 SIP 服务器，负责管理呼叫或会话设置、修改和释放。还包括多种支持功能，如配置、计费以及运营维护功能。边界网关负责与其他运营商网络和/或其他类型的网络之间的互通。主要完成基本会话的控制，实现用户注册、SIP 会话路由控制，与应用服务器（AS）交互执行应用业务中的会话、维护管理用户数据、管理业务 QoS 策略等功能，与应用层一起为所有用户提供一致的业务环境。

（3）业务应用层。由应用和内容服务器组成，主要向用户提供业务逻辑，包括实现传统的基本电话业务，如呼叫前转、呼叫等待、会议等业务。如 IMS 标准中规定的通用业务使能模块（如呈现业务管理和组群列表管理），可以像执行 SIP 应用服务器中的业务一样进行部署。

3．IMS 的应用潜力和商用之旅

以往，人们大都还认为 IMS 是一种有意思但有限的技术，只局限于为 3G 移动通信网提供新的多媒体业务。但现在，人们已经改变了这种看法，它已经在不同的程度上被认同为下一代网络（NGN）的核心、用较小的成本传输新的 IP 业务的主要机制、固定网和移动网络完全融合的基础以及电信运营商用来对抗 Skype 和其他通过 IP 在公众 Internet 上出现的挑战者的最后武器。

在业务创新的驱动下，IMS 可带动应用开发、内容提供、网络平台、系统软件、终端设备、芯片设计及设备制造等为核心的信息产业价值链。所有主要的设备厂商、主流 IT 提供商和大群的相对小些的专业公司已经开始致力于开发 IMS 构架。

（1）交互类业务：如交互式的端到端游戏、娱乐等。大多的手机用户都有用手机玩电子游戏的经验，但是这种游戏只是手机终端下载的一个应用程序，人们无法与其他的用户进行游戏互动，在游戏的种类、视觉效果和互动性方面都无法和真正的网络游戏相比，IMS 可以为用户提供从单个的游戏进入多用户在线参与的在线联机方式娱乐，同时用户还可以启用多种媒体来沟通交流。这样，网络游戏爱好者们不用电脑和游戏机也可以玩在线网络游戏，而且，不受时间地点限制，随时随地都可以尽兴。

在未来，除了网络游戏，数字影像、移动电视、音乐和互动广播服务，都将是移动网络的主流业务，手机将真正转变成为个人移动娱乐中心。

（2）多媒体通信类业务：如视频共享业务、信息共享、基于 IMS 的“一键通”（Poc）等。多媒体通信指的是除了传统的语音信息之外，人们可以利用电脑之外的各种终端进行图片、视频和文件等数据的共享和传输等，从而进行内容更加丰富具体的有效的信息交换。

视频共享是一种可以让用户在手机通话的同时在手机上观看实况录像或视频片段的多媒体服务。视频图像可以在正在通话的两个电话间发送，通话双方都能看到同一视频图像并就此讨论，并可以在不中断通话的同时结束视频共享。诺基亚新近推出的 6680 手机就是这样一部集成了视频共享服务这一创新功能的 3G 图像智能电话。诺基亚与意大利电信移动公司（TIM）合作推出视频共享商用服务，意大利电信移动公司的用户可以通过这款全球第一部图像智能手机享受到视频共享服务。这也是诺基亚的 IP 多媒体子系统（IMS）在 TIM 的商用网络中首次被采用，诺基亚的 IP 多媒体子系统（IMS）与 TIM 的现网配合良好，并大大降低了推出新的多媒体业务的投资和运营成本。

Poc（一键通）业务是采用 IMS 的一个早期移动网络应用，是一种基于蜂窝技术的语音服务，使用户能够在很短的呼叫时间内轻松地与一组联系人通话。目前这种应用已经发展到比较成熟的阶段，被称为是 3G 时代的撒手锏应用。形象一点来形容的话，就如同把 MSN 或

者 QQ 中的群组功能移植到手机当中，原来对着电脑敲文字变成了对着手机的 Mic 说话，在用户手机上可以显示群组中每个用户的状态，在群组中通话完全免费，群组的建立可以跨越地域的限制，不同城市之间的手机用户都能在同一群组中通话。它适合于各种应用情形，特别是需要频繁中间联系的中小型企业，同时也是语音聊天用户的理想选择。

（3）信息类业务：如语音信息、即时信息（IM）、图片聊天等。IMS 也为电信的传统业务短信带来了很大的创新空间，语音、图片、视频都可以作为短信载体发送，同时可以灵活地选用实时业务或非实时业务来沟通这些信息。例如手机收到语音信息之后，屏幕会显示联系人的名字，并且会自动通过内置喇叭播放语音信息。

（4）网络融合业务：包括在移动电话和 PC 及固定电话之间的通信业务。IMS 不仅可将单一类型的网络融合为全 IP，它还是融合不同网络如固定网、移动网和企业网的基础。另外，它还可为不同的无线网技术如 GSM、CDMA 和 WLAN，建立通用的核心。例如，英国电信（BT）推出了期待已久的“蓝色电话”（Bluephone），它是一种能通过固定网拨打廉价通话服务的新型移动电话。当用户在室外处于移动状态时，“蓝色电话”就是普通的移动电话；而当用户在家中或是办公室里，就可以通过室内接入点将通话无缝地转到固定宽带网络上。这项业务由一个包括阿尔卡特、爱立信、朗迅和摩托罗拉等设备厂商联盟协助完成，摩托罗拉生产的翻盖拍照手机 V560 是 BTFusion 系统的第一部支持手机。爱立信也与日本软银集团（Softbank Group）旗下的 BB Mobile 公司携手，在 3G 移动网络和无线局域网（WLAN）之间成功演示了基于电路交换的语音和基于 IP 多媒体子系统（IMS）的视频服务的无缝切换。而韩国 KT 集团公司利用下属的移动运营商 KTF，已推出了 One-Phone 服务。这项服务使用户可以任意地在固定网和移动网中对语音业务和数据业务进行切换。用户在家时，其移动电话可以路由到固定电话上，而外出时仍还原为普通移动电话。由于利用蓝牙技术实现了手机与座机的空中连接，因而用户在家时，手机的数据吞吐量比在移动公网中的速度快 10 倍。美国 Verizon 公司也推出了同类的产品。

Analysys 分析公司声称，大多数的移动运营商在未来五年内会安装使用 IMS 的新的网络结构。运营商们会发现 IMS 在弹性、低成本地提供丰富种类的移动服务上具有优势。然而，Analysys 又提醒说，IMS 的实行是一项长期的过程，因为 IMS 还是一种未经证明的技术（unproven technologies），许多的应用还处于相对薄弱或者未能实现的状态，而且在一些情况中，现有的解决方案可能更好一些。因而结论是，即使 IMS 可以用来融合固定网和移动网，网络的真正融合还有待时日。

本 章 小 结

1．TCP/IP 协议栈概括了因特网的体系结构，是由众多协议集合而成，本章介绍网间互连的基本概念，重点放在因特网以及宽带 IP 网。

2．IP 技术作为统一的技术标准，架构了网络互连通信平台，屏蔽了物理网络的细节。传统的 IP 网提供“尽力而为”（Best Effort）的服务方式，不提供服务质量保证。IP 数据报是因特网 IP 层的基本传送单元，现有 IPv4 和 IPv6 两种数据报格式。

3．IPv4 的分类 IP 地址是自标识的，仅从地址本身就能够确定前缀和后缀之间的边界；采用子网编址、无编号的点对点网络可减少使用网络前缀数量；无分类编址（CIDR）可有效地分配 IPv4 的地址空间，减缓路由表的增速和降低对新 IP 网络地址的需求的增量。

4．IPv6 的编址采用类似于 CIDR 的分层分级结构，充足的地址空间，为扩展新业务应用提供了保障，例如，物联网应用。

5．IP 层提供 IP 数据报的传送机制（IP 协议）、IP 的差错监测机制（ICMP）以及因特网地址映射到物理地址（ARP）的方法。

6．因特网的自治系统（AS）与路由选择协议与算法。路由选择协议可分为 AS 内部路由选择协议（RIP，OSPF）和 AS 间的外部路由选择协议（BGP-4）。RIP 采用距离向量算法，OSPF 采用链路状态算法。互联网中的每个路由器必须配置相应的路由协议。

7．IP v4 组播采用 D 类地址，IP 组播组是可以动态变化的。IETF 推出组播路由选择协议（DVMRP、MOSPF、CTB、PIM-SM、PIM-DM）。有两种基本的路由选择方法：数据驱动（data-driven）方法和需求驱动（demand-driven）方法。

8．移动 IP 允许移动主机拥有两个 IP 地址（归属地址和转交地址）。移动 IP 的通信过程中有关移动 IP 路由优化等内容可参阅文献[34]。

9．综合业务（Int-Serv）模型，分类业务（Diff-Serv）模型是 IP 网能够提供一定的服务质量保证的技术措施。IP QoS 是指当 IP 数据报流经一个或多个网络时，其所表现的性能属性，诸如业务有效性、延迟、抖动、吞吐量、包丢失率等。

10．基于 IPv6 的下一代因特网（NGI）的关键技术：网络可扩展技术、网络可用性技术、网络管理控制技术、网络安全技术、IPv6 技术和 QoS 业务控制技术。

11．基于软交换的下一代网络（NGN）的相关协议：H.323、SIP、MGCP、SIGTRAN 协议和 BICC 协议。IMS 被认为是未来网络融合的一种解决方案。

复 习 题

1．计算机网络互连有哪几种类型？

2．试解释路由器的处理过程。

3．网络互连层 IP 负责有哪些主要功能？试述 TCP/IP 技术获得成功的原因何在？

4．简述 IPv4 地址的构成和分类。

5．IP 地址 192.1.1.2 属于什么类型地址？其默认的子网掩码是什么？

6．以下哪个 IP 地址可分配给主机？

A．131.105.256.80

B．126.1.0.0

C．191.121.255.255

D．202.115.35.168

7．给定的 IP 地址为 192.55.12.120，子网掩码是：255.255.255.240，试问：（1）子网号是多少？主机号是多少？直接的广播地址是什么？

（2）如果主机地址的头 11 位用于子网，那么 184.231.138.239 的子网掩码是什么？

8．如果子网掩码是 255.255.192.0，那么下面哪个地址的主机必须通过路由器才能与主机 129.23.144.16 通信？

A．129.23.191.21　　　　B．129.23.148.127

C．129.23.130.33　　　D．129.23.127.222

9．简述以太网主机何时、如何通过ARP查询本地路由器的物理地址？

10．什么是ICMP？在使用PING命令测试网络时是如何封装的？

11．一个1 024字节的IP数据报接入X.25分组网需要划分为段，设X.25分组网的分组最大长度为128字节。试问需要多少分段（假定IP只有20字节报头）？

12．根据信息隐蔽原理，路由器的路由表中采用信宿（目的）地址的什么部分？路由器的路由表的大小取决于什么？ICMP报文要求几级封装？

13．当某个路由器发现一数据报的检验和有差错时，为什么采取丢弃的办法而不是要求源站重传此数据报？计算首部检验和为什么不采用CRC检验码？

14．RIP协议中，路由器和主机哪个是主动工作状态？每隔多长时间广播一次？RIP分组通过什么传输层协议和什么端口进行传送？

15．试简述RIP、OSPF和BGP路由选择协议的主要特点。

16．设某路由器建立了如下表所示的路由表：

目的网络	子网掩码	下一跳
128.96.39.0	255.255.255.128	接口0
128.96.39.128	255.255.255.128	接口1
128.96.40.0	255.255.255.128	R2
192.4.153.0	255.255.255.192	R3
*（默认）	—	R4

此路由器可以直接从接口0和接口1转发分组，也可通过相邻的路由器R2、R3和R4进行转发。现共收到5个分组，其目的站IP地址分别为：① 128.96.39.10；② 128.96.40.12；③ 128.96.40.151；④192.4.153.17；⑤ 192.4.153.90。试分别计算其下一站。

17．简述采用无分类编址时的IP数据报转发算法。

18．试参阅下图，使用Cisco Packet Tracer配置路由器并启用RIP路由。

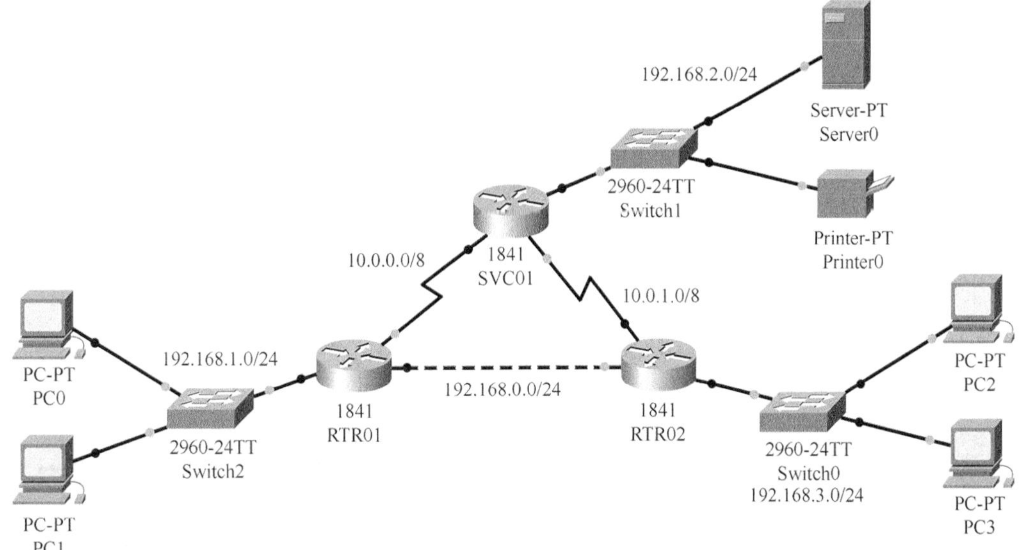

19．试述 OSPF 的工作原理是什么？说明 OSPF 与 RIP 有什么不同？

20．IGMP 协议的要点是什么？隧道技术是怎样使用的？

21. 为什么说移动 IP 可以使移动主机可以以一个永久 IP 地址连接到任何链路（网络）上？

22．IPv6 地址有几种基本类型？IPv6 没有首部检验和有什么优缺点？

23．如何在宽带 IP 网提供 QoS？什么是综合业务模型？什么是分类业务模型？

24．什么是 MPLS？基于软交换的 NGN 中的 SIP 是什么？试分析其应用。

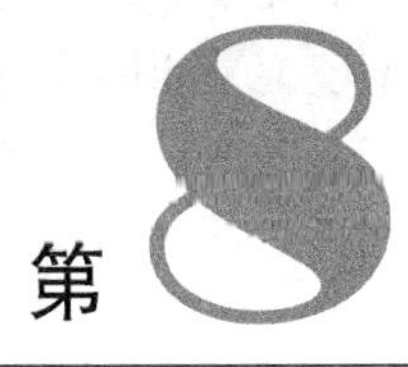

第8章 计算机通信服务与网络应用

计算机通信实质上是计算机应用进程之间的通信，表现出端到端的特征。本章从计算机通信服务与网络应用出发，阐述传输层和应用层相应的协议及其应用示例。

8.1 计算机通信服务

从 ISO/OSI-RM 的层次结构可知，传输层应位于第 4 层，这是计算机通信网络体系结构的最关键的一层。它汇集应有的功能，向高 3 层提供完整的、无差错的、透明的、可按名寻址的、高效低费用的计算机通信服务，起到承上启下的作用。传输层的功能很大程度是与包括网络层在内的下 3 层所能提供的服务密切有关。对此 OSI 参考模型中传输层面对 3 种（A、B、C 类）网络服务而制定了 5 种传输层协议类型（类型 0～4）。

图 8-1 列出了因特网部分应用层协议与传输层协议的对应服务关系。由于因特网的 IP 层提供了一种“尽力而为”的无连接网络服务，也就是说 IP 数据报在传送过程中会出现丢失、重复或乱序的情况，因此在 TCP/IP 网络中传输层就变得极为重要。本节着重叙述因特网传输层的概念以及协议：用户数据报协议（UDP）和传输控制协议（TCP）。

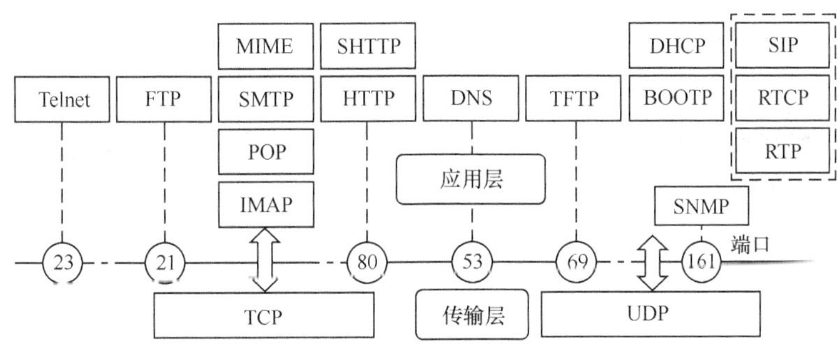

图 8-1　因特网部分应用层协议与传输层协议的对应关系

8.1.1 传输层的概念

1．传输层协议

从层次结构来分析，传输层向应用层提供服务的是传输层实体，传输层服务用户的对象是应用层实体。传输层协议是不同系统的传输层两个对等实体间所必须遵循的通信规范，以此确保能够向应用层提供有效可靠的端到端通信服务。传输层设有两个主要协议，即传输控制协议（TCP，Transport Control Protocol）和用户数据报协议（UDP，User Datagram Protocol）。在 TCP/IP 体系结构中，UDP 提供无连接的服务，UDP 在传送数据之前不需要建立连接。远程主机的传输层在收到 UDP 报文后，不需要给出任何确认。TCP 则提供面向连接的服务，即在传送数据之前必须先建立端到端连接，数据传送结束后要释放连接。TCP 不提供广播或多播服务。当使用 TCP 时，其协议数据单元常称为 TCP 报文段（Segment），而使用 UDP 时，其协议数据单元则称为 UDP 报文或用户数据报。

传输层的 UDP 用户数据报与网络层的 IP 数据报有很大的区别。IP 数据报要经过 IP 网中许多路由器的存储转发，但 UDP 用户数据报仅是在传输层的端到端抽象的逻辑信道中传送的。IP 数据报经过路由器进行转发，UDP 被封装在 IP 数据报中的数据字段，路由器并不处理用户数据报。

TCP 是传输层的端到端的连接，它与 X.25 分组网的虚电路服务完全不同。TCP 报文段是在传输层抽象的端到端逻辑信道中传送，这种信道是可靠的全双工信道。但这样的信道却不知道究竟经过了多少路由器，而且这些路由器也根本不知道上面的传输层是否建立了 TCP 连接。然而在 X.25 建立的虚电路所经过的交换结点中，都必须保存 X.25 虚电路的状态信息。

2．端口

传输层协议为应用进程间的端到端通信提供服务。TCP（或 UDP）与上层的应用进程都使用端口（port）进行交互通信，端口就是传输层服务访问点（TSAP），参见图 8-1。端口的作用就是让应用层的各种应用进程都能通过应用层实体按需将其封装成应用层-协议数据单元（A-PDU），通过端口向下交付给传输层，以及让传输层知道应当将其报文段中的数据通过端口向上交付给应用层对应的进程。从这个意义上讲，端口则是应用层进程的标识。

每个端口都拥有一个叫端口号的整数描述符，用来标识不同的端口或进程。在传输层协议报文段中，定义一个 16bit 的整数作为端口标识，也就是说可定义 2^{16} 个端口，其端口号为 0～65 535。由于传输层的 TCP 和 UDP 两个协议是两个完全独立的软件模块，因此各自的端口号也相互独立，即各自可独立拥有 2^{16} 个端口。

端口根据其对应的协议或应用不同，被分配了不同的端口号。负责分配端口号的机构是因特网编号管理局（IANA）。目前，端口的分配有 3 种情况，这 3 种不同的端口可以根据端口号加以区别。

（1）保留端口。保留端口，也称为熟知端口。这种端口号一般都小于 1 024（256～1 023 之间的端口号通常都是由 Unix 系统占用），它们基本上都被分配给了已知的应用协议（见图 8-1、表 8-1 中的部分端口）。目前，这一类端口号分配已经被广大网络用户所认同，形成了标准，在各种网络的应用中调用这些端口号就意味着使用它们所代表的应用协议。这些端口由于已经有了固定的应用，所以不能被动态地分配给其他应用程序。表 8-1 给出了一些常用的保留端口。

表 8-1　　　　TCP 和 UDP 的一些常用保留端口

	端 口 号	关 键 字	应 用 协 议
UDP 保留端口示例	69	TFTP	简单文件传输协议
	161	SNMP	简单网络管理协议
	520	RIP	RIP 路由选择协议
	53	DNS	域名服务
TCP 保留端口示例	21	FTP	文件传输协议
	23	Telnet	虚拟终端协议
	25	SMTP	简单邮件传输协议
	80	HTTP	超文本传输协议

（2）动态分配的端口。这种端口的端口号一般都大于 1 024。这一类的端口没有固定的应用，它们可以被动态地分配给应用程序使用。也就是说，在使用应用软件访问网络的时候，应用软件可以向系统申请一个大于 1 024 的端口号临时代表这个软件与传输层交换数据，并且使用这个临时的端口与网络上的其他主机通信。图 8-2 显示了使用动态分配的端口访问网络资源的情况。

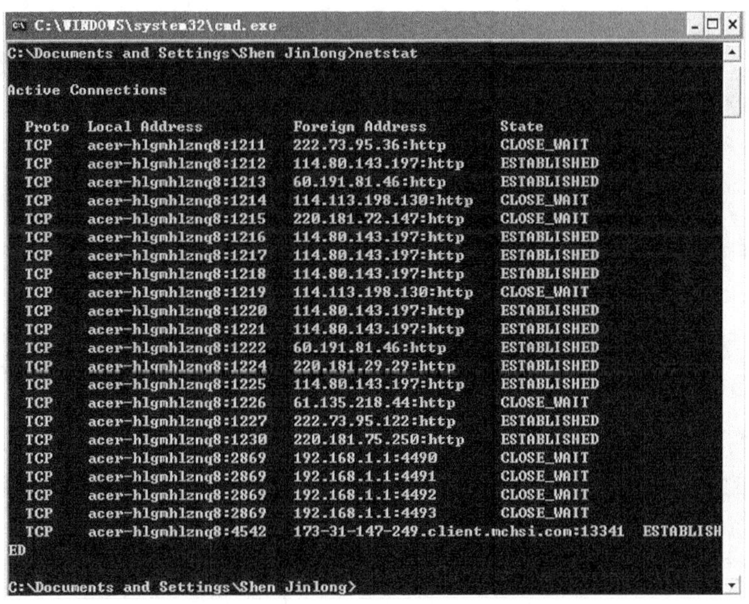

图 8-2　使用动态分配的端口访问网络资源

图 8-2 显示的是在使用 360 安全浏览器上网时，在 DOS 窗口中使用 netstat 命令查看端口使用情况的画图。浏览器使用了 4 542、1 211～1 230 等多个动态分配的端口号。

（3）注册端口。注册端口比较特殊，它也是为某个应用服务的固定端口，但是它所代表的不是已经形成标准的应用层协议，而是某个软件厂商开发的应用程序。某些软件厂商通过使用注册端口，使它的特定软件享有固定的端口号，而不用向系统申请动态分配的端口号。一般地，这些特定的软件要使用注册端口，其厂商必须向端口的管理机构注册。大多数注册端口的端口号大于 1 024。

当然，也有些协议的端口既属于 TCP 协议也属于 UDP 协议。例如，DNS 的端口号 53 一般要求传输层提供 UDP 服务，但也有例外，可要求 TCP 服务。

3. 套接字

计算机中的不同应用进程可能同时需要进行通信，这时它们会用端口号进行区别，通过 IP 地址和端口号的组合达到唯一标识的目的，即套接字（Socket），也有称为插口。TCP 和 UDP 都使用端口和套接字。套接字是 IP 地址加上一个端口号。

发送套接字 = 源 IP 地址 + 源端口号

接收套接字 = 目的 IP 地址 + 目的端口号

当网络中的两台主机进行通信的时候，为了表明数据是由源端的哪一种应用发出的，以及数据所要访问的是目的端的哪一种服务，TCP/IP 协议会在传输层封装数据段时，把发出数据的应用程序的端口作为源端口，把接收数据的应用程序的端口作为目的端口，添加到数据段的头中，从而使主机能够同时维持多个会话的连接，使不同的应用程序的数据不至于混淆。

一台主机上的多个应用程序可同时与其他多台主机上的多个对等进程进行通信，所以需要对不同的虚电路进行标识。对 TCP 虚电路连接采用发送端和接收端的套接字（Socket）组合来识别，形如（Socket1，Socket2）。所谓套接字实际上是一个通信端点，每个套接字都有一个套接字序号，包括主机的 IP 地址与一个 16 位的主机端口号，即形如（主机 IP 地址，端口号）。图 8-3 展现了端口与套接字的作用。例中，主机 X 与主机 Y 分别建立连接 A，B；各自分配端口 1，2。同样，主机 X 与主机 Z 分别建立连接 C，D；各自分配端口 3，4。

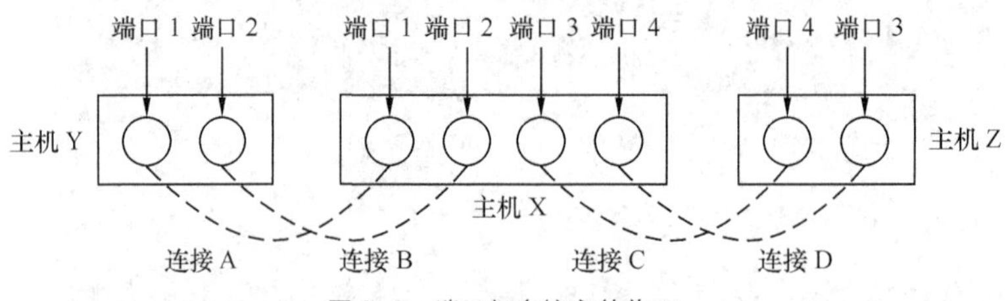

图 8-3　端口与套接字的作用

例如，主机 X（IP 地址为 172.16.0.1）某个进程 1（端口号 2 000）向主机 Y（IP 地址 172.16.1.1）上的某个进程 1（端口号 3 000）进行通信。那么该数据的源套接字 Socket1 为 172.16.0.1：2 000；目的套接字 Socket2 为 172.16.1.1：3 000。网络层只要读取 IP 数据报首部中的 IP 地址（源 IP 地址=172.16.0.1，目的 IP 地址=172.16.1.1），所以就能完成源主机到目的主机的数据传送。由于端口号是在 TCP 报文段首部，通过分析端口号 2 000 就可知道哪个进程发送的数据，同样到了主机 Y，分析端口号为 3 000 可知道该交给哪个进程处理。

正如图 8-1 所示，每种应用层协议或应用程序都具有与传输层唯一连接的端口，并且使用唯一的端口号将这些端口区分开来。当数据流从某一个应用发送到远程网络的某一个应用时，传输层根据这些端口号，就能够判断出数据是来自于哪一个应用，想要访问另一台网络的哪一个应用，从而将数据传递到相应的应用层协议或应用程序。

应该指出，尽管采用了上述的端口分配模式，但在实际使用中，经常会采用端口重定向技术。所谓端口重定向是指将一个著名端口重定向到另一个端口，例如默认的 HTTP 端口是 80，不少人将它重定向到另一个端口，如 8 080。

端口在传输层的作用有点类似于 IP 地址在网络层作用或 MAC 地址在数据链路层的作用，只不过 IP 地址和 MAC 地址标识的是主机，而端口标识的是网络应用进程。由于同一时刻一台主机上会有大量的网络应用进程在运行，所以需要有大量的端口号来标识不同的进程。正是由于 TCP 使用通信端口来识别连接，才使得一台计算机上的某个 IP 地址可以被多个连接所共享，从而程序员可以设计出能同时为多个连接提供服务的程序，而不需要为每个连接设置各自的本地端口号。

4．复用和分用

传输层的一个很重要的功能就是复用和分用，如图 8-4 所示。应用层不同进程交下来的报文到达传输层后，再往下就复用网络层提供的网络服务，如图 8-4（a）所示。当这些报文由网络层选路和控制，经过主机与通信子网各中间节点之间若干链路的转送到达目的主机后，目的主机的传输层就使用分用功能，将报文分别交付给相应的应用进程。同样，一个传输连接中的报文段可分成多个 IP 数据报并列传送，如图 8-4（b）所示。

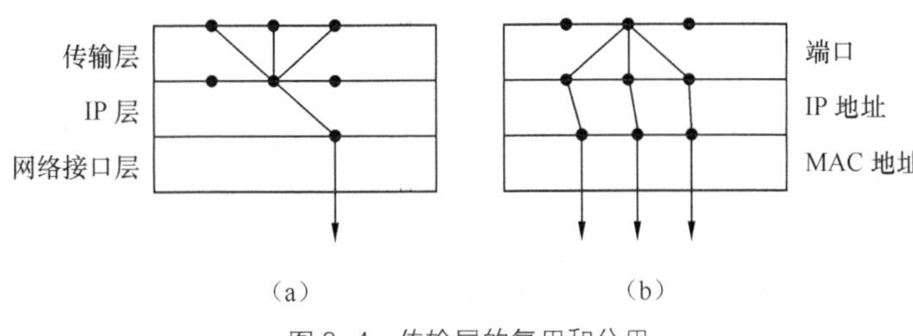

图 8-4 传输层的复用和分用

5．差错校验和检测

传输层对整个报文进行差错校验和检测。因为 IP 数据报每经过一个路由器都要重新计算校验和，为了提高传输效率，IP 首部中的首部检查和字段只检验首部是否出现差错而不检查数据部分。而在传输层 TCP 和 UDP 的校验和既要校验首部也要校验数据部分，因为传输层只在发送端进行一次校验，在接收端进行一次检测，中间经过的路由器对 TCP 和 UDP 而言是透明的，不会重复计算校验和。

由于传输服务独立于网络服务，故可以采用一个标准的原语集提供传输服务。而网络服务则因不同的网络可能有很大差异。因为传输服务是标准的，它为网络向高层提供了一个统一的服务界面，所以用传输服务原语编写的应用程序就可以广泛适用于各种网络。

8.1.2 用户数据报协议

用户数据报协议（UDP）只是在 IP 的数据报服务之上增加了端口复用、分用和差错控制的功能。UDP 协议具有如下特点：（1）UDP 是无连接的。在传输数据前不需要与对方建立连接。（2）UDP 提供不可靠的服务。数据可能不按发送顺序到达接收方，也可能会重复或者丢失数据。（3）UDP 同时支持点到点和多点之间的通信。（4）UDP 是面向报文的。发送方的 UDP 对应用程序交下来的报文，在封装成 UDP 用户数据报之后就向下交付给网络层处理，接收方的 UDP，对网络层交上来的 UDP 用户数据报，去除首部之后就递交给应用程序。

1．UDP 首部格式

用户数据报 UDP 由数据字段和首部字段组成，由 4 个字段组成，每个字段都是两个字节，如图 8-5 所示。

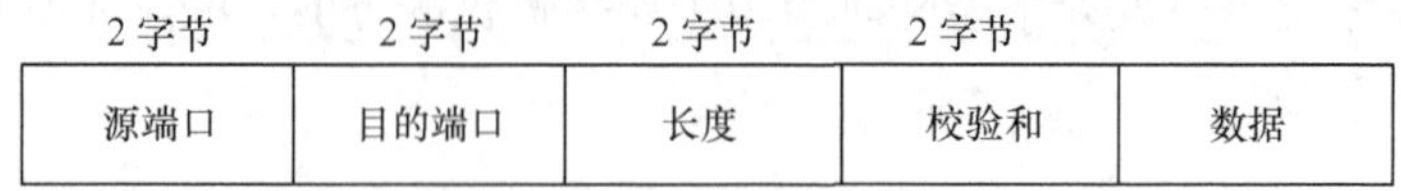

图 8-5　用户数据报 UDP 首部

各字段意义如下：

（1）源端口字段：标识源端口号；

（2）目的端口字段：标识目的端口号；

（3）长度字段：UDP 数据报的长度，包括首部的 8 个字节在内；

（4）检验和字段：防止在传输中出错，其计算过程如下文所述。

2．UDP 校验

在计算检验和时，在 UDP 数据报之前要增加 12 个字节的伪首部，如图 8-6 所示。所谓“伪首部”是因为这种首部只在计算 UDP 校验和的时候使用，既不向下层传送，也不向上层递交。

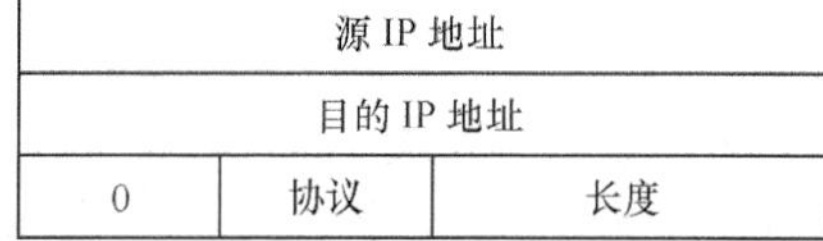

图 8-6　计算校验和使用的伪首部

下面例 8-1 介绍校验和的计算过程，这种计算校验和的方法完整地校验了通信双方的 5 元组信息（包括源 IP 地址，源端口，目的 IP 地址，目的端口，通信协议），其特点是简单，处理快速，便于高速数据传输。

【例 8-1】 网络需传输的 UDP 数据报数据如下，以十六进制数表示，其中第 1 行数据是 IP 数据报首部的内容，第 2 行数据是 UDP 数据，请计算其 UDP 校验和。

```
45 00 00 20 f9 12 00 00 80 11 bf 9f c0 a8 00 64 c0 a8 00 66
13 61 13 89 00 0c ?? ?? 50 43 41 55
```

【解】 （1）UDP 首部的校验和字段设置为 0，如果 UDP 数据字段长度为奇数的话，则填充一个“0”字节。

（2）将 UDP 首部和数据部分按照 16 位为单位划分如下：

```
1361 1389 000c 0000 5043 4155
```

（3）伪首部部分参与校验和计算，源 IP 地址 c0a8 0064，目的 IP 地址 c0a8 0066，IP 首部协议字段为 17（十六进制数为 11），UDP 长度字段为 12（十六进制数为 0C），按照 16 位为单位划分为：

```
c0a8 0064 c0a8 0066 0011 000C
```

（4）进行反码求和运算。其规则是从低位到高位逐位进行计算。0 + 0 = 0，0 + 1 = 1，1 + 1 = 0 但要产生一个进位。如果最高位产生进位，加到末尾。

```
1361 + 1389 + 000c + 0000 + 5043 + 4155
c0a8 + 0064 + c0a8 + 0066 + 0011 + 000C = 3AC7（未加进位 23AC5）
```

（5）最后对累加的结果取反码，即得到 UDP 校验和。

上步骤的计算结果 3A C7 取反码为 C5 38，就是 UDP 校验和字段的值。

3. UDP 实例

UDP 不保证可靠交付，但在传输数据之前不需要建立连接，UDP 比 TCP 的开销要小很多。只要应用程序接受这样的服务质量就可以使用 UDP。在很多的实时应用（如 IP 电话、实时视频会议等）以及广播或者多播的情况下，则必须使用 UDP 协议。使用 UDP 协议的常见协议如表 8-2 所示。

表 8-2　使用 UDP 协议的协议

协议名称	协议	默认端口	使用 UDP 协议原因说明
域名系统	DNS	53	为了减少协议的开销
动态主机配置协议	DHCP	67	需要进行报文广播
简单文件传输协议	TFTP	69	实现简单，文件需同时向许多机器下载
网络管理	SNMP	161	网络上传输 SNMP 报文的开销小
路由选择协议	RIP	520	实现简单，路由协议开销小
实时传输协议 实时传输控制协议	RTP RTCP	5004 5005	因特网的实时应用

8.1.3 传输控制协议

TCP 是 Internet 的 TCP/IP 协议家族中的最重要协议之一，因特网中各种网络特性参差不齐，必须有一个功能很强的传输协议，满足因特网可靠传输的要求。TCP 协议具有如下特点：（1）TCP 是面向连接的。在通信之前双方必须建立 TCP 连接。（2）TCP 提供可靠的服务。TCP 协议可以保证传输的数据按发送顺序到达，且不出差错、不丢失、不重复。（3）TCP 只能进行点到点的通信。（4）TCP 是面向字节流的。发送方的 TCP 将应用程序交下来的数据视为无结构的字节流，并且分割成 TCP 报文段进行传输，在接收端向应用程序递交的也是字节流。

1. TCP 首部格式

应用层的报文传送到传输层，加上 TCP 的首部，就构成 TCP 的数据传送单位，称为报文段（segment）。在发送时，TCP 的报文段作为 IP 数据报的数据。加上首部后，成为 IP 数据报。在接收时，IP 数据报将其首部去除后上交给传输层，得到 TCP 报文段。再去掉其首部，得到应用层所需的报文。

TCP 报文段首部的前 20 个字节是固定的，后面有 $4N$ 字节是根据需要而增加的选项。如图 8-7 所示。

（1）源端口和目的端口：端口是传输层与应用层的服务接口。5 元组信息（包括源 IP 地址，源端口，目的 IP 地址，目的端口，TCP 协议号）可以唯一标识 1 个 TCP 连接。

（2）序号：TCP 是面向字节流的，TCP 传送的报文可看成为连续的字节流。TCP 报文段中每一个字节都有 1 个编号，该字段指明本报文段所发送的数据的第 1 个字节的序号。

（3）确认号：期望收到的下一个报文段首部的序号字段的值，确认具有累积效果。若确认号为 M，则表明序号 $M-1$ 为止的所有数据都已经正确收到。

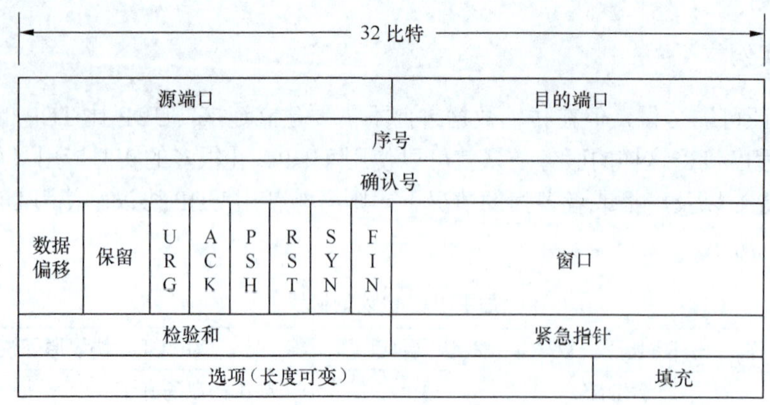

图 8-7 TCP 报文段的首部

（4）数据偏移：指出 TCP 报文段的首部长度，以 4 字节为单位。

（5）标志位：用于区分不同类型的 TCP 报文，相应标志位置位时有效，其含义如表 8-3 所示。

表 8-3　　TCP 首部标志位的含义

标　志　位	含　　义
URG	表明此报文段中包含紧急数据
ACK	表明确认号字段有效
PSH	表明应尽快将此报文段交付给接收应用程序
RST	表明 TCP 连接出现严重差错，须释放连接，然后再重新建立连接
SYN	在连接建立是用来同步序号
FIN	用来释放一个连接

（6）窗口：该字段在传输过程中经常动态变化，表明现在允许对方发送的数据量，以字节为单位。

（7）检验和：检验和字段检查的范围包括首部和数据两部分，与 UDP 校验和计算方法相同，但是伪首部中的协议字段值是 6。

（8）紧急指针：只有在 URG = 1 时才有效，指明本报文段中紧急数据的字节数。

（9）选项：长度在 0～40 字节可变，注意，必须填充为 4 字节整数倍。最常用的选项字段是最大段长度（MSS）。

2．TCP 连接管理

（1）连接建立。TCP 是面向连接的协议。传输连接的建立和释放是每一次面向连接的通信中必不可少的过程。传输连接的管理就是使传输连接的建立和释放都能正常地进行，如图 8-8 所示。

① 主机 A 的 TCP 向主机 B 的 TCP 发出连接请求报文段，其首部中的同步比特 SYN 应置为 1，同时选择一个初始序号 x。

② 主机 B 的 TCP 收到连接请求报文段后，则发回确认，ACK 应置为 1，确认序号应为 $x + 1$。因为连接是双向的，所以 B 也发出和 A 的连接请求，在报文段中同时应将 SYN 置

为 1，为自己选择一个初始序号 y。

③ 主机 A 的 TCP 收到此报文段后，还要向 B 给出确认，其确认序号为 $y+1$。

TCP 连接建立采用的这种过程叫做 3 次握手（three-way handshake）。注意：TCP 报文段首部的 SYN 和 FIN 置位的时候，需要消耗一个序列号，而 ACK 置位时，不需要消耗序列号。在连接建立后，双方就可以进行双向的数据传输了。

【例 8-2】 仅仅使用 2 次握手而不使用 3 次握手时，会出现什么情况？

解： 考虑计算机 A 和 B 之间的通信，如图 8-9 所示。

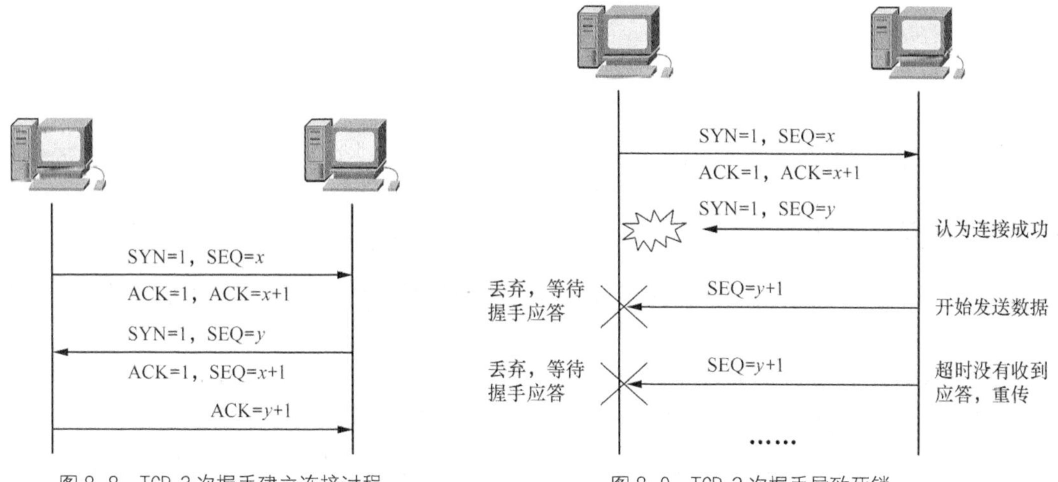

图 8-8 TCP 3 次握手建立连接过程　　图 8-9 TCP 2 次握手导致死锁

假定 A 给 B 发送一个连接请求分组，B 收到了这个分组，并发送了确认应答分组。按照 2 次握手的协定，B 认为连接已经成功地建立了，可以开始发送数据分组。

另一方面，A 在 B 的应答分组在传输中被丢失的情况下，将不知道 B 是否已准备好，不知道 B 建议什么样的序号用于 B 到 A 的传输，也不知道 B 是否同意 A 的初始序列号，A 甚至怀疑 B 是否收到自己的连接请求分组。在这种情况下，A 认为连接还未建立成功，将丢弃 B 发来的任何数据分组，只等待接收连接确认应答分组。

而 B 在发出的数据分组超时后，重复发送同样的分组。这样就形成了死锁。

（2）连接释放。在数据传输结束后，通信的双方都可以发出释放连接的请求，如图 8-10 所示。

① 主机 A 的 TCP 通知对方要释放从 A 到 B 这个方向的连接，将发往主机 B 的 TCP 报文段首部的终止比特 FIN 置 1，序号为 m。

② 主机 B 的 TCP 收到释放连接的通知后，即发出确认，其序号为 $m+1$。这样从 A 到 B 的连接就释放了，连接处于半关闭（half-close）状态。此时如果 B 还发送数据，A 仍接收。

③ 主机 B 向主机 A 的数据发送结束后，TCP 释放 B 到 A 的连接。主机 B 发出的连接释放报文段除必须将终止比特 FIN 置 1，并使其序号为 n，因为 ACK 不需要消耗序号，所以此时的 ACK 仍然是 $m+1$。

④ 主机 A 必须对此发出确认，因为 FIN 需要消耗一个序号，所以给出的 ACK 为 $n+1$。最终，双方的连接全部释放。

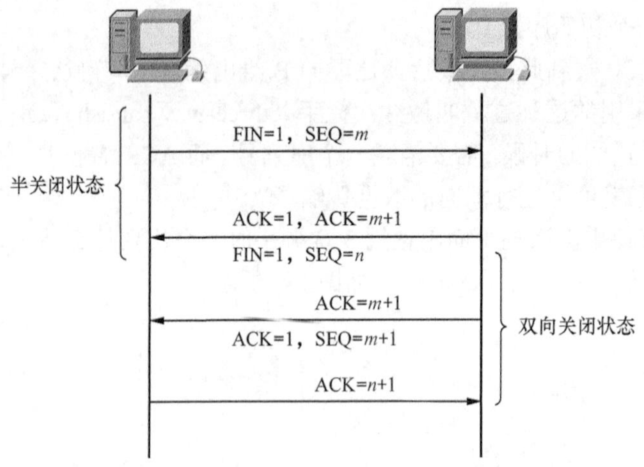

图 8-10　TCP 4 次握手释放连接过程

3. TCP 可靠传输

TCP 是可靠的传输层协议，主要通过确认机制和超时重传机制来实现可靠传输，下面分别做介绍。

（1）确认机制。TCP 将所要传送的整个报文（这可能包括许多个报文段）看成是一个个字节组成的数据流，然后对每一个字节编一个序号。在连接建立时，双方要商定初始序号。TCP 就将每一次所传送的报文段中的第一个数据字节的序号，放在 TCP 首部的序号字段中。

TCP 的确认是对接收到的数据的最高序号（即收到的数据流中的最后一个序号）表示确认。但返回的确认序号是已收到的数据的最高序号加 1。也就是说，确认序号表示期望下次收到的第一个数据字节的序号。确认具有“累积确认”效果。

由于 TCP 能提供全双工通信，因此通信中的每一方都不必专门发送确认报文段，而可以在传送数据时顺便把确认信息捎带传送，这样做可以提高传输效率。

【例 8-3】 用 TCP 传送 112 字节的数据。设窗口为 100 字节，而 TCP 报文段每次也是传送 100 字节的数据。再设发送端和接收端的起始序号分别选为 100 和 200，试画出连接建立阶段到连接释放的图。

解： 连接建立阶段到连接释放如图 8-11 所示。

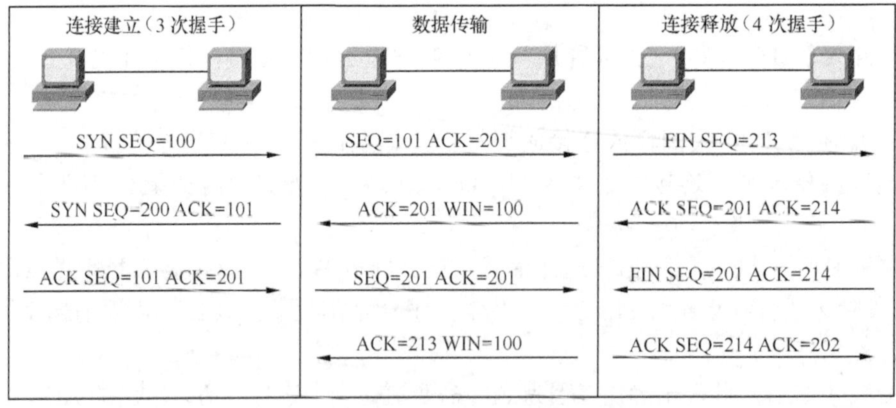

图 8-11　TCP 连接建立阶段到连接释放示意图

① 连接建立时 SYN 和连接释放时 FIN 置位时，都需要消耗掉一个序列号（下一次传输时序号字段加 1），而 ACK 置位不需要消耗序列号。

② TCP 数据是按照字节编号的。由于每次只传送 100 字节的数据，所以对于 112 字节的数据，需要拆分成 2 个 TCP 报文段进行传输。第一个 TCP 报文段的序号字段值是 101，传输的字节流是 101～200；第 2 个 TCP 报文段的序号字段值是 201，传输的字节流是 201～212，一共 12 个字节。

③ ACK 具有“累积确认”效果。在数据传输过程中，如果第一个 ACK（ACK = 201 WIN = 100）丢失，但是收到第 2 个 ACK（ACK = 213 WIN = 100），仍然表示序号 212 前的所有字节流都已经正确收到，不需要重传 TCP 报文段。

若收到的报文段无差错，只是未按序号，那么应如何处理？TCP 对此未作明确规定，而是让 TCP 的实现者自行确定。或者将不按序的报文段丢弃，或者先将其暂存于接收缓冲区内，待所缺序号的报文段收齐后再一起上交应用层。

【例 8-4】 发送端每个报文中含有 100 字节的数据，且一连发送了 8 个报文段，其序号分别为 1，101，201，…，701。设接收端正确收到了其中的 7 个，而未收到序号为 201 的报文段。请比较以上两种策略的优缺点。

解：① 丢弃不按序到达的报文段。从序号 201 开始的所有报文段重传。这种方法处理简单，但是其效率不高，不需要缓存保存数据分片。因为因特网采用的是数据报方式，有些报文段没有按照顺序到达，将导致重传后续已经正确到达的所有数据段。

② 先将不按序的报文段暂存于接收缓存内，待所缺序号的报文段收齐后再一起上交应用层。接收端可以将序号为 301 到 701 的 5 个报文段先进行暂存，而发回 ACK 为 201 的确认（即序号为 200 及这以前的都已正确收到了）。当发送端重发的序号为 201 的报文段正确到达接收端后，接收端就发回 ACK 为 801 的确认。这种方法较为复杂，但可以提高网络的传输效率，而且需要较大缓存。

（2）超时重传机制。超时重传机制最关键的因素是重传定时器的定时设置，但是确定合适的往返延迟 *RTT* 是相当困难的事情。因为 TCP 的下层是一个互连网环境。发送的报文段可能只经过一个高速率的局域网，但也可能是经过多个低速率的广域网，并且数据报所选择的路由还可能会发生变化。

TCP 采用了一种自适应算法。算法思想描述如下：记录每一个报文段发出的时间，以及收到相应的确认报文段的时间，这两个时间之差就是报文段的往返延迟。将各个报文段的往返延迟样本加权平均，就得出报文段的平均往返延迟 *RTT*。每测量到一个新的往返延迟样本，就按下式重新计算一次平均往返延迟：

$$\begin{cases} RTT\text{new} = RTT\text{sample} & \text{（第 1 次测量）} \\ RTT\text{new} = \alpha \times RTT\text{old} + (1-\alpha) \times RTT\text{sample} & \text{（第 2 次以后的测量）} \end{cases}$$

在上式中对 $0 \leqslant \alpha < 1$。若 α 很接近于 1，表示新算出的往返延迟 *T* 和原来的值相比变化不大，而新的往返延迟样本的影响不大。若选择 α 接近于零，则表示加权计算的往返延迟 *T* 受新的往返延迟样本的影响较大。典型的 α 值为 7/8。

【例 8-5】 已知 TCP 的往返延迟的当前值是 30ms。现在收到了 3 个接连的确认报文段，它们比相应的数据报文段的发送时间分别滞后的时间是：26ms、32ms 和 24ms。设 $\alpha = 0.9$。试计算新的估计的往返延迟值 *RTT*new。

解：$RTTnew = 30 \times \alpha + 26 \times (1-\alpha) = 29.6$

$$RTTnew = 29.6 \times \alpha + 32 \times (1-\alpha) = 29.84$$

$$RTTnew = 29.84 \times \alpha + 24 \times (1-\alpha) = 29.256$$

即使有了 *RTT*new 的值，要选择一个合适的超时重传间隔仍然是困难之事。正常情况下，TCP 使用 $RTO = \beta \times RTTnew$ 作为超时重传间隔，最初的实现中，$\beta = 2$，但经验表明常数值不够灵活，而且当发生变化时不能很好做出反应。因此引入 *RTT* 的偏差的加权平均值 *RTTD*，计算方法如下：

$$\begin{cases} RTTDnew = RTTsample/2 \text{（第 1 次测量）} \\ RTTDnew = \beta \times RTTDold + (1-\beta) \times |RTTnew - RTTsample| \text{（第 2 次以后的测量）} \end{cases}$$

在上式中对 $0 \leqslant \beta < 1$。典型的β值为 3/4。

最后，超时重传时间 *RTO* 采用以下公式计算出来：

$$RTO = RTTnew + 4 \times RTTDnew$$

上面所说的往返时间的测量，实现起来相当复杂。发送出一个报文段，重发时间到了，还没有收到确认，于是重发此报文段，后来收到了确认报文段。现在的问题是：如何判定此确认报文段是对原来的报文段的确认，还是对重发的报文段的确认？由于重发的报文段和原来的报文段完全一样，因此源站在收到确认后，就无法做出正确的判断。

根据以上所述，Karn 提出了一个算法：在计算平均往返延迟时，只要报文段重发了，就不采用其往返延迟样本。这样得出的平均往返延迟和重发时间当然就较准确。

（3）定时器。为了保证数据传输正常进行，TCP 实现中应用到以下 3 种定时器：

① **重传定时器**：所以发送方发送数据后，将发送的数据放到缓存中，同时设定重传定时器，如果重传时间 *RTO* 之内没有收到来自接收方的确认报文段，则将缓存数据重发。

② **持续定时器**：接收方由于缓存满，就会给发送方发送一个窗口为 0 的报文段。当接收方缓存有了空闲时候，会发送窗口更新报文段给发送方。考虑这种情况：窗口更新报文段丢失了。此时，接收方有了缓存空间，等待发送方发送数据；而发送方没有收到窗口更新报文段，不能发送数据，也处于等待状态，从而双方进入了死锁情况。持续定时器就是为了避免这种情况发生而设定的。当持续定时器超时，发送方给接收方发送一个探寻消息，接收方响应将发送窗口更新报文段给发送方。

③ **保活定时器**：当一个连接双方空闲了比较长的时间后，该定时器计时超时，从而发送一个报文段查看通信的另一方是否依然存在。如果对方无应答，则此连接终止。

4. TCP 流量控制

TCP 采用大小可变滑动窗口的方式进行流量控制。窗口大小的单位是字节。在 TCP 报文段首部的窗口字段写入的数值就是当前设定的接收窗口数值。

发送窗口在连接建立时由双方商定。在通信的过程中，接收端可根据自己的资源情况，随时动态地调整自己的接收窗口，然后告诉发送方，使发送方的发送窗口和自己的接收窗口一致。这种由接收端控制发送端的做法在计算机网络中经常使用。

【例 8-6】 TCP 采用大小可变滑动窗口的方式进行流量控制。根据图 8-12 的通信情况，设主机 A 向主机 B 发送数据。双方商定的窗口值是 300。再设每一个报文段为 100 字节长，序号的初始值为 1（图 8-12 中第 1 个箭头上的 SEQ = 1）。请问接收方对发送方进行了几次的流量控制？

解：主机B对主机A进行了3次流量控制。

（1）第1次将窗口增大为400字节，

（2）第2次又减小200字节，

（3）第3次减至零，即不允许对方再发送数据了。这种暂停状态将持续到主机B重新发出1个新的窗口值为止。但在这个时候，发送方仍然可以发送URG = 1的紧急数据。

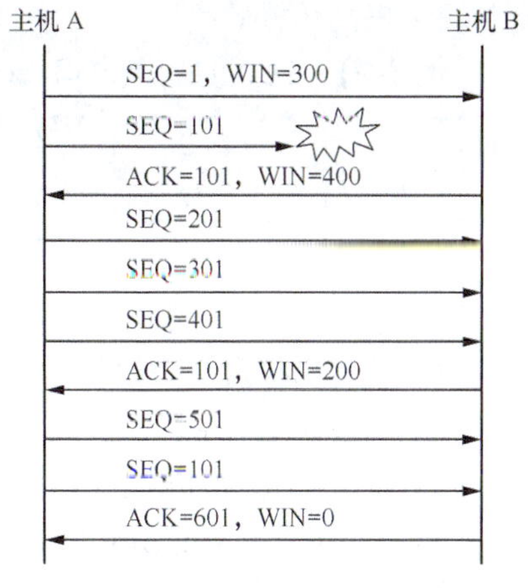

图8-12　TCP流量控制例题图

5. TCP拥塞控制

拥塞控制的基本功能是避免网络发生拥塞，或者缓解已经发生的拥塞。TCP/IP拥塞控制机制主要集中在传输层实现。

拥塞的产生主要源于两个问题：一个是接收方的接收能力，通过接收窗口rwnd（receive window）可以实现端到端的流量控制，接收端将通知窗口的值放在TCP报文的首部中，传送给发送端；另一个是网络内部的拥塞情况，通过拥塞窗口cwnd（congestion window）来衡量。发送窗口的取值依据两者中的较小的值Min［rwnd，cwnd］。rwnd在流量控制中已阐述，在下文中将只关注cwnd。

为了更好地进行拥塞控制，Internet标准推荐使用以下4种技术，即慢启动、拥塞避免、快速重传和快速恢复。这些算法有机的组合在一起，如图8-13所示。其中门限值*ssthresh*是为了防止发送数据过大引起网络拥塞，是在几种拥塞控制算法之间切换的阈值。

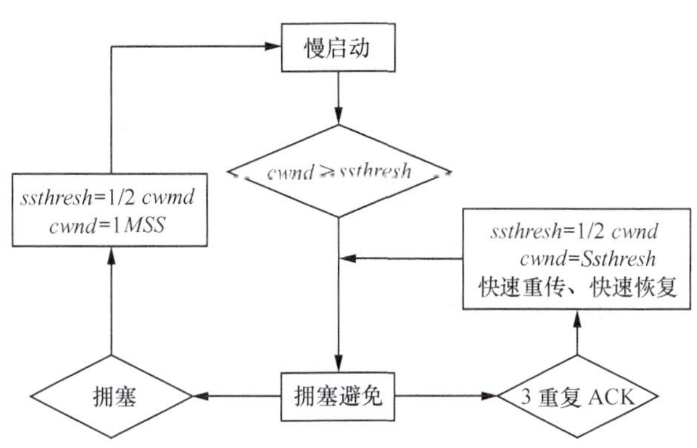

图8-13　拥塞控制算法的关系图

（1）慢启动：指在TCP刚建立连接或者当网络发生拥塞超时的时候，将拥塞窗口*cwnd*设置成一个报文段大小，并且当*cwnd*≤*ssthresh*时，指数方式增大*cwnd*（即每经过1个传输轮次，*cwnd*加倍）。

（2）拥塞避免：当*cwnd*≥*ssthresh*时，为避免网络发生拥塞，进入拥塞避免算法，这时候以线性方式增大*cwnd*（即每经过1个传输轮次，*cwnd*只增大1个报文段）。

（3）快速重传：快速重传算法是指发送方如果连续收到3个重复确认的ACK，则立即重传该报文段，而不必等待重传定时器超时后重传。

（4）快速恢复：快速恢复算法是指当采用快速重传算法的时候，直接执行拥塞避免算法。这样可以提高传输效率。

【例 8-7】 TCP 的拥塞窗口 *cwnd* 大小与传输轮次 *n* 的关系如下表所示：

cwnd	1	2	4	8	16	17	18	19	20
n	1	2	3	4	5	6	7	8	9
cwnd	1	2	4	8	10	11	12	6	7
n	10	11	12	13	14	15	16	17	18

（1）请画出拥塞窗口和传输轮次的关系曲线图。

（2）请问各个传输轮次使用的是什么拥塞控制算法？

（3）各个阶段的门限值 *ssthresh* 各是多大？

（4）第 40 个报文段在第几个传输轮次发送？

解：

（1）拥塞窗口和传输轮次的关系曲线图如图 8-14 所示。

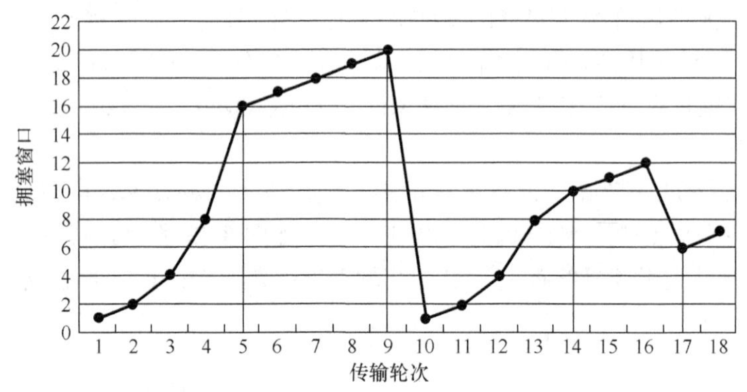

图 8-14 拥塞窗口和传输轮次的关系曲线图

（2）慢开始算法的时间间隔[1,5]和[10,14]；

拥塞避免算法的时间间隔[5,9]、[14,16]和[17,18]。

（3）时间间隔[1,9]的门限值 *ssthresh* = 16；

时间间隔[10,16]的门限值 *ssthresh* = 10，因为在 *cwnd* = 20 的时候发生了网络的超时，所以这时候 *ssthresh* =1/2 *cwnd* = 20/2 =10；

时间间隔[17,18]的门限值 *ssthresh* = 6，因为这是收到 3 个重复的 ACK，所以进入快速重传算法，这时候 *ssthresh* =1/2 *cwnd* = 12/2 =6。

（4）表中传输轮次可发送的报文段个数为依据，所以第 40 个报文段在第 6 传输轮次。

$1 + 2 + 4 + 8 + 16 < 40 < 1 + 2 + 4 + 8 + 16 + 17$

6. TCP 实例

TCP 面向连接，且具有可靠传输、流量控制、拥塞控制等机制保障其可靠传输，应用层协议如果强调数据传输的可靠性，那么选择 TCP 较好。使用 TCP 协议的常见协议如表 8-4 所示。

表 8-4　　使用 TCP 协议的协议

协 议 名 称	协议	默认端口	使用 TCP 协议原因说明
文件传输	FTP	20 21	要求保证数据传输的可靠性
远程终端接入	TELNET	23	要求保证字符正确传输
邮件传输	SMTP POP3 IMAP4	25 110 143	要求保证邮件从发送方正确到达接收方 取出邮件，不再保存在邮件服务器 取出邮件，仍可保存在邮件服务器
万维网	HTTP	80	要求可靠的交换超媒体信息

8.2　应用层协议与网络应用模式

8.2.1　应用层协议

应用层是计算机网络体系结构的最高层，直接为用户的应用进程提供服务。应用层协议则是应用进程间在通信时所必须遵循的规定。在因特网中，通过各种应用层协议为不同的应用进程提供服务。针对不同类型的应用进程，则需要选用各种应用层协议来提供相对应的应用服务，同时要对传输层提出相应的服务要求（见图 8-1）。只有域名系统中所用的 DNS 是个特例，具有双重性，可要求 TCP 或 UDP，目前的 DNS 要求使用 UDP。

8.2.2　网络应用模式

网络应用模式的发展是与计算机网络发展进程密切相关，大体可有 3 个阶段：以大型机为中心的应用模式、以服务器为中心的应用模式和客户机/服务器应用模式。随着网络应用的发展需要，在 C/S 模式下，演进成基于 Web 的客户机/服务器应用模式、P2P 模式以及云计算。

1．以大型机为中心的应用模式

大型机为中心（mainframe-centric）的应用模式，也称为分时共享（time-sharing）模式，也就是面向终端的多用户计算机系统（主-从结构）。这一模式的主要特点是：

（1）通过链路把简单终端（无独立处理能力）连接到主机或通信处理机；

（2）用户界面是由系统专门提供的；

（3）所有终端用户的信息都被传入主机处理；

（4）主机将处理的结果返回到终端，显示在用户屏幕的特定位置；

（5）系统采用严格的集中式控制和广泛的系统管理、性能管理机制。

2．以服务器为中心的应用模式

在 20 世纪 80 年代初，PC 微机上市后，揭开了计算机神秘的面纱，使计算机通信与网络走上了高速发展之路。但早期的 PC 微机如 CPU 为 8088，内存 64KB-1MB，硬盘才有 20MB。在应用中处理数据力不从心，于是局域网应运而生。LAN 是以服务器为中心（server-centric）的应用模式，也称为资源共享（resource-sharing）模式，向单个用户站点（workstation）提供灵活的服务，但管理控制和系统维护工具的功能较弱。这一模式的主要特点是：

（1）主要用于共享驻留在服务器上的应用、数据等；

（2）每个用户工作站点上的应用提供自己的界面，并对界面给予全面的控制；

（3）所有的用户查询或命令处理都在工作站方完成。

3．客户机/服务器应用模式

在客户机/服务器（Client-Server，简写为 C/S）应用模式中，分成前端（front-end）（即客户机部分）和后端（back-end）（即服务器部分），如图 8-15 所示。客户机/服务器应用模式最大的技术特点是能充分利用客户机和服务器双方的智能、资源和计算能力，共同执行一个给定的任务，即负载由客户机和服务器共同承担。

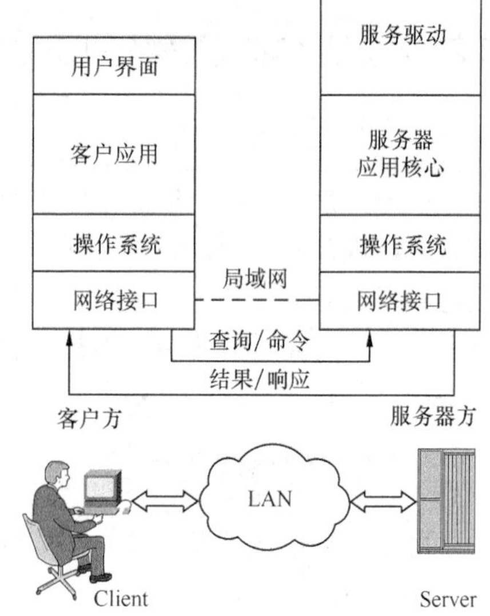

图 8-15 客户机/服务器模式

从整体上看，客户机/服务器应用模式有以下的特点。

（1）桌面上的智能。客户机负责处理用户界面，把用户的查询或命令变换成一个可被服务器理解的预定义语言，再将服务器返回的数据提交给用户。

（2）最优化地共享服务器资源（如 CPU、数据存储域）。

（3）优化网络利用率，由于客户机只把请求的内容传给服务器，经服务器运行后把结果返回到客户机，可不必传输整个数据文件的内容。

在低层操作系统和通信系统之上提供一个抽象的层次，允许应用程序有较好的可维护性和可移植性。

如何区分资源共享模式和 C/S 模式呢？现通过工资管理的例子来加以阐明。当职工的工资记录存放在网上服务器的数据库里，在资源共享模式的环境中，客户机上的应用进程请求文件服务器通过网络发送想要的数据库表，在客户端收到从服务器传来的数据表，经检查并按需修改某些表项后，再送回到服务器。而在 C/S 模式下，数据库接收到请求后，自行修改数据库。由此可见，C/S 模式的客户机只通过网络发送请求完成该操作的信息，服务器并不发送任何文件的内容。

中间件（middleware）是支持客户机/服务器模式进行对话、实施分布式应用的各种软件的总称。其目的是为了解决应用与网络的过分依赖关系，透明地连接客户机和服务器。

4．基于 Web 的客户机/服务器应用模式

在当前广泛应用的因特网中，采用了基于 Web 的客户机/服务器应用模式，图 8-16 例示出它的基本组成：

（1）Web Server（HTML 网页，Java Applet）；

（2）客户机（浏览器，Browser）；

（3）应用软件服务器；

（4）专用功能的服务器（数据库、文件、电子邮件、打印、目录服务等）；

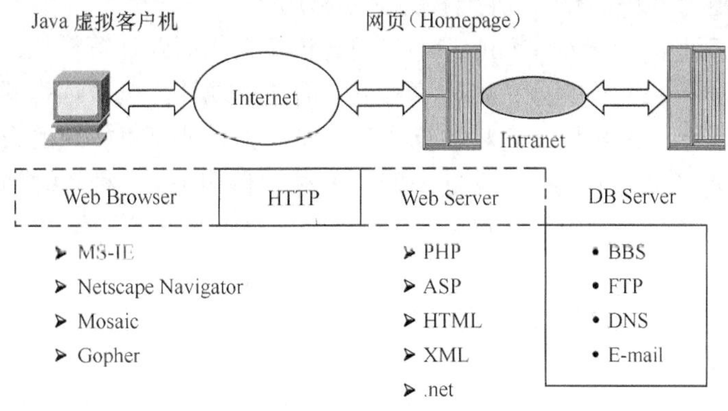

图 8-16 基于 Web 的客户机/服务器应用模式

（5）Internet 或 Intranet（企业内联网）网络平台。

基于 Web 的客户机/服务器应用模式提供“多层次连接”。即 Browser/Web Server/DB Server 3 层连接，又称客户机/网络模式。Web 服务所涉及的一些技术，如今已经广泛得到了应用。Browser/Web Server 实现环球网（WWW，Would Wide Web）网页（Homepage）信息的组织、发布、检索和浏览。在 Web 服务器端，采用超文本标记语言（HTML，HyperText Makeup Language）、活动服务器页面（ASP，Active Server Pages）以及选用跨平台的嵌入式脚本语言 PHP 来组织、编写并发布动态的网页信息。此外，XML，.net。在 Web 客户端，选用微软因特网探险者（MS-IE）、360 安全浏览器以及 Mozilla Firefox（火狐）等浏览器，以及现在已很少使用的检索工具 Mosaic（图形用户界面信息检索程序）、Gopher，在超文本传输协议，在 TCP/IP 协议的支持下，任意漫游网络服务站点，获取 HTML 页面。此外，还应具有 SNMP 代理功能、远程管理、编辑功能、GUI 文件管理界面、非 HTML 文件的导入/导出、安全性能（SHTTP 或 SSL）、API 及界面描述工具和网络服务的集成性。

5. P2P 模式与云计算

（1）P2P。P2P 是英文 Peer-to-Peer 的缩写，意思是“对等”，也称为对等网络技术。Intel 工作组给出了如下的定义：通过在系统之间直接交换来共享计算机资源和服务的一种应用模式。P2P 模式与 C/S 模式不同，没有服务器的概念，每一台连网的计算机成员都是对等的。也就是以非集中方式使用分布式资源来完成关键任务的一类系统和应用。这里的资源包括计算能力、数据（存储和内容）、网络带宽和场景（含计算机、人以及应用环境等）；而关键任务则指分布式计算、数据/内容共享、通信和协同或平台服务。在 P2P 结构中，每一个节点（peer）大都同时具有信息消费者、信息提供者和信息通信等 3 方面的功能。简单地说，P2P 就是直接将人们联系起来，让人们通过互联网直接交互。

其实 P2P 并不是一个新概念，现在的电话通信网提供的服务就是典型的 P2P 模式。当前在因特网平台上，实现电子商务（eBusiness）、即时消息（IM）、IP 电话、交互式游戏、交互式流媒体等应用。例如自组网（Ad hoc 系统）对 P2P 计算，允许用户可随进随出； 对 P2P 内容共享，通过冗余服务提供高服务保证；对 P2P 协同，用户支持移动设备连网，可通过代理群接收消息，或发送中继来保持通信延迟和断开的透明。P2P 使得网络上的沟通变得容易、更直接共享和交互，真正地消除中间商。P2P 另一个重要特点是改变互联网现在的以大网站为中心的状态、重返“非中心化”，并把权力交还给用户。

（2）云计算。云计算（Cloud Computing）是一种新兴的商业计算模型。**云计算的基本原理**是，通过使计算分布在大量的分布式计算机上，而非本地计算机或远程服务器中，企业数据中心的运行将更与互联网相似。它将计算任务分布在大量计算机构成的资源池上，使各种应用系统能够根据需要获取计算力、存储空间和各种软件服务。这种资源池称为“云”。“云”是一些可以自我维护和管理的虚拟计算资源，通常为一些大型服务器集群，包括计算服务器、存储服务器、宽带资源等等。云计算将所有的计算资源集中起来，并由软件实现自动管理，无须人为参与。这使得应用提供者无须为繁琐的细节而烦恼，能够更加专注于自己的业务，有利于创新和降低成本。

早在 20 世纪 60 年代麦卡锡（John McCarthy）就提出了把计算能力作为一种像水和电一样的公用事业提供给用户。云计算的第一个里程碑是 1999 年 Salesforce.com 提出的通过一个网站向企业提供企业级的应用的概念；另一个重要进展是 2002 年亚马逊（Amazon）提供一组包括存储空间、计算能力甚至人力智能等资源服务的 Web Service；2005 年亚马逊又提出了弹性计算云（Elastic Computer Cloud），也称亚马逊 EC2 的 Web Service，有学者曾称为网格计算（Grid Computing），允许小企业和私人租用亚马逊的计算机来运行各自的应用。

云计算目前已经发展出了云安全和云存储两大领域。如国内的瑞星和趋势科技就已开始提供云安全的产品；而微软、谷歌等国际巨头更多的是涉足云存储领域。

8.3 网络基本服务

8.3.1 域名系统

1．域名系统概念

因特网有了 IP 地址，为什么还要有域名，域名是什么？众所周知，在电话网上所用的一连串的电话数字号码不好记，而具体的单位名称或姓名就容易记。同样，用点分十进制的方法表示一个 IP 地址确实也不好记，可是计算机操作系统中的文件目录系统相对比较易记，因此，设计用名字来代替点分十进制的数字，而这个名字属性又分成一层一层的域来表示。表 8-5 列出了因特网域名系统（DNS，Domain Name System）与电话网的号簿系统概念性对照。

表 8-5 因特网域名系统与电话网的号簿系统概念性对照

	电话网	因特网
层次	电话号码簿	域名服务系统
	号簿分类	域
人们熟知记法	单位名称	域名　（主机或服务器名）
软件便于操作	电话号码	IP 地址　（逻辑地址）
硬件执行地址	交换机端口	网卡地址　（物理地址）

因特网的域名系统 DNS 是一个分布式数据库联机系统，采用 C/S 应用模式。主机（Client）

可以通过域名服务程序将域名解析到特定的 IP 地址。域名服务程序在专设的节点上运行，常将该节点称为域名服务器（DNS Server），如图 8-17 所示。

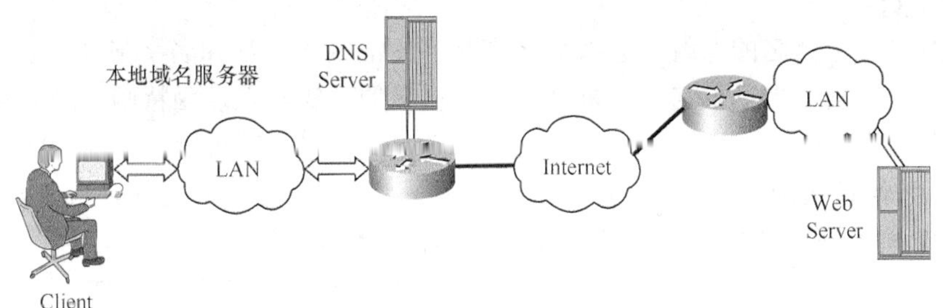

图 8-17 域名系统

若图 8-17 中客户机的某一个应用进程需要将 Web 服务器的名字解析成 IP 地址，通过 DNS 请求报文，封装成 UDP（在特定的应用中，也可封装成 TCP），发给本地域名服务器，本地域名服务器在查找域名后，从查得的 IP 地址放在 DNS 响应报文中回送，因此，应用进程可按所得 IP 地址进行通信。

域名服务器包含一张表，通过它来确立域内的主机名与相应的 IP 地址的关联关系。如果本地域名服务器没有任何条目与请求的名称相符，它会查询域内的其他域名服务器。其他域名服务器确定了 IP 地址后，会将信息发送回客户端。如果域名服务器无法确定 IP 地址，请求将超时，客户端便无法与 Web 服务器通信。

域名系统是指因特网专门设计一个字符型的主机名字系统。主机名字实质上是一种比 IP 地址更高级（抽象）的地址表示形式。域名系统主要包括：划分名字空间、管理名字以及名字与 IP 地址对应。

2．域名结构

如何命名将涉及整个网络系统的工作效率。参照国际编址方案，因特网采用层次型命名的方法。域名结构使整个名字空间是一个规则的倒树形结构，如图 8-18 所示。

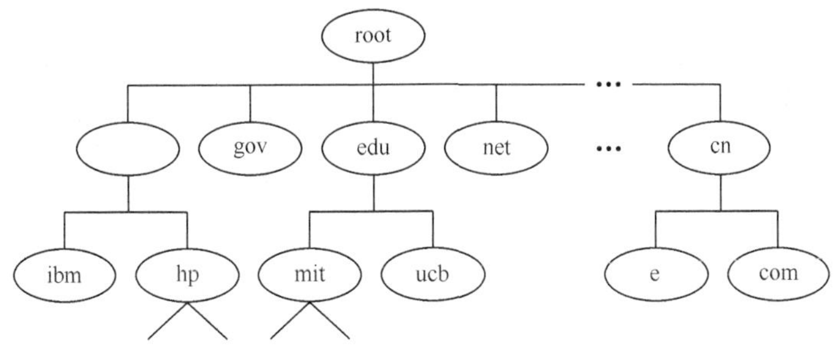

图 8-18 因特网的域名结构

DNS 的分布式数据库是以域名为索引的，每个域名实际上就是一棵很大的逆向树中路径，这棵逆向树称为域名空间（domain name space）。如图 8-18 所示树的最大深度不得超过 127 层，树中每个节点都有一个可以长达 63 个字符的文本标号。其优点是将结构加入到名字的命名中间。将名字分成若干部分，每个部分只管理自己的内容。而这个部分又可再分成若干部分，这样一层一层分开，每一个节点都有一个相应的名字（标识）。这样一来，一台主机的名字就是从树叶到树根路径上各个节点标识的一个序列，例如一个主机的域名可设成是www.njupt.edu.cn。

域名系统是一个命名的系统，它按命名规则产生的名字管理和名字与 IP 地址的对应方法。很明显，只需同一层不重名，主机名是不会重名的。实际上，因特网这样的互连网结构本身就是一种树型层次结构，所以域名的这种命名方式正好与其对应。

（1）域。按照域名的结构，域名系统包含了两个部分：一是名字的命名方法与管理方法，二是名字与 IP 地址对应的算法。什么是域？下面举例予以说明。

比如，www.njupt.edu.cn 是一个主机名。而域名的写法规则与 IP 地址的类似，同样用点号“.”将各级域分开，但域的层次顺序应自右向左，即右侧的域为高。

在上例中 www. njupt.edu.cn 含 4 个标号，即 www，njupt，edu，cn。有 3 级域：

第 1 级域 cn

第 2 级域 edu.cn

最低级域 njupt.edu.cn

所谓“域”指的是这个域名中的每一个标号右面的标号和点。这个例子中也可以认为 edu.cn 是 cn 的子域，njupt.edu.cn 又是 edu.cn 的子域。

（2）域名。因特网并未规定域的层次数，它可以有 2 层，3 层或多层。因此，在域名系统中，并不能从域名上明显看出是主机名还是一个域名。但在使用中能分别出来，因为每个域有其含义。

为了保证在全球的域名统一性，因特网规定第 1 级（或称顶级）域名如表 8-6 所列（这里不区分大小写）。

表 8-6　　第 1 级（或称顶级）域名

第 1 级域名	名　称	第 1 级域名	名　称
net	网络组织	store	专供商品交易的部门
edu	教育部门	info	专供资讯服务部门
gov	政府部门	nom	专供个人网址
mil	军事部门（仅美国使用）	firm	专供公司或商店
com	商业部门	web	专供 www
org	非政府组织	arts	专供文化团体
int	国际组织	rec	专供娱乐或休闲者

采用 2 字符的国家代码定为国家或地区名称，如 cn（中国）、hk（中国香港）、jp（日本）等，由于因特网起源于美国，通常缺省国家代码的第 1 级域均指美国。

上例 www.njupt.edu.cn 的第 1 级域表示这是中国，第 2 级域表示这是中国教育部门，第 3 级域表示是中国教育部门下属的学校，www 是该校园网中的 1 台服务器或主机，这种按组织来划分的域与地理位置无关，称为组织型域名。当然，还可以按地理位置划分域，称为地理型域名，比如：nj.js.cn（中国江苏南京）。也可以将两者组合起来，如：njupt.edu.cn（中国教育机构南京邮电大学）。

3．域名解析服务

因特网引入域名，方便了用户使用，同时也增加了开销。域名如何与 IP 地址对应？通常在网络中心需设置域名服务器（或叫名字服务器，DNS）。域名服务器内含一个软件，它可在某一台指定的计算机上运行。提出请求域名解析服务的软件称为名字解析器，它实际上附加在许多网络应用软件中。

因特网上的域名系统是按照域名结构的级次来设定的，如图 8-19 所示。各级都有对应的域名服务器，一般可分为：

（1）根域名服务器（Root Name Server）：全球根域名服务器共设十多个，大部分在北美。根域名服务器用于管辖第 1 级（顶级）域，如.cn，.jp 等。它并不必对其下属的所有域名解析，但一定能连接到所有的 2 级域名的域名服务器。

（2）权域名服务器（Authoritative Name Server）：每个授权域名服务器能对其管辖内的主机名解析为 IP 地址，每一台主机都必须在授权域名服务器处注册登记。

（3）本地域名服务器（Local Name Server）：也称默认域名服务器，每个企业网、校园网都会配置 1 个或多个本地域名服务器。

因特网允许各单位内部可自行划分为若干个域名服务器管理区，设置成相应的授权域名服务器。例如图 8-19 中某单位 xyz 下设 w 和 v 分公司，而 v 分公司下设 u 部门。可见管理区是“域”的子集。

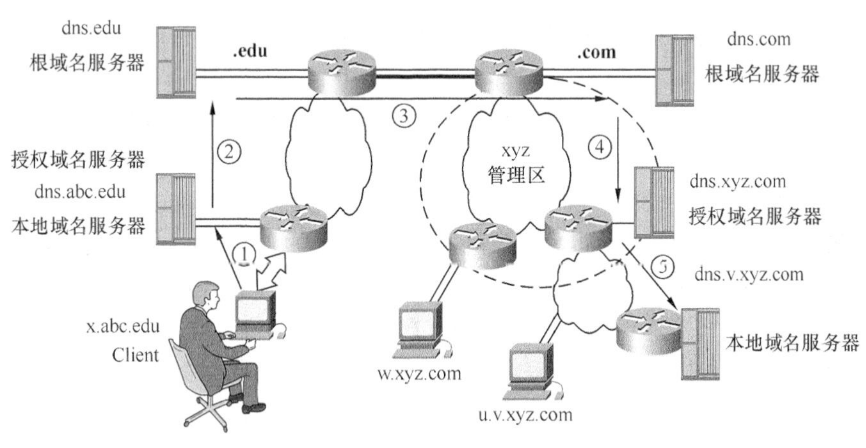

图 8-19 域名解析服务

域名解析有正向和反向两种。下面来具体说明域名解析原理。

（1）正向域名解析。所谓正向域名解析就是从域名求得对应的 IP 地址。如上所述，在域的每一级都有一个域名服务器，即服务器是分布式存在的。因为每一级域管理着本级域的域名和地址，而域名系统又是树形层次结构的，总的来说，只要采用自顶向下的算法，从根开始向下，一定能找到所需名字的对应 IP 地址。

域名解析有两种方法：递归解析和重复解析。

① 递归解析：递归解析是从根开始解析，一次性完成。例如，图 8-19 中域名为 x.abc.edu 的主机要得到域名为 u.v.xyz.com 的主机的 IP 地址，递归的过程如下：首先，x.abc.edu 的主

机向本地域名服务器 dns.abc.edu 查询，若找不到，即向顶级域名服务器 dns.edu 查询，并依次按①→②→③→④→⑤查询，最后查得 u.v.xyz.com 的主机的 IP 地址返送给 x.abc.edu 的主机。这一例前后共使用 10 个 UDP 报文。

可见，递归的方法不需要用户参与，都由服务器一次性完成。但是，根域名服务器负担将非常重，而且关系重大，一旦失效，全球的网络就将崩溃，所以全球的根域名服务器同时不停运行。

② 重复解析：因特网的域名服务器是分层分布式存在的，为什么不利用这个特点进行域名解析呢？所以，如今实际采用的大多是另一种方法，即重复解析法，又称反复解析法。它先向本地域名服务器查询，本域名服务器先查看自己的管理范围内有否。若没有，则将请求转向比本域高一层的授权域名服务器（或最靠近的），如找不到，再向高一层的域名服务器查询，直到能找到请求域名的地址。这里，每个域名服务器除了本身所管理的域名与地址信息外，还应知道上一级（或最靠近的）域名服务器的地址，仅当下层各级域名服务器都找不到时，才向根域名服务器查询，这种方法的好处是明显地减轻了根域名服务器的负荷。

（2）反向域名解析。反向域名解析，即从 IP 地址找出相应的域名。一个 IP 地址可能对应若干个域名，因此，反向解析需要搜索整个服务器组（IP 地址与域名结构之间没有任何关系）。为此，专门构造一个特别域和一个特别的报文。这个特别域称作反向解析域，记为：in-addr.arpa，这个特别报文格式就是：

```
xxx.xxx.xxx.xxx .in-addr.arpa
```

其中 xxx.xxx.xxx.xxx.为倒过来写的 IP 地址，比如 IP 地址为 202.119.224.8，则反向解析域名写为：8.224.119.202。

这是因为域名是从小到大写的（从子域到根域），而 IP 地址是从大到小写的（从网络到主机）。

反向解析不太使用，一般适用于无盘主机。需要注意的是：in-addr.arpa 域实际定义了一个以地址做索引的域名空间。例如：如果 nc.njupt.edu.cn 的 IP 地址为：202.119.230.8，那么 in-addr.arpa 域为 8.230.119.202.iin-addr.arpa，它的对应域名为 nc.njupt.edu.cn。

在实际的应用中，每个服务器以及主机都有自己的缓存，存入自己常用的 IP 地址与域名的对应表。因此并不都要到外部去查询，这就大大节省了网上的时间，减少了流量。

8.3.2 远程登录

远程登录（Telnet）是因特网中的基本应用服务之一，上网用户在本地的 PC（或终端）上注册后，如果已在远程服务器开设了账户，就可进行登录，因特网对用户呈现透明，这种协议也称远程终端协议。Telnet 采用客户/服务器模式，如图 8-20 所示。图中客户进程通过面向连接的 TCP 服务发到远程服务器（或主机），并显示从 TCP 连接上收到的数据。而服务器的操作系统内核中的伪终端驱动程序提供一个网络虚拟终端（NVT，Network Virtual Terminal），供操作系统和服务进程在 NVT 上建立注册，以及与用户进行交互操作。服务器上的应用程序可以不必考虑实际终端的类型。

NVT 的格式定义：所有的通信使用 8bit 的字节。在传送时，NVT 采用 7 位的 ASCII 码传数据，高位置 1 时作控制命令。NVT 只使用 ASCII 码的几个控制字符，而所有可打印的

95 个字母、数字和标点符号，NVT 的定义与 ASCII 码是一致的。

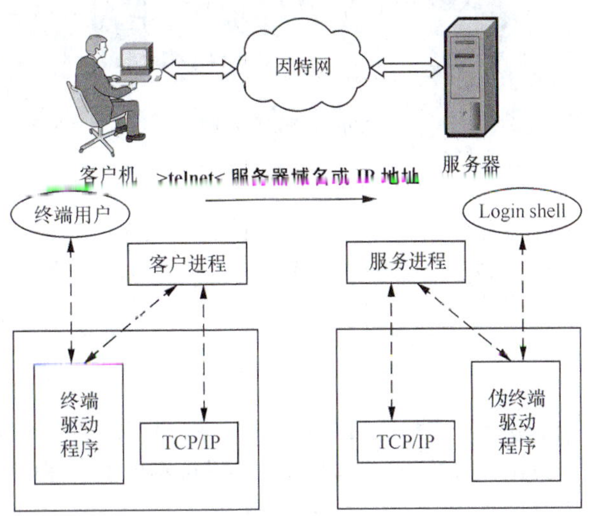

图 8-20 Telnet 协议工作流程

8.3.3 文件传输协议

因特网设计了两个有关文件传输的协议：文件传输协议（FTP）和简单文件传输协议（TFTP）。

1. 文件传输协议

因特网上各个网站基本都设置典型的 FTP 服务器，存放共享软件、免费软件等，以使用户自由下载。客户机通过因特网连接 FTP 服务器使用文件传输协议（FTP，File Transmission Protocol）。FTP 是 Internet 的文件传输标准（参见 RFC 959），它允许在连网的不同主机和不同操作系统之间传输文件，并许可含有不同的文件的结构和字符集。

FTP 是面向连接的 C/S 服务模式，使用两条 TCP 连接来完成文件传输，一条连接专用于控制（端口号为 21），另一条为数据连接（端口号为 20）。一个 FTP 服务器进程可同时为多个客户进程提供服务。FTP 服务器进程分为两部分：

（1）主进程：负责接受客户的请求；

（2）从属进程：负责处理请求，并按需可有多个从属进程。

主进程与从属进程的处理是并发式工作方式。

FTP 的工作原理如下（见图 8-21）。

平时，服务器主进程总在公众熟知端口（端口号为 21）倾听客户的连接请求，当用户要求传输文件前，客户端进程发出连接请求，服务器主进程随即启动一个称为控制进程（如图中的协议解释部分框图）的从属进程，在 FTP 客户与服务器端口号 21 之间建立一个**控制连接**，用来传送客户端的命令和服务器端的响应，该连接一直保持到 C/S 通信完成为止。当客户端发出数据传输命令时，服务器（端口号为 20）主动与客户建立一条**数据连接**，专门在该连接上传输数据。可见，FTP 使用了两个不同的端口号，确保并发、交互式的数据连接与控制连接的正常工作，使协议简单，易于实现。

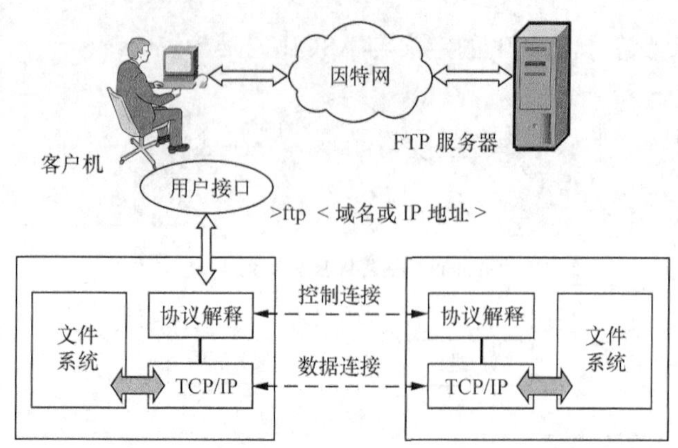

图 8-21　FTP 功能模块与连接

图 8-21 给出了 FTP 的功能模块和连接的示意图。由图 8-21 可知，用户接口为终端用户提供交互界面，接收用户发出的命令，负责将其转换成标准的 FTP 命令，并将控制连接上的 FTP 响应转换为用户可显示的格式。通信双方的协议解释器直接处理 FTP 的命令和响应。

【例 8-8】 举例列出客户机与服务器之间处理 FTP 命令与响应过程。例中的顺序号仅用来便于读者查看，实际处理过程中并不显示，所有过程均在操作系统命令提示符下进行交互，每一行的解释均以符号“；”开始。

[01] **ftp ftp.njupt.edu.cn**；用户要用 FTP 命令和远地主机（网络信息中心 NIC 上的主机）建立连接。

[02] connected to **ftp.njupt.edu.cn**；本地 FTP 发出的连接成功信息。

[03] 220 nic FTP server (Sunos 4.1) ready.；从远地服务器返回的信息，220 表示“服务就绪”。

[04] Name: **anonymous**；本地 FTP 提示用户键入名字。此例用户键入的名字为“匿名”。

[05] 331 Guest login ok，send ident as password.；数字 331 表示“用户名正确”，需要口令。

[06] Password: **xyz@ jsjxy.njupt.edu.cn**；本地 FTP 提示用户键入口令。用户这时可键入 guest 作为匿名的口令，也可以键入自己的电子邮件地址，例如南京邮电大学计算机学院（jsjxy）的主机上的 xyz。

[07] 230 Guest login ok，access restrictions apply.；数字 230 表示用户已经注册完毕。

[08] ftp> **cd rfc**；“ftp>”是 FTP 的提示信息。用户键入的是将目录改变为包含 RFC 文件的目录。

[09] 250 CWD command successful.；字符 CWD：Change Working Directory 是 FTP 的标准命令。

[10] ftp> **get rfc959.txt ftp-file**；用户要求将名为 rfc959.txt 的文件复制到本地主机上，并改名为 ftp-file

[11] 200 PORT command successful.；字符 PORT 是 FTP 的标准命令，表示要建立数据连接。200 表示“命令正确”。

[12] 150 ASCII data connection for rfc959.txt
(128.36.12.27,1401) (4318 bytes).；数字 150 表示“文件状态正确，即将建立数据连接”。

[13] 226 ASCII Transfer complete.

local: ftp-file remote: rfc959.txt

4488 bytes received in 15 seconds (0.3 Kbytes/s).；数字 226 是“释放数据连接”。现在一个新的本地文件已产生。

[14] ftp> **quit**；用户键入退出命令。

[15] 221 Goodbye.；221 表明 FTP 工作结束。

2. 简单文件传送协议

简单文件传送协议（TFTP，Trivial File Transfer Protocol）的版本 2 是因特网的正式标准（RFC1350），它也使用 C/S 服务模式，但与 FTP 不同，使用 UDP 无连接数据报，所以 TFTP 需要有应用层的差错纠正措施。

TFTP 工作原理：在 TFTP 客户进程通过熟知端口（端口号为 69）向服务器进程发出读（或写）请求协议数据单元 PDU，TFTP 服务器进程则选择一个新的端口与 TFTP 客户进程通信。

TFTP 的主要特点如下。

（1）每次传送的数据 PDU 中数据字段不超出 512 字节。若文件长度正好是 512 字节的整数倍，在文件传送完毕后，需要另发一个无数据的数据 PDU；若文件长度不是 512 字节的整数倍，则最后传送的数据 PDU 的数据字段不足 512 字节，以此作为文件的结束标志。

（2）数据 PDU 形成一个文件块，每块按序编号，从 1 开始计量。TFTP 的工作流程执行停-等协议，采用确认重发机制：当发完一文件块后应等待对方的确认，确认时应指明所确认的块编号。若发完块后，在规定时间内收不到确认，则重发文件块。同样，若发送确认的一方，在规定时间内收不到下一个文件块，也应重发确认 PDU。

（3）TFTP 只支持文件传输，对文件的读或写支持 ASCII 码或二进制传送，但不支持交互方式。

（4）TFTP 使用简单的首部，没有庞大的命令集，不能列目录，也不具备用户身份鉴别功能。

8.3.4 引导程序协议与动态主机配置协议

1. 引导程序协议

引导程序协议（BOOTP，BOOTstrap Protocol）目前还只是因特网的草案标准，其更新版本（RFC2132）在 1997 年发布。BOOTP 使用 UDP 为无盘工作站提供自动获取配置信息服务。

BOOTP 使用 C/S 服务模式。为了获取配置信息，协议软件广播一个 BOOTP 请求报文，使用全 1 广播地址作为目的地址，而全 0 作为源地址。收到请求报文的 BOOTP 服务器查找该计算机的各项配置信息（如 IP 地址，子网掩码，默认路由器的 IP 地址，域名服务器的 IP 地址）后，将其放入一个 BOOTP 响应报文，可以采用广播方式回送给提出请求的计算机，或使用收到广播帧上的硬件地址（网卡地址）进行单播。

BOOTP 是一个静态配置协议。当 BOOTP 服务器收到某主机的请求时，就在其数据库中查找该主机已确定的地址绑定信息。一旦当主机移动到其他网络时，则 BOOTP 不能提供服务，除非管理员人工添加或修改数据库信息。

2．动态主机配置协议

动态主机配置协议（DHCP，Dynamic Host Configuration Protocol）是与 BOOTP 兼容的协议，所用的报文格式相似（参阅 RFC2131，2132），但比 BOOTP 更先进，提供动态配置机制，也称即插即用连网（Plug-and-Play networking）。

DHCP 允许一台计算机加入新网可自动获取 IP 地址，不用人工参与。DHCP 对运行客户软件和服务器软件的计算机都适用。DHCP 对运行服务器软件而位置固定的计算机将设一个永久地址；对运行客户软件的计算机移动到新网时，可自动获取配置信息。

DHCP 使用 C/S 服务模式。当某主机需要 IP 地址，启动时向 DHCP 服务器发送广播报文（目的 IP 地址为全 1，源 IP 地址置全 0），命名为广播发现报文（DHCPDISCOVER），主机成为 DHCP 客户。在本地网络的所有主机均能收到该广播发现报文，唯有 DHCP 服务器对此报文予以响应。DHCP 服务器先在其数据库中查找该计算机配置信息，若找到，则采用提供报文（DHCPOFFER）将其回送到主机；若找不到，则从服务器的 IP 地址池中任选一个 IP 地址分配给主机。

如何避免在每个网络上都设置 1 台 DHCP 服务器，方法是设置 1 台 DHCP 中继代理（relay agent），该代理存有 DHCP 服务器的 IP 地址信息。当 DHCP 中继代理收到任何一台计算机发送的广播发现报文后，就以单播形式向 DHCP 服务器转发，并等待回答。在收到 DHCP 服务器的提供报文后，DHCP 中继代理再转发给主机。

目前，计算机上安装 Windows XP 或 Win7 操作系统后，点击“开始”→“设置”→“控制面板”→“网络连接”图标，就可添加 TCP/IP 协议。点击“属性”按钮，在 IP 地址一项提供两种可选方法。

（1）指定 IP 地址：配置 IP 地址、子网掩码、默认路由器的 IP 地址和域名服务器的 IP 地址。

（2）自动获取 IP 地址：使用 DHCP 协议。目前无线校园网，家庭网络选用了 DHCP 协议。

8.3.5 电子邮件系统与 SMTP

电子邮件（E-mail，也称电子函件）是因特网上最成功的应用之一。电子邮件不仅使用方便，而且传递迅速和费用低廉。在因特网上，电子邮件系统不仅支持传送文字信息，而且还可通过附件传送声音、图片、视频文件，使用电子邮件提高了劳动生产效率，促进信息社会的发展。

随着网络技术的发展，1982 年制定了 ARPANET 上的电子邮件标准（RFC821），即简化邮件传送协议（SMTP，Simple Mail Transfer Protocol）和因特网文本报文格式（RFC 822）。1984 年，原 CCITT（现改名为 ITU-T）制定了报文处理系统（MHS，Message Hand System），命名为 X.400 建议。随后 ISO 在 OSI-RM 中给出了面向报文的电文交换系统（MOTIF，Message Oriented Text Interchange System）的标准，1988 年，原 CCITT 参考 MOTIF 修改了 X.400 建议，进而推出了 X.435 建议电子数据交换（EDI，Electronic Data Interchange）。

由于因特网的 SMTP 只能传送可打印的 7 位 ASCII 码邮件，1993 年又给出了通用因特网邮件扩展（MIME，Multipurpose Internet Mail Extensions），于 1996 年修改后成为因特网的草案标准（RFC 2045～2049）。

1. 电子邮件系统的组成

电子邮件系统基本由 3 个组件构成，如图 8-22 所示。图中列出了用户代理（UA，User Agent）、邮件服务器以及电子邮件所用协议，如 SMTP、POP3、IMAP4 和 MIME。

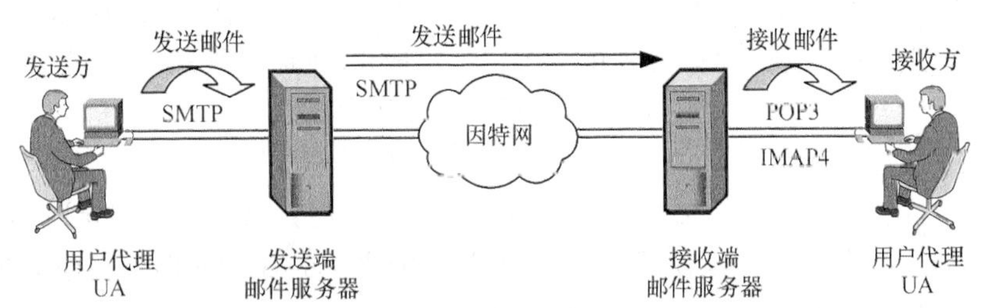

图 8-22　电子邮件系统的组成

（1）用户代理。用户代理（UA，User Agent）是用户与电子邮件系统的接口。每台计算机必须安装相应的程序，在 Windows 平台上有微软公司的 Outlook Express 或 Foxmail（张小龙创作）以及 Eudora，Pipeline 等；在 UNIX 平台上有 mail，elm，pine 等。UA 使用户能通过友好的界面来发送和接收邮件，目前提供了更为直观的窗口界面，便于操作。

用户代理的基本功能包括：

① 撰写，为用户提供编辑信件的环境。

② 显示，能方便地在计算机屏幕上显示来信以及附件内容。

③ 处理，包括收、发邮件。允许收信人能按不同方式处理信件，如阅读后存盘、转发、打印、回复、删除等，以及自建目录分类保存，对垃圾（spam）邮件可拒绝阅读。

（2）邮件服务器。邮件服务器是电子邮件系统的关键组件，因特网上的各 ISP 都设有邮件服务器，其功能就是收发邮件，并可按用户要求报告邮件传送状况（如已交付、或被拒绝等）。

邮件服务器使用 C/S 服务模式。一个邮件服务器既可作客户，也可作服务器，图 8-21 中发送端邮件服务器在向接收端邮件服务器发送邮件时，发送端邮件服务器作为 SMTP 客户，而接收端邮件服务器是 SMTP 服务器。

（3）电子邮件所用的协议。目前，普遍使用的**电子邮件协议：SMTP**、**POP3**、**IMAP4** 以及 **MIME** 等。

参阅图 8-22 给出的下列电子邮件的发送和接收过程。

（1）发信人调用 UA，编辑待发邮件。UA 采用 SMTP，按面向连接的 TCP 方式将邮件传送到发送端邮件服务器。

（2）发送端邮件服务器先将邮件存入缓冲队列，等待转发。

（3）发送端邮件服务器的 SMTP 客户进程发现缓存的待发邮件，向接收端邮件服务器的 SMTP 服务器进程发起 TCP 连接请求。

（4）当 TCP 连接建立后，SMTP 客户进程可向接收方 SMTP 服务器进程连续发送，发完所存邮件，即释放所建立的 TCP 连接。

（5）接收方 SMTP 服务器进程将收到的邮件放入各收信人的用户邮箱（mail-box），等待收件人读取。

（6）收件人可随时调用用户代理，使用 POP3 或 IMAP4 查看接收端邮件服务器的用户邮箱，若有邮件，则可阅读或取回。

2．简化电子邮件协议 SMTP

简化电子邮件协议（SMTP）规定了两个相互通信的 SMTP 进程应如何交换信息。共设 14 条命令和 21 种应答信息。每条命令由 4 个字母组成，而每种应答信息通常只有一行信息。由 3 位数字的代码开始，后附（也可不附）简单的文字说明。

现通过 SMTP 通信的 3 个阶段介绍部分命令与响应信息。

（1）连接建立。发信人将待发邮件放入邮件缓存，SMTP 客户每隔一定时间对邮件缓存扫描一次。如果有待发邮件，则使用端口号 25 与目的主机的 SMTP 服务器建立 TCP 连接。在连接建立后，SMTP 服务器发出服务就绪（**220 Service Ready**）。接着，SMTP 客户向 SMTP 邮件服务器发送 **HELLO 命令**，附上发方主机名。若 SMTP 邮件服务器有能力接收邮件，则回送“**250 OK**”，表示接收就绪。当 SMTP 邮件服务器不可用，则回送服务暂不可用“**421 Service not available** ”。

特别指出，TCP 连接总是在发送端和接收端两个邮件服务器之间直接建立。SMTP 不使用中间的邮件服务器。

（2）邮件传送。邮件传送从 **MAIL 命令**开始，MAIL 命令后随发信人邮件地址，如 MAIL FROM：jsjxy@njupt.edu.cn。当 SMTP 服务器已准备好接收邮件，则回答“220 OK”；不然，回送一个代码指明原因，例如，451（处理时出错），452（存储空间不够），500（命令无法识别）等。

接着发送一个或多个 **RCPT 命令**，取决于同一邮件发送一个或多个收信人，其作用确认接收端系统能否接收邮件。格式为 RCPT TO：<收信人地址>。每发一个 RCPT 命令，应从 SMTP 服务器返回相应信息，如“250 OK”表示接收端邮箱有效，或“550 No such user here”则说明无此邮箱。

下面发送 **DATA 命令**，表示要开始传送邮件的内容。SMTP 邮件服务器返回的信息：“354 Start mail input；end with <CRLF>.<CRLF>”。接着 SMTP 客户发送邮件的内容。发送完毕，按要求发送两个<CRLF>表示邮件结束，<CRLF>表示回车换行，注意在两个<CRLF>之间用一个点隔开。SMTP 服务器若收到邮件正确，则返回“250 OK”，否则，回送出错代码。

（3）连接释放。邮件内容发完后，SMTP 客户应发送 **QUIT 命令**，SMTP 服务器返回信息“221（服务关闭）”，表示 SMTP 同意释放 TCP 连接。

由于电子邮件系统的 UA 屏蔽了上述 SMTP 客户与 SMTP 服务器的交互过程，因此，电子邮件用户是看不到这些过程的。

3．POP3 和 IMAP4

邮局协议第 3 版本（POP3，Post Office Protocol v3）和因特网报文存取协议第 4 版本（IMAP4，Internet Message Access Protocol v4）是两个常用的邮件读取协议，但两者有不同之处。

POP3 是邮局协议第 3 版（RFC 1939），已成为因特网的正式标准。它使用 C/S 服务模式。在接收邮件的用户 PC 机上必须运行 POP3 客户程序，而在用户所连接的 ISP 邮件服务器中则运行 POP3 服务器程序，同时还运行 SMTP 服务器程序。

POP3 服务器在鉴别用户输入的用户名和口令有效后才可读取邮箱中邮件，POP3 协议的特点就是只要用户从 POP3 服务器读取了邮件，POP3 服务器就将该邮件删除。因此，使用 POP3 协议读取的邮件应立即将邮件复制到自己的电脑中。

IMAP4（RFC 2060）是 1996 年的第 4 新版，目前只是因特网的建议标准。在使用 IMAP4 时，IPS 邮件服务器的 IMAP4 服务器保存着收到的邮件，用户在 PC 机上运行 IMAP4 的客户程序，与 IPS 邮件服务器的 IMAP4 服务器程序建立 TCP 连接。

IMAP4 是一个联机协议，用户在 PC 机上可操控 IPS 邮件服务器的邮箱。当用户在 PC 机上的 IMAP4 的客户程序打开 IMAP4 服务器的邮箱时，用户可看到邮件的首部。当用户要打开指定的邮件，该邮件才传到 PC 机上。在用户未发出删除命令前，IMAP4 服务器邮箱中的邮件一直保存着，可节省 PC 机上硬盘的存储空间。

4．MIME

RFC822 文档定义了邮件内容的主体结构和各种邮件头字段的详细细节，但是，它没有定义邮件体的格式，RFC822 文档定义的邮件体部分通常都只能用于表述可打印的 ASCII 码文本，而无法表达出图片、声音等二进制数据。另外，SMTP 服务器在接收邮件内容时，当接收到只有一个“.”字符的单独行时，就会认为邮件内容已经结束，如果一封邮件正文中正好有内容仅为一个“.”字符的单独行，SMTP 服务器就会丢弃掉该行后面的内容，从而导致信息丢失。

由于因特网的迅速发展，人们已不满足于电子邮件仅仅是用来交换文本信息，而希望使用电子邮件来交换更为丰富多彩的多媒体信息，例如，在邮件中嵌入图片、声音、动画和附件。所以，Nathan Borenstein 向 IETF 提出的通用因特网邮件扩展（MIME，Multipurpose Internet Mail Extensions）在 1996 年成为因特网的草案标准，解决了这类问题。

图 8-23 给出了 MIME 与 SMTP 之间的关系。当使用 RFC822 邮件格式发送非 ASCII 码的二进制数据时，必须先采用某种编码方式将其“编码”成可打印的 ASCII 码字符后，再作为 RFC822 邮件格式的内容。若邮件读取程序在读到这种经过编码处理的邮件内容后，再按照相应的解码方式解码出原始的二进制数据。

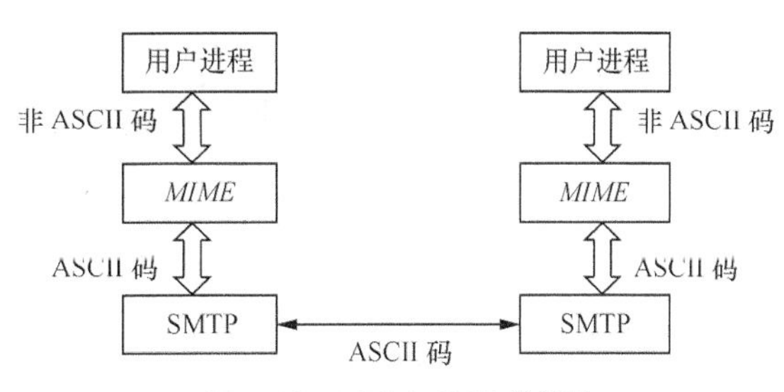

图 8-23 MIME 与 SMTP 的关系

可见，在图 8-23 中，MIME 需要解决两个技术问题：

（1）邮件读取程序如何发现邮件中嵌入的原始二进制数据所采用的编码方式；

（2）邮件读取程序如何找到所嵌入的图像或其他资源在整个邮件内容中的起止位置。

MIME 不是对因特网文本报文格式（RFC822）的升级和替代，而是一种扩展。RFC822 定义了邮件内容的格式和邮件首部字段的详细细节，而 MIME 则定义了如何在邮件体部分表达出多样的数据内容，包括多段平行的文本内容，可执行文件以及其他的二进制对象，以及传送非英语系文字，例如，在邮件体中内嵌的图像和视频附件等。另外，也可以避免邮件内容在传输过程中发生信息丢失。

（1）MIME 标准的邮件首部字段。MIME 标准在 RFC822 原有邮件格式的基础上扩展了一些 MIME 专用的邮件首部字段，例如：

① MIME-Version：指定 MIME 的版本，现为 MIME-Version：1.0。

② Content-Type：指定邮件体的 MIME 内容类型。

③ Content-Transfer-Encoding：指定编码方法。

④ Content-Disposition：指定邮件读取程序处理数据内容的方式。

⑤ Content-ID：用于为内嵌资源指定一个唯一标识号。

⑥ Content-Location：用于为内嵌资源设置一个 URL 地址。

⑦ Content-Base：用于为内嵌资源设置一个基准路径。

鉴于篇幅有限，这里仅介绍内容类型 Content-Type，内容传送编码的基本方法，详细内容参照 RFC 2045-2049。

（2）内容类型。MIME 标准规定了内容类型 **Content-Type**，必须具有使用内容的“类型（type）和子类型（subtype）”加以说明，中间用“/”分开。表 8-7 列出了 MIME 标准定义了部分类型和子类型，并给出了简要的含义。

表 8-7　MIME 标准定义的类型/子类型及其含义

类　型	子 类 型	含　义
Text（正文）	plain	无格式文本
	richtext	允许报文体中出现简单基于 SGML 的标志语言
Image（图像）	gif	GIF 格式静止图像
	jpeg	JPEG 格式静止图像
Audio（音频）	basic	可听声音
Video（视频）	mpeg	MPEG 格式活动图像或影片
Application（应用）	octet-stream	用户代理收到该类型的报文时先将其复制到一个文件中去，文件名可由用户决定，然后处理
	postscript	接收方只要执行其中的附录程序就可显示到来报文
Message（报文）	rfc822	MIME RFC 822 邮件
	partial	将邮件分开传送
	external-body	邮件从网上获取
Multipart（组合）	mixed	表示报文体中的内容是混和组合类型，内容可以是文本、声音和附件等不同邮件内容的混和体
	related	表示报文体中的内容是关联（依赖）组合类型
	alternative	表示报文体中的内容是选择组合类型
	digest	每一部分是完整的 RFC 822 邮件

一封最复杂的电子邮件可含有邮件正文和邮件附件，邮件正文又可同时使用普通文本格式和 HTML 格式表示，并且 HTML 格式的正文中又引用了其他的内嵌资源。对于这种最复杂的电子邮件，可由图 8-24 所示的 MIME 组合消息结构进行描述。

从图 8-24 中可见，若要在邮件中添加附件，就必须将整封邮件的 MIME 类型定义为 multipart/mixed；如果要在 HTML 格式的正文中引用内嵌资源，那应定义 multipart/related 类型的 MIME 消息；如果普通文本内容与 HTML 文本内容共存，那就要定义 multipart/alternative 类型的 MIME 消息。

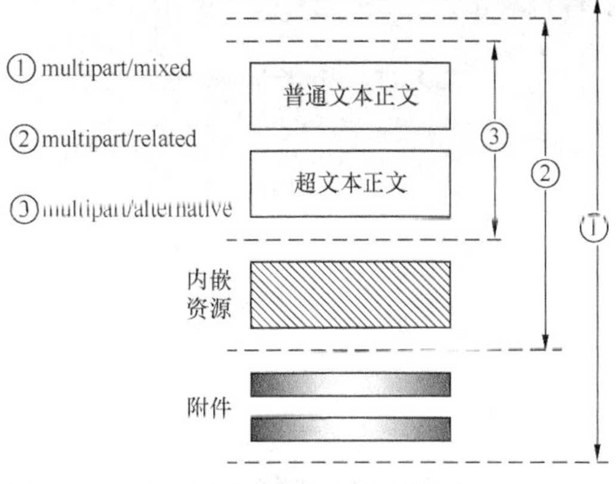

图 8-24 MIME 组合消息结构

multipart 类型用于表示 MIME 组合消息，它是 MIME 标准中最重要的一种类型。一封 MIME 邮件中的 MIME 消息可以有 3 种组合关系：混合、关联和选择，它们对应 MIME 类型如下。

① **multipart/mixed**：表示邮件体中的内容是混和组合类型，内容可以是文本、声音和附件等不同邮件内容的混和体。例如图 8-24 中的整封邮件的 MIME 类型就必须定义为 multipart/mixed。

② **multipart/related**：表示邮件体中的内容是关联（依赖）组合类型，例如图 8-24 中的邮件正文要使用 HTML 代码引用内嵌的图片资源，它们组合成的 MIME 邮件的 MIME 类型就应定义为 multipart/related，表示其中某些资源（HTML 代码）要引用（依赖）另外的资源（图像数据），引用资源与被引用的资源必须组合成 multipart/related 类型的 MIME 组合邮件。

③ **multipart/alternative**：表示邮件体中的内容是选择组合类型，例如一封邮件的邮件正文同时采用 HTML 格式和普通文本格式进行表达时，就可以将它们嵌套在一个 multipart/alternative 类型的 MIME 组合邮件中，这种做法的好处在于如果邮件阅读程序不支持 HTML 格式时，可以采用其中的文本格式进行替代。

在 Content-type 头字段中除了可以定义消息体的 MIME 类型外，还可以在 MIME 类型后面包含相应的属性，属性以“属性名=属性值”的形式出现，属性与 MIME 类型之间采用分号（;）分隔，如下所示：

```
Content-Type:multipart/mixed;boundary="----=ABCD"
```

常用的属性如表 8-8 所示。

表 8-8 常用的属性

类　型	属 性 名	说　明
Text	charset	用来说明文本内容的字符集编码
Image	name	用来说明图片文件的文件名
Application	name	用来说明应用程序的文件名
Multipart	boundary	用来说明 MIME 消息之间的分割符

表中“multipart/mixed”部分说明邮件体中包含有多段数据，每段数据之间使用 boundary 属性中指定的字符文本作为分隔标识符。

下面举例说明如何查看一份 MIME 电子邮件的源内容：在 Outlook Express 的收件箱，用鼠标选中收件箱内的一封邮件（来自 Microsoft Outlook Express 开发组），单击鼠标右键，然后单击弹出菜单中的“属性”菜单项，如图 8-25（a）所示。在打开的属性对话框中，单击

“详细信息”标签，如图 8-25（b）所示，然后单击“邮件来源”按钮，就可以看到邮件的源文件内容了，如图 8-25（c）所示。

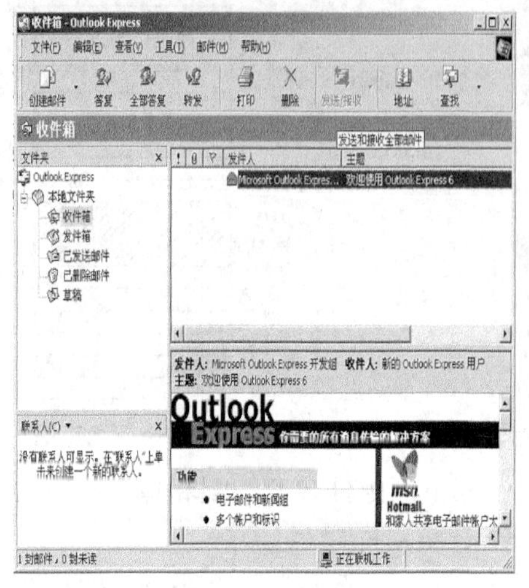

（a）Outlook Express 的收件箱

```
欢迎使用 Outlook Express 6
常规  详细信息
该邮件的 Internet 邮件标头:
From: =?gb2312?B?TWljcm9zb2Z0IE91dGxvb2sgRXhwcmVzc
To: =?gb2312?B?0MK1xCBPdXRsb29rIEV4cHJlc3Mg0807pw=
Subject: =?gb2312?B?u7bTrcq508MgT3V0bG9vayBFeHByZX
Date: Tue, 14 Oct 2008 13:09:30 +0800
MIME-Version: 1.0
Content-Type: text/html;
        charset="gb2312"
Content-Transfer-Encoding: quoted-printable
X-MimeOLE: Produced By Microsoft MimeOLE V6.00.280
邮件来源(M)...
确定  取消
```

（b）单击“详细信息”标签后界面

```
邮件来源
From: =?gb2312?B?TWljcm9zb2Z0IE91dGxvb2sgRXhwcmVzcyC/qreil+k=?= <msoe@microsoft.com>
To: =?gb2312?B?0MK1xCBPdXRsb29rIEV4cHJlc3Mg0807pw==?=
Subject: =?gb2312?B?u7bTrcq508MgT3V0bG9vayBFeHByZXNzIDY=?=
Date: Tue, 14 Oct 2008 13:09:30 +0800
MIME-Version: 1.0
Content-Type: text/html;
      charset="gb2312"
Content-Transfer-Encoding: quoted-printable
X-MimeOLE: Produced By Microsoft MimeOLE V6.00.2800.1933

<HTML>
<HEAD>
<META HTTP-EQUIV=3D"Content-Type" CONTENT=3D"text/html; =
charset=3Dgb2312">
<STYLE>
font {font-family:"=CB=CE=CC=E5";font-size:9pt;color:#000000}
```

（c）邮件的源文件内容

图 8-25　显示一封 MIME 邮件的源内容

MIME 邮件扩展了 RFC822 文档中已经定义了的邮件首部字段的内涵，例如，定义了邮件主题首部字段中内容值的格式，以便通过编码的方式让 subject 中也可以使用非 ASCII 码的字符。subject 首部字段中的值嵌套在一对“=？ ”和“？ =”标记符之间，标记符之间的内容由 3 部分组成：邮件主题的原始内容的字符集、当前采用的编码方式和编码后的结果，这 3 部分之间使用“？ ”进行分隔。

下面是一个对包含有非 ASCII 码字符的邮件主题进行了编码后的结果：

```
Subject: =?gb2312?B?u7bTrcq508MgT3V0bG9vayBFeHByZXNzIDY=?=
```

其中，“gb2312”部分说明邮件主题的原始内容为 gb2312 编码的字符文本，“B”部分说明对邮件主题的原始内容按照 BASE64 方式进行了编码，

“u7bTrcq508MgT3V0bG9vayBFeHByZXNzIDY=”为对邮件主题的原始内容“欢迎使用 Outlook Express 6”进行了 BASE64 编码后的结果。

（3）内容传送编码。MIME 邮件可以传送图像、声音、视频以及附件，这些非 ASCII 码的数据都是通过一定的编码规则进行转换后附着在邮件中进行传递的。编码方式存储在邮件的**内容传送编码**（Content-Transfer-Encoding）域中，一封邮件中可能有多个 Content-Transfer-Encoding 域，分别对应邮件不同部分内容的编码方式。

目前 MIME 邮件中的数据编码普遍采用 Base64 编码或 Quoted- printable 编码来实现。

① **Base64 编码**：Base64 编码方法是将输入的二进制代码分成一个个 24bit 长的单元，并将每个单元划分为 4 组（每组 6bit）。6bit 的二进制代码共有 64 个值，从 0 到 63，分别对应 'A'～'Z'，'a'～'z'，'0'～'9'，'+'，'/'。每 24bit 的数据内容会被转换成 4 个对应的 ASCII 码字符，当转换到数据末尾不足 24bit 时，则用“=”来填充。回车和换行都忽略。

例如：现输入的二进制代码为 00001000 01110010 11111110。分成 4 组 6bit，则得 000010 000111 001011 111110，算出对应的 base64 编码为 CHN+。再将其 ASCII 编码发送，即 01000011 01001000 01001110 00101011。因此，base64 编码的开销为 25%。

② **Quoted-printable 编码**：Quoted-printable 编码方法也是将输入的信息转换成可打印的 ASCII 码字符。但它是根据信息的内容来决定是否进行编码，如果读入的字节是可直接打印的 ASCII 字符，位于十进制数 33～60、62～126 范围内的，则不要转换直接输出；若不是（如不可打印的 ASCII 字符、非 ASCII 码以及特定的等号“=”），则将该字节的二进制机内码分为两个 4bit，每个用 1 个十六进制数字来表示，然后在前面加“=”，这样每个需要编码的字节会被转换成 3 个字符来表示。

例如：汉字“南京” 的二进制机内码是：11000100 11001111 10111110 10101001，对应的十六进制码是：C4 CF BE A9，则 Quoted-printable 编码的结果是=C4=CF=BE=A9，都属于可打印的 ASCII 字符，但其编码开销达 200%。

如果输入的信息出现等号“=”，则它的 Quoted-printable 编码应为“=3D”。

8.3.6 万维网与 HTTP

1990 年，物理学家蒂姆·伯纳斯·李（Tim Berners Lee）在当时的 Nextstep 网络服务系统上开发出世界上第一个网络服务器和第一个客户端浏览器程序，后人称为万维网（www，Would Wide Web），至今已成为因特网中最受瞩目的一种多媒体超文本（hypertext）信息服务系统。它基于客户/服务器模式，整个系统是由浏览器（Browser）、Web 服务器和超文本传输协议（HTTP，Hyper Text Transfer Protocol）3 部分组成。

HTTP 是一个应用层协议，使用 TCP 连接为分布式超媒体（hypermedia）信息系统提供可靠传送。在 Web 服务器上，以网页或主页（Home Page）的形式来发布多媒体信息。网页设计师可用一个超链从本页面的某处链接到因特网上的任何一个其他页面，并使用搜索引擎方便地查找信息。在客户端，选用各类浏览器，使用统一资源定位符（URL，Uniform Resource Locator）来标志 www 上的各种文档，使其在因特网中具有唯一的标识符。

现已有许多工具软件，如 FrontPage、Office 97/2000/XP 的 Word、PowerPoint 等均可方便地编写静态主页。但利用微软推出的活动服务器页面（ASP，Active Server Pages），通过创建服务器端脚本可实现动态交互式 Web 页面和应用程序。ASP 脚本可与 HTML 语言、Java Applet（小程序）混合在一起书写。此外，还可用 PHP 来创建有效的动态 Web 页面，嵌入 Flash 动画。若在网页上采用 Macromedia 公司的 Flash5.0、Fireworks 和 Dreamweaver 组合工具，更能设计出梦幻实景般的网页动画（这部分内容本书不介绍）。

1. 超文本传送协议

超文本传送协议（HTTP）作为应用层协议，其本身是无连接的，但使用了面向连接的TCP提供的服务，确保可靠地交换多媒体文件。HTTP有多个版本，RFC1945定义的HTTP1.0是无状态的，目前使用的1999年给出的HTTP1.1（RFC 2616）是因特网草案标准，SHTTP是一个含安全规范的HTTP协议。

HTTP是面向事务的客户服务器协议，从HTTP的角度来看，万维网的浏览器是一个HTTP的客户，万维网服务器也称Web服务器。

（1）万维网的工作原理。万维网的工作原理如图8-26所示。万维网上每个网站都设有Web服务器，它的服务器进程不断地监测TCP的端口80，随时准备接收浏览器（客户进程）发出的连接建立请求。

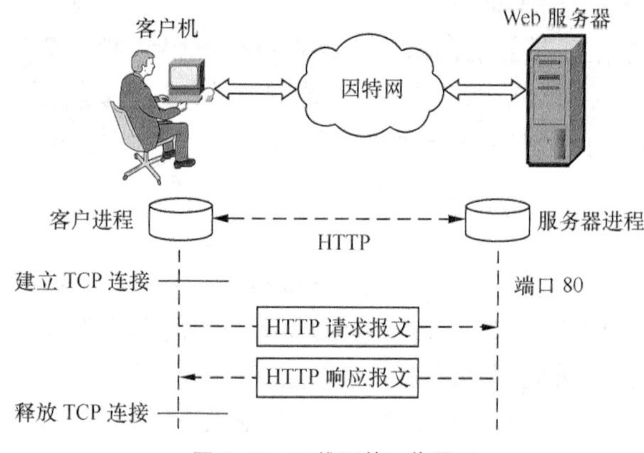

图8-26 万维网的工作原理

用户通过浏览器页面的URL窗口键入网站域名或IP地址，也可用鼠标直接点击页面上的任一可选部分。一旦监测到连接建立请求并建立了 TCP 连接之后，浏览器向服务器发出HTTP请求报文，随后服务器返回HTTP响应报文，接着释放TCP连接。图8-27给出了网上拦截的HTTP的请求报文（第4行阴影）和响应报文（第5行）。

[172.16.9.3]	[218.2.103.166]	TCP: D=80 S=2938 SYN SEQ=123615511 LEN=0 WIN
[218.2.103.166]	[172.16.9.3]	TCP: D=2938 S=80 SYN ACK=123615512 SEQ=35498
[172.16.9.3]	[218.2.103.166]	TCP: D=80 S=2938 ACK=3549805670 WIN=1656
[172.16.9.3]	[218.2.103.166]	HTTP: C Port=2938 GET / HTTP/1.1
[218.2.103.166]	[172.16.9.3]	HTTP: R Port=2938 HTML Data
[218.2.103.166]	[172.16.9.3]	TCP: D=2938 S=80 FIN ACK=123615890 SEQ=35498
[172.16.9.3]	[218.2.103.166]	TCP: D=80 S=2938 ACK=3549805882 WIN=1634
[172.16.9.3]	[218.2.103.166]	TCP: D=80 S=2938 FIN ACK=3549805882 SEQ=1236
[218.2.103.166]	[172.16.9.3]	TCP: D=2938 S=80 ACK=123615891 WIN=65535

图8-27 HTTP请求/响应报文

HTTP规定在客户端与服务器之间的每次交互包括1个ASCII码串组成的请求报文和1个“类MIME”的响应报文，相关的报文格式与交互规则就是HTTP协议。

（2）HTTP的报文格式。如前所述，HTTP的报文分为两种，即HTTP请求报文和HTTP响应报文，其报文格式如图8-28所示，每个报文含3部分：开始行、首部行和实体部分。由图8-28可见，两种报文格式在开始行的定义上有所不同，HTTP请求报文的开始行命名为请求行，而 HTTP 响应报文中称为状态行。在开始行定义的 3 字段间设一空格分开，以 CRLF（回车-换行）表示结束。首部行用来指示浏览器、服务器或报文内容的一些信息。允许有多行首部，每个首部行设首部字段名和它的值，同样以 CRLF 表示结束。另用一个空行 CRLF 将首部行与实体部分分开。实体部分在请求报文中通常不用，在响应报文中也可没有该字段。

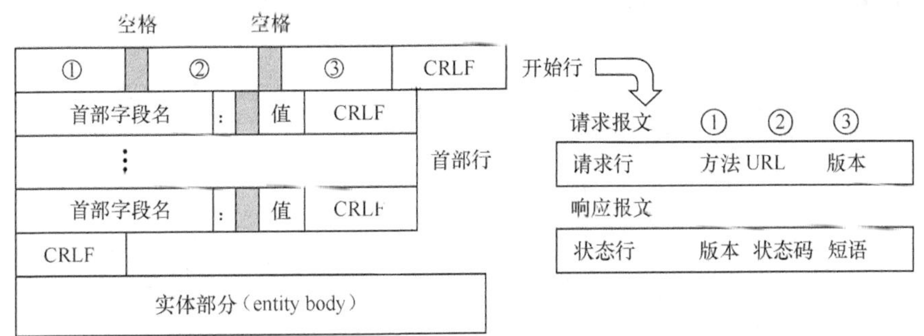

图 8-28 HTTP 报文格式

图 8-27 中第 4 行（阴影行）显示的一个 HTTP 请求报文的示例，经过解码可求得图 8-29 所示程序。

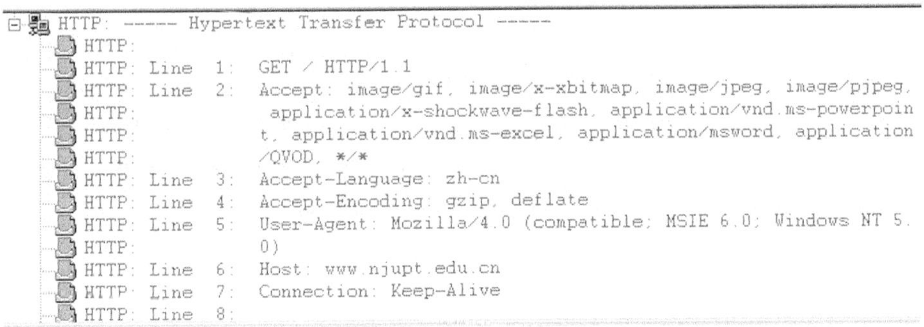

```
HTTP: ----- Hypertext Transfer Protocol -----
HTTP:
HTTP: Line  1:  GET / HTTP/1.1
HTTP: Line  2:  Accept: image/gif, image/x-xbitmap, image/jpeg, image/pjpeg,
HTTP:            application/x-shockwave-flash, application/vnd.ms-powerpoin
HTTP:           t, application/vnd.ms-excel, application/msword, application
HTTP:           /QVOD, */*
HTTP: Line  3:  Accept-Language: zh-cn
HTTP: Line  4:  Accept-Encoding: gzip, deflate
HTTP: Line  5:  User-Agent: Mozilla/4.0 (compatible; MSIE 6.0; Windows NT 5.
HTTP:           0)
HTTP: Line  6:  Host: www.njupt.edu.cn
HTTP: Line  7:  Connection: Keep-Alive
HTTP: Line  8:
```

图 8-29 HTTP 请求报文示例

这段程序使用了 8 行：第 1 行为请求行，第 2～7 行为首部行，第 8 行为空行，表示首部行结束，事实上此例中没有实体部分。下面给予简单的解释。

① HTTP 请求行："GET/HTTP/1.1" 作为请求行，GET 是方法，表示请求若干选项信息。使用相对的 URL，省略主机的域名。版本为 HTTP/1.1。

② Accept：指浏览器或其他客户可以接受的 MIME 文件格式。服务器 Servlet 可以根据它判断并返回适当的文件格式。

③ Accept-Language：指出浏览器可以接受的语言种类。zh-cn 是中文，而 en 或 en-us，表示英语。

④ Accept-Encoding：指出浏览器可以接受的编码方式。编码方式不同于文件格式，它是为了压缩文件并加速文件传递速度。浏览器在接收到 Web 响应之后先解码，然后再检查文件格式。

⑤ User-Agent：客户浏览器名称为 Mozilla/4.0。

⑥ Host：对应网址 URL 中的 Web 名称和端口号。例中列出的域名地址是南京邮电大学

的主页。

⑦ Connection：用来告诉服务器是否可以维持固定的 HTTP 连接。HTTP/1.1 使用 Keep-Alive 为默认值，这样，当浏览器需要多个文件时（如一个 HTML 文件和相关的图形文件），不需要每次都建立连接。若使用 close，则表示发完报文后就释放 TCP 连接。

当 HTTP 请求报文发出后，服务器将给出响应报文，如图 8-30 所示。

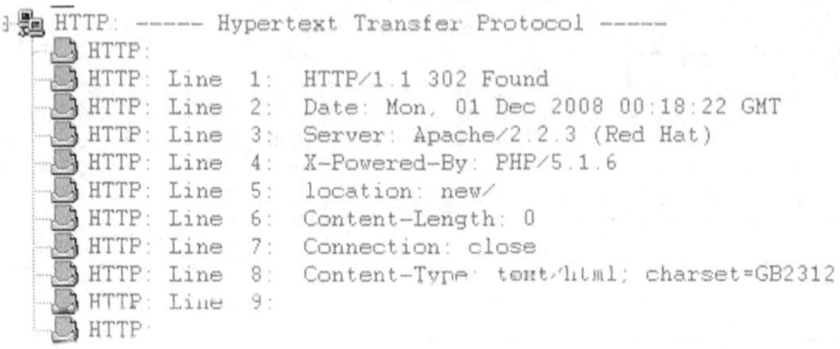

```
HTTP: ----- Hypertext Transfer Protocol -----
  HTTP:
  HTTP: Line  1:  HTTP/1.1 302 Found
  HTTP: Line  2:  Date: Mon, 01 Dec 2008 00:18:22 GMT
  HTTP: Line  3:  Server: Apache/2.2.3 (Red Hat)
  HTTP: Line  4:  X-Powered-By: PHP/5.1.6
  HTTP: Line  5:  location: new/
  HTTP: Line  6:  Content-Length: 0
  HTTP: Line  7:  Connection: close
  HTTP: Line  8:  Content-Type: text/html; charset=GB2312
  HTTP: Line  9:
  HTTP:
```

图 8-30　HTTP 响应报文示例

通常，第 1 行为状态行，列出版本、状态码和解释状态码的短语。状态码为 3 位数字，分为 5 大类 33 种。如 1xx 表示通知信息，2xx 表示成功，3xx 表示重定向，4xx 表示客户的差错，5xx 表示服务器的差错。

图 8-30 中 HTTP/1.1 302 Found 表示已发现，后续的行是首部行（header line）；最后是内容（此例不存在），通常是一幅图像或一个网页。在首部行中：Date 表示服务器产生并发送响应报文的日期和时间；Server 表明该报文是由一个 Apache/.2.2.3 Web 服务器产生的，类似于请求报文中的 User-Agent 字段；X-Powered-By 表明是使用 PHP（版本）的动态网页；Content -Length 表明被发送对象的字节数；Content-Type 表明实体中的对象是 HTML 文本。

2. 超文本标记语言

（1）HTML 的基本格式。元素（element）是 HTML 文档结构的基本组成部分。一个文档本身就是一个元素。每个 HTML 文档包含两个部分：首部（head）和主体（body）。图 8-31 是用微软 Frontpage 编写后的 HTML 基本文档：

① 首部以标签<head>，</head>作为始/末，包含文档的标题（title），这里标题相当于文件名，用户可使用标题来搜索页面和管理文档，并以标签<title>，</title>作为始/末。

② 文档的主体（body）是 HTML 文档的信息内容。以标签<body>，</body>作为始/末。主体部分可分为若干小元素，如段落（paragraph）、表格（table）和列表（list）等。

图 8-31 中主体有两个段落，分别用标签<p>，</p>作为始/末，必须内嵌载主体内。由此可见，1 个 HTML 文档具有 3 个特殊意义的字符：

< 表示 1 个标签的开始（lt，less than，小于）；

> 表示 1 个标签的开始（gt，greater than，大于）；

& 表示转义序列的开始，以分号“；”结束（amp，

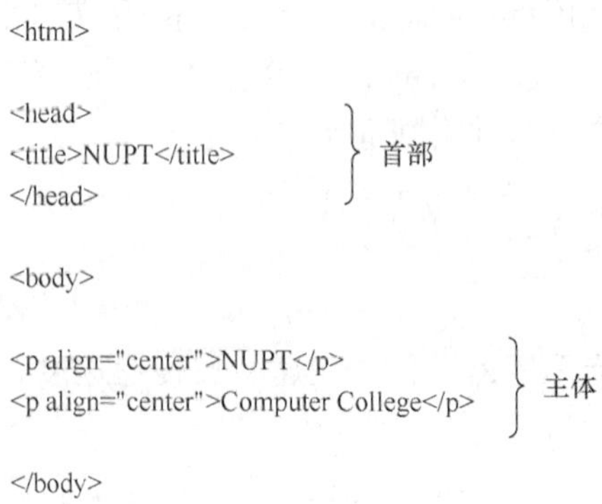

```
<html>

<head>
<title>NUPT</title>          } 首部
</head>

<body>

<p align="center">NUPT</p>
<p align="center">Computer College</p>   } 主体

</body>
```

图 8-31　HTML 文档基本格式

ampersand，转义符）。当文件中出现上述 3 个字符，则使用“&”加以转义为“<”，“>”，“&”。

在主体中可设标题，称为题头（heading）。题头标签<H*n*>，</H*n*>，其中 *n* 为题头的级别，共分 6 级，1 级是最高级。

在段落标签名后可附加属性，如 align=center 表示居中，align=right 表示右对齐，align=left 表示左对齐（默认属性）。

HTML 允许在网页上插入图像。标签<img>表示在当前位置嵌入一张内含图像，例如：<img border="0" src="file:///C: ER16-CS.jpg" width="132" height="248">的意思是插入 ER16-CS.jpg 图片，边框宽度为 0，图片的尺寸（宽×高）为 132×248 个像素，以文件形式存放在 C 盘根目录。

（2）页面的超链。超链（hyperlink）是指从一个网页指向一个目标的连接关系。这个目标可以是另一个网页，也可以是同一网页上的不同位置，还可以是一个图片，一个电子邮件地址，一个文件，甚至是一个应用程序。而在一个网页中用来超链接的对象，可以是一段文本或者是一个图片。万维网提供了分布式服务，没有超链也就没有万维网。

在 HTML 文档中建立一个超链的语法规定为：

```
<a href="url">X</a>
```

其中，超链的标签是<a>，</a>。字符 a 是 anchor（锚）的首字母，X 是超链的起点，而“url”表示超链的终点，即统一资源定位符，href 与锚 a 之间留一空格，href 是 **h**yper **ref**erence 的缩写，意思是“引用”。点击<a></a>当中的内容，即可打开一个链接文件，href 属性则表示这个链接文件的路径。例如链接到 admin.edu.cn/html 站点首页，就可以这样表示：

<a href="http://www.admin.edu.cn/html">站长网 站长学院 admin.edu.cn/html 首页</a>。

此外，如果使用 target 属性，可以在一个新窗口里打开链接文件。

例如，<a href="http://www.admin.edu.cn/html " target=_blank>站长网 站长学院 admin.edu.cn/html 首页</a>

如果使用 title 属性，可以让鼠标悬停在超链接上的时候，显示该超链接的文字注释。

例如，<a href="http://www.admin.edu.cn/html" title = "站长网 站长学院 网页制作的中文站点">站长网 站长学院网站</a> http://www.admin5.com/html

如果希望注释多行显示，可以使用
作为换行符。

例如，<a href="http://www.admin.edu.cn /html" title = "站长网 站长学院
网页制作的中文站点">站长网 站长学院网站</a>

如果使用 name 属性，可以跳转到一个文件的指定部位。使用 name 属性，要设置一对。一是设定 name 的名称，二是设定一个 href 指向这个 name：

例如，
```
<a href="#C1">参见第 1 章</a>
<a name="C1">第 1 章</a>
```

name 属性通常用于创建一个大文件的章节目录。每个章节都建立一个链接，放在文件的开始处，每个章节的开头都设置 Name 属性。当用户点击某个章节的链接时，这个章节的内容就显示在最上面。如果浏览器不能找到 Name 指定的部分，则显示文章开头，不报错。

在网站中，经常会看到“联系我们”的链接，一点击这个链接，就会触发邮件客户端，比如 Outlook Express，然后显示一个新建 mail 的窗口。用<a>可以实现这样的功能。例如，

<a href = "mailto:info@sina.com">联系新浪</a>

超链接在本质上属于一个网页的一部分，它是一种允许与其他网页或站点之间进行连接的元素。各个网页链接在一起后，才能真正构成一个网站。当浏览者单击已经链接的文字或图片后，链接目标将显示在浏览器上，并且根据目标的类型来打开或运行。

按照链接路径的不同，网页中超链接一般分为以下 3 种类型：内部链接、锚点链接和外部链接。如果按照使用对象的不同，网页中的链接又可以分为：文本超链接、图像超链接，E-mail 链接、锚点链接、多媒体文件链接和空链接等。

超链接是一种对象，它以特殊编码的文本或图形的形式来实现链接，如果单击该链接，则相当于指示浏览器移至同一网页内的某个位置，或打开一个新的网页，或打开某一个新的 www 网站中的网页。

网页上的超链接一般分为 3 种：①绝对 URL 的超链接。URL 就是统一资源定位符，简单地讲就是网络上的一个站点、网页的完整路径，如 http://www.njupt.edu.cn；②相对 URL 的超链接。如将自己网页上的某一段文字或某标题链接到同一网站的其他网页上面去；③同一网页的超链接，这就要使用到书签的超链接。

在网页中，一般文字上的超链接都是蓝色（当然，用户也可以自己设置成其他颜色），文字下面有一条下划线。当移动鼠标指针到该超链接上时，鼠标指针就会变成一只手的形状，这时候用鼠标左键单击，就可以直接跳到与这个超链接相连接的网页或 www 网站上去。如果用户已经浏览过某个超链接，这个超链接的文本颜色就会发生改变。只有图像的超链接访问后颜色不会发生变化。

8.4 实时通信技术及其应用

随着 IP 网技术的发展和应用的普及，计算机通信与网络正在以难以想象的深度和广度，渗透到社会的各个领域。基于 IP 网的网络电话（VoIP）和网络电视（IPTV）一类实时性通信技术，使得在同一 IP 网络上承载和实现数据、语音和电视等多重服务成为现实。IP 网技术的发展和演变，打破了传统语音电话业务和影像电视市场的固有格局。基于 IP 网的 VoIP 网络电话业务从成本和通话质量上已经可以与传统的电话服务媲美，同时网络电视 IPTV 由于其友好的交互界面和自由的用户选择及强大的功能也大大超前于传统电视媒体。

本节将阐述网络电话、网络电视的系统组成以及部分重要协议。

8.4.1 网络电话系统的组成

所谓网络电话就是人们常说的 IP Phone，也常称为 IP 电话，它是以 IP 网作为传送平台的电话系统。网络电话是在 IP 网上以分组形式传送数字化语音（VoIP，Voice over IP），占用信道资源少，成本较低，价格便宜。同时网络电话将与图片、视频等结合在一起，可以开通传真、广播、电视等业务，市场前景极为广阔。

1. 网络电话的通信方式

目前，在 Internet 上实现语音通信的技术主要有以下 3 种方式。

（1）PC 到 PC 间的语音通信。在 1995 年初，以色列的 VocalTec 公司推出了客户端 Internet 电话软件——“Internet Phone”，实现了因特网上 PC 到 PC 之间的语音通信，如图 8-32 所示。

图 8-32 PC 到 PC 间的语音通信方式

这种网络电话是一种因特网上典型的语音传送方式，不需要通过电话网，但要求通信双方的微机配置语音卡、音箱和话筒，配置相同的网络电话软件，例如，Vox Phone、Web Phone、IP Phone、Netscape 的 Cool talk 以及 MS NetMeeting 等。显然，目前 PC 到 PC 的网络电话存在以下许多不足：

① 由于在 Internet 上语音是以数据报的形式与数据流复用共享传输，因而语音质量会随网络的工作状态（忙闲程度）发生变化；

② 当一方 PC 呼叫时，通信的另一方的微机必须在网上，并预先运行网络电话软件；

③ 对于大多数用户，尤其是家庭中的网络用户，一般没有固定的 IP 地址，每次登录上网都是由 ISP 动态分配一个 IP 地址，这样会导致寻址发生困难。

因此，这类早期的网络电话无法提供公共电话服务，当时仍被网络爱好者在局域网环境上网时广泛应用。然后，出现了 Dialpad、Skype、MSN、腾讯 QQ 等工具，经注册后，可灵活方便地拨打免费的网络电话。

（2）PC⇔电话端机间的语音通信。PC⇔电话端机（PC to Phone 或 Phone to PC）间的语音通信，即主叫使用计算机，而被叫使用普通电话，反之亦然（参见图 8-33）。

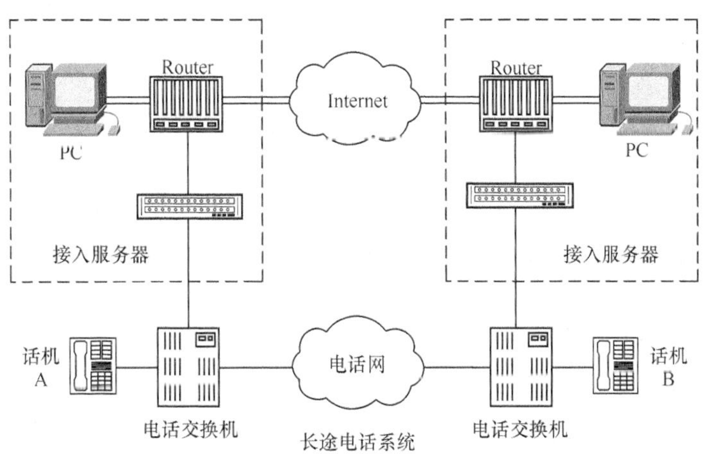

图 8-33 PC 到电话端机间、电话到电话端机间的语音通信方式

PC to Phone 的通话过程是：主叫计算机登录到网络电话接入服务器，呼叫信号通过 IP 网到达远端交换机后，自动转接到被叫的电话上。早先比较流行的软件如 Net2Phone，使用前，需到网络电话代理商处购买账号，预设密码。使用时，根据提示音输入账号、密码和对方的电话号码即可。还有一些 IXP 如 Skype 公司提供的基于 JavaApplet 软件，在点击该网站（www.skype.com）上的 Skype 软件时自动下载，经注册后即可使用，其工作界面如图 8-34 所示。

图 8-34　Skype 工作界面

如今，Skype 的用户已到达 2 000 多万。除此之外，在网上提供许多类似的软件，如腾讯 QQ，或微软 MSN，都可以免费进行 Voice chat 或/和 Video chat 。

（3）电话到电话端机间的语音通信。在电话到电话端机（Phone to Phone）间的语音通信方式中（参见图 8-33），主叫用户的呼叫首先通过本地交换机传送到接入服务器（网关），然后，信号在 IP 网上传输，并选择到达被叫方距离最近的一个接入服务器，接入服务器再将它通过远端交换机传送到被叫电话机，其主要特征表现在用 IP 网代替了传统的 PSTN 进行长途传输和处理。传统语音需要 64kbit/s 的带宽，但网络电话通过语音压缩可做到只占用 8kbit/s 的带宽。从目前网络电话发展的趋势看，基于接入服务器的网络电话技术是一种便捷的方式，有利于提供公共服务。就如使用 300 电话一样，用户只需在电话机上拨统一的接入号码，就可连入服务器，在确认账号和密码之后，即可拨所需的被叫电话号码。

2. 网络电话系统的组成

当前，因特网的网络设备厂商如 Cisco、3Com、华为和中兴等公司分别在各自的网络接入设备中提供集成语音模块的数据产品，支持 IP 网承载语音（Voice over IP）的功能，这些接入设备在提供 IP 网接入服务的同时，还能够为普通电话用户提供拨打 IP 网电话的服务。Cisco 公司在 AS5300 和 Catalyst 3600/2600 型路由器中提供了语音接入模块，以利于企业用户将语音从电话网上转移到 IP 网或者内联网 Intranet 上，降低企业长途通话费。国内、外通信设备厂商都在原有程控电话交换中继模块基础上，开发了接入服务器。

利用接入服务器组成的网络电话系统一般含有 3 个基本组件（参见图 8-35）。

（1）网关。网关（Gateway）也就是接入服务器，是网络电话的核心和关键，是 IP 网和 PSTN 间的接入设备。网关中接入服务模块提供 IP 网接口和 PSTN 接口，在电话网侧，输入端将用户语音进行编码和压缩，在输出端进行解压缩和语音还原，在通话过程中依据网络工作状态自适应地调整通信参数，实现语音流和 IP 数据报的格式转换，即打包和解包，如图 8-36 所示。

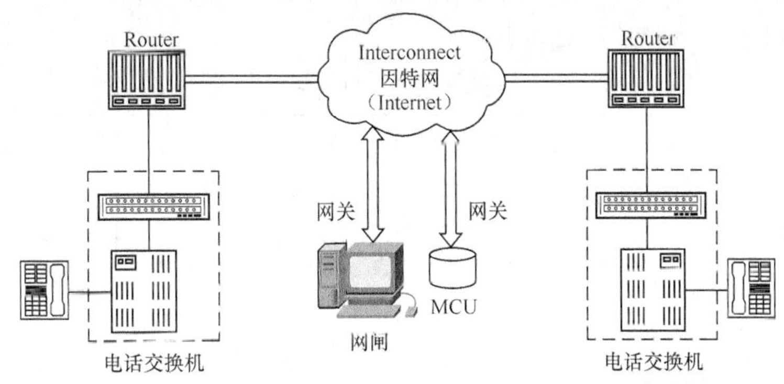

图 8-35 网络电话系统的组成

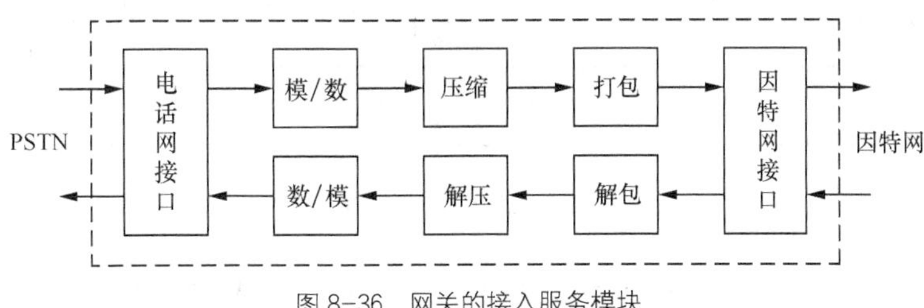

图 8-36 网关的接入服务模块

（2）网闸。网闸（Gatekeeper）即服务控制模块，负责用户注册和管理。其主要功能如下。

① 地址映射：电话网的 E.163（国家号 86+长途区号+市话号码）和 E.164（宽带）地址与相应的 IP 网关地址的映射；

② 呼叫认证和管理：对呼入用户进行用户身份认证（与网闸内注册表进行查核），以防非法用户接入；

③ 区域管理：根据整个网络电话系统的组网结构，完成路由选择，在多个网关接入服务之间选择一个到被叫最近的网关，建立通话链路，并尽可能使通话费用降低；

④ 计费模块：主要由外接计算机实现网络电话系统内部信息和用户资料的管理，并提供网络电话计费的功能。

（3）多点接入控制。多点接入控制（MCU）用于支持 IP 网上多点通信，可实现网络电话会议、网络可视电话等多媒体功能（参阅 8.4.2 网络电视系统的组成）。

3．网络电话应用的关键技术

（1）H.323。H.323 是 ITU-T 在 1996 年制定的“基于分组的多媒体通信系统”的建议，也是成为因特网的端系统之间进行实时语音和视像会议的规范。它包括系统和构件的描述、呼叫模型的描述、呼叫信令过程、控制报文、音频和视频编解码器以及数据协议等，但并不保证服务质量（QoS）。

H.323 的协议体系结构如图 8-37 所示。包括下列组成部分。

① 音频编解码器：H.323 不仅支持 G.711 标准（64kbit/s 的 PCM），还支持 G.722、G.723、

G.723.1、G.728 和 G.729 等。其中，G.729 编解码器，采用共轭结构代数码激励线性预测（CS-ACELP，Conjugate Structured-Algebraic Code Excited Linear Predictive），在标准 PCM 或线性 PCM 的语音采样基础上，定点运算数字信号处理器每 10ms 生成一个 10 字节长的语音帧，速率仅为 8kbit/s，音质佳，延迟小。

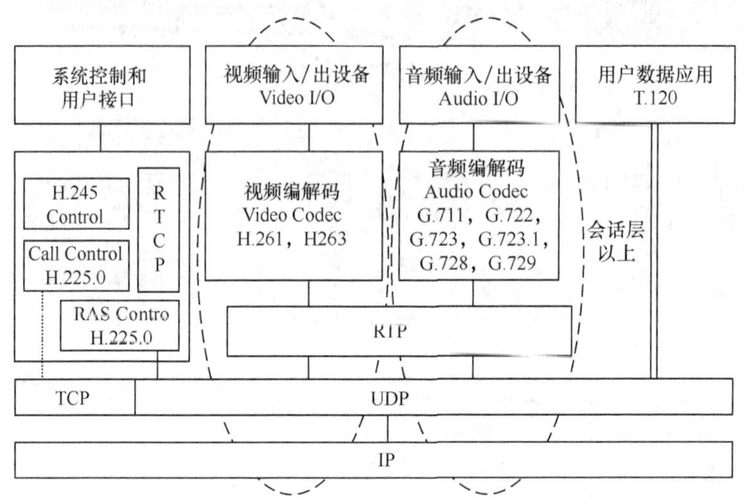

图 8-37 H.323 的协议体系结构

② 视频编解码器：支持 H.261 标准（176×144 像素）和 H.263 标准。

③ H.255.0 呼叫信令：用来在两个 H.323 端点之间建立连接。

④ H.255.0 RAS 控制信令：H.323 终端和网闸使用 RAS 控制信令来完成注册/接纳/状态（RAS，Registration/Admission/Status）。

⑤ H.245.0 控制信令：用来交换端到端的控制报文，对 H.323 终端进行管理。

⑥ 实时传输协议（RTP，Real time Transport Protocol）：是 IETF 提出的协议，它是一个协议框架，将多媒体数据块（音频或视频）经过压缩编码处理后，由 RTP 封装成 RTP 报文，然后在传输层封装成 UDP。RTP 报文只包含 RTP 数据。

⑦ 实时传输控制协议（RTCP，Real time Transport Control Protocol）：是与 RTP 配合使用的协议，主要功能包括媒体间同步、服务质量的监视与反馈和组播组内成员的标识。RTCP 报文在网上周期性地传送，携带收、发端对 QoS 的统计分析报告（如已发的报文数、字节数，报文丢失率，到达时间间隔抖动等）。

RTP 在 1 025～65 535 之间选择一个未使用的偶数 UDP 端口号，而同一次会话中的 RTCP 则使用下一个奇数 UDP 端口号。其中端口号 5004 和 5005 分别是 RTP 和 RTCP 的默认端口号。

（2）网络电话处理技术。

① 静音抑制技术：检测到通话过程或传真过程中的安静阶段，且在此阶段停止发送语音包。研究表明：在全双工电话通信时，仅有 36%～40%的信号是有效的。静音抑制技术可少占用网络带宽。

② 语音优先处理技术：语音通信要求实时性（<250ms），应采用资源预留协议（RSVP）。在 WAN 中传输速率小于 512kbit/s 时，IP 网的路由器应设定语音包的优先级为最高。每天平

均每条话路占用带宽仅为 4～6kbit/s，若使用率为 30%，则统计意义上每路电话占用带宽为 1.2～2kbit/s。

③ 语音抖动处理技术：所谓网络抖动是由 IP 数据报传输时间的变化所致。在 IP 网中，迟到的语音包将被丢弃处理，造成了语音的断续及部分失真。改进方法：在接收端设置缓冲区，将语音包予以暂存，以稳定平滑的速率将语音包从缓冲池中取出，解压、恢复语音，对受话者播放。

④ IP 数据报的分割技术：网络电话与传统电话最大的不同是在语音以分组的形式在 IP 网中传输，因此，在语音终端和 IP 网之间需用网关将连续的语音信号分割成一定长度的多个语音分组，并对其进行压缩处理，降低传输码率，然后将压缩后得到的数据封装到 IP 数据报中实现在 IP 交换网的传输。由于网络上实际传送的码流并不是编码后输出的净荷码流（语音包）如 8kbit/s（G.729）或 5.3kbit/s（G.723.1），而是经过封装后的码流。一般封装的形式为：在语音数据报前加上实时协议（RTP，Real Time Protocol）报头、UDP 报头和 IP 报头。IP 报头为 20 字节，UDP 报头为 8 字节，RTP 报头 12 字节，总包头长度为 40 字节。封装的效率取决于一个 RTP 报中加封成多少数量的语音数据报。RTP 报内所加封的语音报越多，封装效率就越高，单位流量也就越小，电路利用率就越高，但其全网传输延迟就加大；反之亦然。表 8-9 列出了信道带宽与语音 IP 数据报大小的参考值。

表 8-9　　信道带宽与语音 IP 数据报大小的参考值

WAN 带宽（kbit/s）	最大的语音 IP 数据报
64	256
128	512
192	768
256	1 024
384	1 536
512	2 048
1544	6 144

⑤ 回音消除技术：IP 网络延迟大于 40～50ms，二/四线转换处线路阻抗失配而产生回波。可在处理器中有特定的软件代码监听回音信号，予以消除。

⑥ 前向纠错技术：VoIP 网关采用前向纠错技术（FEC，Forward Error Correction）。FEC 技术有二级，Intra-Packet 在同一数据报内加冗余数据，使接收方能纠错加以恢复、还原语音数据；Extra-Packet 在每一个语音数据报中含后续包的冗余数据，确保收端能检出差错或丢失的数据报，并加以恢复。FEC 可弥补 10%～20%的数据报丢失率，但要消耗 30%的网络带宽。

4. 网络线路利用率

网络电话编码压缩处理后，利用具有统计复用的 IP 网，使线路利用率得到了提高。在设计系统时，运营商需要在提高电路利用率和减少延迟中做出选择，但是难以两全的。

一般地，在全程延迟（包括编码延迟、打包延迟、处理延迟、网络延迟、缓冲排队延迟等）中分配给编码的延迟为 30ms 左右。为满足这个延迟要求，将取决于一个 RTP 的报文封装成多少压缩后的语音包数目。对于实时性要求非常高的语音业务，应将语音的全程往返延迟控制在小于或等于 ITU-T 规范要求 450ms 为宜。因此，编码打包后形成的单位码流通常是在 20kbit/s，与基于 64kbit/s 的μ率（或 A 率）G.711 PSTN（PCM）交换相比，带宽压缩了 2/3 倍左右。当然，采用静音抑制和多信道等技术处理后，网络上传送的平均码流约为 12kbit/s，带宽利用率约为 5 倍。

网络电话是电信技术与计算机技术结合的产物，其取得惊人的进展，标志着信息技术的高速发展必将给社会的方方面面带来无限的生机和繁荣，这是信息时代的特征。但网络电话仍存在许多有待进一步解决的问题。

（1）网络电话的标准与互操作。当前，网络电话产品在语音编码、静音抑制、寻址和其他相关功能上互不兼容。尽管 ITU-T 制定了 H.323 标准，许多网络电话厂商都称遵循该标准，但目前还没有完全解决互操作问题。

（2）通话质量的进一步改进。网络电话主要在基于数据报交换的 IP 网上提供通话，其通话质量的障碍是由 IP 网不提供任何服务质量保证。通过拓宽 IP 网带宽和选用 IPv6，可进步改善通话的服务质量。

（3）其他诸如保证通信与计费的安全性，制定相应的法规等问题也是亟须解决的现实问题。

从上述的分析可见，网络电话已对传统的电信业务产生一定的影响，例如分流了一部分的长途电话业务。但像网络电话那样的新业务还会不断涌现，只有把握住机遇、与时俱进，才能在各方的技术发展中占据领先。

8.4.2 网络电视系统的组成

网络电视（IPTV）也叫交互式网络电视，是利用宽带网的基础设施，以计算机（或家用电视机）作为主要终端设备，集因特网、多媒体、通信等多种技术于一体，通过因特网的网络协议（IP）向家庭用户提供包括数字电视在内的多种交互式数字媒体服务的崭新技术。随着宽带的普及和 3G 移动的放号，网络视频业务将是 IP 宽带网大潮中的下一个亮点。

1. 网络电视系统的组成

图 8-38 给出了网络电视系统的拓扑结构图示例。从图 8-38 中可见，在宽带 IP 网的架构基础上，网络电视系统是由流媒体服务器、数据库服务器和 Web 服务器构成的应用服务平台，图中右侧根据系统设计要求，配置 *N* 路视频单机采集编码服务，实现 *N* 个频道的网上电视直/转播。包含网络视频直播、网络移动直播以及网络会议直播等子系统，以及网络直播系统软件、网络点播系统软件。此外，附加节目编辑工作站，管理员远程控制终端等。

网络电视系统中服务器可选用 Windows 2003 Server 或 Linux 操作系统，若用户要求高清晰度直播，可用数字高清的 MPEG-2 标准来实现；如果用户实际的网络带宽有限，可采用当今业界最先进的 MPEG-4 编解码技术来实现。采用 MPEG-4 方式，视频码率在 350kbit/s 时可达到 VCD 的效果，700kbit/s 时可达到 DVD 的效果。既保证了图像的质量，又大大缩减了视频所占的带宽，使得直播平台更加的稳定和高效。

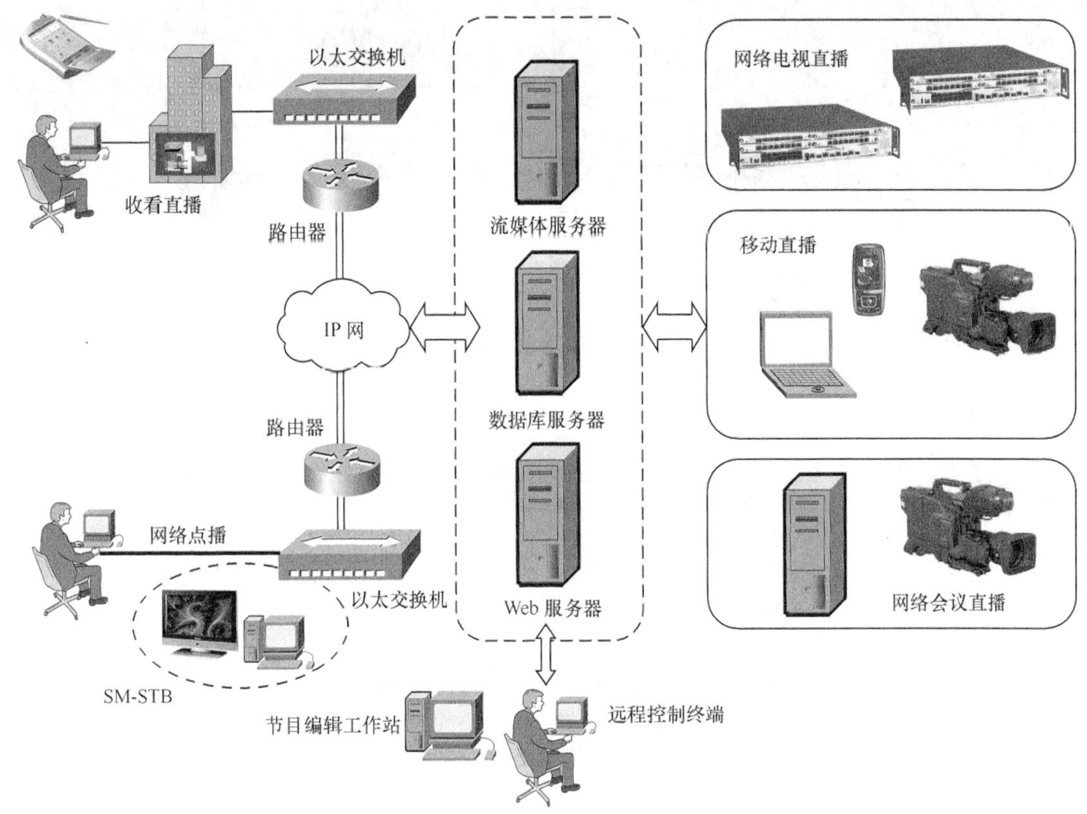

图 8-38　网络电视系统的拓扑结构图示例

从系统的稳定性考虑，视频点播与视频直播系统可分开单独实现。为满足系统的应用需求，作为视频点播与视频直播核心硬件的服务器，在配置时需要综合考虑，多方面合理搭配，以使得系统整体的资源利用率达到最优，例如，服务器网卡 I/O 带宽所决定的服务器输出能力；服务器的总线和 CPU 的处理能力；磁盘设备的 I/O 性能；磁盘阵列与服务器之间的 I/O 性能以及内存容量。

2．流媒体点播系统工作方式

视频点播（VOD，Video on Demand），也称交互式电视点播系统。流媒体点播系统采用了客户端/服务器模式，客户端基于 B/S 方式访问服务器，服务器端监听并实时响应用户的请求，如图 8-39 所示。什么是流媒体？流媒体简单来说就是应用流技术在网络上传输的多媒体文件，而流技术就是把连续的影像和声音信息经过压缩处理后放上网站服务器，让用户一边下载一边观看、收听，而不需要等整个压缩文件下载到自己计算机后才可以观看的网络传输技术。该技术先在客户端的计算机上创建一个缓冲区，在播放前预先下载一段资料作为缓冲，当网速小于播放所耗用资料的速度时，播放程序就会取用这一小段缓冲区内的资料，避免播放的中断，也使得播放品质得以维持。

图 8-39 所示例的流媒体点播系统是图 8-38 中的一部分，配置一台流媒体服务器作视频点播，数据库可选择 SQL Server 2000 或 Oracle 2.0 以上，存储设备（磁盘陈列）的参考配置如表 8-10 所示。

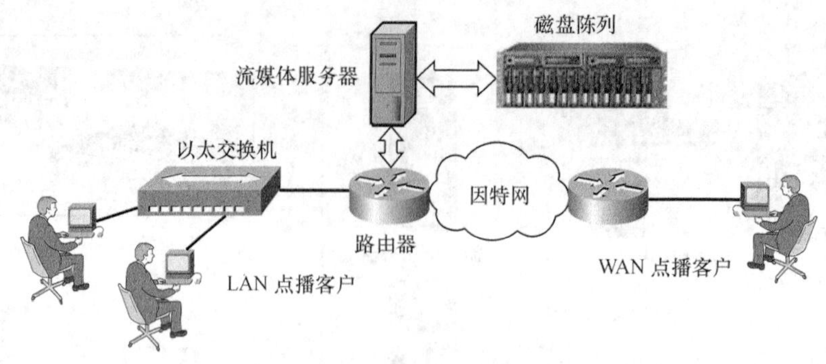

图 8-39　流媒体点播系统

表 8-10　　存储设备（磁盘阵列）参数

存储设备	参数
磁盘阵列	IBM 64 位 PowerPC RISC 处理器 512M 高速缓存 7 个热插拔磁盘插槽 2 个 Ultra160 主机通道 2 个 Ultra160 磁盘通道 ACCSTOR Management 图形化设备管理软件 3U 机架（可选塔式） 2 组 300W 容错电源（可选配）
硬　盘	146 GB SCSI（1 万转/分）

系统的基本工作方式如下。

（1）通过浏览器登录用户账号、选择服务类型；

（2）检索、访问各种传统多媒体资源以及浏览视频节目管理网页。浏览器通过 IP 网服务（Web 服务器、FTP 服务器等）获得信息并将结果显示在客户窗口；

（3）当用户选择视频服务时，浏览器调用安装在 Web 服务器上的视频节目管理脚本；

（4）节目管理脚本调用 IIS 的数据库连接对象，将存储在节目数据库中的视频节目列表呈现给用户；

（5）用户选择播放视频节目，Web 服务器上的播放脚本将被调用；

（6）脚本通过节目服务器选择一台或多台视频服务器，并将结果返回给浏览器；

（7）浏览器激活视频播放器；

（8）视频播放器请求视频服务器传输数据，并在解码、播放影片的同时调节传输速率和响应用户 VCR 控制，这些控制操作由播放器与视频服务器经过协商共同完成；

（9）在节目播放完毕或者在节目播放期间，用户都可以通过与浏览器界面和播放器界面的交互，跳转到其他的网页。

3. 网络电视系统关键技术

目前，国内、外的门户网站已经能够提供高清视频、新闻选播等，大都采用流媒体服务技术，系统不仅支持将上百个高品质视频节目传送给网络客户，而且能够动态调整系统中众多用户终端和多个服务器的工作状态，以克服网络拥挤和存储设备的 I/O 瓶颈，以保证客户端平滑的视频输出。

专业级的视频点播系统的关键技术涉及面宽，包括采用智能适应流传输技术，具有响应速度快、高性能、超强稳定性、广泛视音频格式支持性、易扩展性等特点，同时在产品设计上更贴近行业用户的应用需求。

随着网络音视频技术的发展，采用 P2P 技术的播放软件成就了网络电视的发展。P2P 既映射着一种新文化，从技术角度来说，它用 Peer 与 Peer 的对等沟通，打破了目前网络流行的 C/S 模式，也是 IP 网本质的回归。目前主要应用的网络电视下载有 PPStream、沸点网络电视、TVKoo、猫眼网络电视、QQ 直播；影视歌曲下载类的 bt、百宝、酷狗（KuGoo）、电骡（eMule）等；通信类的 Skype 等。P2P 技术在网络电视领域中更是如鱼得水，主要体现在以下几方面。

（1）文件交换，资源共享：在传统的 Web 方式中，实现文件交换必须要通过服务器，通过把文件上传到某个特定网站，用户再到该网站搜索需要的文件，然后下载，这种方式需要 Web 服务器能够对大量用户的访问提供有效服务。而 P2P 模式下，用户可以从任何一个在线用户的计算机中直接下载，从而真正实现了个人计算机与服务器的对等。

（2）在线交流，即时通讯：通过使用 P2P 客户端软件，用户之间可以进行即时交谈，可以就网络节目进行讨论，从而实现实时互动，这样既增加了用户收看网络电视的积极性，又促进了媒体提供者和媒体消费者之间的互动。

（3）快捷搜索，对等连接：P2P 网络模式中节点之间的动态而又对等的互联关系使得搜索可以在对等点之间直接地、实时地进行，既可以保证搜索的实时性，又可以超越传统目录式搜索引擎的深度、速度和幅度。

通过 P2P 技术引入到流媒体传输中而形成的 P2P 流媒体技术，具有如下优点：（1）这种技术并不需要 IP 网路由器和网络基础设施的支持，因此性价比高，且易于部署；（2）在这种技术中，流媒体用户不只是下载媒体流，而且还把媒体流上载给其他用户，因此，这种方法可以扩大用户组的规模，且更多的需求也带来了更多的资源。同时相对于 IP 网上众多计算机，P2P 应用比其他应用要更多考虑那些低端 PC 的互联，它们不具备服务器那样强的联网能力，同时对于以往的 P2P 应用技术，现在的硬件环境已经更为复杂，这样在通信基础方面，P2P 必须提供在现有硬件逻辑和底层通信协议上的端到端定位（寻址）和握手技术，建立稳定的连接。涉及的技术有 IP 地址解析、NAT 路由及防火墙。

该技术主要应用于尽力而为的互联网，其本身并不考虑控制、管理等问题，而这些问题在电信业务应用中则是不可或缺的重要部分，因此在 IPTV 的内容分发系统中应用 P2P 技术就必须考虑和解决下面一些问题。

（1）穿透防火墙配置：防火墙电脑超过了 90%，如果让 2 台在防火墙后面的电脑能够实现 P2P 互联，这是一个技术的难点。有两种方式：一是要求用户配置 TCP 端口：BT 和电驴采用的方式，配置需要网络专业知识。一般做法是通过在防火墙上开启 TCP 端口来实现，如果开启了端口或者本身有 Internet IP 地址的，为高联通性电脑；在防火墙内并且没有开启 TCP 端口的电脑，为低联通性电脑。高联通性电脑可以和其他的高联通性电脑以及低联通性电脑进行 P2P；而低联通电脑只能和高联通性电脑进行 P2P。因此在 BT 和电驴中，有 Internet IP 以及在防火墙上开启端口的电脑速度很快，而在防火墙后面的电脑（一般为局域网上网方式）就比较慢了。而通过局域网方式上网的电脑超过 70%，如果没有网络基础，或者没有网管特殊配置，只能处于低联通性，速度慢。二是防火墙自动穿透。无须用户配置，自动让两台在防火墙后面的电脑能P2P互联。P2P连接可以使用TCP和UDP两种方式。而Tvkoo是使用UDP进行数据传送的，因此不会有TCP限制。

（2）用户延迟：用P2P技术实现IPTV业务的内容分发，实际上也是一种应用层组播方式，也就是在各个Peer上实现的组播，由于P2P方式的内容分发每个内容切片往往要经过多跳才能到达请求端，因此这种方式必然会带来延迟的叠加效应，即离根节点越远的用户延迟越大。

（3）网络拓扑不可控：用户加入或退出P2P网络有一定的随意性和偶然性。P2P网络的拓扑不可控，具有随机的动态变化的特点，如果不采取其他补偿措施，必然会导致IPTV业务的服务质量无法得到有效保障。针对此问题的补偿办法有：路由备份，即为用户请求的每个时间段的流文件切片都提供至少两条路由，当其中一条路由中断时，能迅速切换到其他可选路由，继续下载所需的文件切片，以保证流文件在观看过程中的流畅性。内容本地缓存技术，也就是在用户正式播放流文件前，在其终端预先缓存一定时间长度的流文件片段，从而为观看过程中的业务抖动留出处理时间，并使用户能够顺序观看。

（4）上、下行带宽不对称：P2P网络具有异构的特点，也就是实际的用户终端能力和网络能力都不尽相同，特别是随着宽带用户逐渐的增加，而ADSL网络用户占宽带用户很大的比例。ADSL网络上下行带宽不对称的特点对于P2P技术应用的影响比较大。即使在网络条件比较好的情况下，一个ADSL用户的上行带宽可能也无法满足其他用户的媒体接收速度，这样会造成接收者带宽的浪费，同时接收媒体的质量低，会严重影响用户体验。既然无法改变大多数宽带用户采用ADSL网络的现状，就只能通过其他办法来解决这一问题，解决方案有：接收者同时选择几个ADSL用户的发送者，根据不同的发送者的上传速度，在各个发送者之间进行平衡。根据不同的用户带宽来提供变码率的媒体编码技术，目前MPEG-2、MPEG-4、MPEG-7以及H.264等主流的高压缩率的编码技术都支持变码率的编码技术。这样可以为不同带宽的用户提供最合理的服务质量，显然实现的复杂度稍高。

（5）NAT/FW穿越：同样，在实际网络中，P2P技术应用需面对部署的大量NAT和防火墙设备，基于P2P的内容分发过程也必须要穿越NAT和防火墙设备才能保证IPTV业务的正常提供。常用的穿越NAT的方法有很多，可分类如下：需要修改NAT设备（ALG）、需要修改client（STUN、TURN、ICE）、需要修改Server（SBC）、需要修改NAT和client（RSIP、NSIS）、需要修改NAT和Server（Midcom）、需要修改client和增加设备（代理）。在IPTV的应用中，P2P方式的通信信令要穿越NAT/FW有下面几点考虑：NAT/FW后的用户共享的资源属于低优先级资源，只有在公网上相同资源紧缺时，才考虑将其提供给其他用户使用；私网用户向公网用户申请资源前，需主动用其接收服务端口向提供服务者发包，以在NAT/FW上建立映射关系；当用户向私网用户请求服务时，可采用ICE的方式确定最佳路径。

（6）网络安全性：P2P网络中在用户之间完成大量的交互，欺骗、伪装相对比较容易。从安全角度考虑，系统有必要记录下参与交互的双方用户的身份，当发生危及系统安全的事件时，则可追究相关用户的责任。为此，首先需引入认证机制，在客户登入P2P网络时，鉴定其身份的合法性，用户注册时，服务器向用户颁发一个以服务器私钥签名的证书，证书中包括用户名与公钥等信息。下次用户登录时不仅提供用户名与密码，还会提供服务器签名的证书，确保了用户身份的安全；其次用户双方交换信息前也需要互相认证对方的身份。

（7）网络可管理性：传统 P2P 网络是一种自治的网络，节点加入和退出 P2P 网络，注册、搜索、请求资源都不需要中心服务器的参与。这一方面降低了组网的成本，另一方面也带来了管理的难度，P2P 网络的运营者很难管理整个网络和单个节点。在 IPTV 业务中应用时，则必须要解决 P2P 网络可管理性差的问题，为此，可以考虑在网络的关键部位布置一定的中心服务器，负责网络的管理工作，这样虽然在一定程度上增加了成本，但是必须要在成本和可管理性两者之间进行必要的权衡。尽管 P2P 技术在 IPTV 这样的要求可运营、可管理的电信业务中应用时存在着很多需要去解决的问题，但是这些问题并不能掩盖 P2P 技术所固有的优势，在设计和构建基于 P2P 的 IPTV 业务系统时，综合考虑上述问题，不但可以在一定程度上克服这些问题，而且还可以在降低成本的同时为 IPTV 业务带来更多、更灵活的业务形式。另外，P2P 技术有着坚实的用户需求基础，需求决定存在。无论是 IP 网业务还是电信业务，个性化和多样化是其发展的必然趋势，也是大多数用户的共同需求，P2P 技术的应用正好能够促成这两点。

8.5 套接字

8.5.1 套接字的概念

套接字就是 IP 地址和端口的结合，也称为插口，套接口。

因为套接字是 IP 地址和进程的端口号结合在一起，用 IP 地址唯一地标识出全球互联网上的一台主机，该套接字的端口号部分则受限于 IP 地址，仅能标识出该主机上的特定进程，而不会与其他主机上的相同进程相混淆。

图 8-40 的例子说明了端口的作用。设客户端 A 要使用 FTP 协议与 FTP 服务器 C 通信。FTP 使用面向连接的 TCP 协议。为了找到服务器中的 FTP，客户端 A 与服务器 C 建立的连接中，要使用 FTP 服务的熟知端口，其默认端口号为 21。客户端 A 也要给自己的进程分配一个端口号，设分配的源端口号为 3095。这就是客户端 A 和服务器 C 建立的第 1 个连接。

客户端 A 需要从服务器 C 下载文件，所以这时服务器 C 和客户端 A 建立数据连接，假定这时服务器 C 使用端口 20，而客户端使用端口 3096。这是客户端 A 和服务器 C 建立的第 2 个连接。

设客户端 B 现在也要和服务器 C 的 FTP 建立连接。假定客户端 B 选择源端口号为 3095。目的端口号当然还是 21。这是客户端 B 和服务器 C 建立的第 3 个连接。这里的源端口号与第 1 个连接的源端口号相同，但纯属巧合。各主机都独立地分配自己的端口号。

图 8-40 中的连接画成虚线，表示这种连接不是物理连接而只是虚连接。

为了在通信时不致发生混乱，就必须把端口号和主机的 IP 地址结合在一起使用。在图 8-40 的例子中，客户端 A 和 B 虽然都使用了相同的源端口号 3095，但只要查一下各自 IP 地址就可知道是哪一个客户端的数据。

例如：对图 8-40 中的连接 1 和连接 2 两对套接字是：

（10.32.100.92，3095）和（10.10.240.12，21）

（10.32.100.92，3096）和（10.10.240.12，20）

而连接 3 的一对套接字是：

（10.32.100.93，3095）和（10.10.240.12，21）

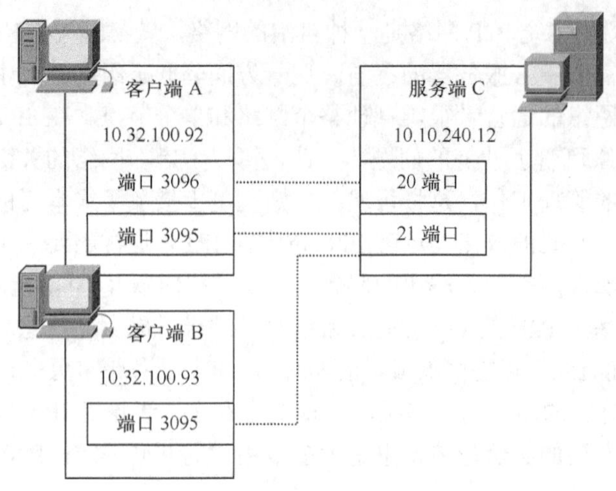

图 8-40　套接字的作用例题图

上面的例子是使用面向连接的 TCP。若使用无连接的 UDP，虽然在相互通信的两个进程之间没有一条虚连接，但每一个方向一定有发送端口和接收端口，因而也同样可以使用套接字的概念。这样才能区分开同时通信的多个主机中的多个进程。

8.5.2　套接字编程

TCP/IP 标准没有规定应用程序与 TCP/IP 协议软件接口的细节问题，而是允许系统设计者能够选择有关 API 的具体实现细节。最著名的应用编程接口 API 是美国加利福尼亚大学伯克利分校为 Berkeley UNIX 操作系统定义的套接字接口。微软公司的 Windows Sockets 是从 Berkeley Sockets 扩展而来的，以动态链接库的形式提供给程序员使用，目前已经成为 Windows 网络编程事实上的标准。

1. 套接字编程类型

（1）流套接字（SOCK_STREAM）：提供面向连接、可靠的数据传输服务。数据无差错、无重复的发送，并且按发送顺序接收。在传输层通常使用 TCP 协议。

（2）数据报套接字（SOCK_DGRAM）：提供无连接服务。数据包以独立报文形式发送，不提供无错保证，数据可能丢失或重复，并且接收顺序混乱。在传输层通常使用 UDP 协议。

（3）原始套接字（sock_raw）：允许对较低层协议（如网络层的 IP 协议）进行直接访问，用于实现自己定制的协议或者对数据报做较低层次的控制。

2. 典型编程调用时序图

图 8-41 给出的是面向连接的流套接字 API 调用时序图，图 8-42 给出的是无连接数据报套接字 API 调用时序图。

3. 基本套接字 API 函数

对于 Winsock 套接字，程序中常用到的基本套接字 API 函数有：

（1）Winsock 启动和终止——启动过程调用 WSAStartup()函数，完成 Windows Sockets DLL

的初始化，协商版本和分配必要的资源。最后需要调用函数 WSACleanup()注销，并释放资源。

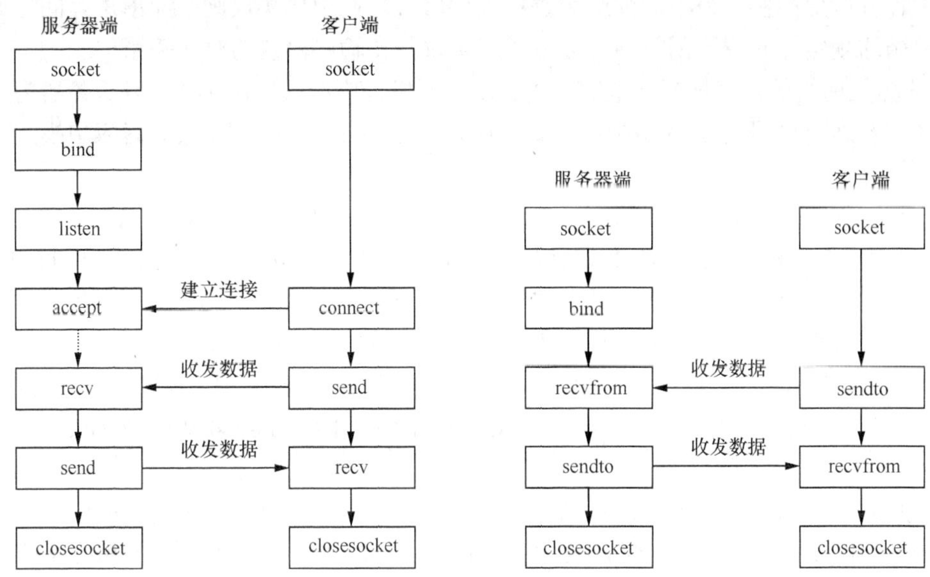

图 8-41　面向连接的流套接字 API 调用时序图　　图 8-42　无连接数据报套接字 API 调用时序图

（2）创建与关闭套接字——调用 socket()函数创建套接字。当使用完套接字后应该调用 closesocket()函数，释放分配给该套接字的资源。

（3）套接字绑定——使用 bind()函数将主机 IP 地址和端口号等信息与所创建的套接字关联。

（4）监听端口——针对面向连接的服务器端程序，调用 listen()函数进行监听，然后调用 accept()接收来自客户端的实际连接，如果没有客户端连接，则服务器端会处于阻塞。

（5）套接字连接——客户端通过调用 connect()函数与服务器端建立连接。

（6）数据传输——面向连接的数据传输使用 send()和 recv()这一对函数，无连接的数据传输则使用 sendto()和 recvfrom()这一对函数进行数据的发送和接收。

本 章 小 结

本章从“用网”时所涉及的传输层和应用层协议来阐述计算机通信服务与应用。

1．传输层的作用是在通信子网提供的服务的基础上，为上层应用层提供端到端间的有效可靠的服务。

2．传输层为应用进程之间提供逻辑通信，传输层对整个报文进行差错校验和检测。

3．传输层有面向连接的 TCP 协议和无连接的 UDP 协议，可为应用层提供不同的传输服务。

4．UDP 只是在 IP 的数据报服务之上增加了端口复用分用和差错控制的功能。注意，在计算检验和时要增加 12 个字节的伪首部。

5．TCP 面向连接，且具有可靠传输、流量控制、拥塞控制等机制保障其可靠传输。

6．套接字能在因特网上全局唯一标识某个应用进程。

7．应用层是计算机网络体系结构的最高层，直接为用户的应用进程提供服务。在因特网中，通过各种应用层协议为不同的应用进程提供服务。应用层协议则是应用进程间在通信时所必须遵循的规定。介绍了因特网部分应用层协议与传输层协议的对应关系。

8．计算机网络的应用模式一般有 3 种：以大型机为中心的应用模式、以服务器为中心的应用模式以及客户机/服务器应用模式。重点阐述基于 Web 的客户机/服务器应用模式，并提及 P2P 模式在因特网中的应用。

9．阐述了网络基本服务，诸如 DNS、Telnet、 FTP、TFTP、BOOTP 和 DHCP 等。在 DNS 中，领会域、域名、域名结构以及域名解析服务等基本概念；注意 FTP 与 TFTP 的区别，熟悉 FTP 命令与响应的操作过程；理解 BOOTP 和 DHCP 协议的不同的应用环境。

10．电子邮件（E-mail，也称电子函件）是因特网上最成功的应用之一，理解电子邮件系统的组成，熟悉 SMTP、POP3、IMAP 以及 MIME，重点理解 MIME 标准的邮件首部字段、内容类型和内容传送编码的基本方法。领会 MIME 邮件中采用 Base64 编码或 Quoted-printable 编码技术。

11．万维网（www）是至今因特网中最受瞩目的一种多媒体超文本信息服务系统。重点介绍了万维网的工作原理和相应的超文本传送协议（HTTP），领会 HTTP 的报文格式，包括请求报文和响应报文示例。理解 HTML 的基本格式以及页面超链等基本概念。

12．网络实时通信是当前因特网上最具挑战的一种服务，网络电话系统，网络电视系统的基本组成，H.323 的协议体系结构（包括 RTP、RTCP 等）以及相应的处理技术。

复 习 题

1．试述 UDP 和 TCP 协议的主要特点及它们的适用场合。

2．若一个应用进程使用运输层的用户数据报 UDP。但继续向下交给 IP 层后，又封装成 IP 数据报。既然都是数据报，是否可以跳过 UDP 而直接交给 IP 层？UDP 能否提供 IP 没有提供的功能？

3．TCP 报文段首部的 16 进制为

```
04 85 00 50 2E 7C 84 03 FE 34 D7 47 50 11 FF 6C DE 69 00 00
```

请分析这个 TCP 报文段首部各字段的值。

4．请分析 SYN Flood 攻击对 3 次握手的漏洞利用的原理。

5．试简述 TCP 协议在数据传输过程中收发双方是如何保证报文段的可靠性的。

6．为什么说 TCP 协议中针对某数据包的应答报文段丢失也不一定导致该数据报文段重传？

7．若 TCP 中的序号采用 64bit 编码，而每一个字节有其自己的序号，试问：在 75Tbit/s 的传输速率下（这是光纤信道理论上可达到的数据率），分组的寿命应为多大才不会使序号发生重复？

8．使用 TCP 对实时话音数据的传输有没有什么问题？使用 UDP 在传送数据文件时会有什么问题？

9．一个 UDP 用户数据报的数据字段为 3752 字节，要使用以太网来传送，计算应划分为几个数据报片？并计算每一个数据报片的数据字段长度和片偏移字段的值。（注：IP 数据报

固定首部长度，MTU = 1 500）

10．主机 A 向主机 B 发送一个很长的文件，其长度为 L 字节。假定 TCP 使用的 MSS 为 1460 字节。（1）在 TCP 的序号不重复使用的情况下，L 的最大值是多少？（2）假定使用上面计算出来的文件长度，而运输层、网络层和数据链路层所使用的首部开销共 66 字节，链路的数据率为 100Mbit/s，试求这个文件所需的最短发送时间。

11．考虑在一条具有 10ms 往返路程时间的线路上采用慢启动拥塞控制而不发生网络拥塞情况下的效应。接收窗口 24KB，且最大段长 2KB。那么，需要多长时间才能够发送第 1 个完全窗口？

12．计算机网络的应用模式有几种？各有什么特点？

13．C/S 应用模式的中间件是什么？它的功能有哪些？

14．因特网的域名系统的主要功能是什么？8.4 域名系统中的根服务器和授权服务器有何区别？授权服务器与管辖区有何关系？

15．解释 DNS 的域名结构。试说明它与当前电话网的号码结构有何异同之处？ 域名服务器中的高速缓存的作用是什么？

16．叙述文件传送协议 FTP 的主要工作过程是什么？主进程和从属进程各起什么作用？

17．简单文件传送协议 TFTP 与 FTP 有哪些区别？各用在什么场合？

18．参看书中示例试用 FTP 的命令和响应访问校园网 FTP 服务器。

19．远程登录 Telnet 服务方式是什么？为什么使用网络虚拟终端 NVT？

20．试述 BOOTP 和 DHCP 协议有什么关系？当一台计算机第一次运行引导程序时，其 ROM 中有没有该主机的 IP 址、子网掩码或某个域名服务器的 IP 地址？

21．试述电子邮件系统的基本组成。用户代理 UA 的有什么作用？

22．试简述 SMTP 通信的发送与接收信件过程。

23．电子邮件的地址格式是怎样的？请解释各部分的含义。

24．在电子邮件中，为什么必须使用 SMTP 和 POP 这两个协议？POP 与 IMAP 有何区别？

25．MIME 与 SMTP 的关系是怎样的？试述 MIME 的组合消息结构。

26．quoted-printable 编码和 base64 编码的基本规则分别是什么？

27．一个二进制文件共 3 072 字节长。若使用 base64 编码，并且每发送完 80 字节就插入 1 个回车符 CR 和 1 个换行符 LF，问一共发送了多少个字节？

28．试将“欢迎”进行 base64 编码，并得出最后传送的 ASCII 数据。

29．试将数据 11001100 10000001 00111000 进行 base64 编码，并得出最后传送的 ASCII 数据。

30．试将数据 01001100 10011101 00111001 进行 quoted-printable 编码，并求出可传送的 ASCII 数据，并计算其编码开销是多大？

31．假定一个超链从一个万维网文档链接到另一个万维网文档时，由于万维网文档上出现了差错而使得超链指向一个无效的计算机名字。这时浏览器将向用户报告什么？

32．当使用鼠标点取一个万维网文档时，若该文档除了有文本外，还有一个本地.gif 图像和两个远程.gif 图像。试问：需要使用哪个应用程序，以及需要建立几次 UDP 连接和几次 TCP 连接？

33．试用 FrontPage 创建标题（title）名为“计算机”的一个万维网页面，请观察浏览器如何使用此标题，并查看其源代码。

34．假定某文档中有这样几个字：下载 RFC 文档。要求在点击到这几个字的地方时就能够链接到下载 RFC 文档的网站页面 http://www.ietf.org/rfc.html，试写出有关的 HTML 语句。

35．某页面的 URL 为 http://www.xyz.net/file/file.html。此页面中有一个网络拓扑结构简图（map.gif）和一段简单的解释文字。要求能从这张简图或者从这段文字中的“网络拓扑”链接到解释该网络拓扑详细内容的主页 http://www.topology.net/index.html。试用 FrontPage 实现上述要求，并查看两种相应的 HTML 语句。

36．试述网络电话系统的基本组成。网关与网闸的作用有什么不同。

37．什么是 H.323？它的协议体系结构中 G.729 和 H.263 的功能是什么？RTP 和 RTCP 各有什么作用？

38．试简述使用 SOCKET 编程接口进行服务器端多进程面向连接的网络应用程序设计的主要程序流程（包括连接建立、数据收发和连接拆除的过程）。

第 9 章 网络接入技术

本章主要从电信提供接入服务和用户提出接入需求两方面，叙述了接入网的基本概念、V5.x 接口，用户接入方式包括基于线缆接入、基于光缆的接入、HFC 接入、SDH 承载 IP 和无线接入，以及传统的电话网拨号接入等方式。

9.1 接入网的基本概念

从整个电信网的视角看，将通信的全程全网划分为公用网和用户驻地网（CPN，Customer Premises Network）两大部分。如第 1 章所述，公用网又可分为核心网（传输网和交换网）和接入网。随着信息社会的日益发展，用户对电信业务不断提出新的要求，电信业务开始由传统的电话、电报业务转向视频、数据、图像、语言、多媒体等非话音业务。原来的用户线如何利用，或采用什么新的接入方式来满足新业务的需求，已成为当今业界研讨的又一大热点。

为此，ITU-T 现已正式采用用户接入网（简称为接入网 AN，Access Network）的概念，并在 G.902 中对接入网的结构、功能、接入类型、管理进行了规范[13]。

1. 接入网的定义

按照 ITU G.902 定义，接入网由业务节点接口（SNI，Service Node Interface）和用户网络接口（UNI，User Network Interface）之间一系列传送实体提供所需传送能力的实施系统，可经由管理接口（Q_3）配置和管理。它们是本地局与用户设备间的信息传送实施系统，可以部分或全部替代传统的用户本地线路，含复用、交叉连续和传输等功能。原则上，接入网可实现的 SNI 和 UNI 的类型、数目没有限制，通常对用户信令是透明的，即不作任何处理。

2. 接入网的定界

由 ITU-T 对接入网的定义可知，接入网（AN，Access Network）所覆盖的范围是由 3 个接口来定界，如图 9-1 所示。

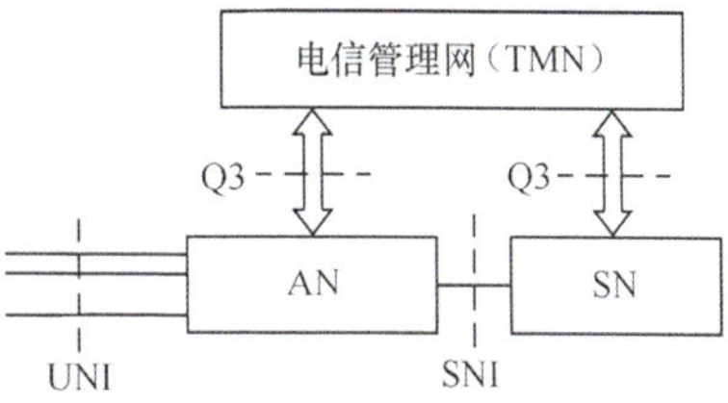

图 9-1　接入网的定界

即用户侧经由 UNI 与用户（或用户驻地网）相连，网络侧经由 SNI 与业务节点（SN）相连，而管理侧是通过 Q_3 接口与电信管理网（TMN）相连。SN 是提供业务的实体，以交换业务而言，提供接入呼叫和连接控制信令，以及接入连接和资源处理。按不同业务接入，SN 可以是本地交换机、IP 路由器或特定配置的点播电视（VOD）等，因此，现行接入网的定义具有一般性。同样，SNI 的概念也比 Q 系列的网络节点接口（NNI）概念有所扩展。在图 9-1 中允许 AN 与多个 SN 相连，确保 AN 可灵活按需接入不同类型的 SN。

3. 接入网协议参考模型

接入网的协议参考模型是基于 ITU-T G.803 建议构成的分层模型，如图 9-2 所示。G.803 建议将网络分成电路层（CL，Circuit Layer）、传输通道层（TP，Transport Path）、传输媒体层（TM，Transmission Media）。

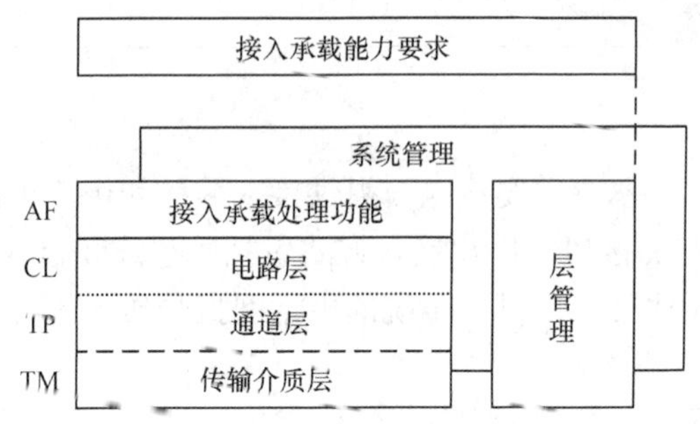

图 9-2 接入网通用协议参考模型

（1）电路层：电路层（CL）是面向公用交换业务的，不同的业务配置不同的电路层网络，例如电路模式、分组模式、帧中继模式和 ATM 模式。

（2）传输通道层：传输通道（TP）层是为电路层网络节点（如交换机）提供透明的通道（如电路群），例如 64kbit/s 通道、帧中继通道、ATM 通道、PDH、SDH、模拟信道以及其他。

（3）传输介质层：传输介质（TM）层与传输介质有关，可细分为段层和物理介质层，完成点到点传送。

（4）接入承载处理功能层：接入承载处理功能层（AF）中表示接入承载能力类型，包括用户承载、用户信令、控制、管理（AF）、层管理功能和系统管理功能等。

上列层层之间相互独立，相邻层间符合客户/服务器模式。

4. 接入网的主要功能

接入网提供 5 种主要功能：用户口功能（UPF）、业务口功能（SPF）、核心功能（CF）、传送功能（TF）和接入网系统管理功能（AN-SMF），接入网的功能结构如图 9-3 所示。

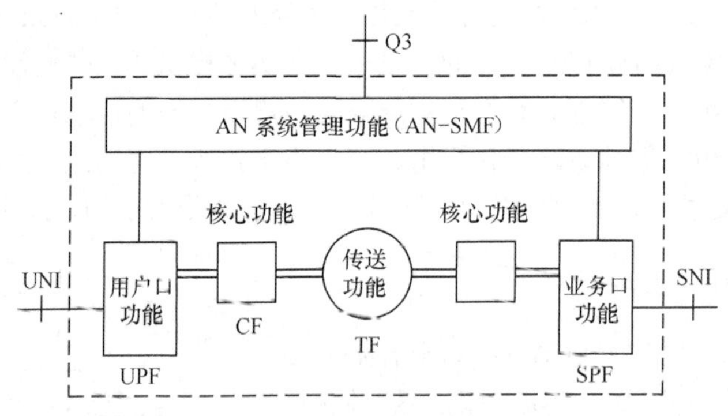

图 9-3 接入网的功能结构

（1）UPF 的主要作用是将特定 UNI 要求与核心功能和管理功能相适配，主要功能有：终结 UNI 功能、A/D 转换、信令转换、UNI 的激活/去激活、处理 UNI 承载通路和测试 UNI。

（2）SPF 的主要作用是将特定 SNI 规定的要求与公用承载通路相适配，以便核心功能处理；也负责选择有关的信息，以便在接入网系统管理功能中进行处理。主要功能有：终结 SNI 功能、特定 SNI 所需要的协议映射、将承载通路的需要和即时的管理和操作需要映射进核心功能和 SNI 的测试。

（3）CF 的主要作用是负责将个别用户口承载通路的要求与公用传送承载通路相适配。其功能还包括为了通过接入网传送所需要的协议适配和复用所进行的对协议承载通路的处理。核心功能可以在接入网内分配，其主要功能有：接入承载通路处理、承载通路集中、信令和分组信息复用和 ATM 传送承载通路的电路仿真。

（4）TF 的作用是为接入网中不同地点之间公用承载通路的传送提供通道，也为所有传输介质提供介质适配功能。主要功能有：复用功能、具有疏导和配置的交叉连接功能和物理介质功能。

（5）AN-SMF 的主要作用是协调接入网内 UPF、SPF、CF 和 TF 的指配、操作和维护，也负责经 UNI 协调用户终端和经 SNI 协调业务节点的操作功能。

5. 接入网的物理参考模型

接入网的物理参考模型如图 9-4 所示。图 9-4 中业务节点 SN 中包含了本地交换设备（SW）和远端交换模块（RSU），接入网（AN）通常指端局本地交换机或 RSU 与用户之间的部分。在接入网内的 RSU 一般不含交换功能。

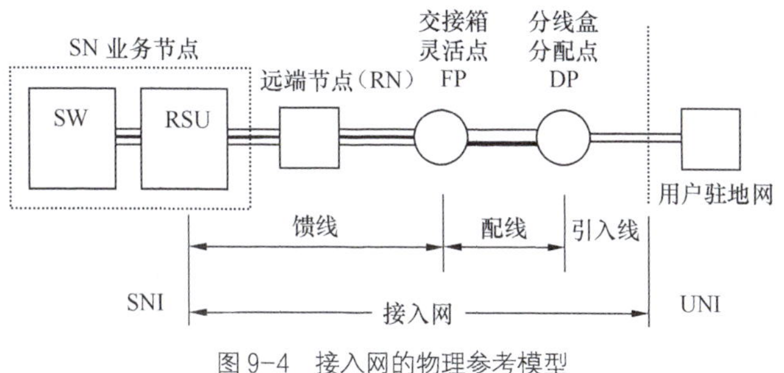

图 9-4 接入网的物理参考模型

由于接入网的各个部分常使用不同的技术来实现，实际的物理配置可能会有不同程度的简化。最简单的情况就是用户与端局直接用双绞线相连，人们习惯称为用户环路或本地环路，形成用户线设施。由图 9-4 中远端可在端局与灵活点之间任意按需设置，一般 RT 为数字环路载波（DLC）系统，用于远端复用或集中。灵活点（FP）的作用为馈线分配接口，也称为接入点（AP），分配点（DP）的作用为业务接入。例如，在典型的市内铜线用户线设施上，端局本地交换机的主配线架通过大容量馈线电缆（数百上千对双绞线成缆）连接到交接箱（即 FP），再由配线电缆连到分线盒（即 DP），经引入线接通到用户终端（或用户驻地网）。

6. 网络接入技术

当前因特网已经在全球得到广泛应用，下一代网络（NGN）普遍被认为基于 IPv6 的宽带网。

接入技术很多，除了最常见的拨号接入外，目前正广泛兴起的宽带接入相对于传统的窄带接入而言显示了其强劲的生命力。宽带是一个相对于窄带而言的电信术语，为动态指标，用于度量用户享用的业务带宽，目前国际还没有统一的定义，业界认同宽带是指用户接入传输速率达到 2Mbit/s 及以上、可以提供 24 小时在线的网络基础设备和服务。

宽带接入技术主要包括以现有电话网铜线为基础的 xDSL 接入技术、以电缆电视为基础的混合光纤同轴（HFC）接入技术、以太网接入、光纤接入技术等多种有线接入技术以及无线接入技术。表 9-1 列出了接入技术的部分典型特征。

表 9-1　接入技术的部分典型特征

<table>
<tr><th colspan="2">接入技术</th><th>用户侧配置设备</th><th>传输介质</th><th>数据速率</th><th>窄带/宽带</th><th>有线/无线</th><th>特点</th></tr>
<tr><td colspan="2">电话拨号接入</td><td>普通 MODEM</td><td>电话双绞线</td><td>33～56 kbit/s</td><td>窄带</td><td rowspan="7">有线</td><td>简单，方便，速率有限，上网时不能通话，可能出现线路忙，或中断</td></tr>
<tr><td colspan="2">专线接入（DDN、帧中继等）</td><td>与专线类型有关</td><td>专用线路</td><td>64 kbit/s～2Mbit/s</td><td>兼有</td><td>专用线路稳定可靠，速率可选，与租费有关</td></tr>
<tr><td colspan="2">ISDN 接入</td><td>NT1、NT2、TA</td><td>电话双绞线</td><td>128 kbit/s</td><td>窄带</td><td>按需拨号，支持同时上网/通话，数字信号质量好</td></tr>
<tr><td colspan="2">ADSL（xDSL）</td><td>ADSL-MODEM</td><td>电话双绞线</td><td>上行 1Mbit/s
下行 8Mbit/s</td><td>宽带</td><td>安装方便，操作简单，无拨号，支持上网/通话两不误，速率高，传输距离有限（3～5km）</td></tr>
<tr><td colspan="2">以太网接入</td><td>以太交换机</td><td>5#，6#，7#UTP</td><td>10/100/1 000Mbit/s</td><td>宽带</td><td>速率高，技术成熟，结构简单，稳定性好成本合理，专敷线路</td></tr>
<tr><td colspan="2">HFC 接入</td><td>Cable-Modem
STB（机顶盒）</td><td>光纤+同轴电缆</td><td>上行 320kbit～10Mbit/s
下行 27，36Mbit/s</td><td>宽带</td><td>基于 CATV，速率高、较经济，服务于小区，速率受上网数有减少</td></tr>
<tr><td colspan="2">FTTx 接入</td><td>ODU，交换机</td><td>光纤+线缆</td><td>10/100/1 000Mbit/s</td><td>宽带</td><td>速率高，质量好，接入简单，易升级，成本高，无源光接点损耗大</td></tr>
<tr><td rowspan="3">无线接入</td><td>卫星接入</td><td>卫星天线+收发信机+Modem</td><td>卫星链路</td><td>按频道、卫星、技术而变</td><td>兼有</td><td rowspan="3">无线</td><td rowspan="2">方便灵活，建网周期短，投资少，频道资源有限，易受干扰，传输质量不如光纤</td></tr>
<tr><td>LMDS</td><td>基站 BSE
室内、外单元
无线网卡</td><td>高频微波</td><td>上行 1.544
下行 51.84～155.52Mbit/s</td><td>宽带</td></tr>
<tr><td>移动接入</td><td>移动终端（手机）</td><td>无线波段</td><td>2G:19.2/144/384kbit/s
3G:2Mbit/s</td><td>兼有</td><td>3G 支持宽带接入，正在向 TD-LTE（3.9G）、4G 发展</td></tr>
</table>

9.2 V5.x 接口

ITU-T 建议的 Q.512 和 Q.2512 分别规定了 V 参考点（即 V1 到 V5 接口）以及 VB 参考点。什么是 V 接口？所谓 V 接口是本地交换机（LE）用户侧数字接口的统称。V 接口用于支持窄带交换业务的接入类型，VB 接口支持宽带（含窄带）交换业务的接入类型。ITU-T 在 1993～1996 年研究周期，以欧洲电信标准协会（ETSI）的标准草案为基础，制定了 LE 与接入网 AN 之间的 V5 接口。从而保证了各厂家的设备接口统一，以利于实现互连互通。

9.2.1 V5.x 接口特征

V5.x 技术标准是程控交换机与接入网之间采用数字一次群连接的接口标准。它分为 V5.1（G.964）和 V5.2（G.965）两个标准。V5.1 是 V5.2 的一个子集。图 9-5（a）给出了 V5.1 接口物理连接为一条 E1 的 PCM 链路；图 9-5（b）给出了 V5.2 接口最多可连接为 16 条 E1 的 PCM 链路。

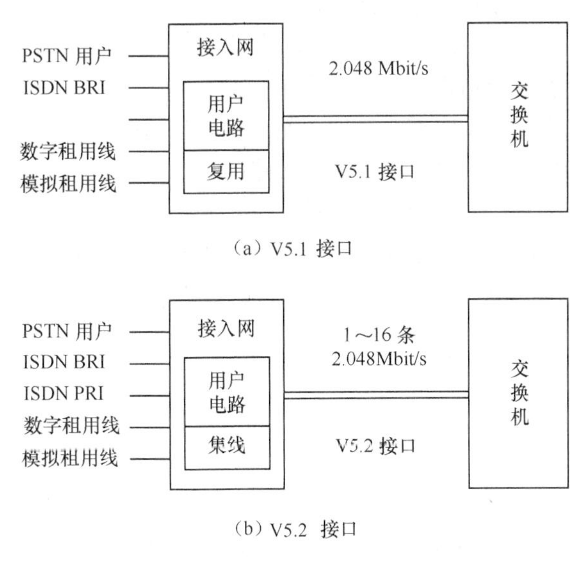

图 9-5 V5.x 接口标准

V5.1 和 V5.2 接口各有不同的用处，表 9-2 列出了两者之间的应用特征。由此可见，国际上注重对 V5.x 接口的标准化旨在提供模块型和综合型接入的 SNI。

表 9-2　　V5.1 和 V5.2 接口的应用特征

序号	V5.1 接口	V5.2 接口
1	支持 1 个 2.048Mbit/s PCM 链路接口	支持多达 16 个 2.048Mbit/s PCM 链路接口
2	固定时隙分配，无集中功能	动态时隙分配，有集中功能
3	仅支持外部提供一次群保护功能	对包含信令的 C 通路提供保护功能
4	仅支持 BRA 业务	可支持 PRA 和租用线新业务
5	协议简单	协议复杂，需附加 BCC、链路控制和保护协议

9.2.2 V5.x 协议结构

V5.x 接口采用 3 层结构，分为（1）物理层；（2）数据链路层；（3）V5 协议体层。如图 9-6 所示。

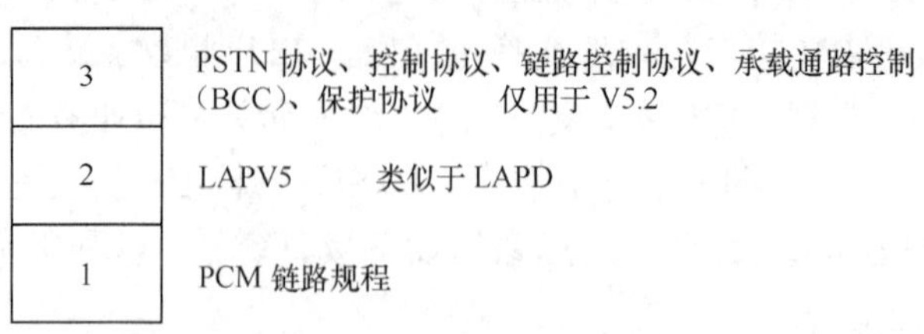

图 9-6　V5.x 接口 3 层协议结构

V5.x 接口协议的主要功能：

（1）将各种不同的 UNI 映射到统一的业务节点接口（SNI）。

（2）SNI 和 UNI 端口的操作维护管理，包括呼叫的 B 通路分配。

V5.x 接口中的时隙按其功能可分为两类：

（1）传送 ISDN 用户 B 信道信息和 PSTN 用户话带信息的承载通路（称 B 通路）。

（2）传送各类数据的通信通路（称 C 通路）。

C 通路传送的数据类型：根据需要，可设置多条 C 通路，选用时隙的优先级（由高到低）为 ：TS16、TS15 和 TS31。C 通路传送的数据类型。

（1）P 型数据：ISDN 端口 D 信道分组数据，SAPI = 16。

（2）f 型数据：ISDN 端口 D 信道帧中继数据，SAPI = 32～62。

（3）Ds 型数据：ISDN 端口 D 信道信令，SAPI = 其他值。

（4）PSTN 信令。

（5）V5 接口第 3 层协议信息。

1．物理层

V5.x 接口的物理层的电气和物理特性为符合 G.703 标准的一次群 PCM2048kbit/s 数字链路。其功能特性和其时钟抖动、漂移特性分别符合 G.704 和 G.823 标准。采用 G.704 和 G.706 定义的循环冗余码 CRC-4 差错校验。

2．链路层

链路层采用 Q.902 和 Q.921 定义的 LAPD 协议，可灵活地将不同的信息流复用到传输通道时隙中。第 2 层 LAPV5 又分为功能封装子层（LAPV5-EF）和数据链路（LAPV5-DL）两个子层。AN 的第 2 层支持 ISDN 的 D 信道的帧中继功能。第 2 层的子层之间的通信采用功能映射的方法，如图 9-7 所示。

图 9-7 中交换机终端的 ET 为模拟用户电路，完成与 PSTN 用户 TE 的通路连接，检测用户摘、挂机状态和脉冲拨号消息，并将其送交 PSTN 协议实体，LC 为用户电路。AN-FR 的功能负责将 LAPD 或 LAPF 帧处理（检错、拆封），加上封装功能（EF，Encapsulation Function）地址，构成 LAPV5-EF 帧，如图 9-8 所示。其中，EF 地址为 13 比特，允许值为 0～8 175，

用于指示对应的 ISDN 用户端口号。

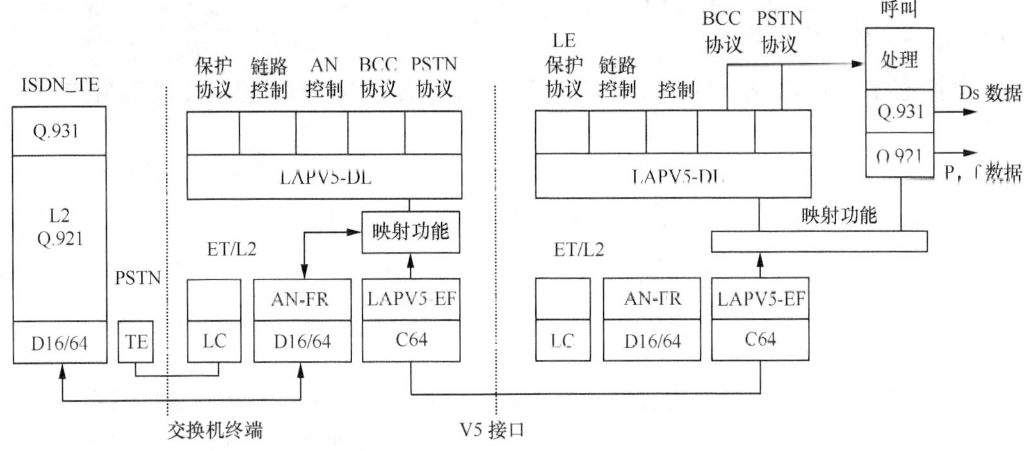

图 9-7 V5.x 接口的协议体系结构

LAPV5-DL 的帧结构如图 9-9 所示。加封第 3 层协议信息：协议鉴别语（定义一个编码，用于在同一数据链路上复用其他协议）、第 3 层地址（用来区别并发的同类协议消息，如与消息有关联的端口或链路）、消息类型、信息单元。DL 地址的取值范围为 8 176～8 791，指示所属第 3 层协议。C 控制字段作用与 LAPD 的相同。

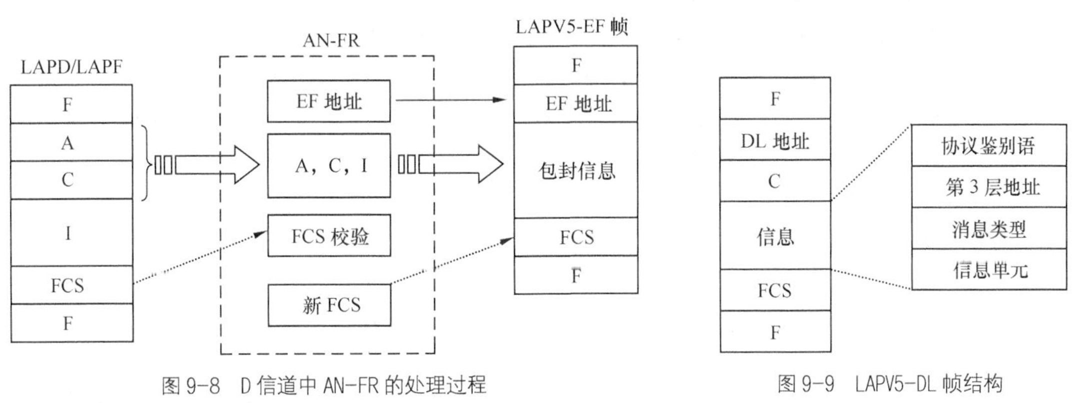

图 9-8 D 信道中 AN-FR 的处理过程

图 9-9 LAPV5-DL 帧结构

在 AN-FR、LAPV5-EF 与 LAPV5-DL 之间完成映射功能。在 LE 侧，PSTN 协议消息对应电话呼叫处理程序、Ds 数据送交 ISDN 呼叫处理程序、P 型/f 型数据送交分组/帧中继模块处理。

3．第 3 层协议体

V5.2 的第三层协议体的内容简述如下。

（1）PSTN 协议。基本目的是传送模拟用户的线路状态和脉冲拨号信息。AN 侧 PSTN 协议体并不控制通话的接续过程，而是通过 V5.1 接口传递模拟用户的当前状态。LE 侧的 PSTN 协议体和网内协议体一起通过 V5.1 接口共同来控制通话的接续过程。

（2）BCC 协议体。BCC 协议体主要功能是建立/释放指定的用户端口和 V5 接口 B 通路的连接。连接的建立/释放由 LE 控制，称为分配/解除分配（B 通路）。协议支持 ISDN 端口与多个 B 通路连接，提供 $n \times 64$ kbit/s 通道。

V5.2 接口支持 3 类连接。

① 交换连接：由 LE 的呼叫处理程序在呼叫始/末时调用 BCC 协议，建立/释放相应的连接；

② AN 内预连接：由 LE 管理功能在连接初始建立/终止时，调用 BCC 协议。

③ AN-LE 内的半永久连接：由 LE 管理功能在连接初始建立/终止时，调用 BCC 协议。

BCC 协议支持 LE 对 AN 的审计功能和 AN 向 LE 的故障报告功能。BCC 协议过程的执行称为一个进程。消息的第 3 层地址就是进程号，称为“BCC 参考号”。LE 和 AN 间的指令消息和返回消息通过进程号互相关联。

（3）控制协议体。控制协议的功能：对 PSTN、ISDN 用户端口的状态进行控制。

① 用户端口控制协议：其第 3 层地址指示 PSTN 端口号或 ISDN 端口号（LAPV5-EF 帧的 EF 地址），包括端口闭塞/解除闭塞；ISDN BRI 端口的激活/去活；维护因素的非紧急闭塞应不影响呼叫处理（在 LE 控制下进行）；故障因素引起的紧急闭塞由 AN 自主启动；解除闭塞必须双方协同处理（请求/应答 ）。

② 公共控制协议：提供同步机制，LE 和 AN 管理实体查核和重新指配 V5 接口变量和接口标识符 ID。在重新指配前，闭塞所有端口；重新指配后，解闭端口。第 3 层地址无实质意义，规定置为 DL 地址，表示控制协议的编码。

（4）保护协议体。保护协议的功能：对 C 通路的故障切换，切换只能由 LE 启动。

（5）链路控制协议体。链路控制协议的功能：

① 对 V5.2 接口的 2.048 Mbit/s 链路进行闭塞控制。消息的第 3 层地址指示相关的链路。

② 提供检查 LE 和 AN 链路身份一致性。类似 CCSS No.7 中的话路导通试验。

9.3 基于线缆的接入技术

当前公用电话网的现有结构，所需线缆的原材料铜逐渐减少，其价格越来越昂贵使得提供服务的成本增加。再加上线缆本身的带宽有限，限制了许多需要较大带宽的业务的接入，如可视电话、大容量的数据业务、可视图文和会议电视等。另外，铜缆的敷设速度慢、周期长等问题，使得交换机到用户终端之间的“最后一公里”成为制约其发展的瓶颈问题。基于铜缆的接入网的技术方案相继而出，如高比特率数字用户线（HDSL）、不对称数字用户线（ADSL）、单线对数字用户线（SDSL）、甚高数据速率数字用户线（VDSL）等，人们统称为 xDSL。

1. 高比特率数字用户线

高比特率数字用户线（HDSL，High-bit rate Digital Subscriber Line）是一种对称的高速数字用户环路技术，上行和下行速率相等，通过 2 对或 3 对双绞铜线提供全双工 E1/T1（2.048/1.544Mbit/s）的数据信息传输能力。HDSL 技术最早由 Bellcore 提出，国内外已有众多厂家推出了 HDSL 产品并得到应用。

（1）HDSL 系统配置。HDSL 的系统配置如图 9-10 所示。在交换机侧和用户侧分别加装线路端接单元（LTU）和远端单元（RTU）即可提供 E1/T1 透明传送。HDSL 的无中继传输距离视线径（0.4～0.6mm）不等为 4～7km。而 PCM 一次群数字链路大致每隔 1.5～0.8km 需设一个再生中继器，所以 HDSL 简化了安装维护，降低了运行成本，但不适用加感环路。

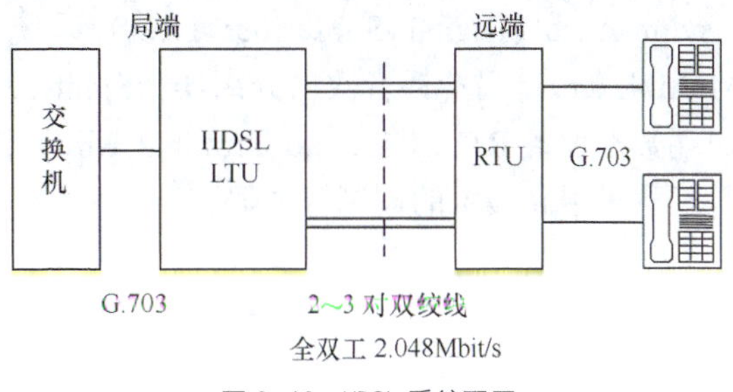

图 9-10　HDSL 系统配置

（2）HDSL 的线路编码。1998 年 10 月 ITU-T 第 15 研究组（SG15）全体会议通过了关于 HDSL 的新建议 G.991.1，对本地金属线路上的高速数字用户线系统做了详细规范，采用 2B1Q 或 CAP 两种线路编码方式，可以支持 784kbit/s（3 对双绞线）、1 168kbit/s（2 对双绞线）和 2 320kbit/s 3 种线路传输速率。

① 2B1Q：2B1Q（2 Binary 1 Quaternary）码是 ISDN 所使用的一种无冗余度的 4 电平脉冲幅度调制（PAM）基带线路码，即连续 2 个信息比特经编码后形成 1 个 4 进制模拟脉冲幅值，其编码规则如表 9-3 所示。图 9-11 给出了信息流与 2B1Q 线路码的对照示例，信息比特 01 查表得码元相对值−1，信息比特 10 得码元相对值+3，其余类推。这种码型成熟、可靠，可降低 50%传输波特率，误码率为 10^{-7}。

表 9-3　　2B1Q 编码规则

第 1 位（符号位）	第 2 位（幅度位）	码元相对值
1	0	+3
1	1	+1
0	1	−1
0	0	−3

② 无载波幅度相位调制：无载波幅度相位调制（CAP，Carrier less Amplitude/Phase modulation）码与正交幅度调制（QAM）一样，同相分量和相位正交分量分别有 8 个幅值，每个码元含 4 bit 信息。其特点：在 2 对双绞线上传输的上限频率为 180 kHz，仅是 2B1Q 的一半，CAP 信号的功率谱无旁瓣，有利于减少码间干扰，近端串音小。每 1 对双绞线收发双向 1 168kbit/s 线路信号，使用 2 对双绞线即可形成标准的 2.048Mbit/s 速率兼容的帧信号。

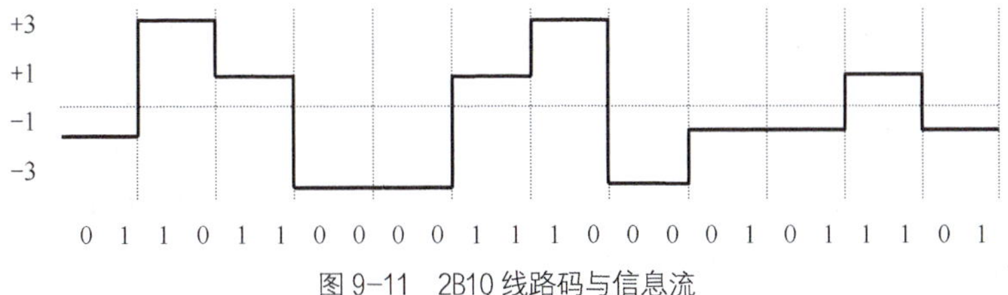

图 9-11　2B1Q 线路码与信息流

2．不对称数字用户线

（1）ADSL 系统配置。ADSL 是 20 世纪 90 年代提出的在 1 对用户线上实现单向宽带业务、交互式中速数据业务和普通电话业务的一种技术。不对称数字用户线（ADSL，Asymmetrical Digital Subscriber Line）系统由局端数据复用设备 DSLAM（DSL Acess Multiplexer）、局端话音数据分离器（Splitter）、本地市话线路、用户端话音数据分离器和用户端数据设备 RTU（Remote Terminal Unit）组成，其系统配置如图 9-12 所示，RTU 实际上是一种采用高技术的调制解调器。

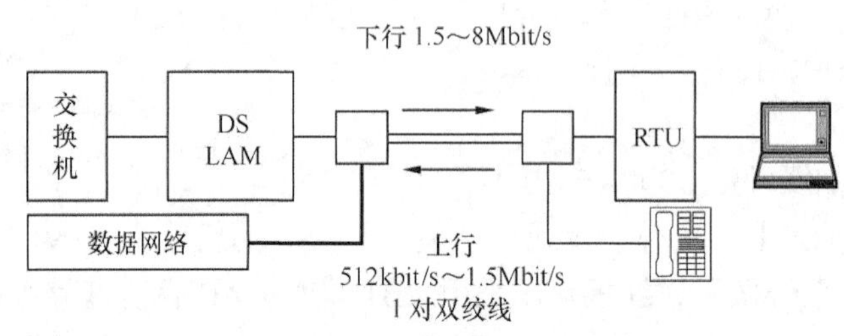

图 9-12　ADSL 系统配置

ADSL 系统的不对称是指 1 对双绞线的双向传输速率不同，国际电信联盟（ITU）在 1999 年 6 月颁布了两个国际标准 G.992.1 与 G.992.2。G.992.1 为全速标准，支持下行（端局→用户）方向传送 8Mbit/s 与上行（用户→端局）方向传送 1.5Mbit/s 高速数据，但却要求用户端安装 POTs 语音分离器，将通过电话线的语音和数据分离，并分别传送至电话交接机或数据网络。G.992.2 是由英特尔、微软等 PC 厂商联合美国各大电话公司和网络服务商成立的通用 ADSL 工作组 UAWG（The Universal ADSL Working Group）研发的标准，旨在推出用户端无须安装 POTs 分离器的通用 ADSL 标准，称为 G.lite 的 ADSL 标准。从技术角度而言，G.lite 标准是全速 ADSL 标准的简化版本，具有成本低、安装简便等特点。它的下行数据速率为 1.536Mbit/s，上行速率为 512kbit/s。

（2）ADSL 的工作原理。

ADSL 技术利用 1 对双绞铜线向用户提供两个方向上不对称的宽带信息业务。ADSL 设备在线路接口上采用的调制技术主要有 QAM、CAP 和 DMT 方式；而在数据接口上采用的传送模式则主要有以太包和 ATM 信元等方式。但是不管这些设备在面向线路接口或数据接口的具体实现方式如何，它们在面向线路接口的物理介质相关模块中均应具备线路编码、线路传输同步过程初始化、话音和数据通道的分离、线路传输信号的加/解扰码以及数字传输通道的嵌入操作控制等功能；而在面向数据接口的传输汇聚模块则应具备数字信道的复用及解复用、数字传输信号的前向纠错、线路传输帧格式的实现、面向高层（如 ATM 链路局或 IP 网络层）的协议处理和网元设备管理等功能。

G.992 线路编码属于正交频分复用方式的 DMT 多载波线路调制技术。DMT 首先对数字信号进行反快速傅立叶变换（IFFT），相当于把信号调制到多个正交载波上，接收端对其进行 FFT 变换，即可接收原信号。ADSL 传输系统定义了 256 个载波（参见图 9-13），每个载波占用 4.312 5kHz 的线路模拟频带，并且每个载波均使用 QAM 线路编码。DMT 线路编码的每个载波通常被称为 1 个 Tone，ADSL 上行传输通道可征用几十个 Tone，而下行传输通道则可征用两百多个 Tone。从理论上看，每个 Tone 的传输设计能力应该相当，甚至大于 1 个 V.34 话音 Modem 的数据传输能力。此外，为了更好地抑制脉冲噪声，DMT 采用了前向纠错码和栅格码技术。

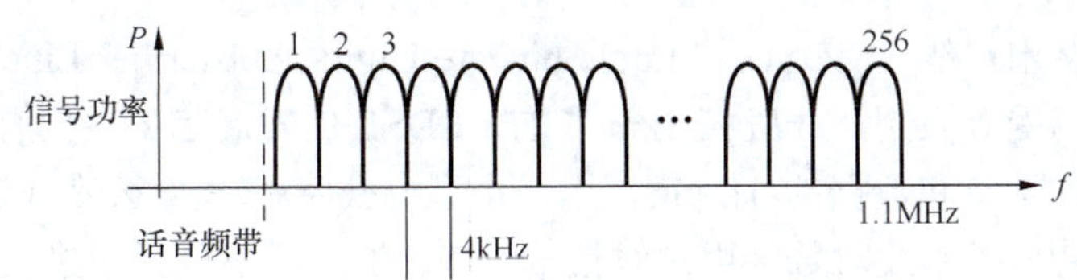

图 9-13 离散多音调制（DMT）技术

DMT 的每个很窄的子信道频带内的电缆特性可以近似认为是线性的，因此脉冲混叠可以减至最低程度。在每个子信道内传送的比特率可以按该信道内信号和噪声的大小自适应地变化，故 DMT 技术可自动避免工作在干扰较大的频段。

DMT 可以实现速率的自适应调整，这就是 RADSL，DMT 可以从 64kbit/s 开始以 32kbit/s 的间隔平滑递增。DMT 具有许多优点。在 ADSL 标准化过程中，DMT 调制方式获得了更广泛的支持。DMT 对线路信号衰减的适应能力较强，由于 DMT 线路编码中每个载波的数据传输能力可以根据该载波所在频段的信噪比进行自动调节，因此比较容易适应宽频模拟传输信号在市话双绞线路上出现的非均衡衰减。带宽利用率更高，DMT 技术可以自适应地调整各个子信道的比特率，可以达到比单频调制高得多的信道速率。可实现动态带宽分配，DMT 技术将总的传输带宽分成大量的子信道，这就有可能根据特定业务的带宽需求，灵活地选取子信道的数目，从而达到按需分配带宽的目的。由于线路编码调制效率的调整可以在各个载波内进行，DMT 的线路自适应调整的步长可以较小。DMT 具有很强抗脉冲噪声和窄带噪声干扰能力，根据傅立叶分析理论，频域中越窄的信号其时域延续时间越长，DMT 方式下各子信道的频带都非常窄，因而各子信道信号的时域中都是延续时间较长的符号，故可以抵御短时脉冲的干扰；如果线路中出现窄带噪声干扰，可以直接关闭被窄带噪声覆盖的几个信道，系统传送性能不会受到太大影响。

从性能上看，DMT 是比较理想的编码调制方式，信噪比高、传输距离远，或同样距离下传速率较高。但 DMT 也存在一些问题，比如 DMT 对某个子信道的比特率进行调整时，会在该子信道的频带上引起噪声，对相邻子信道产生干扰，而且实现比较复杂。

现在 ADSL 被广泛用于 Internet 接入、远端 LAN 接入和视频点播（VOD）业务。ITU-T 提出了 ADSL2，它们的传输距离分别为 5.5km、3.6km，ADSL-3 速率为 9.412Mbit/s。

2002 年 7 月 ITU 公布了 ADSL 的 G.992.3 和 G.992.4 新标准，即所谓 ADSL2。2003 年 3 月，ITU 又制定了 G.992.5 标准，就是 ADSL2plus，也叫 ADSL2＋。ADSL2 通过改善调制解调的效率、减少帧开销、提高线码增益、改进初始化状态和优化信号处理算法等方法来提高数据传输速率。ADSL2 的最高速率可达 12Mbit/s，环路的长度可在 6.1km。除了自身速率的提高，ADSL2 标准中还支持 ATM Forum 的 Inverse Multiplexing for ATM（IMA）标准。通过采用 IMA 标准，ADSL2 芯片集可以在一条 ADSL 链路中捆绑两条或更多的铜线对。通过这种捆绑配置，ADSL2 可以灵活地获得极高的数据速率。

3．单线对数字用户线

单线对数字用户线（SDSL，Single-pair Digital Subscriber Line）与 HDSL 类似，采用 2B1Q 线路编码，可以使用 1 对铜双绞线对在上、下行方向上实现 E1/T1 传输速率的技术。也称为对称数字用户线（Symmetrical Digital Subscriber Line，SDSL）。

中等比特率数字用户线（MDSL，Middle bit-rate Digital Subscriber Line）。1 对双绞铜线的使用使其传输距离受到限制，一般在 3km 左右。SDSL 的发展趋势主要有两个：一是开发在单线对上同时传送话音和数据的 HDSL，用于小型办公室/家庭办公室（SO/HO）；二是开发具有更高传输比特率的单线对数字用户线技术，ITU-T 已就起草新的建议 G.shdsl“单线对高比特率数字用户线”（VDSL）开展研究。

4．甚高数据速率数字用户线

甚高数据速率数字用户线（VDSL，Very high bit-rate DSL）是 ADSL 的发展方向，是目前最先进的数字用户线技术。VDSL 通常采用 DMT 调制方式，在 1 对铜双绞线上实现双向不对称数字传输，其下行速率可达 13～52Mbit/s，上行速率可达 1.5～7Mbit/s，传输距离为 300m～1.3km。以色列的 Metalink 公司的 VDSL 芯片，能够以下行 50Mbit/s、上行 7Mbit/s 速率进行传输；瑞典 Telia 公司的 VDSL 实验产品演示，能够在 1 个连接上同时提供 8 个数字电视信道。它将 1 路 10MHz 的信道分割成 1 024 个子信道，根据线路情况自动调整达到最佳传送状态，每个载波传送 20～120kbit/s 的信息，传输距离达 500m。VDSL 系统的标准化是 ITU-T SG15 下一阶段的主要研究目标之一。

5．速率自适应数字用户线

速率自适应数字用户线（RADSL，Rate-Adapted Digital Subscriber Line）能够自动地、动态地根据所要求的线路质量调整自己的速率，为远距离用户提供了质量可靠的数据网络接入手段。RADSL 是在 ADSL 基础上发展起来的新一代接入技术，其下行速率从 384kbit/s 到 9.2 Mbit/s，上行速率从 128kbit/s 到 768kbit/s，传输距离可达 5.5km 左右。

6．数字同步语言和数据技术

数字同步语言和数据（DSVD）技术的主要作用是使现有的普通电话线路获得同步传送话音数据的能力。DSVD 技术并没有提高电话线路的传输速率，但它使用 V.34 的 MODEM 技术所获得的 28.8kbit/s 传输速率得到充分利用，为话音和数据的同步传输提供了良好的技术处理方法。它为在双绞铜线上实现个人会议、多用户游戏和电子购物等新型电信业务创造了条件。

9.4 基于光缆的接入技术

1．基于光缆接入的参考配置

从总的发展趋势来看，光纤在接入网中的应用会越来越广，图 9-14 给出了全光纤接入的基本连接，从交换端局通过馈线光缆接到远端（RT），或称远端节点（RN），再经过配线光缆接到业务接入点（SAP），设有光网络单元（ONU），完成光电转换和分用。

ITU-T 建议 G.982 提出了一个与业务和应用无关的光接入网功能参考配置以及相应的参考点，如图 9-15 所示。

由图 9-15 可见，从 SNI（V 参考点）到 UNI 单个用户接口（T 参考点）间的传输设施统称为接入链路，其中，终端适配器（TA）的一端接 ISDN，称 S 接口，接非 ISDN 的一端是

R 接口。利用这个基本概念来描述参考配置的功能规程，一般地，接入链路的用户侧与网络侧业务流是非对称的。在光接入网（OAN）内，包含 1 个光线路终端（OLT）、至少 1 个光配线网（ODN）、至少 1 个光网络单元（ONU）及适配设施（AF），在 ONU 和 AF 之间定为 a 参考点。

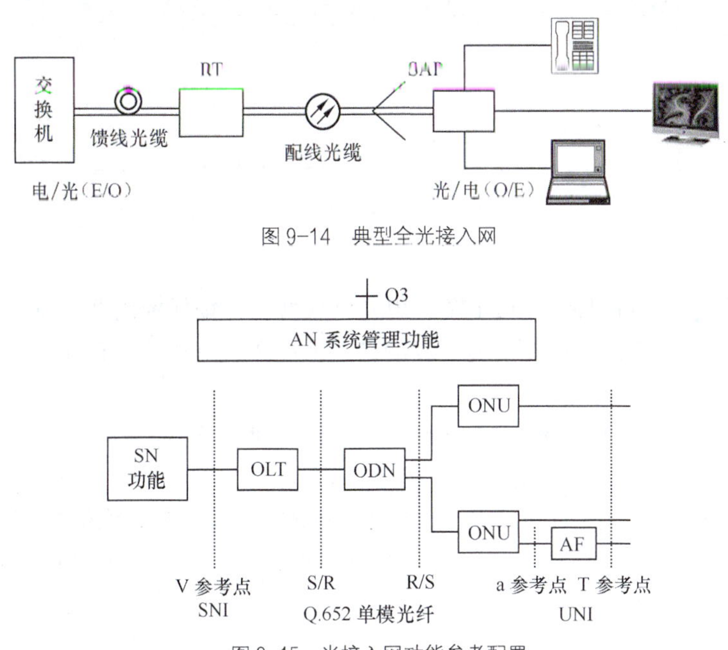

图 9-14 典型全光接入网

图 9-15 光接入网功能参考配置

（1）OLT。OLT 的功能是为 OAN 提供网络侧与本地交换机之间的接口，并经一个或多个 ODN 与用户侧的 ONU 进行通信，OLT 与 ONU 保持主从通信关系。即 OLT 可分离交换业务和非交换业务，管理来自 ONU 的信令和监控信息，为本身及 ONU 提供维护和指配功能。OLT 可以是独立的设备，也可集成在其他设备之内。

（2）ODN。ODN 的功能是为 OLT 与 ONU 间提供光传输、完成光信号功率的分配。ODN 是由无源光元件组成的光配线网，包括光缆、光连接器和光分路器等。网络拓扑通常为树⇔分支结构。若将无源光分路器用复用器替代，形成有源双星型结构，则称为有源光网（AON）。

（3）ONU。ONU 的功能是终接 ODN 接来的光纤，处理光信号并为用户提供接口。ONU 需要完成光⇔电互换，并处理语音信号的模数转换、复用、信令和实现维护管理。

（4）AF。AF 为 ONU 和用户设备提供适配功能，可嵌在 ONU 内，也可单设。

在北美光接入网（OAN），被称为光纤环路系统（FITL），称 OLT 为局用数字终端（HDT）。

2. 光纤接入的应用类型

近几年，光通信发展迅速，接入网大量采用光缆作为传输介质；以光纤传输到有关的地理位置来划分，有光纤到路边（FTTC）、光纤到大楼（FTTB）和光纤到家（FTTH） 等，如图 9-16 所示。

（1）光纤到家。光纤到家（FTTH）是一种全光网络结构，用户与 SN 节点间实现完全光缆传输，它是接入网的最终解决方案。FTTH 的带宽、传输质量和运行维护都十分理想。由于整个用户接入网完全透明，因而对传输制式、波长和传输技术没有严格限制，适合于各种交互宽带业务。另外，光纤直接到家不受外界干扰，也无泄漏问题，室外设备可以做到无源，这样可避雷击，供电成本较低。FTTH 缺点是目前成本太高，目前尚不能大量推广应用。

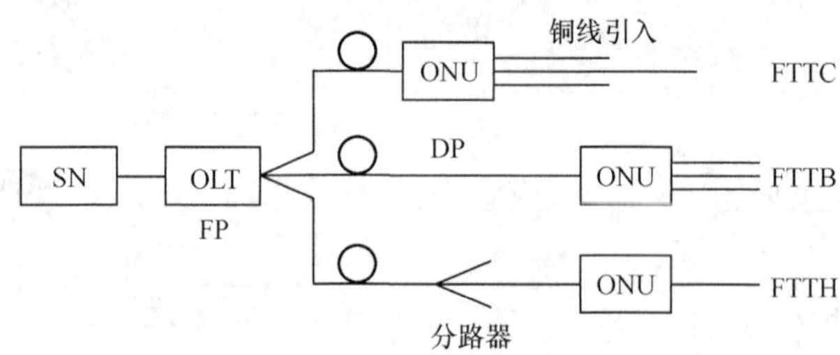

图 9-16　光接入网的应用类型

（2）光纤到路边。光纤到路边（FTTC）用光纤代替主干馈线铜缆和局部配线铜缆，将光网络单元（ONU）设置在路边，然后通过双绞铜线或电缆接入用户。FTTC 适合于居住密度较高的住宅区。

（3）光纤到大楼。光纤到大楼（FTTB）是用光纤将 ONU 接到大楼内，再用电缆延伸到各用户。FTTB 特别适用于给一些智能化办公大楼提供高速数据、电子商务和视频会议等业务。将 FTTB 与目前已在许多办公大楼使用的以 5 类线为基础的大楼综合布线系统结合起来，能够较好地提供多介质交互式宽带业务。FTTC/FTTB 成本比 FTTH 低，容易过渡到 FTTH，可提供高速率的对称带宽，省掉了大部分铜缆。但它们成本比一般铜缆高，传输模拟分配业务较为困难。

（4）FTTx+LAN 接入。FTTx+ LAN，即光纤接入和以太网技术结合而成的高速以太网接入方式，可实现“千兆到大楼，百兆到层面，十兆到桌面”，为最终光纤到户提供了一种过渡。

FTTx+LAN 接入比较简单，在用户端通过一般的网络设备，如交换机、集线器等将同一幢楼内的用户连成一个局域网，用户室内计算机通过 RJ45 接口经交换机与外界光纤干线相连即可。作为用户驻地网对这类以太交换机提出具有被管理功能的设计要求有下列几项。

① 用户消息的隔离；

② 组播（multicast）；

③ 支持基于端口用户的接入，或支持基于账号用户的接入；

④ 支持用户接入网络的认证；

⑤ 支持对用户的计费（按用户的流量、时长及包月制）；

⑥ 支持各个运行商的平等接入；

⑦ 限制用户最高接入速率；

⑧ 支持 IP 地址的动态分配（可选）；

⑨ 网络地址转换 NAT（可选）。

总体来看，FTTx+LAN 是一种比较廉价、高速、简便的数字宽带接入技术，特别适用于我国这种人口居住密集型的国家。

9.5　光纤同轴混合（HFC）接入

为了解决终端用户灵活、高速地接入 IP 网，除了上述通过 xDSL 技术充分提高电话线路的传输速率外，还可利用目前覆盖范围广、带宽高、具有潜力的有线电视网（CATV）。HFC 接入是有线电视网的延伸。它采用光纤从交换局到服务区，而在进入用户的“最后 1 公里”采用有线电视网同轴电缆。它可以提供电视广播（模拟及数字电视）、影视点播（VOD）、数据通信、电信服务（电话、传真等）、电子商贸、远程教学与医疗以及丰富的增值服务（如电子邮件、电子图书馆）等，这也是当前三网融合的基本解决方案之一。

1. HFC 概念

HFC 接入技术是以 CATV 为基础，采用模拟频分复用技术，综合应用模拟和数字传输技术、射频技术和计算机技术所产生的一种宽带接入网技术。以这种方式接入 IP 网可以实现 10Mbit/s～40Mbit/s 的带宽，用户可享受的平均速度是 200kbit/s～500kbit/s，最快可达 1 500kbit/s，用它可以享受宽带多媒体业务，并且可以绑定独立 IP。

2. HFC 频谱

HFC 所使用的标称频带为 750MHz、860MHz 和 1 000MH。目前用得最多的是 750MHz 系统。HFC 在一个 500 户左右的光纤节点覆盖区可以提供 60 路模拟广播电视、每户至少 2 路电话、速率至少高达 10Mbit/s 的数据业务；利用其 550M～750MHz 频谱还可以提供至少 200 路 MPEG-2 的点播电视业务以及其他双向电信业务。高端的 750M～1 000MHz 仅用于双向通信业务，其中，分出 2 个 50MHz 频带用来提供个人通信业务。HFC 支持双向信息的传输，因而其可用频带划分为上行频带和下行频带。上行频带是指信息由用户终端传输到局端设备所需占用的频带；下行频带是指信息由局端设备传输到用户端设备所需占用的频带。

目前各国对 HFC 频段配置还未取得完全的统一，我国广电部门关于有线数字电视频道配置指导性意见中给出的分段频率如图 9-17 所示。

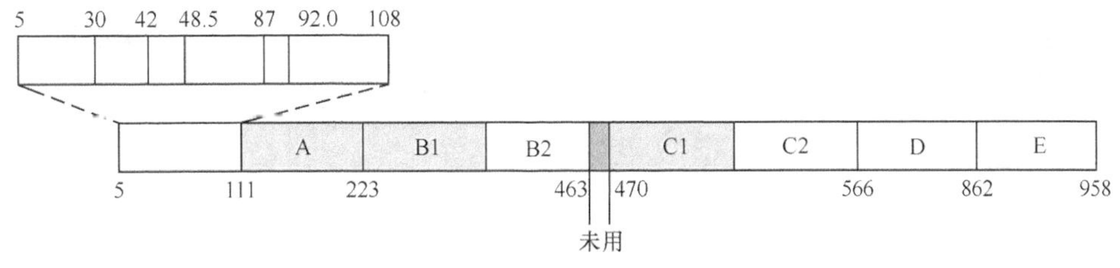

图 9-17 分段频率

数字电视业务的频道划分以一频道 8MHz 计，分为 A，B1，B2，C1，C2，D，E 段。各段频率的业务指配参见表 9-4 所示。

表 9-4 HFC 的应用频段、频率范围和业务类型

序号	频段		频率范围（MHz）	业务类型
	国外波段	中国频段		
1	R		5.00～30.00	上行 电视及非广播业务
2	R1		30.00～42.00	电信业务
3	I		48.50～92.00	下行 模拟广播电视
4	FM		87.00～108.0	调频广播

续表

序号	频段		频率范围（MHz）	业务类型
	国外波段	中国频段		
5	A1	A	111.00～167.0	模拟广播电视
6	III		167.00～223.0	模拟广播电视
7	A2	B1/B2	223.00～295.0	模拟广播电视
8	B		295.00～463.0	模拟广播电视
9	IV	C1/C2	470.00～582.0	数字或模拟广播电视
10	V	D	582.00～710.0	电信业务（1）VOD
11	VI		710.00～750.0	电信业务（2）电话、数据
12		E	750.00～862.00	未用
13			862.00～958.00	未用

各频段的数字化优先顺序：B2、D、C2 为最先数字化，次之为 B1、C1，最迟数字化为 A。其中心频率为标准 GB/T 17786—1999 附录 A 中所给出的频率范围的中间值。例如，频道 DS25 的频率范围为 606M～614MHz，其中心频率为 610MHz。用于下行数据传输的频道分配可以小于 8MHz。

3．HFC 接入系统

HFC 接入系统由前端系统、HFC 接入网和用户终端系统 3 部分组成，如图 9-18 所示。HFC 网络中传输的信号沿用了有线电视网上传送的射频信号（FR，Radio Frequency），即一种高频交流变化电磁波信号，类似于电视信号。

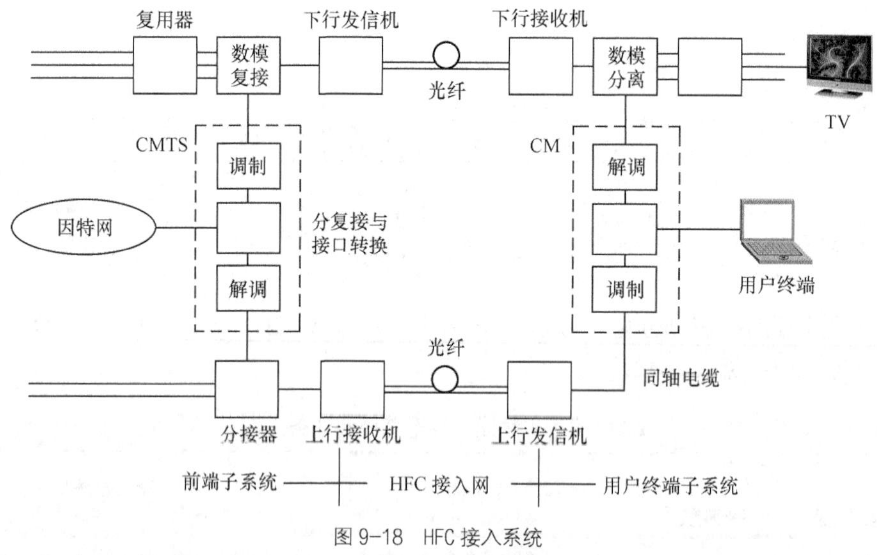

图 9-18 HFC 接入系统

（1）前端子系统。有线电视有一个重要的组成部分，称为前端，如常见的有线电视基站，它用于接收、处理和控制信号，包括模拟信号和数字信号，完成信号调制与混合，并将混合信号传输到光纤。其中处理数字信号的主要设备之一就是电缆调制解调器端接系统（CMTS，

Cable Modem Termination System)，它包括分复接与接口转换、调制器和解调器。

（2）HFC 接入网。HFC 接入网是前端系统和用户终端之间的连接部分，其拓扑结构为星型-总线，由馈线（光缆）、配线（同轴电缆）以及用户引入线组成。在服务区仍沿用有线电视（CATV）的树⇔分支型同轴电缆网，如图 9-19 所示。

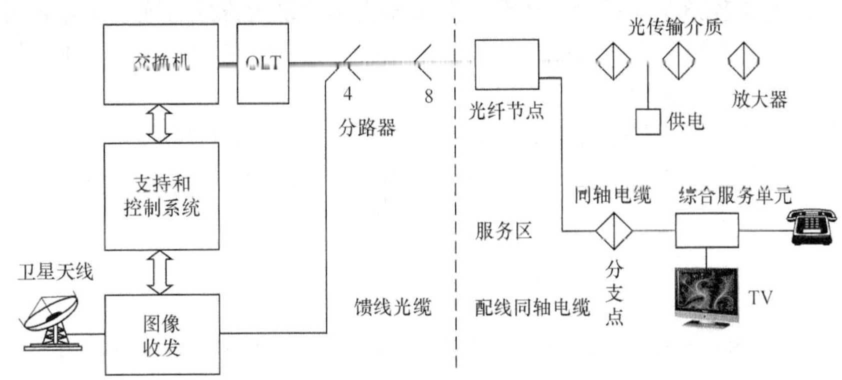

图 9-19　HFC 接入网典型结构

① HFC 的馈线是指 SN 与服务区光纤节点间的部分。在 SN 到光纤节点（光电转换）之间采用有源光纤接入，而光电转换节点到用户采用同轴电缆接入。这样使光纤集束接近用户，替代了原 CATV 的干线电缆和一系列的有源放大器。减少同轴电缆的级联放大器，提高系统可靠性，据资料表明，HFC 网的网络可用性达 99.97%。

② HFC 的配线是指服务区光纤节点到分支点间范围，相当于电话网中远端到分线盒。一个服务区的用户数为 500 户，但服务范围可延伸到 5～10km（此时仍需用干线放大器）。在 HFC 网中使用“服务区”这一概念，可便于灵活组网，也是提供双向通信业务的基础。与蜂窝移动通信原理类似，每个服务区采用同一套频谱安排而互不影响，使频谱再用成为可能。在一个服务区内可以接入有限的全部上行通道带宽，例如设一个电话占用带宽为 50kHz，500 户共需 25MHz 上行通道带宽。当服务区用户数降到 100 户以下时，就可能省去放大器而成为无源线路网，可进一步减少故障率和维护量。

③ 用户引入线是从分支点到用户间的线路，传输距离一般为几十米。分支点配置分支器，其功能是信号分路和方向耦合到每一个用户。分支器有多种规格：4 路、16 路及 32 路分支器。引入线负责将分支器的信号引入到用户，使用复合双绞线的连体电缆（软电缆）作为物理媒介，与配线网的同轴电缆不同。

（3）用户终端子系统。用户终端子系统指以电缆调制解调器（CM，Cable Modem）为代表的用户室内终端设备连接系统。Cable Modem 是一种将数据终端设备连接到 HFC 网的连接设备，使用户能和 CMTS 进行数据通信，访问 IP 网等信息资源。它主要用于有线电视网进行数据传输，它解决了由于声音图像的传输而引起的阻塞，传输速率高。

CM 工作在物理层和数据链路层，其主要功能是将数字信号调制到模拟射频信号以及将模拟射频信号中的数字信息解调出来供计算机处理。除此之外，CM 还提供标准的以太网接口，可增配部分地完成网桥、路由器、网卡和集线器的功能。CMTS 与 CM 之间的通信是点到多点、全双工的，这与普通 Modem 的点到点通信和以太网的共享总线通信方式是不同的。

4．HFC 接入系统工作过程

依据图 9-18 分别从上行和下行两条线路来看 HFC 系统中的信号传送过程。

（1）下行方向。在前端，所有服务或信息经由相应调制转换成模拟射频信号，这些模拟射频信号和其他模拟音频、视频信号经数模混合器由频分复用方式合成一个宽带射频信号，加到前端的下行光发射机上，并调制成光信号用光纤传输到光节点，并经同轴电缆网络、数模分离器和 CM 将信号分离解调并传输到用户。

（2）上行方向。用户的上行信号采用多址技术（如 TDMA、FDMA、CDMA 或它们的组合）通过 CM 复用到上行信道，由同轴电缆传送到光节点进行电光转换，然后经光纤传至前端，上行光接收机再将信号经分接器分离、CMTS 解调后传送到相应接收端。

5．机顶盒

机顶盒（STB，Set Top Box）是一种扩展电视机功能的新型家用设备，由于常放于电视机顶上，所以称为机顶盒。目前的机顶盒多为网络机顶盒，其内部包含操作系统和 IP 网浏览软件，通过电话网或有线电视网连接互联网，使用电视机作为显示器，从而实现没有电脑的上网。

6．HFC 的特点

HFC 有别于 CATV 的一个重要特征是其支持双向通信，从表 9-4 可见，其上行通道（即回传信道）带宽有限（可用 25MHz）。在这 25MHz 带宽内为数万乃至十几万用户提供回传，显然是不够的，此外在该频段对家用电器、寻呼、移动通信会产生干扰，在回传过程中形成漏斗噪声，严重影响通信质量。如何处理回传过程的干扰是双向通信需妥善解决的一个关键问题。目前已有多种解决方案可用，其中比较彻底的方案是所谓的小型光节点方案，用独立的光纤来传双向业务，小型光节点采用低成本激光器（约数百元）。由于它很接近用户，因而同轴网部分采用无源网。回传信道则安排在高频端，从而彻底避免了回传信道的干扰问题。第二种方案是采用同步码分多址（S-CDMA）技术，此时信号处理增益可达 21.5dB，干扰大大减少，系统可以工作在负信噪比条件下，较好地解决回传信道的噪声和干扰问题。HFC 的发展趋势是与 DWDM 相结合，可以充分利用 DWDM 的降价趋势简化第二枢纽站，将路由器和服务器等移到前端，消除光—射频—光变换过程，从而简化了系统，进一步降低了成本。

从长远看，HFC 网必将走向全业务网（FSN），即以单个网络提供各种类型的模拟和数字业务。将来用户数可以从 500 户降到 25 户，实现光纤到路边。最终用户数可望降到 1 户，实现光纤到家，提供了一条通向宽带通信的新途径。

9.6 无线接入

无线接入技术是指接入网的某一部分或全部使用无线传输介质，向用户提供固定和移动接入服务的技术。无线接入系统主要由用户无线终端（SRT）、无线基站（RBS）、无线接入交换控制器以及与固定网的接口网络等部分组成。其基站覆盖范围分为 3 类：大区制 5～50 km，小区制 0.5～5km，微区制 50～500m。无线接入网技术按照通信速率可以分为低速接入和高速接入。采用超短波、微波、毫米波及卫星通信等多种传输手段和点对点、一点多址、蜂窝、集群、无绳通信等多种组网技术体制，可以构成多种多样的应用系统。无线接入技术按照使用方式大体分为移动式接入和固定式接入两大类。

1. 移动式接入

移动式接入指用户端可在较大范围内移动的通信系统接入技术，包括集群和蜂窝两种。集群接入是专用调度指挥无线电通信系统，现已发展为多信道自动拨号系统，可与市话相连。集群系统各基站之间可用微电路、光缆或电缆连接，已形成统一调度指挥能力。蜂窝接入可分为：

（1）采用 TDMA、CDMA 的数字蜂窝技术，频段为 450/800/900MHz，主要技术有 GSM 和 IS-54 的 TDMA（DAMPS）等。

（2）微蜂窝技术，频段为 1.8/1.9GHz，主要技术有基于 GSM 的 DSC1800/1900 和基于 IS-95CDMA 等。采用低轨卫星通信系统也是个人通信的重要途径。

（3）通用分组无线业务（GPRS，General Packet Radio Service）。GPRS 可在 GSM 移动电话网上收、发非话音增值业务，支持数据接入速率最高达 171.2kbit/s（占用全部 8 个时隙），GPRS 可完全支持浏览因特网的 Web 站点。

（4）随着移动通信技术的进步，WCDMA、TD-SCDMA 和 CDMA2000 3 个标准的第三代移动通信（3G）已在我国全面投入使用。例如，中国网通选用的 HSUPA 网络（WCDMA 的高级版）理论峰值下载速度是 14.4Mbit/s，上传速度是 6.8Mbit/s。信号覆盖率高，现在的 WCDMA 基站最小的可以直接打在墙上，跟壁灯大小差不多。由于覆盖好，网络质量好，WCDMA 能保证用户在主城区均能任意享用 3G 业务。当用户出差旅行，或者驾车驶出 3G 覆盖区也没关系，手机能平滑过渡到 GSM 网，跟现在的 G 网到 E 网效果一样。因为 WCDMA 本身就是 GSM 的升级版，不会出现掉线，网络切换问题。

（5）国际上主流的 4G 技术主要是 LTE-Advanced 和 802.16m 两种技术，LTE 是 Long Term Evolution 的英文缩写，意为“长期演进”，表示项目是 3G 的演进。TD-LTE-Advanced 技术方案属于 LTE-Advanced 技术，它是中国继 TD-SCDMA 之后，提出的具有自主知识产权的新一代移动通信技术（LTE-Advanced TDD 制式），LTE 并非人们普遍误解的 4G 技术，而是 3G 与 4G 技术之间的一个过渡，称为 3.9G 的全球标准。它改进并增强了 3G 的空中接入技术，采用 OFDM 和 MIMO 作为其无线网络演进的唯一标准，这种以正交频分复用（OFDM）/FDMA 为核心的技术可以被看做“准 4G”技术。在 20MHz 频谱带宽下能够提供下行 100Mbit/s 与上行 50Mbit/s 的峰值速率，改善了小区边缘用户的性能，提高小区容量和降低系统延迟，可以支持更多的宽带新业务。

2. 宽带固定无线接入

宽带固定无线接入技术主要有 3 类，即已经投入使用的多路多点分配业务（MMDS）和本地多点分配业务（LMDS）以及直播卫星系统（DBS）。本节仅介绍 LMDS 和 DBS。

（1）本地多点分配业务。本地多点分配业务（LMDS，Local Multi-point Distribution Service）也称为固定无线宽带无线接入技术，这是一种解决“最后一公里”问题的微波宽带接入技术。由于工作在较高的频段（24GHz～39GHz），因此可提供很宽的带宽（达 1GHz 以上），又被喻为“无线光纤”技术。LMDS采用一种类似蜂窝的服务区结构，将一个需要提供业务的地区划分为若干服务区，每个服务区内设置基站，基站设备经点到多点的无线链路与服务区内的用户端通信。每个服务区覆盖范围为几公里至十几公里，并可相互重叠。每一蜂窝的覆盖区又可以划分为多个扇区，可根据用户需要在该扇区提供特定业务。这种模块式结构使网络扩容很灵活方便。它可在较近的距离实现双向传输话音、数据图像、视频、等宽带业务，并支持ATM、TCP/IP和MPEG2等标准。

（2）DBS卫星接入技术。DBS技术也称为数字直播卫星接入技术，该技术利用位于地球同步轨道的通信卫星将高速广播数据送到用户的接收天线，所以它一般也称为高轨卫星通信。其特点是通信距离远，覆盖面积大且不受地理条件限制，频带宽，容量大，适用于多业务传输，可为全球用户提供大跨度、大范围、远距离的漫游和机动灵活的移动通信服务等。

由于数字卫星系统具有高可靠性，可使下载速率达到400kbit/s，而实际的DBS广播速率最高可达到12Mbit/s。目前，美国已经可以提供DBS服务，主要用于因特网接入，其中最大的DBS网络是休斯网络系统公司的Dircct PC。Dircct PC的数据传输也是不对称的，在接入因特网时，下载速率为400kbit/s，上行速率为33.6kbit/s，这一速率虽然比普通拨号Modem提高不少，但与xDSL及Cable Modem技术仍无法相比。

3．无线局域网接入

无线局域网（Wireless LAN），简称WLAN。（这部分内容已经在第6章讲述过）它不受电缆束缚，可移动，能解决因有线网布线困难等带来的问题，并且具有组网灵活，扩容方便，与多种网络标准兼容，应用广泛等优点。WLAN既可满足各类便携机的入网要求，也可实现计算机局域网远端接入、图文传真、电子邮件等多种功能。

4．蓝牙技术

蓝牙的英文名称为“Bluetooth”，实际上它是一种实现多种设备之间无线连接的协议。通过这种协议能使包括蜂窝电话、掌上电脑、笔记本电脑、相关外设和家庭Hub等包括家庭RF的众多设备之间进行信息交换。蓝牙技术应用于手机与计算机的链接，可节省手机费用，也可实现数据共享、因特网接入、无线免提、同步资料、影像传递等。根据目前公布的1.0的技术规范，蓝牙技术的工作频段是全球统一的2.4GHz ISM频段。它采用以每秒钟1 600兆的快速跳频扩频技术，传输速率为1Mbit/s，具有很强的抗干扰能力；其标准的有效传输距离为10m，通过添加放大器可将传输距离增加到100m。

9.7 SDH和WDM承载IP

9.7.1 SDH承载IP

SDH承载IP即IP Over SDH，是以SDH网络承载IP网数据报的物理传输。它使用链路及点到点协议（PPP）对IP数据报进行封装，根据RFC1662规范把IP分组简单地插入到PPP帧中的信息段，然后再由SDH通道层的业务适配器把封装后的IP数据报映射到SDH的同步净荷中，然后经过SDH传输层和段层，加上相应的开销，把净荷装入一个SDH帧中，最后到达光网络，在光纤中传输。IP over SDH也称为Packet over SDH（PoS）。它保留了IP无连接的特征。

支持 IP over SDH 技术的协议、标准和草案主要有以下两个。

（1）PPP：PPP（即 IETF FRC1661：The Point-to-Point Protocol 和 RFC2153：PPP vendor Extension）是 1 个简单的 OSI 第 2 层网络协议，具体内容在第 4 章已介绍过。其头标只有两个字节，没有地址信息，只是按点到点顺序，无连接方式。PPP 可将 IP 数据报分成 PPP 帧（符合 RFC1662：PPP in HDLC-Link Faming）以满足映射到 SDH/Sonet 帧结构（符合 RFC1619：PP over SDH）上的要求。

（2）简化数据链路（SDL）协议。在 IP/PPP/HDLC/SDH 中，使用的基于 HDLC 的帧定界协议存在一些问题：用户使用 HDLC 帧时，网管需要对每一个输入、输出字节都要进行监视。当用户数据字节的编码与标志字节相同时，网管需要进行填充/去填充操作。为此，Lucent 提出了简化数据链路（SDL）协议。SDL 用户对同步或异步传送的可变长的 IP 数据报进行高速定界，可适用于 OC-48/STM-16 以上速率的 IP over SDH。SDL 协议主要应用于点到点的 IP 传送，可以用于任何类型的数据报（如 IPv4、IPv6 等）。与 HDLC 相比，SDL 更适宜应用于高速链路，并且可能提供链路层的 QoS。

由上分析可知，IP over SDH 具有以下特点：对 IP 路由的支持能力强，具有很高的 IP 传输效率；符合 Internet 业务的特点，如有利于实施多播方式；能利用 SDH 技术本身的环路和网络自愈合（Self-healing Ring）能力达到链路纠错；同时又利用 OSPF 协议防止链路故障造成的网络停顿，提高网络的稳定性；省略了 ATM 层，简化了网络结构，降低了运行费用。

但 IP over SDH 仅对 IP 业务提供好的支持，不适于多业务平台；不能像 IP over ATM 技术那样提供较好的服务质量保障（QoS）；难以支持 IPX 等其他网络技术应用。

9.7.2 WDM 承载 IP

WDM 承载 IP 即 IP over WDM，也称为光因特网。其基本原理是：在发送端，将不同波长的光信号组合（复用）送入一根光纤中传输，在接收端，又将组合光信号分开（解复用）并送入不同终端。IP over WDM 是一个真正的链路层数据网。在其中，高性能路由器通过光分插复用器（ADM）或 WDM 耦合器直接连至 WDM 光纤，由它控制波长接入、交换、选路和保护。IP over WDM 的帧结构有两种形式：SDH 帧格式和吉比特以太网帧格式。

支持 IP over WDM 技术的协议、标准、技术和草案主要有：在 DWDM（密集波分复用：一般峰值波长在 1～10nm 量级的 WDM 系统）。系统中，每一种波长的光信号称为一个传输通道（channel）。每个通道都可以是一路 155Mbit/s、622Mbit/s、2.5Gbit/s 甚至 10Gbit/s 的 ATM 或 SDH 或是吉比特以太网信号等。DWDM 提供了接口的协议和速率的无关性，在一条光纤上，可以同时支持 ATM、SDH 和吉比特以太网，保护了已有投资，并提供了极大灵活性。

IP over WDM 具有以下特点：充分利用光纤的带宽资源，极大地提高了带宽和相对的传输速率；对传输码率、数据格式及调制方式透明，可以传送不同码率的 ATM、SDH/Sonet 和吉比特以太网格式的业务；不仅可以与现有通信网络兼容，还可以支持未来的宽带业务网及网络升级，并具有可推广性、高度生存性等特点。

缺点是还没有实现波长的标准化；WDM 系统的网络管理应与其传输的信号的网管分离。但在光域上加上开销和光信号的处理技术还不完善，从而导致 WDM 系统的网络管理还不成熟；目前，WDM 系统的网络拓扑结构只是基于点对点的方式，还没有形成“全光交换网络”。

在高性能、宽带的IP业务方面，IP over ATM技术则充分利用已经存在的ATM网络和技术，发挥ATM网络的技术优势，适合于提供高性能的综合通信服务，因为它能够避免不必要的重复投资，提供Voice、Video、Data多项业务，是传统电信服务商的较好选择。IP over SDH技术由于去掉了ATM设备，投资少、见效快而且线路利用率高。因而就目前而言，发展高性能IP业务，IP over SDH是较好选择。而IP over WDM技术，它能够极大地拓展现有的网络带宽，最大限度地提高线路利用率，并且在外围网络以吉比特以太网成为主流的情况下，这种技术能真正地实现无缝接入。预示IP over WDM将代表着宽带IP主干网的未来。

9.8 电话拨号接入

尽管技术发展迅速，但目前有些用户可选用传统的电话拨号接入方式，如图9-20所示。图中调制解调器（Modcm）是用于电话网上数据传输的基本设备。

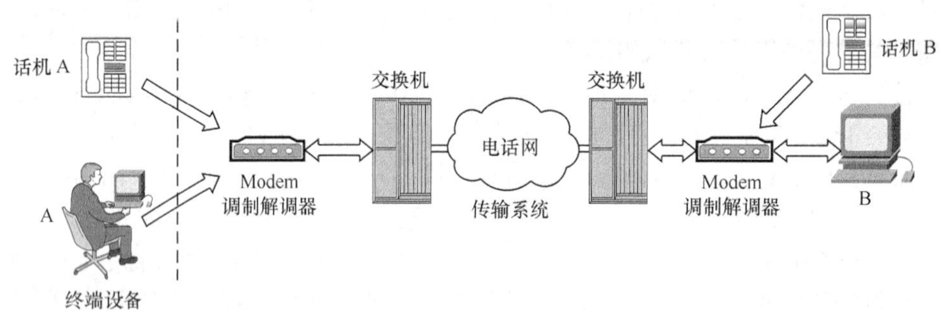

图9-20 电话拨号接入方式

1. 调制解调器

近年来，调制解调器在自适应、数据压缩和网格编码调制（TCM）技术等方面取得了很大进展，在每个话路上的数据传输率已达到33.6kbit/s，各类Modem的V系列部分建议号、调制方式、信道分割方式、传输方式、同步/异步通信方式、二/四线方式以及数据率，列入表9-5。

表9-5 调制解调器一览表

系列号	信道分割	全/半双工	异步/同步	调制方式	调制速率	数据速率(bit/s)	交换线	专用线
V.21	频分	全	同或异	FSK	300	300	✓	可选
V.22	频分	全	同或异	PSK	600	1 200/600	✓	点—点二线
V.22bis	频分	全	同或异	QAM	600	2 400/1 200	✓	点—点二线
V.29	四线	全或半	同	QPSK	2 400	9 600	—	点—点四线
V.32	回波抵消	全	同	QAM	2 400	9 600/4 800	✓	点—点二线
V.32	回波抵消	全	同	TCM	2 400	9 600	✓	点—点二线
V.34	回波抵消	全	同	TCM	2 400	28 800		点—点二线
V.34bis	回波抵消	全	同	TCM	2 400	33 600		点—点二线

2. 回波抵消法

如 V.32 建议，数据速率为 9 600 bit/s，而调制速率仍为 2 400band。回波抵消法在二线线路上实现全双工通信的原理如图 9-21 所示。

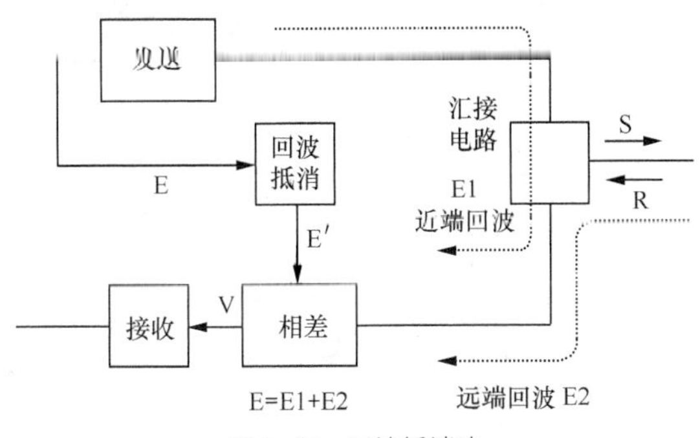

图 9-21 回波抵消法

图 9-21 中 S、R 分别表示发送、接收方向的信号，E 为本地调制解调器与线路之间失配而引起的回波（即近端回波与远端回波），它混入到接收信号 R 中。现设计一回波抵消器，连接方式见如图 9-21 所示。从其发送端产生一个与 E 回波的幅度相等、极性相反的等效信号 E'，经图中加法器（实质上是相减）输出，V 点的信号等于 R+E−E'=R；使接收端仅收到 R，同时又不影响在一条二线上向对方发送信号 S。

3. 56 kbit/s（V.90）调制解调技术

1996 年底，56 kbit/s 调制解调技术一出现就成为人们关注的焦点。下面将介绍其工作原理，参见图 9-22。各种调制解调器的技术标准都是在两个模拟用户与数字网络相连的交换式通信模型上运行的。调制解调器经用户环路到程控电话交换设备后，由模数转换（ADC）过程而引入的量化噪声，使得 Modem 的传输速率受到了限制，如图 9-22（a）所示。如果在服务器 Modem 发送端与 PSTN 之间以数字干线相连，这样就可免除下载时由模数转换（ADC）过程而引入的量化噪声，这就是 56 kbit/s 调制解调器的关键技术。从图 9-22（b）可看出，56 kbit/s 客户端调制解调器的任务就是从收到的数字信号（256 个量化级）鉴别并恢复 PCM 代码。显然，客户端调制解调器必须使其取样时钟与数字网络编（解）码器的 8 kHz 时钟保持同步。而从客户端 Modem 的上行速率仍然按照 V.34 建议，因此，可以说 56 kbit/s 调制解调技术是一种非对称的工作方式：

（1）上行（发送数据）的速率为 28.8 kbit/s 或 33.6kbit/s；

（2）下载（接受数据）的速率可达 50 kbit/s。

56 kbit/s 调制解调技术在远程接入方面已占有优势地位，但 ITU-T 56 kbit/s 的标准为 V.90。

4. 远程访问网络

远程访问网络分为两个部分：（1）客户端，（2）服务器端，如图 9-23 所示。

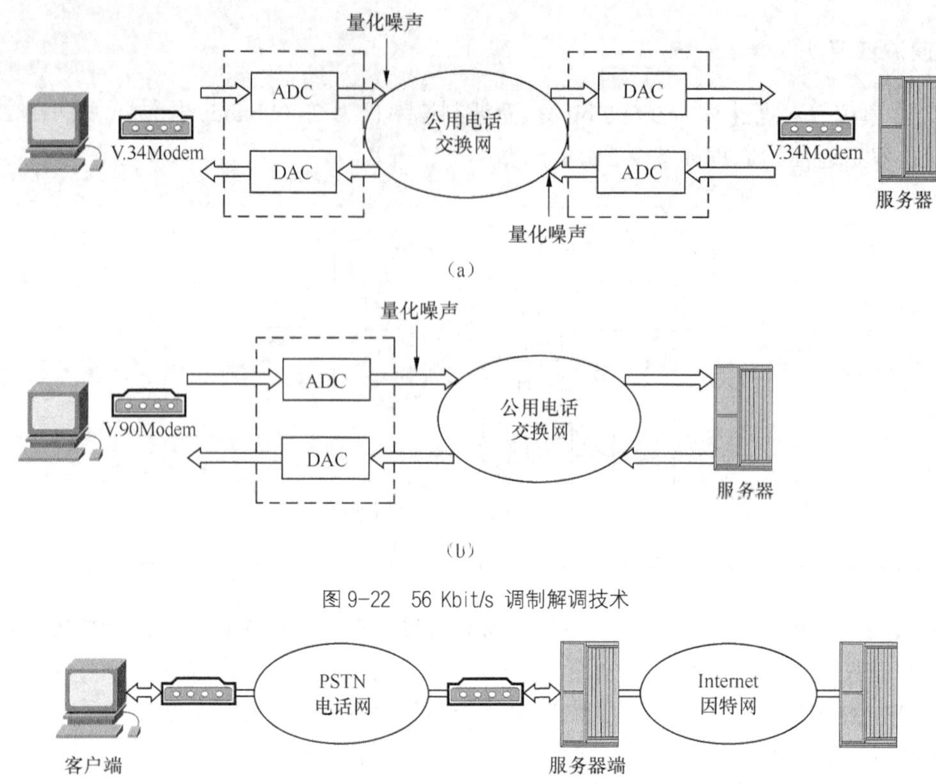

图 9-22 56 Kbit/s 调制解调技术

图 9-23 远程访问服务

建立远程访问网络有两种方案：

（1）软件型 Win NT 的 RAS。Win NT 的 RAS（Remote Access Server）可支持 256 个客户的远程访问。支持 3 种协议：SPX/IPX、TCP/IP 和 NetBEUI。NT RAS 不必是一台专用的服务器，可由 Win NT 服务器或其他主域控制器，启动 NT 的 RAS 服务，作适当的配置即可。

（2）硬件型远程访问服务器。早期选用 Cisco 2511 等，如 Cisco 2511 可有 16 个远程访问端口，2 个 WAN 端口，1 个 LAN 端口，以及 1 个 Console 端口用于本地管理。近年来，也可选择 Cisco Catalyst 3560-E 支持 IP 电话、无线和视频等应用。

本 章 小 结

1．本章主要从电信提供接入服务和用户提出接入需求两方面介绍接入网的基本概念。在 G.902 中给出接入网的结构、功能、接入类型、管理规范。

2．从接入网协议参考模型分析接入网的 5 个主要功能。

3．ITU-T 建议 Q.512 和 Q.2512 分别规定了 V 参考点（即 V1 到 V5 接口），以及 VB 参考点，理解 V5.x 接口与协议结构。

4．基于铜缆接入的 ADSL 系统的不对称是指 1 对双绞线的双向传输速率不同，G.992 线路编码属于正交频分复用方式的 DMT 多载波线路调制技术。

5．在光接入网（OAN）内，包含 1 个 OLT、至少 1 个 ODN、至少 1 个 ONU 及适配设施（AF），在 ONU 和 AF 之间定为 a 参考点。

6. 光纤接入的应用类型：光纤到路边（FTTC）、光纤到大楼（FTTB）和光纤到家（FTTH）。

7. 有线电视网中的光纤同轴混合（HFC）接入系统由前端系统、HFC 接入网和用户终端系统 3 部分组成。

8. 无线接入系统主要由用户无线终端（SRT）、无线基站（RBS）、无线接入交换控制器以及与固定网的接口网络等部分组成。

9. 无线接入技术按照使用方式大体分为移动式接入和固定式接入两大类。

10. IP Over SDH，也称 Packet over SDH（PoS）：以 SDH 网络承载 IP 网数据报的物理传输。它使用链路及点到点协议（PPP）对 IP 数据报进行封装，根据 RFC1662 规范把 IP 分组简单地插入到 PPP 帧中的信息段。

11. IP over WDM：在发送端，将不同波长的光信号组合（复用）送入一根光纤中传输，在接收端，又将组合光信号分开（解复用）并送入不同终端。其帧结构有两种形式：SDH 帧格式和吉比特以太网帧格式。

12. 传统的电话拨号接入方式使用调制解调器（Modem），V.90 调制解调技术可支持数据率达 56 kbit/s。

13. 远程访问网络有两种方案：软件型 Win NT 的 RAS 和硬件型远程访问服务器。

复 习 题

1. ITU-T 的接入网定义是什么？接入网有哪些主要功能？

2. 接入网通常可分为哪几段？各段的分界点是什么？

3. 什么是 V 接口？LAPB、LAPF、LAPD 与 LAPV 有什么区别？

4. 什么是用户驻地网（CPN）？与接入网的关系是什么？

5. 试画出 10010011 的 2B1Q 码。

6. 试述 ADSL 采用的离散多载频（DMT）调制技术的工作原理。为什么采用 ADSL 方式上网时可以同时通话？

7. 简述光接入网的基本组成？

8. 试比较 FTTC、FTTB 及 FTTH 三者的异同。

9. 试述 HFC 的频谱安排。为了在 CATV 网上实现数据通信，应对 CATV 网做哪些改造？

10. 什么是回波抵消技术？试分析如何在一对双绞线上支持全双工通信？

11. 试问 N-ISDN 的 BRI 接口如何支持“一线通”业务（即在一对双绞线上既可通话，又可传送数据）？

12. 试设计家庭网络。要求选用电信宽带 ADSL 接入因特网，室内二室一厅可通过无线路由器组网，实现有线和无线方式多机共享上网。试画出 SOHO 网络结构图，并写出配置无线路由器的过程。

*13. 试用网络搜索 MSTP 技术提供以太网接入 SDH 的体系结构。

第10章 网络管理和网络安全技术

随着计算机网络的技术发展和应用的普及，网络的规模不断扩大，复杂性不断增加，对安全性的要求也不断提高。一个计算机网络通常由若干规模不同的子网组成，同时集成了多种网络操作系统，并有许多网络软件提供各种服务。随着用户对网络的性能要求越来越高，就必须有一个高效的网络管理系统对网络系统进行管理，以保证为用户提供令人满意的网络服务。同时随着网络规模和服务种类的增长，网络安全也是面临的重要问题，必须采取有效的措施才能为用户提供可靠的服务。

本章主要介绍网络管理的基本概念、主要功能和网络管理协议等，同时简要介绍网络安全相关的一些内容，包括网络安全的基本概念、对称与非对称密钥系统、访问控制方法、数字签名技术等。

10.1 网络管理的基本概念

10.1.1 网络管理的发展及逻辑结构

网络管理的目的是提高网络性能和有效利用率，最大限度地增加网络的可用性，改进服务质量和网络安全，简化多厂商提供的网络设备在网络环境下的互通、互连、互操作管理和控制网络运行成本。

1. 网络管理方法的演变

网络管理实际上就是控制一个复杂的计算机网络使其具有最高效率的过程。一般来说，网络管理是以提高整个网络系统的工作效率、管理水平和维护水平为目标的，主要涉及对一个网络系统的活动及资源进行监测、分析、控制和规划。网络管理技术的发展从传统的人工分散的管理方式过渡到计算机化的集中的管理方式。

（1）人工分散管理方式。人工分散管理方式中，网络的操作维护人员以人工方式分散在各网络节点，统计各种业务数据和通信设备、传输线路的运行质量数据，按照主管部门的要求制作各种报表，定期向主管部门报送，并且按照主管部门的指示调整网络设备的运行。

这种管理方式局限于本地，不能及时汇总全网、全程的统计数据，不能及时调度设备、均衡负荷，还容易出现差错，已不能适应现代化网络的管理需要。

（2）计算机化集中管理方式。计算机网络技术是通信网管理计算机化的基础，网络中的各种状态数据的采集、处理都可用计算机来实现。计算机根据对网络状态数据的分析，可以判断网络中各部分的负荷和运行质量，对出现的异常情况采取一定的措施予以纠正。

2．网络管理系统的逻辑结构

网络管理系统是由监测和控制网络的一组软件，配合分散在被管网络内部的硬件平台及通信线路组成，它可以帮助网络管理者维护和监视被管网络的运行。另外，通过对网络内部数据的采集和统计，网络管理系统还可以产生网络信息日志，用来分析和研究网络。

1 个网络管理系统在逻辑上由“被管对象”、“管理进程”和“管理协议”3 部分组成。

被管对象是抽象的网络资源。可以通过使用网络管理协议来管理这些资源，通过对被管对象的属性（Attributes）、行为（Behaviors）和通知（Notifications）等方面进行抽象描述，对其进行定义、封装和操作，获取被管对象的数据，如设备的工作状态、工作参数、统计数据等，通过这些数据，网络管理系统可实时了解网络设备的运行状态和性能指标等，并进行控制。

管理进程主要由软件模块构成。通过对管理对象的操作，对网络中的设备等进行全面的管理和控制，并根据网络中各个管理对象的变化来决定对管理对象采取相应的操作。

管理协议负责在管理系统与被管对象之间传送操作命令和解释管理操作命令。实际上，管理协议保证了管理进程中的数据与具体被管对象中的参数和状态的一致性。

网络管理功能按其作用分为 3 部分：操作（包括运行状态显示、操作控制、告警、统计、计费数据的收集与存储、安全控制等）、管理（包括网络配置、软件管理、计费和账单生成、服务分配、数据收集、网络数据报告、性能分析、支持工具及人员、资产、规划管理等）和维护（包括网络测试、故障告警、统计报告、故障定位、服务恢复、网络测试工具等），因此，网管系统也可称网络的操作管理和维护系统。

典型的网络管理系统的逻辑模型如图 10-1 所示。图 10-1 中的代理（Agent）是一种负责管理相关的被管对象的应用进程，它可以视为管理进程的一部分。

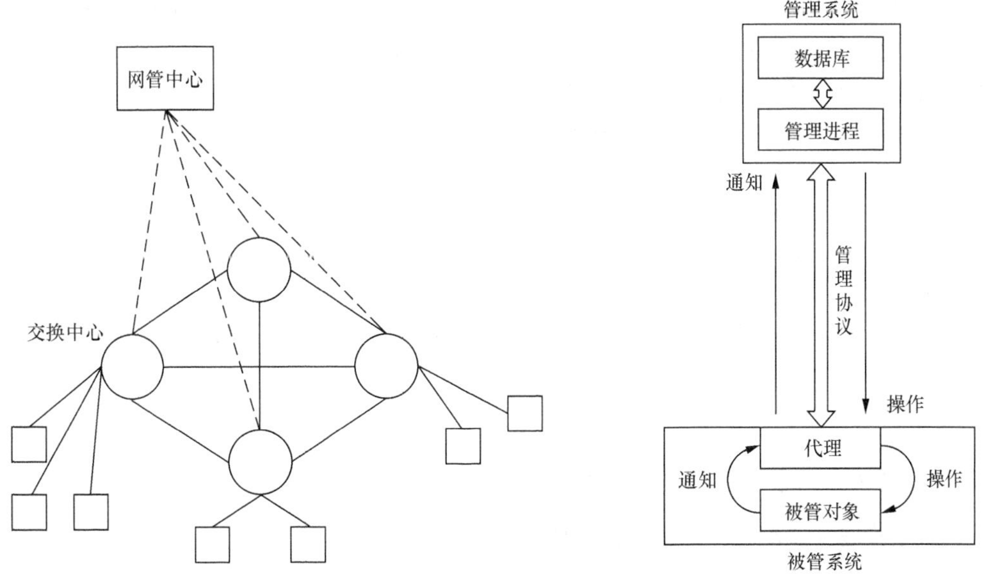

图 10-1 网络管理系统的逻辑模型

3．Internet 网络管理逻辑模型

因特网的网络管理逻辑模型如图 10-2 所示。在因特网的管理模型中，用“网络元素”（NE，Network Element）来表示网络资源，这与 OSI 定义的被管对象的概念是一致的。每个网络元素都有一个负责执行管理任务的管理代理，整个网络有一至多个对网络实施集中式管理的管理进程（网管中心），此外，因特网的网络管理逻辑模型中还引入了外部代理（Proxy Agent）的概念，它与管理代理的区别在于：管理代理仅是管理操作的执行机构，是网络元素的一部分，而外部代理则是在网络元素外附加的，专为那些不符合管理协议标准的网络元素而设，完成管理协议转换、管理信息过滤以及统计信息或数据采集的操作。当一个网络资源不能与网络管理进程直接交换管理信息时，就要用到外部代理。外部代理相当于一个“翻译设备”，一边采用管理协议与管理进程通信，另一边则与所管的网络元素通信。这种管理机制的好处是为管理进程提供了透明的管理环境，唯一需要增加的信息是当对网络资源进行管理时，要选择相应的外部代理，一个外部代理能够管理多个同类的网络元素，但对于不同类型的网络元素，需要设计不同的外部代理。

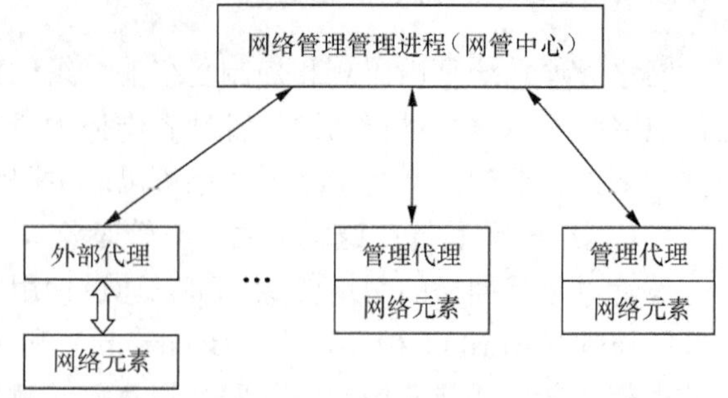

图 10-2　因特网的网络管理逻辑模型

10.1.2　网络管理标准化

在 ISO 的开放系统互连参考模型（OSI/RM）的基础上，由 AT&T、IBM、HP、Sun 等 100 多家著名大公司组成的 OSI/NMF（网络管理论坛）定义了 OSI 网络管理框架下的 5 个管理功能区域，并形成了 3 个网络管理协议：公共管理信息协议（CMIP，Common Management Information Protocol）、简化网络管理协议（SNMP，Simple Network Management Protocol）以及基于 TCP/IP 的公共管理（CMIP over TCP/IP，CMOT）协议。

国际电信联盟的电信标准化部门（ITU-T）也制定了管理功能标准 X.700 系列建议，制定了电信管理网（TMN）M.3000 系列建议书。

10.2　网络管理的主要功能

网络管理的主要功能是对整个网络的运行情况进行监控，对采集的被管对象的各种状态及统计数据进行实时的分析，及时发现问题、处理问题，以使网络的运行更加有效和稳定，提高管理者的工作效率，使网络更适合于用户的需要。ISO 在 ISO/IEC 7498-4 文件中将开放系统的系统管理功能分成 5 个基本功能域：配置管理、性能管理、故障管理、计费管理和安全管理。下面分别叙述这 5 个基本功能。

1．配置管理（CM，Configuration Management）

配置管理的目的是为了实现某个特定功能或使网络性能达到最佳。配置管理涉及网络配

置的收集、监视和修改等任务，如网络拓扑结构的规划、设备内各功能部件的配置、通信路由的建立与拆除，以及通过插入、修改和删除操作来修改网络资源的配置（重构网络资源）等。

配置管理是配置网络、优化网络的重要手段，配置管理主要是被管理对象进行定义、初始化、控制、鉴别和检测，以使被管对象的工作状态适应系统的要求。配置管理的主要功能包括：

（1）设置开发系统中有关路由操作的参数；

（2）修改被管对象的属性；

（3）初始化或关闭被管对象；

（4）根据要求收集系统当前状态的有关信息；

（5）更改系统的配置。

2．性能管理（PM，Performance Management）

典型的网络性能管理分为性能监测和网络控制两部分。性能监测侧重于对系统运行及通信效率等系统性能进行评价，其能力包括收集、分析有关被管网络当前的数据信息。网络控制则根据性能监测的结果对被管对象的状态进行调整，其目的是保证网络提供可靠、连续的通信能力，并使用最少的网络资源和具有最小的时延。性能管理的主要功能包括：

（1）从被管对象中收集与性能有关的数据；

（2）被管对象的性能统计，与性能有关的历史数据的分析、统计、记录和维护；

（3）分析当前统计数据以检测性能故障，产生性能告警，报告性能事件；

（4）将当前统计数据的分析结果与历史模型比较，以预测性能的长期变化；

（5）形成改进网络性能的评价准则和相关参数的门限；

（6）以保证网络的性能为目的，对被管对象或被管对象组进行控制。

3．故障管理（FM，Fault Management）

所谓故障，是指引起系统非正常操作的事件，可分为：

（1）由损坏的部件或软件故障引起的故障，通常是可重复的；

（2）由环境影响引起的外部故障，通常是突发的，不可重复。

故障管理主要对来自硬件设备或网络节点的告警信息进行监控、报告和存储，以及进行故障的诊断、定位与处理，是对系统非正常状态的监控。

故障管理是网络管理中最基本的功能之一。当网络中某个被管对象失效时，网络管理系统必须能迅速查找到故障点并及时报告或排除故障。对网络中既往故障信息的统计和存储，对于分析故障原因、防止类似故障的再次发生相当重要。故障管理的主要功能包括：

（1）故障检测：接收故障报告，维护和检查故障日志，监视故障事件的发生，及时告警；

（2）故障诊断：通过执行诊断测试功能，寻找故障发生的准确位置，分析故障发生的原因；

（3）故障纠正：将故障点从正常系统中隔离出去。如有可能，根据故障原因进行修复。

4．计费管理（AM，Accounting Management）

计费管理主要管理被管网络中各种业务的资费标准及用户业务使用情况等，为成本计算和收费提供依据。它可估算出用户使用网络资源可能需要的费用和代价以及已经使用的资源。

网络管理者还可规定用户可使用的最大费用，从而防止用户过多占用网络资源。计费管理的主要功能包括：

（1）统计网络的利用率等效益数据，为网络管理人员设定不同时间段的费率提供依据；

（2）根据用户使用的特定业务，在若干用户之间公平、合理地分摊费用；

（3）允许采用信用记账方式收取费用，包括提供有关资源使用的详细记录供用户查询；

（4）当某个服务需要占用多个资源时，能计算各个资源的费用。

5．安全管理（SM，Security Management）

安全管理主要保护网络资源与设备不被非法访问。只有安全的网络，其可用性和可靠性才能得到保证。由于网络具有开放性和分布性，安全管理一直是其薄弱环节之一，而用户对网络安全的要求往往又相当高，因此网络安全管理就显得非常重要。安全管理的主要功能包括：

（1）网络数据的私有性：保护网络数据不被侵入者非法获取；

（2）授权：防止侵入者在网络上发送错误信息；

（3）访问控制：控制对网络资源的访问；

（4）加密和密钥的管理；

（5）安全日志的维护和检查。包括：创建、删除，控制安全服务和机制；

（6）与安全相关信息的分发，与安全相关事件的通报等。

上述 5 个不同的管理功能需要的服务有许多是重复的。例如，日志的建立、维护和控制是多个管理功能域都要用到的。为此，ISO 把各管理功能域中共同的内容抽取出来，专门定义了一些管理功能服务来应用于不同的管理功能域。这些管理功能服务称为系统管理功能（SMF）。网络管理功能、系统管理功能与其他管理协议和服务之间的关系如图 10-3 所示。图 10-3 中的方框内只列出了一部分典型的系统管理功能。

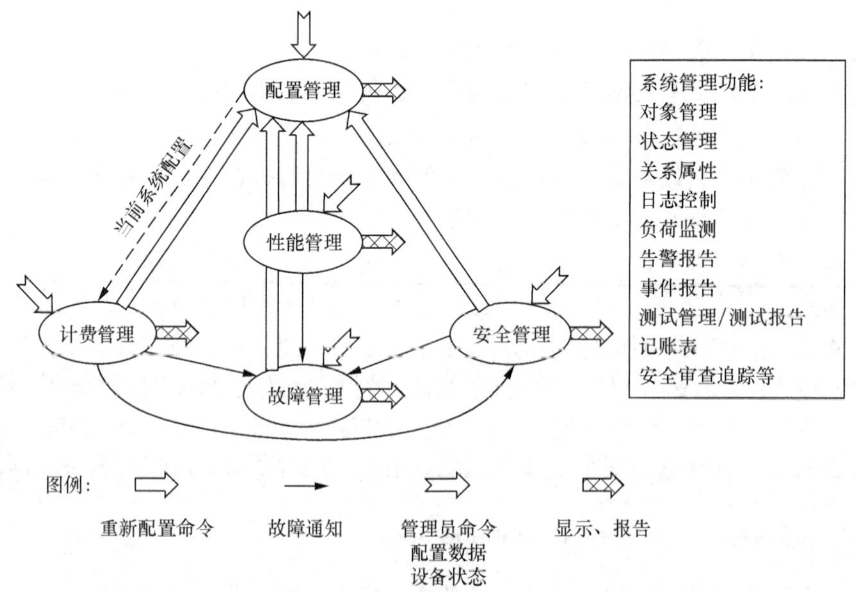

图 10-3 网络管理功能与系统管理功能间的关系

10.3 网络管理协议

在网络管理中，不管是配合早期设备的附加网络管理计算机，还是新设备中配备的网络管理接口，从网络管理的角度分析，一般都可将其抽象为管理者—代理者的管理模型。管理者可以是网络管理系统的工作站、微机，它位于网络系统的主干位置，负责发出管理操作指令并接收来自代理的信息。代理者位于被管设备一侧，将管理者的管理命令转换为本设备的专用指令，执行管理操作，返回设备信息。

管理者与代理者之间的信息交换必须遵照有关的网管协议标准。网管协议定义了一组调用网管服务的接口原语，以及在网管系统之间进行信息和命令交换的 PDU（协议数据单元）。PDU 是管理信息交换的最基本单位，可以携带作用于管理者和被管对象的操作、状态询问及异步突发事件报告等信息。

10.3.1 公共管理信息协议（CMIP）

网络管理协议的一个重要特征就是规定了针对异构系统的标准的信息交换方式。为了保证异构型网络设备之间可以互相交换管理信息，ISO 制定了两个管理信息通信的标准：ISO 9595 ITU-T X.710 公共管理信息服务（CMIS）和 ISO 9596 ITU-T X.711 公共管理信息协议（CMIP）。

1. 管理信息的通信

在 ISO 的网络管理标准中，应用层中与网络管理应用有关的实体称为系统管理应用实体（SAME），它主要由以下 3 个关键元素组成。

（1）联系控制服务元素（ACSE）：它负责建立和拆除两个系统之间应用层的通信联系；

（2）远程操作服务元素（ROSE）：它负责建立和释放应用层的连接；

（3）公共管理信息服务元素（CMISE）：它负责网络管理信息在网络管理实体之间的逻辑通信。

OSI 管理信息的通信必须在面向连接的传送服务的支持下才能完成，同时还与应用层环境有一定的关系。管理进程和管理代理是一对对等的应用软件，它们都是通过调用 CMISE 的服务来交换管理信息，CMISE 提供的服务访问是支持管理进程和代理进程之间有控制的联系。联系（Association）用于管理信息的查询和响应、处理事件通报、远程启动管理对象等操作。CMISE 利用了 OSI 的 ACSE 服务和 ROSE 服务来实现它自己的管理和服务。基于 CMISE 的管理信息通信的层次结构如图 10-4 所示。

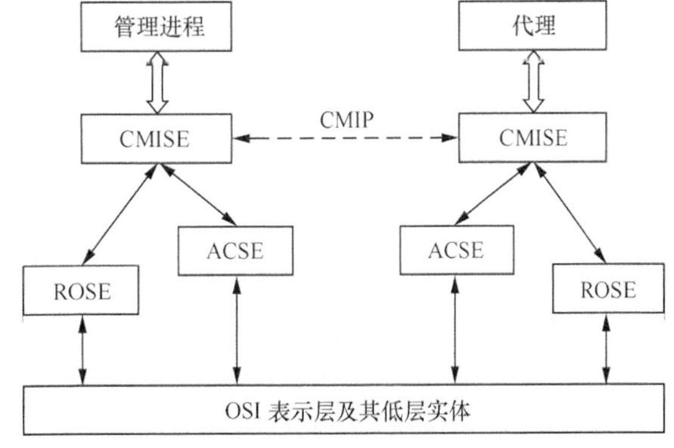

图 10-4 管理信息通信的层次结构

2. 公共管理信息服务元素（CMISE）

CMISE 是在 ISO 9595 文件中定义的，它主要用于控制网络管理系统中网络管理实体间有关管理信息的交换。CMISE 的定义分为接口和协议两部分。接口用于指定提供的服务，协议用于指定协议数据单元（PDU）的格式和相关过程。CMISE 提供 7 类服务，如表 10-1 所示。

表 10-1 CMISE 提供的 7 类服务

序号	服务类别	功能
1	M_EVENT_REPORT	用于向服务用户报告发现或发生的事件
2	M_GET	用于从对等实体中提取管理信息。这个服务利用被管对象的名字等标识信息提取给定被管对象的属性名和属性值，也可以选择一组被管对象
3	M_CANCEL_GET	用于要求对等实体取消以前发出的 M_GET 请求，即不必发回上一个 M_GET 的响应
4	M_SET	用来请求另一个管理进程（或代理）修改被管对象的属性值
5	M_ACTION	在一个用户需要请求另一个用户（管理进程或代理）对被管对象执行某种操作时使用
6	M_CREATE	支持用户创建被管对象的新实例。这个服务需要一些相应的管理信息例如属性值等参数。该服务请求总会得到一个响应
7	M_DELETE	用于删除被管对象的实例，这个服务请求总会得到一个响应

此外，CMISE 还要直接调用下面子层的服务，以便向用户提供建立联系等服务，这些服务包括：M_INITIALISE 服务，用来在对等的两个 CMISE 服务用户之间建立联系；M_TERMINATE 服务，支持 CMISE 服务用户正常释放与对等用户的一个联系；M_ABORT 服务，支持在异常情况下 CMISE 服务用户释放与对等用户的一个联系。M_INITIALISE 和 M_TERMINATE 服务是要确认的，并要在 ACSE 的支持下实现。

CMISE 是按照一定的功能单元来组织的，每种服务用一个功能单元来实现，对应于一组特定的服务原语，再加上一些特殊的功能单元用于实现直接服务以外的功能。特殊的功能单元提供以下功能：

（1）对象选择功能单元：它可以使用“视窗”和同步参数，其中“视窗”是一个被管对象范围。这是选择被管对象首先执行的一步。

（2）过滤器功能单元：它使得上述服务功能单元（除 M_EVENT_REPORT 和 M_CREATE 之外）可以使用过滤器参数。其中过滤器是指定搜索的测试条件，使用布尔操作符，它作用于“视窗”内的每个被管对象，凡符合匹配条件的就要按布尔操作符进行管理操作。这是选择被管对象必须进行的一步。

（3）多重应答功能单元：它支持 7 种服务功能单元可以使用相关标识参数。

（4）扩展功能单元：它提供了一些在表示层 P-DATA 服务中没有的表示服务。

应用层的 CMISE 为了提供各种服务，必须调用应用层的其他一些服务，主要是远程操作服务元素（ROSE）的服务，它包括以下 4 种：RO-INVOKE、RO-RESULT、RO-ERROR 和 RO-REJECT。而 ROSE 接着又要调用表示层的 P-DATA 服务。

CMISE 在进行操作之前必须先激活 ACSE 的服务，这时在 A_ASSOCIATE（应用层联系）的用户数据字段中包含的信息有：

（1）功能单元代码：发起方的 CMISE 用户必须明确给出在操作中需要使用的扩展功能单元代码。

（2）访问控制码：这个参数未定义但可以使用，CMISE 用户可以利用它建立操作的访问规则。

（3）用户信息：可以包含用户需要传送的任何信息。

3. 公共管理信息协议（CMIP）

CMIP 是 ISO 制定的网络管理协议（即 ISO 9596/ITU-T X.711）。它所支持的服务正是 CMISE 的各种服务。协议数据单元（PDU）的语法和语义是按照 ASN.1 规则定义的。CMIP 是一个比较复杂和详细的网络管理协议，其功能结构如图 10-5 所示。

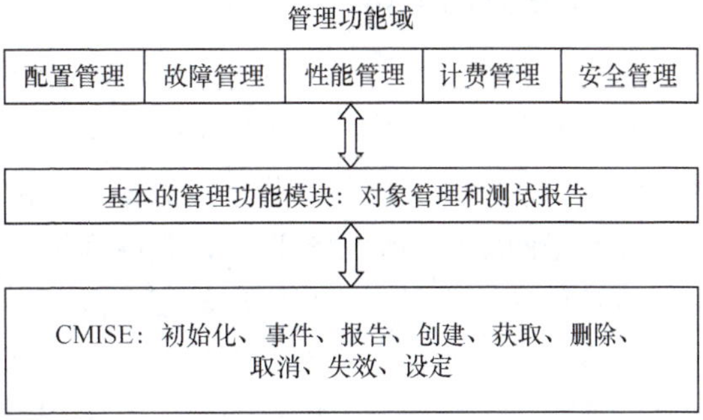

管理功能域
配置管理
故障管理
性能管理
计费管理
安全管理
基本的管理功能模块：对象管理和测试报告
CMISE：初始化、事件、报告、创建、获取、删除、取消、失效、设定

图 10-5 CMIP 的功能结构

CMIP 定义了 11 种 PDU（不在此列举）。PDU 由以下 3 个主要字段组成。

（1）ARGUMENT（变量）：该字段是通信发起方用户给出的操作参数。从发起方传到接收方，实体从请求原语中获得参数。变量常以复杂和高级的对象形式来表示。

（2）RESULT（结果）：该字段包含从接收方送回的有关操作执行情况的信息，实体从响应原语中得到这些信息。

（3）ERROR（出错信息）：ERROR 字段与 RESULT 字段的处理过程相同，实体从响应原语中得到这些信息。

CMIP 基于事件管理的策略有以下几个特点：它的变量不仅传递信息，而且完成一定的网络管理任务；拥有验证、访问控制和安全日志等一系列安全管理措施；完全独立于下层传输平台。

10.3.2 简单网络管理协议（SNMP）

1. 协议简介

1988 年，Internet 体系结构委员会（IAB，Internet Architecture Board）在简单网关监控协议（SGMP）基础上公布了 SNMPv1（RFC 1157）；1993 年，设计出功能更强、更有效的 SNMPv2，该版本集成了用于验证的 MD5 算法和加密机制，进一步增加了协议的安全性。此后 SNMPv2 又继续改进并升级为 SNMPv3。目前 SNMP 已成了事实上的网络管理工业标准。SNMP 的功能结构如图 10-6 所示。

网络管理者
SNMP
代理
MIB
主机
代理
MIB
网关
代理
MIB
服务器

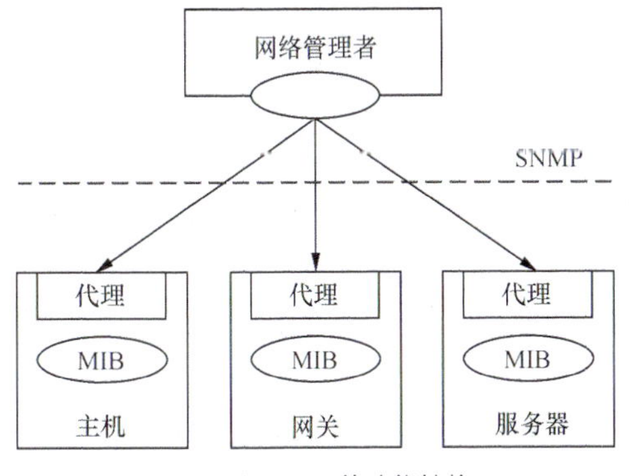

图 10-6 SNMP 的功能结构

SNMP 的 3 个基本元素是：管理者（管理进程）、代理和管理信息库（MIB，Management Information Base）。管理者中的关键构件是管理程序，而管理程序运行时就成为管理进程。管理进程处于网络模型的核心，负责完成网络管理的各项功能。代理是运行于网络中被管设备上的网络管理代理程序，负责和管理者中运行的管理

进程进行通信。被管对象必须维护一个可供管理进程读写的若干控制和状态信息，这些信息的集合称为管理信息库。

管理程序和代理程序按照客户机/服务器的方式工作。管理程序作为客户端的角色，运行的是 SNMP 客户机程序，向某个代理程序发出请求（或命令），运行于被管对象中的代理程序则作为服务器的角色，运行 SNMP 服务器程序，返回响应（或根据命令执行某种操作）。在网络管理系统中往往是少数几个客户程序与多个服务器程序进行交互。

2．管理信息库 MIB

管理信息库 MIB 是一个网络中所有可能的被管对象的集合的数据结构，由 RFC1212 定义。只有在 MIB 中的对象才能由 SNMP 进行管理。例如，对于网络中的路由器，应当记录各网络端口的状态、出入的分组的流量、差错情况的统计数据等，以供网络管理系统随时读取；而对于网络中的调制解调器，则应当记录收发的字节数、波特率和呼叫统计信息等，以供网络管理系统读取。这些信息都应该保存在各设备内部的 MIB 中。

MIB 使用层次型、结构化的形式定义了一个设备可获得的网络管理信息。为了和标准的网络管理协议一致，每个设备必须使用 MIB 中定义的格式显示信息。

OSI 提出的 ASN.1（Abstract Syntax Notation One，抽象语法记法 1）是一种数据类型描述语言，具有类似于面向对象程序设计语言中所提供的类型机制，它可定义任意复杂结构的数据类型，而不同的数据类型之间还可以有继承关系。ASN.1 的一个子集为 MIB 定义了语法。每个 MIB 都使用定义在 ASN.1 中的树形结构组织的所有可用信息。其中的每条信息是一个有标号的节点，每个节点包含一个对象标识符和一个简短的文本描述。

对象标识符 OID（Object Identifier）是由句点隔开的一组整数，它命名节点并指示它在 ASN.1 树中的准确位置。简短的文本描述对带标号的节点进行描述。一个带标号节点可以拥有包含其他带标号节点的子树。如果带标号节点没有子树，就是叶子节点，它包含一个值并被称为对象。

MIB 是一个树形结构，它存放被管设备上所有管理对象与被管对象的值。不同的被管设备在 MIB 中有相同或不同的对象。一个 MIB 描述了包含在数据库中的对象或表项。每一个对象或表项都有 4 个属性：对象类型（Object Type）、语法（Syntax）、存取（Access）和状态（Status）。MIB 树的根节点没有编号，它下面有 3 个子树，其名称和编号分别是：ccitt（0），表示该分支由国际电报电话协会 CCITT 管理；iso（1），表示该分支由国际标准化组织 ISO 管理；最后一个是 joint-iso-ccitt（2），表示该分支由 ISO 和 CCITT 共同管理。这个树形结构通常又被称为对象命名树（Object Naming Tree），如图 10-7 所示。

当描述一个对象标识符 OID 时，可以使用几种格式。最简单的格式是列出由根开始到所讨论的对象遍历该树所找到的整数值。

一个被管对象必须被“标识”，对于互联网管理 MIB 来说，用 ASN.1 记法来表示的标识符开头如下：

Internet OBJECT IDENTIFIER ::= {iso(1)org(3)dod(6)Internet(1)…}，或者用一种更简单的数字格式{1.3.6.1}来表示。

标准的 MIB 包含了一系列对象，这些对象由 Internet 标准组织管理，都是被严格定义和众所周知的。任何公司或机构都可以向 Internet 标准组织申请以获得对象的 MIB 标识，例如

MIB 中的对象{1.3.6.1.4.1}，即 enterprises（企业），其所属对象标识已超过 3 000，其中 IBM 为{1.3.6.1.4.1.2}，Cisco 为{1.3.6.1.4.1.9}等。从理论上说，世界上所有连接到 Internet 的设备都可以纳入 MIB 的数据结构中，并使用 SNMP 进行管理。目前可用的标准 MIB 是 MIB-Ⅱ（RFC1213/1158）。

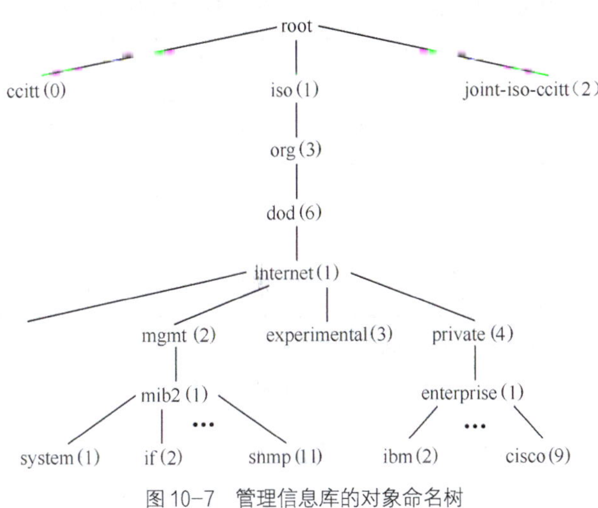

图 10-7　管理信息库的对象命名树

3. SNMP 的协议数据单元

SNMPv1 定义了 5 种协议数据单元 PDU（即 SNMP 报文），用来在管理进程和代理之间交换数据。协议数据单元的具体定义如表 10-2 所示。

表 10-2　SNMP 协议数据单元

PDU 编号	PDU 类型	功　能
0	Get_Request	用来查询（取）一个或多个对象的值
1	Get_Next Request	允许在一个 MIB 树上检索下一个变量，此操作可反复进行
2	Get_Response	对 get/set 报文作出响应，并提供差错编码、差错状态等信息
3	Set_Request	对一个或多个变量的值进行设置
4	Trap	向管理进程报告代理中发生的事件

SNMP 数据报文包括 3 个部分：协议版本号（Version）、管理域（Community）和协议数据单元（PDU）。所有数据都采用 ASN.1 语法进行编码传输。协议版本号是一个整数，标识当前数据发送方使用的 SNMP 协议版本号。管理域用于规定管理的信任范围。SNMP 数据报文格式如图 10-8 所示。

在 SNMP 数据报文中，协议版本号字段总是填入当前版本号减 1，即对于 SNMPv1，该字段填入 0。管理域是为了增加系统安全性而引入的，是一个字符串，用于存放管理进程和代理进程之间的明文口令，常用的值为 6 个字符“public”。PDU 由 3 个部分组成，第 1 部分为表 10-2 中的 PDU 编号，第 2 部分为 get/set 首部或 trap 首部，第 3 部分为变量绑定（variable-bindings），变量绑定指明一个或多个变量的名和对应的值。

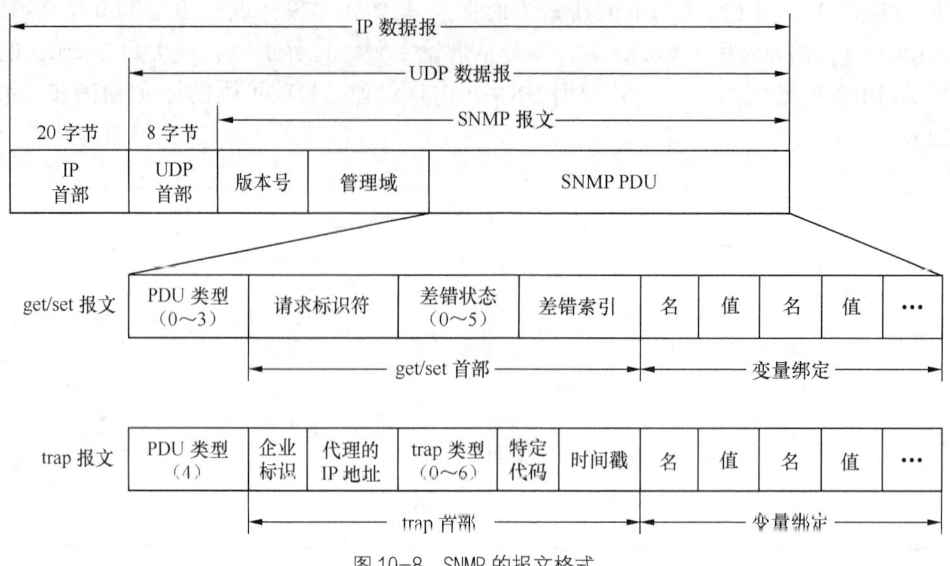

图 10-8 SNMP 的报文格式

虽然 SNMP 规定了 5 种协议数据单元，实际上从操作的角度来看，SNMP 只有两种基本的管理功能，即“读”操作和“写”操作。“读”操作主要是使用 get 报文来检测各种被管对象的状态，而“写”操作则是用 set 报文来改变各种被管对象的状态。

SNMP 的这些功能是通过轮询操作来实现的，即 SNMP 管理进程定时向被管设备周期性地发送查询信息，轮询的时间间隔可通过 SNMP 的管理信息库 MIB 来设置。使用轮询的方式可使系统相对简单并能限制通过网络的管理信息的流量。但轮询管理协议不够灵活，而且所能管理的设备数目不能太多，否则将导致轮询一周的时间间隔过大。另外轮询方式的开销也比较大，如果轮询频繁而并未得到有用的报告，则通信线路和网络管理系统的处理能力就被浪费了。

但 SNMP 并不是只能使用轮询方式访问，它也允许被管设备不经查询就向管理者发送某些信息。这种机制称为陷阱（trap）。它是由管理者设置的要求被管对象捕捉的事件，一旦事件发生，即使管理者未查询，被管对象也将立即向管理者发送信息，但这种陷阱信息的参数是受限制的。

总之，SNMP 协议既使用轮询方式维持对网络资源的周期性的监视，同时也采用陷阱机制使管理者可及时获得特殊事件的报告，使其成为一种有效的网络管理协议。

在 TCP/IP 网络中，SNMP 使用无连接的 UDP 作为传输协议，因此在网络上传送 SNMP 报文的开销较小。但 UDP 是不保证可靠交付的。另外，SNMP 在运行代理程序的服务器端默认使用 161 号端口来接收 get 或 set 报文和发送响应报文（与该默认端口通信的客户端使用临时端口），但运行管理程序的客户端则默认使用 162 号端口来接收来自各代理的 trap 报文。

4．管理信息结构 SMI

管理信息结构 SMI（Structure of Management Information）由 RFC 1155 定义，是 SNMP 的另一个重要组成部分。SMI 标准规定了所有的 MIB 变量必须使用抽象语法记法 1（ASN.1）来定义。通过这种记法定义的数据的含义不存在任何的二义性。例如，使用 ASN.1 的设计者不能简单地定义"一个整型变量"，而必须说明该变量的准确格式和整数的取值范围，这种定义方式对于在异构性日益增加的网络环境中的应用而言，尤为重要。

（1）抽象语法表示（ASN.1）。ITU-T 推荐的标准 X.209 提供了一种高层的数据类型定义语言，允许使用者用独立于物理传输的方法定义协议标准中的数据类型。ISO 采用了这一标准并将其命名为抽象语法表示（Abstract Syntax Notation），即 ASN.1。

ASN.1 描述的是用户数据表示和传送过程中的语法，而不涉及数据的语法。管理信息库 MIB 中的对象就是用 ASN.1 来描述的。ASN.1 的功能包括：定义消息中所包含数据的类型以及消息的结构；提供消息发送的编码规则。

除了数据类型的定义功能以外，ASN.1 还为各种类型的数据如何在网络中传输制定了一系列规则，称为基本编码规则（Base Encoding Rules），即 BER。

（2）ASN.1 的要点。ASN.1 的词法有这样一些约定：

① 标识符（即值的名或字段名）、数据类型名和模块名由大写或小写字母、数字以及连字符组成；

② ASN.1 固有的数据类型全部由大写字母组成；

③ 用户自定义的数据类型名和模块名的第一个字母用大写，后面至少要有一个非大写字母；

④ 标识符（identifier）的第一个字母用小写，后面可用数字、连字符以及一些大写字母以增加可读性；

⑤ 多个空格或空行都被认为是一个空格；

⑥ 注释由两个连字符（--）开始，由另外两个连字符或行结束符表示结束。

在 SNMP 协议中所用到的 ASN.1 的数据类型分为基本类型和构造类型两种，如表 10-3 所示。

表 10-3　　SNMP 中使用的 ASN.1 的部分类型名称及其主要特点

分　类	标　记	类 型 名 称	主 要 特 点
基本类型	UNIVERSAL 2	INTEGER	整数
	UNIVERSAL 4	OCTET STRING	8 位位组序列的字节串
	UNIVERSAL 5	NULL	空值，用于尚未获得数据的情况
	UNIVERSAL 6	OBJECT IDENTIFIER	对象标识符
构造类型	UNIVERSAL 16	SEQUENCE	包含一个或多个组成元素的有序表
	UNIVERSAL 16	SEQUENCE OF	SEQUENCE 序列
	无标记	CHOICE	可选择多个数据类型中的某一个数据类型
	无标记	ANY	可描述事先还不知道的任何类型的任何值

表 10-3 中第二列是标记（tag）。ASN.1 规定每一个数据类型都要有一个唯一的标记，以便能在异构系统中无二义性标识各种数据类型。标记有两个分量，一个是标记的类（class），另一个是非负整数。标记共分为 4 类，分别是通用类、应用类、上下文类和专用类。表 10-3 中列举的数据类型都属于通用类。

5．ASN.1 的基本编码规则

ASN.1 规定的基本编码规则（BER）采用 TLV 方法进行编码；这种方法把各种数据元素表示为由 3 个字段组成的 8 位位组序列：标签（Tag）字段是关于标签和编码格式的信息；长

度（Length）字段用于定义内容字段中数据的长度；内容（Value）字段表示实际的数据。因此一个BER编码实际上是一个TLV三元组（标签，长度，内容），且每个字段的长度都是字节的整数倍，BER编码格式如图10-9所示。

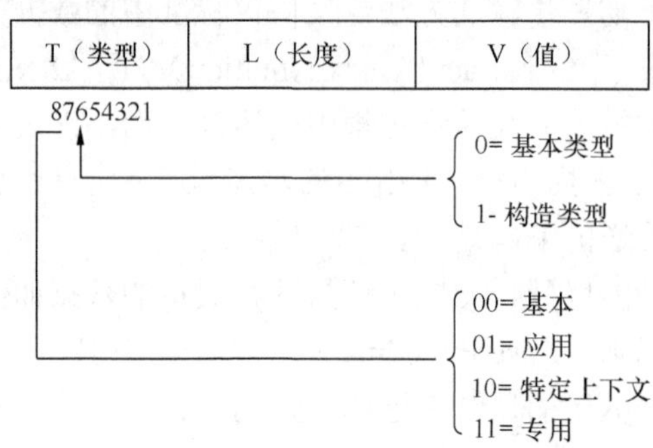

图10-9 ASN.1规定的BER编码格式

10.4 网络安全

随着计算机网络的应用不断向深度和广度发展，由于计算机网络体系结构的开放性、网络信息资源的共享性和网络信道的公用性，为各种威胁提供了可乘之机，使计算机网络的数据安全面临着新的挑战。

网络安全是指网络系统的硬件、软件及系统中的各种数据不受偶然或恶意的因素而遭到破坏、更改、泄露，网络中的各系统可以连续可靠正常地运行，网络服务不中断。或者说，任何涉及网络信息的保密性、完整性、可用性、真实性和可控性的相关技术和理论都是网络安全所要研究的领域。

不同环境和应用中的网络安全包括以下几方面的内容。

（1）系统运行安全。即保证信息处理和传输系统的安全。它侧重于保证系统正常运行，避免因为系统的崩溃和损坏而对系统存储、处理和传输的信息造成破坏和损失。

（2）系统信息安全。侧重于保护信息的保密性、真实性和完整性。避免攻击者利用系统的安全漏洞进行窃听、冒充、诈骗等有损于合法用户的行为，确保用户口令鉴别、用户存取权限控制、数据存取权限控制、安全审计、安全问题跟踪、计算机病毒预防、数据加密等功能的正常执行。

（3）信息传输安全。侧重于防止和控制非法、有害的信息进行传播，避免因信息的不当传输方式而导致安全问题。

网络安全也可以从宏观角度分为人为威胁和自然威胁。自然威胁通常指地震、水灾、雷击等自然现象对网络系统硬件设备可能的损害。对于自然威胁的预防相对容易，一般通过做好基础建设工作、保持数据的异地备份等手段即可保证安全。而对于人为威胁的预防则困难得多。人为的恶意攻击是有目的的破坏，对网络的攻击包括对静态信息的攻击和对动态信息的攻击。根据对动态信息的攻击形式不同，可以将攻击分为被动攻击和主动攻击两种。被动攻击是指在不干扰网络信息系统正常工作的情况下，进行侦听、截获、窃取、破译和业务流量分析等。主动攻击是指以各种方式有选择地破坏信息（如修改、删除、伪造、添加、重放、乱序、冒充等)。

10.4.1 网络安全的目标

网络安全的目标是通过采用各种技术措施以及管理措施,使网络系统在可靠性、可用性、保密性、完整性、不可抵赖性等方面得到充分的保证。

1. 可靠性

可靠性主要表现在网络系统的硬件可靠性、软件可靠性、人员可靠性、环境可靠性等方面,是网络系统安全的最基本要求之一。硬件系统是网络系统运行的基础平台,其可靠性直接关系到网络系统是否能可靠地实现预先设计的功能。软件可靠性是指在规定的时间内,程序成功运行的概率。人员可靠性是指人员成功地完成工作或任务的概率,它在整个系统的可靠性中扮演极为重要角色,因为程序设计完成后即可按照预定逻辑执行,这种情况下系统失效的大部分原因是人为差错造成的。环境可靠性是指在规定的环境内,保证网络成功运行的概率。这里的环境主要是指自然环境和电磁环境。

网络系统的可靠性可通过 3 种指标来衡量:抗毁性、生存性和有效性。

增强抗毁性可以有效地避免因各种灾害(战争、地震等)造成的大面积瘫痪事件;生存性主要反映随机性破坏和网络拓扑结构的设计对系统可靠性的影响;有效性主要反映在网络系统的部件失效情况下,满足业务性能要求的程度,如在网络部件失效,造成处理能力下降、平均延时增加、线路阻塞等情况下,网络是否还能达到设计指标的要求。

2. 可用性

可用性主要用来衡量网络系统面向用户的安全性能。网络系统最基本的功能是向用户提供服务。可用性要求网络信息可被授权实体访问并按需求使用,并且当网络部分受损或需要降级使用时仍能为授权用户提供有效服务。

可用性还应有以下功能:

(1)身份识别、确认以及访问控制功能。该功能主要用于对用户的权限进行控制,确保用户只能根据其权限等级访问相应的资源,防止或限制经隐蔽通道的非法访问。

(2)业务流控制功能。该功能是利用负荷均衡的方法,在多个网络通路中均衡地传输业务数据,防止因业务流量过度集中而引起的网络阻塞。

(3)路由选择控制功能。根据所传送的信息的目的地选择子网、中继线或链路等进行信息传送,并能根据网络结构、流量等的变化动态调整路由。

(4)审计跟踪功能。该功能是把网络信息系统中发生的所有安全事件情况存储在安全审计跟踪表之中,以便对网络用户的行为进行统计和分析,并能在发生问题后为分析原因、分清责任、及时采取相应的措施提供依据。所记录安全的事件的信息主要包括事件类型、被管对象安全等级、事件发生的时间、事件的类型、事件的结果等。

3. 保密性

保密性要求网络信息不被泄露给非授权的用户、实体或过程,或供其利用。即网络上信息的内容不应被未授权的第三方所知。保密性是在可靠性和可用性基础之上,保障网络信息安全的重要手段。

常用的保密手段主要有两种，即

（1）物理保密。利用各种物理方法，如限制、隔离、屏蔽、控制等措施，保护信息不被泄露。

（2）信息加密。采用各种加密算法对信息进行加密处理，即使第三方通过某种途径得到了加密后的信息，也无法在信息有效的时间段内破解该信息。

4．完整性

完整性要求网络信息未经授权不能进行改变。网络信息在存储及传输过程中要保持不变，不能被偶然或蓄意地进行删除、修改、伪造、乱序、重放、插入等操作，防止网络信息被破坏或丢失。完整性与保密性不同，保密性要求信息不被泄露给未授权的实体，而完整性则要求信息不致受到各种原因的破坏。影响网络信息完整性的主要因素有：设备故障导致信息完整性被破坏；传输、处理和存储过程中产生误码导致信息完整性被破坏；人为攻击、计算机病毒等导致信息完整性被破坏等。

保障网络信息完整性的主要方法有：

（1）协议：参与网络数据传输的各方通过各种安全协议，确保能有效地检测出完整性被破坏的数据。

（2）检错及纠错编码：通过在原始信息中附加校验及控制信息，完成信息的检错和纠错功能。

（3）数字签名：通过相关算法，使接收方可明确判断信息是否由合法的用户发出，保障信息的真实性；

（4）公证：通过作为网络用户均可信任的第三方，如网络管理或中介机构等来证明网络信息的真实性。

5．不可抵赖性

不可抵赖性即不可否认性。在网络系统的信息交互过程中，所有参与者都不可能否认或抵赖曾经完成的操作和承诺。不可抵赖性通过相关的算法实现，利用信息源证据可以防止发信方否认已发送信息的行为；利用递交接收证据可以防止接收方事后否认已经接收的信息。

10.4.2 安全服务与安全机制

安全服务与安全机制指的是基于OSI的安全体系结构实现安全通信所必要的服务以及相应的机制。ISO 7498-2（X. 800）描述了5种可选的安全服务，它们分别是：

1．身份鉴别（Authentication）服务

这种服务是在两个开放系统同等层中的实体建立连接和数据传送期间，为提供连接实体身份的鉴别而规定的一种服务。这种服务用于防止假冒或重放以前的连接，即防止伪造连接初始化这种类型的攻击。这种鉴别服务可以是单向的，也可以是双向的。

2．访问控制（Access Control）服务

这种服务可以防止未经授权的用户非法使用系统资源。这种服务不仅可以提供给单个用

户，也可以提供给封闭的用户组中的所有用户。

3. 数据保密（Data Confidentiality）服务

这种服务的目的是通过加密技术来保护网络中各系统之间交换的数据，防止因数据被截获而造成的泄密。

4. 数据完整性（Data Integrity）服务

这种服务用来防止未授权用户对网络数据的主动攻击，如对正在交换的数据进行修改、插入等操作，造成数据的错误、延时及丢失等，以保证接收方收到的信息与发送方发送的信息完全一致。

5. 不可否认性（Non-Reputation）服务

这种服务用来确保数据是由合法实体发出的，它对数据来源方的对等实体进行鉴别，以防假冒，并可防止发送方在数据发送完毕后否认自己曾经发送过的数据，或接收方在接收数据后否认自己曾经收到过数据。该服务由以下两种服务组成：

（1）不可否认发送：这种服务向数据接收者提供数据源的证据，从而可防止发送者否认发送过这个数据。

（2）不可否认接收：这种服务在数据已成功送达接收者后，向数据发送者提供数据已交付的证据，因而接收者事后不能否认曾收到此数据。

上述这两种服务实际上是一种数字签名服务。

与安全服务相关的是安全机制。一个安全服务可以采用一种或多种安全机制。根据 X.800 标准分类，主要的安全机制有：

1. 加密机制（Encipher Mechanism）

加密是提供数据保密的最常用的方法。按密钥类型划分，加密算法可分为对称密钥和非对称密钥加密算法两种。按密码体制分，可分为序列密码和分组密码算法两种。用加密的方法与其他技术相结合，可以提供数据的保密性和完整性。使用加密机制后，还要有与之配合的密钥的分发和管理机制。

2. 访问控制机制（Access Control Mechanism）

访问控制是按事先确定的规则判断用户对系统资源的访问是否合法。当一个用户试图非法访问一个未经授权使用的系统资源时，该机制将拒绝这一访问，并向审计跟踪系统报告这一事件。审计跟踪系统将产生报警信号或形成部分追踪审计信息。

3. 数字签名机制（Digital Signature Mechanism）

数字签名是一种标识网络用户身份的方法，是解决网络通信中特有的安全问题的有效手段，可有效地预防和解决用户对其在网络上的活动产生否认、伪造、冒充或篡改等安全问题。

4．数据完整性机制（Data Integrity Mechanism）

数据完整性包括两层含义：数据本身的完整性和数据序列的完整性。数据本身的完整性一般由数据的发送方和接收方共同保证。发送方在发送数据时加上一个标记，这个标记是数据本身的函数，如针对字节的奇偶校验、针对分组数据的校验和或CRC校验等，或使用密码校验函数，它本身是经过加密的。接收方在接收数据时使用相同的函数产生一个对应的标记，并将所产生的标记与接收到的标记相比较，即可判断出在传输过程中数据是否被修改过。数据序列的完整性则是在接收方判断数据编号的连续性和时间标记顺序的正确性，以防止数据传送过程中可能发生的假冒、丢失、重发、插入或修改数据等安全问题。

5．身份鉴别机制（Authentication Mechanism）

身份鉴别机制是指收发双方以交换信息的方式来确认实体身份的机制。交换信息可以是单向的，也可以通过收发双方的多次交互完成。通常用于身份鉴别的技术有口令技术和密码技术。口令一般由发送方提供，接收方进行检测，以判断用户的合法性。密码技术则是将交换的数据加密，只有合法用户才能解密，得出有意义的明文。在许多情况下，密码技术与下列技术中的一种或多种一起使用，包括时间标记和同步时钟、双方或三方“握手”、数字签名和公证机构等。

6．数据流填充机制（Traffic Padding Mechanism）

又称为防业务流分析机制，这种机制主要用于对抗非法用户在线路上监听数据，防止其对数据的流量和流向进行分析。该机制采用的方法一般是由保密装置在无信息传输时连续发出伪随机序列，使得窃听者无法判断其所接收到的数据中哪些是有用信息，哪些是无用信息。

7．路由控制机制（Routing Control Mechanism）

在实际的网络环境中，从源节点到目的节点的路径可能有多条，它们的安全性各不相同。路由控制机制给信息的发送者提供了一种选择指定路由的功能，以保证数据的安全。

8．公证机制（Notarization Mechanism）

在使用网络的时候，并不是所有用户都是诚实、可信的，同时也可能出现由于系统故障或网络延时等原因使信息产生丢失、乱序等情况，这些都可能引起责任问题。为了解决这个问题，就需要有一个各方都信任的实体提供公证服务，仲裁出现的问题，这种实体就是公证机构。

引入公证机制后，所有需要公证服务的通信数据都必须经过公证机构来转送，以确保公证机构能得到必要的信息，供以后仲裁使用。

此外，还有与系统要求的安全级别直接有关的安全机制，如安全审计跟踪（Security Audit Trail）、可信功能（Trusted Function）、安全标号（Security Labels）、事件检测（Event Detection）和安全恢复（Security Recovery）等。

10.5 数据加密技术

数据加密就是使用密码，通过多种复杂的措施对原始数据加以变换，以防第三方窃取、伪造或篡改，达到保护原始数据的目的。数据加密模型如图 10-10 所示。

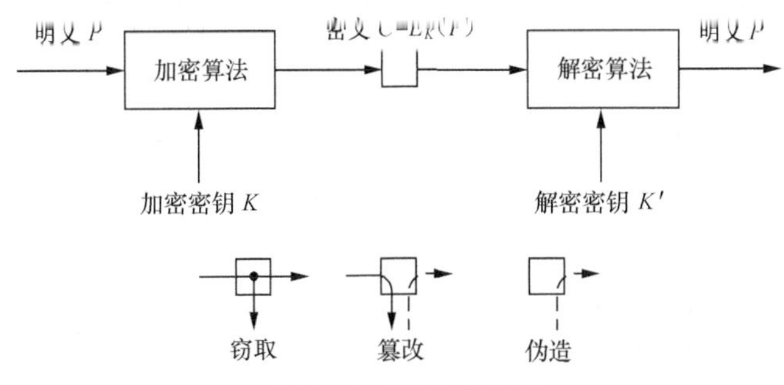

图 10-10　数据加密模型

数据加密模型中的明文 P（Plain-text）是一段有意义的文字或数据，在发送方通过加密算法将其变换为密文 C（Cipher-text）。密文是以加密密钥 K 为参数的函数，记作 $C=E_k(P)$。在接收方用解密密钥 K'，通过解密算法，将密文 C 还原为明文 P，即 $P=D_{k'}[E_k(P)]$。

数据加密涉及两大关键技术：加密算法的研究与设计和密码分析（或破译）。二者在理论上是矛盾的。设计密码和破译密码的技术统称为密码学。

密码设计方法有多种，按现代密码体制可分为两类：对称密钥密码系统和非对称密钥密码系统。

10.5.1 对称密钥密码技术

对称密钥密码（Symmetric Key Cryptography）系统是一种传统的密码体制，其加密和解密用的是相同的密钥，即 $K=K'$，可确保用解密密钥 K'能将密码译成明文，即 $D_{k'}[E_k(P)]=P$。早期传统的密码体制常采用替换法和易位法。在此基础上，美国在 1977 年将 IBM 研制的组合式加密方法——数据加密标准（DES，Data Encryption Standard）列为联邦信息标准，该标准后又被 ISO 定为数据加密标准。

在使用对称密钥密码技术的情况下，由于加密、解密密钥相同，所以密码体制的安全性就是密钥的安全性。如果密钥泄露，则密码系统便被攻破。因此，这种情况下密钥通常需要经过安全的密钥信道由发送方传送给接收方。

对称密钥密码技术的优点是：安全性高，加解密速度快。但由于对密钥安全性的依赖程度过高，随着网络规模的急剧扩大，密钥的分发和管理成为一个难点。另外，对称密钥密码技术在设计时未考虑消息确认问题，也缺乏自动检测密钥泄露的能力。

对称密钥密码技术从加密模式上又可分为序列密码和分组密码。

1. 序列密码

采用序列密码时，加密系统通过有限状态机产生高品质的伪随机序列，对信息流逐位进行加密，得出密文序列，其安全强度完全取决于所产生的伪随机序列的品质。序列密码一直是外交和军事等场合处理涉密数据所使用的基本技术之一。

2. 分组密码

分组密码的基本原理是：将明文以组（如 64 比特为一组）为单元，用同一密钥和算法对每一组明文进行加密，输出也是固定长度的密文。DES 加密算法使用的就是分组密码方式。DES 密码算法的输入为 64 比特明文，密钥长度为 64 比特（实际密钥长度为 56 比特，另 8 比特用于奇偶校验），密文长度为 64 比特。其算法框图如图 10-11 所示。

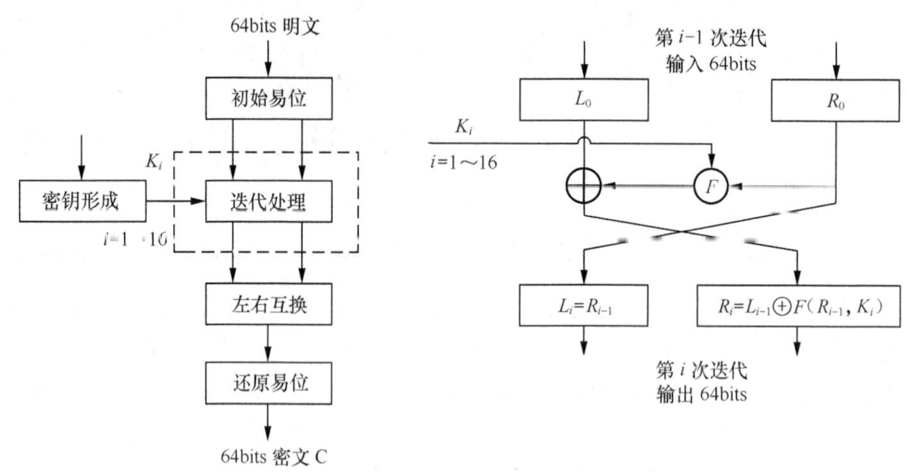

图 10-11　DES 加密算法框图

在 DES 加密算法中，64 比特明文 P 首先进行初始易位后得 P_0，其左半边 32 比特和右半边 32 比特分别记为 L_0 和 R_0，然后再经过 16 次迭代。若用 P_i 表示第 i 次迭代的结果，同时令 L_i 和 R_i 分别为左半边 32 比特和右半边 32 比特，则从图 10-11 中可见，

$$L_i = R_{i-1} \tag{10.1}$$

$$R_i = L_{i-1} \oplus F(R_{i-1}, K_{\mathrm{i}}) \tag{10.2}$$

式中，$i = 1$，2，…，16；K_i 是 48 比特的密钥，是原始的 64 比特密钥 K 经过多次变换而成的。式（10.1）称为 DES 加密方程，在每次迭代中要进行函数 F 的变换、模 2 加运算以及左右半边的互换。在最后一次迭代之后，左、右半边没有互换，这是为了使算法既能加密又能解密。最后一次变换是逆变换，其输入为 $R_{16}L_{16}$，输出为 64 比特密文 C。

DES 加密中起核心作用的是函数 F。它是一个复杂的变换，先将 $F(R_{i-1},K_i)$中的 R_{i-1} 的 32 比特变换扩展为 48 比特，记为 $E(R_{i-1})$，再将其与 48 比特的 K_i 按模 2 相加，所得的 48 比特结果顺序地分为 8 个 6 比特组 B_1，B_2，…，B_8，即

$$E(Ri-1) \oplus Ki = B_1B_2\cdots B_8$$

然后将 6 比特长的组经过 S 变换转换为 4 比特的组，或写成 $B_j \rightarrow S_j\,(B_j)$，其中，$j = 1$，2，…，8。再将 8 个 4 比特长的 $S_j\,(B_j)$ 按顺序排好，再进行一次易位，即得出 32 比特的 $F(R_{i-1},K_i)$。

解密的过程与加密相似，但 16 个密钥的顺序正好相反。

DES 算法的安全性完全取决于密钥的安全性，其算法是公开的。对密钥长度为 56 比特的 DES 算法可提供 7.2×10^{16} 个密钥，如果使用每秒百万次运算的计算机来对 DES 加密算法进行破译，至少也需要运算约 2 000 年。DES 算法可以用软件或硬件实现，AT&T 首先用 LSI

芯片实现了 DES 的全部工作模式，即数据加密处理机 DEP。1995 年，DES 的原始形式被攻破，但修改后的形式仍然有效。对 Lai 和 Massey 提出的 IDEA（International Data Encryption Algorithm），目前尚无有效的攻击方法进行破译。另外，MIT 采用了 DES 技术开发的网络安全系统 Kerberos 在网络通信的身份认证上已成为工业中的事实标准。

10.5.2 非对称密钥密码技术

非对称密钥密码（Asymmetric Key Cryptography）系统中有两个密钥 K 和 K'。每个通信方进行保密通信时，通常将加密密钥 K 公布（称为公钥，Public Key），而保留秘密密钥 K'（称为私钥，Privacy Key），所以人们习惯称为公开密钥技术。使用公开密钥密码系统时，用户可以将自己设计的加密密钥和算法公之于众，而只保密解密密钥。对于任何人利用这个加密密钥和算法向该用户发送的加密信息，该用户均可以将之还原。由于公钥算法不需要联机密钥服务器，密钥分配协议简单，所以极大简化了密钥管理。除加密功能外，公钥系统还可以提供数字签名。

公钥密码的缺点是：算法一般比较复杂，运算时系统开销大，加解密速度相对较慢。

因此，实际应用环境中的加密普遍采用非对称密码技术和对称密钥密码技术相结合的混合加密体制，即加解密数据内容时采用对称密钥密码技术，以获得较高的处理速度，而密钥的传送则采用非对称密钥密码技术，以获得较高的安全性。这样既解决了密钥管理的困难，又解决了加解密速度的问题。

公开密钥的概念是在 1976 年由 Diffie 和 Hellman 提出的。目前常用的公开密钥算法是 RSA 算法，该算法由 Rivest、Shamir 和 Adleman 3 人在 1977 年提出，常用于数据加密和数字签名。数字签名标准（DSS，Digital Signature Standard）算法可实现数字签名但不提供加密，而最早 Diffie 和 Hellman 提出的算法是基于共享密钥的，既无签名又无加密，通常与传统密码算法共同使用。这些算法的复杂度各不相同，提供的功能也不完全一样。

RSA 算法有公开密钥系统的基本特征，如：

（1）若用 PK（公开密钥，即公钥）对明文 P 进行加密，再用 SK（秘密密钥，即私钥）解密，即可恢复出明文，即 $P=D_{SK}[E_{PK}(\mathrm{P})]$

（2）加密密钥 PK 不能用于解密，即 $D_{PK}[E_{PK}(\mathrm{P})] \neq P$

（3）从已知的 PK 不能推导出 SK，但有利于计算机生成 SK 和 PK；

（4）加密运算和解密运算可以对调，即 $E_{PK}[D_{SK}(\mathrm{P})]=P$。

根据这些特征，在公开密钥系统中，可将 PK 作成公钥文件发给用户，若用户 A 要向用户 B 发送明文 M，只需从公钥文件中查到用户 B 的公钥，设为 PK_B，然后利用加密算法 E 对 M 加密，得密文 $C=E_{PK_{\mathrm{B}}}(M)$。B 收到密文后，利用只有 B 用户所掌握的解密密钥 SK_{B} 对密文 C 解密，可得明文 $M=D_{SK_{\mathrm{B}}}[E_{PK_{\mathrm{B}}}(\mathrm{P})]$。任何第三者即使截获 C，由于不知道 SK_{B}，也无从解得明文。

RSA 系统的理论依据是著名的欧拉定理：若整数 a 和 n 互为素数，则 $a^{\varphi(n)}=1(\mathrm{mod\ n})$，其中，$\varphi(n)$是比 n 小且与 n 互素的正整数。

RSA 公开密钥技术的构成要点如下：

（1）取两个足够大的秘密的素数 p 和 q（一般至少是 100 位以上的十进制数）。

（2）计算 $n=pq$，n 是可以公开的（事实上，从 n 分解因子求 p 和 q 是极其费时的）。

（3）求出 n 的欧拉函数 $z=\varphi(n)=(p-1)(q-1)$。

（4）选取整数 e，满足 $\gcd(e,z)=1$，即 e 与 $\varphi(n)$ 互素，e 可公开。

（5）计算 d，满足 $d\cdot e=1(\mathrm{mod}\ z)$，$d$ 应保密。

（6）公钥为（e,n），密钥为（d,n）。加密过程为 $C=M^e(\mathrm{mod}\ n)$，解密过程为 $M=C^d$（mod n）。

为了理解 RSA 算法的使用，现举一个简单的例子。若取 $p=7$，$q=11$，则计算出 $n=77$，$z=60$。由于 17 与 60 没有公因子，因此可取 $d=17$，解方程 $17e=1(\mathrm{mod}\ 60)$可以得 $e=53$。假设发送方发送字符串 HELLO，如图 10-12 所示，字母 H 在英文字母表中排在第 8 位，取其数字值为 8，则密文 $C=M^e(\mathrm{mod}\ n)=8^{53}(\mathrm{mod}\ 77)=50$。在接收方，对密文进行解密，计算 $M=C^d(\mathrm{mod}\ n)=50^{17}(\mathrm{mod}\ 77)=8$，恢复出原文。其他字母的加密与解密处理过程参见图 10-12。

明文字符	数字代码	发送方计算密文 $C=M^e$（mod n）	接收方计算明文 $M=C^d$（mod n）
H	8	8^{53}（mod77）=50	50^{17}（mod77）=8
E	5	5^{53}（mod77）=59	59^{17}（mod77）=5
L	12	12^{53}（mod77）=45	45^{17}（mod77）=12
L	12	同上	同上
O	15	15^{33}（mod77）=64	64^{17}（mod77）=15

图 10-12 RSA 算法示例

10.6 用户身份认证

身份认证（Authentication）是建立安全通信的前提条件。用户身份认证是通信参与方在进行数据交换前的身份鉴定过程，以确定通信的参与方有合法的身份。身份认证协议是一种特殊的通信协议，它定义了参与认证服务的通信方在身份认证的过程中需要交换的所有消息的格式、语义和产生的次序，常采用加密机制来保证消息的完整性、保密性。

口令（Password）是一种最基本的身份认证方法，早期的口令仅在本地显示时表示为不可见，在网络中是用 ASCII 按明文方式传送的，容易遭受在线或离线方式的攻击。现在几乎所有的操作系统都提供了对口令在传输时进行加密的措施。

另一种身份认证技术是基于硬件设备的，称为身份认证标记。这种认证方法使用 IC 智能卡，又称 PIN 保护记忆卡，在智能卡中记录了用户识别号，通过读卡设备将 PIN 读入，经鉴别有效后才能进行通信。

基于密码学原理的密码身份认证协议可提供更多的安全服务，如共享密钥认证、公钥认证等。

10.6.1 基于共享密钥的用户认证协议

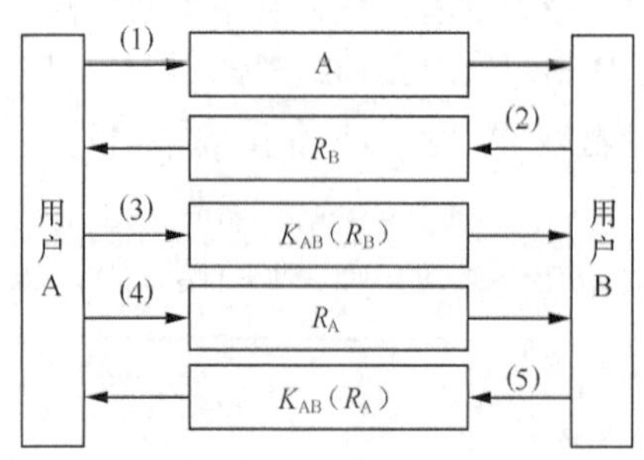

图 10-13 基于共享密钥算法的用户认证

假设在 A 和 B 之间有一个共享的秘密密钥 K_{AB}，当 A 要求与 B 进行通信时，双方可采用如图 10-13 所示的过程进行用户认证。

（1）A 向 B 发送自己的身份标识。

（2）B 收到 A 的身份标识后，为了证实确实是 A 发出的，于是选择 1 个随机的大数 R_B 用明文发给 A。

（3）A 收到 R_B 后用共享的秘密密钥 K_{AB} 对 R_B 进行加密，然后将密文发回给 B；B 收到密文后就能确信对方是 A，因为除此以外无人知道密钥 K_{AB}。

（4）此时 A 尚无法确定对方是否为 B，所以 A 也选择 1 个随机大数 R_A，用明文发给 B。

（5）B 收到后用 K_{AB} 对 R_A 进行加密，然后将密文发回给 A，A 收到密文后也确信对方就是 B；至此用户认证完毕。

如果这时 A 希望和 B 建立一个秘密的用于本次会话的密钥，它可以选择一个密钥 K_S，然后用 K_{AB} 对其进行加密后发送给 B，此后双方即可使用 K_S 进行会话。这个 K_S 就是所谓的会话密钥（Session Key），是指在一次会话过程中使用的密钥，可由计算机随机生成。在实际应用中，会话密钥可以不局限于某次会话过程，而是在一定的时间内有效；也可以每次会话都携带下一次会话将要使用的密钥，实现密钥的滚动变化，进一步加强安全性。

10.6.2　基于公开密钥算法的用户认证协议

基于公开密钥算法的用户认证的典型过程如图 10-14 所示。

（1）A 选择 1 个随机数 R_A，用 B 的公开密钥 E_B 对 A 的标识符和 R_A 进行加密，将密文发给 B。

（2）B 解开密文后不能确定密文是否真的来自 A，于是它选择 1 个随机数 R_B 和 1 个会话密钥 K_S，用 A 的公开密钥 E_A 对 R_A、R_B 和 K_S 进行加密，将密文发回给 A。

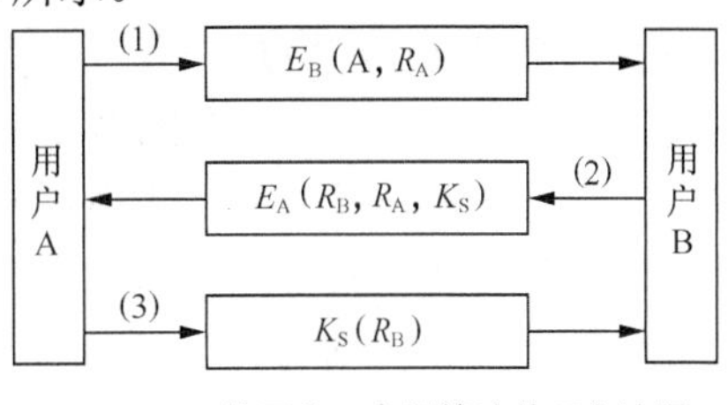

图 10-14　基于公开密钥算法的用户认证

（3）A 解开密文，看到其中的 R_A 正是自己刚才发给 B 的，于是知道该密文一定发自 B，因为其他人不可能得到 R_A，同样因为收到的报文中包含自己刚才发给 B 的 R_A，就证明这是一个最新的报文而不是一个复制品，于是 A 用 K_S 对 R_B 进行加密表示确认；B 解开密文，知道这一定是 A 发来的，因为其他人无法知道 K_S 和 R_B。

基于公开密钥算法的用户认证在目录系统中得到了应用，如轻量级目录访问协议（LDAP，Lightweight Directory Access Protocol）及 ITU-T X.509 目录服务标准。

10.6.3　基于密钥分发中心的用户认证协议

基于密钥分发中心（KDC，Key Distribution Center）用户认证的概念是 1978 年由 Needham 和 Schroeder 提出的，其必要条件是 KDC 的权威性和安全性要有保障，并为网络用户所信任。每个用户和 KDC 之间都有一个共享的秘密密钥，系统中所有的用户认证工作、针对各用户的秘密密钥和会话密钥的管理都必须通过 KDC 来进行。

图 10-15 给出了一个最简单的利用 KDC 进行用户认证的协议的实现过程。

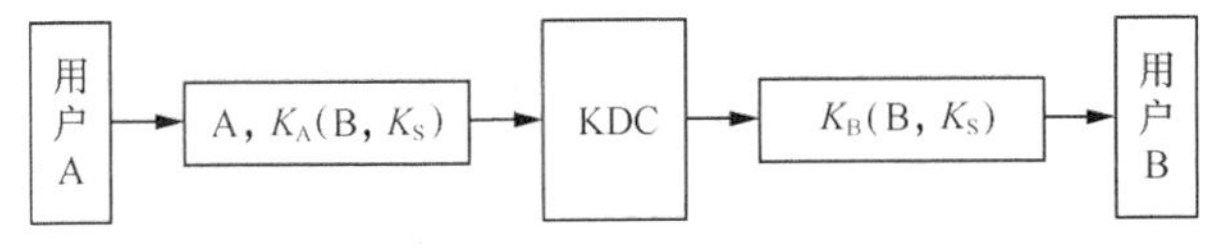

图 10-15　基于 KDC 的用户认证过程

（1）A 用户要求与 B 用户进行通信，A 可选择一个会话密钥 K_S，然后用与 KDC 共享的密钥 K_A 对 B 的标识和 K_S 进行加密，并将密文和 A 的标识一起发给 KDC。

（2）KDC 收到后，用与 A 共享的密钥 K_A 将密文解开，此时 KDC 可以确信这是 A 发来的，因为其他人无法用 K_A 发来加密报文。

（3）KDC 重新构造一个报文，放入 A 的标识和会话密钥 K_S，并用与 B 共享的密钥 K_B 加密报文，将密文发给 B；B 用密钥 K_B 将密文解开，此时 B 可以确信这是 KDC 发来的，并且获知了 A 希望用 K_S 与它进行会话。

上述简单的 KDC 用户认证示例协议的安全性并不高，存在着被重复攻击的可能性。假设 B 为银行，若用户 C 为 A 提供了一定的服务后，要求 A 用银行转账的方式向其支付酬金，于是 A 和 B（银行）建立一个会话，指定 B 将一定数量的金额转至 C 的账上。如果在这个过程中，C 将 KDC 发给 B 的密文和随后 A 发给 B 的密文都复制了下来，等会话结束后，C 将这些报文依序重发给 B，而 B 无法区分这是一个新的指令还是一个老指令的副本，因此又会执行相同的操作，将一定数量的金额转至 C 的账上，这种攻击方式称为重复攻击，也称为回放攻击。

可以通过对重复攻击的识别来解决这个问题。具体的识别方法有两种：一种方法是通信双方在每个报文中都附加一个一次性的报文号，且每个用户都记住本次会话过程中所有已经用过的报文号，只要将收到的重复编号的报文，就视为攻击报文，将其丢弃；另一种方法是在报文中附加一个时间戳，并规定有效期，当接收方收到一个过期的报文时就将它丢弃。采用上述两种方法中的任一种都可以抵御重复攻击。

在实际应用中，基于对称密钥加密算法 KDC 的用户认证 Kerberos 版本 5 的协议已被 IETF 认定为 RFC 1510，目前主要的操作系统都支持 Kerberos 认证系统，它已成为事实上的工业标准。

10.6.4 数字签名

数字签名是通信双方在网上交换信息时采用公开密钥法对所收发的信息进行确认，以此来防止伪造和欺骗的一种身份认证方法。数字签名系统的基本功能有：

（1）接收方通过文件中附加的发送方的签名信息能认证发送方的身份；

（2）发送方无法否认曾经发送过的签名文件；

（3）接收方不可能伪造接收到的文件的内容。

使用公开密钥算法的数字签名，其加密算法和解密算法除了要满足 $D[E(P)] = P$ 外，还必须满足 $E[D(P)]=P$，即加密过程和解密过程是可逆的。RSA 算法就具有这样的特性。使用公开密钥算法的数字签名的过程如图 10-16 所示。

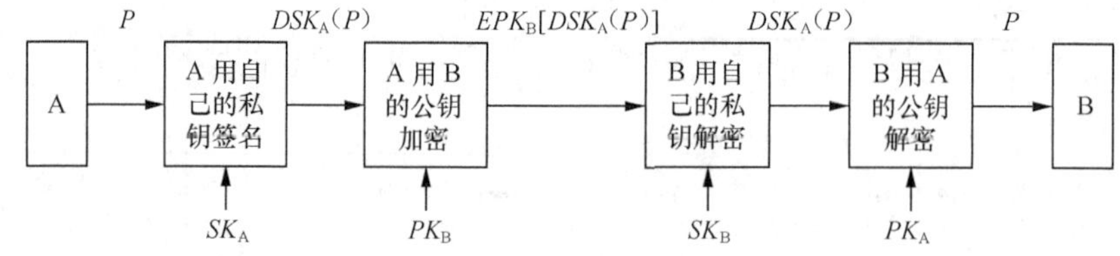

图 10-16 基于公开密钥算法的数字签名

（1）当 A 要向 B 发送签名的报文 P 时，由于 A 知道自己的私钥 SK_A 和 B 的公钥 PK_B，它先用私钥 SK_A 对明文 P 进行签字，即 $D_{SK_A}(P)$，然后用 B 的公钥 PK_B 对 $D_{SK_A}(P)$ 加密，向 B 发送 $E_{PK_B}[D_{SK_A}(P)]$。

（2）B 收到 A 发送的密文后，先用私钥 SK_B 解开密文，将 $D_{SK_A}(P)$ 复制一份放在安全的场所，然后用 A 的公钥 PK_A 将 $D_{SK_A}(P)$ 解开，取出明文 P。

上述算法是符合数字签名系统的基本功能要求的。

1. A 不可否认

当 A 发送过签名的报文后试图否认给 B 发过 P 时，B 可以出示 $D_{SK_A}(P)$ 作为证据。因为 B 没有 A 的私钥 D_{SK_A}，除非 A 确实发过 $D_{SK_A}(P)$，否则 B 是不会有这样一份密文的。通过第三方（公证机构），只要用 A 的公钥：SK_A 解开 $D_{SK_A}(P)$，就可以判断 A 是否发送过签名文件，证实 B 说的是否是真话。

2. B 不可伪造

如 B 将 P 伪造为 P'，则 B 不可能在第三方的面前出示 $D_{SK_A}(P')$，这证明了 B 伪造了 P。

这种数字签名在实际使用中也存在一些问题，但不是算法本身的问题，而是与算法的使用环境有关。例如，当 A 发送一个签名报文给 B 后，只有 SK_A 仍然是秘密的，B 才能证明 A 确实发过 $D_{SK_A}(P)$；如果 A 试图否认这一点，他只需公开他的私钥，并声称他的私钥被盗用，这样任何人，包括 B 都有可能发送 $D_{SK_A}(P)$。其次，A 改变了他的私钥，出于安全因素的考虑，这种做法显然也是无可非议的。但这时如果发生纠纷的话，仲裁方用新的 PK_A 去解老的 $D_{SK_A}(P)$，就会置 B 于非常不利的地位。因此，在实际的使用中，还需要有 KDC 来记录所有密钥的变化情况及变化时间。

10.6.5 报文摘要

数字签名虽然可以确保收发双方互相确认身份，以及无法否认曾经收发过的报文，但数字签名机制同时使用了用户认证和数据加密两种算法，复杂度过高。对于有些只需要签名而不需要加密的应用，若将报文全部进行加密，将降低整个系统的处理效率。为此人们提出一个新的方案：使用一个单向的哈希（Hash）函数，对任意长度的明文进行计算，生成一个固定长度的比特串，然后仅对该比特串进行加密。这样的处理方法通常称为报文摘要（MD，Message Digests），常用的算法有 MD5 和 SHA（Source Hash Algorithm）。

报文摘要必须满足以下 3 个条件：

（1）给定明文 P，很容易计算出 MD（P）。

（2）给出 MD（P），很难反推出明文 P。

（3）任何人不可能产生出具有相同报文摘要的两个不同的报文。

为满足条件（3），MD（P）至少必须达到 128 位。实际上，有很多函数符合以上 3 个条件。在公开密钥密码系统中，使用报文摘要进行数字签名的过程是：A 首先对明文 P 计算出 MD（P），然后用私钥 SK_A 对 MD（P）进行数字签名，连同明文 P 一起发送给 B。B 将密文 D_{SK_A}[MD（P）]复制一份放在安全的场所，然后用 A 的公钥 PK_A 解开密文，取出 MD（P）。然后 B 对收到的报文 P 进行摘要计算，如果计算结果和 A 送来的 MD（P）相同，则将 P 收下来，否则就说明 P 在传输过程中被篡改过。

当A试图否认发送过P时，B可向仲裁方出示P和$D_{SK_A}[MD(P)]$来证明自己确实收到过P。

10.7 访问控制

10.7.1 访问控制基本原理

访问控制的实质是对系统资源使用的限制。在计算机系统中设立安全机制的最初目的就是为了控制用户对系统资源的访问。访问控制的方法主要有自主访问控制（DAC，Discretionary Access Control）、强制访问控制（MAC，Mandatory Access Control）和基于角色的访问控制（RBAC, Role-Based Access Control）。

DAC是一种最普遍的访问控制手段。在这种方式下，用户可以按照自己的意愿对系统参数适当地进行修改，以决定哪些用户可以访问他的文件。在MAC方式下，用户和资源都有一个固定的安全属性，匹配者才能访问。

目前最常用的是基于角色的访问控制方法。基本思想是将权限同角色关联起来，而用户则通过赋予的角色来获得相应的权限，用户拥有的全部权限由授予该用户所有角色的权限的并集决定。角色是RBAC模型中一个重要的概念。在一个组织中，角色往往根据组织成员的职责和义务来划分，如：经理、项目主管、程序员等。用户通过加入到角色中以获得相应的权限。如程序员可以查看、修改源代码，一个用户如果加入到程序员这个角色中，就可以获得修改源代码的权限；同时，一个用户只要改变他担当的角色，就可以改变他相应的权限。从本质上来说，角色处在用户和权限的中间，通过角色把用户和权限联系起来。如图10-17所示。

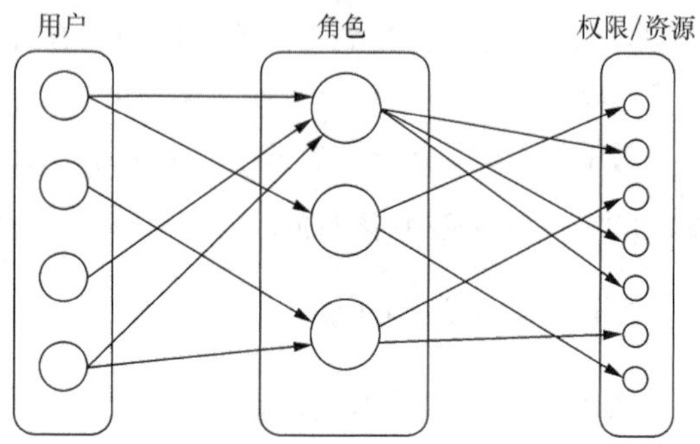

图10–17 基于角色的访问控制模型

10.7.2 防火墙技术

防火墙是网络之间一种特殊的访问控制措施，是一种屏障，用于隔离Internet的某一部分，限制这部分网络和Internet其他部分之间数据的自由流动。通常被隔离出的小部分网络称为内部网或内网（Intranet），其余的Internet部分的网络称为外部网或外网。防火墙（Firewall）是建立在内外网络边界上的IP过滤封锁机制，如图10-18所示。内部网络被认为是安全的，而外部网络（Internet）被认为是不安全的和不可信任的。

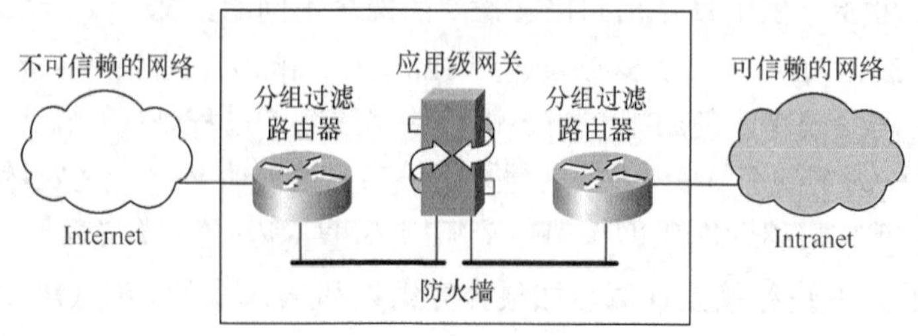

图10–18 防火墙的一般原理

防火墙的作用就是防止未经授权的通信量进出受保护的内部网络，通过边界控制强化内部网络的安全。

防火墙技术可分为 3 大类型：IP 级防火墙、应用级防火墙和链路级防火墙。IP 级防火墙多基于报文过滤（Packet Filter）技术实现，应用级防火墙又称为代理（Proxy）防火墙，是通过分别连接内外部网络的代理主机实现防火墙的功能，而链路级防火墙的工作原理和组成结构和应用级防火墙类似，但它并不针对专门的应用协议，而是一种通用的 TCP（或 UDP）的连接中继服务，并在此基础上实现防火墙的功能。

目前的防火墙系统大多混合使用上述 3 种类型，可由软件或硬件来实现。防火墙系统通常由过滤路由器和代理服务器组成。IP 过滤模块可对来往的 IP 数据报头的源地址、目的地址、协议号、TCP/UDP 端口号和分片数等基本信息进行过滤，允许或禁止某些 IP 地址的数据报访问。防火墙为解决某些企业设定内/外网络边界安全的问题起了一定的作用，但它并不能解决所有网络安全问题，更不能认为网络安全措施就是建立防火墙。防火墙只能是网络安全政策和策略中的一个组成部分，只能解决网络安全的部分问题。

配置代理服务器（Proxy Server）用来限制内部用户进入 Internet，其本质是应用层网关，它为特定的网络应用通信充当中继，整个过程对用户完全透明。代理服务器的优点是它拥有用户级的身份认证、日志记录和账号管理。日本 NEC 提出的 SOCK5（RFC 1928）作为通用应用的代理服务器，由一个运行在防火墙系统上的代理服务器软件包和一个链接到各种网络应用程序的库函数包组成，支持基于 TCP、UDP 的应用。现在的主流浏览器（IE、Mozallia、Firefox 等）都支持 SOCK5。代理服务器的缺点是：若要提供全面的安全保证，就需对每一项服务都建立对应的应用层网关，这就大大地限制了新业务的应用。

10.8 虚拟专用网

虚拟专用网（VPN，Vinual Privacy Network）是将物理分布在不同地点的网络通过公用骨干网（尤其是 Internet）连接而成的逻辑上的虚拟子网。简言之，它是一种建立在开放性网络平台上的专有网络。VPN 的定义允许一个给定的站点是一个或者多个 VPN 的一部分，也就是说，VPN 可以是交叠的。为了保障信息的安全，VPN 技术采用了鉴别、访问控制、保密性和完整性等措施，以防信息被泄露、篡改和复制。

基于 Internet 的 VPN 具有节省费用、灵活，易于扩展，易于管理，且能保护信息在 Internet 上传输的安全等优点。企业可以利用 VPN 技术和 Internet 构建安全的企业内部网（Intranet）和外部网（Extranet)。VPN 分为两种模式：直接模式和隧道模式。直接模式 VPN 使用 IP 和编址来建立对 VPN 上传输的数据的直接控制，对数据加密；采用基于用户身份的鉴别，而不是基于 IP 地址的。隧道模式使用 IP 数据报作为隧道发送分组。大多数 VPN 都运行在 IP 骨干网上，数据加密通常有 3 种方法：使用具有加密功能的防火墙、使用带有加密功能的路由器和使用单独的加密设备。

目前，在 7 层 OSI 参考模型层次结构的基础上，主要有下列几种隧道协议用于构建 VPN：

（1）点到点隧道协议（PPTP，Point-to-Point Tunneling Protocol)；

（2）第二层隧道协议（L2TP，Layer 2 Tunnel Protocol)；

（3）IP 安全协议（IPSec，IP Security Protocol)。

1．点到点隧道协议

点到点隧道协议（PPTP）在第 2 层上可以支持封装 IP 协议及非 IP 协议（如 IPX、Apple Talk 等）。PPTP 的工作原理是：网络协议将待发送的数据加上协议特定的控制信息组成数据报（Data Packet）进行交换。PPTP 的工作对于用户来说是透明的，用户关心的只是需要传送的数据。PPTP 的工作方式是在 TCP/IP 数据报中封装原始分组，例如，包括控制信息在内的整个 IPX 分组都将成为 TCP/IP 数据报中的“数据”区，然后通过因特网进行传输；另一端的软件分析收到的数据报，去除增加的 PPTP 控制信息，将其还原成 IPX 分组并发送给 IPX 协议进行常规处理。这一处理过程称为隧道（Tunneling）。

使用 PPTP 对于原有的网络安全性并没有大的影响，因为原有 LAN 的广泛的例行安全检查可以照样进行。客户端系统除了最底层通信接口模块外，通常不需要其他特殊软、硬件，可以提供平台独立性。另外，PPTP 还可以通过对原始分组的压缩、数据加密等手段来保证网络通信的安全性。

2．第 2 层隧道协议（L2TP）

第 2 层隧道协议（L2TP），也称为层 2 隧道协议。Cisco、3COM 等公司已可向 ISP 和电信部门提供 L2TP 产品，并取代 PPTP 和 Cisco 早期专有的 L2F（Layer 2 Forward），在 SOHO 和移动通信中得到了应用，如图 10-19 所示。客户端（SOHO 或移动用户）拨号到本地因特网服务运行商（ISP）的 L2TP 接入集中器的局端（POP，Point of Presence），通过 IP 网的 L2TP 隧道连到 L2TP 网络服务器、远程鉴别用户拨入服务（RADIUS，Remote Authentication Dial In User Service）服务器上。RADIUS 是一个维护用户配置文件的数据库，用来鉴定用户，包括口令和访问优先权。代理 RADIUS 功能允许在 Internet 服务提供者（ISP）的接入点（POP）设备上接入客户的 RADIUS 服务器，获得必要的用户配置文件信息。

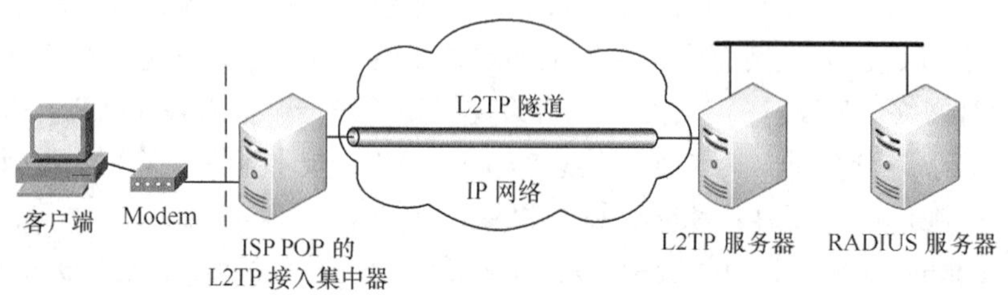

图 10-19　第 2 层隧道协议（L2TP）

3．IP 安全协议（IPSec）

Internet 工程任务组标准化的 IP 安全协议（IPSec，IP security Protocol）是简化的端到端安全协议所具有的特定的安全机制。它在第 3 层执行对称或非对称加密，Layer3 VPN 在 IP 中封装了 IP（IP over IP），并提供鉴别和校验。可在 IPSec 网络服务器上建立 IPSec 隧道，如图 10-20 所示。

IETF（因特网工程服务组）的 IP 安全性工作组除了制定 IP 安全协议（IPSP，IP Security Protocol）外，还制定对应的 Internet 密钥管理协议（IKMP，Internet Key Management Protocol）

的标准。IPSec 技术能够在两个网络节点间建立透明的安全加密信道。

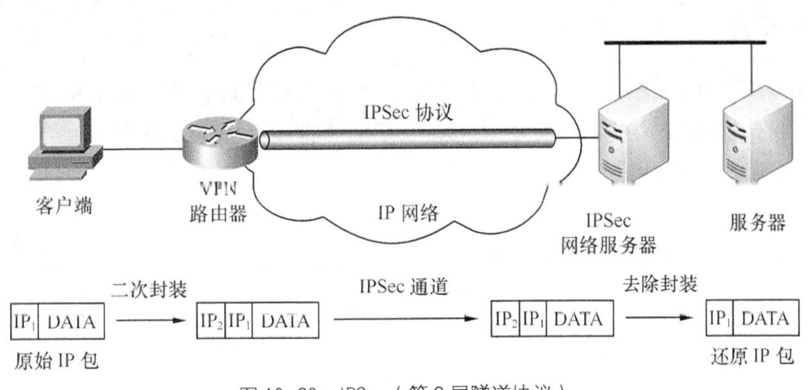

图 10-20　IPSec（第 3 层隧道协议）

IPSec 使用两种机制来保证网络通信的安全：

（1）头部鉴别（AH，Authentication Header）：提供认证和数据完整性；

（2）封装安全净负荷（ESP，Encapsulation Security Payload）：实现保密通信。

IPSec 是一种对 IP 数据包进行加密和鉴别的技术，为此还需有密钥的管理和交换功能。通信双方如果要用 IPSec 建立一条安全的传输通路，需要事先协商好要采用的安全策略，即使用的加密算法、密钥、密钥生存期等。当双方协商好使用的安全策略后，表示双方已建立了一个安全关联（SA，Security Association），已确定了 IPSec 要执行的处理。IPSec 协议分 3 个部分：封装安全净负荷（ESP，Encapstllation Security Payload）、鉴别报头（AH，Authentication Header）和 Internet 密钥交换（IKE，Internet Key Exchange）。ESP 协议主要用来处理对 IP 数据包的加密．并对鉴别提供某种程度的支持。AH 只涉及鉴别，不涉及加密，它除了对 IP 的有效负载进行鉴别外，还可对 IP 报头实施鉴别。IKE 协议主要是对密钥交换进行管理。IETF 的 IP 安全（IPSec）加密标准解决了安全性的保密问题。IPSec 的封装安全净载荷（ESP）允许选择的加密方法为数据加密标准（DES）或 3 重 DES（3DES），这两种标准都提供了严格的保密性及强大的验证功能。

IP 安全性的优点是它的透明性，即安全服务不需要对应用程序、其他通信层次和网络部件做任何改动。标准的 IPSEC VPN 的智能包认证技术能保护隧道免受许多电子欺骗的攻击，还具备各厂商产品互操作的能力。但其缺点是 IPSec 仅支持 IP，IP 层对属于不同进程的包不作区别。IP 层非常适合提供基于主机的安全服务，相应的安全协议可用来建立安全的 IP 通道和虚拟专用网。

此外，第 4 层 VPN 局限于 E-mail 之类的单一应用，用工具封装了加密设备，如在每一种浏览器上应用通过安全插口层（Secure Sockets Layer）进行的 HTTP，即输入 http://，然后使用第 4 层 VPN 加密 E-mail 或传输层安全承载简化的邮件传送以及使用半专用安全外壳（Secure Shell）协议来加密外壳。

10.9　高层安全

由于 IP 网的“尽力而为”理念，TCP/IP 协议非常简洁，没有加密、身份认证等安全特性，因此需要在TCP之上建立一个安全通信层次，以便向上层应用提供安全通信的机制。

1．传输层安全

传输层网关在两个通信节点之间代为传递TCP连接并进行控制，这个层次一般称作传输层安全。常见的传输层安全技术有安全套接层（SSL）协议、SOCKS和安全RPC等。

SSL结构分为两个层次：SSL协商子层（上层）和SSL记录子层（下层），如图10-21所示。两个子层对应的协议如下。

图10-21　SSL层次结构

（1）SSL协商子层协议：通信双方通过SSL协商子层交换版本号、加密算法、身份认证并交换密钥。SSL采用公钥方式进行身份认证，但大量数据传输仍使用对称密钥方式。SSL v3提供了Deffie-Hellman密钥交换算法、基于RSA的密钥交换机制和在Frotezza chip上的密钥交换机制。

（2）SSL记录子层协议：它把上层的应用程序提供的信息分段、压缩、数据认证和加密，由传输层传送出去。SSLv3提供对数据认证用的MD5和SHA以及数据加密用的RC4和DES等的支持，用来对数据进行认证和加密的密钥可以通过SSL的握手协议来协商。

综上所述，归纳SSL协商子层的工作流程如下。

（1）在客户端与服务端进行通信之前，客户端发出客户请求消息，服务端收到请求后，发回一个服务请求消息。在交换请求消息后，就确定了双方采用的SSL协议的版本号、会话标志、加密算法集和压缩算法。

（2）服务端在服务请求消息之后，还可以发出一个X.509格式的证书（Certificate），向客户端鉴别身份。随后服务端发出服务请求结束消息，表明握手阶段结束，等待客户端回答。

（3）客户端此时也可以发回自己的X.509格式的证书，向服务端认证自己的身份，客户端随即产生一个随机密钥，用服务端公钥进行加密，客户端据此生成密钥交换信息传送给服务端。

（4）如果采用了双向身份认证，客户端还需要对密钥交换信息进行签名，并发送证书检验（Certificate Verify）报文。

（5）服务端获得密钥交换信息和证书检验信息后就可以获得客户端生成的密钥。

至此，有关加密的约定和密钥都已建立，双方可使用刚刚协商的加密约定交换应用数据。

SSL记录层接收上层的数据，首先将它们分段，然后用协商子层约定的压缩方法进行压缩，压缩后的记录用约定的流加密或块加密方式进行加密，再由传输层发送出去。

2．应用层安全性

传输层安全协议允许为主机进程之间的数据通道增加安全属性，但它们都无法根据所传送内容的不同安全要求作出区别对待。如果确实想要区分一个个具体文件的不同的安全性要求，就必须在应用层采用安全机制。提供应用层的安全服务，实际上是最灵活的处理单个文件安全性的手段。例如，一个电子邮件系统可能需要对要发出的信件的个别段落实施数据签名，较低层的协议提供的安全功能一般不会知道任何要发出的信件的段落结构，从而不可能知道该对哪一部分进行签名，只有应用层才是唯一能够提供这种安全服务的层次。

提供应用层安全服务的方法有：

（1）专用强化邮件（PEM）和PGP；

（2）Web上使用的超文本传输协议（HTTP）的安全增强版本S-HTTP；

（3）安全电子交易（SET）协议。

尽管各种安全服务技术取得了不少进展，但若将Internet推向以满足承载流媒体业务为主的全业务网，解决安全性问题、可管理性问题，仍然任重道远。

本章小结

1. ISO在ISO/IEC 74984文件中将开放系统的系统管理功能分成5个基本功能域，包括：故障管理、计费管理、配置管理、性能管理和安全管理。

2. 在ISO的开放系统互连（OSI）参考模型的基础上，根据网络管理框架下的5个管理功能区域，形成了3个网络管理协议：公共管理信息协议（CMIP，Common Management Information Protocol）、简化网络管理协议(SNMP，Simple Network Management Protocol)以及基于TCP/IP的公共管理（CMIP over TCP/IP）协议。

3. 网络安全的主要目标是通过采用各种技术措施以及管理措施，使网络系统在可靠性、可用性、完整性、保密性、不可抵赖性等方面得到充分的保证。

4. 网络安全机制主要有加密机制、访问控制机制、数字签名机制、数据完整性机制、身份鉴别机制、数据流填充机制、路由控制机制和公证机制等；网络安全服务主要有身份鉴别服务、访问控制服务、数据保密服务、数据完整性服务和不可否认性服务等。

5. 加密算法可分为对称密钥密码系统和非对称密钥密码系统，典型的算法如DES算法和RSA算法。

复习题

1. 画出管理信息通信的体系结构。
2. 在简单网络管理协议中，SNMPv1与SNMPv2有什么不同？
3. SNMP采用的管理方式是什么？
4. 在SNMP中，MIB是什么？其结构如何？
5. 在网络管理系统中，什么叫代理？代理与外部代理有何异同？
6. 一个集中式的网络管理系统在逻辑上有哪些功能模块？
7. 下面哪些故障属于物理故障？哪些属于逻辑故障？

① 设备或线路损坏
② 网络设备配置错误
③ 系统的负载过高引起的故障
④ 线路受到严重电磁干扰
⑤ 网络插头误接
⑥ 重要进程或端口关闭引起的故障

8．在某网络中，在网管工作站上对一些关键服务器，如 DNS 服务器、E-mail 服务器等实施监控，以防止磁盘占满或系统死机造成网络服务的中断。分析下列的操作哪个是不正确的？试解释原因。

① 为服务器设置严重故障报警的 Trap，以及时通知网管工作站

② 在每台服务器上运行 SNMP 的守护进程，以响应网管工作站的查询请求

③ 在网络配置管理工具中设置相应监控参数的 MIB

④ 收集这些服务器上的用户信息存放于网管工作站上

9．指出下列不属于基于策略的网络管理的选项．并加以解释。

① 使用 VLAN 虚拟网自动管理功能动态适应网络中用户的变化

② 依赖 LDAP、DEN 等目录服务建立基于用户的访问控制策略

③ 利用 4 层交换技术的负载均衡功能自动根据策略的优先级定义进行关键任务的优先传输

④ 采用 3 层交换技术对路由实现线速转发，减少路由器的“瓶颈”阻碍

10．举例说明现在网络安全有哪些主要的威胁因素？

11．在 ISO/OSI 定义的安全体系结构中规定了哪 5 种服务？

12．衡量网络安全的指标有哪些？

13．对称密钥密码系统的特点是什么？

14．在 RSA 算法中，发送方传送数据所用的加密密钥是什么？

15．在数字签名中，首先实施电子签名的密钥是什么？

16．IPSec 协议中的 AH、ESP 和 IKE 的作用分别是什么？

17．什么是 VPN？有几种模式？

18．试用 SnifferPro 软件捕获网站 http://www.sohu.com 的比特流，通过解码寻找 SNMP 报文。

参考文献

[1] A.S.Tanenbaum.Computer Networks.4th Edition.Prentice-Hall Inc., 2003.

[2] William Stallings.Data and Computer Communications，Seventh Edition Prentice-Hall Inc., 2007.

[3] 谢希仁，等．计算机网络（第 5 版）．北京：电子工业出版社，2008.

[4] William A Shay，数据通信与网络教程（第 3 版）．高传善等译．北京：机械工业出版社，2005.

[5] 沈金龙．现代电信交换与网络．北京：人民邮电出版社，2001.

[6] 赵慧玲等．ATM：Internet 和企业网．北京：电子工业出版社，1998.

[7] 赵慧玲，叶华．以软交换为核心的下一代网络技术．北京：人民邮电出版社，2002.

[8] 胡道元．网络设计师教程．北京：清华大学出版社，2001.

[9] CISCO 公司．思科网络技术学院教程．北京：人民邮电出版社，2004.

[10] 周天明，汪文勇．TCP/IP 网络原理与技术．北京：清华大学出版社，1993.

[11] 冯博琴．计算机网络与通信．北京：经济科学出版社，2000.

[12] 陈俊良等．计算机网络实用教程．北京：科学出版社，1999.

[13] 韦乐平．接入网．北京：人民邮电出版社，1997.

[14] 糜正琨，陈锡生．七号共路信令系统．北京：人民邮电出版社，1994.

[15] 陈启美，李嘉．现代数据通信教程．南京：南京大学出版社，2006.

[16] 王文鼐，唐宝民．局域网与城域网技术．北京：清华大学出版社，2006.

[17] 钟章队．21 世纪高等院校教材——无线局域网．北京：科学出版社，2004.

[18] William Stallings（美）．局域网与城域网．北京：机械工业出版社，2002.

[19] 张建华，王莹．WCDMA 无线网络技术．北京：人民邮电出版社，2007.

[20] 邓亚平、沈金龙、南明星．计算机网络．北京：北京邮电大学出版社，1999.

[21] 吴玲达等．计算机通信原理与技术．北京：国防大学出版社，2003.

[22] 张公忠．现代网络技术教程．北京：电子工业出版社，2004.

[23] G.Camarillo, A. Johnston etc. RFC 3261 SIP: Session Initiation Protocol. June 2002.

[24] P.Calhoun etc. RFC 3588: Diameter Base Protocol. September 2003.

[25] 张国鸣，唐树才，薛刚逊．网络管理实用技术．北京：清华大学出版社，2002.

[26] 沈金龙．计算机通信与网络．北京：北京邮电大学出版社，2002.

[27] 沈金龙，章韵，安嘉莹．计算机通信与网络实验教程．北京：北京邮电大学出版社，2002.

[28] CCITT.Volume VIII.2 Recommendation X.1-X.32 Blue Book ,1988.

[29] CCITT Rec.M.3010 : Principles for a Telecommunications Management Networks.1996.

[30] ITU-T Volume III.8 Rec.I.320 ISDN Protocol Reference Model.Nov.,1988.

[31] ITU-T Rec.I.321.B- ISDN Protocol Reference Model and its Application.April 1991.

[32] IETF RFC 2492.IPv6 over ATM Networks.Jan.,1999.

[33] 刘锋．什么是数据，信息，知识和智慧．http://blog.sina.com.cn/s/blog, 2008.7 .

[34] IETF RFC 3344. IP Mobility Support for IPv4. August 2002.

[35] 贺攀峰，刘宏立．移动 IP 的多层次位置管理及路由优化．中国数据通信，2005.